"十三五"国家重点出版物出版规划项目

高性能高分子材料丛书

高性能聚芳醚酮树脂

姜振华　张云鹤　等　著

科学出版社

北京

内 容 简 介

本书为“高性能高分子材料丛书”之一。高性能聚芳醚酮树脂是一类半结晶型聚合物，具有优异的耐热性、化学稳定性、良好的物理和机械性能，在许多领域有广泛用途。本书总结了吉林大学近四十年来，在聚芳醚酮领域的研究工作，系统地介绍了聚芳醚酮分子结构及性能、结晶行为、改性、加工、应用等内容。其中第 1 章为绪论；第 2 章介绍聚芳醚酮分子结构及性能；第 3 章介绍聚芳醚酮的结晶行为；第 4 章介绍特殊结构聚芳醚酮；第 5 章介绍含杂原子聚芳醚酮；第 6 章介绍聚醚醚酮复合改性；第 7 章介绍聚醚醚酮加工与应用，包括聚醚醚酮的热塑加工成型方法和 3D 打印成型技术，以及聚醚醚酮薄膜、聚醚醚酮纤维、聚醚醚酮涂料等聚醚醚酮初级制品的制备方法及应用。

本书内容丰富，实用性强，可供从事聚芳醚酮研究、生产及应用工作的科研和技术人员参考阅读。

图书在版编目（CIP）数据

高性能聚芳醚酮树脂 / 姜振华等著. -- 北京 : 科学出版社, 2025. 6.
(高性能高分子材料丛书 / 蹇锡高总主编). -- ISBN 978-7-03-082631-2

Ⅰ. TQ322.4

中国国家版本馆 CIP 数据核字第 2025HW6635 号

丛书策划：翁靖一
责任编辑：翁靖一　高　微 / 责任校对：杜子昂
责任印制：徐晓晨 / 封面设计：东方人华

科学出版社 出版
北京东黄城根北街 16 号
邮政编码：100717
http://www.sciencep.com
北京中科印刷有限公司印刷
科学出版社发行　各地新华书店经销
*
2025 年 6 月第　一　版　开本：720 × 1000　1/16
2025 年 6 月第一次印刷　印张：27 1/2
字数：539 000

定价：268.00 元

（如有印装质量问题，我社负责调换）

高性能高分子材料丛书

总　序

自20世纪初，高分子概念被提出以来，高分子材料越来越多地走进人们的生活，成为材料科学中最具代表性和发展前途的一类材料。我国是高分子材料生产和消费大国，每年在该领域获得的授权专利数量已经居世界第一，相关材料应用的研究与开发也如火如荼。高分子材料现已成为现代工业和高新技术产业的重要基石，与材料科学、信息科学、生命科学和环境科学等前瞻领域的交叉与结合，在推动国民经济建设、促进人类科技文明的进步、改善人们的生活质量等方面发挥着重要的作用。

国家"十三五"规划显示，高分子材料作为新兴产业重要组成部分已纳入国家战略性新兴产业发展规划，并将列入国家重点专项规划，可见国家已从政策层面为高分子材料行业的大力发展提供了有力保障。然而，随着尖端科学技术的发展，高速飞行、火箭、宇宙航行、无线电、能源动力、海洋工程技术等的飞跃，人们对高分子材料提出了越来越高的要求，高性能高分子材料应运而生，作为国际高分子科学发展的前沿，应用前景极为广阔。高性能高分子材料，可替代金属作为结构材料，或用作高级复合材料的基体树脂，具有优异的力学性能。这类材料是航空航天、电子电气、交通运输、能源动力、国防军工及国家重大工程等领域的重要材料基础，也是现代科技发展的关键材料，对国家支柱产业的发展，尤其是国家安全的保障起着重要或关键的作用，其蓬勃发展对国民经济水平的提高也具有极大的促进作用。我国经济社会发展尤其是面临的产业升级以及新产业的形成和发展，对高性能高分子功能材料的迫切需求日益突出。例如，人类对环境问题和石化资源枯竭日益严重的担忧，必将有力地促进高效分离功能的高分子材料、生态与环境高分子材料的研发；近14亿人口的健康保健水平的提升和人口老龄化，将对生物医用材料和制品有着内在的巨大需求；高性能柔性高分子薄膜使电子产品发生了颠覆性的变化等。不难发现，当今和未来社会发展对高分子材料提出了诸多新的要求，包括高性能、多功能、节能环保等，以上要求对传统材料提出了巨大的挑战。通过对传统的通用高分子材料高性能化，特别是设计制备新型高性能高分子材料，有望获得传统高分子材料不具备的特殊优异性质，进而有望满足未来社会对高分子材料高性能、多功能化的要求。正因为如此，高性能高分子材料的基础科学研究和应用技术发展受到全世界各国政府、学术界、工业界的高度重视，已成为国际高分子科学发展的前沿及热点。

因此，对高性能高分子材料这一国际高分子科学前沿领域的原理、最新研究进展及未来展望进行全面、系统地整理和思考，形成完整的知识体系，对推动我国高性能高分子材料的大力发展，促进其在新能源、航空航天、生命健康等战略新兴领域的应用发展，具有重要的现实意义。高性能高分子材料的大力发展，也代表着当代国际高分子科学发展的主流和前沿，对实现可持续发展具有重要的现实意义和深远的指导意义。

为此，我接受科学出版社的邀请，组织活跃在科研第一线的近三十位优秀科学家积极撰写“高性能高分子材料丛书”，其内容涵盖了高性能高分子领域的主要研究内容，尽可能反映出该领域最新发展水平，特别是紧密围绕着“高性能高分子材料”这一主题，区别于以往那些从橡胶、塑料、纤维的角度所出版过的相关图书，内容新颖、原创性较高。丛书邀请了我国高性能高分子材料领域的知名院士、“973”计划项目首席科学家、教育部“长江学者”特聘教授、国家杰出青年科学基金获得者等专家亲自参与编著，致力于将高性能高分子材料领域的基本科学问题，以及在多领域多方面应用探索形成的原始创新成果进行一次全面总结、归纳和提炼，同时期望能促进其在相应领域尽快实现产业化和大规模应用。

本套丛书于2018年获批为“十三五”国家重点出版物出版规划项目，具有学术水平高、涵盖面广、时效性强、引领性和实用性突出等特点，希望经得起时间和行业的检验。并且，希望本套丛书的出版能够有效促进高性能高分子材料及产业的发展，引领对此领域感兴趣的广大读者深入学习和研究，实现科学理论的总结与传承，以及科技成果的推广与普及传播。

最后，我衷心感谢积极支持并参与本套丛书编审工作的陈祥宝院士、李仲平院士、瞿金平院士、王玉忠院士、张立群院士、李光宪教授、郑强教授、王笃金研究员、杨小牛研究员、余木火教授、解孝林教授、王锦艳教授、张守海教授等专家学者。希望本套丛书的出版对我国高性能高分子材料的基础科学研究和大规模产业化应用及其持续健康发展起到积极的引领和推动作用，并有利于提升我国在该学科前沿领域的学术水平和国际地位，创造新的经济增长点，并为我国产业升级、提升国家核心竞争力提供理论支撑。

中国工程院院士
大连理工大学教授

前　言

自 20 世纪 20 年代末期，高分子学科建立以来，高分子材料领域得到了迅速发展，其中塑料是品种最多、应用最为广泛的一大类高分子材料。根据塑料的使用温度、强度以及应用场景，可将塑料分为三大类：通用塑料、工程塑料和特种工程塑料，其中特种工程塑料的使用温度和强度是三类塑料中最高的，一般来讲，最高使用温度在 150℃以上，拉伸强度大于 70 MPa。

多数品种的特种工程塑料是在 20 世纪军备竞赛的背景下，为满足武器装备轻量化而开发的。目前，开发成功的主要有三大类：聚酰亚胺、聚芳醚、聚芳酯，其中聚芳醚包括聚芳硫醚、聚芳醚砜和聚芳醚酮三类。本书介绍其中耐热等级最高的聚芳醚酮，希望对同行的研究有所帮助。

全书共分 7 章，第 1 章绪论，简要介绍聚芳醚酮的发展历程、制备方法及应用领域（姜振华）；第 2 章聚芳醚酮分子结构及性能，介绍聚芳醚酮的分子结构、合成工艺以及基本性能（吴忠文、王贵宾）；第 3 章聚芳醚酮的结晶行为，介绍聚芳醚酮的晶体结构及结晶行为（姬相玲）；第 4 章特殊结构聚芳醚酮，介绍超支化结构以及环状结构、交联结构、含稠环结构的聚芳醚酮结构与性能（张淑玲、岳喜贵）；第 5 章含杂原子聚芳醚酮，介绍含氟、氮、硅、磷、硫等元素和磺酸等基团的聚芳醚酮制备与性能（赵成吉、杨延华、陈峥）；第 6 章聚醚醚酮复合改性，介绍无机粒子填充、聚合物共混和纤维增强等聚醚醚酮改性方法（张云鹤）；第 7 章聚醚醚酮加工与应用（庞金辉、商赢双、栾加双、祝世洋），介绍聚醚醚酮的热塑加工成型方法和 3D 打印成型技术，以及聚醚醚酮薄膜、聚醚醚酮纤维、聚醚醚酮涂料等聚醚醚酮初级制品的制备方法及应用。

全书由姜振华教授组稿、统稿，由张云鹤、张淑玲、杨延华、陈峥等老师进行校核，所有图表由陈峥审核。由于时间所限，加上作者水平有限，书中疏漏之处在所难免，恳请读者批评指正。

姜振华

2025 年 3 月

目　录

第 1 章 绪论

聚芳醚酮(polyaryletherketone，PAEK)是一类耐热等级最高的半结晶型热塑性高分子材料，UL 温度指数可以达到 240～350℃。其分子主链是由醚基、酮基和苯基三种基团连接组合而成，具有如下结构通式：

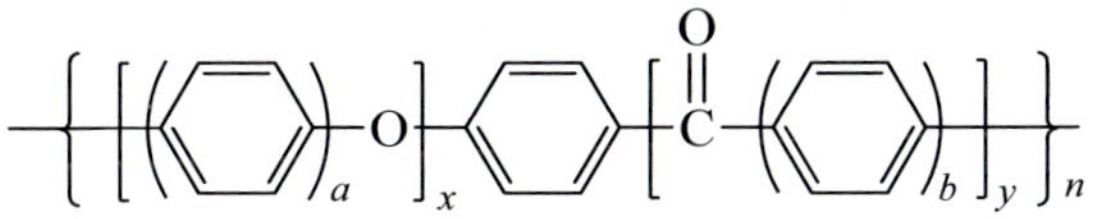

按分子链中醚键、酮基与苯环连接次序和比例的不同，可形成许多不同的聚合物(表 1.1)[1, 2]。

表 1.1　聚芳醚酮的种类与结构组成

序号	中文名称	英文名称缩写	*X*	*Y*	*a*	*b*
1	聚醚醚醚酮	PEEEK	3	1	1	1
2	聚醚醚酮	PEEK	2	1	1	1
3	聚醚醚酮醚酮	PEEKEK	3	2	1	1
4	聚醚酮	PEK	1	1	1	1
5	聚醚醚酮酮	PEEKK	2	2	1	1
6	聚醚酮醚酮酮	PEKEKK	2	3	1	1
7	聚醚酮酮	PEKK	1	2	1	1
8	聚醚联苯醚酮	PEDEK	2	1	2	1
9	聚醚联苯醚酮酮	PEDEKK	2	2	2	1
10	聚醚醚酮联苯酮	PEEKDK	2	2	1	2
11	聚醚联苯醚酮联苯酮	PEDEKDK	2	2	2	2
12	聚醚联苯酮	PEDK	1	1	0	2

注：E 代指醚键；K 代指酮基；D 代指联苯结构。

1.1 聚芳醚酮树脂的结构特征

聚芳醚酮的分子主链由醚基、酮基和苯基三种基团构成，其中醚基属于柔性基团，而酮基和苯基属于刚性基团，这三种基团连接在一起构成了一条刚柔并济的分子链。由于醚基的碳氧单键旋转势垒较低，使分子链比较容易折叠并结晶，因此线型聚芳醚酮都具有较强的结晶性，最大结晶度可达 50%左右，熔融加工样品的结晶度一般为 20%～30%。由于在聚芳醚酮分子链上醚基和酮基的键角（分别为 110°和 120°）非常接近，在结晶学上有醚酮等效现象，因此无论聚芳醚酮分子醚酮基比例如何，其晶体结构是一样的，都属于正交晶系，空间点群为 $Pbcn\text{-}D_{2h}^{14}$，每个晶胞中有两个分子链(图 1.1)[3-5]。

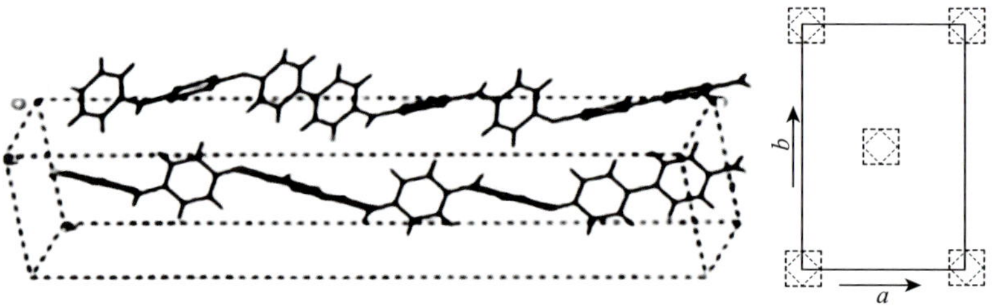

图 1.1 聚芳醚酮树脂分子链在晶胞中排列方式示意图

(a) *a* 轴方向视图；(b) *c* 轴方向视图

图 1.2 是几种不同醚酮比的聚芳醚酮的广角 X 射线衍射（WAXD）图，其衍射峰的位置及强度基本一样。另外，聚芳醚酮结晶表现为多重熔融行为，一般有两个熔融峰，其中低温熔融峰会随热处理温度升高向高温移动，而高温熔融峰基本不受热处理影响(图 1.3)[6-8]。

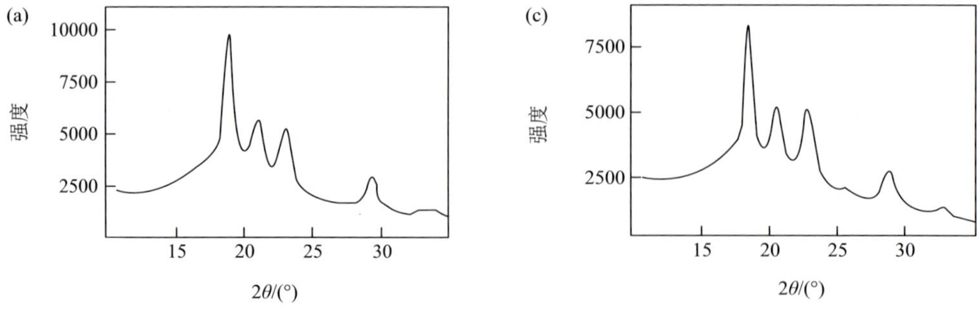

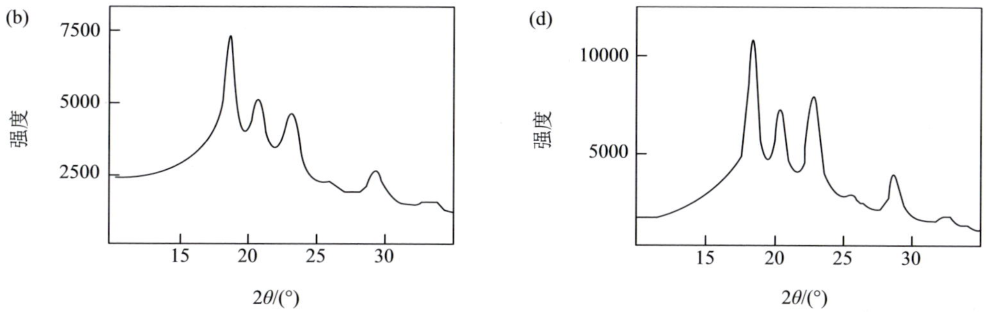

图 1.2　聚芳醚酮树脂的 WAXD 图

(a) PEEK；(b) PEK；(c) PEEKK；(d) PEKEKK

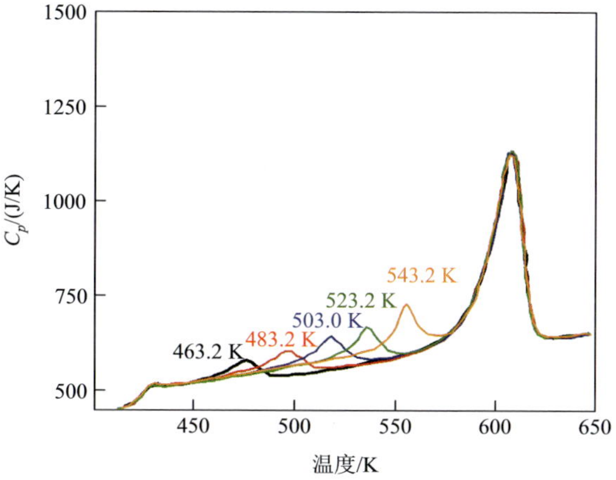

图 1.3　在不同温度下热处理 2 h 后，PEEK 样品的升温 DSC 曲线

1.2 聚芳醚酮的性能特点

聚芳醚酮树脂是芳香族结晶型热塑性高分子材料，具有轻质、高强、高耐热、高稳定性和易加工等特点[1-6]，具体如下：

(1) 良好的耐热性：玻璃纤维或碳纤维增强及无机矿物粉体填充聚芳醚酮树脂的热变形温度均在 300℃以上，最高可达 400℃。UL 温度指数一般为 240～350℃。

聚芳醚酮树脂的弯曲模量在其玻璃化转变温度附近有所下降，但直至其熔点附近仍保持有足够的弹性模量，且在高温下仍可保持一定强度。

(2) 良好的韧性：聚芳醚酮树脂一般具有很好的柔韧性，简支梁缺口冲击强度大于 6 kJ/m^2，拉伸断裂伸长率可达 50%以上。

(3) 良好的阻燃性：聚芳醚酮树脂有自熄性，不加任何阻燃剂用 UL 标准测定 94V-1 (厚度为 0.3 mm)、94V-0 (厚度为 1.5 mm) 和 94-5V (厚度为 3.2 mm)，临界氧指数 (厚度为 3.2 mm) 可达 35 以上。另外，燃烧时的发烟量也非常少。

(4) 出色的耐药品性：聚芳醚酮只溶解于浓硫酸，有良好的耐化学药品性，特别是在高温下耐酸碱性方面比聚酰亚胺好得多。

(5) 良好的耐水解性：聚芳醚酮的吸水率一般都很小，23℃的饱和吸水率只有 0.5%。而且耐热水性好，可以在 300℃的加压热水或蒸气中使用。在 200℃以上的热水中可以连续使用。

(6) 优异的耐辐照性：聚芳醚酮具有出色的耐 γ 射线和耐中子辐照能力。γ 射线辐照剂量达 1100 Mrad 时仍能保持良好的力学强度和电绝缘性能。

(7) 优异的电性能：①具有良好的电绝缘性能，并可保持到很高的温度范围，其体积电阻率一般在 10^{16} Ω·cm 的量级。②具有良好的介电性能，介电常数一般为 3.3～3.5，在高频情况下其介电损耗仍然较小。在 23℃、10^3 Hz 时介电损耗在 0.001 水平，在 23℃、10^6 Hz 时也只有 0.003 左右。

(8) 良好加工成型性：当温度超过聚芳醚酮熔点后，聚芳醚酮的熔体黏度会迅速下降，呈现出良好的熔体流动性，因此聚芳醚酮树脂可以用所有常规热塑性树脂的加工方法，如挤出、注塑、模压等加工成型，还可以用几乎所有机械加工手段如车、铣、磨、钻等进行加工，也可以黏接和超声焊接等。

1.3　国内外发展现状及发展趋势

最早报道合成聚芳醚酮的是 1962 年 DuPont 公司的 Hallam[9]，利用二苯醚与间苯二甲酰氯之间的 Friedel-Crafts 酰基化反应(图 1.4)，以硝基苯为溶剂合成了间位聚醚酮酮。

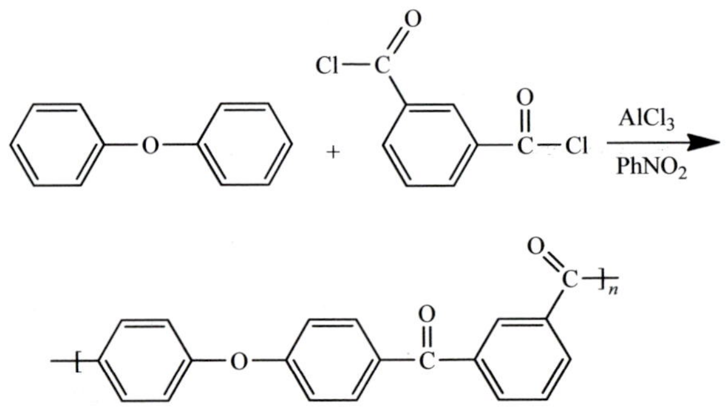

图 1.4　Friedel-Crafts 酰基化制备聚醚酮酮(PEKK)

该方法制备的间位聚醚醚酮的比浓对数黏度(inherent viscosity，IV)为0.18，由于分子量较低，并没有制备出真正意义上的聚合物，但这一研究工作开辟了聚芳醚酮研究的新领域。

1964年，Goodman等[10]利用对苯醚基苯甲酸通过Friedel-Crafts酰基化反应(图1.5)合成出比浓黏度(reduced viscosity，RV)为0.57(相当于IV = 0.5左右)的聚醚酮：

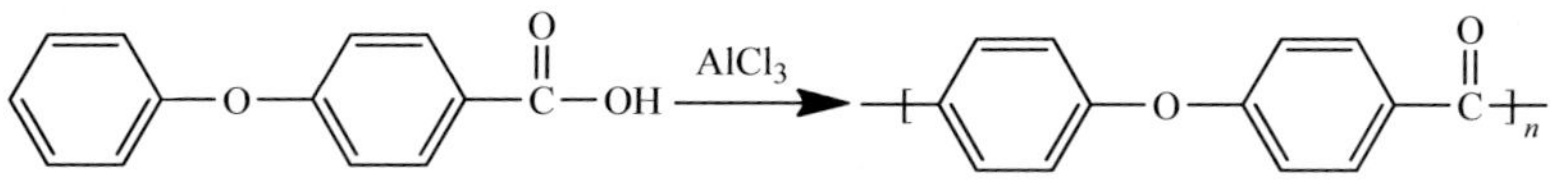

图1.5 Friedel-Crafts酰基化法制备聚醚酮

虽然得到了分子量较高的聚合物，但像聚醚酮这样的部分结晶型聚合物，通过常规熔融加工技术制备的样品拥有具有实际意义的韧性，其特性黏度应不低于0.8 dL/g。Goodman在研究中发现当聚醚酮的分子量增大到一定程度后几乎不溶于所有常规有机溶剂，从而提出了合成聚芳醚酮时得不到高分子量聚合物的主要原因，即当聚合物分子量增大到一定程度时，聚合物就开始结晶并从反应体系中析出，从而使聚合反应终止，因此，寻找聚芳醚酮的良好溶剂是解决聚芳醚酮合成的关键技术问题[9, 10]。

1969年，Marks[11]发现液态HF是聚芳醚酮的良好溶剂，还发现BF_3和HF的络合物是Friedel-Crafts酰基化反应的良好催化剂，用这样一个溶剂和催化剂体系可以获得高分子量的聚芳醚酮，如可以获得特性黏度为1.02～2.67 dL/g的聚醚酮。但是HF具有强烈腐蚀性，很难作为溶剂在工业上大规模使用[11]。

1967年，Johnson和Farnham等[12]从原理上提出了另一个合成聚芳醚酮的途径，即亲核取代路线，分别利用4, 4′-二氟二苯甲酮与4, 4′-二羟基二苯甲酮、对氟苯基对羟基苯基甲酮在碱催化下合成了聚醚酮(图1.6)。

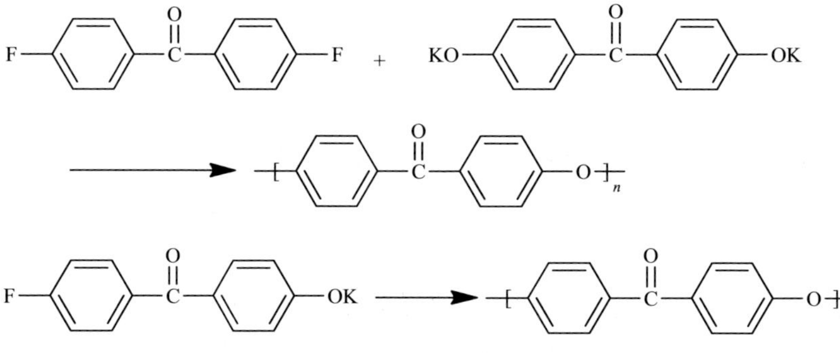

图1.6 亲核取代制备聚醚酮

与亲电取代路线一样，亲核取代路线也会因聚合物结晶而从反应体系中析出，使聚合反应终止，得不到具有实际应用价值的高分子量聚合物。直到 1977 年帝国化学工业有限公司的 Rose 和 Staniland[13]发现熔点为 127℃的二苯基砜在熔融状态下是聚醚醚酮的良好溶剂，才得到高分子量聚醚醚酮(UL 温度指数为 240℃)，并于 1981 年实现工业规模生产[14]。

DuPont 公司 20 世纪 90 年代初采用亲电合成路线成功开发了聚醚酮酮树脂(UL 温度指数为 260℃)，如图 1.7 所示。

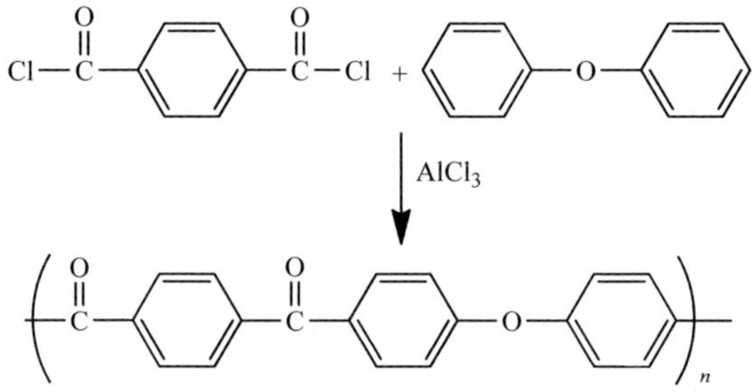

图 1.7 DuPont 公司亲电路线合成聚醚酮酮

1990 年，英国 Victex 公司又推出了聚醚酮树脂(UL 温度指数为 260℃)，其商品名为 PEEK-HT[15, 16]。

2006 年 Solvay 集团收购了印度 Garda 公司的技术，并在印度 Panoli 建成年产 500 t 聚醚醚酮树脂的生产线，于 2008 年初投产。

国内最早开展聚芳醚酮研究开发工作的是吉林大学，并于 20 世纪 80 年代末期开发出拥有自主知识产权的技术[17]。20 世纪 90 年代初吉林大学完成了聚醚醚酮树脂的中试生产技术，2003 年在长春吉大高新材料有限公司完成年产 500 t 聚醚醚酮树脂工业规模试验，2005 年 Evonilc Degussa 公司以收购长春吉大高新材料有限公司 80%股权的方式收购了该技术。2005 年吉林大学完成了聚醚醚酮酮的中试生产技术研究，2007 年完成共聚聚醚醚酮中试生产技术研究，并于 2008 年在长春吉大特塑工程研究有限公司建成年产 100 t 聚醚醚酮酮树脂和年产 100 t 共聚聚醚醚酮树脂生产线。

此外，江西师范大学在 20 世纪 80 年代末期开发出聚醚酮酮生产技术。中国科学院长春应用化学研究所在 20 世纪 80 年代开发出含酚酞结构的聚醚醚酮。大连理工大学在 20 世纪 90 年代初开发出含氮杂萘结构的聚醚醚酮等聚芳醚酮。其中含酚酞结构的聚醚醚酮和含氮杂萘结构的聚醚醚酮等含有芳杂环的聚芳醚酮与传统意义上具有结晶性质的聚芳醚酮不同，是无定形聚合物。

聚芳醚酮树脂领域的发展趋势主要表现为高性能化、系列化、功能化和低成本化四个方面。

(1) 高性能化：自从聚芳醚酮的第一个品种问世以来，很大程度上满足了许多技术领域对高性能高分子材料的需求，但随着相关技术的不断进步，对聚芳醚酮类高分子材料的性能提出更高的要求，如更高的耐热等级、更高的强度等。为满足这些需求，近年来相继出现了耐热等级更高的聚醚酮、聚醚醚酮酮和聚醚酮酮等品种。聚芳醚酮树脂生产厂家还不断推出各类增强牌号的聚芳醚酮树脂，可注塑和挤出的增强牌号树脂的拉伸强度已经超过 200 MPa。

(2) 系列化：随着聚芳醚酮树脂应用领域的不断扩大，对各类专用牌号树脂的需求越来越多。为此各种耐高温、增强、高熔体流动性、高尺寸稳定性等用于注塑和挤出成型的专用树脂，以及纺丝级、薄膜级、型材等专用树脂不断被开发出来。吉林大学开发的共聚技术实现了在一套生产装置上，仅通过调整聚合单体配比就可以在一定范围内调节聚芳醚酮的物理机械性能。

(3) 功能化：结构功能一体化是材料领域的发展趋势之一，聚芳醚酮树脂作为一类重要的高性能结构型高分子材料，同样也在许多应用场合需要具有某些特殊功能。聚芳醚酮树脂的特殊功能一般通过两种途径获得，一是保持聚芳醚酮分子主链结构，通过引入具有特殊功能的基团来赋予其特殊功能，如引入磺酸基团使其具有质子传导功能，引入氟元素使其具有较低的介电常数等；二是通过掺杂或共混，通过与具有特殊功能填料的复合获得特殊功能，如与导电填料复合获得导电性能或高介电常数，与羟基磷灰石等具有生物活性的填料复合获得生物活性等。

(4) 低成本化：随着聚芳醚酮树脂的应用领域不断向一般工业领域和民生工业领域的拓展，对降低其成本的压力越来越大。通过开发新的工艺路线和优化工艺流程、共混和填充等方法降低聚芳醚酮树脂成本的研究工作越来越受关注。

1.4 聚芳醚酮的主要应用领域

聚芳醚酮树脂具有优异的综合性能，在航空航天、电子信息、精密机械、石油化工、行走机械（如汽车）、医疗卫生等领域具有巨大的应用潜力[1, 2]。

1. 航空航天领域

聚芳醚酮树脂因其轻质高强、具有化学惰性和阻燃特性，并容易加工成公差极小的零部件等优点，已经在航空航天装备中的许多部件上得到了大量应用，成功取代了金属、传统复合材料以及其他塑料。目前已经得到应用的部件主要有电线束夹和管夹、扎线带、低压空气的通风系统风扇、机舱门把手、机舱阻火绝缘覆盖膜、高尺寸精度雷达天线罩、带有主动压力传感器和射频无线传输系统的轮毂罩、整流罩支架、轻型紧固系统中的螺栓、螺母、插件和支架等。

2. 汽车领域

聚芳醚酮树脂具有优异的耐用性、高强度、低摩擦系数、高耐热性和耐油性，以及在较宽的温度范围内能保持优异的摩擦性能和机械性能，同时具有优异的加工性能，既可以通过注塑、挤出、模压、吹塑等成型方法加工成型，还可以制成单/多束纤维、粉末涂料、漆包线绝缘材料、复合材料、泡沫材料、溶液浇膜等材料，以及可以通过常规机械加工、黏接等二次加工手段加工成型，因此成为汽车领域许多零部件的理想材料。目前已经得到应用的产品主要有变速器推力垫圈、刹车传动齿轮、涡轮压缩机的端密封、分配器齿轮、防滑刹车系统刹车座、节流阀体轴套、变速器摩擦缓冲器和推力垫圈等。

3. 工业领域

聚醚醚酮树脂在各个工业领域，特别是石油工业、化学工业等领域有着非常广泛的用途。

利用聚芳醚酮优异的耐高温和耐腐蚀性能，可以制造石油化工设备零部件，如高温气体压缩机阀片、精馏塔塔料、耐高温抗腐蚀磁力泵、耐高温抗腐蚀过滤器等。

利用聚芳醚酮树脂优异的耐磨性能，用于制造机械传动部位的摩擦件和密封件，如各种密封 O 形圈、轴瓦、轴套、轴承保持架等。

利用聚芳醚酮树脂的高尺寸稳定性，用于制造各种精密机械零部件，如相机调焦齿轮等。

4. 微电子和电子电器领域

聚芳醚酮树脂在 300℃以上的温度时仍保持良好的机械性能、自熄性和低烟尘排放性、极低级别的出气、离子分离和耐磨损颗粒性能、在极广温度范围内保持不变形的能力、较高的强度和模量、优异的耐各种化学腐蚀性能、长久的耐磨损和摩擦性能、在各种环境范围内保持良好的电气性能及易于加工等性能特点，在微电子领域发挥着越来越大的作用。目前已经得到应用的产品主要有大型晶片托架、硅晶片承载架、晶片棒、超纯水系统等。

在电子电器领域利用聚芳醚酮的高绝缘性、良好介电性能、耐高温特性，用于耐高温接插件、耐高温继电器绝缘座、耐高温电线电缆绝缘层等；利用其可耐无铅焊接温度等性能制作小型电子设备柔性电路板、移动电话零部件等。

5. 医疗卫生领域

聚芳醚酮树脂具有出色的生物相容性、耐化学药品性、固有的润滑性、耐疲劳性、良好的韧性和抗冲击性、辐射半透明性、可消毒性、长期稳定性以及与人体骨骼十分接近的硬度和模量，因此，已经广泛应用于医疗器械和人体组织代用品。目前已经得到应用的产品主要有：①医疗器械：高纯度和无菌阀门、透析泵齿轮、治疗酸倒流疾病器械用特种管、内窥镜目镜框、各类消毒盒、牙科用洗涤器、各类手术器械手柄等；②人体组织代用品：心脏瓣膜、各类椎间融合器、人工椎间盘、胸腰椎动态固定棒、腰椎棘突装置、接骨板、骨钉、人工颅骨、颅骨锁、胸骨扎带、关节锚钉、人工膝关节、人工髋臼等。

6. 核能领域

利用聚芳醚酮树脂良好的电绝缘性能、耐高温性能、耐大剂量辐射性能等，制造核电站的电线电缆、贯穿件、线圈骨架等。

参考文献

[1] 丁婷慧. 特种工程塑料的研究进展[J]. 现代塑料加工应用, 2022, 34(4): 56-59.

[2] 于莹莹. 杨丰绮, 唐玉娇. 功能化聚芳醚酮材料的研究进展[J]. 西部皮革, 2018, 40(22): 3.

[3] 柯扬船. 聚芳醚酮分子设计、分子结构及聚集态结构[D]. 长春: 吉林大学, 1996.

[4] 秦胜. 一类聚芳醚酮共聚物的性能和结晶行为研究[D]. 长春: 吉林大学, 2001.

[5] 王汉夫. 含联苯结构聚芳醚酮共聚物的结构与性能研究[D]. 长春: 吉林大学, 2003.

[6] 王贵宾. 含氟聚芳醚酮的研究[D]. 长春: 吉林大学, 2000.

[7] 牟建新. 超支化聚芳醚酮的分子设计, 合成, 表征及功能化研究[D]. 长春: 吉林大学, 2005.

[8] 那辉, 吴忠文, 张宏放, 等. 聚醚醚酮酮和含联苯聚醚醚酮酮共聚物的熔融热高[J]. 高等学校化学学报, 1996, 17: 1133-1136.

[9] Hallam B J W. Aromatic polyketones and preparation thereof: US 3065205(A)[P]. 1962-11-20.

[10] Goodman I, Mcintyre J E, Russell W. Verfahren zur herstellung polymer ketone: GB971227(A)[P]. 1963-05-16.

[11] Marks B M. Boron trifluoride-hydrogen fluoride catalyzed synthesis of poly(aromatic ketone) and poly(aromatic sulfone) polymers: US 3442857(A)[P]. 1969-04-29.

[12] Johnson R N, Farnham A G, Clendinning R A, et al. Poly(aryl ethers) by nucleophilie aromatic substitution. Ⅰ. synthesis and properties[J]. Journal of Polymer Science Part A: Polymer Chemistry, 1967, 5: 2375-2398.

[13] Rose J B, Staniland P A. Thermoplastic aromatic polyetherketones: US 4320224(A)[P]. 1982-03-16.

[14] Imperial Chemical Industries Limited-London. Production of aromatic polyethers: British 1586972[P]. 1981-03-25.

[15] Harris J E, Robeson L M. Isomorphic behavior of poly(aryl ether ketone) blends[J]. Journal of Polymer Science: Part B: Polymer Physics, 1987, 25: 311-323.

[16] Staniland P A, Wilde C J, Bottino F A, et al. Synthesis, characterization and study of the thermal properties of new polyarylene ethers[J]. Polymer, 1992, 9: 1976-1981.

[17] 庞金辉, 张海博, 姜振华. 聚芳醚酮树脂的分子设计与合成及性能[J]. 高分子学报, 2013, 6: 705-721.

第2章

聚芳醚酮分子结构及性能

聚芳醚酮是一类亚苯基环通过氧桥（醚键）和羰基（酮）连接而成的半结晶型聚合物。按分子链中醚键、羰基与苯环连接次序和比例的不同，可形成许多不同的聚合物，展现出不同热性能和力学性能，如聚醚醚酮（polyetheretherketone，PEEK）、聚醚酮（polyetherketone，PEK）、聚醚醚酮酮（polyether ether ketone ketone，PEEKK）等品种。为了调控和平衡聚芳醚酮的性能和可加工性，利用共聚方式开发了不同类型的共聚物，如聚醚醚酮-聚醚醚酮酮共聚物、聚醚醚酮-含联苯结构聚醚醚酮共聚物等。本章介绍了最早商品化，也是目前应用最为广泛的聚醚醚酮的合成方法、化学结构及热性能和力学性能，在较细论述聚醚醚酮基本结构及性能的基础上，同时介绍了其他种类的聚芳醚酮和共聚聚芳醚酮的结构及性能。

2.1 聚醚醚酮树脂的合成

聚醚醚酮（PEEK）是聚芳醚酮树脂中最早开发成功并实现商品化的品种，其分子结构如图2.1所示，重复单元中的醚键与酮键的物质的量比为2∶1，其玻璃化转变温度（T_g）为143℃，熔点（T_m）为343℃，拉伸强度可超过100 MPa。

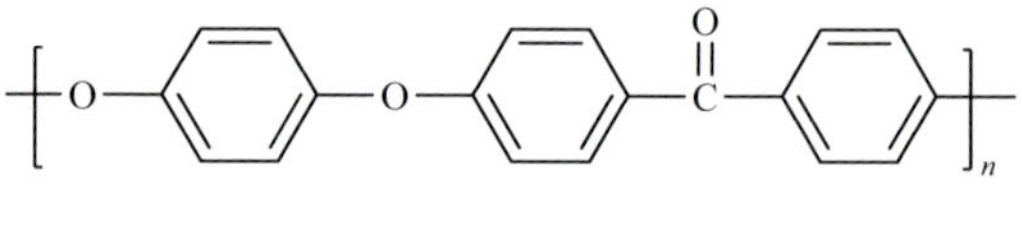

图2.1 聚醚醚酮分子结构简式

2.1.1 亲核取代反应合成聚醚醚酮

PEEK树脂可以采用亲核和亲电两种不同的路线制备。由于亲电路线存在支化且分子量低等缺点，很少在规模化生产中被应用，仅有法国 Arkema 等公司以亲电路线生产PEKK等产品。亲核取代路线合成PEEK是以4, 4′-二氟二苯甲酮、对苯二酚及碳酸盐为原料，以二苯砜为溶剂，在惰性气体的保护下进行反应，反应方程式如图 2.2 所示。

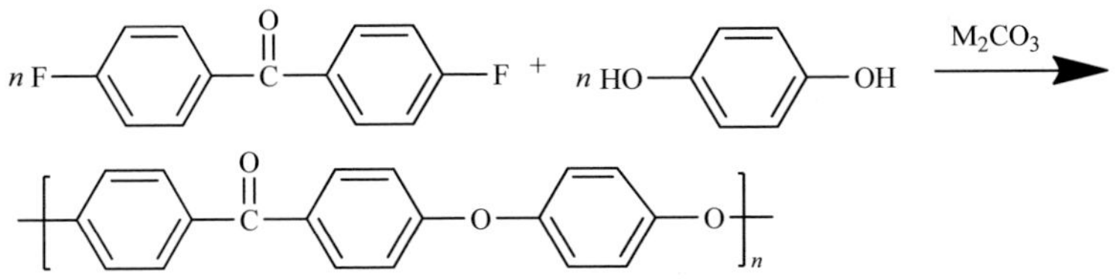

图 2.2　聚醚醚酮的亲核取代聚合反应合成路线

2.1.2　聚醚醚酮的化学结构分析

PEEK 的红外光谱图如图 2.3 所示，在 421 cm^{-1} 处呈现醚键的特征吸收峰，在 1650 cm^{-1} 处呈现羰基的特征吸收峰。PEEK 的紫外光谱图、^{1}H NMR 谱图及 ^{13}C NMR 谱图如图 2.4～图 2.6 所示，其中，^{13}C NMR 中的化学位移值列于表 2.1。红外光谱、紫外光谱、^{1}H NMR 谱和 ^{13}C NMR 谱的结果表明，亲核取代路线所合成的 PEEK 为线型聚合物。

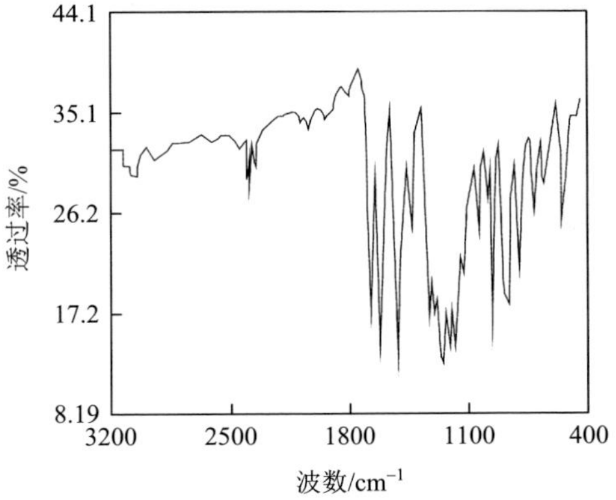

图 2.3　PEEK 的红外光谱图

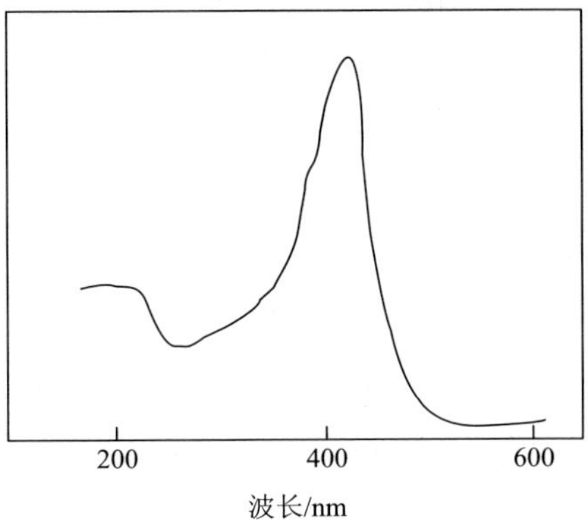

图 2.4　PEEK 的紫外光谱图

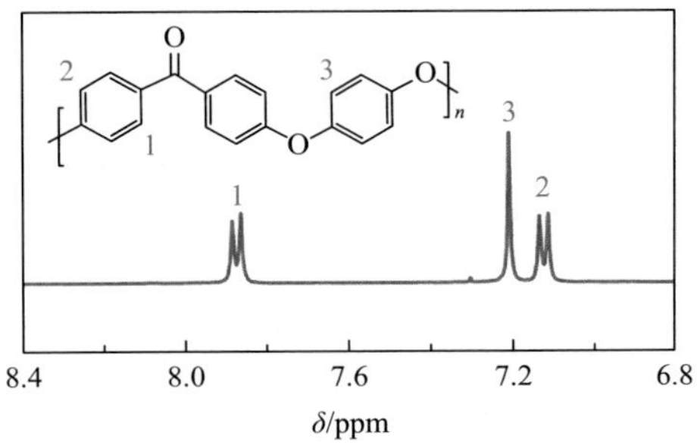

图 2.5　PEEK 的 ^{1}H NMR 谱图

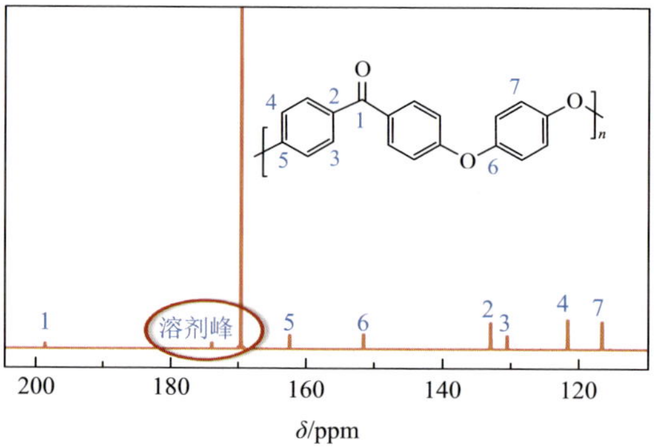

图 2.6　PEEK 的 ^{13}C NMR 谱图

表 2.1　PEEK 的 ^{13}C NMR 化学位移的测试值和计算值

位置	δ 测定值/ppm	δ 计算值/ppm
1	198.4	194.3
2	133.0	131.5
3	130.6	130.0
4	121.8	117.2
5	162.3	160.7
6	151.5	150.1
7	116.8	118.5

2.1.3　聚醚醚酮的热性能

1. 用 DSC、X 射线衍射和密度法研究热处理对 PEEK 热性能的影响

将淬火得到的无定形 PEEK 样品分别在 100℃和 150℃热处理 15 min，以 20℃/min 升温速度的 DSC 测试结果如图 2.7 所示。PEEK 的玻璃化转变温度(T_g)在 144℃处，进一步升温则在 184℃处出现放热峰(俗称冷结晶峰)，是无定形结构向结晶结构转变产生的热效应。继续升温，在 334℃处出现 PEEK 结晶的熔融峰。从曲线(b)和(c)的变化可知，将无定形 PEEK 在 100℃或 150℃热处理 15 min，其聚集态结构没有发生变化，仍然保持原来的无定形结构。

将无定形 PEEK 在 150℃以上的各种不同温度进行 15 min 热处理，再进行相同条件的 DSC 测定，其结果如图 2.8 所示。在 150℃以上不同温度热处理后 PEEK 的 T_g 由 144℃上升到 152℃，而且低温结晶的放热峰的大小也要随着热处理温度的升高而逐渐减小。

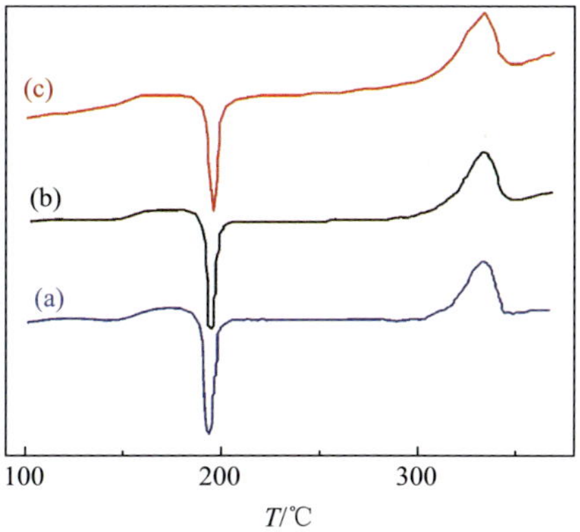

图 2.7　不同条件热处理后 PEEK 的 DSC 曲线

(a) 淬火；(b) 100℃热处理 15 min；(c) 150℃热处理 15 min(升温速度 20℃/min)

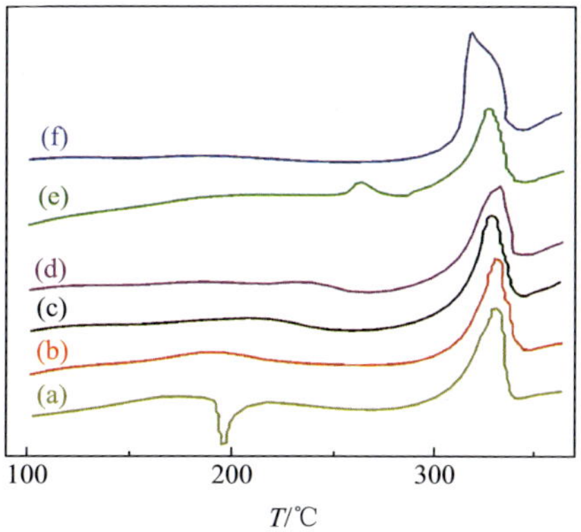

图 2.8　无定形 PEEK 在 150℃以上不同温度热处理 15 min 后的 DSC 曲线

(a) 160℃；(b) 175℃；(c) 200℃；(d) 220℃；(e) 250℃；(f) 310℃

不同条件处理的 PEEK 树脂的广角 X 射线衍射(wide angle X-ray diffraction，WAXD)测定结果如图 2.9 所示。从图中可知，160℃热处理 15 min 后，出现了明显的尖锐峰形，表明样品已有结晶结构出现[图 2.9(c)]。进一步升高热处理温度，样品的玻璃化转变温度提高的同时，低温结晶峰消失。值得注意的是，在比熔点低的温度处出现一个吸热峰，对应的温度用 T'_m 表示，T'_m 随热处理温度的升高会向高温方向移动，这种现象称为多重熔融行为，在聚乙烯、尼龙等结晶聚合物中也有同样的现象。热处理温度对 PEEK 的 T_g、T'_m、T_m 的影响如图 2.10 所示，由图可见，PEEK 的 T_g 和 T'_m、T_m 对热处理温度的依赖性有很好的对应关系。热处理温度在 200℃以下时，其影响较大，而高于这个温度后，则都趋向各自的固定值。PEEK 的低温熔融温度(T'_m)与处理温度有着线性关系，随着处理温度的升高而升高。

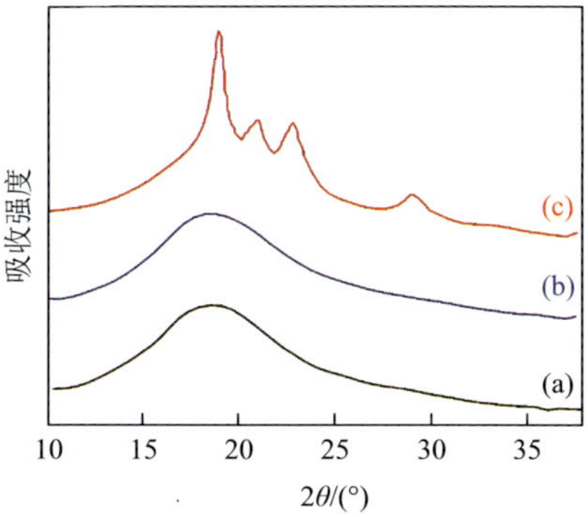

图 2.9　PEEK 的 WAXD 测定结果

(a) 淬火；(b) 150℃热处理 15 min；(c) 160℃热处理 15 min

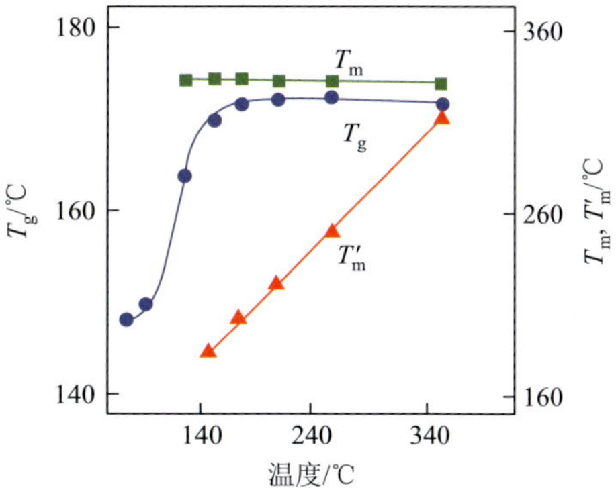

图 2.10　T_g、T'_m、T_m 随热处理温度的变化

PEEK 样品的密度和 WAXD 测得的结晶度结果如图 2.11 所示。相同处理时间下，聚合物的结晶度和密度随着热处理温度的升高而增加，这是由聚合物分子链在高温下由无序向有序排列引起的。

从吸热峰的面积可求得的吸热焓 $\Delta H'$与热处理温度关系，如图 2.12(a)所示。如果采用聚醚醚酮的完全熔融焓为 $\Delta H_F = 130$ J/g，用式(2.1)可计算聚醚醚酮的结晶度，其结果如图 2.12(b)所示。

$$X_{cr} = \frac{\Delta H'}{\Delta H_F} \times 100\% \tag{2.1}$$

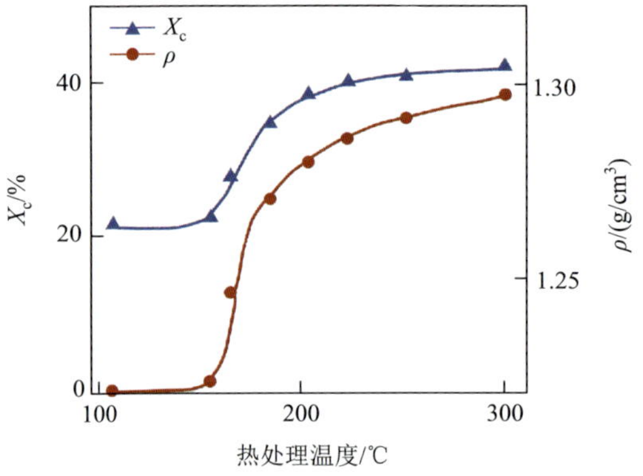

图 2.11 PEEK 的结晶度(X_c)与密度 ρ 随热处理温度的变化

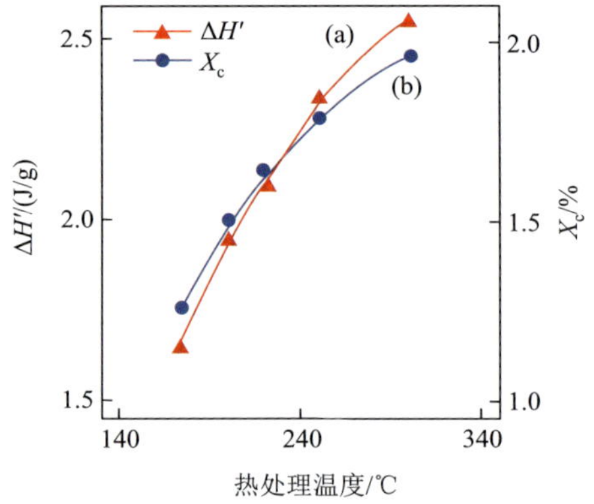

图 2.12 热处理温度与样品的吸热焓 $\Delta H'$和结晶度 X_c 的关系

为了研究热处理时间对 PEEK 样品热性能的影响，将热处理温度设定为 160℃、175℃和 300℃。首先，测定了 160℃热处理 3 min、10 min、15 min 和 30 min 样品的 DSC，其结果如图 2.13 所示。样品的 T_g 和由低温结晶化的放热峰的面积求得 $\Delta H'$随热处理时间的变化规律如图 2.14 所示。在 160℃进行热处理时 PEEK 已经开始结晶，并随着热处理时间的延长，结晶度不断增加，在 DSC 曲线上表现为冷结晶减少，放热峰变小。当热处理时间达到 30 min 后，这个放热峰消失。这表明经 30 min 热处理后，结晶已完成。另外，T_g 也随热处理时间延长而提高，而在 30 min 热处理后则达到固定值。

PEEK 在 175℃不同热处理时间后的 DSC 测定结果如图 2.15 所示。175℃热处理时 PEEK 的结晶速度加快，大约在 15 min 左右之后热处理引发的结晶达到平衡。

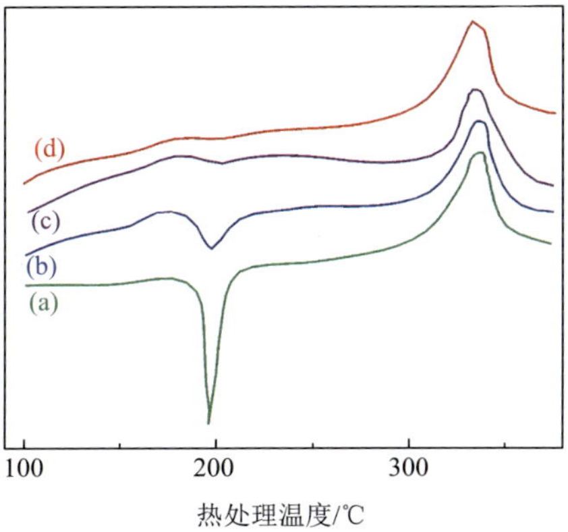

图 2.13　160℃处理不同时间后，测得的 PEEK 样品的 DSC 曲线

(a) 3 min；(b) 10 min；(c) 15 min；(d) 30 min

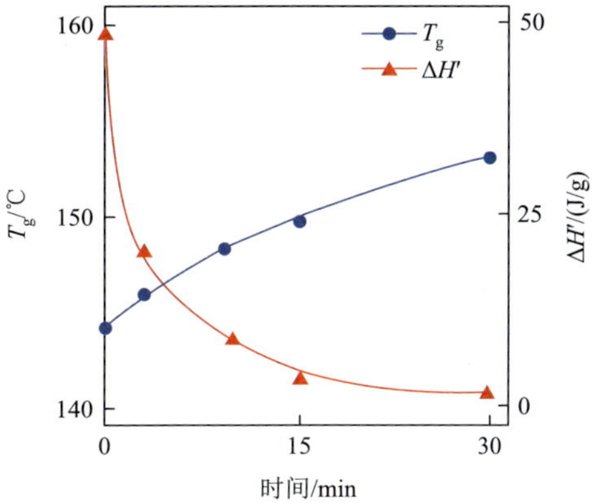

图 2.14　PEEK 在 160℃处理不同时间后测得的 T_g 和 $\Delta H'$

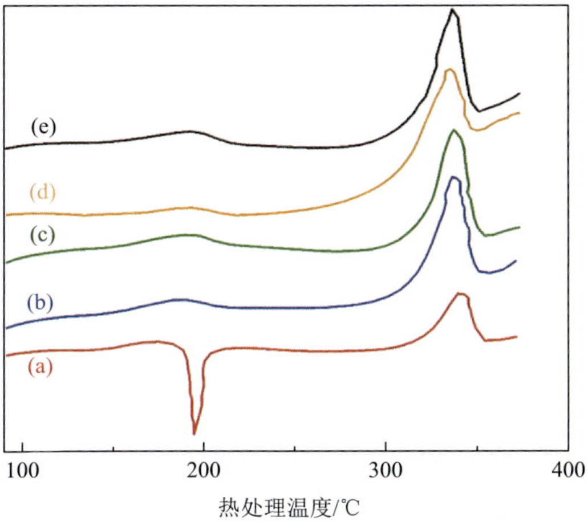

图 2.15　PEEK 在 175℃不同热处理时间后的 DSC 曲线

(a) 无定形；(b) 5 min；(c) 10 min；(d) 15 min；(e) 30 min

PEEK 在 175℃不同热处理时间后的 T_g 和 T_m' 的变化规律如图 2.16 所示。密度 ρ 与结晶度 X_c 的测试结果如图 2.17 所示。

如图 2.18 所示，高温下的热处理在短时间 T_g 即可达到一固定值。同时，低温熔融峰也随热处理时间成比例地向高温方向移动，约在 180 min 处理后，T_m' 则与主熔融峰重合。PEEK 在热处理后，结晶性有着明显的变化。

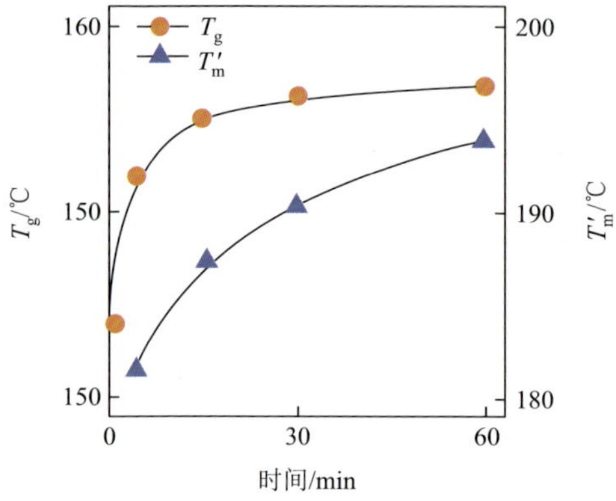

图 2.16　PEEK 在 175℃热处理不同时间后 T_g 和 T'_m 的测试结果

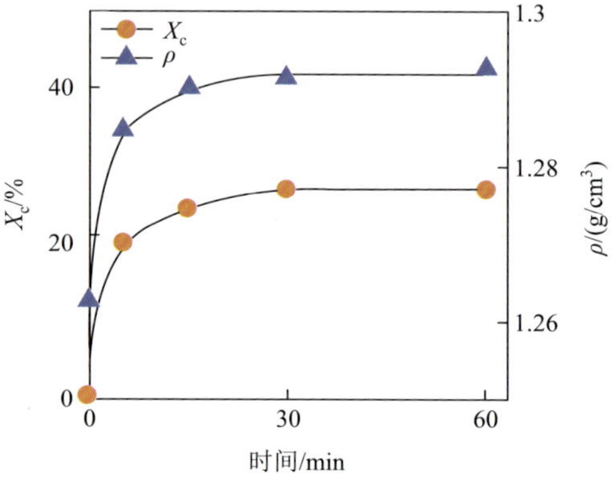

图 2.17　PEEK 在 175℃热处理不同时间后测得的密度 ρ 与结晶度 X_c 的测试结果

材料的力学性能与结晶性密切相关，PEEK 的热历史也必然影响机械性能，上述不同条件热处理后 PEEK 的力学性能如图 2.19 所示。由于热处理使样品的结晶度提高，样品拉伸强度提高并达到平衡，相反其断裂伸长率变小，最后达到平衡。

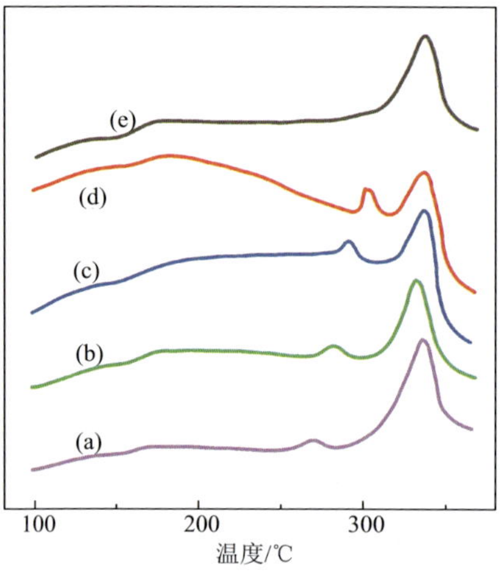

图 2.18　PEEK 在 300℃不同热处理时间后的 DSC 曲线(升温速度为 10℃/min)

(a) 3 min；(b) 10 min；(c) 20 min；(d) 30 min；(e) 180 min

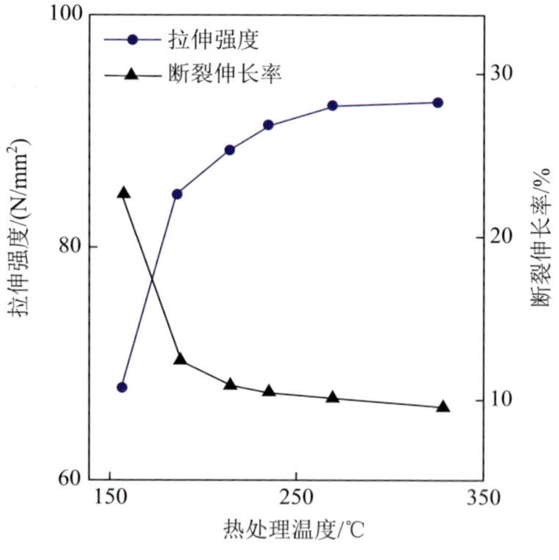

图 2.19　热处理对 PEEK 力学性能的影响

2. PEEK 的动态力学分析（DMA）

1) 无定形与结晶 PEEK 的动态黏弹性

这里的无定形样品为淬火得到的聚醚醚酮样品。用动态力学分析测定无定形和结晶型 PEEK 的结果如图 2.20 和图 2.21 所示。从图 2.20 可以看出，在测定的温度范围内损耗因子（tan δ）在–70℃处出现一个小的缓峰，这可以认定为 PEEK 的 β 转变。一般有侧链的聚合物 β 转变可认定为是侧链的转变，在聚合物支化度不同时会有明显的差异。PEEK 没有侧链存在，所以在无定形树脂和结晶型树脂的测试结果中都有相同的波峰，可以认为是 PEEK 结构中苯环的分子内旋转。

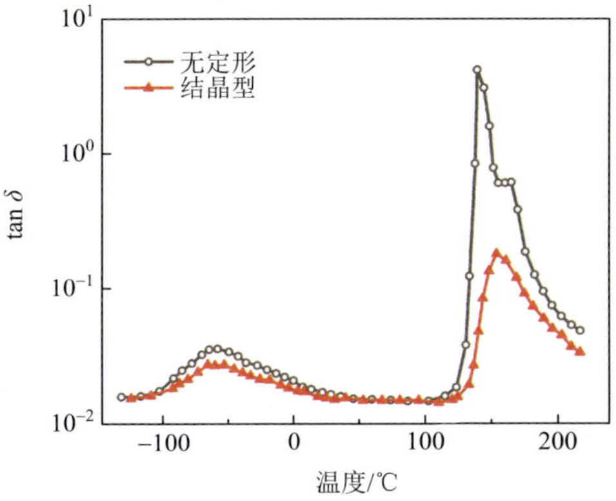

图 2.20　无定形和结晶型 PEEK 的损耗因子随温度变化的 DMA 曲线

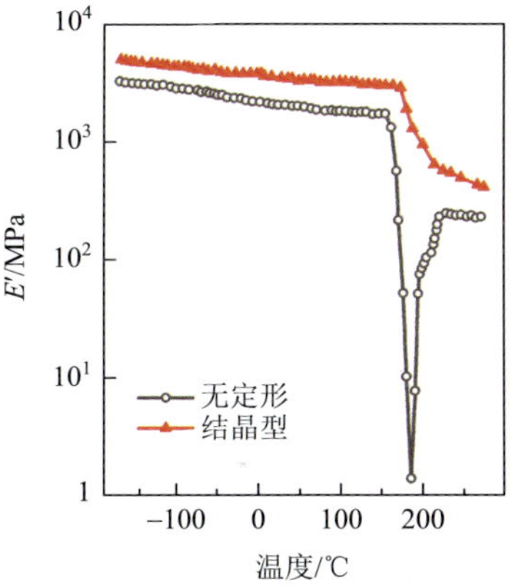

图 2.21　无定形和结晶型 PEEK 的储能模量随温度变化的 DMA 曲线

无定形聚醚醚酮树脂的 α 转变出现在 156℃。结晶型的 PEEK 在 175℃出现明显的变化，这是在 PEEK 的无定形区域出现的微布朗运动相关的 α 转变，所以在无定形区和结晶区有很大的不同。在 141℃附近，无定形 PEEK 树脂的 tan δ 开始增大，同时储能模量（E'）开始下降，其曲线形态与无定形聚醚砜等聚合物相同。

如图 2.21 所示，E'在 165℃出现最低值，再升温则开始上升，而在 210℃附近出现固定值。另外，在 145℃结晶型 PEEK 的 tan δ 开始增大，而储能模量则在 200℃附近缓慢下降，之后达到一定值不变。当测定温度到 200℃以上时，无定形 PEEK 的储存模量的变化行为与结晶型 PEEK 的趋势相同，说明测定时的升温使无定形 PEEK 发生了结晶。为了确定这个判断，测定了 PEEK 在上述升温过程的红外光谱。从 PEEK 红外光谱在 1037 cm^{-1} 和 1278 cm^{-1} 处的吸光度比（A_{1037}/A_{1278}）和结晶度的关系中可求得无定形 PEEK 在升温过程中结晶度的变化。

如图 2.22 所示，在 155℃以下处理无定形 PEEK 不发生结晶，而从 160℃以上开始发生结晶，到 220℃附近达到特定程度的结晶。这一事实与前面动态力学性能的结果是一致的[1, 2]。

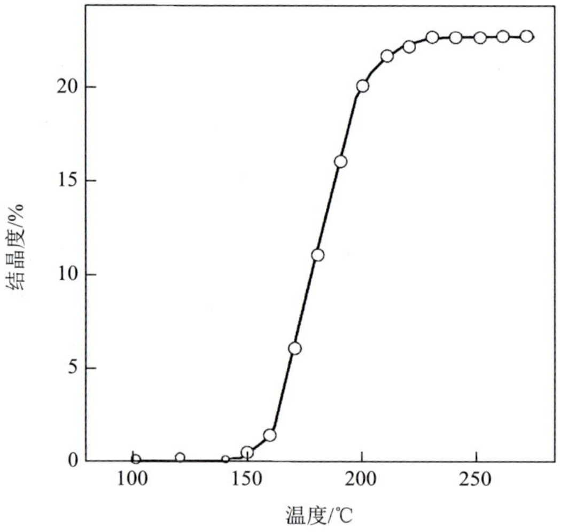

图 2.22 升温过程中 PEEK 不同温度下结晶度变化

2）无定形 PEEK 的结晶过程中 α 转变的变化规律

在玻璃化转变温度（T_g）以下，分子链的运动被冻结，不能进行结晶。而达到 T_g 以上时，分子链的链段运动开始活跃，从而发生聚集态结构的变化。PEEK 在 160℃热处理 30～360 min 的 tan δ 和 E'的测试结果如图 2.23 和图 2.24 所示。在 160℃温度下 30 min 的热处理 PEEK 的 tanδ 和 E'都变化不大，60 min 开始发生明显

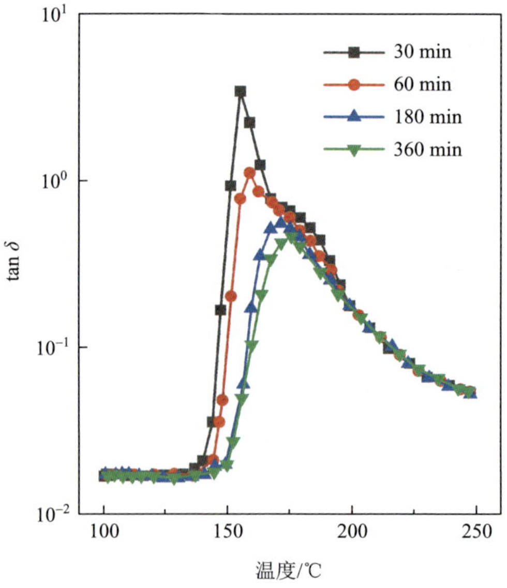

图 2.23 PEEK 在 160℃不同热处理时间后损耗因子的变化

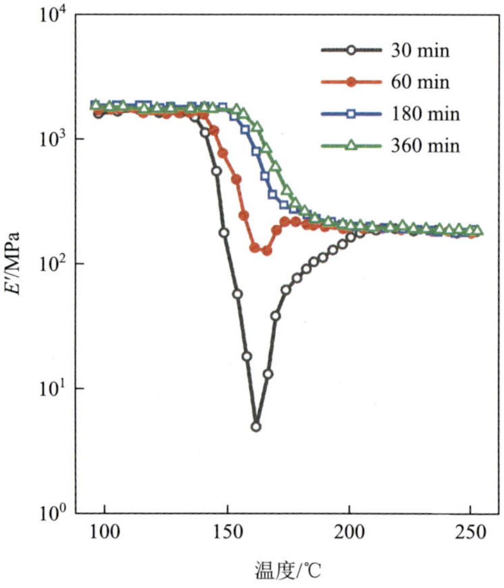

图 2.24 PEEK 在 160℃不同热处理时间后储能模量的变化

的变化，即 E'开始下降的温度向高温方向移动 2～3℃，但其形状仍保持与无定形相似，不过其最小值却与无定形相比大约增加一个数量级。另外 tan δ 的最大值也相对变小。PEEK 在 160℃热处理 60 min 后，其聚集态结构开始部分结晶化。进一步到热处理 360 min 时，样品的动态力学性能的变化呈现 tan δ 曲线与 E'曲线都不再有无定形的特征，而变成与结晶型 PEEK 相同的行为。

随着处理温度的提高，最大损耗因子峰值温度也在升高，但是随着处理温度的提高，其升高数值略有下降。160℃处理后得到的最大损耗因子出现的温度明显高于 165℃处理的样品。同样，170℃及 175℃不同时间热处理后求得的 tan δ 最大值的温度的结果如图 2.25 所示。

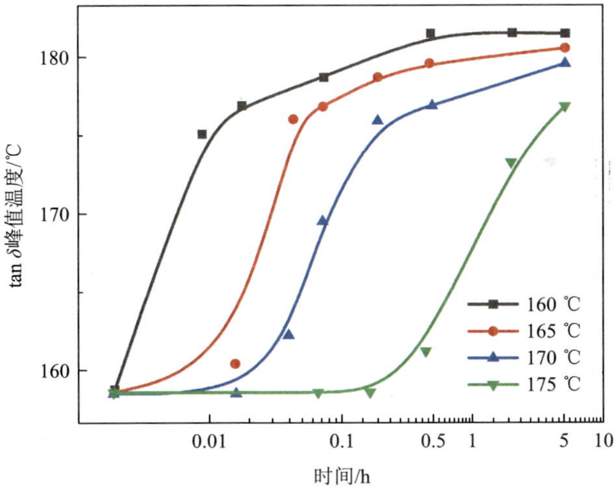

图 2.25　不同温度热处理不同时间的 PEEK 的 tan δ 峰值温度

随着热处理温度的提高，PEEK 的 tan δ 的 α 峰值的变化也增大。这一点可以认为是与上节中谈到的 PEEK 的低温结晶，在超过 165℃时其结晶速度加快是一致的。等温不同时间下热处理后的 PEEK 的损耗因子和储能模量随温度的变化关系如图 2.26 和图 2.27 所示。在 165℃进行不同时间热处理后，测得 tan δ 与 E'在 5 min 之内仍保持无定形，而在时间超过 30 min 后则已经结晶。

PEEK 在 170℃热处理不同时间的动态力学性能测试的结果如图 2.28 和图 2.29 所示。从图中结果可知，到 170℃时的 tan δ 的 α 峰值向高温一侧移动。另外，E'的最低值也比淬火后的无定形样品的测定值要高。这表明样品已经开始部分结晶。到 175℃则已经看不到表明无定形的图示，图中的变化都是结晶结构的变化。再进一步提高热处理温度，则可看到 tan δ 的峰值及 E'开始下降的温度都有向高温方向移动的倾向。

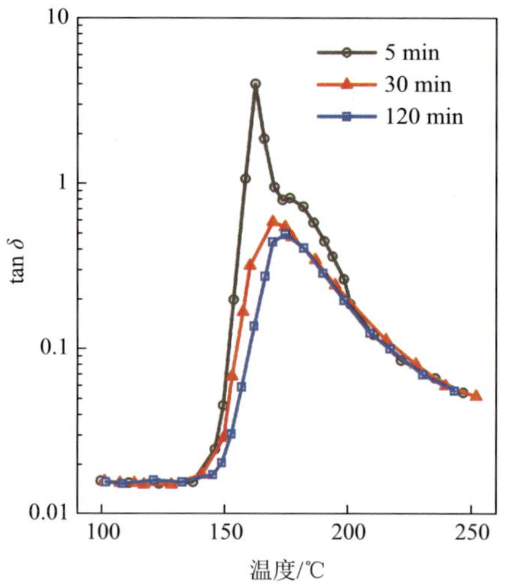

图 2.26　PEEK 在 165℃热处理不同时间后测得的损耗因子

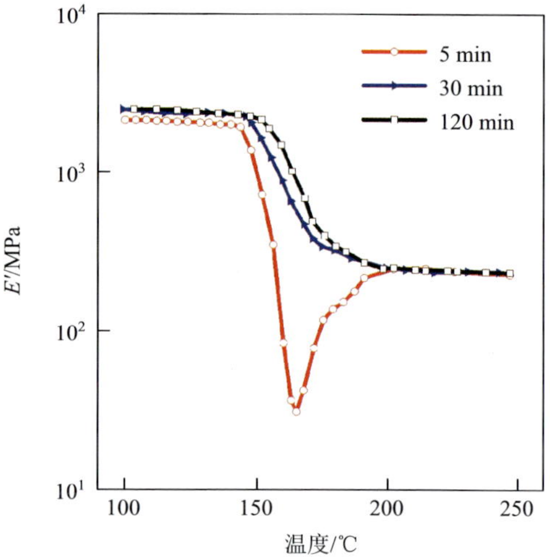

图 2.27　PEEK 在 165℃热处理不同时间后测得的储能模量

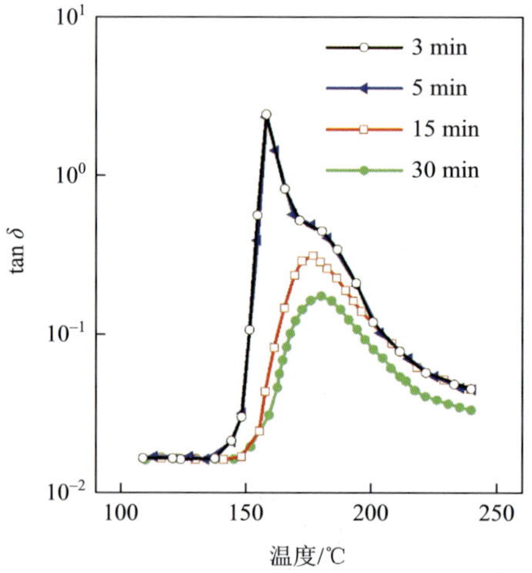

图 2.28　PEEK 在 170℃热处理不同时间后测得的损耗因子

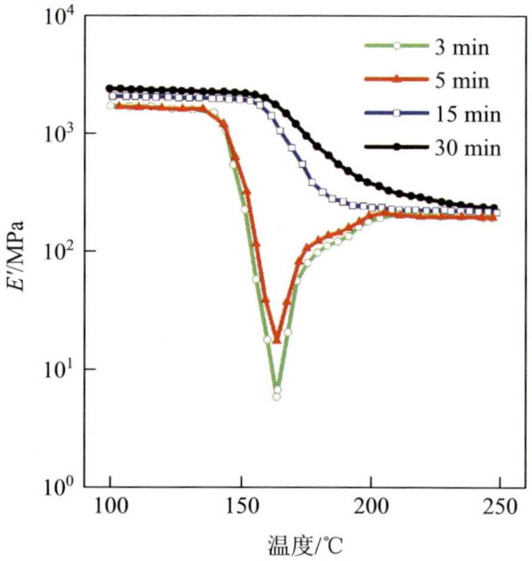

图 2.29　PEEK 在 170℃热处理不同时间后测得的储能模量

3）PEEK 的结晶缺陷在动态黏弹性上的表现

此前，只考虑了 PEEK 的 tan δ 峰值受热处理因 PEEK 结晶结构的改变而变化。同一个样品的 PEEK 的 tan δ 的峰值随着热处理温度的不同而不同。如图 2.30 所示，185℃和 220℃热处理 15 min 的 PEEK 的动态力学分析的结果表明，tan δ 的峰值和 E′开始下降的温度相同，但其下降的规律从图中可以清楚地看出有明显的差别。也就是 E'下降的斜度 185℃时较急，到 200℃时趋于定值。而 220℃处理时，其下降的斜度则放缓，即使到 200℃以上，也还有缓慢地继续下降。将这个结果与上一节的 DSC 的结果一起考虑，可认为是其结晶型态有缺陷造成了这种现象。而这样结构缺陷会使其在比正常结晶熔点低的温度熔化，其使得 E'随着温度的变化快速降低。

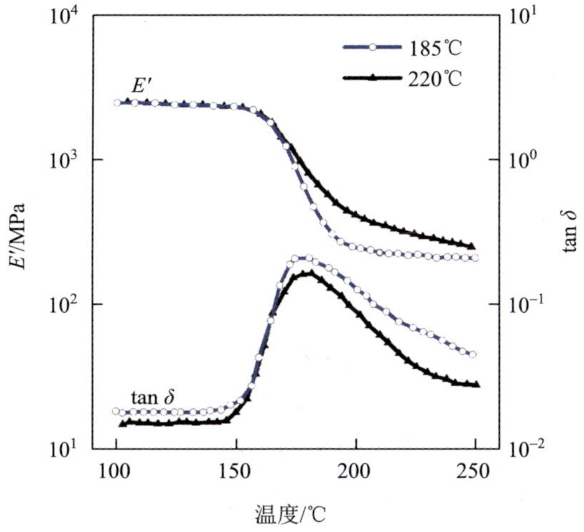

图 2.30　PEEK 在 185℃和 220℃热处理 15 min 的损耗因子与储能模量的测试结果

2.1.4　聚醚醚酮的力学性能

聚醚醚酮一般采用注塑或者模压工艺成型，其聚集态结构与热历史密切相关，因此，PEEK 的热历史对材料的力学性能有很大的影响。

1. 注塑成型的模温对力学性能的影响

1）模温 100℃的成型样件力学性能分析

模温 100℃的注塑 PEEK 测试样件分别在 120℃、140℃、160℃、180℃、200℃热处理后的拉伸强度如图 2.31 所示，将图 2.31 中的测试结果列于表 2.2，将表 2.2 的结果以热处理温度对拉伸强度作图，其结果如图 2.32 所示。结果表明，随热处理温度的升高，样件的拉伸强度提高，基本在 180℃以上达到平衡。

2）模温 120℃的成型样件

模温 120℃的注塑 PEEK 测试样件分别在 140℃、160℃、180℃、200℃热处理后的拉伸强度测试结果如图 2.33 所示，将上述测试结果列于表 2.3，将表 2.3 的结果以热处理温度对拉伸强度作图，结果如图 2.34 所示。上述结果表明，样件模温在 120℃成型，经 140℃以上温度热处理后，样件强度同样随热处理温度升高而提高，不过也会在 180℃基本达到平衡。

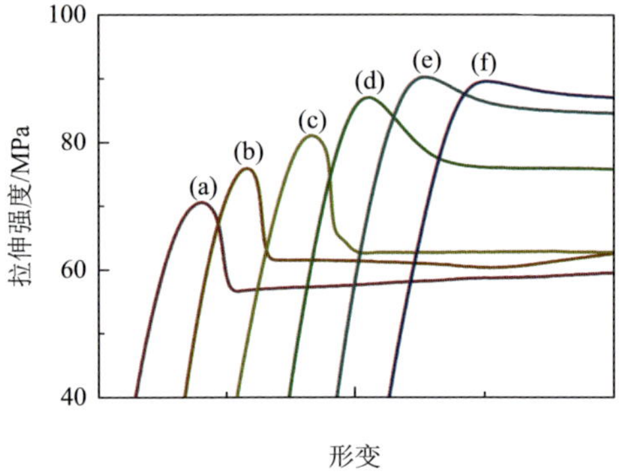

图 2.31 模温 100℃成型样件在不同温度热处理后的拉伸测试结果

(a) 未处理；(b) 120℃；(c) 140℃；(d) 160℃；(e) 180℃；(f) 200℃

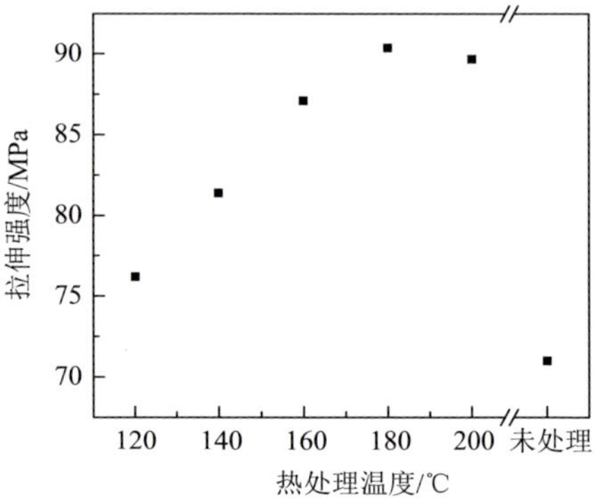

图 2.32 模温 100℃成型样件不同温度热处理后拉伸强度

表 2.2 模温 100℃成型样件在不同温度热处理后的拉伸强度

热处理温度/℃	未处理	120	140	160	180	200
拉伸强度/MPa	71	76	81	87	90	90

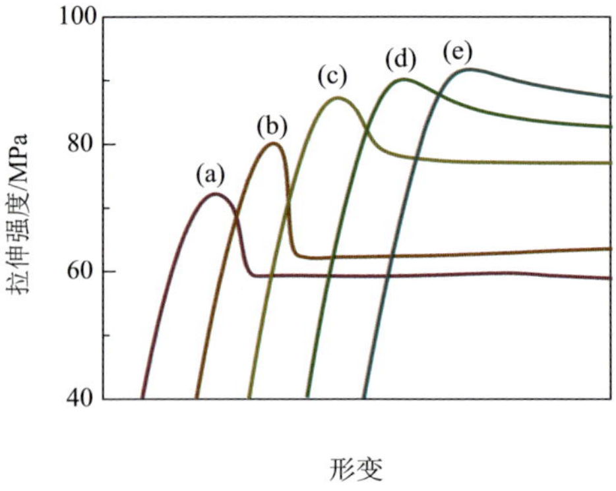

图 2.33 模温 120℃成型样件在不同温度热处理后的拉伸测试结果

(a) 未处理；(b) 140℃；(c) 160℃；(d) 180℃；(e) 200℃

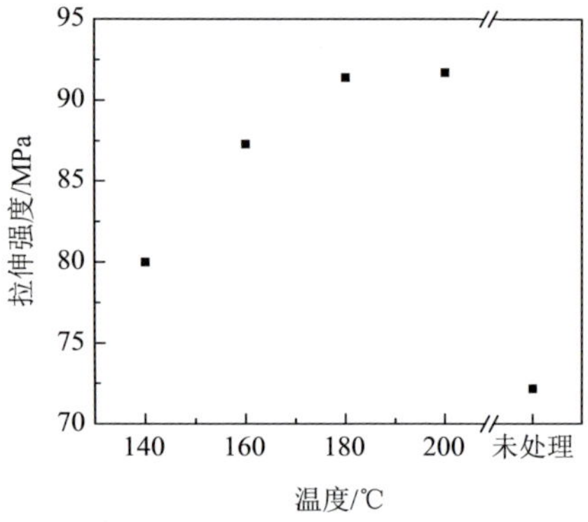

图 2.34 模温 120℃成型样件不同温度热处理后拉伸强度

表 2.3 模温 120℃成型样件在不同温度热处理后的拉伸强度

热处理温度/℃	未处理	140	160	180	200
拉伸强度/MPa	72.2	80.0	87.3	91.4	91.7

3) 模温 140℃的成型样件

模温 140℃的注塑 PEEK 测试样件分别在 160℃、180℃、200℃热处理后的拉伸强度测试结果如图 2.35 所示，将上述测试结果列于表 2.4 中，将表 2.4 的结果以热处理温度对拉伸强度作图，结果如图 2.36 所示。上述结果表明，样件模温在 140℃成型，经 160℃以上温度热处理后，样件强度同样随热处理温度提高而提高，不过也会在 180℃达到平衡。

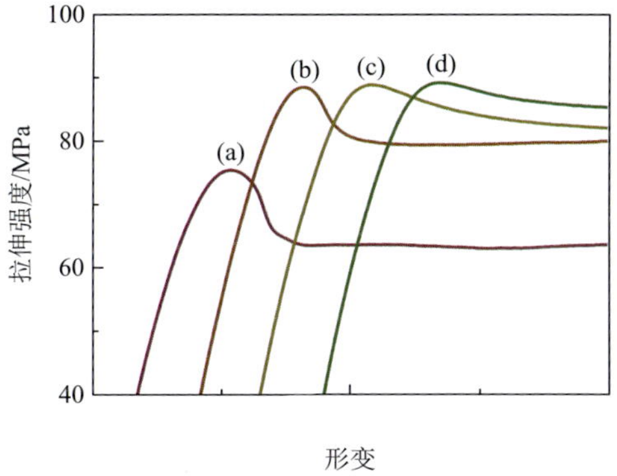

图 2.35　模温 140℃成型样件在不同温度热处理后的拉伸测试结果

(a) 未处理；(b) 160℃；(c) 180℃；(d) 200℃

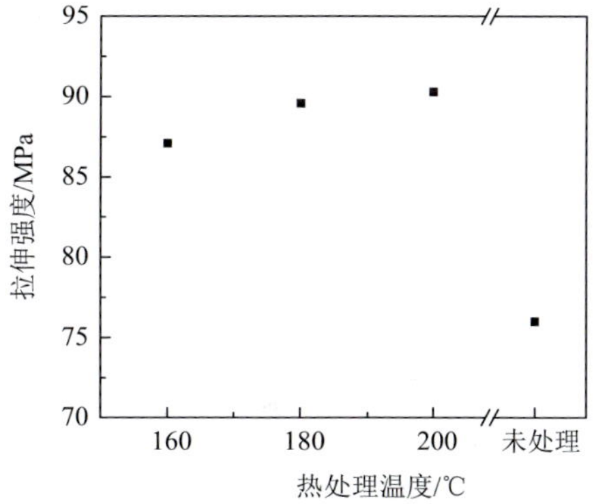

图 2.36　模温 140℃成型样件不同温度热处理后拉伸强度

表 2.4　模温 140℃成型样件在不同温度热处理后的拉伸强度

热处理温度/℃	未处理	160	180	200
拉伸强度/MPa	76	87.1	89.6	90.3

4) 模温在 160℃的成型样件

模温 160℃的注塑 PEEK 测试样件分别在 180℃、200℃热处理后的拉伸强度测试结果如图 2.37 所示，将上述测试结果列于表 2.5，将表 2.5 的结果以热处理温度对拉伸强度作图，结果如图 2.38 所示。上述结果表明，样件模温在 160℃成型的样件，在经 180℃、200℃热处理后，拉伸强度还有少许增加，模温在 180℃以上成型的样件则不再增加。

表 2.5　模温 160℃的样件在不同温度热处理后的拉伸强度

热处理温度/℃	160(未处理)	180	200
拉伸强度/MPa	86.1	89.2	90.0

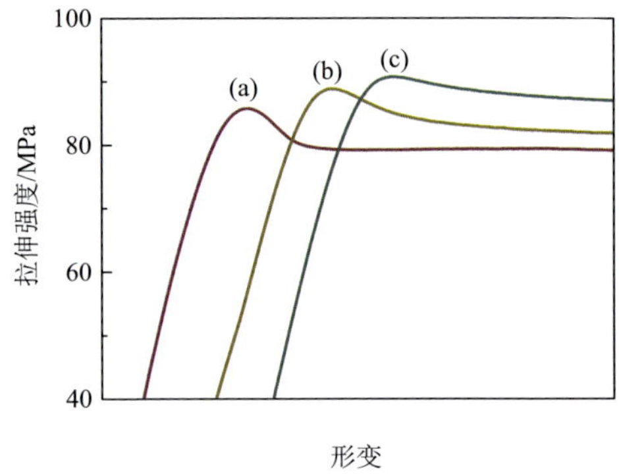

图 2.37 模温 160℃成型样件不同温度热处理后的拉伸强度

(a) 未处理；(b) 180℃处理；(c) 200℃处理

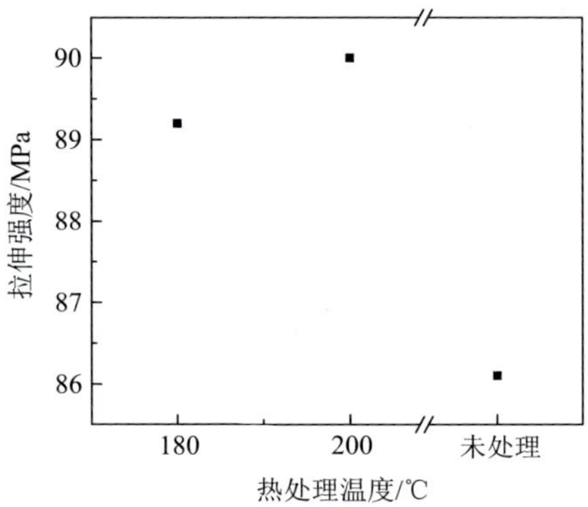

图 2.38 模温 160℃成型样件不同温度热处理后拉伸强度

上述模温实验的实用意义在于加工一些较复杂的大型部件时，即使将模温设定在一个合理的温度，测温点只有一个模具的不同部位的温度也会不完全均一，这必然使制品不同部位的收缩率不等。这时只要将这种受热不均的制品成型后在 180℃下恒温足够的时间，制品各部位都会达到同一收缩率，使制品各部位强度均一。

2. 注塑成型保压时间对力学性能的影响

制品注射成型过程中，除模温直接影响制品的性能之外，制品在模具中的停留时间，也就是通常说的保压时间也是一个因素。不同保压时间样品的拉伸强度的测试结果列于表 2.6。结果表明，保压时间只要有 40～50 s 则足够充分。

表 2.6 保压时间对制件拉伸强度的影响

保压时间/s	20	30	40	50
拉伸强度/MPa	86.8	87.6	87.2	87.4

3. 热处理对高温力学性能的影响

PEEK 样件的成型条件为注射成型料筒温度 380℃、模具温度 180℃、定型时间 50 s，样件的热处理条件为热处理温度 220℃、热处理时间 30 min。对上述样件进行不同温度高温拉伸的测试结果列于表 2.7，将表 2.7 中的测试结果以拉伸温度对所得到的拉伸强度作图，其结果如图 2.39 所示。

表 2.7　热处理样件不同温度高温拉伸的测试结果

拉伸温度/℃	200	220	240	260	280	300
拉伸强度/MPa	43.0	42.1	40.8	40.5	36.9	29.3

由上述结果可知，在温度从 200℃到 260℃其拉伸强度的下降幅度小，而到 260℃以后则下降幅度显著增大，这是因为温度接近熔点[3]。

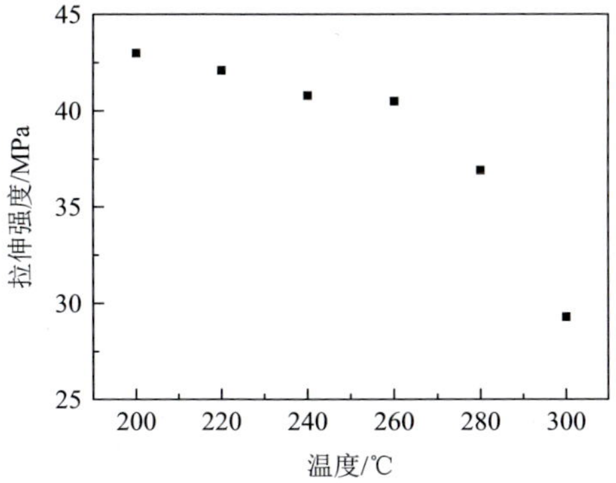

图 2.39　220℃处理 30 min 后样件的高温拉伸强度随拉伸温度变化

2.2 其他聚芳醚酮

聚芳醚酮(PAEK)树脂的性能与其分子组成及链结构密切相关，特别是其玻璃化转变温度、熔点等热性能与结构单元中的苯环数量、醚基数量、酮基数量和苯环的连接方式等密切相关，因此，可以通过设计合成特定结构的单体进而合成预期结构和性能的聚合物。

吉林大学特种工程塑料教育部工程研究中心基于高分子化学与物理的学科优势和在高性能聚合物研究方面的雄厚积累，从分子链结构设计出发，设计合成了多种结构的双官能团单体，通过溶液缩聚反应合成出不同分子链结构和性能的聚芳醚酮[4-7]。

表 2.8 给出了多种聚芳醚酮的结构式及其玻璃化转变温度(T_g)和熔点(T_m)。以 PEDEK 为例，其中“E”代表醚基，“D”代表联苯结构，“K”代表羰基结构。随着醚基含量的减少，醚酮比的降低，聚合物的 T_g 和 T_m 升高，且联苯基团的引入，又使 T_g、T_m 得以升高。在不考虑分子量影响的近似情况下，影响高聚物 T_g 的因素主要有两个：分子间的束缚力和主链本身的柔曲性。对于高分子化合物，

表 2.8 不同种类的聚芳醚酮分子式及其单体

序号	聚芳醚酮种类	结构式	T_g/℃	T_m/℃
1	PEEEK	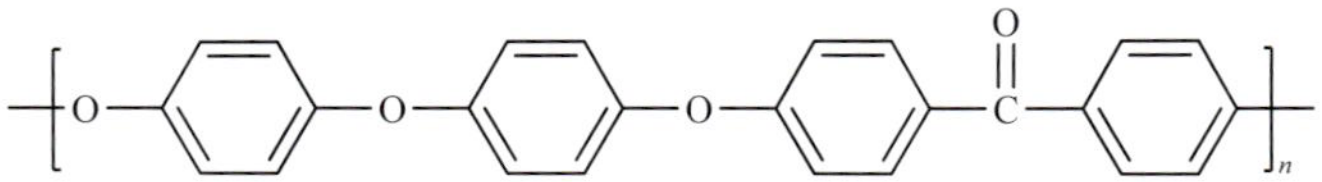	129	324
2	PEEKEK	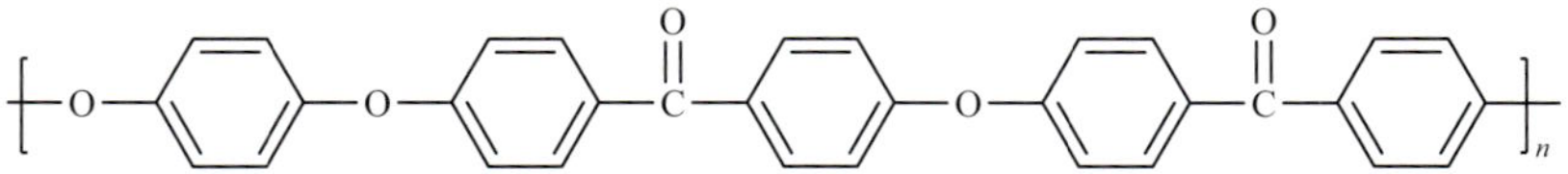	148	345
3	PEK	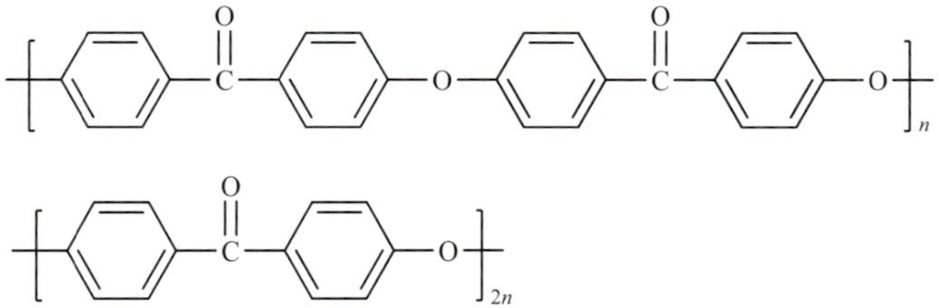	152	373
4	PEEKK	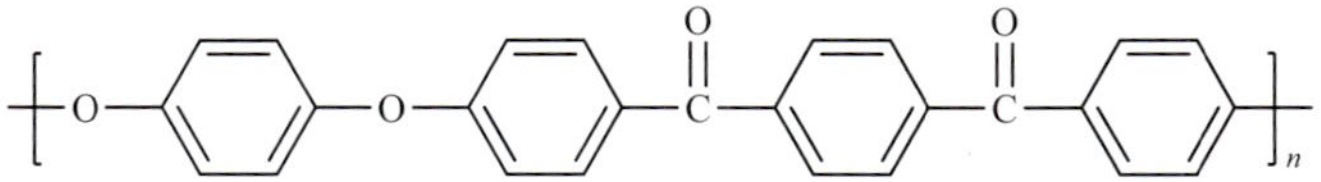	150	365
5	PEKEKK	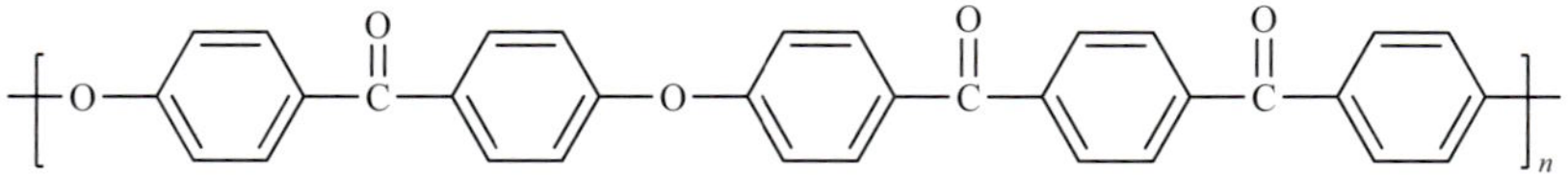	160	384
6	PEKK	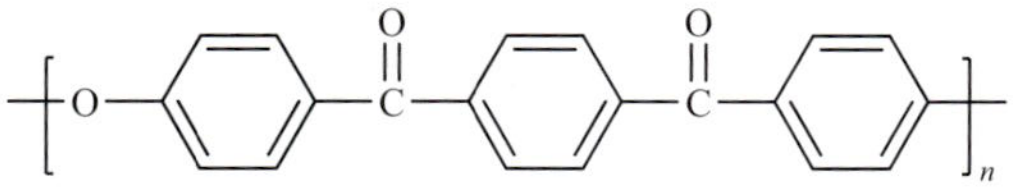	165	388

续表

序号	聚芳醚酮种类	结构式	T_g/℃	T_m/℃
7	PEDEK	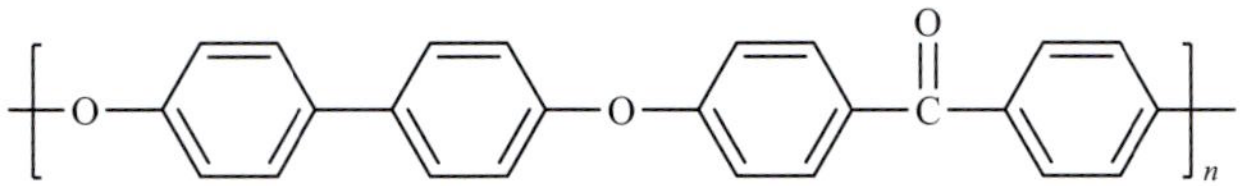	167	410
8	PEDEKK	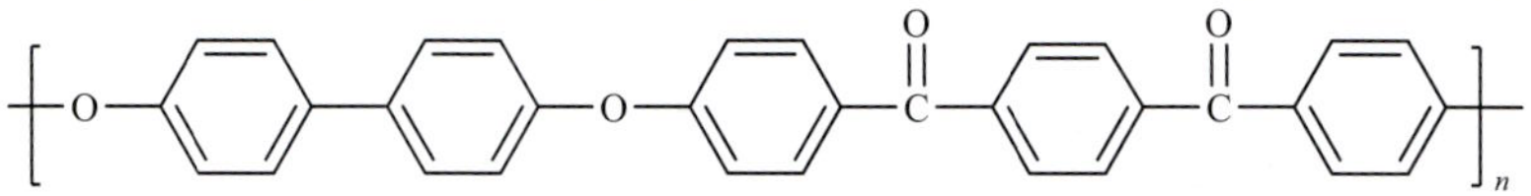	183	411
9	PEEKDK	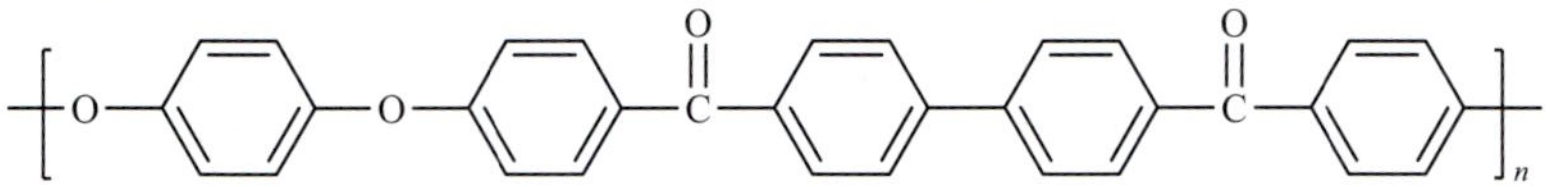	192	428
10	PEDEKDK	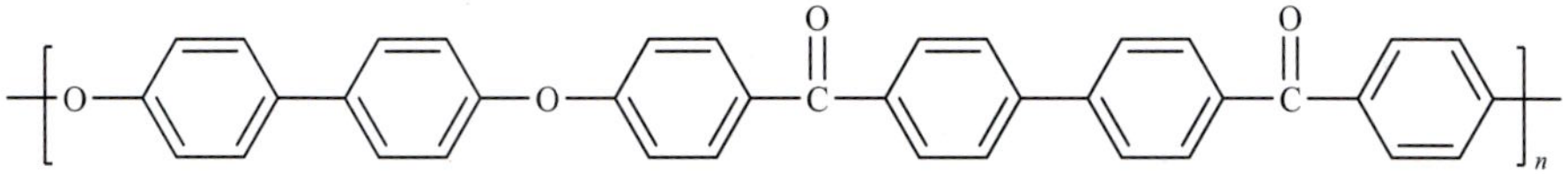	209	469
11	PEDK	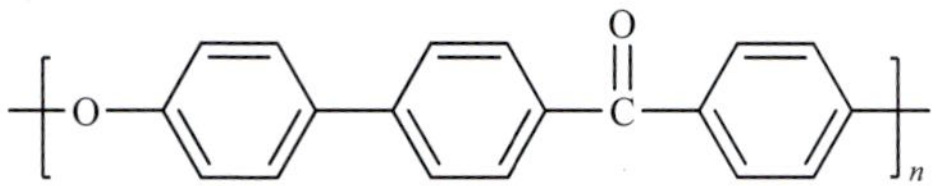	216	478

分子链的柔性是由 σ 键的内旋转难易程度决定的，σ 键的旋转越容易，分子链柔性越好。对于聚芳醚酮来说，分子中 σ 键两端连接的基团有苯基、酮基和醚基，其中连接苯基、酮基的 σ 键的旋转势垒较高，而醚键的旋转势垒较低，因此醚基的存在使高分子链段运动所需能量降低，因此，醚键越多，T_g 越低。由于联苯基团比亚苯基更大，其内旋转势垒更高，且其大的共轭体系使分子间作用力也较大，所以联苯基有更高的刚性，使 T_g 升高。

2.2.1　聚醚醚酮酮

1. 聚醚醚酮酮(PEEKK)的制备

英国 Victrex 公司继 PEEK 之后于 20 世纪 90 年代初，又推出耐热等级更高的第二代聚芳醚酮产品，商品名为 PEEK-HT，重复单元结构如图 2.40 所示。

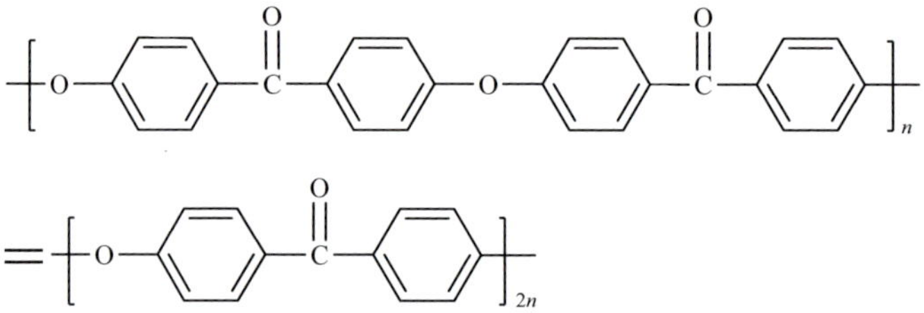

图 2.40　PEEK-HT 的分子式

重复单元中的醚酮比为 1∶1，玻璃化转变温度 $T_g = 152℃$，熔融温度 $T_m = 373℃$。对于结晶聚合物通常可以用其熔点和玻璃化转变温度评价耐热等级，一般来讲，结晶聚合物的最高连续使用温度为其熔点和玻璃化转变温度之和的一半，以此来计算，其耐热等级为(152℃+373℃)/2 = 265.2℃，比 PEEK 的 238.5℃提高 24℃。

决定 PAEK 系列树脂耐热等级的两个主要参数是玻璃化转变温度(T_g)和熔点(T_m)，它们与分子结构重复单元中的醚酮基比相关，由此可知，在 PAEK 重复单元中的醚酮比是决定 PAEK 耐热等级的关键结构因素[8-10]。PEEK 的醚酮比为 1∶2，而英国 Victrex 公司推出的更高耐热等级的 PEEK-HT 醚酮比为 1∶1。因此，可以断定只要保持 PAEK 重复单元中醚酮比为 1∶1，则其耐热等级必将与 PEEK-HT 相当[7, 11]。

英国 Victrex 公司 PEEK-HT 的合成路线如图 2.41 所示。从英国 Victrex 公司 PEEK-HT 的合成路线看，在反应中使用单体 4, 4′-二羟基二苯甲酮代替合成 PEEK 所用的对苯二酚，因单体 4, 4′-二羟基二苯甲酮的合成工艺复杂，难度大，因此其成本远高于对苯二酚，致使 PEEK-HT 产品的生产成本较 PEEK 高出很多。为了避开使用高成本单体，我们成功研发新的单体 4, 4′-二氟三苯二酮。

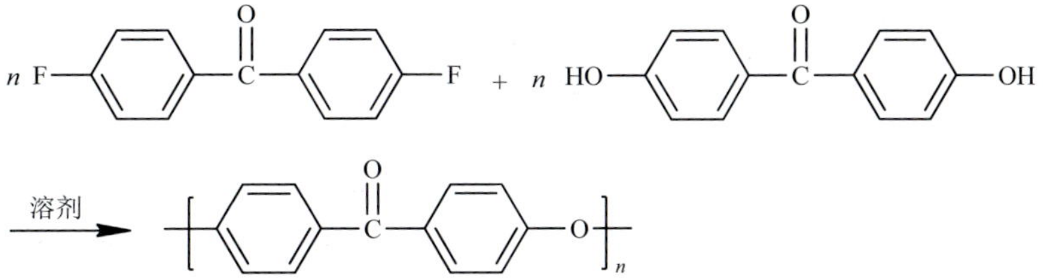

图 2.41 英国 Victrex 公司 PEEK-HT 的合成路线

聚醚醚酮酮（PEEKK）的合成是以 4, 4′-二氟三苯二酮、对苯二酚及碳酸盐为原料，以二苯砜为溶剂，在惰性气体的保护下进行反应，反应方程式如图 2.42 所示。

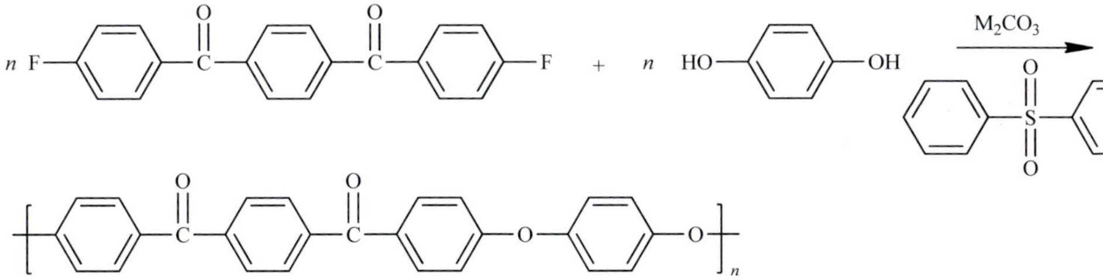

图 2.42 PEEKK 的合成路线

由于 4, 4′-二氟三苯二酮的生产原料易得且价格低廉，生产工艺简单，大幅度降低了生产 PEEKK 的原料成本。

2. PEEKK 的性能

1) PEEKK 的热性能

由于刚性的酮基含量增加，PEEKK 树脂的耐热性要好于 PEEK 树脂。表 2.9 列出了长春吉大特塑工程研究有限公司生产的 PEEKK 树脂的热性能。

表 2.9 PEEKK 树脂的热性能

材料性能	测试条件	试验方法	单位	指标
熔点	20℃/min	ISO 11357	℃	≥365
玻璃化转变温度	20℃/min	ISO 11357	℃	≥150
热膨胀系数	温度低于 T_g	ISO 11359	ppm/℃	≤50
	温度高于 T_g	ISO 11359	ppm/℃	≤140
热变形温度	1.8 MPa	ISO 75-f	℃	≥160
导热系数	23℃	ISO/CD22007-4	W/(m·℃)	≤0.3

2) 热处理对 PEEKK 热性能的影响

将 PEEKK 熔融后淬火制成无定形结构的 PEEKK 树脂样品，然后在其 T_g 以上不同温度下进行不同时间热处理后，考察其热性能。

图 2.43 是将无定形 PEEKK 在 170℃进行不同时间热处理后的 DSC 曲线。结果表明，热处理后除 T_g 不断上升外，由样品冷结晶形成的放热峰也不断变小。不过在这个温度下，由于结晶速度慢，20 min 后仍有一个小的放热峰存在，表明这个温度下的结晶速度较慢。

图 2.44 是将无定形 PEEKK 在 180℃进行不同时间热处理后的 DSC 曲线。结果表明，由样品冷结晶形成的冷结晶峰降低的速度加快，且热处理 5 min 以上即消失。

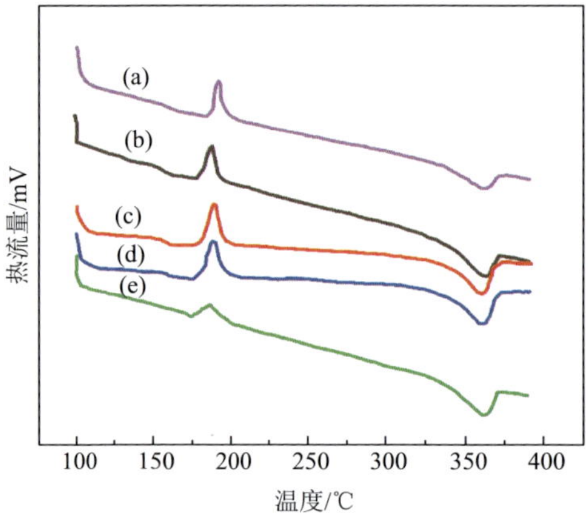

图 2.43 PEEKK 在 170℃热处理不同时间的 DSC 曲线

(a) 淬火；(b) 2 min；(c) 10 min；(d) 15 min；(e) 20 min

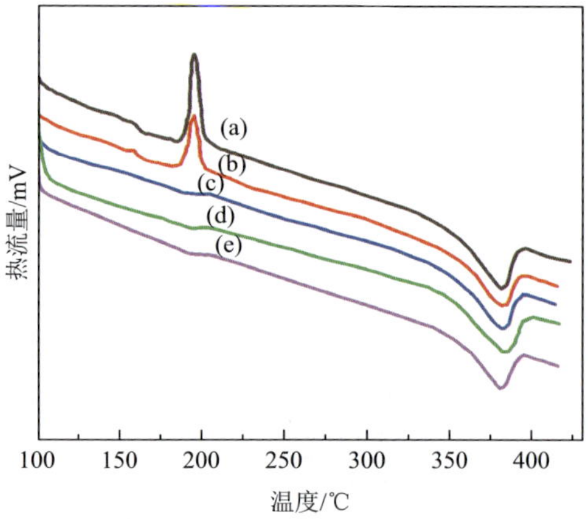

图 2.44 PEEKK 在 180℃热处理不同时间的 DSC 曲线

(a) 淬火；(b) 2 min；(c) 10 min；(d) 15 min；(e) 20 min

图 2.45 是将淬火后的无定形结构 PEEKK 树脂在不同温度下热处理 5 min 的 DSC 曲线。结果表明，温度接近 T_g 的短时间(5 min)处理，低温结晶的放热峰变化不大，而处理温度达到 175℃以上则几乎消失。

图 2.46 是将淬火后的无定形结构 PEEKK 树脂在其 T_g 以上的不同温度进行 20 min 热处理后的 DSC 曲线。随着处理温度的升高，样品的冷结晶峰面积减小，到 175℃基本消失，说明在 175℃下处理 20 min 后样品基本趋于结晶完全。

3) PEEKK 的物理机械性能

表 2.10 和表 2.11 分别列出了长春吉大特塑工程研究有限公司生产的 PEEKK 树脂的物理性能和机械性能，从表中数据可见，PEEKK 不仅在热性能上优于 PEEK 外，其他性能多数也高于 PEEK 树脂。

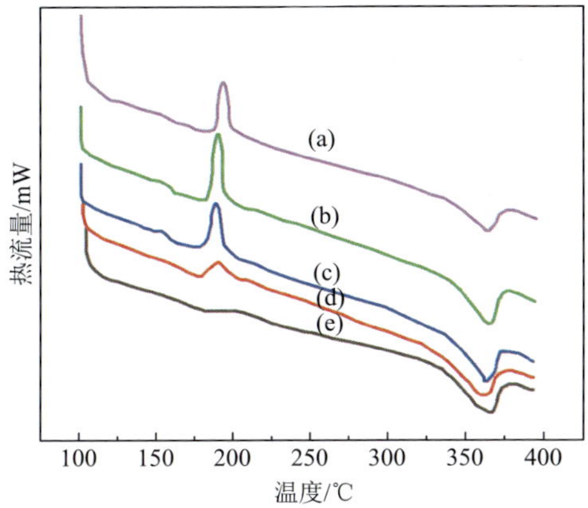

图 2.45　PEEKK 在不同温度处理 5 min 后的 DSC 曲线

(a) 淬火；(b) 165℃；(c) 170℃；(d) 175℃；(e) 180℃

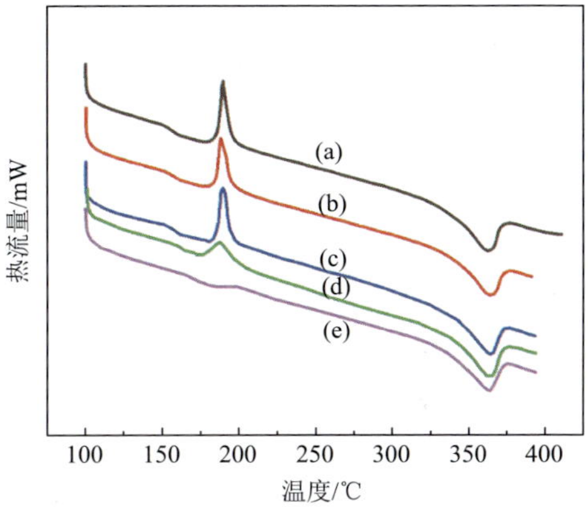

图 2.46　PEEKK 在不同温度下热处理 20 min 后的 DSC 曲线

(a) 淬火；(b) 160℃；(c) 165℃；(d) 170℃；(e) 175℃

表 2.10　PEEKK 树脂的物理性能

材料性能	测试条件	试验方法	单位	指标
密度	结晶	ISO 1183	g/cm^3	≤1.34
熔体黏度	420℃，1000 s^{-1}	ISO 1133：1997	Pa·s	≥360
邵氏硬度	23℃	ISO 868	D	≥80
吸水率	24 h，23℃	ISO 62：2008	%	≤0.3
表面电阻率	23℃	GB/T 1410—2006	Ω	≥10^{15}
体积电阻率	23℃	IEC 60093	Ω·cm	≥10^{15}
电气强度	23℃	IEC 60243-1	kV/mm	21
成型收缩率	平行流动	ISO 294-4	‰	≤8
	垂直流动	ISO 294-4	‰	≤8
摩擦系数	1 MPa，0.7 m/s	ASTM G132-96		0.4～0.45
磨耗值	1 MPa，0.7 m/s	ASTM G132-96	$mm^3/(N·m)$	3.0×10^{-8}
易燃性等级		UL 94		V-0

表 2.11　PEEKK 树脂的机械性能

材料性能	测试条件	试验方法	单位	指标
拉伸强度	23℃	ISO 527	MPa	≥115
断裂伸长率	23℃	ISO 527	%	≥40
拉伸模量	23℃	ISO 527	GPa	≥4.0
弯曲强度	23℃	ISO 178	MPa	≥155
弯曲模量	23℃	ISO 178	GPa	≥4.2
简支梁冲击强度	23℃，有缺口	ISO 179/1eA	kJ/m^2	≥7.5

2.2.2 聚醚酮醚酮酮

英国 Victrex 公司继第二代的 PEEK-HT 之后又成功开发了耐热等级比 PEEK-HT 更高的第三代聚芳醚酮，商品名为 PEEK-ST。重复单元结构为 PEKEKK，中文名为聚醚酮醚酮酮[12-15]。

1. PEKEKK 的制备

聚醚酮醚酮酮(PEKEKK)可以采用亲核缩聚反应制备，一般以 4, 4′-二氟二苯甲酮和 1, 4-二(4-羟基苯酰基)苯为反应单体，也可以选择以 4, 4′-二羟基二苯甲酮和 1, 4-二(4-氟苯酰基)苯为反应单体。以二苯砜为溶剂，无水碳酸钠和无水碳酸钾作为成盐剂合成 PEKEKK，其合成路线如图 2.47 所示。

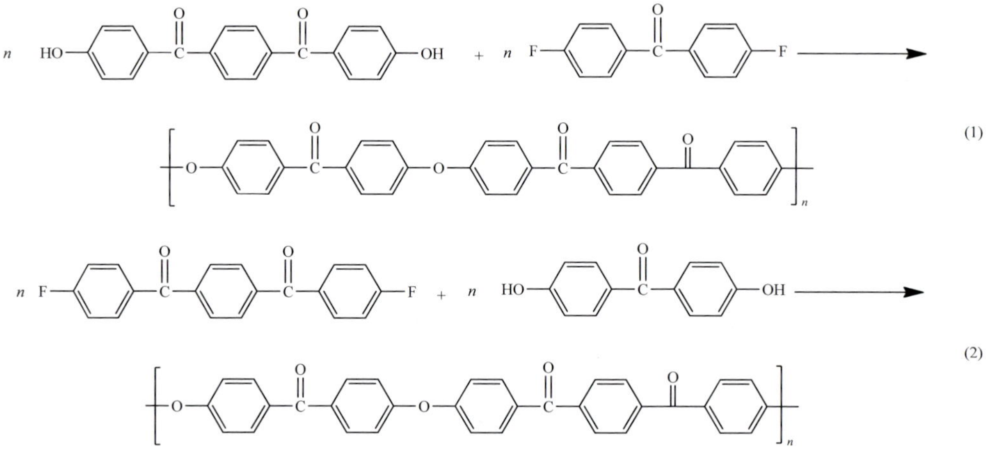

图 2.47　PEKEKK 的合成路线

2. PEKEKK 的性能

由于 PEKEKK 的结晶速度较快，加工温度较高，如果分子量较大，其注塑过程中塑化不完全，注塑件易存在缺陷，因此其对数比浓黏度一般控制在 0.5～1.0 dL/g。PEKEKK 的热学性能与其分子量密切相关，随着 PEKEKK 的分子量逐渐增加，PEKEKK 的 T_g 也逐步增加，而熔点略有下降。PEKEKK 具有非常好的热稳定性，其起始热分解温度为 550℃附近，随着分子量的增加，其热失重 5%时的温度略有变化。PEKEKK 的分解温度和熔点之间留下了较高的加工窗口。此外，PEKEKK 的力学性能同样优异，不仅具有较高的强度，还具有较好的韧性，其拉伸强度可达 113 MPa，断裂伸长率可达 60%，弯曲强度可达 175 MPa。

2.3 共聚聚芳醚酮

2.3.1 聚醚醚酮-聚醚醚酮酮共聚物

1. 聚醚醚酮-聚醚醚酮酮共聚物的合成

1) 原料及合成反应

所用单体组合为

对苯二酚

4, 4′-二氟二苯甲酮

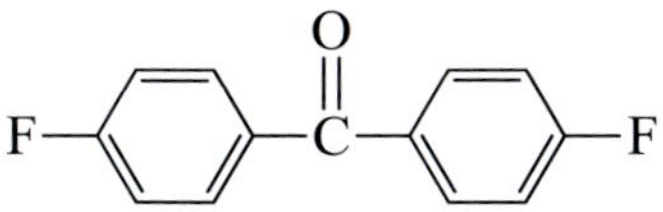

4, 4′-二氟三苯二酮

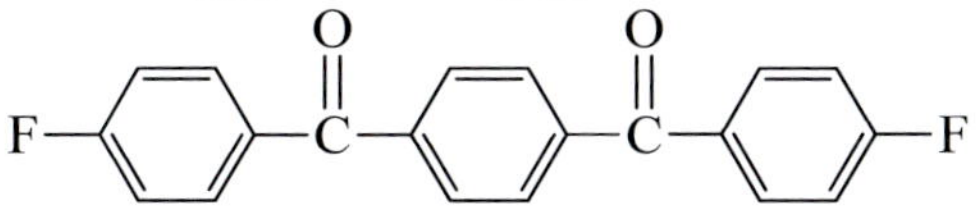

聚合物合成反应式为

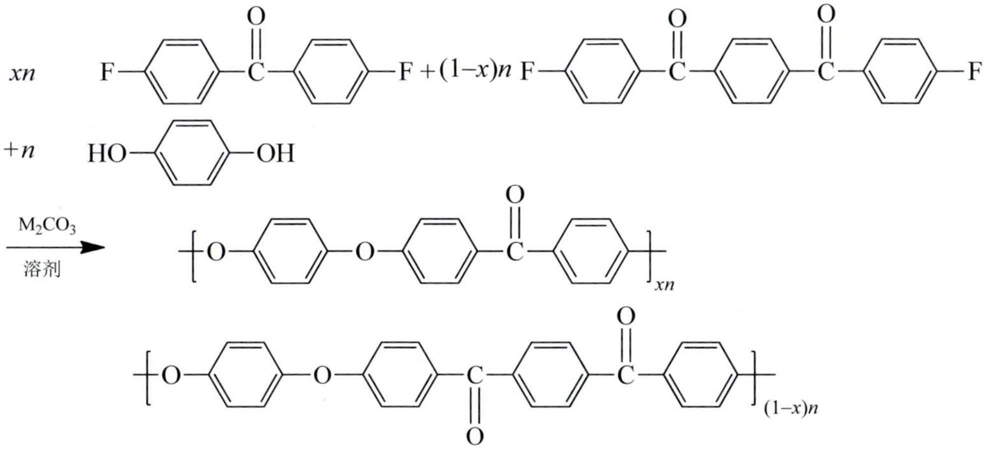

其中，$0>x>1$。

当 $x=0$ 时，得到

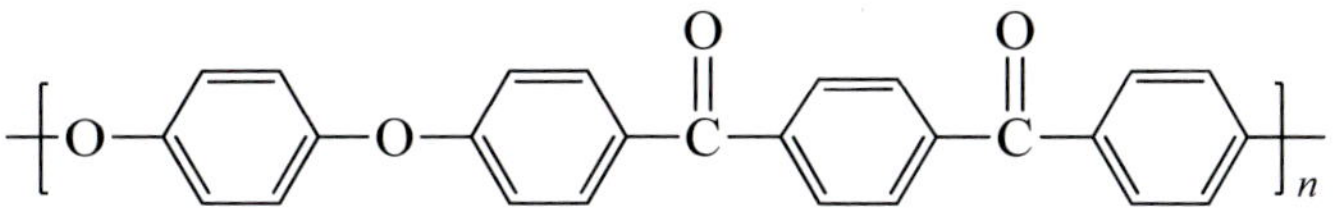

PEEKK

当 $x=1$ 时，得到

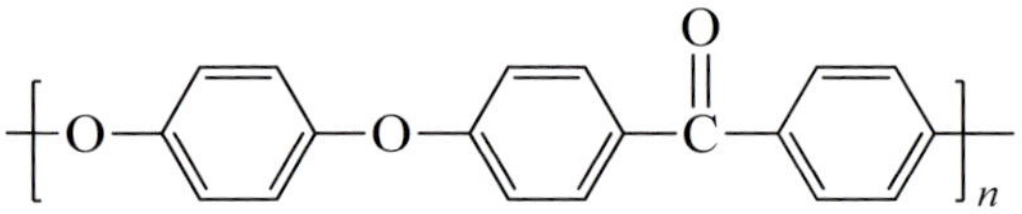

PEEK

2) 共聚物的合成

(1) 无规共聚物：采用亲核缩聚反应，以对苯二酚、4, 4′-二氟二苯甲酮及 4, 4′-二氟三苯二酮为单体，以二苯砜为溶剂，无水碳酸钠和无水碳酸钾作为催化剂于 310～320℃聚合合成共聚物，通过调整两种二氟单体的比例控制聚合物主链上的二酮 (KK) 含量[16]。

(2) 嵌段共聚物：采用亲核取代缩聚反应，先合成氟封端 PEEK 低聚物并进行精制，测出黏度，估算其分子量和平均聚合度。然后再合成羟封端 PEEKK 低聚物，当反应结束时向体系中定量加入不同质量（换算成近似摩尔数）的 PEEK 低聚物和准确称量的溶剂，再升温聚合，从而制备出一系列不同配比的嵌段共聚物。

对于聚芳醚酮来说，氟端基封端比羟端基封端稳定，羟端基过量可能产生链支化。因此在合成聚芳醚酮时一般使氟端基过量，通常合成聚醚醚酮时氟端基过量 1.5%；合成聚醚醚酮酮时氟端基过量 1%；而在合成共聚物时所添加的二氟二苯甲酮和二氟三苯二酮的摩尔数也分别按以上过量比计算。有文献报道聚芳醚酮的分子量与黏度有如下关系[17]：

$$[\eta_{iv}]=6.195\times10^{-5}\times(M_w)^{0.94} \tag{2.2}$$

合成的共聚物的黏度和由上式计算的分子量列于表 2.12，可以看出，这类共聚物的分子量受组成影响较小。嵌段共聚物与无规共聚物的黏度比较接近，且均满足 Dahl 认为的类似聚醚酮这样的部分结晶型聚合物，通过常规熔融加工技术制备的样品拥有具有实际意义的韧性，其特性黏度应不低于 0.8 dL/g。

表 2.12　PEEK/PEEKK 共聚物的黏度及估算分子量

	EEK 含量/mol%	0	20	40	60	80	100
嵌段共聚物	η_{iv} /(dL/g)	0.90	1.16	1.17	0.95	0.88	0.84
	M_w/(×10^4)	2.68	3.51	3.54	2.84	2.62	2.49
无规共聚物	η_{iv} /(dL/g)	0.90	1.14	0.82	1.04	0.99	0.84
	M_w/(×10^4)	2.68	3.44	2.43	3.12	2.96	2.49

注：η_{iv} 为对数比浓黏度；M_w 为估算的重均分子量；EEK 含量为 PEEK 低聚物重复单元所占共聚物近似摩尔百分比。

2. 聚醚醚酮-聚醚醚酮酮共聚物的热性能

1) 聚醚醚酮-聚醚醚酮酮共聚物的玻璃化转变温度

两种共聚物中均含有以下两种链节，图 2.48 和图 2.49 分别给出了无规共聚物和嵌段共聚物淬火样品的差示扫描量热(differential scanning calorimetry，DSC)曲线，由图可见，随着 EEK 含量的增加，醚酮比升高，两种共聚物的 T_g 逐渐降低。

EEK

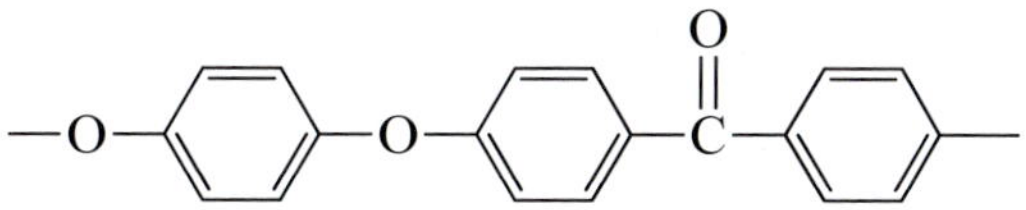

EEKK

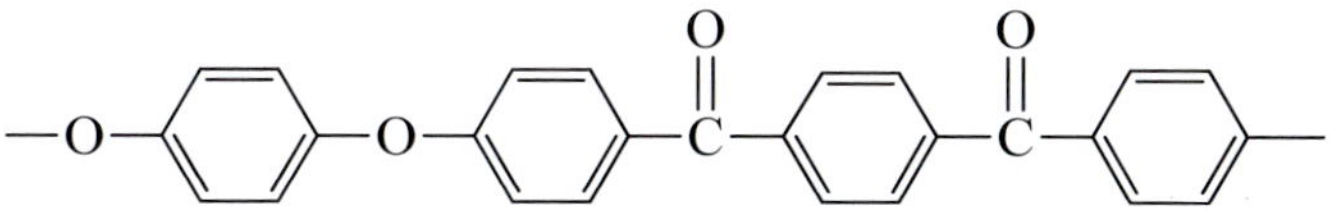

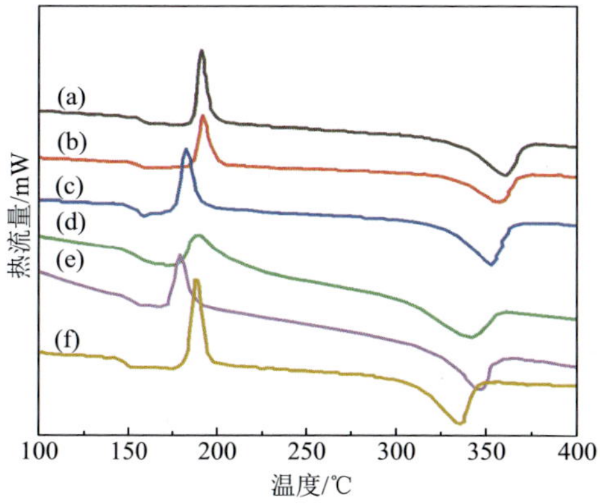

图 2.48　PEEK/PEEKK 无规共聚物淬火样品的 DSC 曲线

(a) PEEKK；(b) EEK（20%）；(c) EEK (40%)；(d) EEK (60%)；(e) EEK（80%）；(f) PEEK

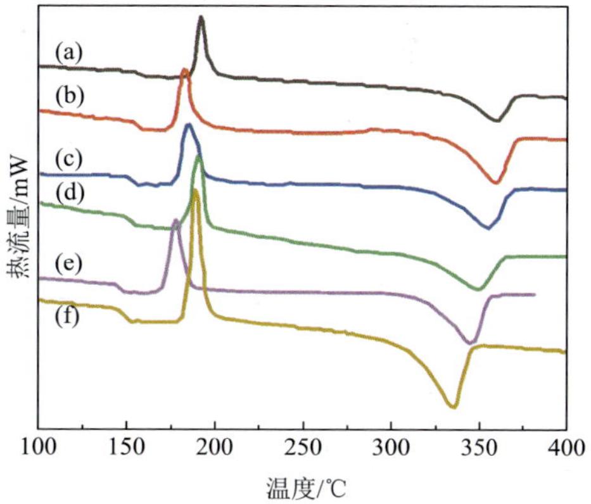

图 2.49　PEEK/PEEKK 嵌段共聚物淬火样品的 DSC 曲线

(a) PEEKK；(b) EEK（20%）；(c) EEK (40%)；(d) EEK (60%)；(e) EEK（80%）；(f) PEEK

图 2.50 是从 DSC 曲线得到的不同组成 PEEK/PEEKK 共聚物的玻璃化转变温度与模拟计算值，由图可见，嵌段共聚物的实验值与线性加和值基本相符，无规共聚物的实验值与线性加和值出现较大不同，在 EEK 含量 20 mol%～60 mol%出现一个平台。

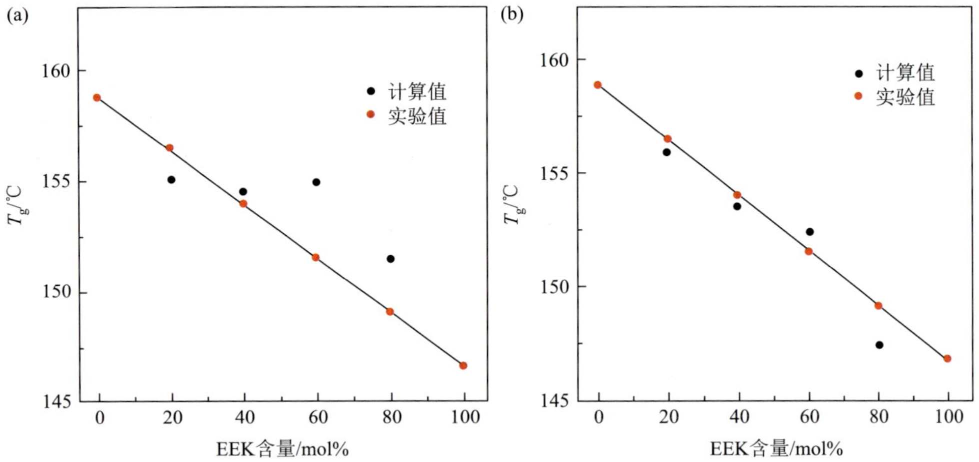

图2.50 PEEK/PEEKK无规共聚物(a)和嵌段共聚物(b)的玻璃化转变温度实验值与模拟计算值

2) 聚醚醚酮-聚醚醚酮酮共聚物的熔融行为

从表 2.13 可以看出，共聚物熔点 T_m 大致是随 EEK 含量增加而降低的。对于 PEEK-PEEKK 无规共聚物与嵌段共聚物体系来说，由于醚酮等效原理，结构单元的有序排列对 T_m 影响较小[18-20]。由图 2.51 可知，嵌段共聚物的 T_m 实验值具有非常好的线性关系，但与计算 T_m 值有较大的线性漂移。

表 2.13 PEEK/PEEKK 共聚物淬火样品的熔融行为

	EEK 含量/mol%	T_m/℃	$T_{m(on)}$/℃	$T_{m(end)}$/℃	ΔT_m/℃	ΔH_m/(J/g)
嵌段共聚物	0	360.4	335.2	368.0	32.8	41.1
	20	359.3	336.8	370.1	33.9	37.1
	40	355.2	333.4	367.0	33.6	27.7
	60	348.8	323.7	363.2	39.5	31.3
	80	345.2	323.6	354.7	31.1	38.4
	100	333.8	311.6	343.6	32.0	33.3
无规共聚物	0	360.4	335.2	368.0	32.8	41.1
	20	355.8	331.9	366.3	34.4	39.3
	40	352.2	327.8	362.0	34.2	37.6
	60	338.4	307.4	354.7	47.3	27.2
	80	344.1	322.0	353.6	31.6	32.2
	100	333.8	311.6	343.6	32.0	33.3

注：T_m 为熔融峰峰温度；$T_{m(on)}$ 为熔融峰起始温度；$T_{m(end)}$ 为熔融峰终止温度；$\Delta T_m = T_{m(end)} - T_{m(on)}$，即峰宽；$\Delta H_m$ 为熔融热焓。

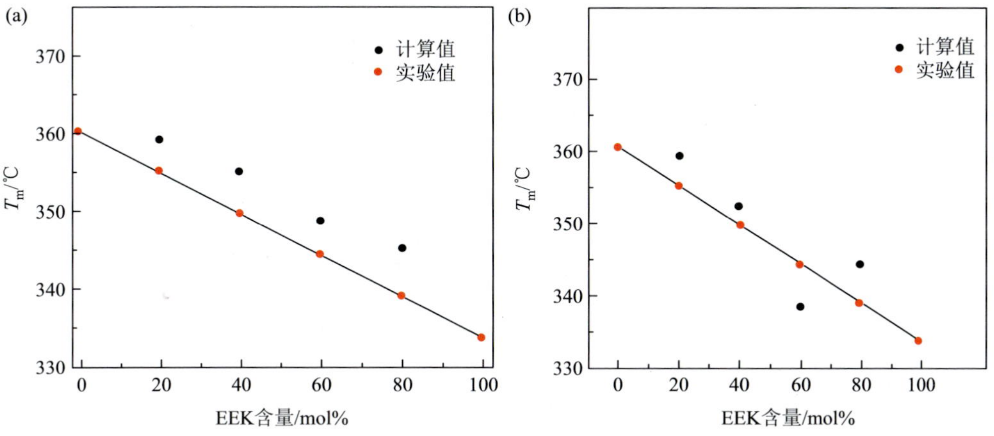

图 2.51　PEEK/PEEKK 无规共聚物(a)和嵌段共聚物(b)熔点实验值与模拟计算值

3) 聚醚醚酮-聚醚醚酮酮共聚物的冷结晶行为

两种共聚物的冷结晶行为(表 2.14)规律基本一致，共聚物的冷结晶区间即峰宽较 PEEK 和 PEEKK 大，且两种低聚物含量接近时，共聚物的峰宽更大。

表 2.14　PEEK/PEEKK 共聚物淬火样品的冷结晶行为

	EEK 含量/mol%	T_{cc}/℃	$T_{cc(on)}$/℃	$T_{cc(end)}$/℃	ΔT_{cc}/℃	ΔH_c/(J/g)
嵌段共聚物	0	191.3	187.1	196.3	9.2	25.5
	20	181.8	176.3	188.0	11.7	20.0
	40	184.6	177.9	193.3	15.4	22.3
	60	189.7	183.1	196.5	13.4	23.2
	80	177.2	171.1	183.1	12	22.7
	100	188.5	183.2	193.9	10.7	23.7
无规共聚物	0	191.3	187.1	196.3	9.2	25.5
	20	192.1	187.2	198.3	11.1	26.2
	40	182.7	177.1	189.2	12.1	21
	60	188.6	179.3	209.8	30.5	20.8
	80	179.5	173.7	183.2	9.5	21.2
	100	188.5	183.2	193.9	10.7	23.7

注：T_{cc} 为冷结晶峰峰温度；$T_{cc(on)}$ 为冷结晶峰峰起始温度；$T_{cc(end)}$ 为冷结晶峰峰终止温度；$\Delta T_{cc} = T_{cc(end)} - T_{cc(on)}$，即峰宽；$\Delta H_c$ 为结晶放热热焓。

3. 聚醚醚酮-聚醚醚酮酮共聚物的力学性能

在表 2.15 中可以看出，两种共聚物的拉伸强度和拉伸模量基本一致，而嵌段共聚物的断裂伸长率比无规共聚物有很大的提高。图 2.52 对比了两种共聚物的力学性能的计算值和实验值，从图 2.52 可以看出，共聚物的拉伸强度与 PEEK 和 PEEKK 的拉伸强度的线性加和值有明显不同，基本规律是嵌段共聚物在两种低聚物含量接近时，拉伸强度出现极大值，且高于线性加和值，在 EEK 含量为 60 mol%时出现最大值；无规共聚物也有相似规律，在 EEK 含量为 40 mol%时出现最大值。

表 2.15　PEEK/PEEKK 共聚物的拉伸性能

	EEK 含量/mol%	0	20	40	60	80	100
计算值	σ/MPa	108.8	106.7	104.5	102.4	100.2	98.1
	ε/%	12.3	11.5	10.7	9.9	9.1	8.3
嵌段共聚物	σ/MPa	108.8	98.4	102.3	104.7	103.5	98.1
	ε/%	12.3	27.5	16.6	10.8	10.8	8.3
	E/MPa	2390	2270	2270	2270	2470	2510
无规共聚物	σ/MPa	108.8	105.7	116	108	105	98.1
	ε/%	12.3	8.8	8.6	10.1	7.2	8.3
	E/MPa	2390	2420	2480	2280	2790	2510

注：σ 为拉伸强度；ε 为断裂伸长率；E 为拉伸模量。

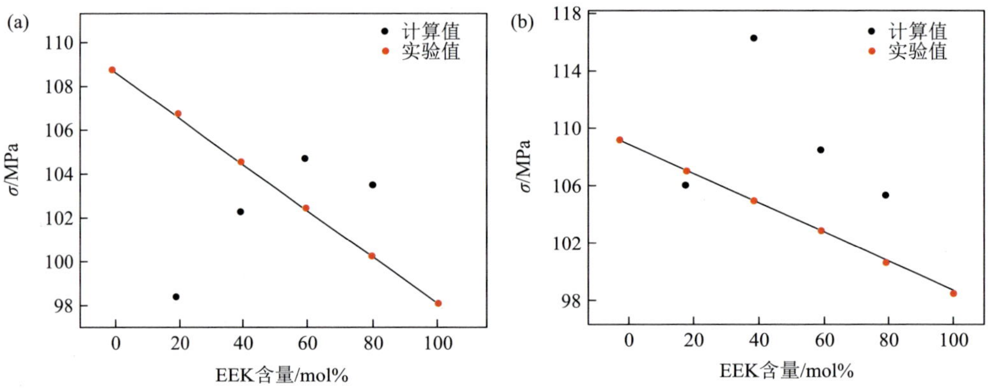

图 2.52　PEEK/PEEKK 嵌段共聚物(a)和无规共聚物(b)拉伸强度的实验值与模拟计算值

2.3.2　聚醚醚酮-含联苯结构聚醚醚酮共聚物

1. 聚醚醚酮-含联苯结构聚醚醚酮共聚物的合成[21]

所用单体组合为

对苯二酚

联苯二酚

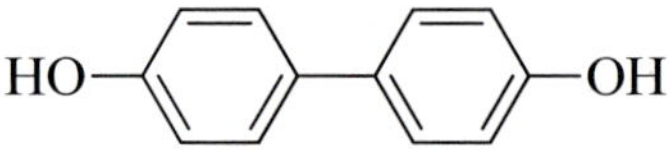

4, 4′-二氟二苯甲酮 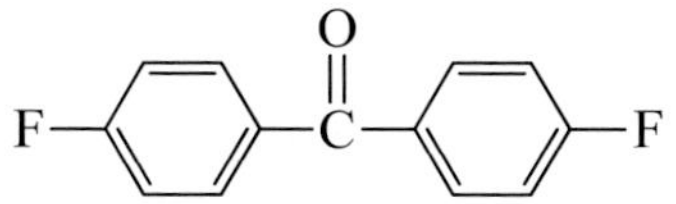

调整对苯二酚与联苯二酚按摩尔比，通过亲核反应可以制备一系列 PEEK-PEDEK 无规共聚物，其反应方程式为

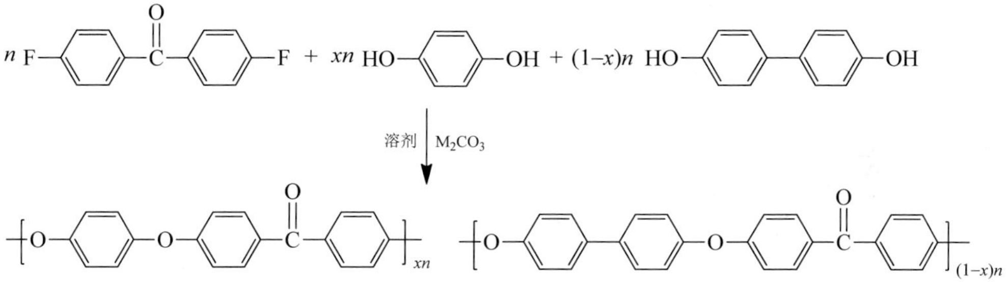

其中 $0>x>1$。

当 $x=0$ 时，得到

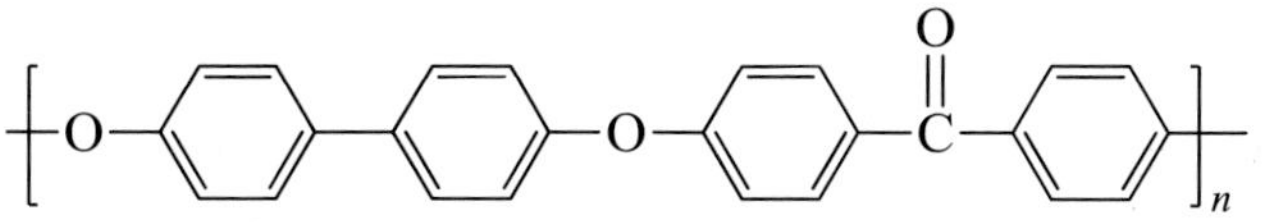 PEDEK

当 $x=1$ 时，得到

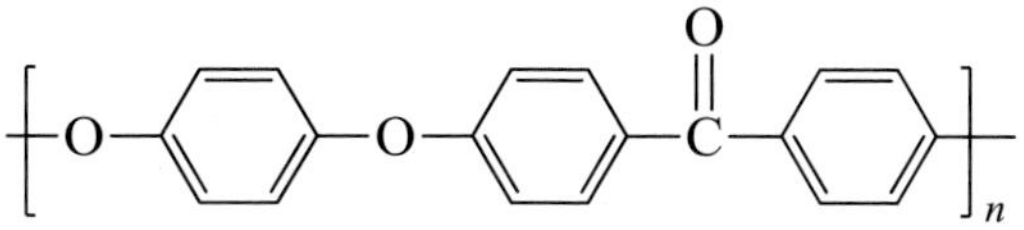 PEEK

AB_n 型 PEEK-PEDEK 嵌段共聚物的合成采用的是顺序投料法合成。具体方法为：将对苯二酚先与氟酮进行聚合，升温至 290℃聚合 1 h，之后加入联苯二酚，继续聚合 1～2 h 出料。调整两种酚单体的比例，分别合成出一系列不同联苯含量的嵌段共聚物，其反应方程式为

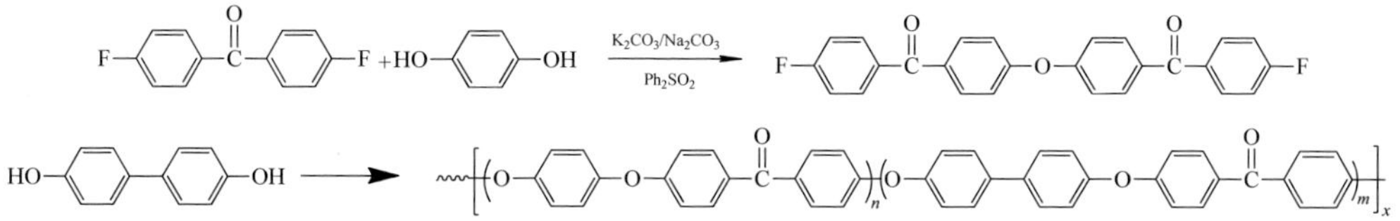

所得产物用通式 xBPb 表示（x 为联苯的摩尔分数，b 代表小嵌段结构）。A_nB_n 型 PEEK-PEDEK 嵌段共聚物的合成是将氟封端对苯二酚嵌段投入到羟封端 PEDEK 嵌段的聚合体系中，于 330～340℃恒温反应 2 h，反应最终产物黏度控制在 1.0 dL/g 左右，加氟酮封端，30 min 后出料。反应方程式为

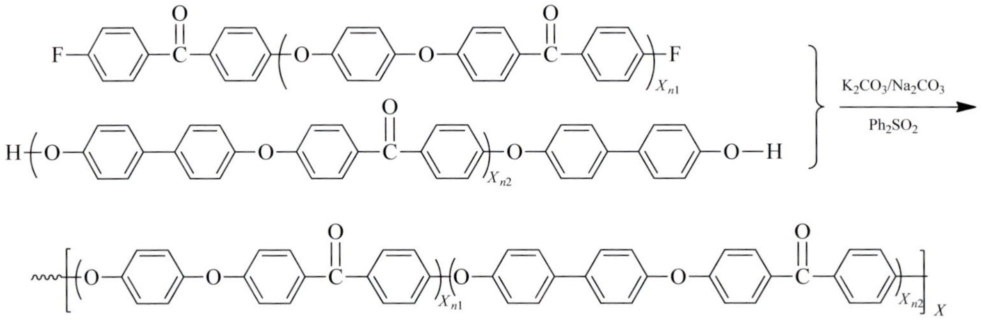

PEEK-PEDEK 交替共聚物的合成方法是将联苯二酚与 4, 4′-二氟二苯酮先反应，生成一个氟端基的小分子，然后与对苯二酚于 320℃下聚合 2 h，出料后，粉碎、洗涤，120℃烘箱内烘干。其合成的反应方程式为

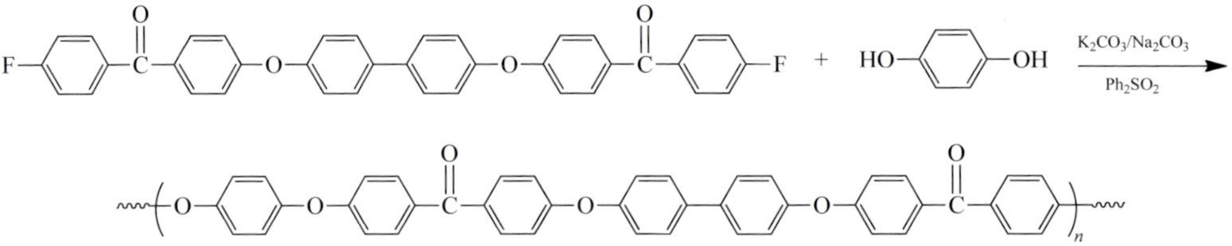

本节中采用缩写 50BPr 代表 1∶1 PEEK-PEDEK 无规共聚物；用 50BPa 代表 PEEK-PEDEK 交替共聚物；AB_n 型嵌段共聚物调整两种酚单体的比例，分别合成出一系列不同联苯含量的嵌段共聚物，所得产物用通式 *x*BPb 表示（*x* 为联苯的摩尔分数，b 代表小嵌段结构）；A_nB_n 型嵌段共聚物用通式 B*x* 表示（*x* 为平均聚合度）。

2. 聚醚醚酮-含联苯结构聚醚醚酮共聚物的热性能

1）联苯含量对共聚物玻璃化转变温度的影响

聚合物的玻璃化转变温度随着分子链主链刚性的变化发生明显的转变，通常分子链中刚性单体单元比例越高，聚合物的玻璃化转变温度也就越高[22]。由自由体积理论可知，玻璃化转变温度与体系中自由体积密切相关。聚芳醚酮的主链上酮键的刚性比醚键大且不能自由旋转，因此，相对醚键而言，酮键变形小，空间位阻大，自由体积小，玻璃化转变温度相对较高。联苯与酮基一样，都是以主链内旋转的阻力来影响聚合物的热性能的。从表 2.16 可以看到，具有全联苯结构的 PEDEKDK 的玻璃化转变温度已达到 209℃，是目前所知玻璃化转变温度最高的线型聚芳醚酮类均聚物。

表 2.16　链结构对聚芳醚酮热性能的影响[如酮/醚比（K/E）、连接方式和联苯基团（D）]

PAEKs	K/E	T_g/℃	T_m/℃	T_m^o/℃	T_d/℃
PEEEK	0.33	129	324		＞500

续表

PAEKs	K/E	T_g/℃	T_m/℃	T_m^o/℃	T_d/℃
PEEK	0.50	141～145	334～343	359～395	＞520
PEEKEK	0.67	148～154	345		＞520
PEK	1.00	154～165	365～367		＞520
PEEKK	1.00	150～158	359～370	371～387	＞520
PEKEKK	1.50	160～173	370～384		525，535
PEKK	2.00	165～172	378～400		
PEKmK	2，*m*	156～165	330～350	354	
PEEKmK	1，*m*	154	308		
PEDEKmK	1，*D*，*m*	160	302		
PEDEK	0.5，*D*	167～183	409～417	427～449	＞520
PEDK	1，*D*	180～216	425，478		520
PEDEKK	1，*D*	183～185	409～412		520～540
PEEKDK	1，*D*	183～192	428～434		
PEDEKDK	1，2*D*	209	469		

注：T_m^o 和 T_d 分别为聚合物的平衡熔点和 2.5%失重温度；*m* 为含有间位苯结构；*D* 为含有联苯结构；2*D* 代表分子链重复单元中含有 2 个联苯结构。

图 2.53 是非晶态 AB_n 型 PEEK-PEDEK 嵌段共聚物的 DSC 曲线。图中曲线自下而上，联苯含量逐渐递增 10 mol%。对所有的样品，在扫描过程中都只出现了一个单独的玻璃化转变温度；随着联苯含量的增加，聚合物玻璃化转变温度逐渐升高。详细信息列于表 2.17。

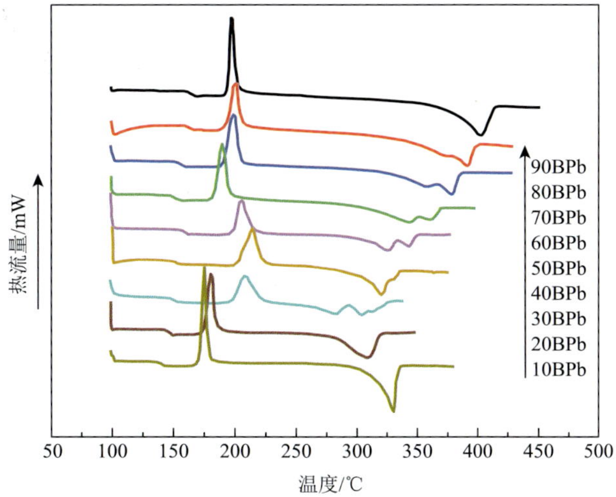

图 2.53　非晶态 AB_n 型 PEEK-PEDEK 嵌段共聚物的 DSC 曲线

表 2.17 AB_n 型嵌段共聚物的玻璃化转变温度

样品	BP 含量/mol%	η_{iv} /(dL/g)	T_g/℃	T_c/℃	T_{m1}/℃	T_{m2}/℃	T_{m3}/℃
10BPb	10.00	0.83	144.3	179.5	331.3		
20BPb	20.00	0.83	148.1	189.9	316.3		
30BPb	30.00	0.84	152.1	214.0	281.6	305.0	314.7
40BPb	40.00	0.88	152.7	222.3	321.4	329.9	
50BPb	50.00	0.92	159.8	216.1	328.2	346.0	
60BPb	60.00	0.88	153.3	212.1	345.5	362.0	
70BPb	70.00	0.96	158.6	212.8	359.0	379.3	
80BPb	80.00	1.10	164.4	200.9	372.4	391.4	
90BPb	90.00	0.99	166.3	198.4	405.6		

将聚合物的玻璃化转变温度对联苯二酚（BP）含量作图(图 2.54)，实验观测到的数值表明两者间具有线性关系，经拟合后，得到以下方程公式：

$$T_g = 140 + 0.26(W_{BP} \times 100) \tag{2.3}$$

上面的方程可以改写为

$$T_g = 1.40(W_{DP} \times 100) + 1.66(W_{BP} \times 100) \tag{2.4}$$

式中，W_{DP}、W_{BP} 分别为对苯二酚（DP）和联苯二酚的质量分数。聚合物的玻璃化转变温度等于组分均聚物的重均值。

多组分嵌段共聚体系的玻璃化转变温度一般可以通过下面的方程预测。

$$T_g = T_{g1} \times W_1 + T_{g2} \times W_2 \tag{2.5}$$

式中，T_{g1}、T_{g2} 分别为组分 1 的玻璃化转变温度和组分 2 的玻璃化转变温度；W_1、W_2 分别为组分 1 和组分 2 的质量分数。式(2.4)在形式上与式(2.5)接近，说明这

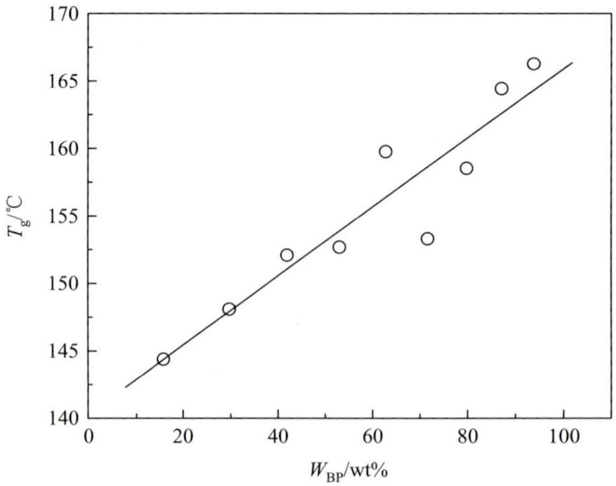

图 2.54 AB_n 型嵌段共聚物玻璃化转变温度与 BP 含量关系图

一系列聚合物玻璃化转变温度的变化可以通过两种均聚物玻璃化转变温度的重均值估算。因此，聚合体系在无定形相区内的相行为是相容性的。

2) 联苯含量对共聚物结晶和熔融行为的影响

结晶高聚物的熔化过程是热力学的一级相转变过程，与小分子晶体的熔化现象没有本质的区别。结晶高聚物在熔融过程中出现的边熔融边升温的现象是由于聚合物中含有完善程度不同的晶体。在熔点时，晶相与非晶相达到热力学平衡状态，$\Delta F = 0$。

$$T_{\mathrm{m}} = \frac{\Delta H_{\mathrm{m}}}{\Delta S_{\mathrm{m}}} \tag{2.6}$$

提高熔点可以从两个方向考虑：一方面是增加分子间或链段间的相互作用力，使ΔH增加，因为熔融的本质是分子与分子的分离，对高分子晶体来说就是链段与链段的分离，链段间相互作用越大，熔融焓也就越大；另一方面是增加高分子链的内旋转阻力，使链僵硬，熔融后分子的混乱程度减小，即ΔS减小。

共聚物的组成对聚合物熔点的影响体现在两个方面，一种是对原有结晶体系的破坏，即引入缺陷，这种情况使聚合物熔点降低；另一种是促进新生晶体的生长、完善，这种情况的结果是使熔点升高。一般地，当结晶聚合物的单体与另一单体进行共聚时，如果这个共聚单体本身不能结晶或者本身虽能结晶，但不能进入原结晶聚合物的晶格，与其形成共晶，那么生成聚合物的熔点可以用经典热力学相平衡理论得到。

$$\frac{1}{T_{\mathrm{m}}} - \frac{1}{T_{\mathrm{m}}^{\mathrm{o}}} = -\frac{R}{\Delta H_{\mathrm{u}}} \ln P \tag{2.7}$$

式中，P 代表共聚物中结晶单元相继增长的概率；R 是摩尔气体常量；ΔH_{u} 是每摩尔重复单元的熔融热。这一关系表明，共聚物的熔点与组成没有直接关系，而是取决于共聚物的序列性质。对于无规共聚物，$P \equiv X_{\mathrm{a}}$（X_{a} 为结晶单元的摩尔分数）。

$$\frac{1}{T_{\mathrm{m}}} - \frac{1}{T_{\mathrm{m}}^{\mathrm{o}}} = -\frac{R}{\Delta H_{\mathrm{u}}} \ln X_{\mathrm{a}} \tag{2.8}$$

对于嵌段共聚物，$P \gg X_{\mathrm{a}}$ 有时甚至等于 1，因而熔点只有轻微的降低。对于交替共聚物，由于 $P \ll X_{\mathrm{a}}$，所以熔点下降很多。由此可以推知，具有相同组成的共聚物，由于其序列分布的不同，其熔点会相差很多。在该研究中，通过顺序投料的方式合成的聚合物从序列分布上高于无规共聚物，相应的 $P > X_{\mathrm{a}}$，因此 10BPb（331.32℃）与 90BPb（405.61℃）相对于各自均聚物 PEEK（334℃）、

PEDEK(411℃)均聚物的熔点下降不多(图 2.55)，其下降幅度小于无规共聚物，由此判断，其序列结构高于无规共聚物，符合预定结构。

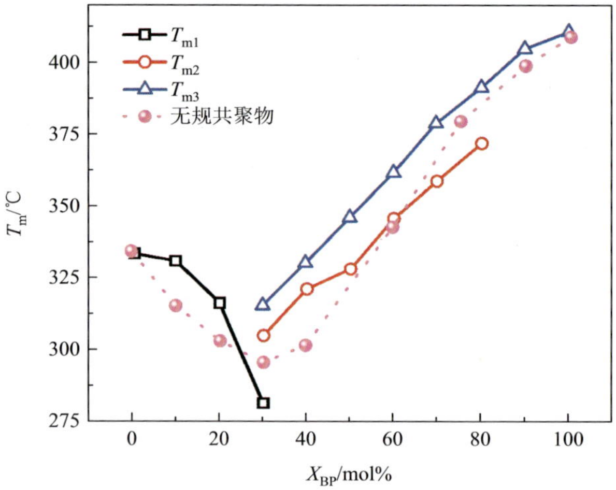

图 2.55 AB$_n$ 型嵌段共聚物和无规共聚物熔点 T_m 与联苯含量关系图

从 30BPb 聚合物开始出现多重熔融现象，30BPb 的第一个熔点(282℃)已经低于无规共聚物(292℃)，而相对较高的两个熔点(305℃、315℃)却高于无规共聚物。这一结果表明此时的聚合物结晶体系已经不能简单地用经典的相平衡理论来解释。从图 2.50 可知，30BPb 较高的两个熔融峰与 40BPb 的两个熔融峰相似，由此，我们不妨假设 30BPb 的结晶体系由两部分构成，一部分是原有 PEEK 结晶相(这里称为结晶 A 相)，这部分结晶相由于合成上的原因，其晶体片层厚度已经低于同比例下无规共聚物的相应相，结果是熔点低于无规共聚物。另一部分为 EEK 链段与 EDEK 链段共同组成的混晶相(这里称为 B 相)，这部分结晶相的产生可以理解为 EDEK 在形成晶体排列的过程中将 EEK 链段的结晶带入 EDEK 晶区或者相反 EEK 排列结晶时将 EDEK 结晶带入 EEK 晶区。

虽然 B 相与 A 相已经分离，但这一相中由于联苯含量较低，结晶结构仍然以 EEK 链节为主。40BPb 以后，联苯含量进一步上升，EEK 段长度进一步缩短，已经不能独立成相，A 相的熔点消失，与此同时 B 相比例上升，其熔融行为更趋明朗。到 50BPb 时 B 相的两峰比例明显变化，高温峰比例上升很快，从此时开始 EDEK 取代了 EEK 链节成为 B 相中的主要结构，从 50BPb 到 80BPb 随着联苯含量升高，晶相内部 EDEK 链节长度继续增加，B 相更多地体现了 PEDEK 的结晶特性。在 DSC 曲线上，高温峰取代了低温峰成为主峰。在后文对聚合物结晶结构分析时，晶胞参数 c 的变化也说明了这一变化的存在。混晶相的出现使得聚合物的结晶体系变得复杂，聚合物组成对熔点的影响也无法从理论上估算，但还是可以看出随着联苯含量的递增，聚合物的熔点也随之上升，而且大多数聚合物的熔点都高于相同比例下的无规共聚物。在后续的讨论中，我们还将对这一特有的结晶现象进行分析。

图 2.56 是 50BPb 无定形样品在不同热处理温度下处理 30 min 后 DSC 曲线。同大多数聚芳醚酮类共聚物相似，聚合物在扫描过程中也出现了随温度变化的小熔融峰，为了与主熔融峰的多重熔融现象分开，这里把这个小的熔融峰称为 T_{m1}，把主熔融峰中的低温峰称为 T_{m2}，高温峰称为 T_{m3}。由图 2.57 可知，随着热处理温度的提高，T_{m1} 逐渐上升，T_{m2} 和 T_{m3} 的位置几乎保持不变。当热处理温度为 300℃时，T_{m1} 消失，主熔融峰的峰位略有降低。图 2.57 是在不同温度下热处理 30 min 的 50BPb 的低、高熔点温度。

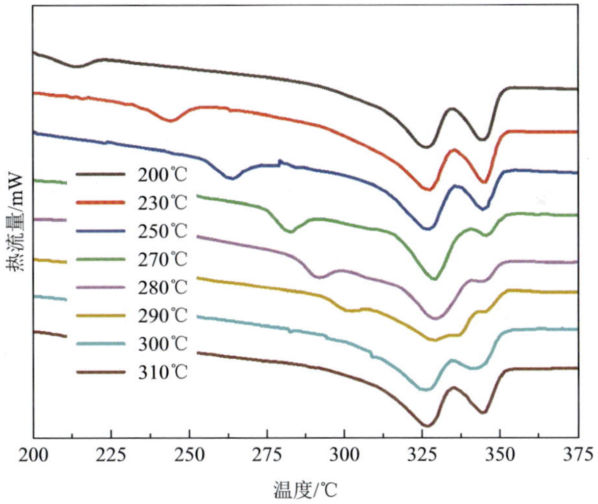

图 2.56　共聚物 50BPb 在不同温度热处理后的 DSC 曲线

T_{m1} 的形成机理与聚合物的重结晶有关，在这里不做专门的探讨。高温峰中两个峰的比例也随热处理温度的变化而变化，其中较高的熔融峰的焓值会随热处理温度升高而下降，当处理温度大于 300℃后，又上升。这种现象表明聚合物结晶结构内部存在着一定的转化。分子链会沿着伸展方向随温度的变化进行调整，以形成更多的 EEK 堆积。对于这种现象的解释是由于 EEK 链段的自由度相对较大，温度上升后更多地体现出动力学上的控制。

图 2.58 是 50BPb 在 230℃下不同热处理时间的 DSC 曲线。其详细信息列于表 2.18。热处理时间的延长并没有使主熔融峰的位置发生明显变化，两峰间的距离始终恒定在 17.3℃，但两峰的焓值比却随时间的延长而增大。

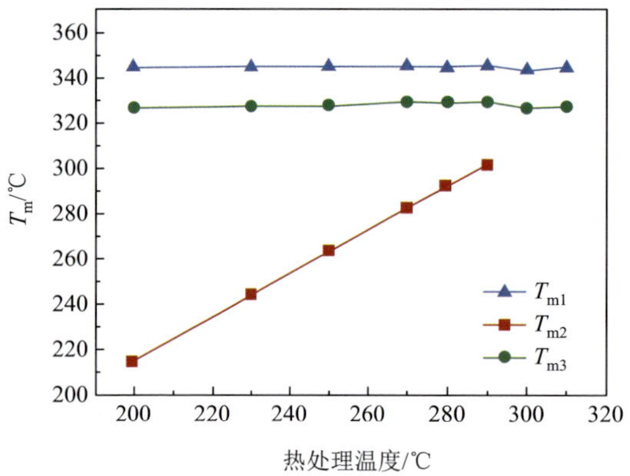

图 2.57 共聚物 50BPb 熔点 T_m 与热处理温度的关系

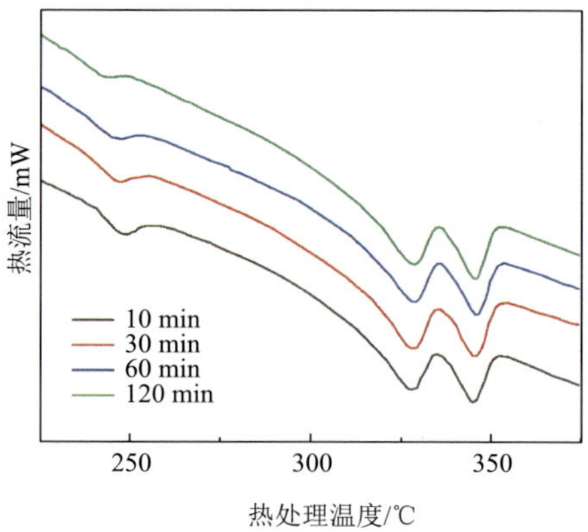

图 2.58 共聚物 50BPb 在 230℃下不同热处理时间的 DSC 曲线

表 2.18 聚合物 50BPb 在 230℃处理不同时间的熔点和熔融焓

	热处理时间/min			
	10	30	60	120
T_{m2}/℃	327.8	328.2	327.2	327.3
T_{m3}/℃	345.2	345.5	345.2	344.7
ΔH_{m2}/(J/g)	−17.49	−19.53	−21.87	−22.23
ΔH_{m3}/(J/g)	−6.33	−7.53	−8.71	−9.26
$\Delta H_{m3}/\Delta H_{m2}$	0.36	0.39	0.40	0.42

虽然这一变化没有温度对双峰热焓变化影响那么敏感，但两峰间的焓值比的变化规律却是很明显的，如图 2.59 所示。这一结果可以通过聚合物结晶的热力学控制来解释。PEEK 的平衡热焓（$\Delta H_{u0} = -130$ J/g）比 PEDEK 的平衡热焓（$\Delta H_{u0} = -180$ J/g）小，从热力学上讲，PEDEK 才是聚合物最终的稳态。但由于 PEDEK 的链段刚性太强，其迁移活化能高，因此在较短的热处理时间内链段还不能得到充分的调整，而是以尽可能多的 PEEK 排列方式进行结晶排列，随着热处理时间的延长，一部分链段通过重结晶过程重新排列，这时，链段会向着热力学上更稳定的方向转移，从而降低体系的能量，达到稳定状态。

这一系列聚合物的结晶结构可以分为三种情况：①联苯含量在 30%以前，体系的结晶结构以 EEK 结晶为主；②含量在 30%时，体系的结晶结构以 EEK 结晶和 EEK-EDEK 混晶为主；③含量大于 30%时以 EEK-EDEK 混晶为主。一定时间内，等温结晶温度越高，混晶中 EEK 的堆积排列比例越高，聚合物结晶结构的稳态为 PEEK。一定温度下，等温时间越长，混晶中 EDEK 的堆积比例越高，聚合物结晶结构的稳态为 PEDEK。

3) 嵌段长度变化对共聚物玻璃化转变温度影响

图 2.60 是 A_nB_n 型嵌段共聚物无定形样品的 DSC 曲线。聚合物的详细信息列于表 2.19，从表中的数据可以看出聚合物的分子量较为接近，除 B64 的特性黏度较高外，其余共聚物的特性黏度均在 1.1～1.2 dL/g 之间。聚合物的玻璃化转变温度随嵌段长度的增加基本保持不变。按照 Fox 方程计算，理想共聚体系的玻璃化转变温度为 159.3℃，与实测值较为接近。这一结果表明，各聚合物中联苯二酚与对苯二酚的比例接近 1∶1，与预定结果符合，嵌段的长短没有明显地影响到聚合物分子链的柔性，也没有发生明显的相分离。从图 2.60 可以明显地观察到熔融峰的峰形随嵌段长度的增加而发生转化，从 B8、B16 的低温峰为主过渡到 B32、B64、B128 的高温峰为主，峰形在 B32 处发生转变。这一结果是由于嵌段长度的增加，EDEK 排列结晶的比例上升，从而使分子链被更多地牵引形成以联苯结晶结构为主的稳态构型。

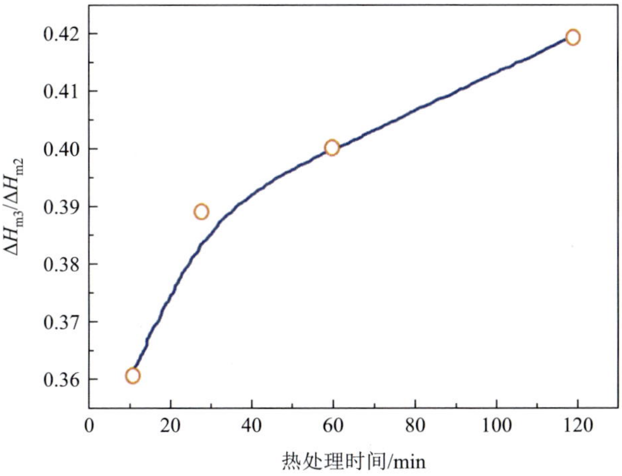

图 2.59　共聚物 50BPb 在 230℃处理不同时间后 $\Delta H_{m3}/\Delta H_{m2}$ 与热处理时间的关系图

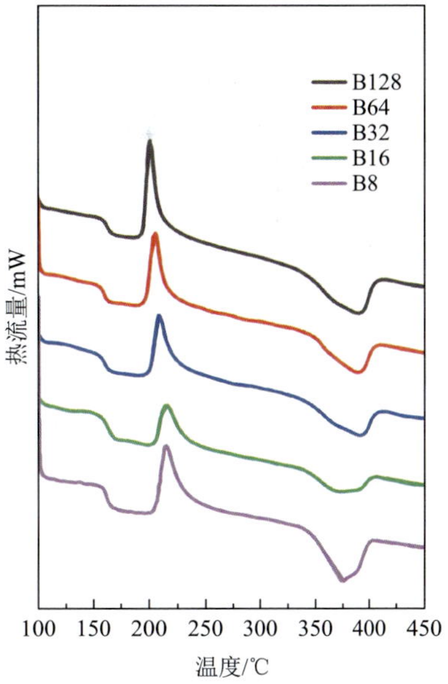

图 2.60　A_nB_n 型嵌段共聚物无定形样品的 DSC 曲线

表 2.19　A_nB_n 型嵌段共聚物基本性能

样品	B8	B16	B32	B64	B128
X_n	8	16	32	64	128
η_{iv} / (dL/g)	1.22	1.06	1.11	1.53	1.07

续表

样品	B8	B16	B32	B64	B128
T_g/℃	163.4	163.8	161.6	161.4	163.8
T_c/℃	215.6	215.9	209.7	206.1	201.9
T_{m1}/℃	374.2	370.3	370.3	364.3	373.0
T_{m2}/℃	384.2	388.3	392.2	390.2	390.5

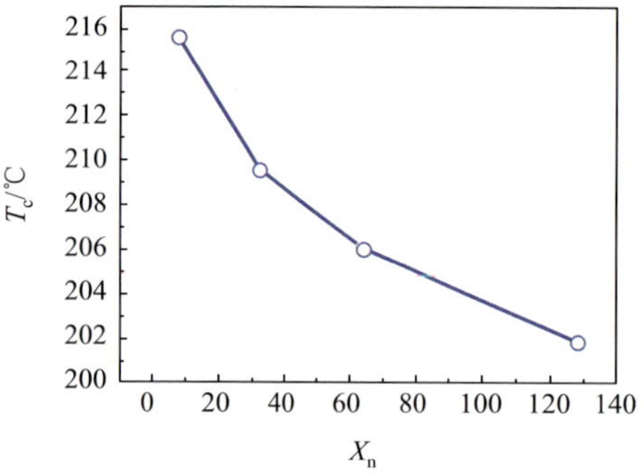

图 2.61 A_nB_n 型嵌段共聚物结晶温度 T_c 与嵌段长度 X_n 的关系图

4）嵌段长度变化对聚合物结晶和熔融行为的影响

从结构的变化上分析，由于嵌段长度的增加，聚合物分子链熵变减小，因此，相同扫描速率下，冷结晶温度降低。图 2.61 是 A_nB_n 型嵌段共聚物结晶温度与嵌段长度的关系图。随着嵌段长度的增加，聚合物冷结晶温度呈下降趋势，B8 与 B128 间的差距为 14℃左右。这一结果与理论预测结果符合。

图 2.62 和图 2.63 是 B8、B128 在不同温度下热处理后的 DSC 曲线。由图可知，随着热处理温度的升高，低温熔融峰逐渐上升，而高温主熔融峰的位置基本保持不变，两峰间的间距略有增加。当热处理温度接近聚合物熔点时低温熔融峰消失，高温峰的峰形也随之改变，370℃处理后，熔融峰变成一个尖锐的单峰。正如前文所描述的 PEDEK 结晶结构的稳定性大于 PEEK 的结晶结构，分子链结晶最终的稳态应该是以 PEDEK 为主的结晶体系。但 EEK 链段上的对苯撑具有相对较高的柔性，在温度升高后其迁移能力较强，结晶能力也随之加强。因此分子链会倾向于形成 EEK 结晶，渐渐与 EDEK 结晶分离开来，因而主熔融峰的两个峰间距拉开，主峰移向低温区，这与前面对 50BPb 的研究结果一致。

5）序列结构对共聚物热性能的影响

不同结构单元在共聚物分子链上的组合方式有无规、交替和嵌段几种。

(1) 无规共聚物，不同结构单元在共聚物分子链上无规分布；

(2) 交替共聚物，不同结构单元在共聚物分子链上交替分布；

(3) AB_n 型嵌段共聚物，一种结构单元单独与另一结构单元的多个聚合体连接形成共聚物分子链；

(4) A_nB_n 型嵌段共聚物，不同结构单元先自身形成多聚体，多聚体之间连接形成共聚物分子链。

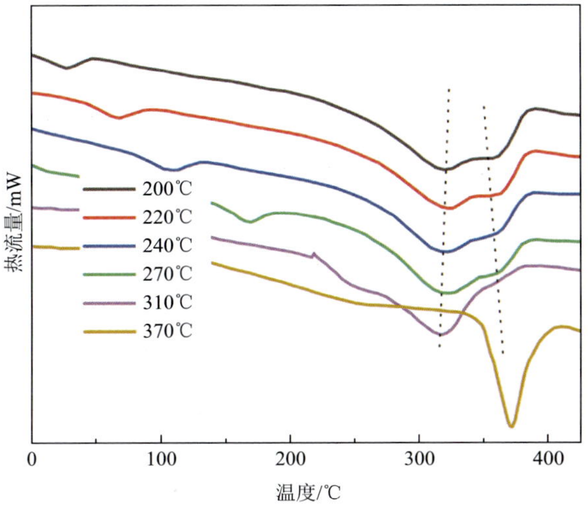

图 2.62 共聚物 B8 在不同温度下热处理 30 min 的 DSC 曲线

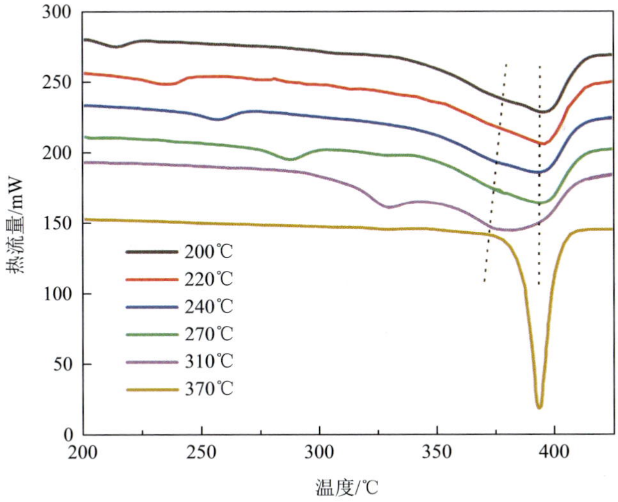

图 2.63 共聚物 B128 在不同温度下热处理 30 min 的 DSC 曲线

这几种结构在组成上没有太大差别，都是由 EEK 单元和 EDEK 单元构成，所不同的是它们在嵌段的长短及排列方式上差别较大。如果把共混物也考虑进来，那么组成方式应该为五种。由于交替共聚物具有确定的组分比例(50%)，为了便于比较，选择所用聚合物的组分含量均为 50%的进行讨论，共混物组成按质量比计算。

图 2.64 是共聚物 50BPr、50BPa、B128 和 50BPl 非晶样品的 DSC 曲线。详细信息参见表 2.20。交替共聚物的 T_{m2} 为 364.2℃，高于无规共聚物。B128 的两个峰靠得很近，低温峰的位置不能分辨得很清楚，其熔点明显高于无规、

交替共聚物，但相对均聚物 PEDEK 而言，还有一段距离。共混物的两个熔融峰相距较远，分别代表 PEEK 均聚物的熔融与 PEDEK 均聚物的熔融，以上结果表明，当链段长度大到足以形成稳定的单一结构时，两结晶相互相排斥，产生相分离。

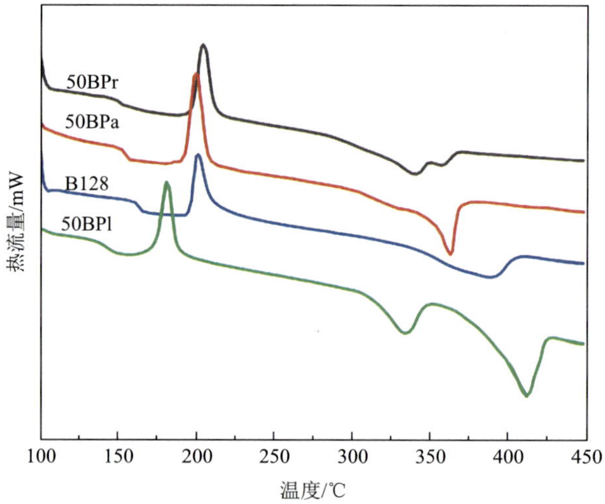

图 2.64 共聚物 50BPr、50BPa、B128 和 50BPl 非晶样品的 DSC 曲线

从图 2.64 中几种不同序列结构的聚合物来看，聚合物的热性能与主链的有序程度有一定的联系，无规共聚物主链的序列规整度相对最低，因此体系内部的结晶度相对较低，晶体的片层厚度也较低，熔点也因此较低，交替共聚物的主链上 EEK 单元与 EDEK 单元交替排列，其序列规整度高于物规共聚物，但由于单元长度较小，其序列规整度仍然较长嵌段 B128 小，B128 在几种共聚物中具有最高的熔点，相应的序列规整度最高，这样，聚合物的熔点随主链上序列规整度的提高而提高(表 2.20)，这一结果对聚芳醚酮的分子设计研究有重要意义。

表 2.20 共聚物 50BPr、50BPa、B128 和 50BPl 的热性能

样品名称	50BPr	50BPa	B128	50BPl
η_{iv}/(dL/g)	0.96	0.88	1.07	0.94
T_g/℃	152.2	156.8	163.8	143.6
T_c/℃	205.2	200.4	201.9	182.3
T_{m1}/℃	341.9	334.1	373.0	355.0
T_{m2}/℃	358.2	364.2	390.5	412.9

3. 聚醚醚酮-含联苯结构聚醚醚酮共聚物的力学性能

1) 联苯含量对聚合物力学性能的影响

聚合物的力学性能同聚合物体系内部结晶度密切相关，从某种意义上来说，聚合物的宏观力学性能正是微观结晶度的外在体现。因此，在分析、对比力学性能之前必须对样品的热历史给以准确的测量。

图 2.65 是共聚物 10BPb 无定形样品在不同温度下热处理后的拉伸曲线。详细信息列于表 2.21。由图表可知共聚物在 200℃左右处理后的拉伸模量最大。与此相对应的 DSC 测试结果表明此时样品的结晶度相对最高(图 2.66)。

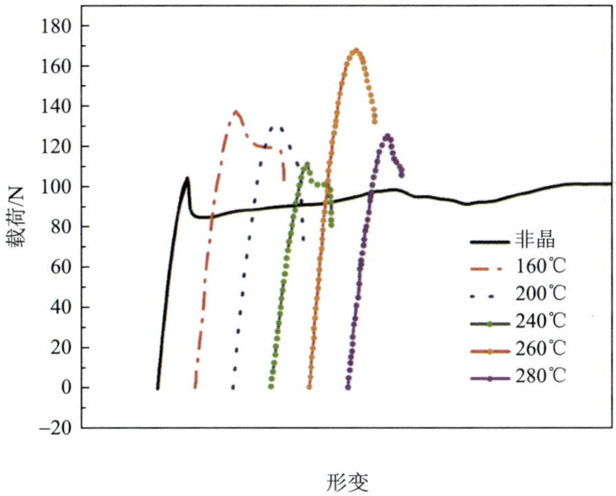

图 2.65　共聚物 10BPb 无定形样品在不同温度下热处理后的拉伸性能

表 2.21　共聚物 10BPb 无定形样品在不同温度下热处理的拉伸性能

样品名称	热处理温度/℃	拉伸模量/GPa	拉伸强度/MPa	断裂伸长率/%
10 BPb	非晶	1.45	51.84	135.99
	160	1.75	70.76	13.37
	200	1.81	73.74	10.48
	240	1.76	70.06	9.26
	260	1.74	75.04	10.02
	280	1.69	68.28	8.36

注：以上样品的力学性能数据均为统计平均的结果。

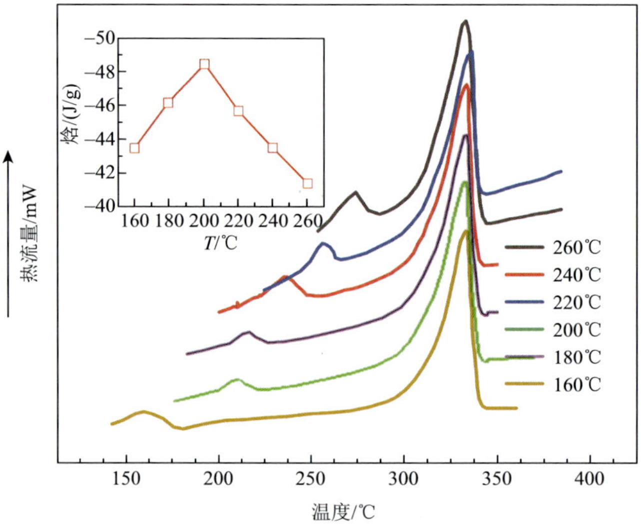

图 2.66 共聚物 10BPb 在不同温度下热处理的热焓变化

按照上述的方法，将不同联苯含量的聚合物在 200～300℃进行热处理，所得到的样品的拉伸曲线如图 2.67 所示，相应力学性能数据见表 2.22。由表中的数据可以看出，50BPb 以前聚合物拉伸模量随联苯含量的增加而减小，之后随联苯含量的增加而增大，这是聚合物分子链结构变化所引起的。联苯含量的增加使 PEEK 嵌段缩短，降低了体系的结晶度，当联苯二酚含量反超对苯二酚时以 PEDEK 为主的分子链结构代替了 PEEK 成为分子链主体，结晶度上升，分子间排列致密、规整，力学性能也随之上升。

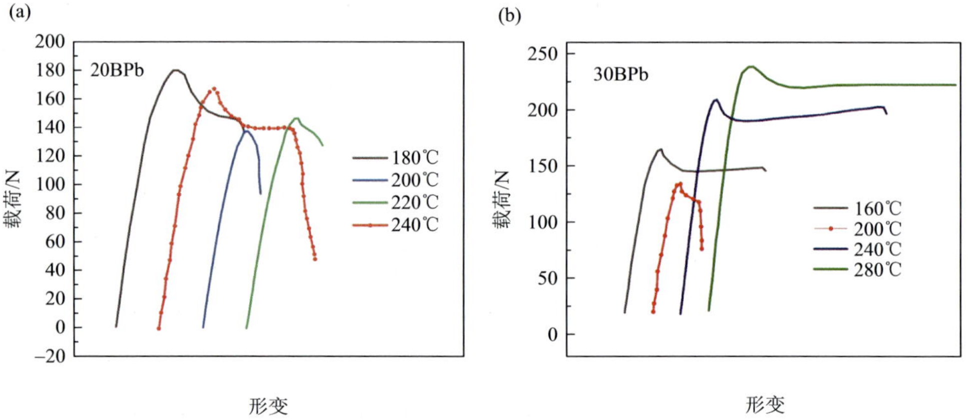

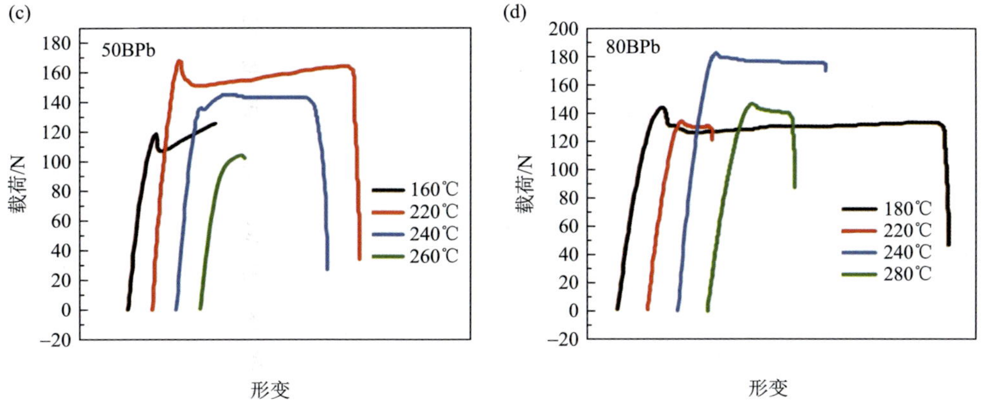

图 2.67　不同温度热处理的 AB_n 嵌段共聚物拉伸曲线

表 2.22　AB_n 嵌段共聚物最佳热处理温度的拉伸性能

样品名称	热处理温度/℃	拉伸模量/GPa	拉伸强度/MPa	断裂伸长率/%
10BPb	200	1.81	73.74	10.48
20BPb	200	1.65	66.50	17.47
30BPb	200	1.59	67.33	12.09
50BPb	220	1.66	81.37	10.48
80BPb	260	1.82	76.56	7.52

2) 序列结构对聚合物拉伸性能的影响

图 2.68 给出了共聚物 50BPr、50BPa、50BPb、B128 和 PEDEK 的力学性能比较，将各样品的相关数据列于表 2.23。由图表可知聚合物的拉伸模量按无规、交

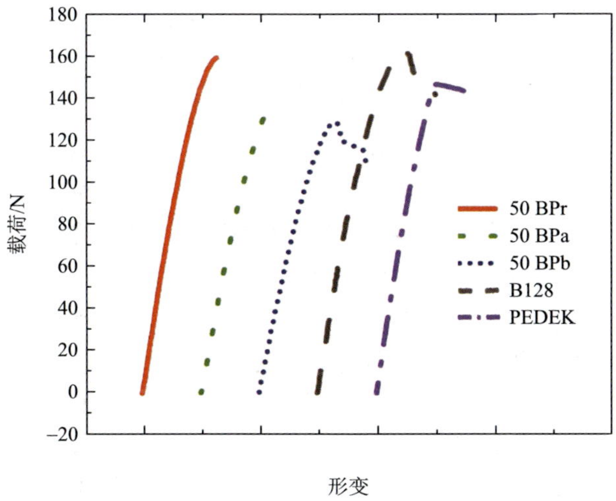

图 2.68　共聚物 50BPr、50BPa、50BPb、B128 和 PEDEK 的力学性能比较

替、AB_n 嵌段、A_nB_n 嵌段的顺序递增。这一结果表明主链有序度的升高促进了聚合物的结晶排列，使聚合物结晶度提高，从而使拉伸模量升高。

表 2.23 共聚物 50BPr、50BPa、50BPb、B128 和 PEDEK 的拉伸性能

样品名称	拉伸模量/GPa	拉伸强度/MPa	断裂伸长率/%
50BPr	1.50	72.80	10.02
50BPa	1.54	72.94	7.08
50BPb	1.66	81.37	10.48
B128	1.72	84.68	14.43
PEDEK	1.80	76.16	6.73

3) 环境温度对聚合物力学性能的影响

图 2.69 是样品在 23℃、120℃和 180℃的环境温度下的力学性能测试曲线。具体数据列于表 2.24。从几个样品的高温环境下力学性能的表现可以看出样品在玻璃化转变温度转变之前的温度下，拉伸模量下降不大，在玻璃化转变温度之上，拉伸模量

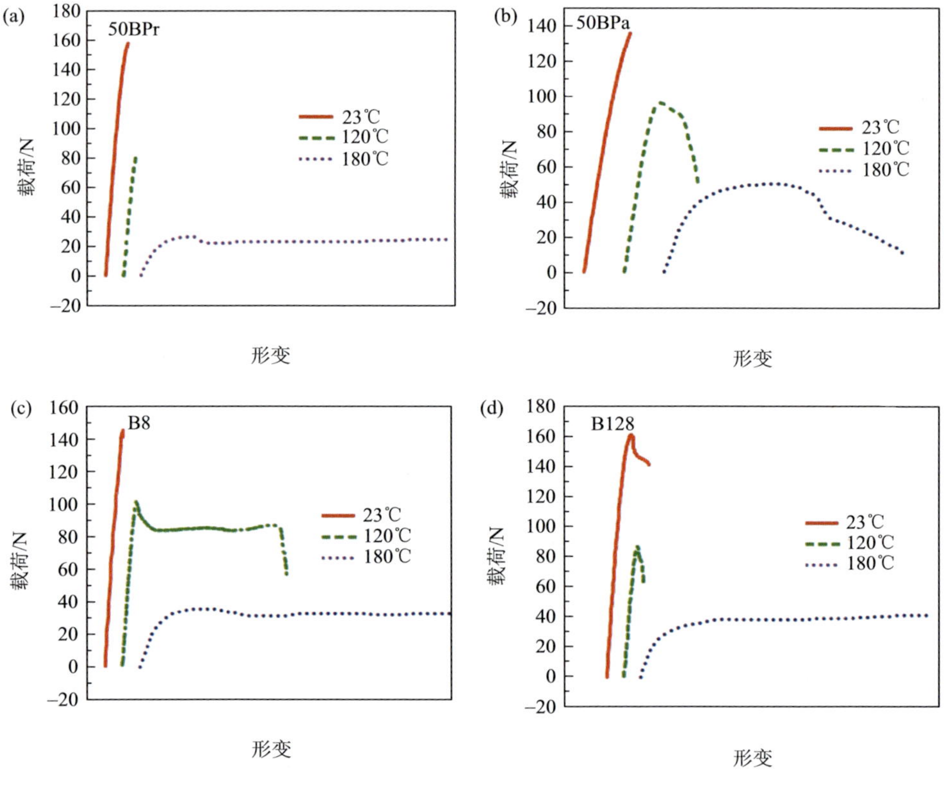

图 2.69 共聚物 50BPr(a)、50BPa(b)、B8(c)和 B128(d)的力学性能(试验温度分别为 23℃、120℃和 180℃)

迅速下降，在玻璃化转变温度之上 30℃左右，拉伸模量下降幅度可达 80%。几种共聚物中 B128 在高温下依然保持着很好的力学性能，因此，以 B128 为代表的 A_nB_n 型嵌段共聚物具有很大的应用潜力，这对拓展聚芳醚酮的应用领域具有重要意义。

表 2.24　共聚物 50BPr、50BPa、B8、B128 高温下的拉伸模量

样品名称	环境温度/℃	拉伸模量/GPa
50BPr	23	1.50
	180	0.20
50BPa	23	1.54
	180	0.24
B8	23	1.69
	180	0.31
B128	23	1.72
	180	0.57

2.3.3　聚醚醚酮酮-聚醚醚醚酮酮共聚物

1. 聚醚醚酮酮-聚醚醚醚酮酮共聚物的合成

(1) 所用单体组合为

对苯二酚

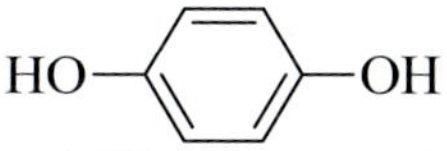

4, 4′-二羟基二苯醚

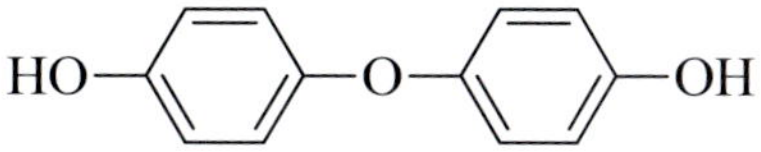

4, 4′-二氟三苯二酮

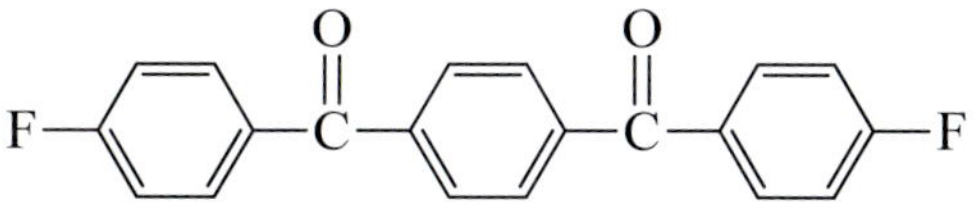

(2) 聚合物合成反应式为

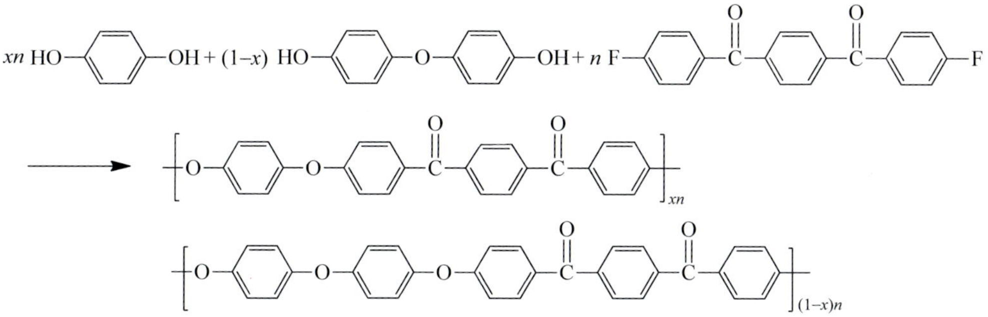

其中 $0>x>1$。

当 $x = 1$ 时，得到

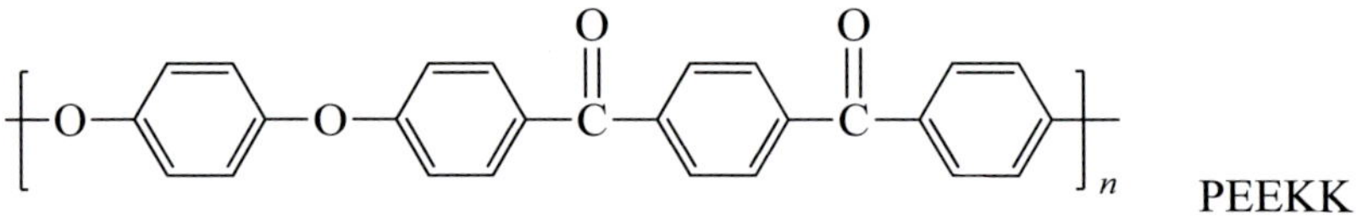

当 $x = 0$ 时，得到

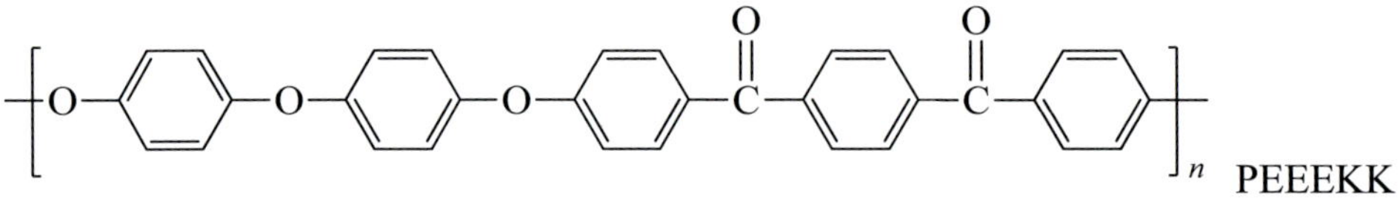

将对苯二酚、4, 4′-二羟基二苯醚及 4, 4′-二氟三苯二酮干燥后，选择二苯砜为溶剂，用碳酸钠、碳酸钾为催化剂，在 310～320℃聚合，制备出一些列 PEEKK-PEEEKK 无规共聚物[5]。

2. 聚醚醚酮酮-聚醚醚醚酮酮无规共聚物的热性能

1) 聚醚醚酮酮-聚醚醚醚酮酮共聚物的组成对玻璃化转变温度的影响

合成的这一系列无规共聚物，其基本性能参数列于表 2.25，其淬火样品的 DSC 曲线见图 2.70。

无规共聚物的玻璃化转变温度 T_g 介于两种共聚组分单体的均聚物的 T_g 之间，随着共聚物组成的变化，其 T_g 值在两均聚物 T_g 之间发生线形或非线形的变化。凡是影响高分子链柔性的因素都对 T_g 有影响。对于聚芳醚酮来说，决定链柔性的因素是醚键。随着 EEKK 含量的增加，醚酮比降低，共聚物的 T_g 逐渐升高。

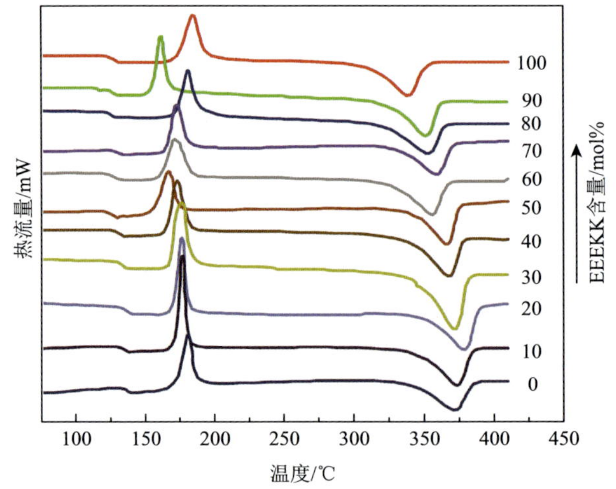

图 2.70　PEEKK/PEEEKK 共聚物 DSC 曲线

表 2.25　PEEKK/PEEEKK 共聚物基本性能

EEEKK 含量/mol%	η_{inh}(25℃)/(dL/g)	T_{gonset}/℃	T_g/℃	T_m/℃	$T_{mendset}$/℃
0	1.43	150.4	152.8	356.3	368.1
10	0.96	148.8	151.5	357.7	367.5
20	1.01	151.2	153.3	362.4	371.4
30	0.94	147.9	150.8	356.8	365.0
40	0.99	147.6	148.3	353.0	361.8
50	0.86	140.3	144.5	351.8	359.7
60	1.17	141.2	145.0	342.7	352.5
70	0.99	144.0	147.2	345.8	355.4
80	1.39	140.8	143.6	340.5	350.3
90	1.10	135.9	143.8	339.3	347.8
100	1.51	142.7	145.6	330.8	341.5

2) 聚醚醚酮酮-聚醚醚醚酮酮共聚物的组成对熔点的影响

共聚物中存在着 EEEKK 和 EEKK 两种链节，两种链节的同时存在一方面改变了聚合物主链的刚性，使 ΔS 减小；另一方面降低了主链的规整性，使混乱度增加，ΔS 增大。同时由于分子链上刚性较强的羰基的增加，共聚物熔点上升。共聚物熔点变化曲线如图 2.71 所示。从曲线可以看出基本上随着 EEKK 的含量增加 T_m 上升，而没有出现最低熔点，可能由于醚酮等效原理，结构单元的无序排列对 T_m 影响较小。从以上结果可以看出随着醚键含量的减少，醚酮比降低，聚合物的 T_g 和 T_m 升高。

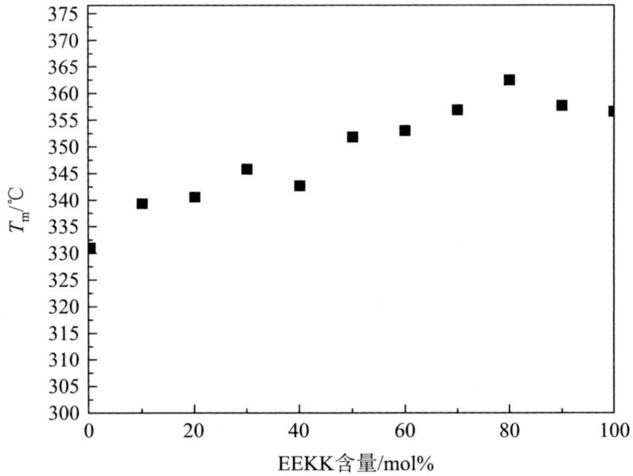

图 2.71　PEEKK/PEEEKK 共聚物熔点变化

3. 聚醚醚酮酮-聚醚醚醚酮酮无规共聚物的力学性能

聚合物作为材料使用时，总是要求其具有一定的力学性能。对大部分应用而言，力学性能比聚合物的其他物理性能显得更为重要。表2.26是一系列共聚物样品的应力-应变曲线得到的数据，样品在180～200℃热处理5 h。由表中数据可以看出，随着聚合物中醚键含量的增加，醚酮比变大，聚合物拉伸强度呈下降趋势，断裂伸长率呈上升趋势。热处理后该样品拉伸强度升高，断裂伸长率下降。虽然随着样品醚酮比变大，其拉伸强度有所下降，但是从断裂伸长率可以看出材料的韧性得到了很大提高。

表2.26 PEEKK/PEEEKK共聚物的拉伸性能

聚合物	180～200℃热处理样品		无定形样品	
	拉伸强度/MPa	断裂伸长率/%	拉伸强度/MPa	断裂伸长率/%
PEEEKK10%	130	15	74	97
PEEEKK30%	125	10	86	150
PEEEKK50%	134	8	102	181
PEEEKK70%	122	19	80	95
PEEEKK90%	118	44	74	123

参考文献

[1] Bonner H W J. Aromatic polyketones and preparation thereof: US19590848913[P]. 1962-11-20.

[2] Goodman I, Mcintryre J E, Russell W. Verfahren zur Herstellung polymerer Ketone: DE1520116[P]. 1969-07-10.

[3] 柯扬船. 聚芳醚酮分子设计、分子结构及聚集态结构[D]. 长春: 吉林大学, 1996.

[4] 王兴东. 聚醚醚醚酮酮及其共聚物的合成与性能研究[D]. 长春: 吉林大学, 2004.

[5] 秦胜. 一类聚芳醚酮共聚物的性能和结晶行为研究[D]. 长春: 吉林大学, 2001.

[6] 那辉, 吴忠文, 张宏放, 等. 聚醚醚酮酮和含联苯聚醚醚酮酮共聚物的熔融热[J]. 高等学校化学学报, 1996, 17(7): 1133-1136.

[7] 张宏放, 莫志深, 那辉, 等. 聚醚醚酮酮(PEEKK)-含联苯聚醚醚酮酮(PEBEKK)共聚物的 T_g 和 T_m 转变[J]. 应用化学, 1996, 13(2): 57-60.

[8] Avrami M. Kinetics of phase change. Ⅱ Transformation-time relations for random distribution of nuclei[J]. The Journal of Chemical Physics, 1940, 8(2): 212-224.

[9] Harris J E, Winslow P A, Botkin J H, et al. Poly(aryl ether ketone) (PAEK) block and chain-extended copolymers. 2. Preparation and characterization of chain-extended PAEK copolymers and poly(ether ketone ketone)/poly(ether ether ketone) block copolymers[J]. Macromolecules, 1993, 26(9), 2366-2371.

[10] Avrami M. Kinetics of phase change. I General theory[J]. The Journal of Chemical Physics, 1939, 7(12): 1103-1112.

[11] 刘晓玲, 徐海云, 蔡明中. 聚醚酮酮/含萘环聚醚酮醚酮酮无规共聚物的合成与表征[J]. 江西师范大学学报

(自然科学版), 2001, (4): 287-291+294.

[12] Turnbull D, Fisher J C. Rate of nucleation in condensed systems[J]. The Journal of Chemical Physics, 1949, 7(1): 71-73.

[13] Hoffman J D, Davis G T, Lauritzen J I. The rate of crystallization of linear polymers with chain folding//Hannay N B. Treatise on Solid State Chemistry: Volume 3 Crystalline and Noncrystalline Solids[M]. New York: Plenum Press, 1976: 497-614.

[14] Nielsen L E. Mechanical properties of polymers[M]. New York: Van Nostrand Reinhold, 1962.

[15] Könnecke K. Crystallization of poly(aryl ether ketones). 2. Double peak melting behavior of PEEKK[J]. Die Angewandte Makromolekulare Chemie, 1992, 198(1): 15-29.

[16] 刘勤华. 一类聚芳醚酮嵌段共聚物的合成及性能和结晶行为研究[D]. 长春: 吉林大学, 2002.

[17] Xing P, Robertson G P, Guiver M D, et al. Synthesis and characterization of sulfonated poly(ether ether ketone) for proton exchange membranes[J]. Journal of Membrane Science, 2004, 229: 95-106.

[18] Dawson P C, Blundell D J. X-ray data for poly(aryl ether ketones)[J]. Polymer, 1980, 21(5): 577-578.

[19] 刘结平, 莫志深, 綦玉臣, 等. 聚氧化乙烯(PEO)/聚双酚 A 羟基醚(PBHE)共混体系的非等温结晶动力学[J]. 高分子学报, 1993, (1): 1-6.

[20] 王汉夫. 含联苯结构聚芳醚酮共聚物的结构与性能研究[D]. 长春: 吉林大学, 2003.

[21] Blundell D J, Osborn B N. The morphology of poly(aryl-ether-ether-ketone)[J]. Polymer, 1983, 24(8): 953-958.

[22] Chen J Y, Chen M, Chao S C. Thermal stability and crystallization kinetics of poly(ether ether ketone)[J]. Macromolecular chemistry and physics, 1998, 199(8): 1623-1629.

第3章 聚芳醚酮的结晶行为

高分子链的聚集态结构是指高分子材料本体内部高分子链之间的几何排列状态。高分子链聚集态结构有晶态和非晶态结构之分。晶态高聚物的分子排列规则有序，简单的高分子链及分子间作用力强的高分子链易于形成晶态结构，而比较复杂和不规则的高分子链往往形成非晶态(无定形或玻璃态)结构[1]。由于聚芳醚酮是一类结晶型聚合物，其结晶行为、结晶度、结晶结构等都会影响聚芳醚酮的性能及应用，研究聚芳醚酮的结晶行为对其实际应用具有重大意义[2]。本章中，首先介绍了几种聚芳醚酮的晶体结构；然后从等温结晶动力学和非等温结晶动力学两方面，对不同种类的聚芳醚酮结晶过程、结晶图谱及结晶参数进行了介绍；最后介绍醚酮等效原理，即通过构建几组实验对醚基与酮基在晶体学上等效性进行验证和说明。

3.1 晶体结构

3.1.1 聚醚醚酮的晶体结构

对 PEEK 晶体结构的研究已有很多，均认为聚芳醚酮类聚合物属于正交晶胞，空间群是 $Pbcn\text{-}D_{2h}^{14}$，每个晶胞中有两条分子链，一条穿过中心，四个角上各有一条链与另外三个晶胞共享。对 c 轴的长度问题有两种看法，一种认为 c 轴占 2/3 个化学重复单元，计算值和实验值在 10 Å 左右[3-7]；另一种是 Wakelyn 的观点[8]，认为 c 轴占 2 个化学重复单元。PEEK 晶胞中(100)面有两个对称要素：反演一重轴和旋转二重轴，图 3.1 是 PEEK 的结构单元示意图。

沿着分子链方向就是 c 轴方向，分子链按平面锯齿形排列，认为醚键和酮键在晶体学上可以最小畸变互换。如果以下列标准链长和桥键角(125°)计算，结果列于表 3.1。

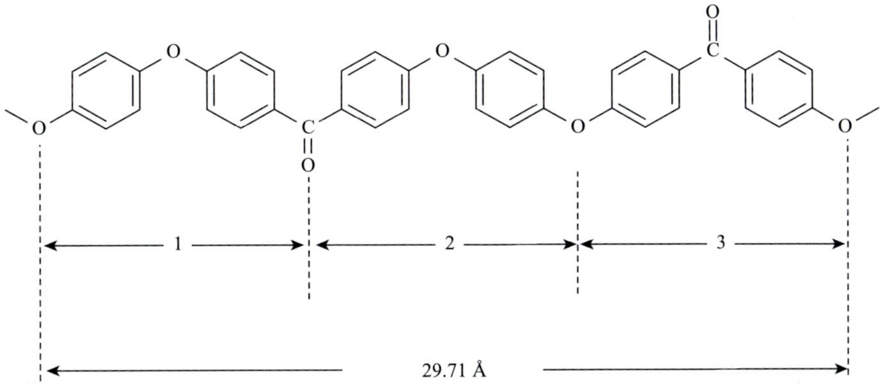

图 3.1　PEEK 的结构单元示意图

表 3.1　各部分长度

部分	1	2	3
长度/Å	9.87	9.87	9.97

可看到第 3 部分比第 1、2 部分多 0.10 Å，由于这个差异较小，所以认为三部分的平均值是 *c* 轴的长度，X 射线的结果也是三部分的平均。如果认为每个晶胞中基团排列是完全相同的，那么 Wakelyn 的结论是可取的。

图 3.2 是 PEEK 结晶样品的 WAXD 谱图，吉林大学样品与英国 ICI 公司生产的 Victrex PEEK 的 WAXD 谱图[9-11]完全相同，说明我国合成的 PEEK 的晶体结构亦属正交晶系、*Pbcn* 群，与 Victrex PEEK 的晶体结构完全相同，其中—C═O—及—O—在晶格点阵中是结晶学等效的。

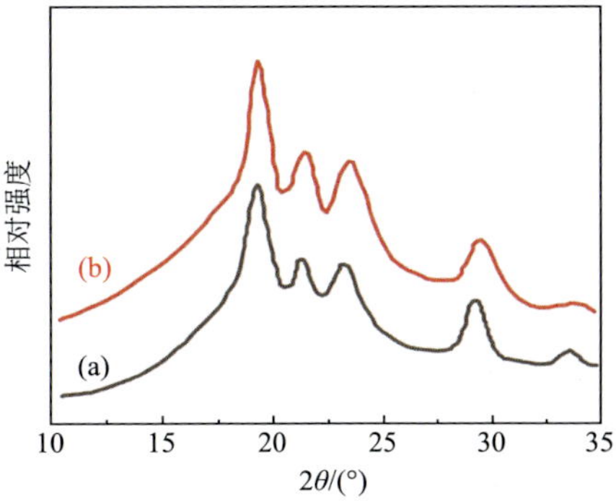

图 3.2　PEEK 结晶样品的 WAXD 谱图

(a) 吉林大学样品；(b) 英国 ICI 公司样品

在测定结晶聚合物结晶度的各种方法中，与热分析 DSC、红外光谱、密度法等其他方法相比，WAXD 方法测定的结晶度具有明确的物理意义，在测试过程中样品不发生任何变化，是最可靠的测定结晶度的一种方法[12]。

采用 Ruland[13]方法处理冷结晶 PEEK 样品 WAXD 谱图，可同时计算样品结晶度和晶格畸变的信息——无序参数。

按 Ruland[13]和 Vonk[14]的方法编写程序，处理 PEEK 结晶样品的 WAXD 谱图。设

$$\mathrm{AL}=\frac{\int_{S_c}^{S_p}\left(\bar{f}^2+\bar{J}\right)\boldsymbol{S}^2\mathrm{d}\boldsymbol{S}}{\int_{S_c}^{S_p}I(\boldsymbol{S})\boldsymbol{S}^2\mathrm{d}\boldsymbol{S}} \tag{3.1}$$

其中

$$J=\frac{\sum N_i I_{\mathrm{com}}^i}{\sum N_i}Q(\boldsymbol{S},\lambda) \tag{3.2}$$

式中，AL 为结晶度；$\boldsymbol{S}$ 为倒易空间矢量 $\bar{\boldsymbol{S}}$ 值，$\boldsymbol{S}=|\boldsymbol{S}|=2\sin\theta/\lambda$；$\bar{f}^2$ 为均方原子散射因子；$I(\boldsymbol{S})$ 为样品在倒易空间 $\bar{\boldsymbol{S}}$ 处总的相干散射强度；J 为原子的非相干散射强度的平均值（以电子为单位）；N_i 为第 i 种物质在每个重复单元中的原子数目；I_{com}^i 为 i 类原子的 Compton 散射强度，$Q(\boldsymbol{S},\lambda)$ 为 Breit-Dirac 反弹因子。PEEK 结晶样品的 AL-$\boldsymbol{S}$ 关系见图 3.3。从图中可见在 $\boldsymbol{S}=0.65$ 以后，AL 值基本不再随 $\boldsymbol{S}$ 而变。因此，对 PEEK，$\boldsymbol{S}=0.65$。而 $\boldsymbol{S}_0=0.06$ 和 $\boldsymbol{S}_0=0.11$ 对 AL 值影响不大，不对 $\boldsymbol{S}$ 的选择产生影响，故取 $\boldsymbol{S}_0=0.11$。这意味着对结晶 PEEK 的 WAXD 谱图，由 $\boldsymbol{S}_0=0.11$ 到 $\boldsymbol{S}=0.65$ 区间积分，相当于在全倒易空间积分。

PEEK 与无序参数相关的 K-$\boldsymbol{S}_{\mathrm{p}}^2$ 关系见图 3.4。从图中可见 K 与 $\boldsymbol{S}_{\mathrm{p}}^2$ 呈线性关系，$K=1+(k/2)\boldsymbol{S}_{\mathrm{p}}^2$，$k$ 为无序参数。上述关系与 Ruland 研究的 PE、PP[13]及 Herermans 研究的 NyLon 6、NyLon 7[15]体系得到的结果相同。

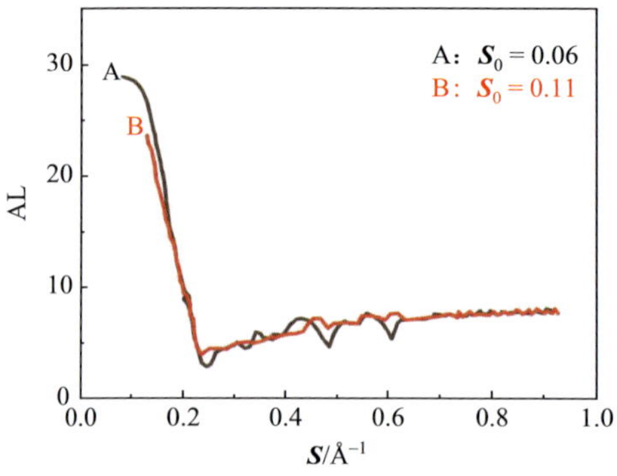

图 3.3 PEEK 结晶样品的 AL-S 关系

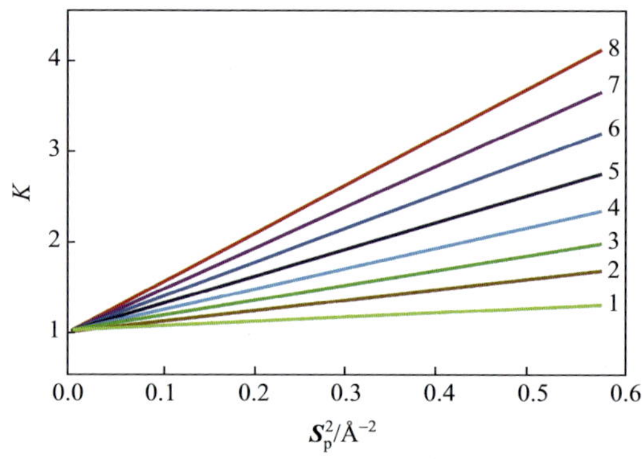

图 3.4 PEEK 的 K-$\boldsymbol{S}_{\mathrm{p}}^2$ 关系

若 $R_{\mathrm{s}}=\int_{S_c}^{S_p}I(\boldsymbol{S})\boldsymbol{S}^2\mathrm{d}\boldsymbol{S}/\int_{S_c}^{S_p}I_{00}(\boldsymbol{S})\cdot\boldsymbol{S}^2\cdot\mathrm{d}\boldsymbol{S}$ 在数据处理过程中考虑 Compton 散射，并对散射强度进行吸收校正。采用主极点内插法[16]扣除非晶部分散射，PEEK 在 175℃结晶 15 min，样品的 R_{s}-$\boldsymbol{S}_{\mathrm{p}}^2$ 关系见图 3.5。

由直线的截距和斜率分别求得该样品的结晶度 $X_c = 0.29$，无序参数 $k = 5.7$，与不考虑原子热振动和晶格畸变时的结晶度 $X_c^0 = 0.22$ 相比，显然后者偏低。

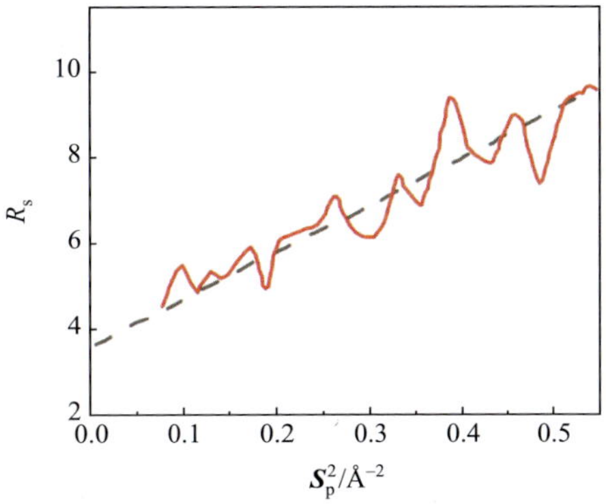

图 3.5 PEEK 结晶样品的 R_s-S_p^2 关系

表 3.2 是不同温度下等温冷结晶 PEEK 的结晶度和无序参数。从表中可见：①Ruland 方法得到的结晶度与用其他方法得到的结晶度比较接近，随结晶温度的变化规律相同，即结晶度随结晶温度的升高而增大。②PEEK 的无序参数却随结晶温度的升高而下降，这与 PE、PP 不同[13]，它们的 k 值基本不随结晶温度的变化而改变，说明对于 PEEK 的 k 值，不仅有原子热振动的贡献，晶格畸变的贡献也很大。结晶温度越高，晶格畸变越小。

表 3.2 不同温度下冷结晶 PEEK 的 X_c 和 k

结晶温度/℃	X_c/%			k
	WAXD	DSC	密度法	
175	26.5	24.3	25.2	5.63
200	29.1	30.1	29.9	5.04
220	30.0	31.1	30.9	4.37
250	31.2	27.6	32.7	4.53
310	37.6	41.9	38.3	3.62

与其他高聚物相比[14]，PEEK 的 k 值较大，这与另一种工程塑料芳香聚酯 PET（聚对苯二甲酸乙二醇酯）的表现很相似[16]。

用最小二乘法拟合不同温度下等温结晶 PEEK 的晶胞参数，见图 3.6。结果表明，PEEK 的晶胞参数、晶胞体积均随结晶温度的升高而减小，因此，晶区密度亦随结晶温度而改变。这给由密度法测定其结晶度带来了困难，这是 PEEK 一个较特殊的现象。在聚芳醚酮系列的其他聚合物中，如 PEK 尚未发现这种变化[17]。

由无序参数的结果可知，结晶温度越高，PEEK 晶体的晶格畸变越小，说明沿着 a 轴和 b 轴方向，分子链堆砌得越规整，所以晶胞参数 a、b 减小。

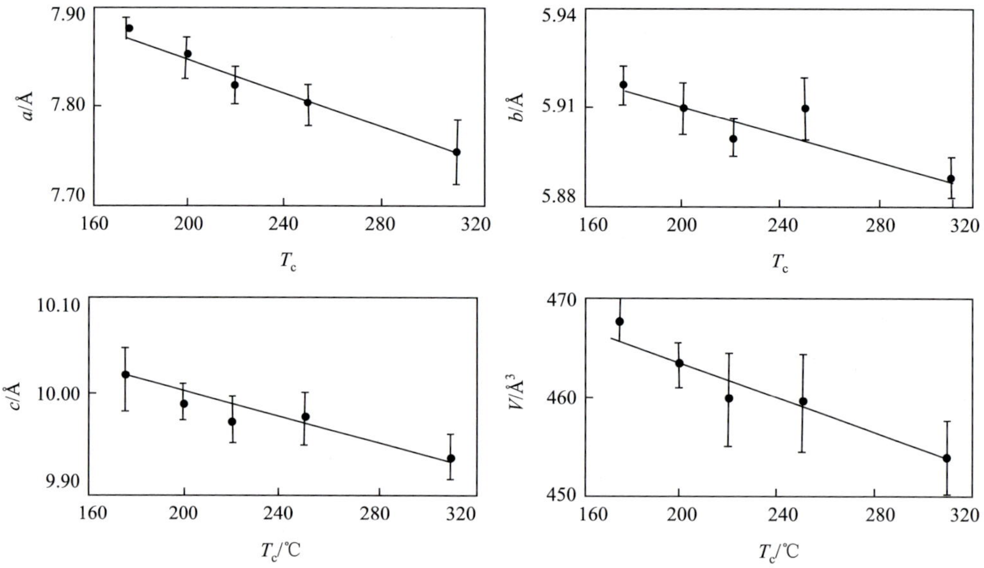

图 3.6 等温结晶 PEEK 的晶胞参数随结晶温度的变化

图 3.7 是不同温度下 PEEK 冷结晶样品以 PEEK 无定形样品为参比的紫外光谱。在实验中，我们制备了厚度略有差异的无定形样品，以保证 360 nm 以前结晶样品的吸收基本为零。由图 3.7 可见，PEEK 结晶样品主要表现出在 400 nm 附近单一的吸收谱带。它应该属于 PEEK 晶体中 PEEK 分子的二芳基酮的 $\pi_2 \rightarrow \pi_3^*$ 吸收带，称为电荷转移跃迁带[18]。根据 Fieser 共轭烯酮取代基对 $\pi_2 \rightarrow \pi_3^*$ 吸收带影响的运算法则，PEEK 的 $\pi_2 \rightarrow \pi_3^*$ 带应位于 395～403 nm。此带的特点是随溶剂极性增大而红移(PEEK 在强极性溶剂硫酸中此带位于 421 nm)。PEEK 晶体主要反映这

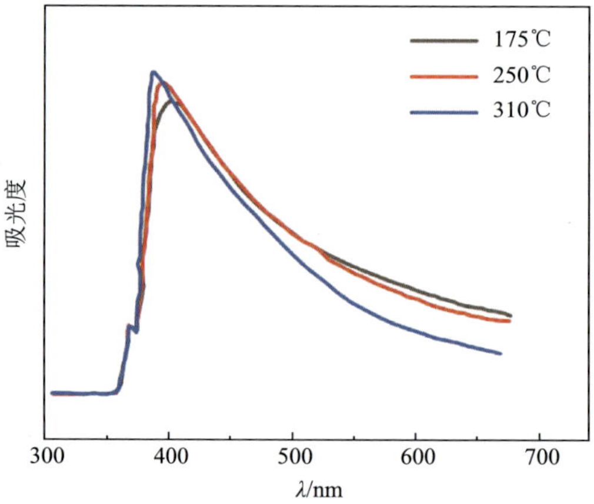

图 3.7 不同温度下 PEEK 晶体的紫外光谱

一吸收谱可能是晶体中的分子链在晶格点阵中规整排列所致。由图 3.7 可见，结晶温度不同，PEEK 晶体的紫外吸收带有一定位移，结晶温度越高，吸收带波长越短（蓝移），若忽略晶粒粒度分布的影响及非均匀体系，我们认为这种变化反映了不同结晶温度下 PEEK 分子链构象的细微变化，亦即苯环扭转角的变化及二芳基酮键角的变化[17]。我们知道，紫外吸收光谱反映分子吸收能量后所产生的电子跃迁。苯环扭转角及二芳基酮键角的改变会影响二芳基酮共轭体系的基态能量和激发态能量，从光谱上反映的则是谱带的位移。一般而言[18]，在共轭体系中，单键在激发态常比基态具有更多双链的性质，所以扭转单键使激发态能量提高较多，能级差增大，跃迁能增加，导致蓝移效应。对于 PEEK 分子，结晶温度越高，苯环扭转角越大，激发态能量越高，吸收谱带波长越短。苯环扭转角越大，相邻苯环邻位氢原子的空间位阻越小，二芳基酮键角越小，c 轴尺寸越小。Hay 等[17]由晶体结构数据，通过量子化学计算得到的结果与我们由无序参数及紫外光谱测定得到的结果一致。

3.1.2　聚醚联苯醚酮的晶体结构

对于 PEDEK 均聚物，化学结构单元如图 3.8 所示，仍按标准键长和桥键角为 125°计算这三部分的长度，第 1、2 部分比第 3 部分长 3.66 Å，这个差异不可忽视，不能用三部分的平均结果来计算晶胞中 c 轴的长度，c 轴应是三部分之和 37.33 Å。

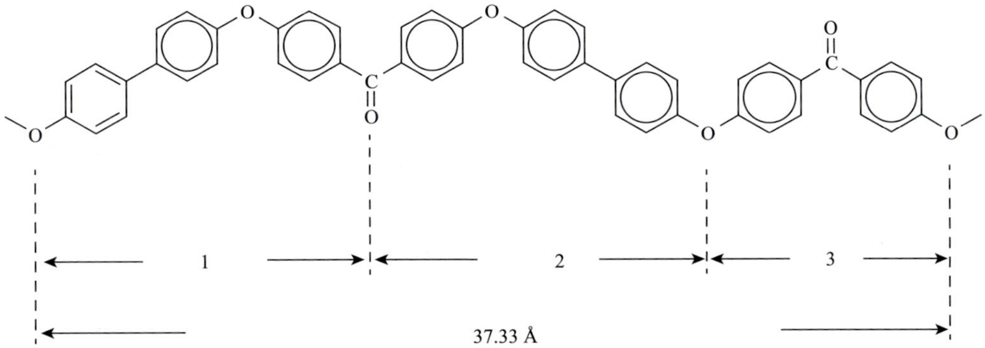

图 3.8　PEDEK 均聚物的结构重复单元示意图

图 3.9 是设想的 PEDEK 晶胞中链构象，图 3.10 是实验的 WAXD 谱图，四个主衍射峰的位置在 18.73°、19.885°、22.965°、28.20°，对应的晶面分别是(110)、(113)、(200)、(213)，计算得到晶胞参数 $a = 7.74$ Å，$b = 5.98$ Å，$c = 37.8$ Å，晶胞体积 $V = 1749.6$ Å^3，单胞中单链的分子量为 728，计算得到的晶体密度为 1.382 g/cm^3，与 Blundell 和 Bayon 的实验值 $a = 7.72$ Å，$b = 5.94$ Å，$c = 37.5$ Å 很接近[19]。

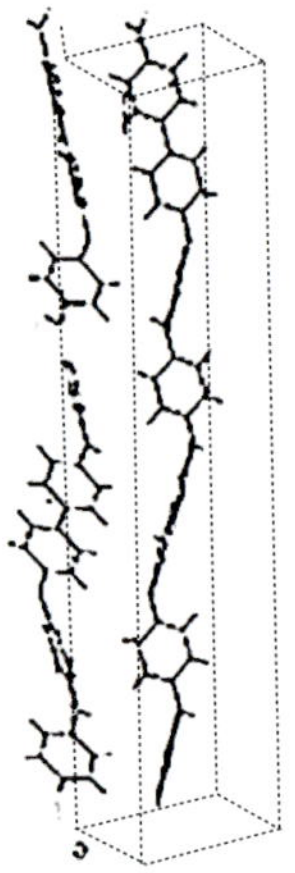

图 3.9　提出的 PEDEK 晶胞

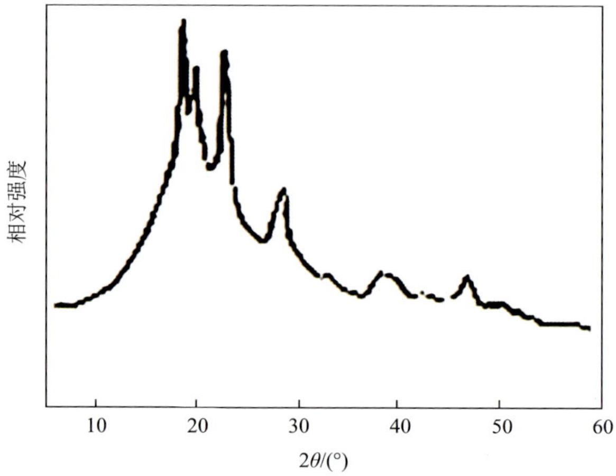

图 3.10　PEDEK 均聚物的 WAXD 谱图

样品从熔体慢慢冷却到室温

PEDEK 均聚物在不同温度下热处理的 WAXD 谱图见图 3.11，主要衍射峰的位置列于表 3.3。随着热处理温度的升高，(110) 和 (200) 面的衍射峰都向高角度方向移动。正交晶胞用下式计算晶胞参数，见表 3.4。

$$\frac{1}{d_{hkl}^2}=\frac{h^2}{a^2}+\frac{k^2}{b^2}+\frac{l^2}{c^2} \tag{3.3}$$

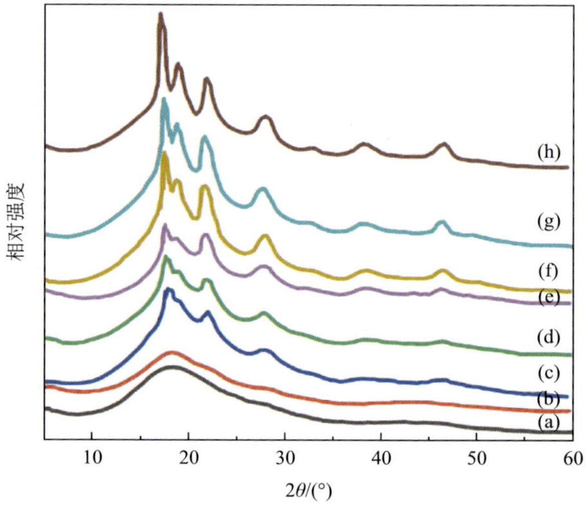

图 3.11　在不同温度下热处理的 PEDEK 均聚物的 WAXD 谱图

(a) 非晶；(b) 200℃；(c) 230℃；(d) 280℃；(e) 300℃；(f) 350℃；(g) 390℃；(h) 从熔体慢慢冷却到室温

表 3.3　不同结晶温度下主要衍射峰的位置

T_c/℃	2θ/(°)			
	(110)	(113)	(200)	(213)
200	18.345	19.545	22.44	28.345
230	18.353	19.56	22.50	28.402
280	18.388	19.643	22.50	28.53
350	18.580	19.78	22.703	28.71
390	18.580	19.78	22.92	28.98

表 3.4　晶胞参数随结晶温度的变化关系(t_c = 30 min)

T_c/℃	a/Å	b/Å	c/Å	V_c/Å^3
200	7.918	6.100	38.09	1839.7
230	7.911	6.099	37.97	1832.0
280	7.897	6.087	37.19	1787.7
350	7.827	6.02	37.85	1783.4
390	7.753	6.054	37.83	1775.6

图 3.12 是晶胞参数的变化情况，随着结晶温度的升高，*a* 轴长度明显减小，*b*、*c* 轴也呈下降趋势，整个晶胞体积在逐渐减小，这个结论与其他聚芳醚酮类聚合物也类似。对 PEDEK 来说，*a* 轴的收缩率大于 *b* 轴、*c* 轴，结晶温度的变化会引起

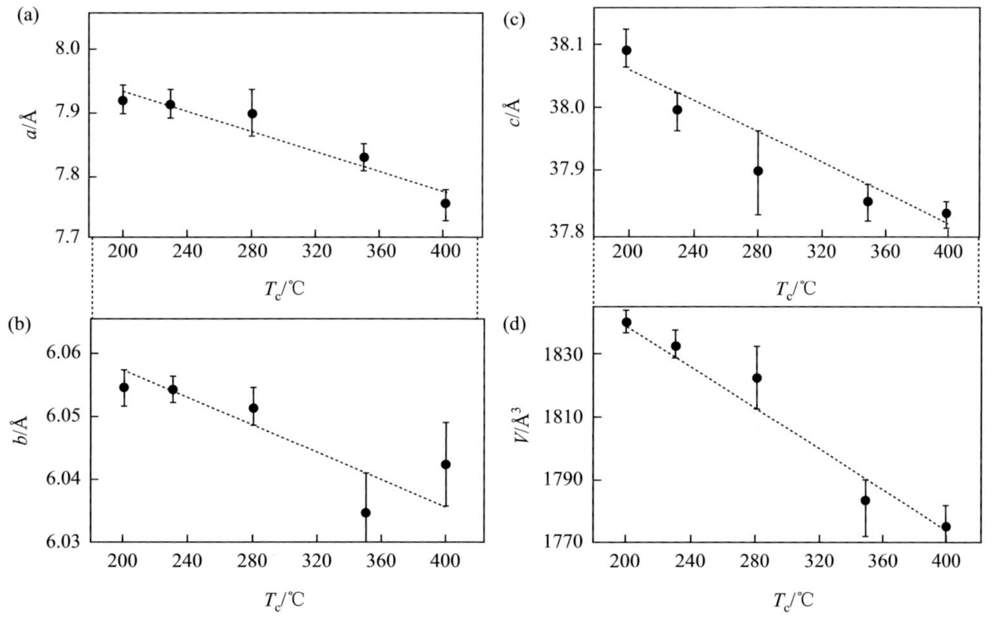

图 3.12　晶胞参数随结晶温度的变化情况

(a) *a* 轴；(b) *b* 轴；(c) *c* 轴；(d) 单元体积

分子链侧面堆积、苯环扭转角和二芳基醚(或酮)桥键角的变化。结晶温度越高，苯环的扭转角越大，相邻苯环邻位氢原子的空间位阻越小，二芳基醚(或酮)的桥键角越小，c 轴长度越小，同时沿 a、b 轴方向更紧密堆积。

3.1.3 聚醚醚酮酮的晶体结构

高聚物晶体结构的内容包括所属晶系、空间群、分子链堆砌方式、堆砌密度、单胞尺寸和晶面夹角、每个单胞内所含的大分子链节数以及晶体密度等。

晶体点阵可以看成是经过点阵原子扩展开的一组平面，用称为 Miller 指数的三个一组的整数(hkl)来表示，假定入射波被这些平面所反射，Miller 指数为(hkl)的相邻平面间的间距 d_{hkl} 可以用 Bragg 方程从 2θ 角算得：

$$2d\sin\theta = n\lambda$$

每个点阵点周围存在一个强度区，它取决于下述几点：

(1) 晶体尺寸和形状：晶体尺寸和形状由两个因素决定。

①结构因素描述在晶体点阵的单位晶胞中散射原子的排列。

②点阵因素描述在整个晶体中单个晶胞的排列。

(2) 晶胞中点阵畸变的程度和种类。

模塑聚合物可以看成无规取向的半结晶样品，这些试样的 WAXD 会产生典型的粉末衍射图样。可通过分析聚合物结晶的 WAXD 谱图，求得该聚合物的晶胞参数，并可确定聚合物结晶所属的晶系，以及上述有关参数。

最初，在研究 PEK 和 PEEK 时，曾经参考 PPE 的研究结果[20-23]，人们发现，它们的基本结晶结构是相同的，当醚键被羰基取代时，仅在 WAXD 谱图的位置和强度上引起极小的不同。这说明亚单元在结晶结构中是对称的。亚单元一般含有 2 个对称键，它们沿着 c 轴周期性变化。进一步研究表明，它们都属于正交晶系，分子链与 c 轴平行，每个晶胞中通过两个链，一条链通过晶胞中心，另一条链分散于四边与其他晶胞共享。

图 3.13 是四种聚芳醚酮的 WAXD 谱图，图 3.14 是 PEEKK、PEDEKK 及其共聚物的 WAXD 谱图。从图中可以看出，四种聚合物的 WAXD 谱图几乎完全相同。由于 PEEK、PEK 均属于正交晶系，*PbCn* 空间群，所以 PEEKK 也属于正交晶系，*PbCn* 空间群。

从图 3.14 的 WAXD 谱图比较来看，该共聚体系样品的 WAXD 谱图基本上一致，都出现四个主要衍射峰，经与 PEEKK 比较，我们认为，该共聚体系也都属于正交晶系，*PbCn* 空间群，四个主要衍射峰主要对应的晶面(110)、(111)、(200)、(211)。从 WAXD 谱图比较，还看到，(200) 面随着 n_B(联苯二酚摩尔分数)不同而不同，(111) 面衍射峰随着 n_B 增加而向(110)面衍射峰靠近，所以，我们预测该系列共聚物 c 轴长度将随着 n_B 增加而增大，同时 a 轴、b 轴长度均随 n_B 变化而变化。

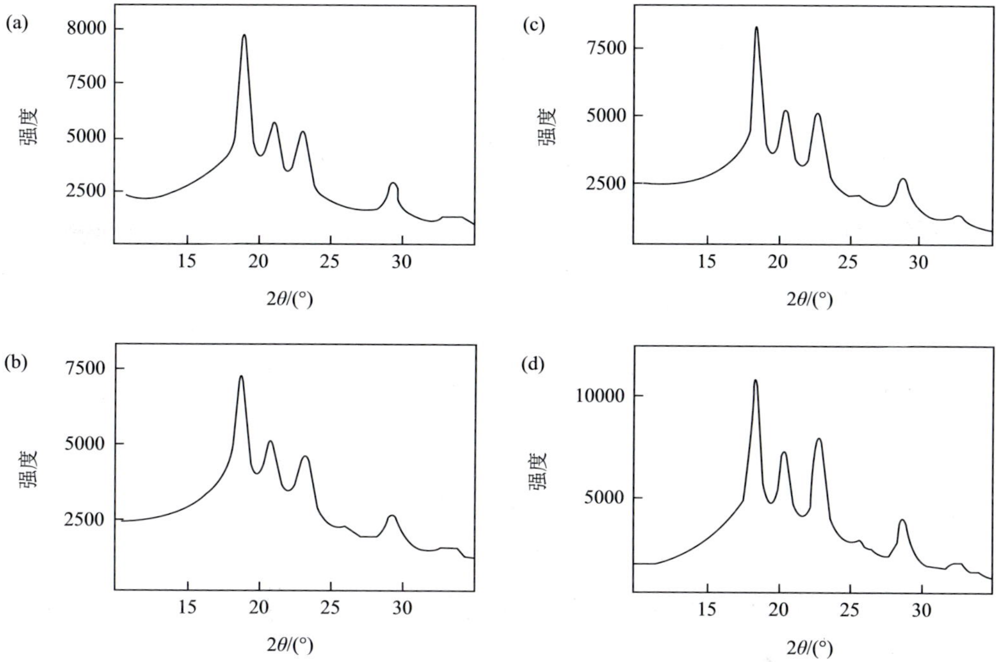

图 3.13　(a) PEEK、(b) PEK、(c) PEEKK 和 (d) PEKEKK 的 WAXD 谱图

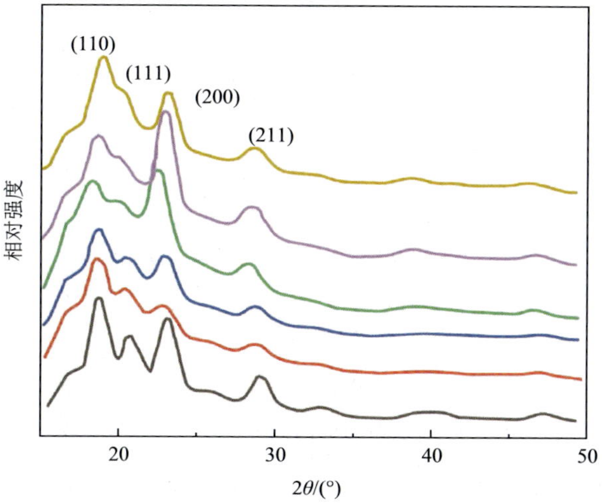

图 3.14　PEEKK、PEDEKK 及它们共聚物的 WAXD 谱图

对应表 3.5 的组成，最下面是 PEEKK，最上面是 PEDEKK，中间是共聚物

将四个衍射峰所对应的 2θ 值代入 Bragg 方程中，则可得 d_0(观察位)。

确定了聚合物晶体所属晶系及各聚合物样品的 d_0，进行晶胞参数和 d_c 值(计算值)的计算。

$$\frac{1}{d_{hkl}^2}=\frac{h^2}{a^2}+\frac{k^2}{b^2}+\frac{l^2}{c^2} \tag{3.4}$$

选取适当的 a、b、c 值代入公式中。令 $\Delta=\frac{|d_c-d_0|}{d_0}$，若 $\Delta<0.01$，a、b、c 为样品所对应的晶胞参数，d_c 为计算值。所得晶胞参数均列于表 3.5。

表 3.5 PEEKK、PEDEKK 及它们共聚物的晶胞参数（n_B 是联苯二酚摩尔分数）

样品	n_B	a/Å	b/Å	c/Å	V/Å^3	M_n	ρ_c
1	0.0	7.662	6.010	10.025	461.64	392.39	1.4112
5	0.3	7.727	5.983	10.572	488.75	415.22	1.4108
6	0.35	7.727	5.989	10.670	493.78	419.02	1.4090
7	0.4	7.828	6.064	10.761	510.81	422.83	1.3700
9	0.8	7.690	6.036	11.490	533.33	453.26	1.4110
10	1.0	7.566	5.981	12.024	544.11	468.48	1.4295

从文献[21, 24]可知，聚芳醚酮类聚合物的结晶均属正交晶系，*PbCn* 空间群。其分子链中，各键长和键角分别为：O—C 1.36 Å，C—C 1.395 Å，C—H 1.085 Å，C═O 1.29 Å，C—C 1.50 Å，键角 124.6°±0.5°。由于聚芳醚酮类聚合物中，羰基（—CO—）和醚键（—O—）在结晶学上是等效的，所以，可参照 PEEK 的计算方法计算 PEEKK 的晶胞（图 3.15），c 轴长度为 10 Å，这与实测值非常接近。

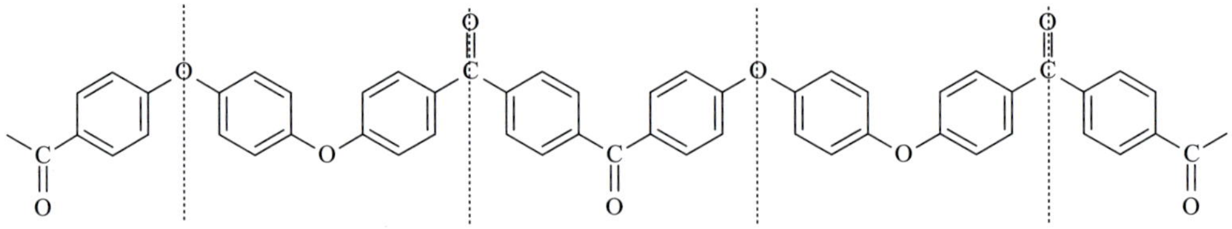

图 3.15 PEEKK 结构单元示意图

在图 3.16 中，我们将一个 PEDEKK 的结构单元分成两部分，即 P 链段（此段不含联苯）和 B 链段（此段含联苯）将前面所述的键长和键角代入其中，得

$$P=10\ \text{Å},\quad B=13.8\ \text{Å}$$

在一个 PEDEKK 结构单元中，含一个 B 链段和一个 P 链段，所以其化学结构重复单元长度（理论值）为

$$P+B=23.8\ \text{Å}$$

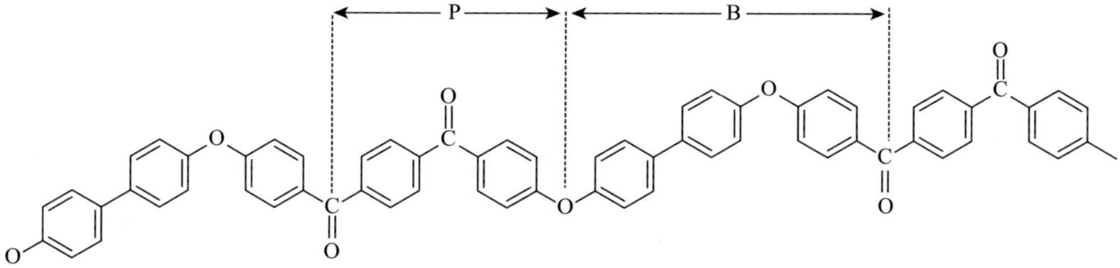

图 3.16　PEDEKK 结构单元示意图

众所周知，当一束单色 X 射线照射到试样上时，如果试样中含有晶体结构，则 X 射线被相干散射，这种散射反映的信息是晶体中微观结构的平均结果。

由 PEDEKK 的 WAXD 谱图，计算得出其晶胞参数：

$$a = 7.566\ \text{Å},\ b = 5.981\ \text{Å},\ c = 12.024\ \text{Å}$$

将 PEDEKK c 轴长度与其化学结构重复单元链长比较，可看到 c 轴长度与 $(B+P)\times 0.5 = 23.8\times 0.5 = 11.9$ Å 值非常相近。

带着这种设想，我们以式（3.5）对该共聚体系的样品的 c 轴长度进行了平均计算，结果见表 3.6。

$$c = 0.5n_{\text{B}}(B+P)+(1-n_{\text{B}})P = 1.9n_{\text{B}}+10 \tag{3.5}$$

表 3.6　聚合物样品的 c 轴长度

样品	n_{B}	0	0.3	0.35	0.40	0.80	1.0
c 轴长度/Å	计算值	10	10.57	10.665	10.76	11.52	11.9
	实测值	10.025	10.57	10.67	10.76	11.492	12.024

由此法所得计算值与实测值非常相近，图 3.17 画出了 c 轴长度随 B 链段含量 (M_{B}) 的变化情况。测试值基本上与计算值在同一直线上，所以在 PEEKK 和 PEDEKK 共聚体系中，晶胞参数 c 轴长度与分子链长有关，它是 B 链段长和 P 链段长的算术平均值，c 轴长度随联苯含量增加而变长。

我们认为，PEDEKK 有如图 3.18 的堆砌方式。

在晶胞中，a 值和 b 值与分子链的堆积有关。PEEKK 由于具有较规整的结构，它可形成结晶，但在其中引入联苯结构，即形成共聚物后，体系中又出现了另一种晶体，即 PEDEKK 晶体，当两种晶体同处于一个体系中结晶时，必然会形成一种竞争的作用。而这种相互竞争的作用相互干扰，将导致聚合物晶格产生畸变。这种竞争作用越强，则晶格畸变越大，缺陷结构越多。

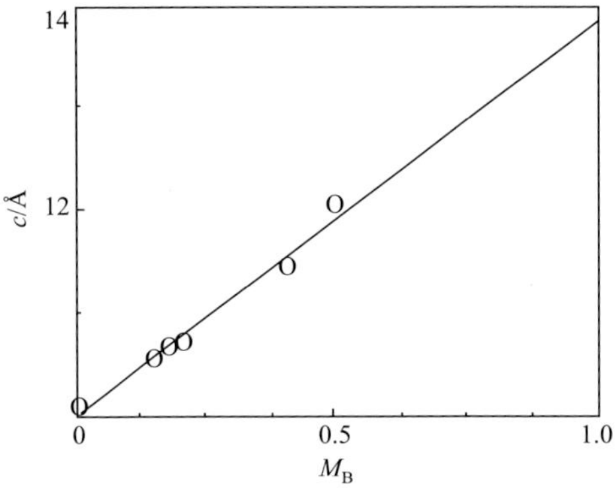

图 3.17 c 轴长随 B 链段含量的变化

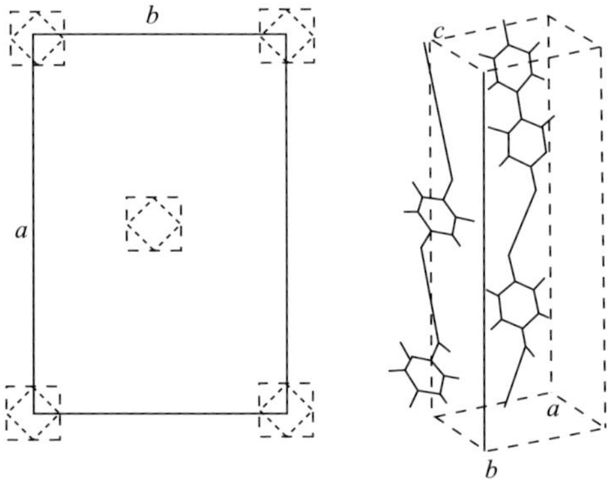

图 3.18 PEDEKK 晶胞中分子链的堆砌方式

真实晶体一般均含有缺陷结构，Hosemann 和 Bagghi 提出准晶模型处理缺陷结构[25]。理想晶体结构由晶胞尺寸、电子密度分布和晶粒大小来描述。准晶就是具有上述三个特点却在晶胞尺寸和电子密度分布上是统计学不相等的一种晶体(图 3.19)。准晶使衍射峰增宽和更加弥散，使背底增大。

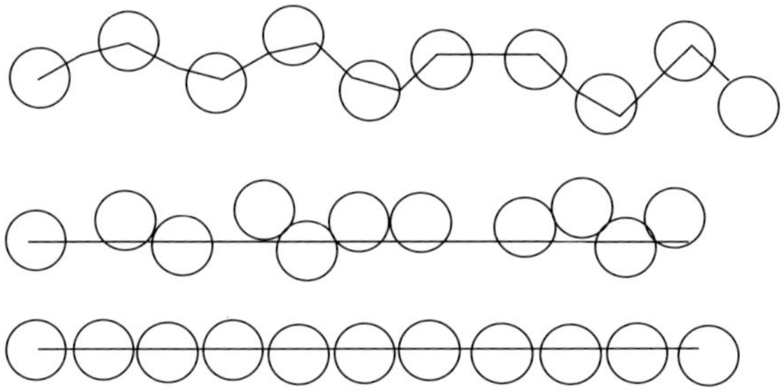

图 3.19 一维准晶模型示意图

(a) 二类畸变；(b) 一类畸变；(c) 无畸变

Hosemann 预言真实晶体含有两种类型的畸变，一类畸变仍保持着长程有序，它导致衍射强度损失，但并不使衍射峰增宽；二类畸变由 Zernike 和 Prins[26]及 Kratky[27]所描述。含有准晶分布的格子，失去长程有序，每个晶格点与理想晶格相比，仅与其邻近的晶格点不同，因此晶格点位置的绝对值随所选参考点的直线距离的增加而增加，是距离的平方。当两类畸变同时存在时，可以说是晶格点的位置构成了二类畸变，而结构单元的位置构成了一类畸变。二类畸变不仅使衍射强度损失，而且使衍射峰增宽。

晶胞畸变越严重，则 a 轴方向、b 轴方向堆砌越不紧密，a 轴长度和 b 轴长度将越大。从图 3.20 可以看到，随着 n_B 变化，a 轴、b 轴长度均发生变化；在 $n_B = 0.35$～0.4 时，a 轴长度出现最大值，说明此时晶胞畸变较大。

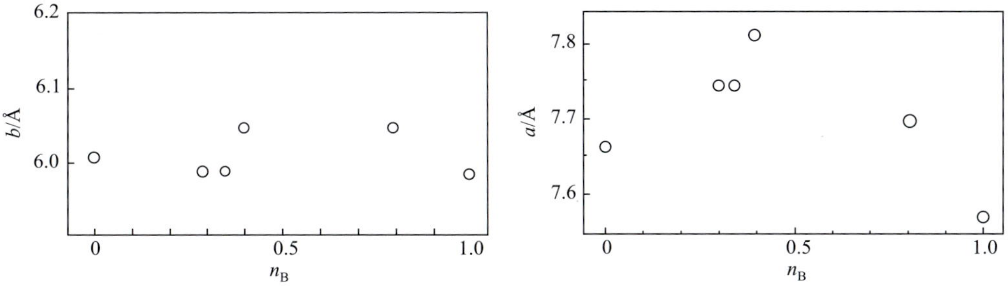

图 3.20　晶胞参数随 n_B 的变化情况

(a) b 轴；(b) a 轴

晶胞尺寸的变化，将直接影响晶胞中分子链间相互作用力，即将影响聚合物的 T_m 值。

我们假定晶胞中分子间距 $R=\dfrac{(a^2+b^2)^{1/2}}{2}$（图 3.18），计算结果见表 3.7。由 R 值的变化情况，可以估算分子间作用力的大小。

表 3.7　R 值随 n_B 的变化

n_B	0	0.3	0.35	0.4	0.8	1.0
R/Å	4.871	4.882	4.891	4.951	4.888	4.822

范德华力包括静电力、诱导力和色散力，聚芳醚酮类聚合物均为极性分子。所以，仅考虑静电力的作用，对于偶极矩为 μ 的聚合物来说，相互作用能为

$$E_k=-\frac{2}{3}\frac{\mu^4}{R^6kT} \tag{3.6}$$

式中，k 是玻尔兹曼常量；T 是温度。

由于 PEEKK 和 PEDEKK 的均聚物和共聚物具有相同的极性，因此，E_k 值的变化将取决于 R 值，R 越大，则相互作用力越小。显然，由于该系列共聚物中均含有共轭 π 键，共轭 π 电子的相互作用情况直接影响聚合物晶体的排列。结构越规整，π 电子数越多，相互作用力越大，链刚性越大，则 T_m 值将越高，晶胞的变化规律基本与 T_m 值变化规律相同，即联苯含量的增加，虽然可以增大聚合物链的刚性，但是破坏了均聚物的规整性，因此 ΔS 将增大，在 $n_B=0.35\sim0.4$ 时 T_m 值最低，也即共聚物 ΔS 最大。

从图 3.21 可以看出，均聚物结晶能力较强，而共聚物由于结构不如均聚物规整，其结晶能力相对较弱。

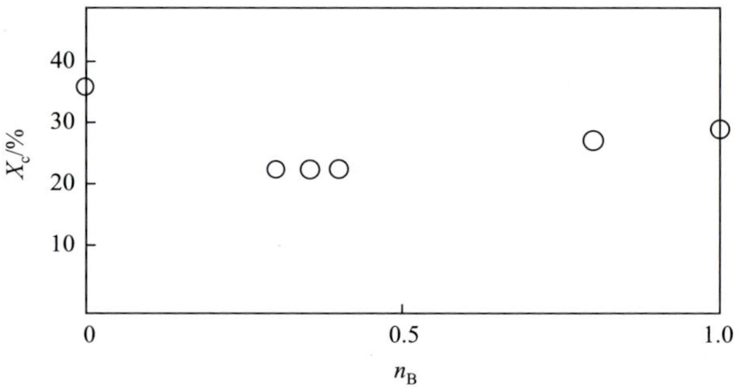

图 3.21 各退火样品结晶度随 n_B 的变化

3.2 结晶动力学

3.2.1 等温结晶动力学

1. 含联苯结构聚醚醚酮(PEDEK)

自从聚芳醚酮问世以来，研究这类树脂和复合材料结晶动力学的文献不断增多[28-32]，基本都采用 Avrami 方程来处理数据。Cebe 研究了 PEEK 的等温结晶动力学，发现从玻璃态等温结晶和从熔融态等温结晶的 Avrami 指数都是 3。

利用 DSC 研究聚合物的结晶行为，为了消除热历史对研究结果的影响，样品首先在由 DSC 测得的熔点以上 40℃保持 5 min，以消除残留晶核，然后以–200℃/min 的速度降至某一结晶温度，记录 DSC 曲线。图 3.22 是典型的熔融结晶的热流图。

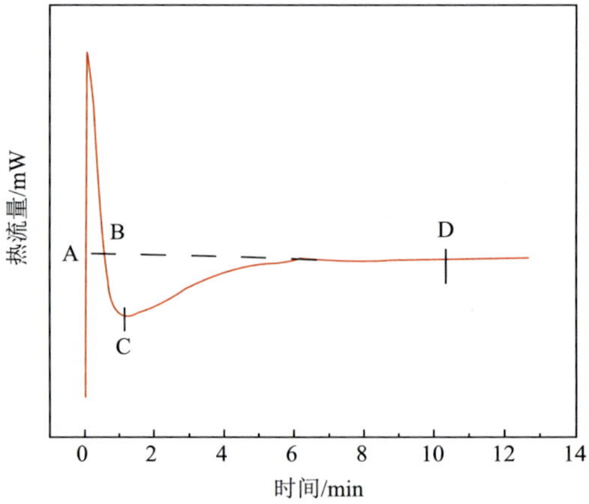

图 3.22 从熔体等温结晶的 PEDEK 的 DSC 曲线

需要确定从 A 点计时还是从 B 点计时。在数据处理时，两种计时方式都有。结晶过程包括成核和晶体生长两部分，诱导期(AB 段)包括部分成核过程，所以本文中数据处理都是从 A 点计时。由热流图可以得到以下一些参数(表 3.8)。

表 3.8　PEDEK 均聚物在不同温度下等温结晶参数

T_c/℃	t_i/min	t_{max}/min	$X_c(t_{max})$/%	t_c/min
371	0.18	0.49	22.31	4.98
372	0.274	0.628	23.59	3.73
373	0.444	0.79	18.96	4.52
374	0.73	1.206	23.06	4.42

注：t_i 是诱导期(图 3.22 中 t_{AB})；t_{max} 是 $dQ/dt = 0$ 对应的时间，Q 是热流值；$X_c(t_{max})$ 是在 $t = t_{max}$ 处相对结晶度；t_c 是整体结晶时间。

利用如下经验公式，通过熔点 T_m 和玻璃化转变温度 T_g 可以估算最大结晶速度时的温度 T_{max}[33]。

$$T_{max} = 0.63T_m + 0.37T_g - 18.5 \tag{3.7}$$

通过计算得到 PEDEK 均聚物的 $T_{max} = 299.9$℃，PEDEK 共聚物($n_B = 0.25$)的 $T_{max} = 220.4$℃。实验中选择的温度都高于 T_{max}。从表 3.9 中可看出，随着结晶温度的升高，诱导期变长，这说明结晶温度高，分子的热运动过于剧烈，晶核不易形成，即使形成晶核也容易被分子热运动所破坏。

表 3.9　$n_B = 0.25$ 的 PEDEK 共聚物在不同温度下等温结晶参数

T_c/℃	t_i/min	t_{max}/min	$X_c(t_{max})$/%	t_c/min
227	0.604	1.28	20.53	9.25
229	0.692	1.39	30.45	5.74
233	0.826	1.54	25.76	6.54
235	0.73	1.38	18.24	10.47

图 3.23 和图 3.24 是 PEDEK 均聚物和共聚物的相对结晶度随时间变化曲线，在开始一段较短时间内，结晶度增大很快，到后期增加缓慢，这与热流图上后期拖尾现象是一致的。

用 Avrami 方程处理总的结晶过程：

$$X_c(t) = 1 - e^{-Kt^n} \tag{3.8}$$

$$\lg\{-\ln[1 - X_c(t)]\} = \lg K + n\lg t \tag{3.9}$$

式中，n 为 Avrami 指数，与成核机理和生长维数有关；K 为结晶速率常数。

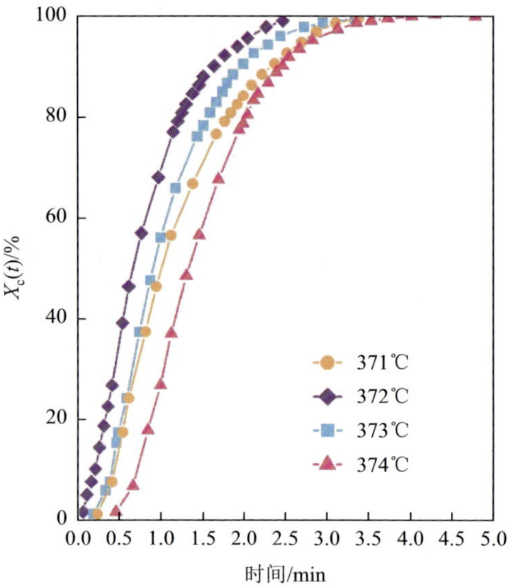

图 3.23　PEDEK 均聚物相对结晶度与结晶时间变化曲线(n_B = 1.0)

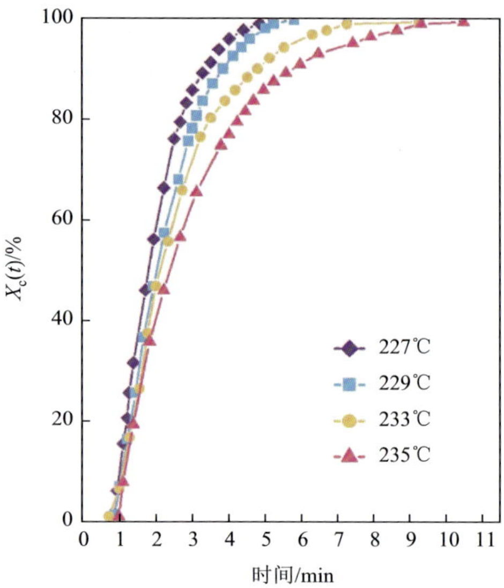

图 3.24　PEDEK 共聚物相对结晶度与结晶时间变化曲线(n_B = 0.25)

以 $\lg\left\{-\ln\left[1-X_c(t)\right]\right\}$ -lg t 作图(图 3.25 和图 3.26)，得到的并不是一条直线，而是明显的两折线，它们交点处所对应的相对结晶度在 50%～70%，这说明结晶有两个阶段，前期是快速的初级结晶，后期是缓慢的次级结晶，这两个阶段都可用 Avrami 方程来处理，这种方法在许多聚合物上已使用过。将图中得到的 n、K 值列于表 3.10 和表 3.11。

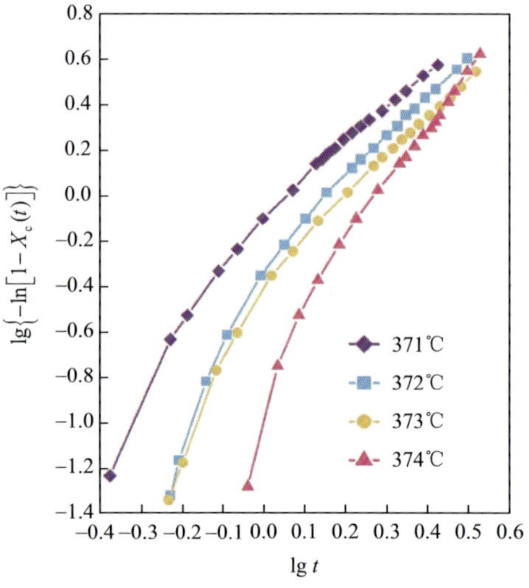

图 3.25　PEDEK 均聚物 $\lg\left\{-\ln\left[1-X_c(t)\right]\right\}$ - lg$t$ 曲线(n_B = 1.0)

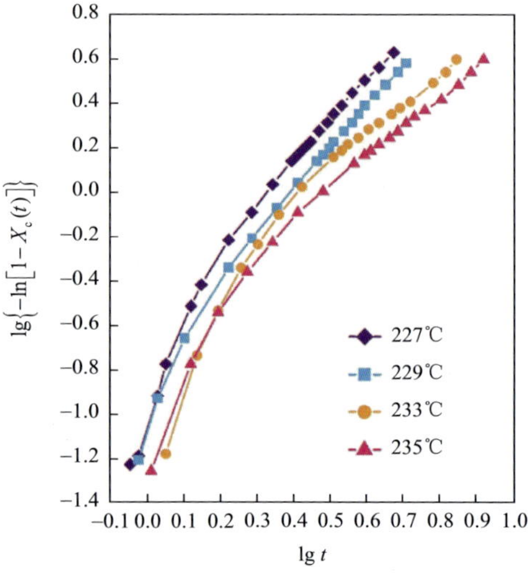

图 3.26　PEDEK 共聚物 $\lg\left\{-\ln\left[1-X_c(t)\right]\right\}$ - lg$t$ 曲线(n_B = 0.25)

表 3.10　在不同温度下熔体等温结晶 PEDEK 均聚物的参数 n 和 K

T_c/℃	n_1	K_1	n_2	K_2
371	3.1	0.35	1.7	0.470
372	2.9	0.889	1.6	0.812
373	3.3	0.367	1.8	0.534
374	3.7	0.107	2.2	0.267

表 3.11　在不同温度下等温结晶 PEDEK 共聚物($n_B = 0.25$)的参数 n 和 K

T_c/℃	n_1	K_1	n_2	K_2
227	3.0	0.0917	1.4	0.252
229	3.2	0.104	1.8	0.279
233	3.2	0.0624	1.9	0.192
235	2.8	0.0677	1.3	0.246

对于 PEDEK 均聚物，初级结晶的 n 值在 2.9～3.7，三维球晶生长，且随结晶温度的升高，n 值呈增大的趋势，这说明在结晶温度较低时，无热成核占主导，而结晶温度较高时，热成核占优势，n 值趋于 4。这个结果在 PEDEKK 的结晶动力学上也发现了。在结晶后期，由于次级结晶的作用，结晶生长向低维方向发展，n 值在 1.6～2.2，基本是二维生长。一般认为次级结晶是在初级结晶形成的晶核基础上，以分散状态缓慢生长出来的。

对于 PEDEK 共聚物($n_B = 0.25$)，初级结晶 n 值在 3 左右，很可能是异相成核三维生长，结晶后期的 n 值小于 2。

通过 Avrami 指数 n 和结晶速率常数 K 可计算半结晶时间 $t_{0.5}$，即相对结晶度为 50%时的结晶时间，见式(3.10)。将计算结果和从热流图上测得的结果列于表 3.12 和表 3.13。表中的结果是由 n_1 和 K_1 计算来的，因为 $t_{0.5}$ 处于结晶前期。计算结果与测定值很相符。另外，$\tau_{0.5}(t_{0.5})^{-1}$ 值也列于表中，表示结晶速率。

$$t_{0.5} = \left(\frac{\ln 2}{K}\right)^{\frac{1}{n}} \tag{3.10}$$

表 3.12　PEDEK 均聚物的半结晶时间

T_c/℃	$t_{0.5}$/min		$\tau_{0.5}$/min^{-1}
	观察值	计算值	
371	1.27	1.25	0.787
372	0.93	0.92	1.075
373	1.20	1.22	0.833
374	1.62	1.67	0.617

表 3.13　PEDEK 共聚物的半结晶时间($n_B = 0.25$)

T_c/℃	$t_{0.5}$/min		$\tau_{0.5}$/min^{-1}
	观察值	计算值	
227	2.11	1.97	0.474
229	1.76	1.79	0.568
233	2.21	2.12	0.452
235	2.33	2.30	0.429

从表 3.12 和表 3.13 中看出，随着结晶温度的升高，结晶速率下降。这是由于结晶温度高，不易形成稳定的晶核，结晶由成核步骤控制。这也由表 3.8 和表 3.9 中诱导期变长来证实。

无论是 PEDEK 共聚物还是均聚物，结晶前期都是三维球晶生长，这个过程进行得很快，通常在 1～2 min 内完成(见 $t_{0.5}$ 值)。随着球晶不断生长，球晶间发生碰撞，使总的结晶速率明显下降，进入次级结晶阶段。Avrami 方程在处理初级结晶上很成功，但由于大多数聚合物结晶都有次级结晶，所以得到的 $\lg\{-\ln[1-X_c(t)]\}-\lg t$ 不是直线，而是折线。要得到更好地与理论模型相符的结果，必须修正 Avrami 方程。

2. 聚醚醚酮酮(PEEKK)和含联苯结构聚醚醚酮酮(PEDEKK)

与之前类似，从图 3.27～图 3.32 可看到，结晶过程是两折线。由直线的斜率和截距，得到 Avrami 指数 n 和结晶速率常数 K，并计算得 $t_{0.5}$ 和 $\tau_{0.5}$，一并列入表 3.14。

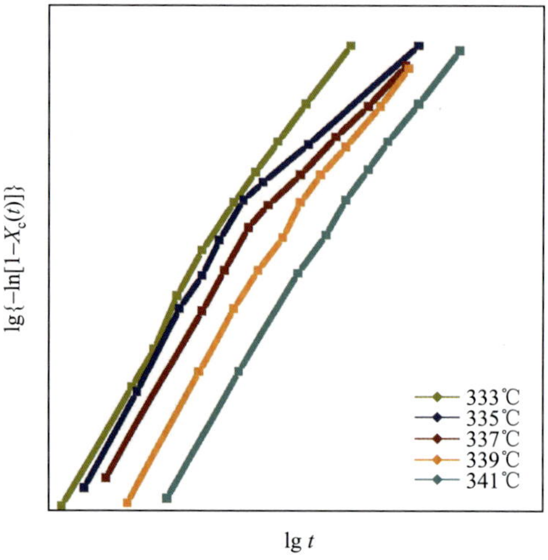

图 3.27　PEEKK 的 $\lg\{-\ln[1-X_c(t)]\}$-$\lg t$ 曲线

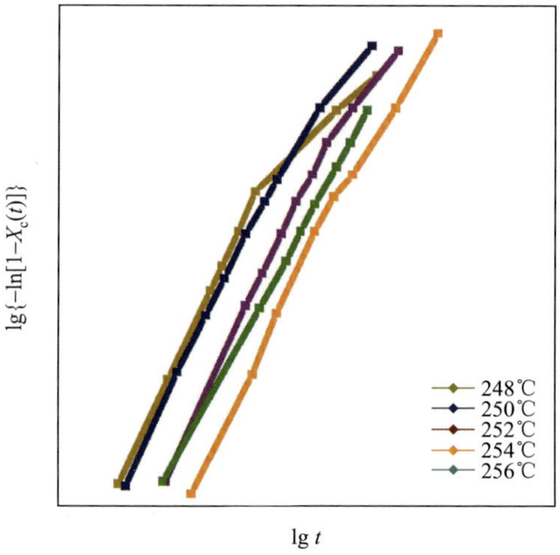

图 3.28　样品 5 ($n_B = 0.30$) 的 $\lg\{-\ln[1-X_c(t)]\}$-$\lg t$ 曲线

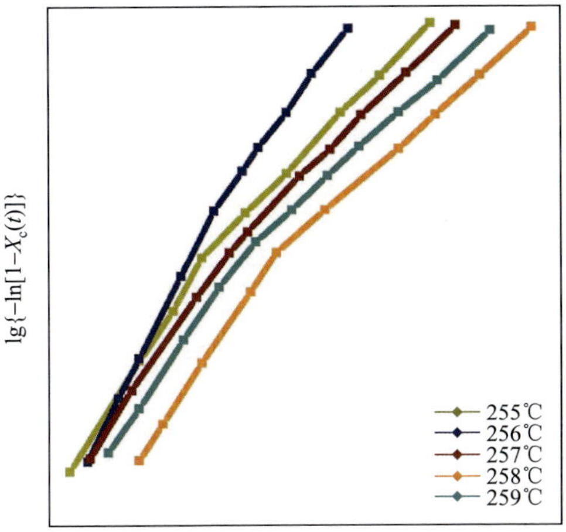

图 3.29　样品 6（n_B = 0.35）的 lg{−ln[1−$X_c(t)$]}-lg t 曲线

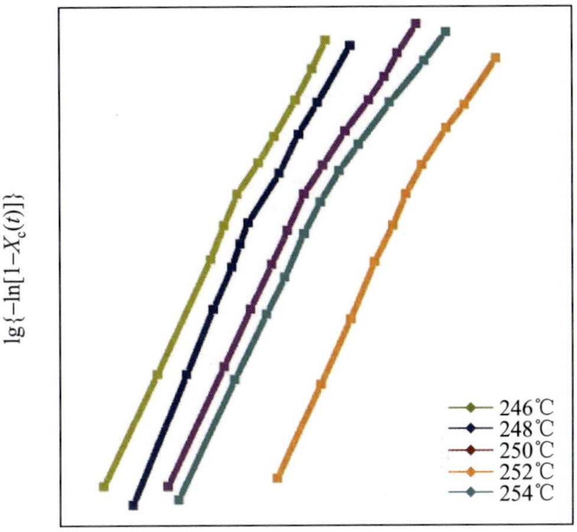

图 3.30　样品 7（n_B = 0.40）的 lg{−ln[1−$X_c(t)$]}-lg t 曲线

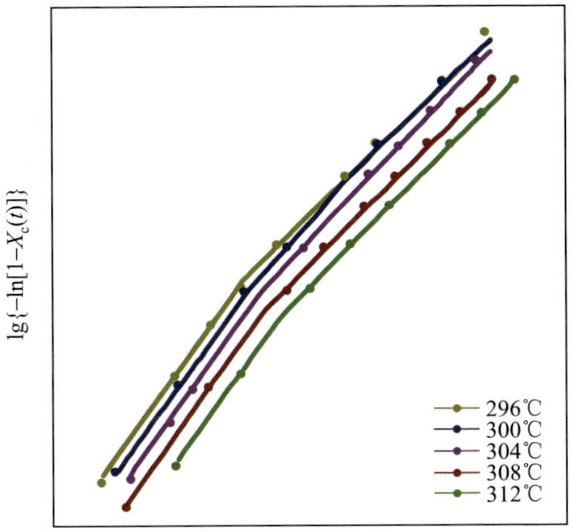

图 3.31　样品 9（n_B = 0.80）的 lg{−ln[1−$X_c(t)$]}-lg t 曲线

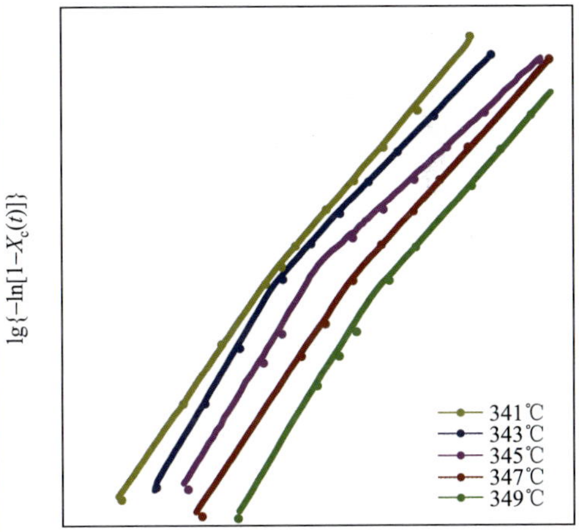

图 3.32　PEDEKK 的 lg{−ln[1−$X_c(t)$]}-lg t 曲线

表 3.14　PEEKK、PEDEKK 及其共聚物的 K、n、$t_{0.5}$、$\tau_{0.5}$ 值随组成变化

样品（n_B）	T_c/℃	K	n	$t_{0.5}$/min	$\tau_{0.5}$/(min)$^{-1}$
PEEKK（0）	333	0.8866	1.6857	0.8641	1.1573
	335	0.8594	1.741	0.8838	1.1315
	337	0.5655	1.65	1.1313	0.8839

续表

样品(n_B)	T_c/℃	K	n	$t_{0.5}$/min	$\tau_{0.5}$/(min)$^{-1}$
PEEKK(0)	339	0.3298	1.682	1.555	0.6431
	341	0.1745	1.632	2.3284	0.4295
5(0.30)	248	0.4039	2.0000	1.3100	0.7634
	250	0.1679	1.793	2.2051	0.4535
	252	0.4622	2.048	1.2188	0.8205
	254	0.2063	2.094	1.7838	0.5606
	256	0.0965	2.073	2.5951	0.3853
6(0.35)	255	0.6526	1.8000	1.0341	0.9670
	256	0.5709	1.5294	1.1353	0.8809
	257	0.4340	1.3330	1.4208	0.7038
	258	0.3662	1.3714	1.5924	0.6280
	259	0.4768	1.4333	1.2983	0.7702
7(0.40)	246	0.0421	2.207	3.558	0.2811
	248	0.0347	2.233	3.8229	0.2616
	250	0.1197	1.707	2.7979	0.3574
	252	0.0243	2.323	4.2310	0.2364
	254	0.0325	2.517	3.3728	0.2965
9(0.80)	296	0.1846	1.4242	2.5322	0.3949
	300	0.2365	1.452	2.097	0.4769
	304	0.1459	1.444	2.9422	0.3399
	308	0.2089	1.419	2.3285	0.4295
	312	0.1983	1.429	2.4007	0.4165
PEDEKK(1.0)	341	1.3592	1.763	0.6825	1.4652
	343	1.6233	1.675	0.6017	1.6620
	345	0.7689	1.700	0.9408	1.0629
	347	0.4543	1.674	1.2871	0.7769
	349	0.2792	1.698	1.7083	0.5854

由表 3.14 可见，除 $n_B = 0.40$ 样品之外，其他样品的 $n = 1.0 \sim 2.0$，所以，它们可能为纤状生长。而 $n_B = 0.40$ 样品的 $n = 2.0 \sim 3.0$，所以它可能是盘状生长。对于球晶径向生长速率的分析用 Lauritzen-Hoffman 方程[34]。

$$G = G_0 e^{-\frac{U^*}{R(T_c - T_\infty)}} e^{-\frac{K_g}{T_c \Delta T f}} \tag{3.11}$$

可改写为

$$\ln G + \frac{U^*}{R(T_c - T_\infty)} = \ln G_0 - \frac{K_g}{T_c \Delta T f} \tag{3.12}$$

式中，G 代表球晶径向生长速率，G_0 为常数；U^*为结晶链段从非晶相到结晶表面的转移活化能；T_∞为黏流体停止流动时的假设温度；K_g 为与临界尺寸晶核自由能、熔化热和熔点有关的参数。

以 $\ln G + U^*/[R(T_c - T_\infty)]$对 $1/(T_c\Delta Tf)$ 作图，得图 3.33～图 3.35，可得一直线，斜率为$-K_g$，截距为 $\ln G_0$，根据文献值，$U^* = 2000$ cal/mol，$T_\infty = T_g - 30$[35]，应用 Avrami 方程得到的 $\tau_{0.5}$ 作为 G 值代入式(3.12)，得 K_g 值列于表 3.15。

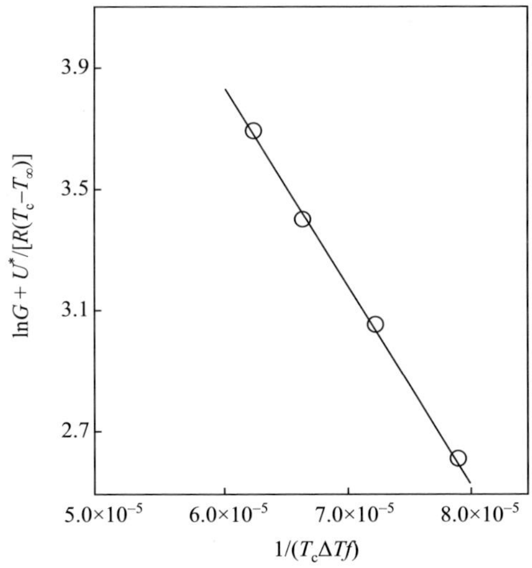

图 3.33　PEEKK 的 $\ln G + U^*/[R(T_c - T_\infty)]$与 $1/(T_c\Delta Tf)$ 关系曲线

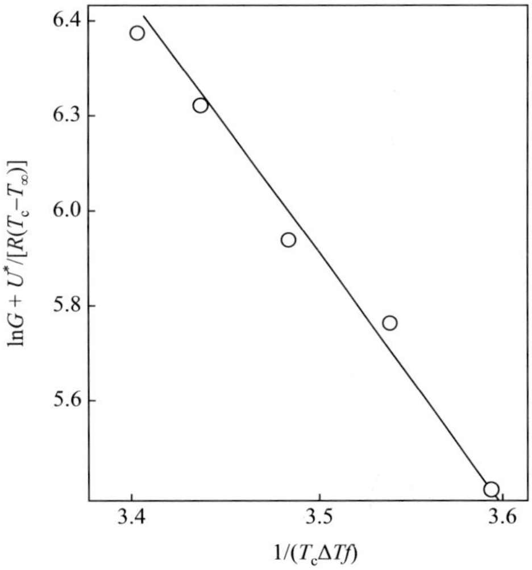

图 3.34　样品 6 的 $\ln G + U^*/[R(T_c - T_\infty)]$与 $1/(T_c\Delta Tf)$ 关系曲线

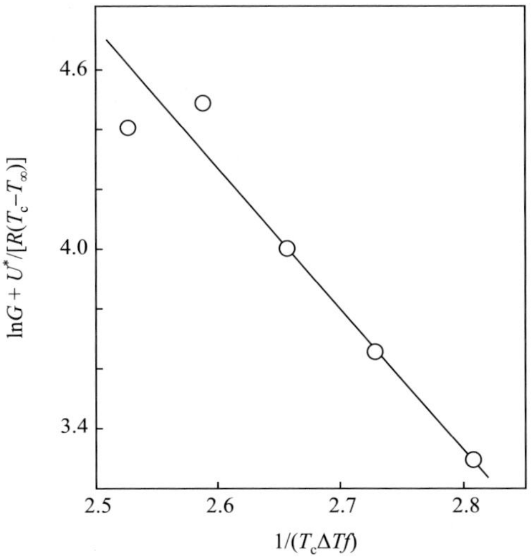

图 3.35　PEDEKK 的 $\ln G + U^*/[R(T_c - T_\infty)]$与 $1/(T_c\Delta Tf)$ 关系曲线

表 3.15 PEEK/PEDEKK 共混物的 K_g 值

n_B	0.0	0.30	0.35	0.40	0.80	1.0
K_g	0.68×10^5	5.94×10^5	5.00×10^5	1.75×10^5	1.01×10^5	4.72×10^5

用 Lauritzan 提出的 Z 判断方法，可以判断聚合物的结晶成核方式。

$$Z = 10^3\left(\frac{L}{2a_0}\right)^2 e^{-\frac{X}{T_c\Delta T}} \tag{3.13}$$

式中，L 为晶片厚度；a_0 为链宽。$X = K_g$(regime Ⅰ)或 $X = 2K_g$(regime Ⅱ)。如果将实验得出的 K_g 值代入式(3.13)中，当 $X = K_g$ 时 $Z\leqslant0.01$，则成核方式为表面成核快速完成(Ⅰ)。当 $X = 2K_g$ 时 $Z\geqslant1$，则成核方式为大量表面二次成核，缓慢扩散(Ⅱ)。

由式(3.13)得到与等温结晶动力学研究得到的同样结果，即除 $n_B = 0.40$ 样品之外，其他样品的球晶均为纤状生长。$n_B = 0.40$ 样品中，由于其晶胞畸变较大，所以影响其球晶生长形式，表现为盘状生长。

3. PEEK-PEDEK 嵌段共聚物

1)具体样品的合成过程及其结构与名称

(1)PEEK-PEDEK 无规共聚物的合成。

将对苯二酚与联苯二酚按摩尔比 1∶1 一次投料与氟酮聚合，其反应方程式为

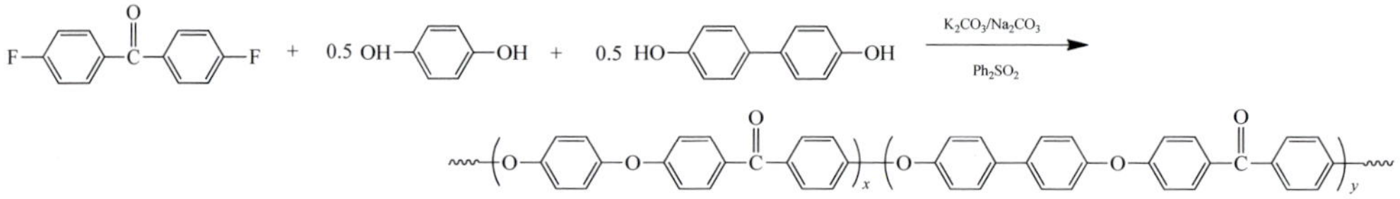

所得聚合物命名为 50BPr。

(2)PEEK-PEDEK 交替共聚物的合成。

将氟封端联苯二酚三聚体与对苯二酚于 320℃下聚合 2 h，出料后，粉碎、洗涤，120℃烘箱内烘干。其合成的反应方程式为

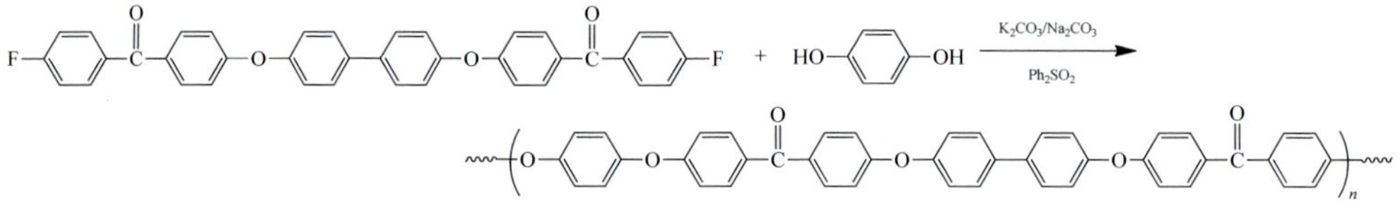

所得产物命名为 50BPa

(3)PEEK-PEDEK 嵌段共聚物的合成。

①AB_n 型嵌段共聚物的合成。

AB_n 型嵌段共聚物采用顺序投料法合成。具体方法为：将对苯二酚先与氟酮

进行聚合，升温至 290℃聚合 1 h，之后加入联苯二酚，继续聚合 1～2 h 出料。其反应方程式为

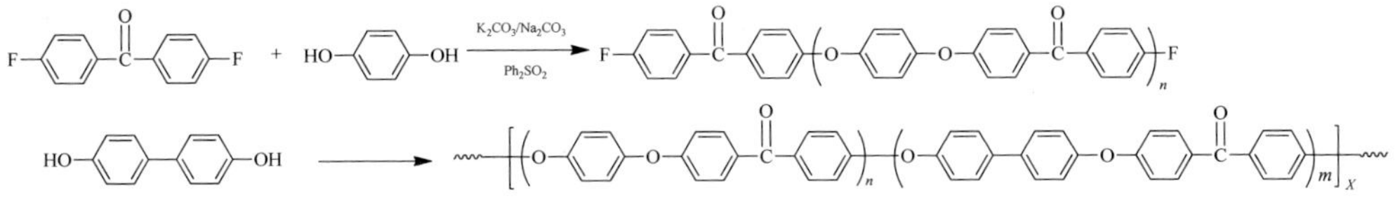

调整两种酚单体的比例，分别合成出一系列不同联苯含量的嵌段共聚物，所得产物用通式 *x*BPb 表示（*x* 为联苯的摩尔分数，b 代表小嵌段结构）。

②A_nB_n 型嵌段共聚物的合成。

将氟封端对苯二酚嵌段投入羟封端 PEDEK 嵌段的聚合体系中，于 330～340℃恒温反应 2 h，反应最终产物的黏度控制在 1.0 左右，加氟酮封端，30 min 后出料。反应方程式为

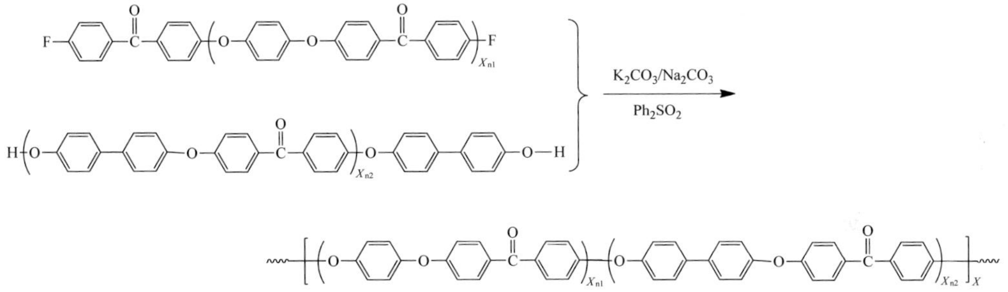

将所得产物用通式 B*x* 表示（*x* 为平均聚合度）。

2）最大结晶速率随热处理温度的变化

聚合物的结晶过程可以从玻璃态直接升温或从熔融态迅速降温两种方式进行。但这两种方式描述的变化并不相同，原因在于从玻璃态直接升温的等温处理过程中链段的迁移对结晶的影响比对成核的影响大，而从熔融态迅速降温的等温结晶过程中成核因素才是具有决定意义的因素，两种因素虽然同时发生作用，但对结晶贡献却不相同，所反映的机理也不同[10-13]。由于链段迁移与成核两个因素的作用，聚合物结晶的速率会有明显的变化。图 3.36 是聚合物分别从玻璃态和熔融态两个起点进行等温结晶的 DSC 曲线。

图 3.36(a) 是 10BPb 从玻璃态升温进行等温结晶的热流变化情况，图 3.36(b) 是从熔融态进行等温结晶的热流变化情况。两者的结晶峰温度与对应的时间列于表 3.16。

以最大结晶峰位的对数对结晶峰温度作图，并用二次函数对数据点进行拟合，从函数的极值可以粗略地估计最大结晶速率所对应的温度 $T_{c,\max}$。

图 3.37 是样品 10BPb 的 $\lg t_{\max}$ 与温度关系曲线，从拟合函数的极值估算，10 BPb 的最大结晶速率所对应的温度为 217℃。按照相同的处理方法可得到其他样品的数据（表 3.17）。

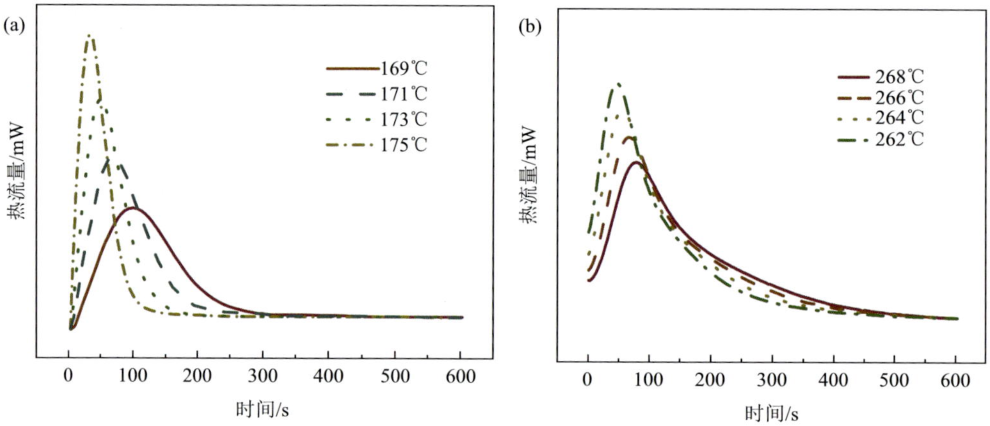

图 3.36 等温结晶阶段 10BPb 的 DSC 曲线

(a) 从玻璃态；(b) 从熔融态

表 3.16 10BPb 的等温结晶温度和结晶峰位置

10BPb	T_c/℃	t_{max}/min	lg t_{max}
从玻璃态结晶	169	1.38	0.14
	171	1.00	0.00
	173	0.72	−0.14
	175	0.48	−0.32
从熔融态结晶	262	1.03	0.01
	264	1.25	0.10
	266	1.43	0.16
	268	1.65	0.22

表 3.17 计算得出的最大结晶速率对应的温度

样品名称	10BPb	20BPb	30BPb	50BPb	80BPb
$T_{c,\ max}$/℃	217	214	215	230	262

从图 3.38 可看出，聚合物最大结晶速率对应的温度随联苯含量增加呈现先下降再上升的变化趋势。分析原因是联苯基团的增加使得聚合物的链段迁移活化能升高，为了获得更大的自由度以越过结晶能垒，结晶必须在更高的温度下进行。

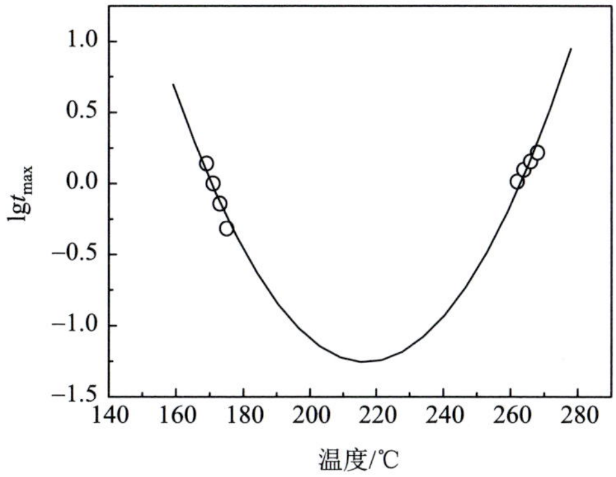

图 3.37 10BPb 的 lg t_{max} 与温度关系曲线

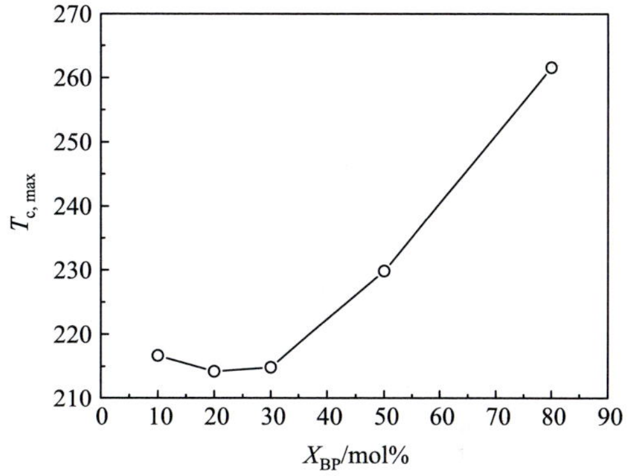

图 3.38 $T_{c,\ max}$ 与 X_{BP} 关系曲线

3) 熔融态等温结晶动力学

图 3.39 是聚合物 10BPb 的熔融态等温结晶动力学结果，对于从熔融态进行等温结晶动力学研究，其数据的起始点通常有从 A 点开始和从 B 点开始两种方式，两种方式所得结果区别不大，都可以很好地描述聚合物结晶动力学，本实验中所有数据均以 B 点开始计时。

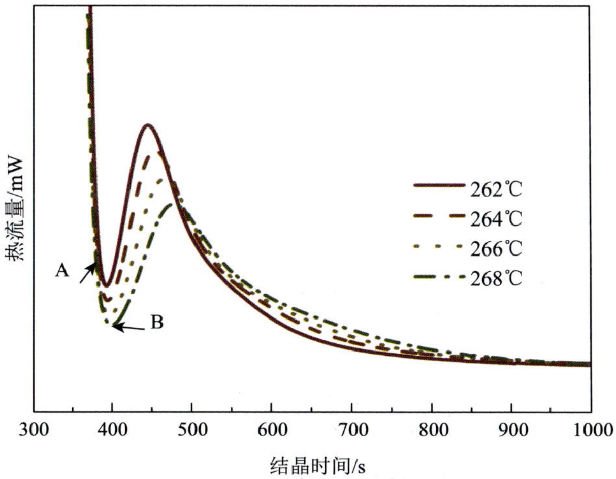

图 3.39 10BPb 分别在 262℃、264℃、266℃、268℃下等温结晶的 DSC 曲线

图 3.40～图 3.42 分别是 AB_n 嵌段共聚物、A_nB_n 嵌段共聚物、50BPr 和 50BPa 的等温结晶 DSC 曲线，为了方便数据处理，这些 DSC 曲线经过了归一化及基线校正。

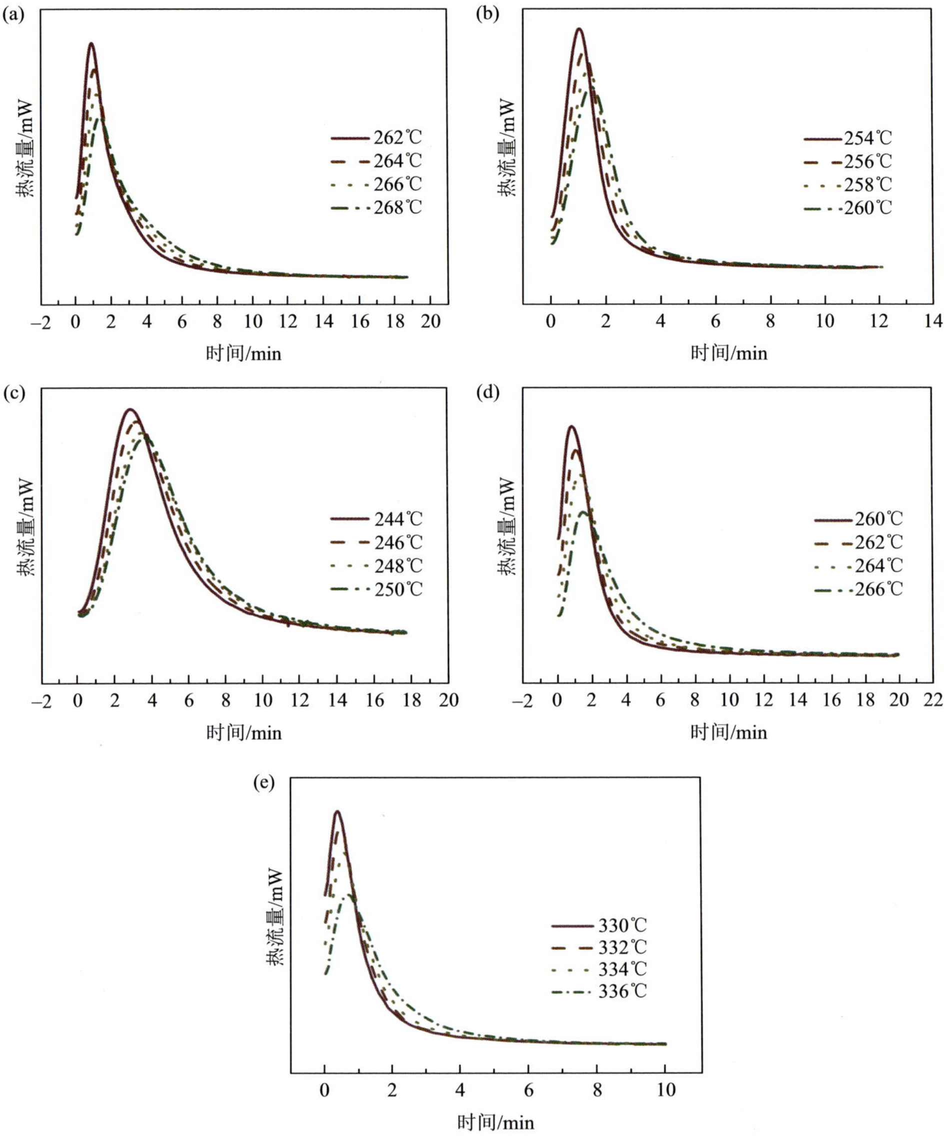

图 3.40 等温结晶过程中的 AB_n 嵌段共聚物的 DSC 曲线

(a) 10 BPb；(b) 20 BPb；(c) 30 BPb；(d) 50 BPb；(e) 80 BPb

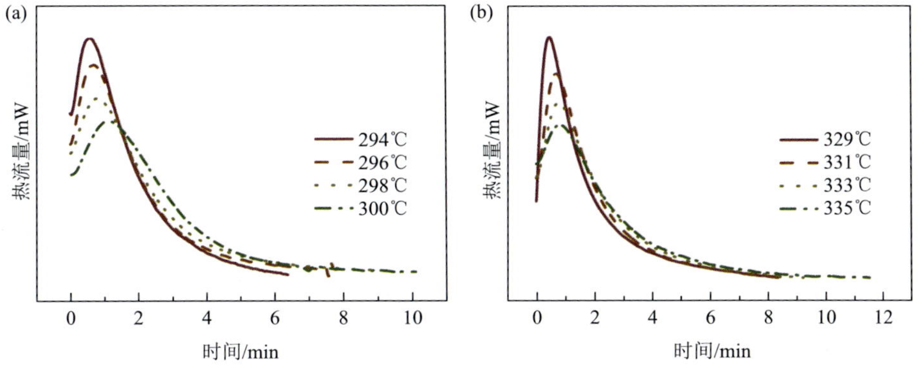

图 3.41 等温结晶过程中的 A_nB_n 嵌段共聚物的 DSC 曲线

(a) B8；(b) B128

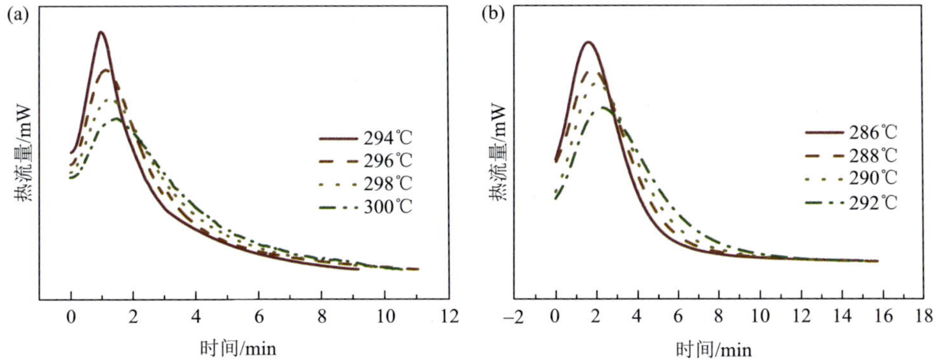

图 3.42 等温结晶过程中的无规共聚物 50BPr (a) 与交替共聚物 50 BPa (b) 的 DSC 曲线

下面以 10BPb 为例对等温结晶的 DSC 数据进行处理，其他样品的处理过程相同，不再列出。

将 10BPb 的 DSC 曲线按相对结晶度公式转换为相对结晶度与时间关系 [$X_c(t)$-t]曲线(图 3.43)。

将 $X_c(t)$-t 曲线按 Avrami 方程的双对数方程展开，得到 $\lg\{-\ln[1-X_c(t)]\}$ -lg t 曲线(图 3.44)，从双对数曲线的直线部分的斜率及截距分别求得各聚合物的 Avrami 指数和速率常数并列于表 3.18。

从表 3.18 中的结果可知，通过 Avrami 方程计算出来的半结晶时间与实际测得的半结晶时间[$t_{(0.5,\ obv)}$]十分接近，说明用 Avrami 方程对等温结晶过程进行描述是可靠的。大部分样品的 Avrami 指数介于 1.5～2，因此，样品的结晶过程属二维盘状方式。样品的总结晶速率常数随等温结晶的温度升高而降低，这表明样品的成核属非均相依热成核方式。

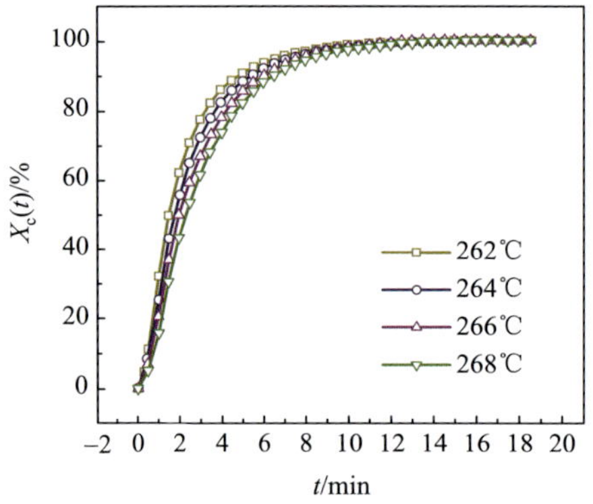

图 3.43 相对结晶度与结晶时间关系曲线

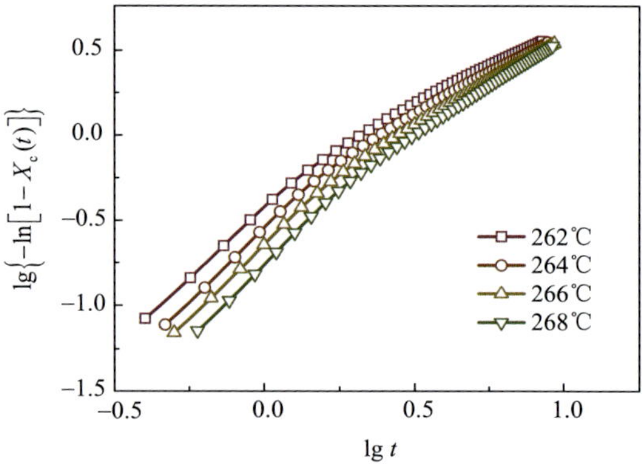

图 3.44 $\lg\{-\ln[1-X_c(t)]\}$ -lg t 曲线

表 3.18 含联苯共聚物的等温结晶动力学参数

样品名称	T_c/℃	n	K/min^{-n}	$t_{0.5}$/min	$t_{(0.5,\ obv)}$/min	ΔE/（kJ/mol）
10BPb	262	1.66	0.38	1.44	1.51	−153
	264	1.74	0.29	1.65	1.73	
	266	1.75	0.23	1.88	2.00	
	268	1.78	0.18	2.13	2.31	
20BPb	254	2.04	0.47	1.21	1.21	−126
	256	2.07	0.38	1.34	1.34	
	258	2.14	0.29	1.51	1.51	
	260	2.22	0.21	1.70	1.70	
30BPb	244	2.40	0.04	3.38	3.54	−71
	246	2.49	0.03	3.69	3.84	
	248	2.52	0.02	4.01	4.14	
	250	2.56	0.02	4.07	4.28	
50BPb	260	1.45	0.45	1.35	1.35	−193
	262	1.59	0.33	1.59	1.61	
	264	1.68	0.24	1.86	1.88	
	266	1.76	0.16	2.32	2.44	
80BPb	330	1.34	1.08	0.72	0.73	−234
	332	1.42	0.97	0.79	0.80	
	334	1.44	0.78	0.92	0.93	
	336	1.47	0.55	1.16	1.18	

续表

样品名称	T_c/℃	n	K/min^{-n}	$t_{0.5}$/min	$t_{(0.5,\ obv)}$/min	ΔE/(kJ/mol)
B8	294	1.29	0.57	1.16	1.15	−204
	296	1.34	0.48	1.32	1.33	
	298	1.30	0.38	1.59	1.55	
	300	1.40	0.29	1.86	1.83	
B128	329	1.45	0.65	1.05	1.21	−264
	331	1.46	0.47	1.30	1.34	
	333	1.37	0.39	1.52	1.51	
	335	1.24	0.36	1.70	1.70	
50BPr	294	1.53	0.33	1.62	1.62	−161
	296	1.51	0.29	1.78	1.79	
	298	1.49	0.24	2.04	2.02	
	300	1.46	0.21	2.27	2.26	
50BPa	286	1.71	0.20	2.07	2.06	−171
	288	1.64	0.20	2.13	2.33	
	290	1.75	0.13	2.60	2.62	
	292	1.71	0.11	2.93	2.99	

4) 聚合物熔融态等温结晶活化能

得到聚合物的 Avrami 指数及结晶速率常数后，聚合物的熔融态等温结晶活化能便可以通过下面公式求得。

$$K^{1/n} = K_0 \exp(-\Delta E/RT)$$

式中，K 和 n 分别是由 Avrami 方程计算得到的结晶速率常数、Avrami 指数；K_0 是指前因子；ΔE 是结晶活化能。

图 3.45 是 10BPb 的$(1/n)\ln K$ 与 $1/T_c$ 关系曲线，从拟合直线的斜率可以求出聚合物熔融态等温结晶的活化能。由于篇幅所限，其他样品的求算过程不再列出，将所得结果一并列于表 3.18。

从表 3.18 可以总结得到以下规律：

(1) 聚合物等温结晶活化能绝对值随联苯含量的变化而呈现出先下降再上升的趋势。

熔融态等温结晶活化能中起主要作用的是聚合物的成核活化能，因此这一系列变化本质上是聚合物成核能力强弱的一种反映。由图 3.46 可知，联苯含量在

30 mol%之前，活化能的绝对值呈现下降的趋势，30 mol%之后又逐渐上升。从前面对聚合物的 WAXD 分析中可知，联苯含量小于 40 mol%时，聚合物内部的结晶结构以 PEEK 的结构为主，联苯的引入破坏了 PEEK 结晶结构的规整性，降低了主链的成核能力，因此结晶活化能的绝对值也随之下降。当联苯含量超过 40 mol%后，情况刚好相反，PEDEK 链段的形成及增长使得主链的成核能力得以恢复，同时由于联苯较强的刚性更加利于结晶成核，因此，活化能绝对值上升较快，当联苯含量在达到 50 mol%时，其活化能绝对值就已经大于 10BPb 样品。

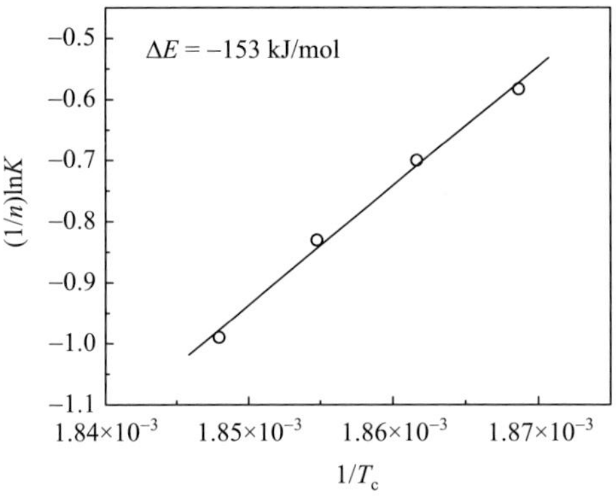

图 3.45 10BPb 的$(1/n)\ln K$与$1/T_c$关系曲线

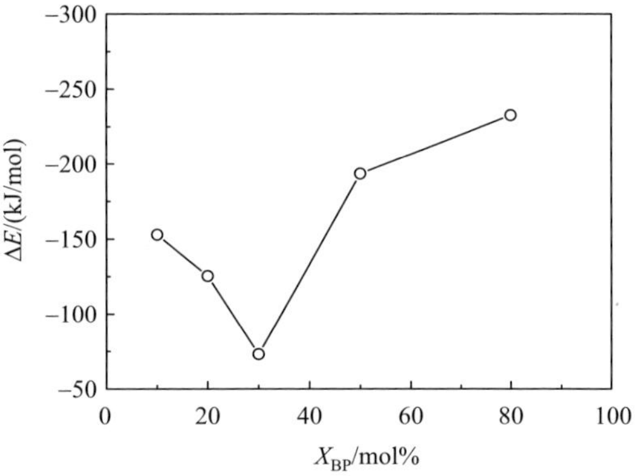

图 3.46 活化能与 BP 含量关系曲线

(2) 嵌段长度的增长使聚合物的等温结晶活化能绝对值升高。

前面已经谈到，嵌段长度的增加使得分子链段成核能力提高，活化能绝对值随之升高，这一点从 B8 与 B128 的对比上也得到验证。

(3) 主链上链段有序度越高，等温结晶能力越强。

从表 3.18 中还可以看出，聚合物结晶活化能的绝对值按 50BPr、50BPa、50BPb、B128 的顺序递增。前面已经提到，这四种结构的差别只是组合方式不同。从链段的有序性来看无规最低，交替其次，AB_n较高，A_nB_n最高。链段有序度越高，分子链越容易形成各自晶核，综合起来使成核活化能绝对值升高，结晶速率加快。

5) 聚合物的平衡熔点

图 3.47 是聚合物 10BPb 等温结晶后的 DSC 曲线，按照 Hoffman-Weeks 方程通过外推 T_m–T_c 至 $T_m = T_c$，即可求得聚合物的平衡熔点。

图 3.48 为聚合物 10BPb、20BPb、30BPb、50BPb 和 80BPb 的 T_m 与 T_c 关系曲线，从图中各点拟合直线与 $T_m = T_c$ 线的交叉点推出各聚合物的平衡熔点，如表 3.19 所示。

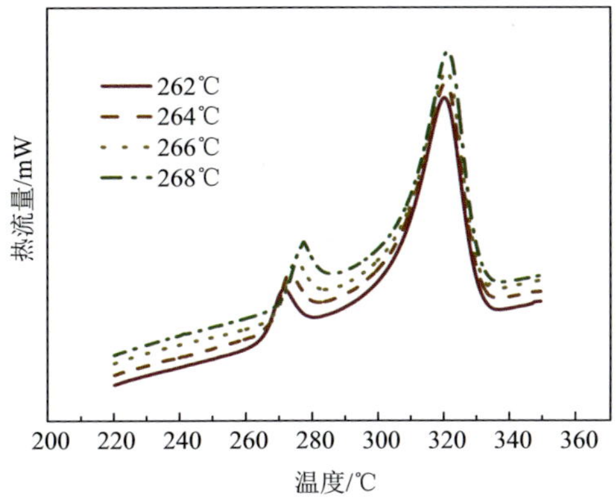

图 3.47 10BPb 等温结晶后的 DSC 曲线

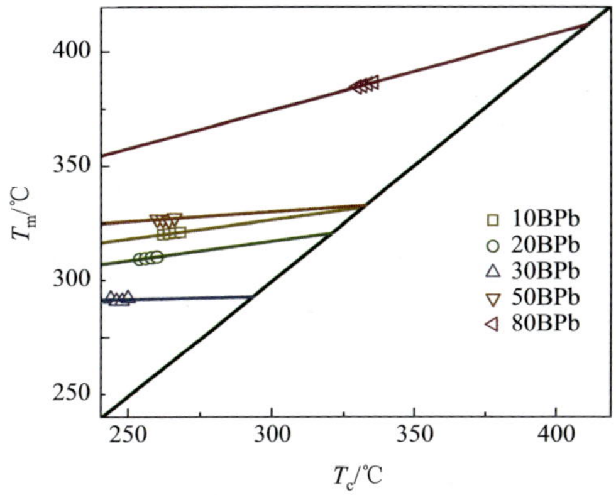

图 3.48 10BPb、20BPb、30BPb、50BPb 和 80BPb 的 T_m 与 T_c 关系曲线

表 3.19 AB_n 嵌段共聚物的平衡熔点

样品	10BPb	20BPb	30BPb	50BPb	80BPb
T_m^0 /℃	331.94	320.8	293.36	332.97	411.21

图 3.49 是聚合物平衡熔点随联苯含量的变化关系。由图可见，聚合物的平衡熔点也随联苯含量的增加呈现出规律性的先下降后上升的趋势。这一结果与前面关于聚合物熔点随联苯含量变化规律的讨论一致，也是聚合物内部结晶完善性随联苯含量变化的体现。

6) 聚合物等温结晶的成核参数

图 3.50 为 10BPb 的 $\ln G_0 + U^*/R(T_c - T_\infty)$ 与 $1/(T\Delta Tf)$ 关系曲线，根据曲线的斜率求得成核参数 K_g。按照相同的处理方法得到了其他几种聚合物的成核参数(表 3.20)。

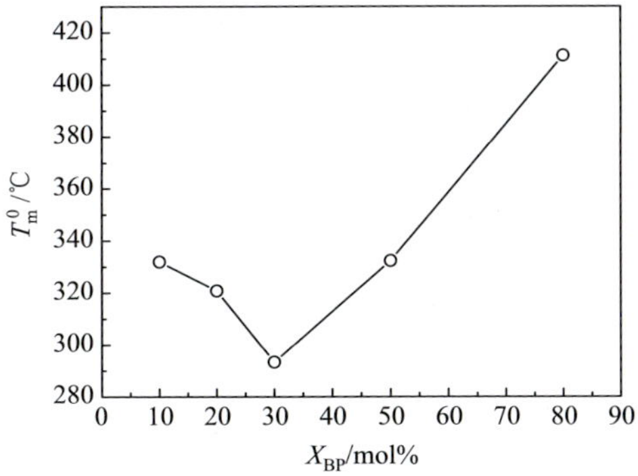

图 3.49 平衡熔点随联苯含量的变化关系

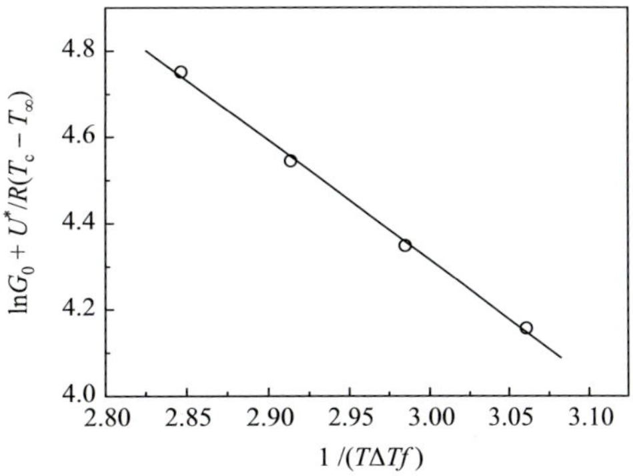

图 3.50 $\ln G_0 + U^*/R(T_c - T_\infty)$ 与 $1/(T\Delta Tf)$ 关系曲线

表 3.20 AB_n嵌段共聚物成核参数 K_g

样品	10BPb	20BPb	30BPb	50BPb	80BPb
K_g/(10^5 ℃^{2})	2.77	2.39	0.99	4.04	4.30

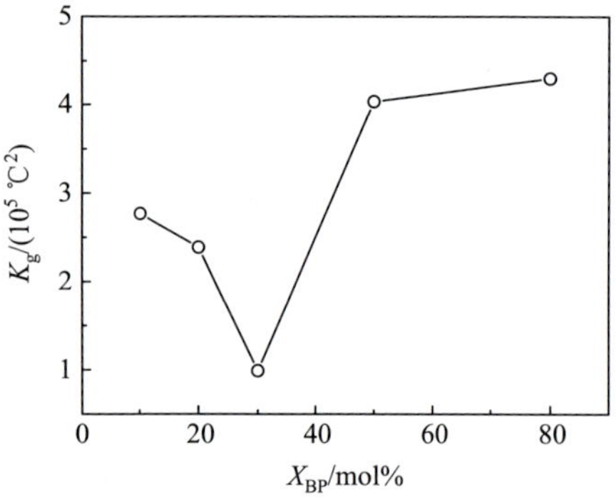

图 3.51 K_g随联苯含量的变化曲线

由图 3.51 可知，联苯含量为 30 mol%之前，聚合物的成核能力逐渐降低，30 mol%之后，成核能力又迅速上升并基本保持恒定。这一系列变化说明，30 mol%前后聚合物等温结晶的成核发生明显的变化，而这一变化与这一点前后晶型变化有着密切的关系。由于联苯含量的增加，EEK链段成核的比例逐渐下降，与此同时 EDEK链段的成核比例上升，从而控制了等温结晶的速度。因此，成核参数的变化实际上正是聚合物主链结构变化的体现。

3.2.2 非等温结晶动力学

1. PEDEK 均聚物和共聚物

对于实际加工条件，大多数是在非等温条件下进行的，所以研究非等温结晶动力学具有实际应用价值。这里以 PEDEK 均聚物和共聚物($n_B = 0.5$)为例进行介绍。

图 3.52 是 PEDEK 共聚物在不同降温速率下的 DSC 曲线。相应的参数列于表 3.21。

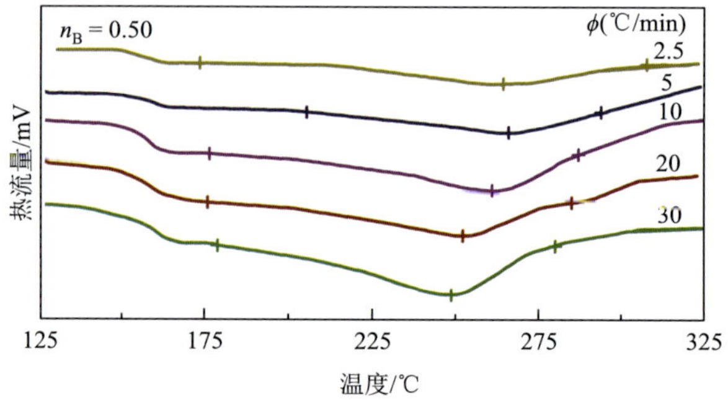

图 3.52 非等温结晶过程中 PEDEK 共聚物($n_B = 0.5$)的 DSC 曲线

表 3.21　不同降温速率下 PEDEK 共聚物（$n_B = 0.5$）的非等温结晶参数

降温速率 ϕ/(℃/min)	t_i/min	t_{max}/min	t_c/min	T/℃
2.5	8.31	25.60	62.19	266.0
5.0	7.00	12.59	24.70	265.9
10	4.20	6.80	15.30	262.0
20	2.20	3.85	7.66	253.1
30	1.61	2.67	4.98	250.0

注：T 是 $dQ/dt = 0$ 的对应温度。

随着降温速率的增大，诱导期、出现最大热流的时间及整个结晶时间都缩短，最大热流对应的温度降低。与等温结晶相似的只是结晶峰后期拖尾严重。图 3.53 和图 3.54 是相对结晶度随结晶时间变化曲线。如果将非等温过程看作是无数个等温过程的叠加，仍用 Avrami 方程来处理数据。

$$1 - X_c(t) = e^{-Z_t t^n} \tag{3.14}$$

$$\lg\left\{-\ln\left[1 - X_c(t)\right]\right\} = \lg Z_t + n\lg t \tag{3.15}$$

图 3.55 和图 3.56 是 $\lg\left\{-\ln\left[1 - X_c(t)\right]\right\}$ 对 $\lg t$ 作图，相应的 n、Z_t 值列于表 3.22 和表 3.23。

表 3.22 和表 3.23 中的 n 值均大于 3，PEDEK 均聚物的 n 值在 5～6，这样高的 n 值表明了成核的复杂性。PEDEK 共聚物中，随降温速率的增大，n 值逐渐增大，这说明样品中成核方式在变化。

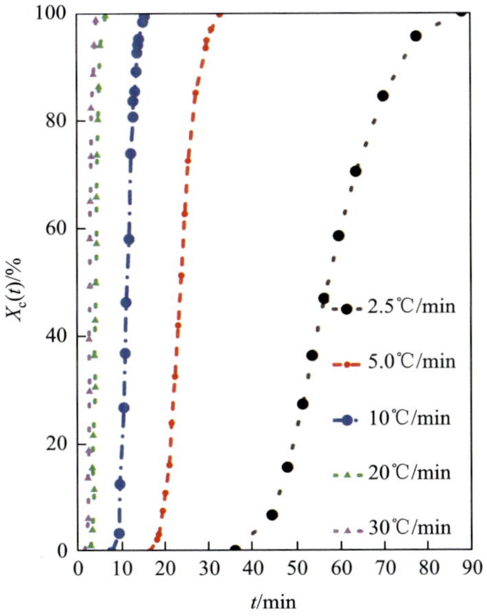

图 3.53　相对结晶度与结晶时间关系曲线（$n_B = 1.0$）

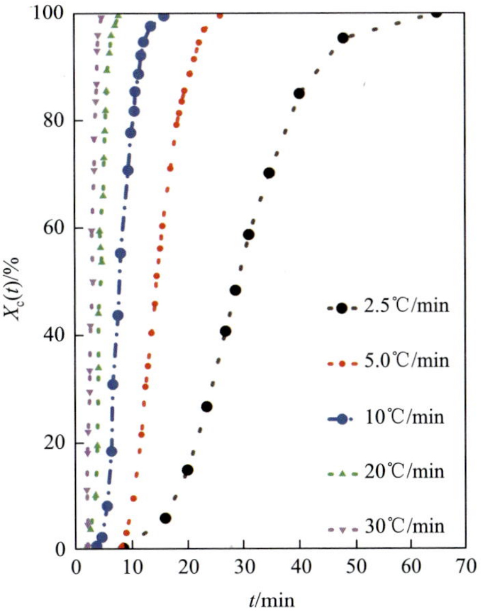

图 3.54　相对结晶度与结晶时间关系曲线（$n_B = 0.5$）

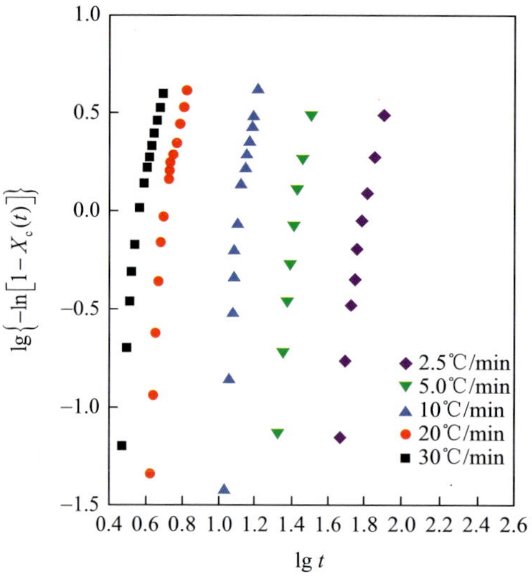

图 3.55 $\lg\{-\ln[1-X_c(t)]\}$ 与 $\lg t$ 关系曲线 ($n_B = 1.0$)

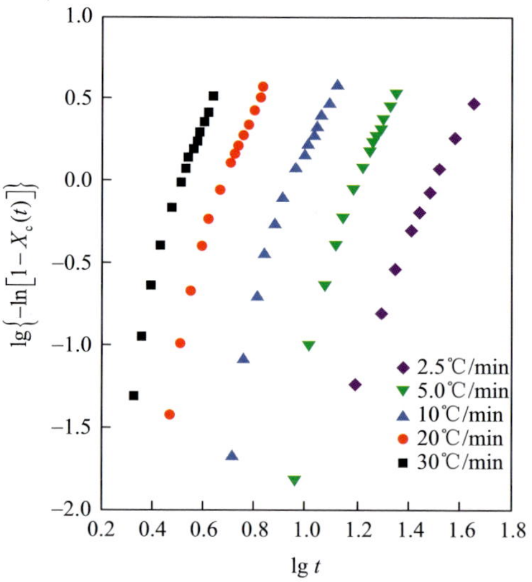

图 3.56 $\lg\{-\ln[1-X_c(t)]\}$ 与 $\lg t$ 关系曲线 ($n_B = 0.5$)

表 3.22 PEDEK 均聚物的 n 和 Z_t

降温速率 ϕ/(℃/min)	n	Z_t
2.5	5.9	2.13×10^{-11}
5.0	5.8	1.37×10^{-10}
10	5.7	5.36×10^{-7}
20	4.7	6.22×10^{-4}
30	5.1	1.27×10^{-3}

表 3.23 PEDEK 共聚物($n_B = 0.5$)的 n 和 Z_t

降温速率 ϕ/(℃/min)	n	Z_t
2.5	3.6	3.98×10^{-6}
5.0	4.2	8.75×10^{-6}
10	4.9	2.09×10^{-5}
20	5.0	3.25×10^{-4}
30	5.4	1.49×10^{-3}

表征非等温动力学，还用到一个动力学结晶性(G)[36, 37]，它是动力学结晶能力的反映。对于 PEDEK 共聚物和均聚物的 G、G_c 值列于表 3.24。$G_c = G/(\mathrm{d}T/\mathrm{d}t)$ 是无量纲量。Jeziorny[37]处理 PET 的非等温数据时，G_c 是不随降温速率而变化的，

在我们的数据中，对于 PEDEK 均聚物，当 ϕ>20℃/min 时，G_c变化趋于平稳，而 PEDEK 共聚物($n_B = 0.5$)，当 ϕ>5.0℃/min 时，G_c的变化较小，这表明 PEDEK 共聚物的结晶条件对 G_c的影响小些，它可以作为与其他聚合物比较的值，而对于 PEDEK 均聚物，由于 G_c强烈依赖于降温速率，不可以与其他聚合物比较。

表 3.24　PEDEK 均聚物和共聚物($n_B = 0.5$)的动力学结晶性

样品	降温速率 ϕ/(℃/min)	动力学 G/(℃/min)	结晶性 G_c
均聚物	2.5	0.653	0.261
	5.0	1.0568	0.211
	10	1.4094	0.141
	20	1.9139	0.0957
	30	3.2401	0.108
共聚物	2.5	1.2251	0.49
	5.0	1.8215	0.364
	10	3.0209	0.302
	20	6.5546	0.327
	30	8.8412	0.295

2. PEEK-PEDEK 嵌段共聚物

图 3.57 是聚合物 10BPb 的非等温结晶 DSC 测试结果。在进行数据处理时计时点参照图中箭头所示。与等温动力学研究一样，这里仍以 10BPb 为例进行讨论。图 3.58～图 3.60 分别为 AB_n、A_nB_n 和 50BPr、50BPb 的 DSC 曲线。

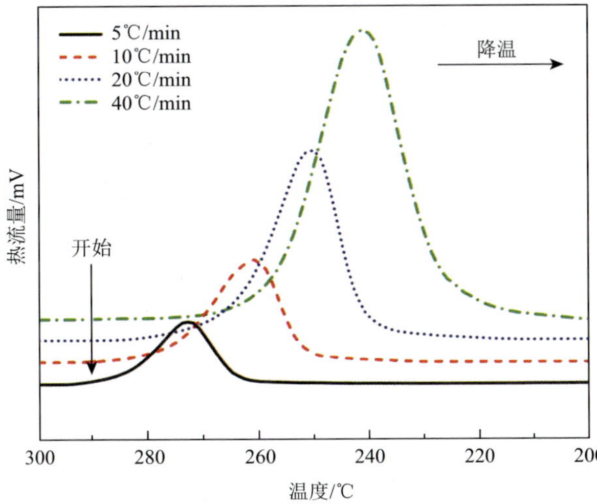

图 3.57　10BPb 非等温结晶 DSC 曲线

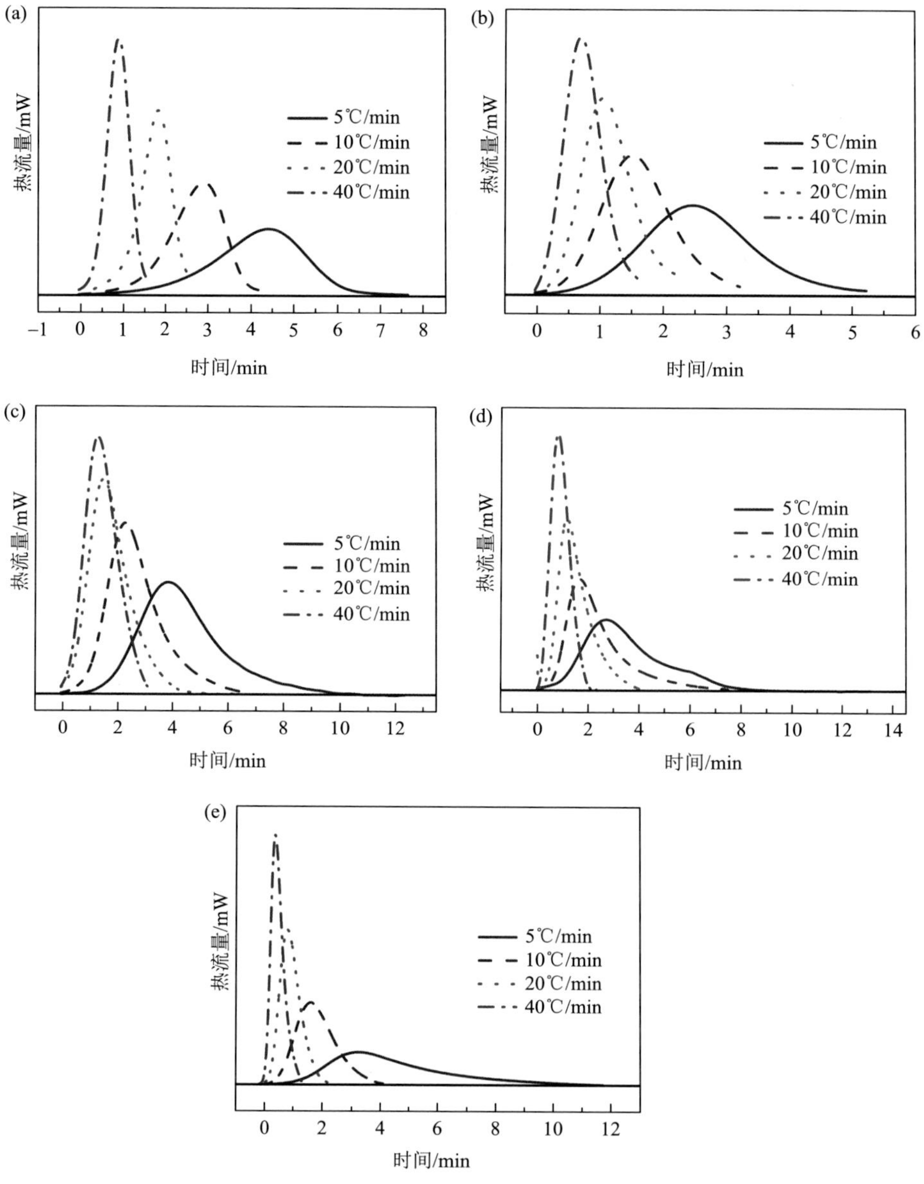

图 3.58 10BPb(a)、20BPb(b)、30BPb(c)、50BPb(d)和 80BPb(e)的 DSC 曲线

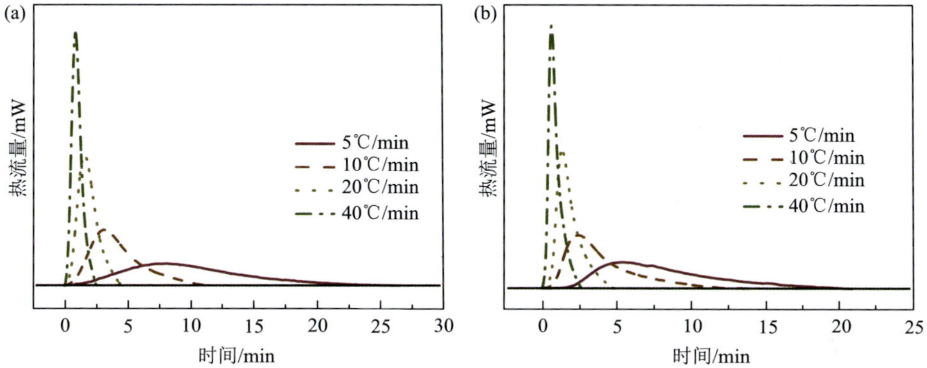

图 3.59　B8(a)和 B128(b)的 DSC 曲线

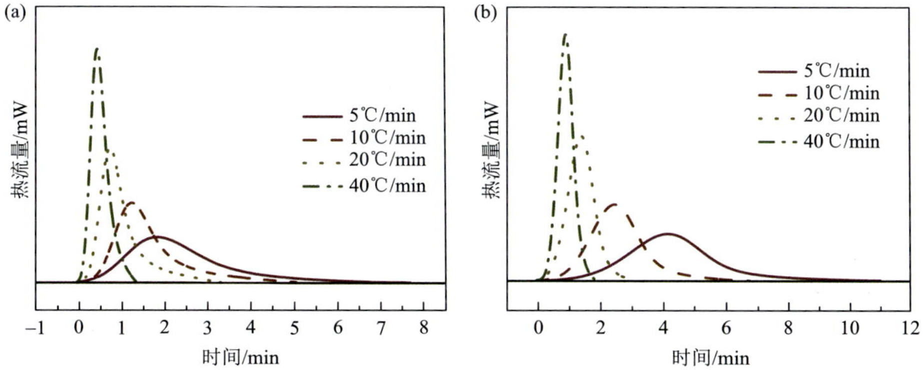

图 3.60　50BPr(a)和 50BPa(b)的 DSC 曲线

将 DSC 曲线按相对结晶度方程作图［图 3.61(a)］，并按 Avrami 双对数方程进行处理得到图 3.61(b)，从其双对数曲线的直线部分求出 Avrami 指数及结晶速率常数，将结果列于表 3.25。

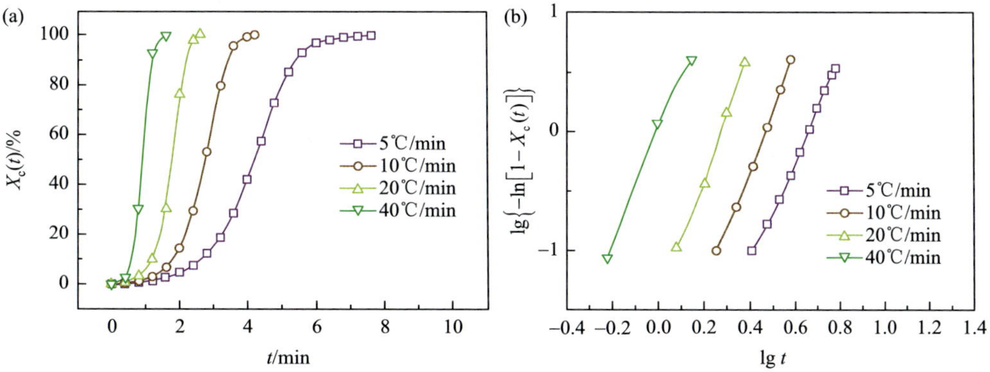

图 3.61　(a) 10BPb 的 $X_c(t)$ 与结晶时间关系曲线；(b) $\lg\{-\ln[1-X_c(t)]\}$ 与 $\lg t$ 关系曲线

表 3.25 AB_n、A_nB_n 和 50BPr、50BPa 嵌段共聚物的非等温结晶参数

样品	ϕ/(℃/min)	T_{max}/℃	n_1	K_{t1}	K_{c1}	ΔE/(kJ/mol)
10BPb	5	273.00	4.42	0.001	0.26	−162
	10	261.50	4.95	0.005	0.59	
	20	250.67	5.14	0.037	0.85	
	40	241.33	5.08	1.165	1.00	
20BPb	5	260.17	3.50	0.026	0.48	−130
	10	251.50	3.62	0.132	0.82	
	20	240.33	4.08	0.451	0.96	
	40	223.33	3.86	2.261	1.02	
30BPb*	5	241.83	2.99	0.019	0.45	−104
	10	228.67	2.53	0.150	0.83	
	15	219.25	2.46	0.265	0.92	
	20	211.67	2.36	0.421	0.96	
50BPb	5	272.11	3.08	0.020	0.46	−159
	10	264.65	3.70	0.061	0.76	
	20	253.63	3.71	0.249	0.93	
	40	240.64	2.96	1.106	1.00	
80BPb	5	334.50	3.54	0.006	0.35	−258
	10	331.67	3.66	0.080	0.78	
	20	323.00	3.36	0.916	1.00	
	40	311.33	3.01	4.651	1.04	
B8	5	296.06	2.78	0.002	0.28	−169
	10	286.55	2.96	0.015	0.66	
	20	277.24	3.31	0.124	0.90	
	40	265.01	2.99	0.920	1.00	
B128	5	320.13	5.09	0.000	0.17	−308
	10	316.31	3.73	0.016	0.66	
	20	311.22	3.80	0.108	0.89	
	40	301.14	3.38	2.100	1.02	
50BPr	5	301.17	3.52	0.035	0.51	−152
	10	291.33	3.53	0.175	0.84	
	20	279.33	3.89	1.240	1.01	
	40	264.00	3.51	7.360	1.05	
50BPa	5	277.33	3.70	0.003	0.32	−155
	10	270.33	3.83	0.019	0.67	
	20	260.00	3.75	0.185	0.92	
	40	244.67	4.56	0.986	1.00	

*为了避免过热效应，30BPb 的降温速率选为 5℃/min、10℃/min、15℃/min、20℃/min。

与等温结晶相比，非等温结晶的 Avrami 指数较大，一般都大于 3，属多维生长方式。经速率校正后的 K 随结晶速率的增大而增大，属非均相依热成核，与等温结晶动力学结论一致。

图 3.62 是不同降温速率下结晶峰位与联苯含量的关系，可以看出，随着联苯含量的增加，结晶温度下降，当联苯含量大于 30 mol%后又上升。从熔融态进行的非等温结晶过程是一个自发过程，根据热力学吉布斯方程，当结晶热焓一定时，体系熵变的增加会使相转变的温度降低。由于联苯的引入，主链结晶结构的有序度下降，熵变增大，导致了结晶温度降低，所以会有图 3.62 的结果。

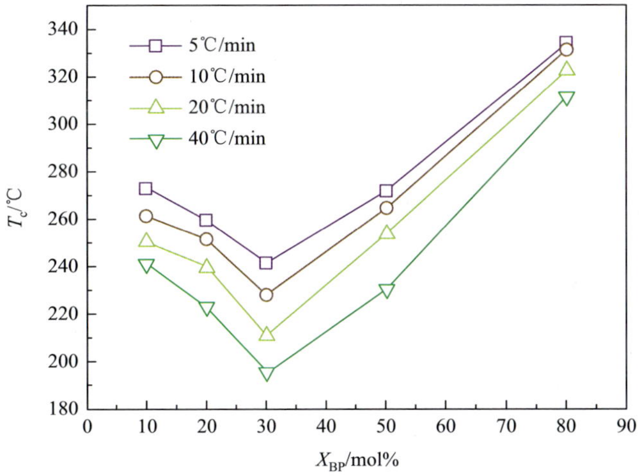

图 3.62 结晶温度 T_c 与联苯含量 X_{BP} 的关系曲线

用 Kissinger 公式可以计算出聚合物非等温结晶过程的活化能。图 3.63 是聚合物 10BPb 的非等温结晶活化能求算过程，其他聚合物的图被省略，相关结果列于表 3.25。

从表 3.25 中，总结得到以下规律：

(1) 共聚物非等温结晶活化能绝对值随联苯含量的增加呈现先下降后上升的变化趋势。

图 3.64 是 AB_n 型聚合物的非等温结晶活化能随联苯含量的变化关系。与等温结晶过程相似，聚合物活化能的绝对值随联苯含量的增加呈现出先下降再上升的趋势，在 30BPb 处出现最低值。这一结果也可以用前面关于等温结晶活化能随联苯含量变化规律的讨论来解释。事实上，从熔融态进行的结晶过程(包括等温、非等温结晶过程)都是对聚合物成核能力的体现。因此，它们的变化规律也十分相似。

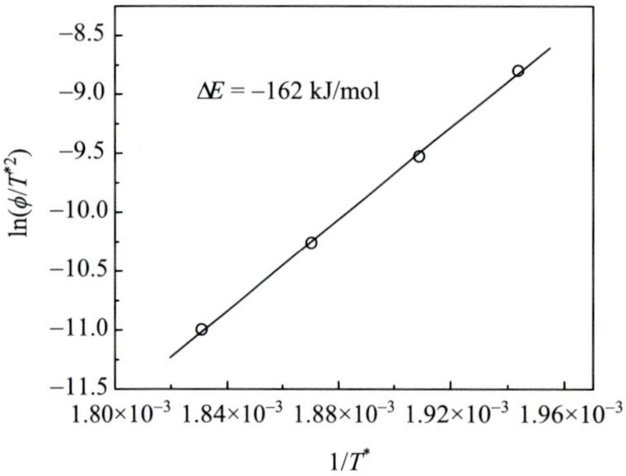

图 3.63 ln(ϕ/T^{*2})与 $1/T^{*}$的关系曲线

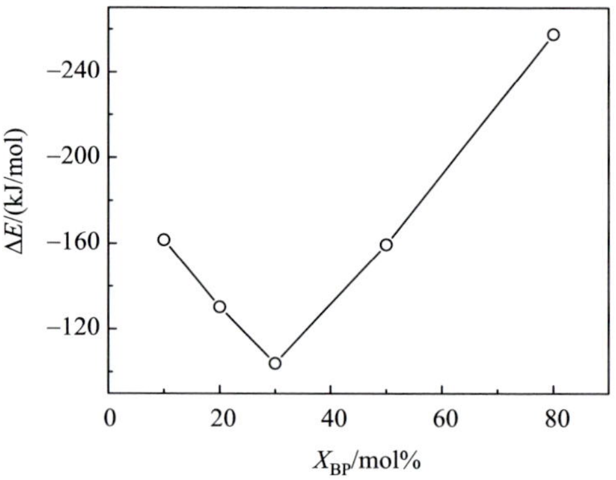

图 3.64 AB_n 嵌段共聚物非等温结晶活化能的变化关系

(2) 嵌段长度的增长使非等温结晶活化能绝对值增大。

这一规律与等温过程一致，正如上面所述，其本质都是成核能力的差异造成的。

(3) 主链上链段有序度越高，非等温结晶能力越强。

聚合物非等温结晶活化能也按照无规(–152 kJ/mol)、交替(–155 kJ/mol)、AB_n 嵌段(–159 kJ/mol)、A_nB_n 嵌段(–308 kJ/mol)的顺序递增。

3.3 醚酮等效原理

3.3.1 聚芳醚酮类聚合物中醚基和酮基等效性现象

1. 聚芳醚酮晶体结构

Dawson 和 Blundell[38]最早报道了 PEK 和 PEEK 的 X 射线数据，计算了晶胞参数及主链中醚酮桥键角(表 3.26)，认为这两种聚合物与聚苯醚(PPO)在晶胞和链构象上具有相似性，它们的晶体结构与 PPO 一致，属于正交晶系。PEK 和 PEEK 晶区的链堆积非常相似，醚和酮甚至可以最小的畸变互换。从此，聚芳醚酮类聚合物属正交晶胞、醚基和酮基在晶体学上是等效的这些结论几乎被所有研究者接受，并直接应用。

表 3.26 三种聚合物的结晶学参数

晶格参数	PEK	PEEK	PPO
a/Å	7.63	7.75	8.07
b/Å	5.96	5.86	5.54

续表

晶格参数	PEK	PEEK	PPO
c/Å	10.0	10.0	9.72
主链桥键角/(°)	123	125	124

2. PEK 和 PEEKK 晶胞的比较

PEK 和 PEEKK 结构单元的化学结构如图 3.65 所示。

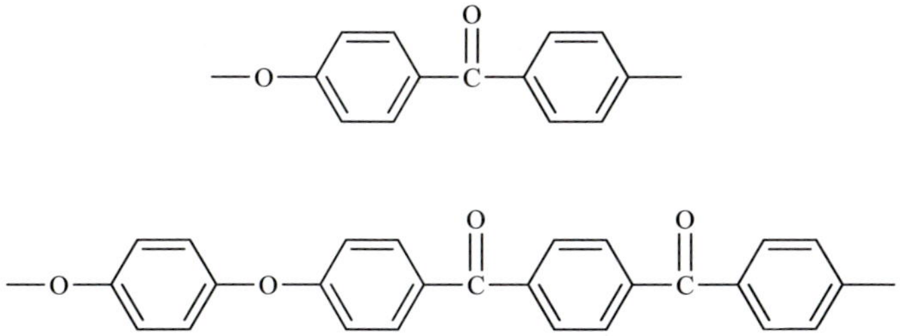

图 3.65　PEK 和 PEEKK 的结构单元示意图

如果说 PEEK 与 PEK 结构很相似，那么 PEEKK 与 PEK 结构更相似，这两种聚合物是研究醚键和酮键互换的最好例子，因为从化学结构上看，其中醚基与酮基恰是互换的，表 3.27 是 PEK 和 PEEKK 的 c 轴长度，虽然它们很相近，但并不是完全相等，相差 1%。

表 3.27　PEK 和 PEEKK 的 c 轴长度

样品	PEK	PEEKK
c/Å	10.09±0.02	10.10

观察聚芳醚酮的 c 轴长度可发现，随着假重复单元中酮基数目的增多，c 轴长度有增大的趋势，见表 3.28，c 轴长度的增大，说明酮桥键角可能比醚桥键角大，这在 PEKEKK 上表现得很明显。

表 3.28　聚芳醚酮的 c 轴长度

样品	PEEK	PEK	PEEKK	PEKEKK	PEKK
酮基与醚基比例	0.5	1	1	1.5	2.0
c/Å	10.0	10.09±0.02			
	9.883		10.100	10.27	10.08±0.01
	10.056	10.0			
	9.86				

3. 聚芳醚酮中醚桥和酮桥的键角

聚芳醚酮中醚桥键角和酮桥键角是通过实验得到的 c 轴长度，再通过标准键长计算得到的，并且假定醚桥键角与酮桥键角相等，大多数报道的桥键角在 124°～127°。Colquhoun 等[39]用含醚酮的两种低聚物单晶对这个问题进行较详细的研究。

低聚物 1 的结构：ClArCOArOArCOArCl（Ar = 1, 4-phenylene），如图 3.66 所示。从单晶的 X 射线结构分析中得到，桥键角 C—CO—C 和 C—O—C 分别为 121.9°、121.2°。以往得到的结果，这两个基团的桥键角在 124°～127°，在低聚物 1 中偏低的原因是芳环上的碳相连的桥上有一个面内弯曲畸变。在低聚物 1 中，平均畸变偏差是 3.1°，醚键（平均畸变 4.2°）比羰基（1.5°）影响大得多，在苯环本身还有一个附加的畸变，尽管它很小。这种面内弯曲产生一个聚合物重复距离的增大，如图 3.66 中 C（7）—C（7′）所示，正如桥键角的张开。

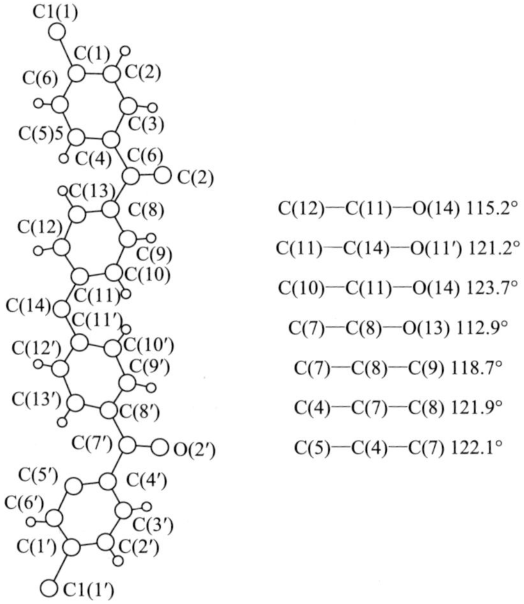

图 3.66　原子数和选定键角的低聚物 1 的分子结构（ClArCOArOArCOArCl）

低聚物 2 的结构：ArOArCOArArCOArOAr（Ar = phenyl or 1, 4 phenylene），如图 3.67 所示。实验得到的桥键角 C—O—C 和 C—CO—C 分别为 121.7°、121.3°，芳环上的碳原子与醚、酮基团相连的桥键角的平均畸变为 2.9°，这样的结果与低聚物 1 中的相同。

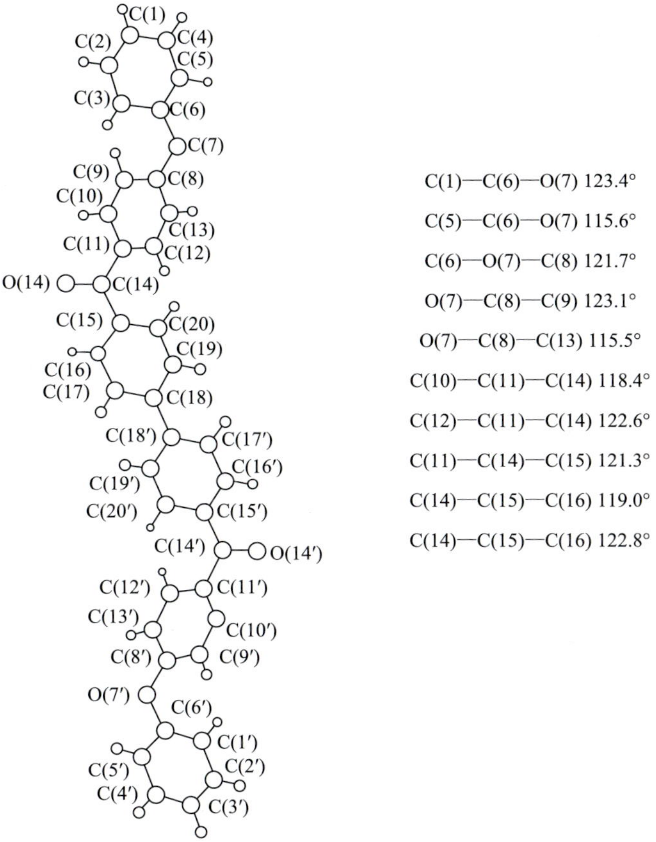

图 3.67 原子数和选定键角的低聚物 2 的分子结构(ArOArCOArArCOArOAr)

人们采用标准键长来计算桥键角，并假定醚桥键角和酮桥键角相同，所以就得到异常高的桥键角 124°～127°，这是用理想几何学假定造成的结果。在研究这两种低聚物中，发现实际键长与标准键长有差异，见表 3.29，综合以上结果，Colquhoun 等[39]认为聚芳酮的桥键角在 121°～122°。

表 3.29 低聚物 1 和低聚物 2 的平均键长(Å)以及早期聚合物研究中使用的“标准值”

键	低聚物		参考文献			
	1	2	I	II	III	IV
Ar—CO	1.486	1.490	1.47	1.47	1.50	1.47
Ar—O	1.386	1.388	1.36	1.36	1.36	1.36
C—C(Ar)	1.384	1.383			1.395	1.395
C═O	1.223	1.223			1.29	1.23

4. 聚芳醚酮中醚基和酮基的等效性

图 3.68 是几种聚芳醚酮的结构。PEEK 与 PEKK 结构中，PEEK 中的一个醚基与 PEKK 中的一个酮基是互换关系。由于 Ar—CO 比 Ar—O 键长更长，即使它们具有相同的桥键角，得到的 PEKK 的 c 轴长度会比 PEEK 的大一点。如果假定桥键角为 125°，Ar—CO 为 1.47 Å，Ar—O 为 1.36 Å，这两种聚芳醚酮 $c(\text{PEKK})-c(\text{PEEK}) = 2\times(1.47-1.36)\sin\left(\dfrac{125°}{2}\right) = 0.195$ Å，从表 3.28 可以进一步得到证实。以上情况是在每一个假重复单元中都有一个醚与另一个酮是互换关系，看来这种互换并不是等效的，因为从 c 轴长度的变化看是很明显的。而在 PEK 和 PEEKK 中，既有 PEK 中的醚与 PEEKK 中的酮互换，也有 PEK 中的酮与 PEEKK 中的醚互换，两种交换次数相等，使得 PEK 的 c 轴长度与 PEEKK 的相差很小，在 1%以内(表 3.27)。以上的结果说明，如果在每一个假重复单元中，一种聚合物中总有一个醚与另一种聚合物中的一个酮是互换关系，这种互换其实不是等效的。因为如果忽略桥键角的变化，Ar—CO 与 Ar—O 键长的影响将表现在晶胞中 c 轴长度的差异。如果在一个假重复单元中，一种聚合物(A)中一个醚与另一种聚合物(B)的一个酮对应交换，而在另一个假重复单元中，一种聚合物(A)中一个酮与另一种聚合物(B)中的一个醚对应交换，这两种交换的次数相等(像 PEK 和 PEEKK 那样)，那么这种交换可以算作等价的交换，这只是在考察醚酮之间连接基团都是苯环的情形下得到的结论。

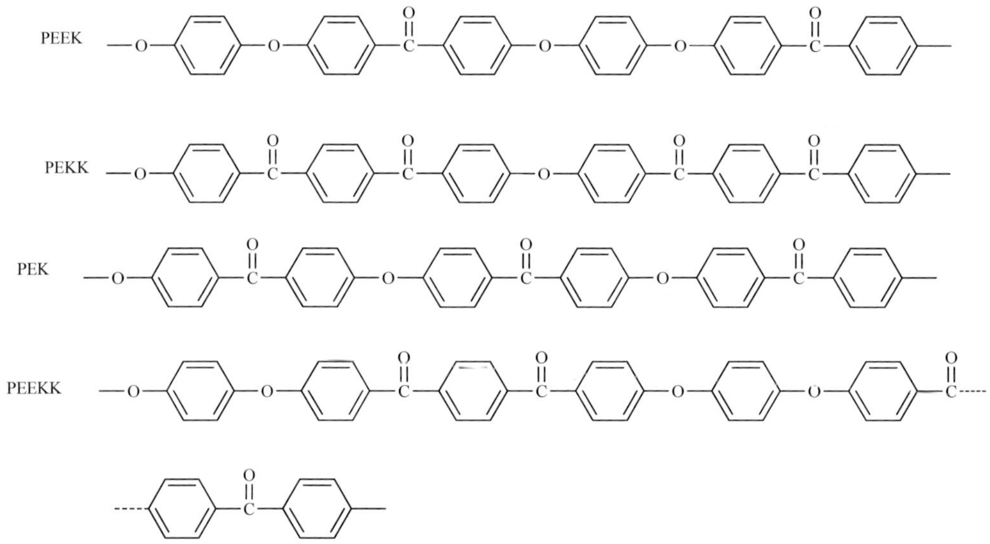

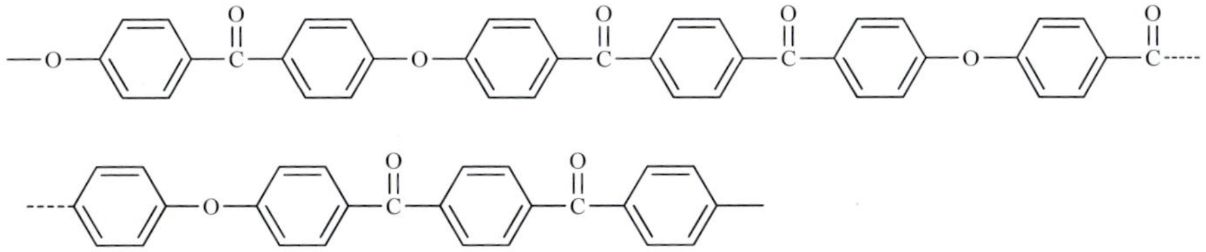

图 3.68　几种聚芳醚酮的结构示意图

3.3.2　聚芳醚酮类聚合物中醚基与酮基在晶体学上等效性的验证

1. 样品制备及性能

1) 含联苯基团聚醚醚酮酮的制备

3.3.1 节中讨论的是针对醚基和酮基所连接的芳环都是苯环的情形，为了考察芳环种类的影响，设计合成了两种含联苯基团聚醚醚酮酮(PEDEKK 和 PEEKDK，D 代表联苯基，分别在两个醚基以及两个酮基之间)，结构单元如图 3.69 所示。

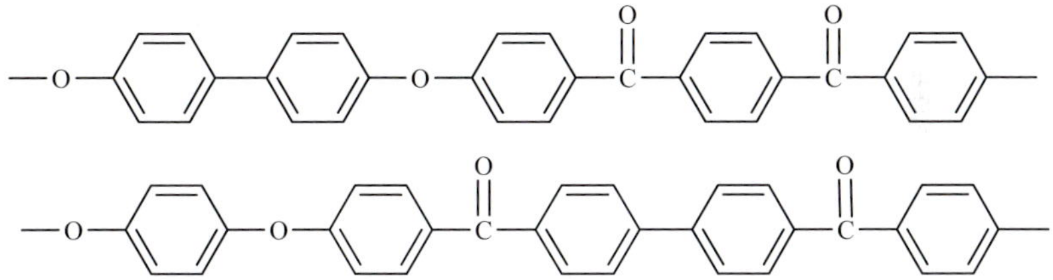

图 3.69　PEDEKK 和 PEEKDK 的结构单元示意图

在这两种聚芳醚酮中，醚与酮和酮与醚的交换次数相等。

2) 含联苯基团聚醚醚酮酮的性能

热性能如表 3.30 所示，从表中看到，这两种聚合物的 T_g 一致，PEEKDK 的熔点和热稳定性都高于 PEDEKK，这说明联苯基加入到两个酮基之间会比加入到醚基之间能更有效地提高熔点和热稳定性。

表 3.30　PEEKDK 和 PEDEKK 的热性能

	PEEKDK	PEDEKK
T_g/℃	183	183
T_m/℃	434	409
T_d(失重 5%)	567	540

3）结构在红外光谱上的表现

PEEK、PEEKDK 和 PEDEKK 的结构单元见图 3.70，这三种聚合物的傅里叶变换红外光谱（FTIR）如图 3.71 所示。PEEKDK 与 PEEK 相比，醚基受周围基团改变的影响并不大，与二苯醚有关的振动在 1229 cm^{-1}（PEEK 在 1227 cm^{-1}）。相比之下，PEDEKK 中联苯基的引入却对二苯醚的振动产生很大影响，由于联苯基具有更强的共轭效应，ph—O—ph（ph 为苯基）不对称伸缩振动出现在 1240 cm^{-1}。PEEK 的羰基的振动与 PEDEKK 相近，都在 1650 m^{-1} 附近，而 PEEKDK 中，联苯的引入降低羰基的振动频率，它出现在 1644 cm^{-1}。

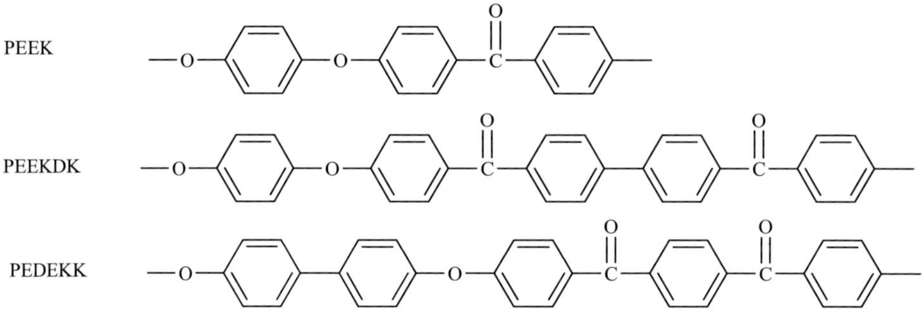

图 3.70　PEEK、PEEKDK 和 PEDEKK 的结构单元

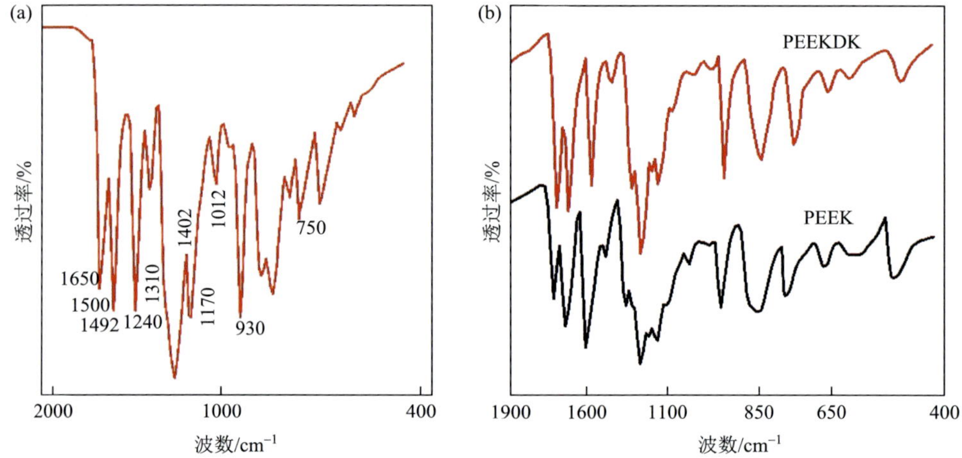

图 3.71　(a) PEDEKK、(b) PEEK 和 PEEKDK 的 FTIR 光谱

2. 醚基与酮基在晶体学上等效性的验证

图 3.72 是 PEDEKK 和 PEEKDK 的 WAXD 谱图，对应的四个主要衍射峰的位置见表 3.31。

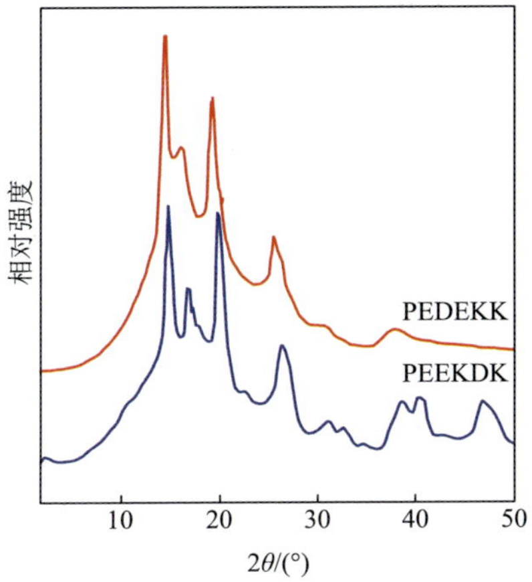

图 3.72　PEDEKK 和 PEEKDK 的 WAXD 谱图

表 3.31　PEEKDK 和 PEDEKK 主要衍射峰

晶面	PEEKDK	PEDEKK	晶面	PEEKDK	PEDEKK
(110)	18.87°	18.94°	(200)	23.38°	23.39°
(111)	20.58°	20.53°	(211)	28.92°	28.95°

依照 PEDEKK 中对晶胞的处理方法，将 PEEKDK 的 c 轴长度也看作是两部分的平均值，如图 3.73 所示，按标准键长和桥键角(124°)计算，$\bar{c}$ = 11.90 Å，与 PEDEKK 计算值完全相同。

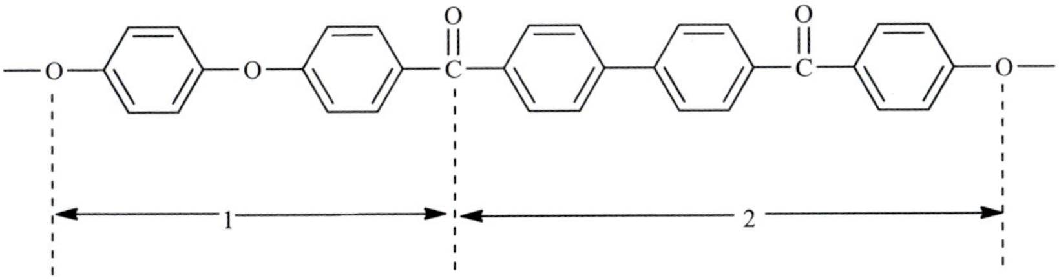

图 3.73　PEEKDK 的结构单元

PEEKDK 四个主要衍射峰 18.87°(110)、20.58°(111)、23.38°(200)、28.92°(211)，利用晶面，采用拟合的方法，得到的晶胞参数，a = 7.59 Å，b = 5.96 Å，c = 11.48 Å，晶胞体积 V_c = 519.3 Å^3，表 3.32 是与 PEDEKK 晶体学参数的比较。

表 3.32　PEEKDK 和 PEDEKK 的晶体学参数对比

样品	PEEKDK	PEDEKK
a/Å	7.59	7.57

续表

样品	PEEKDK	PEDEKK
b/Å	5.96	5.98
c/Å	11.48	12.02
V_c/Å^3	519	544

实验得到的 PEEKDK 的 c 轴长度与 PEDEKK 的 c 轴长度相差 0.54 Å，且与计算值竟相差 0.42 Å，这是一个很大的差别。从 Colquhoun 等[39]研究两种醚酮低聚物的桥键角中得到，两种低聚物的平均键长与标准键长有差异，最大相差 0.07 Å，一般相差 0.01～0.02 Å，键长的这种差异不足以引起 c 轴长度这样显著的变化，只有一个因素那就是桥键角的变化。

Colquhoun 等研究的低聚物 2 的结构是 ArOArCOArArCOArOAr，与 PEEKDK 有相似之处，联苯基处于两个酮基之间，得到的桥键角分别为 121.7°(C—O—C)、121.3°(C—CO—C)，它们比用标准键长计算得到的要低。利用 PEEKDK 的 c 轴长度，并假定酮桥键角相等，依然用标准键长计算完全伸直链长度，得到桥键角为 118°。这表明，连接于两个酮基之间的联苯基会比连接于两个醚基之间的联苯基对桥键角产生的影响更大，从而证明，对于醚和酮交换次数相同的两种聚合物，当醚、酮之间的芳环种类改变时，醚酮等效性不再成立。

综上所述有如下结论[40]：

(1) 当醚、酮之间连接基团为苯环时，如果两种聚芳醚酮中，一方的醚只与另一方的酮互换，那么这种互换不等效；如果既有一方的醚与另一方的酮互换，又有一方的酮与另一方的醚互换，且互换次数相等，这种互换可认为是等效的。

(2) 当醚酮之间连接基团既有苯基也有联苯基时，即使两种聚芳醚酮中醚酮互换次数相等，这种互换也不是等效的。

参 考 文 献

[1] 何平笙. 新编高聚物的结构与性能[M]. 北京：科学出版社, 2009.

[2] 莫志深，张宏放. 晶态聚合物结构和 X 射线衍射[M]. 北京：科学出版社, 2003.

[3] Hindeleh A M, Johnson D J. The resolution of multipeak data in fibre science[J]. Journal of Physics D: Applied Physics, 1971, 4(2): 259-263.

[4] Sotton M, Anne-marie A, Rabourdin C. Crystallinity and disorder in poly(ethylene terephthalate) fibers. Specific example of preoriented yarns (POY) [J]. Journal of Applied Polymer Science, 1978, 22(9): 2585-2608.

[5] 莫志深，张宏放，牟忠诚. X 射线衍射法测定聚合物结晶度[C]. 理学 X 射线衍射仪用户协会论文集, 1990.

[6] Ruland W. Crystallinity and disorder parameters in nylon 6 and nylon 7[J]. Polymer, 1964, 5: 89-102.

[7] Nielsen L E. Mechanical properties of polymers and composites[M]. New York: Marcel Dekker, Inc, 1974.

[8] 胡家聪，杨丹，陈平，王辉. 广角 X-射线衍射对 PET 结晶度的研究[J]. 高分子学报, 1990, 3: 283-293.

[9] Fratini A V, Cross E M, Whitaker R B, et al. Refinement of the structure of PEEK fibre in an orthorhombic unit cell[J]. Polymer, 1986, 27(6): 861-865.

[10] Cebe P, Lowry L, Chung S Y, et al. Wide-angle X-ray scattering study of heat-treated peek and peek composite[J]. Journal of Applied Polymer Science, 1987, 34(6): 2273-2283.

[11] Wakelyn N T. Variation of unit cell parameters of poly(arylene ether ether ketone) film with annealing temperature[J]. Journal of Polymer Science. Part c: Polymer Letters, 1987, 25(1): 25-28.

[12] Alexander L E. X-Ray Diffraction Methods in Polymer Science[M]. New York: Wiley Interscience, 1969.

[13] Ruland W. X-ray determination of crystallinity and diffuse disorder scattering[J]. Acta Crystallographica, 1961, 14(11): 1180-1185.

[14] Vonk C G. Computerization of Ruland's X-ray method for determination of the crystallinity in polymers[J]. Journal of Applied Crystallography, 1973, 6(2): 148-152.

[15] Herermans P H, Weidinger A. Quantitative X-Ray investigations on the crystallinity of cellulose fibers. A background analysis[J]. Journal of Applied Physics, 1948, 19(5): 491-506.

[16] 胡家聪, 杨丹, 陈平, 等. 广角 X-射线衍射对 PET 结晶度的研究[J]. 高分子学报, 1990, 3: 283-293.

[17] Hay J N, Langford J I, Lloyd J R. Variation in unit cell parameters of aromatic polymers with crystallization temperature[J]. Polymer, 1989, 30(3): 489-493.

[18] 黄量, 于海泉. 紫外光谱在有机化学中的应用[M]. 北京: 科学出版社, 1988.

[19] Blundell D J, Bayon V. The crystal structure of poly(ether ketone) copolymers[J]. Polymer, 1993, 4(7): 1354-1360.

[20] Rueda D R, Ania F, Richardson A, et al. X-ray diffraction study of die drawn poly(aryletherketone) (PEEK) [J]. Polymer Communications, 1983, 24(9): 258-260.

[21] Hay J N, Kemmish D J, Langford J I, et al. The structure of crystalline PEK[J]. Polymer Communications, 1985, 26(9): 283-286.

[22] Zimmermann H J, Konnecke K. Crystallization of poly(aryl ether ketones): 3. The crystal structure of poly(ether ether ketone ketone) (PEEKK) [J]. Polymer, 1991, 32(17): 3162-3169.

[23] Tabor B J, Magre E P, Boon J. The crystal structure of poly-*p*-phenylene sulphide[J]. European Polymer Journal, 1971, 7(8): 1127-1133.

[24] 那辉. 聚醚醚酮酮、含联苯结构聚醚醚酮酮及二者共聚物的结构和性能的研究[D]. 长春: 吉林大学, 1994.

[25] Hosemann R, Bagghi S N. Direct analysis of diffraction by matter[M]. Amsterdam: North-Holland, 1962.

[26] Zernike F, Prins J A. Die beugung von röntgenstrahlen in flüssigkeiten als effekt der molekülanordnung[J]. Physikalische Zeitschrift, 1927, 41: 184-194.

[27] Kratky O. The structure of liquid mercury[J]. Physikalische Zeitschrift, 1933, 34: 482-487.

[28] Cebe P, Hong S D. Crystallization behaviour of poly(ether-ether-ketone) [J]. Polymer, 1986, 27(8): 1183-1192.

[29] Kemmish D J, Hay J N. The effect of physical ageing on the properties of amorphous PEEK[J]. Polymer, 1985, 26(6): 905-912.

[30] Hsiao B S, Chang I Y, Sauer B B. Isothermal crystallization kinetics of poly(ether ketone ketone) and its carbon-fibre-reinforced composites[J]. Polymer, 1991, 32(15): 2799-2805.

[31] Hsiao B. Some comments on modeling of two-stage crystallization kinetics[J]. Journal of Polymer Science Part b: Polymer Physics, 1993, 31(2): 237-240.

[32] Nguyen H X, Ishida H. Molecular analysis of the crystallization behavior of poly(aryl-ether-ether-ketone) [J]. Journal of Polymer Science Part B: Polymer Physics, 1986, 24: 1079-1091.

[33] 何曼君, 陈维孝, 董西侠. 高分子物理[M]. 上海: 复旦大学出版社, 1983.

[34] Lauritzen J I, Hoffman J D. Extension of theory of growth of chain-folded polymer crystals to large undercoolings[J]. Journal of Applied Physics, 1973, 44(10): 4340-4352.

[35] Wang T T, Nishi T. Spherulitic crystallization in compatible blends of poly(vinylidene fluoride) and poly(methyl methacrylate)[J]. Macromolecules, 1977, 10(2): 421-425.

[36] Ziabicki A. Kinetics of polymer crystallization and molecular orientation in the course of melt spinning[J]. Applied Polymer Symposia, 1967(6): 1-18.

[37] Jeziorny A. Parameters characterizing the kinetics of the nonisothermal crystallization of poly(ethylene terephthalate) determined by d.s.c.[J]. Polymer, 1978, 19(10): 1142-1144.

[38] Dawson P C, Blundell D J. X-ray data for poly(aryl ether ketones)[J]. Polymer, 1980, 21(5): 577-578.

[39] Colquhoun H M, O'mahoney C A, Williams D J. Single crystal x-ray diffraction studies of aromatic oligomers: resolution of the bond-angle anomaly in poly(aryl ether ketones)[J]. Polymer, 1993, 34(1): 218-221.

[40] Ji X L, Zhang W J, Na H, et al. Effect of differences in the backbone chemical environment of carbonyl and ether groups in poly(aryl ether ketones) on crystallographic parameters[J]. Macromolecules, 1997, 30(16): 4772-4774.

第4章

特殊结构聚芳醚酮

除调整聚芳醚酮树脂中酮基、醚键及苯环结构的比例外，将其设计成具有特殊结构的聚合物是另一重要改良思路，可赋予该树脂更优异的性能并解决诸多实际问题。例如，超支化聚芳醚酮具备高溶解性、低黏度、高流动性及丰富末端官能团等特性，不仅可作为加工助剂改善聚醚醚酮树脂的加工性能，还可利用其端基进行功能化；环状聚芳醚酮低聚物与碳纤维具有更好的浸润性，开环后可制备高性能复合材料，并在分子识别与手性拆分领域展现出应用潜力；对聚芳醚酮进行交联改性，可使其转变为热固性材料，从而显著增强耐热性、韧性及抗冲击性能；而在聚芳醚酮中引入萘环结构，不仅能提高玻璃化转变温度、改善溶解性，还为树脂交联提供了可能性。本章将聚焦上述四类特殊结构的聚合物，详细阐述其对聚芳醚酮树脂性能的影响。

4.1 超支化聚芳醚酮

超支化聚合物(hyperbranched)和树枝状大分子(dendrimers)虽然都属于高度支化聚合物，具有三维结构和大量末端官能团，但二者的结构(图4.1)、合成方法有许多不同之处。

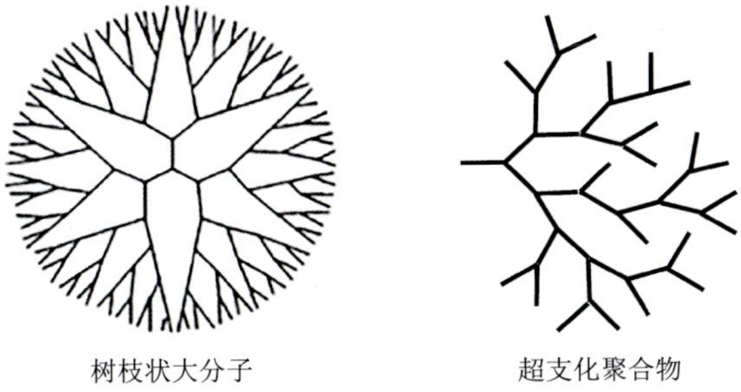

图4.1　树枝状大分子和超支化聚合物结构示意图[1]

树枝状大分子具有四个主要特征：

(1)分子结构中没有线性单元，即支化度(degree of branching，DB)等于 1；

(2)分子量呈现单分散性；

(3)三维立体结构；

(4)官能团都处在球形大分子的表面上。

这类大分子可通过发散法(divergent approach)或收敛法(convergent approach)来合成。发散法由 Vögtle 等[2]、Tomalia 等[3]、Newkome 等[4]等提出，从多官能团核心向外逐步增长，得到树枝状大分子。收敛法由 Fréchet 等[5]提出，从链末端开始，先生成单分散的树枝状子单元，再与核分子相连接，得到树枝状大分子。由于合成树枝状大分子常常需要多步保护、脱保护步骤，且每步合成之后需要严格分离提纯，因此制备起来相当困难，成本很高，不适宜大规模工业化生产。

与树枝状聚合物相比，超支化聚合物则具有如下四个特征：

(1)单元随机支化，DB 小于 1。对于 AB_2 型单体，当两个 B 官能团等活性时，理论 DB 为 0.5。

(2)分子量呈现多分散性，一般分布较宽。

(3)三维椭球状立体构造。

(4)大部分官能团位于链末端，小部分则连接在分子中的线性结构单元上。

虽然超支化聚合物的结构不如树枝状聚合物那么完美，但它可以一步合成，产业化前景良好。超支化聚合物的一部分官能团分布在大分子内的线型结构单元上，分子内有大量的空隙，完全有可能取代树枝状聚合物，应用于药物缓释剂、高分子催化剂、固化剂、无溶剂涂料、功能膜材料和聚合物加工助剂等领域。

4.1.1 合成方法

超支化聚芳醚酮是超支化聚合物中的一种，Miller 等[6]通过多步反应制备 AB_2 型单体，然后再自聚制备超支化聚芳醚酮。高超等[7]总结了端基极性、支化度、支化点间距、末端链长度等因素对超支化聚芳醚酮玻璃化转变温度、热稳定性、溶解性等性能的影响。具体而言，在骨架相同的情况下，超支化聚芳醚酮的 T_g 值随着端基极性的增强及端基链长度的减小而增加；在重复单元相同支化度不同的情况下，若末端基相同则 T_g 值相近。超支化聚合物的溶解性依赖于末端官能团和骨架结构，通常以极性官能团封端的聚合物易溶于极性溶剂，相反以弱极性官能团封端的易溶于非极性溶剂。Baek 等[8]采用 AB_2+AB 型共聚法制备线型超支化共聚物，通过调整 AB 型单体的含量来改善聚合物的热性能和结晶性能。研究表明，随着 AB 单体含量的增加，共聚物的玻璃化转变温度出现了先增后减的规律，当 AB 单体的含量为 50%时，其玻璃化转变温度达到最高，为 217℃。纯的 AB_2 型单体自聚所得产物可溶于常规溶剂，但当 AB 含量为 25%时其产物不溶于常规溶剂。

通过以上两类合成方法不难发现，采用 AB_2 型单体自聚法制备超支化聚芳醚酮，产物可溶，适合理论研究，但其合成单体过程繁琐，价格昂贵，限制了其进一步工业化的可能。AB_2+AB 法反应过程中不可避免会发生 AB 单体间的自聚反应，反应随机性强，结构不可控，产物不溶，无法从微观角度研究结构对性能的影响。

1. A_2+B_3 型方法[9]

在国内外超支化聚芳醚酮合成研究基础上，开发了一种采用亲核取代路线合成超支化聚芳醚酮的先进方法。首先由廉价的商品化单体为原料合成了氟封端高活性 B_3 型单体(图 4.2)，然后用表 4.1 所示的 A_2 型单体和 B_3 型单体进行亲核缩聚制备超支化聚芳醚酮，在非凝胶区通过控制 A_2 与 B_3 的投料比来控制产物的端基和性能。通过改变 A_2 单体长度来调控超支化聚芳醚酮聚集态结构和分子量，从而实现对聚合物的热性能和结晶性能的调控。合成的超支化聚芳醚酮聚合物具有结晶性、高热稳定性，其与线型聚芳醚酮进行熔融共混既可改善线型聚芳醚酮加工性能，又可保持共混物优异的热性能和耐腐蚀性。

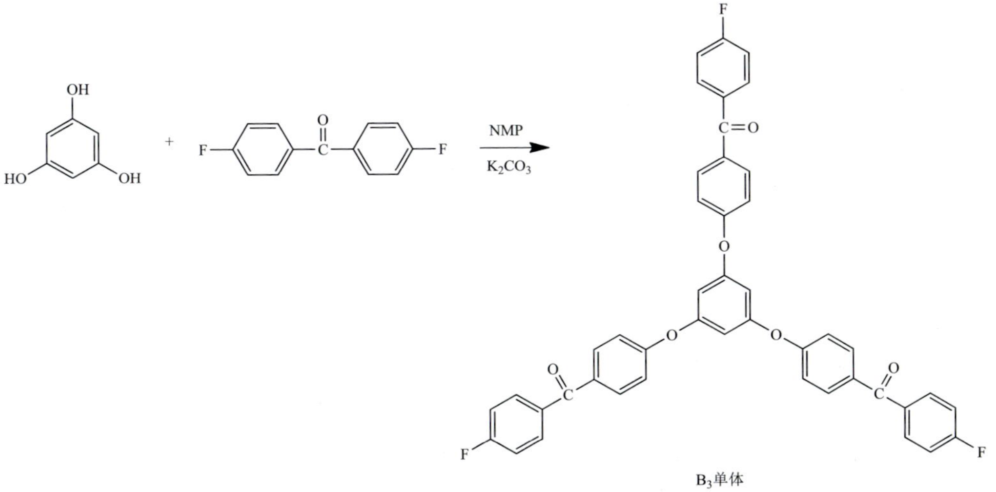

图 4.2　活性相同三氟单体(B_3)合成

表 4.1　基于 A_2+B_3 型方法制备超支化聚芳醚酮

A_2 单体的分子结构	A_2 单体平均链长	超支化聚芳醚酮
	0.1	HPEEK-F(0.1)

续表

A_2 单体的分子结构	A_2 单体平均链长	超支化聚芳醚酮
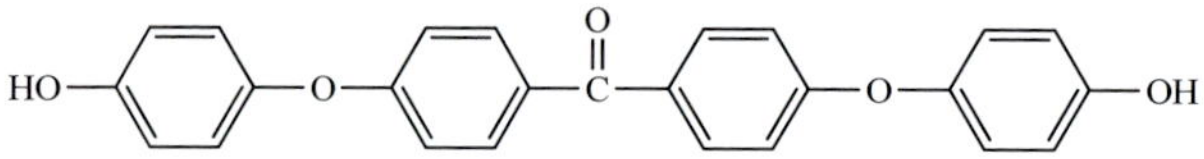	0.4	LHPEEK-F (0.4)
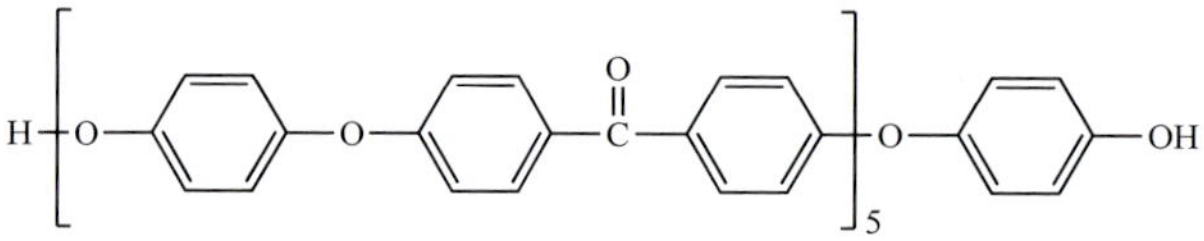	1.45	FHLHPEEK-F (1.45)
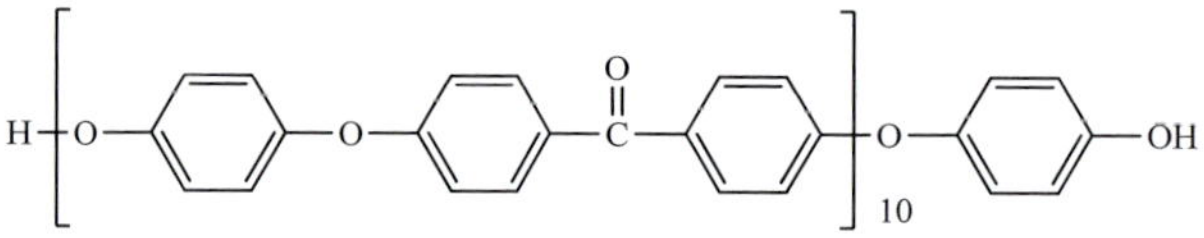	2.8	THLHPEEK-F (2.8)

注：在这里把一个苯环与半个醚（或酮）和半个酮（醚）的组成部分近似计为 0.1 链长，以此为依据计算各个 A2 单体中的链长个数。例如  或 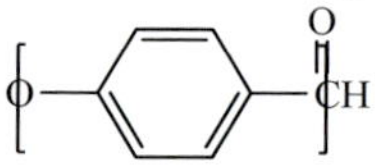 记为 0.1。

由于 A_2 单体的平均链长可间接表示聚合物支化点间的平均链长，为方便起见，后文用支化点平均链长代替 A_2 单体的平均链长进行讨论。图 4.3 和图 4.4 分别是线型聚醚醚酮和超支化聚醚醚酮的 DSC 曲线和冷结晶温度、熔融温度随支化点间平均链长变化的关系图。从超支化聚芳醚酮分子结构特征分析上述热性能变化规律。当支化点间平均链长为 0.1 时，HPEEK 的 DSC 曲线未观察到熔融峰，这是由于支化点间距小，聚合物具有紧密的拓扑结构，链规整性差，链段的相对

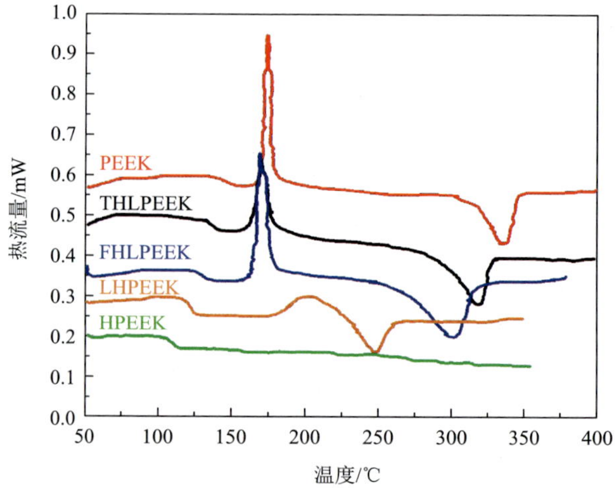

图 4.3　超支化聚醚醚酮（THLPEEK、FHLPEEK、LHPEEK、HPEEK）和线型聚醚醚酮（PEEK）的 DSC 曲线

运动困难，聚合物不易结晶。当支化点间平均链长为 0.4 时，聚合物有一定结晶性，冷结晶温度(T_c)为 200℃，当支化点间平均链长增加到 1.45 和 2.8 时，聚合物的冷结晶温度与线型聚醚醚酮相近。由此可知随着支化点间距的增加，聚合物的拓扑结构松散，有利于链段规整排列，利于聚合物结晶，出现随着支化点间平均链长的增加，超支化聚芳醚酮的冷结晶温度下降、熔点升高的现象。

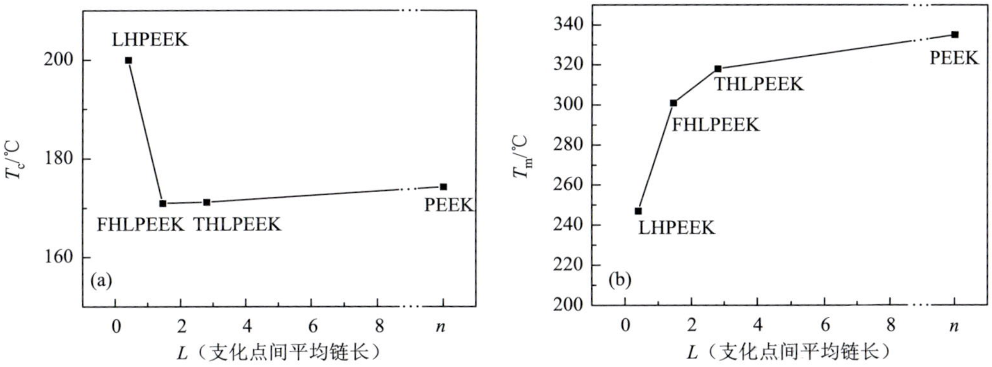

图 4.4 超支化聚醚醚酮(THLPEEK、FHLPEEK、LHPEEK、HPEEK)和线性聚醚醚酮(PEEK)的冷结晶温度、熔融温度随支化点间平均链长变化的关系图

通常超支化聚合物分子链向空间伸展呈现类球型，分子链缠结弱、熔体黏度低，非常适合作为同类线型聚合物的黏度调节剂，用来改善材料加工性能。如表 4.2 所示，通过熔融共混法制备了不同配比的线型聚醚醚酮和超支化聚芳醚酮的共混物，研究了超支化聚芳醚酮支化点间平均链长及添加量对共混物流变性能的影响(图 4.5 和图 4.6)。研究表明，LHPEEK/PEEK 和 HPEEK/PEEK 二体系的 G'(储能模量)和 G''(损耗模量)都低于纯 PEEK 的模量。这是由于超支化聚合物具有高度支化、低链缠结的特性，其结构强度低，与线型聚合物共混时会降低基体的模量。相同共混比例情况下，LHPEEK/PEEK 的动态模量高于 HPEEK/PEEK。LHPEEK/PEEK 和 HPEEK/PEEK 两个体系在整个剪切范围内剪切黏度都低于 PEEK 的黏度(图 4.7)，可见超支化聚芳醚酮具有降低聚芳醚酮基体熔体黏度的作用。这主要是因为在熔融状态直链高分子力学松弛明显受链缠结的影响，而支链高分子由于相邻分子相互穿透有限，链缠结的可能性较小，因此在熔融加工时超支化高分子的流动性比线型高分子好，当其与线型聚合物共混时会降低基体的熔体黏度。

表 4.2 线型聚醚醚酮和超支化聚芳醚酮的共混物制备

共混物名称	超支化聚芳醚酮含量/wt%					
HPEEK(0.1) + PEEK	3	5	7	10	15	20
LHPEEK(0.4) + PEEK	3	5	7	10	15	20
THLHPEEK(2.8) + PEEK	3	5	7	10	15	20

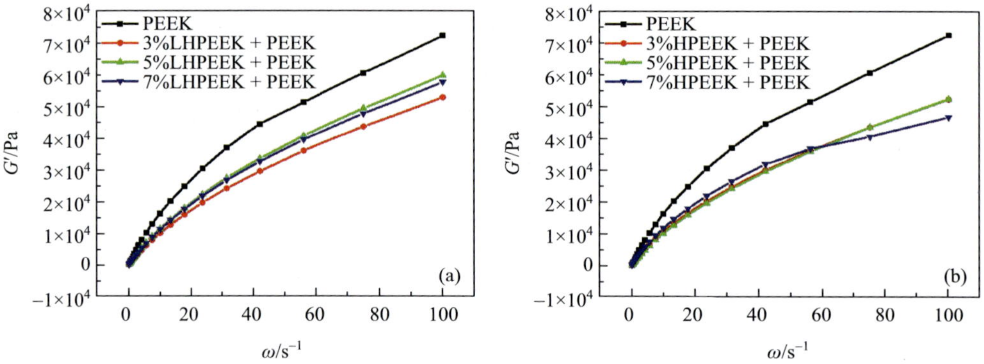

图 4.5 储能模量与角频率的关系曲线

(a) LHPEEK/PEEK 共混物；(b) HPEEK/PEEK 共混物

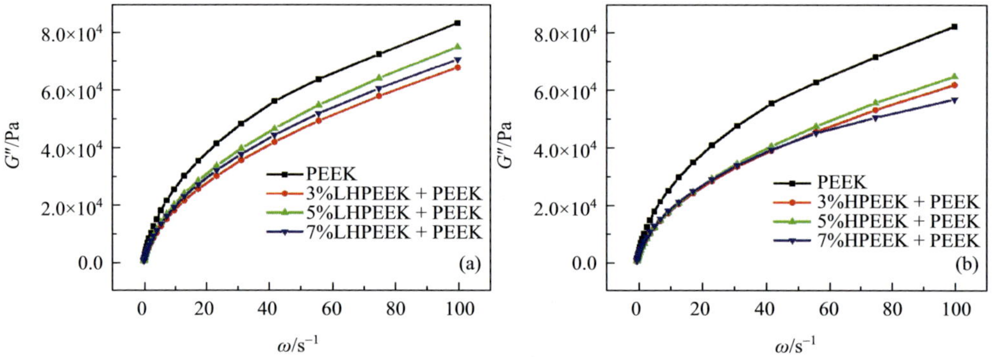

图 4.6 损耗模量与角频率的关系曲线

(a) LHPEEK/PEEK 共混物；(b) HPEEK/PEEK 共混物

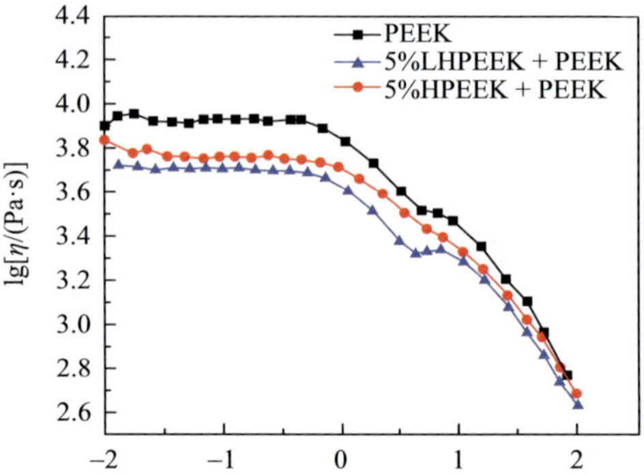

图 4.7 360℃下 PEEK、5%HPEEK/PEEK 共混物、5%LHPEEK/PEEK 共混物剪切黏度与剪切速率的关系曲线

此外，以添加 5%超支化聚芳醚酮的共混物为例研究了复合物的热性能。如图 4.8 所示，随着超支化聚芳醚酮支化点间平均链长的增加，共混物的玻璃化转变温度和冷结晶温度均无明显变化，表明超支化聚芳醚酮与线型聚醚醚酮之间具有良好的相容性。随着支化点间距增大，超支化聚芳醚酮的链段结构更趋近于线型聚醚醚酮，其能够更好地参与结晶，所以熔融峰逐渐趋于线型聚醚醚酮结晶峰。

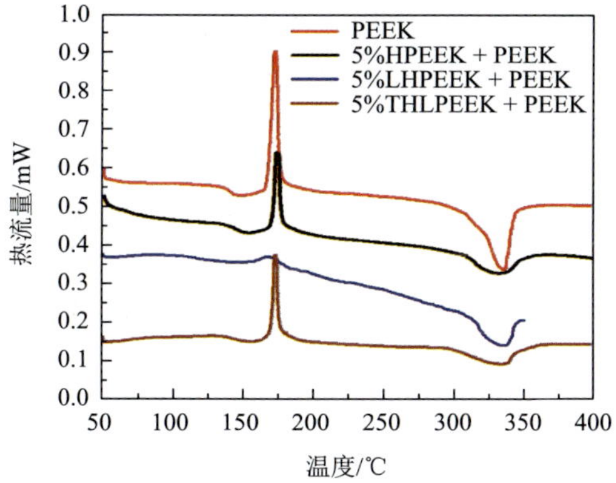

图 4.8　PEEK、HPEEK/PEEK 共混物、LHPEEK/PEEK 共混物，THLPEEK/PEEK 共混物的 DSC 曲线

利用广角 X 射线衍射仪考察超支化聚醚醚酮/聚醚醚酮共混物的结晶性。图 4.9 是 LHPEEK 和 THLPEEK 体系共混物的无定形样品在 240℃等温结晶 30min 后的广角 X 射线衍射图。从图中的曲线可以看出，无论是 LHPEEK/PEEK 共混物还是 THLPEEK/PEEK 共混物，衍射峰形都没有大的变动，只是衍射角略有减小。两种共混物结晶性能未发生大的改变的主要原因在于 LHPEEK 和 THLPEEK 的链段结

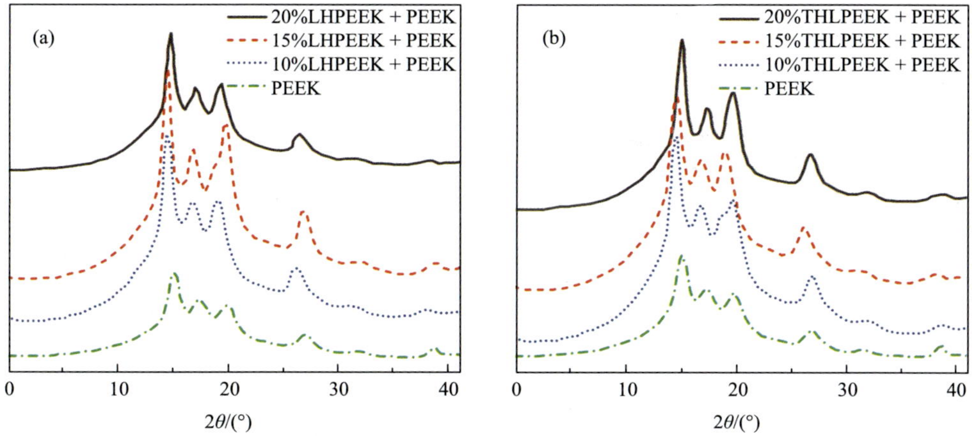

图 4.9　(a) LHPEEK/PEEK 共混物和 (b) THLPEEK/PEEK 共混物的 XRD 图

构与 PEEK 的相同，而二者支化点间距相对较大，其本身又具有一定的结晶性，所以共混后对 PEEK 的结晶影响不大。

2. 活性不等单体改进 A_2+B_3 型方法[10]

连接单体法是构建高分子或复杂分子结构的有效方法，在设计超支化聚合物分子结构时常用到此方法。在使用此方法设计超支化聚合物时，发现具有活性不等位点的单体在聚合反应过程中有利于实现对凝胶区的调控。

从分子设计的角度出发，合成了一种含有活性不等官能团的三酚单体(图 4.10)，通过改变其和 A_2 单体(4, 4′-二氟二苯甲酮)的反应比例，制备了四种氟封端的超支化聚芳醚酮。通过实验确定了新方法合成超支化聚芳醚酮的凝胶区，发现和传统的 A_2+B_3 方法相比，新方法的凝胶区明显变小。通过理论和实验相结合的方法证得了单体三个酚羟基的反应活性大小顺序为 OH-1＞OH-2＞OH-3。

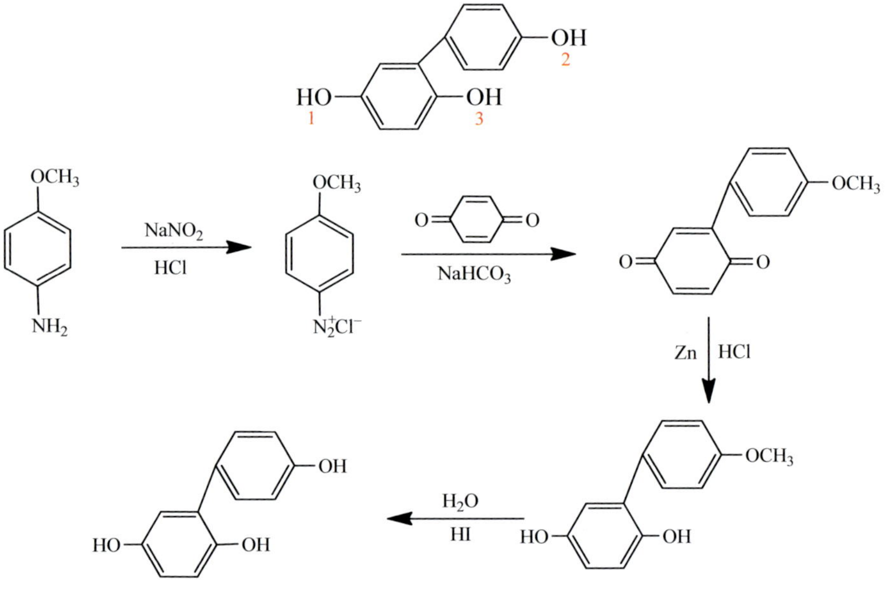

图 4.10 活性不等三酚单体(B_3)合成

通过对所制备的超支化聚芳醚酮的基本性能的研究(表 4.3)，发现随着 A_2 与 B_3 反应当量比逐渐向 1 靠近，所得超支化聚合物的分子量逐渐增大，黏度和玻璃化转变温度也逐渐升高，溶解性均较好，易溶于常规有机溶剂(表 4.4)。

表 4.3 基于活性不等三酚单体制备 HPEEK 的分子量、黏度、玻璃化转变温度

A_2 与 B_3 反应当量比	M_n	M_w	M_w/M_n	黏度	T_g/℃
1.9∶1	7075	8226	1.16	0.04	96

续表

A_2与B_3反应当量比	M_n	M_w	M_w/M_n	黏度	T_g/℃
1.7∶1	7374	8805	1.19	0.12	100
1.5∶1	11536	28335	2.46	0.15	123
1.35∶1	81560	91904	1.13	0.24	144

表 4.4　基于活性不等三酚单体制备 HPEEK 的溶解性

A_2与B_3反应当量比	$CHCl_3$	NMP	THF	乙醇	丙酮
1.9∶1	++	++	++	–	–
1.7∶1	++	++	++	–	–
1.5∶1	++	++	++	–	–
1.35∶1	++	++	++	–	–

注：++表示易溶解，–表示不溶。

3. A_2 + BB'_2 型方法[11]

采用商品化的对苯二酚（A_2单体，HQ）和易合成的 3, 4′, 5-三氟二苯甲酮（BB'_2单体，TF-1，见图 4.11）或者 2, 4′, 6-三氟二苯甲酮（BB'_2单体，TF-2，见图 4.12）进行缩聚反应。在这个反应过程中 TF 单体的羰基对位的氟迅速地与 HQ 单体的羟基反应生

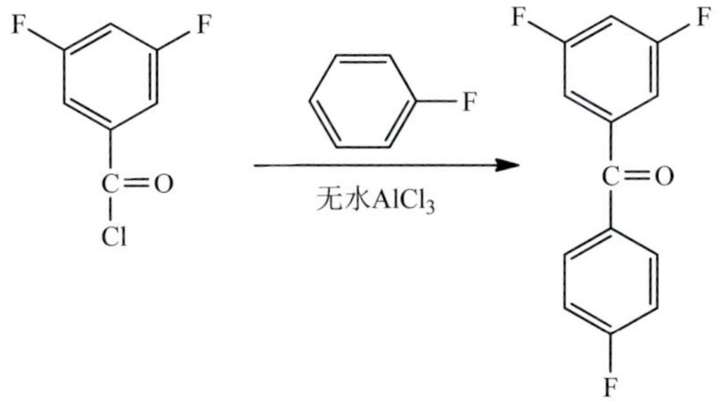

图 4.11　BB'_2单体（TF-1）合成路线

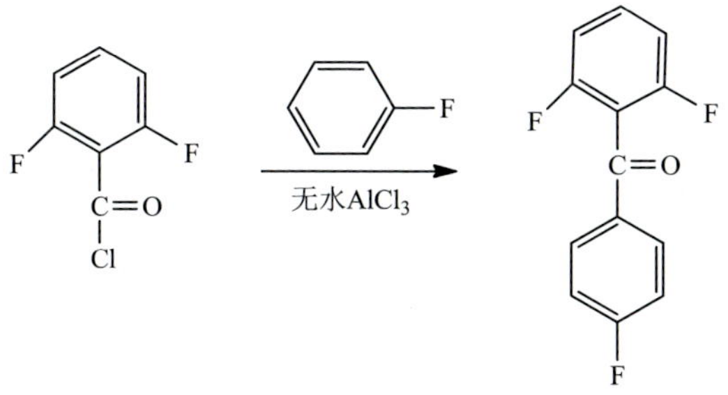

图 4.12　BB'_2单体（TF-2）合成路线

成二聚体和一些其他的类型，而二聚体则可被看作是一个新的 AB$'_2$ 单体，继续反应得到超支化聚芳醚酮。

线型聚醚醚酮(LPEEK)与超支化聚醚醚酮(HPEEK)共混加工过程如图 4.13 所示。HPEEK 的添加，在改善 LPEEK 加工性能的同时，没有牺牲 LPEEK 其他性能，是因为 HPEEK 的独特类球形特点，使它拥有较低的熔体黏度。以 TF-2 为例，流变测试显示当 1% HPEEK 加入 LPEEK 中就会使熔体黏度明显降低(图 4.14)。LPEEK/HPEEK 共混只出现一个玻璃化转变温度(T_g)，表明由于分子结构相似，体系中两种聚合物是相溶的(图 4.15)。HPEEK 添加量不高于 3%的机械性能

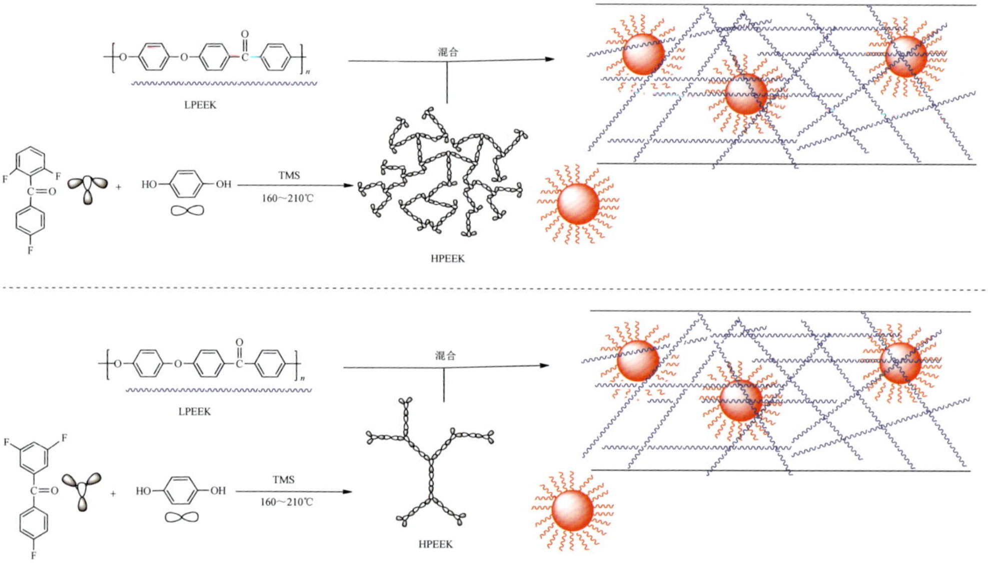

图 4.13 A$_2$ + BB$'_2$ 型方法制备 HPEEK 与 LPEEK 熔融共混

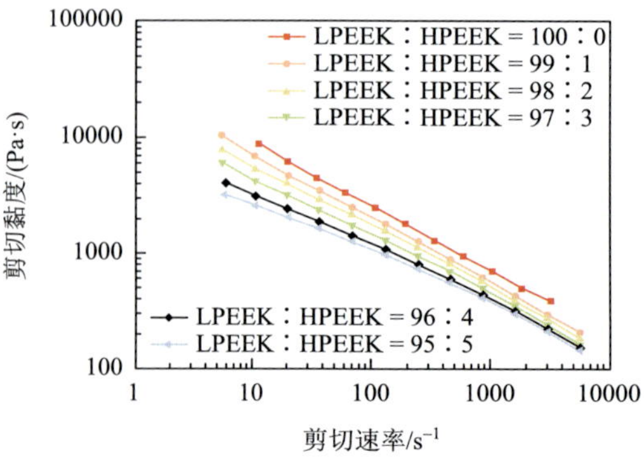

图 4.14 基于 TF-2 单体制备的 HPEEK 与 LPEEK 熔融共混前后剪切黏度与剪切速率关系曲线

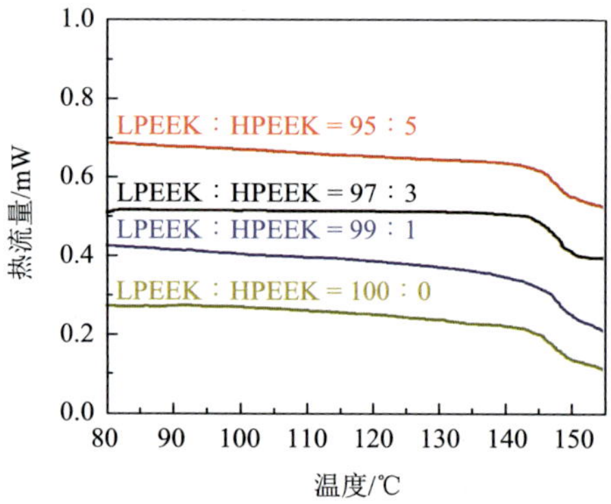

图 4.15 基于 TF-2 单体制备的 HPEEK 与 LPEEK 熔融共混前后 DSC 曲线

(图 4.16)和热学性能(表 4.5)均不会受到影响。作为 LPEEK 的黏度调节剂，由邻位 BB'_2 单体(TF-2)制备的 HPEEK 比由间位 BB'_2 单体(TF-1)制备的 HPEEK 更有优势。

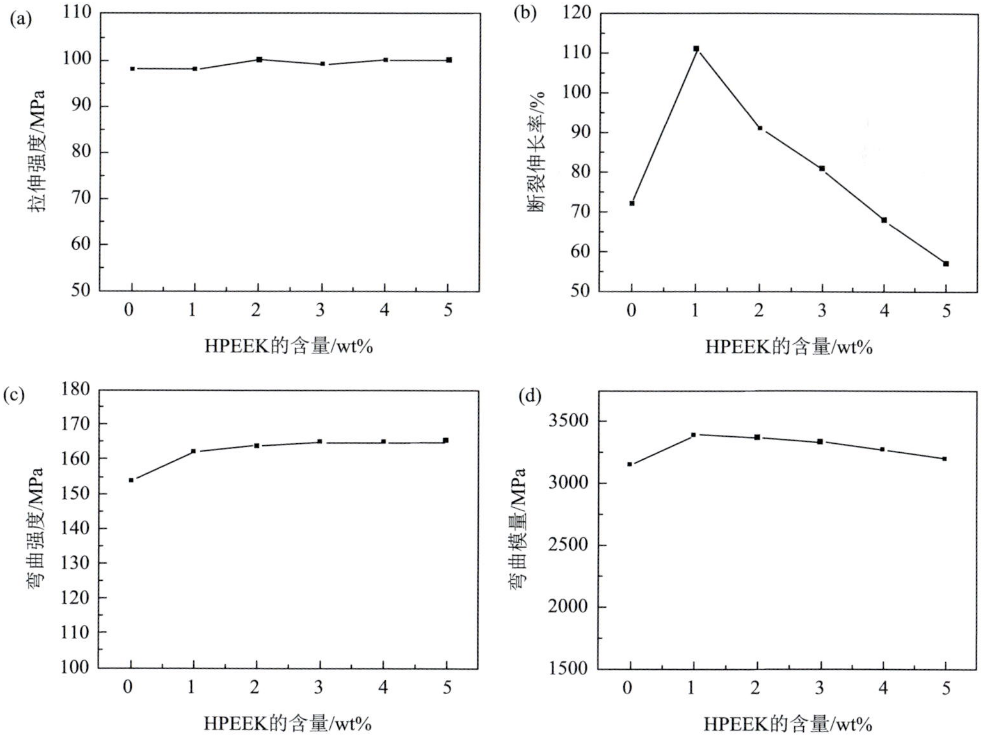

图 4.16 基于 TF-2 单体制备的 HPEEK 与 LPEEK 熔融共混前后机械性能曲线

(a)拉伸强度；(b)断裂伸长率；(c)弯曲强度；(d)弯曲模量

表 4.5 基于 TF-2 单体制备的 HPEEK 与 LPEEK 熔融共混前后热性能

LPEEK：HPEEK	T_g/℃	T_c/℃	T_m/℃	X_c/%	$T_{d,5\%}$/℃
100：0	145	283	334	15.4	560
99：1	145	288	337	15.5	566
98：2	145	291	337	17.2	570
97：3	144	292	338	17.2	570
96：4	144	293	338	17.6	570
95：5	144	294	338	19.5	565

由于上述制备的超支化聚芳醚酮是玻璃化转变温度较低的无定形聚合物，其

热变形温度较低，在应用时受到了限制。从 TF-2 出发，首先制备了 TF-2-OH 单体(图 4.17)，而后通过两步法制备出五种比例的超支化聚芳醚酮(图 4.18)，其中 TF-2-OH∶B_2 变化范围为 1∶4.03～1∶8.03。结果发现，当比例小于等于 TF-2-OH∶B_2 = 1∶6.03 时出现了结晶峰(227℃)和熔点(256℃)，而且 5%的热失重温度均在 540℃以上。

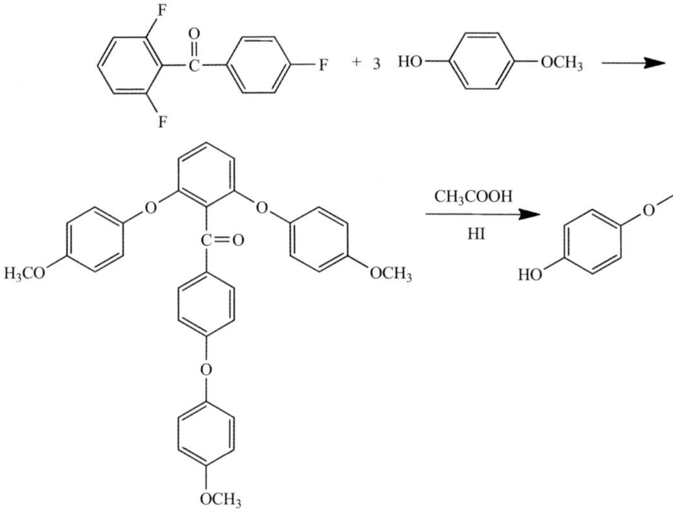

图 4.17 TF-2-OH 单体合成路线

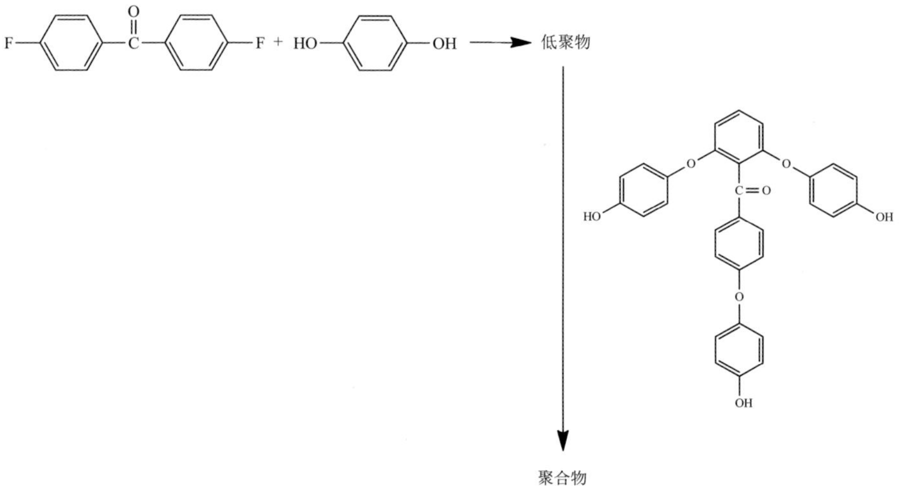

图 4.18 TF-2-OH、BF 和 HQ 单体合成 HPEEK 的路线

将上述制备出来的结晶型超支化聚芳醚酮与线型聚芳醚酮进行共混，选取的超

支化聚合物分别为：TF-2-OH∶B_2 = 1∶6.03 和 TF-2-OH∶B_2 = 1∶7.03。结果发现，当嵌段共聚物的添加量为 5%(w/w)时线型聚芳醚酮的黏度下降了 20%(图 4.19)，而对力学性能(表 4.6)和热学性能(表 4.7)没有明显的影响。

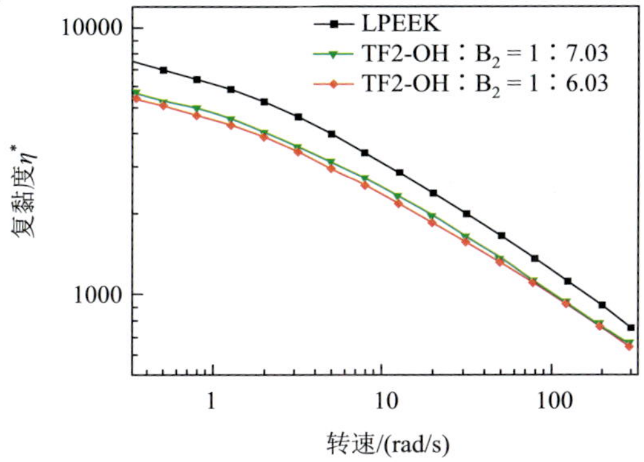

图 4.19　基于 TF-2-OH 单体制备的 HPEEK 与 LPEEK 熔融共混前后流变曲线

表 4.6　基于 TF-2-OH 单体制备的 HPEEK 与 LPEEK 熔融共混前后机械性能

样品	弯曲性能		拉伸性能	
	弯曲模量/GPa	弯曲强度/MPa	屈服强度/MPa	断裂伸长率/%
LPEEK	3.35	165	100	45
LPEEK∶HPEEK = 95∶5 TF-2-OH∶B_2 = 1∶6.03	3.62	175	107	48
LPEEK∶HPEEK = 95∶5 TF-2-OH∶B_2 = 1∶7.03	3.50	173	103	36

表 4.7　基于 TF-2-OH 单体制备的 HPEEK 与 LPEEK 熔融共混前后热学性能

样品	T_g/℃	T_c/℃	T_m/℃	X_c/%	$T_{d,5\%}$/℃
LPEEK	146	295	339	15.9	580
LPEEK∶HPEEK = 95∶5 TF-2-OH∶B_2 = 1∶6.03	146	295	339	17.5	574
LPEEK∶HPEEK = 95∶5 TF-2-OH∶B_2 = 1∶7.03	144	296	339	13.5	576

4.1.2　功能化

基于当前超支化聚芳醚酮的发展趋势，紧密围绕超支化聚合物功能化的两条途径：端基的功能化和引入带有功能基团的线型单元来开发超支化聚芳醚酮功能材料。

1. 偶氮封端的超支化聚芳醚酮[12]

偶氮类有机材料是一类具有综合功能的光电信息材料，其在光诱导双折射、光诱导表面起伏光栅、光开关、光电效应、光折变效应等领域表现出应用潜力，引起了信息材料研究人员的广泛关注。偶氮苯分子的基本结构特征是两个苯环之间存在氮氮双键(—N═N—)，它存在反式结构和顺式结构两种异构体，一般情况下以稳定的反式(*trans*)结构存在。在适当波长光照射条件下，反式结构会发生光致异构化变成顺式(*cis*)结构，然而顺式结构是不稳定的，在光或热的作用下容易发生光或热致异构化重新生成反式结构，偶氮苯分子的光致顺-反异构化过程是这类材料的最基本特征。

鉴于超支化聚芳醚酮高度支化，拥有松散外围结构的特点，将光活性偶氮基团与超支化聚芳醚酮并用，考察随着末端偶氮基团含量的变化，偶氮封端的超支化聚芳醚酮光致异构化行为的变化，即存在超支化结构，其异构化速率如何随着偶氮基团含量而变化，同时也探讨偶氮封端的超支化聚芳醚酮作为光存储材料的可能性。

偶氮封端的超支化聚芳醚酮(AZO-HPAEK)的合成路线见图 4.20。偶氮封端的超支化聚芳醚酮显示出较高的玻璃化转变温度(图 4.21)和良好的热稳定性(图 4.22)，且具有良好的溶解性。偶氮封端的超支化聚芳醚酮的玻璃化转变温度随着末端偶氮基团取代度的增加而升高(图 4.21)，这应归于强极性偶氮基团的引入从而增加聚合物分子链的内旋转位垒和链间的相互作用。偶氮封端的超支化聚芳醚酮的顺-反异构化速率随着偶氮基团取代度的增加而稍有降低(图 4.23)，这或许源于随着偶氮基团含量的增加，偶氮基团之间的相互作用增加，限制了链段的运动，从而影响顺-反异构化速率。此外，对于制备的偶氮封端的超支化聚芳醚酮而言，光诱导表面起伏光栅的形成确定它也可以作为热稳定性好的光存储材料(图 4.24 和图 4.25)。

2. 金属酞菁封端超支化聚芳醚酮[12]

金属酞菁类化合物是一类重要的功能型材料，已经在诸多方面得到应用。对于金属酞菁来说，在中心金属原子周围存在 18 个 π 电子，因此它拥有一个大的离域结构，从而能够形成一个二维的 π 电子共轭体系。这个大的离域的二维 π 电子共轭分布和金属离子的存在提供了其作为非线性光学材料和催化剂的可能性。

好的非线性光学材料要拥有高的溶解性和高的非线性光学生色团密度，因为高的非线性光学生色团密度有利于三阶非线性磁化系数提高；好的催化剂要拥有足够的金属酞菁基团，还要有好的分散性，因为好的分散性有利于催化效率提高。而超支化聚合物恰好有高度支化结构和大量末端基团，从而能够很好地满足非线

图 4.20　偶氮封端的超支化聚芳醚酮(AZO-HPAEK)的合成路线

性光学材料和催化剂的需求。鉴于此，通过末端功能化的方法将金属酞菁基团接到超支化聚芳醚酮的骨架上，合成路线如图 4.26 所示。

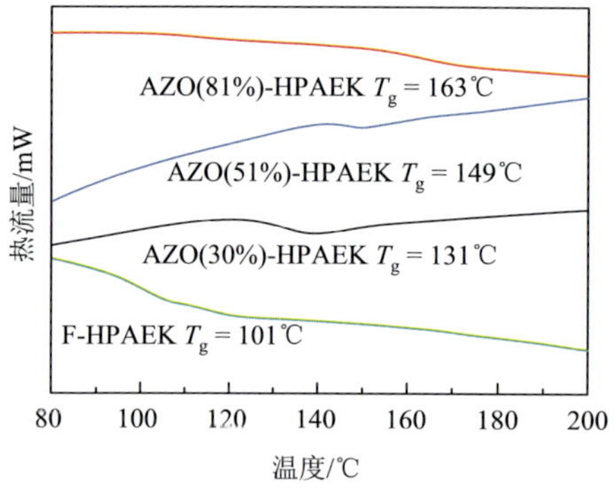

图 4.21 偶氮封端前后超支化聚芳醚酮（F-HPAEK 和 AZO-HPAEK）的 DSC 曲线

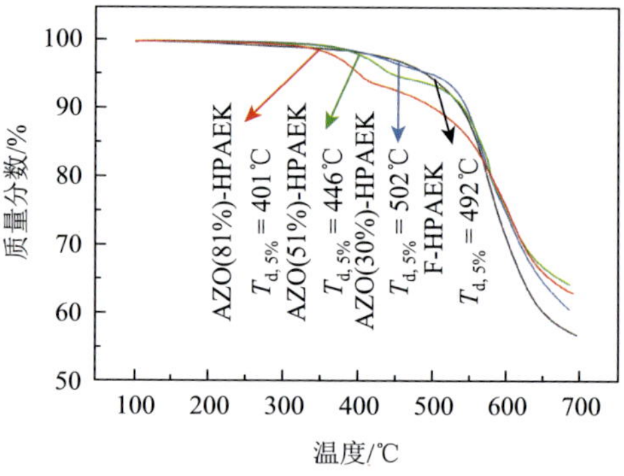

图 4.22 偶氮封端前后超支化聚芳醚酮（F-HPAEK 和 AZO-HPAEK）的 TGA 曲线

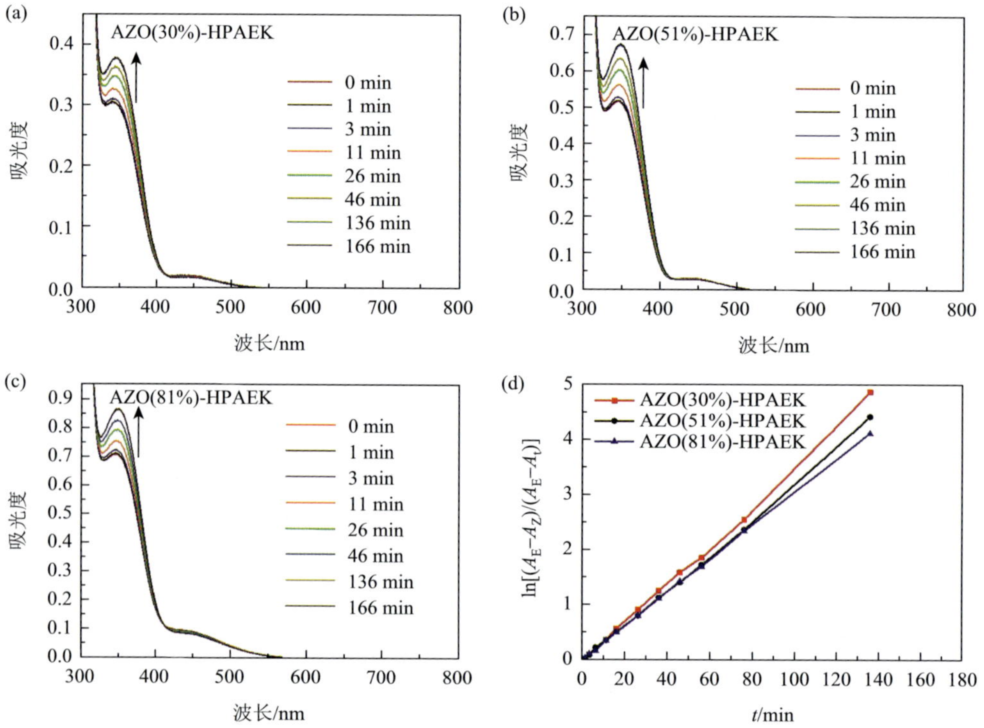

图 4.23 （a, b, c）DMF 溶液中 AZO-HPAEK 的可见光照射光谱变化；（d）AZO-HPAEK 在可见光照射下 $\ln[(A_E-A_Z)/(A_E-A_t)]$ 随时间 t 变化曲线

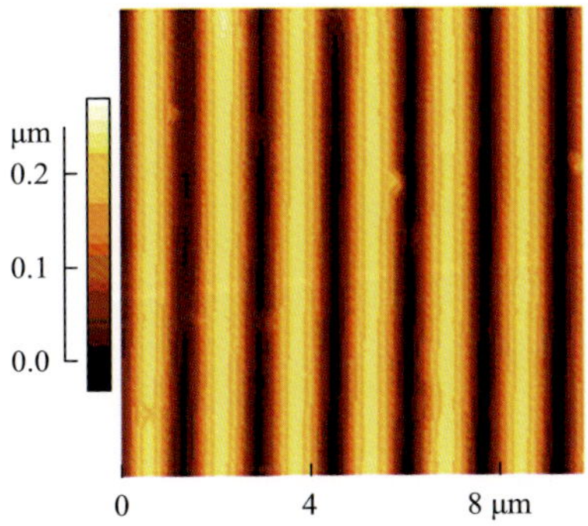

图 4.24 偶氮封端超支化聚芳醚酮 AZO(51%)-HPAEK 表面光栅 AFM 二维图像

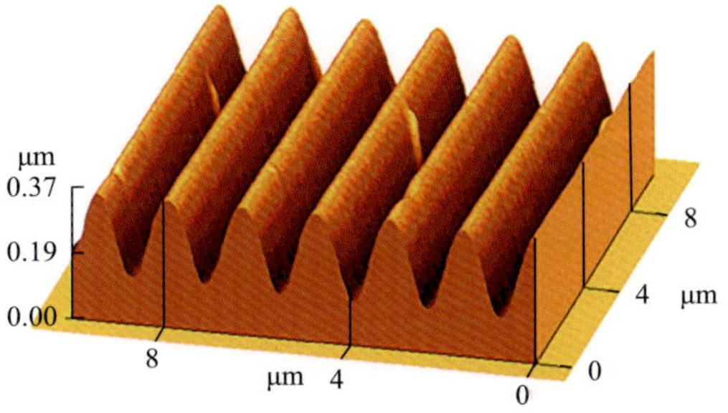

图 4.25 偶氮封端超支化聚芳醚酮 AZO(51%)-HPAEK 表面光栅 AFM 三维图像

酞菁封端的超支化聚芳醚酮(Pc-HPAEK)的合成路线见图 4.26。对镍酞菁封端的超支化聚芳醚酮的三阶非线性光学(图 4.27)研究表明：聚合物拥有一个较大的非线性光学磁化系数($\chi^{(3)} \approx 10^{-11}$ esu)，这归于镍酞菁封端的超支化聚芳醚酮的高度支化结构使其具有较好的溶解性，并且大量镍酞菁端基的存在使其具有较高的生色团密度。对钴酞菁封端的超支化聚芳醚酮的催化性能(图 4.28)研究表明，其催化效率要明显高于线型聚合物(其合成路线见图 4.29)，这也归于钴酞菁封端的超支化聚芳醚酮的高度支化结构使其具有较好的溶解性和分散性，并且大量钴酞菁端基的存在使其具有较高的功能团密度。

3. 含有磺酸基团超支化聚芳醚酮[13]

磺化聚芳醚酮作为质子交换膜材料的应用研究已有几十年历史。支化聚合物作为一类结构特殊的功能化高分子材料，因其具有不同于线型聚合物的空间三维构型，以及其类似物理交联点的支化结构，加之发散和疏松的内部分子链堆砌状态为聚合物内部提供更多的自由体积等特性，因此将支化结构引入线型聚合物中，能提高磺化聚芳醚酮作为质子交换膜材料的综合性能。

线型磺化聚芳醚酮(L-SPAEK)和含支化结构磺化聚芳醚酮(Br-xx-SPAEK-30，xx 为支化单体含量，30 为磺化单体含量)的合成路线分别见图 4.30 和图 4.31。支化结构的引入，由于其在聚合物中存在特殊三维空间构型，一方面为聚合物内部提供了更大的自由体积，提高了聚合物膜的吸水和持水性能(图 4.32)，从而提高聚合物的质子传导能力(图 4.33)；另一方面支化结构所固有的支化点存在，起到了类似交联的作用，从而在聚合物内部形成类似交联的三维网状结构，从某种意义上讲有限制膜吸水过度溶胀(图 4.34)以及甲醇燃料分子自由通过的作用(表 4.8)。这两方面共同作用的结果，随着支化结构引入量的增加，膜的吸水性能

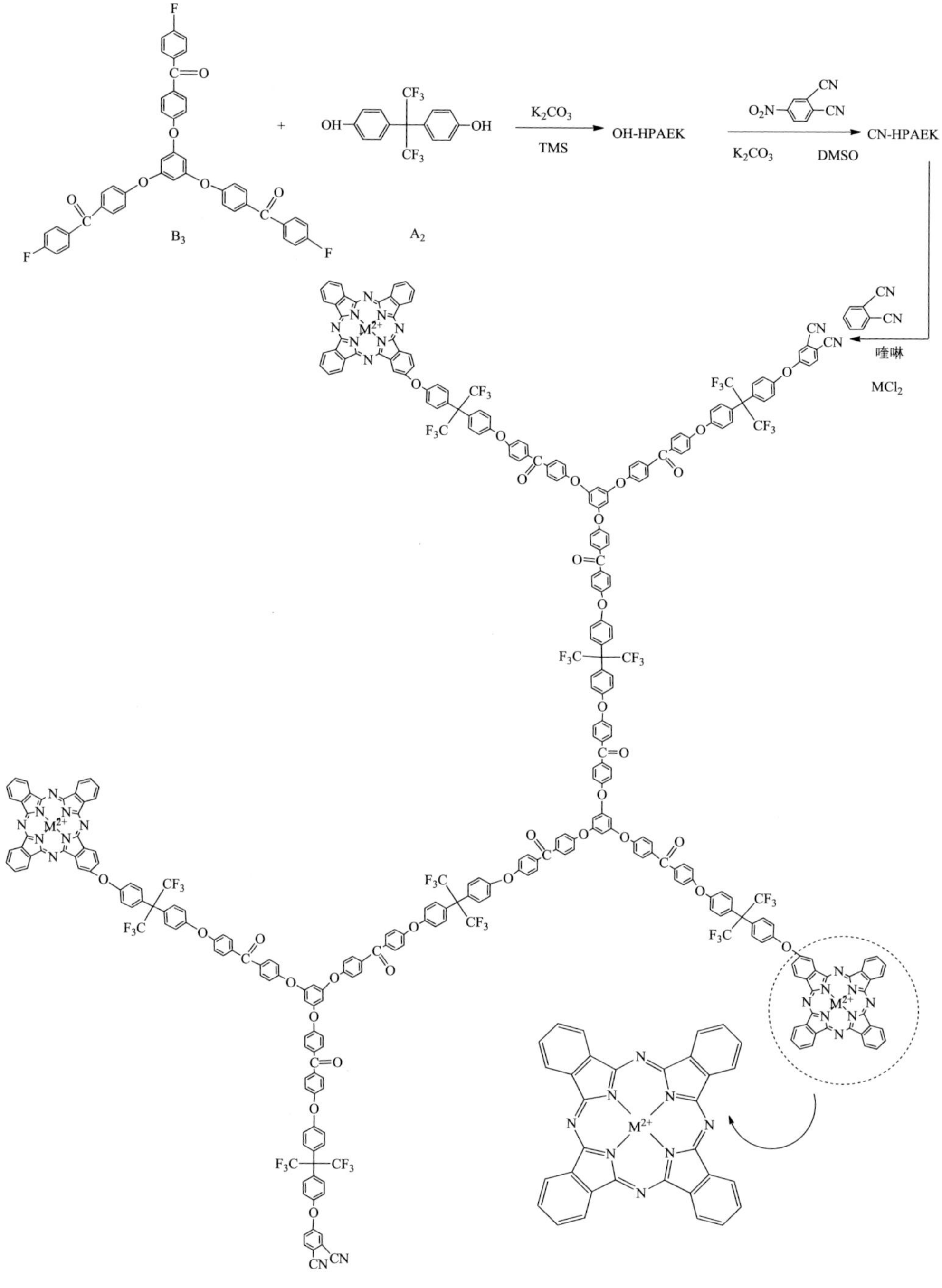

图 4.26　金属酞菁封端的超支化聚芳醚酮(Pc-HPAEK)的合成路线

逐渐提高，但增幅减小最后趋于稳定，同样质子传导率也表现出相同的变化规律；

而溶胀性能由于受到后一种因素影响居多，则表现为虽然增加，但增加幅度小于吸水率和质子传导率。这一点可以归结为支化结构在质子交换膜改性中起到增加膜吸水性和质子传导能力的同时，还可限制膜的过度吸水溶胀。

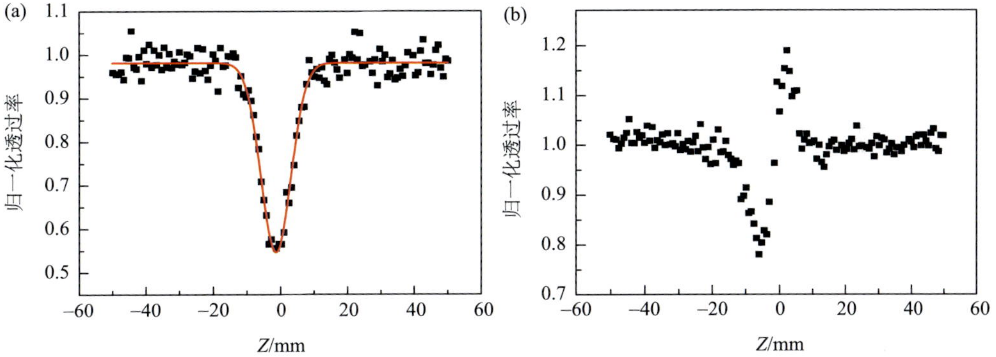

图 4.27　镍酞菁封端的超支化聚芳醚酮的 Z 扫描曲线

(a) 开孔测量；(b) 闭孔测量

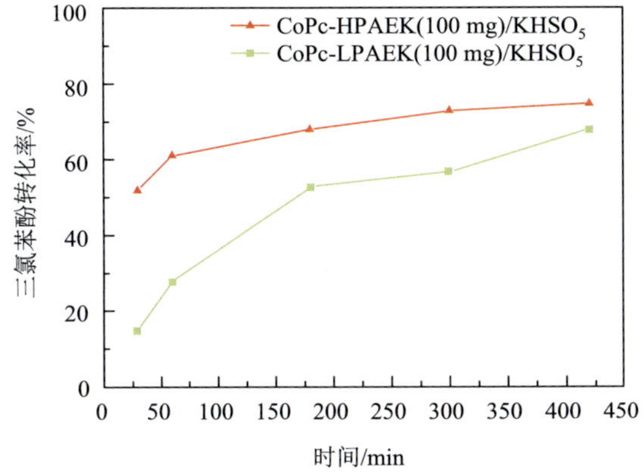

图 4.28　室温下(25℃)钴酞菁封端的超支化聚芳醚酮(CoPc-HPAEK)和钴酞菁封端的线型聚芳醚酮(CoPc-LPAEK)分别作为催化剂，超硫酸氢钾($KHSO_5$)作为氧化剂的条件下，三氯苯酚(2, 4, 5-trichlorophenol，TCP)转化率随时间变化的曲线

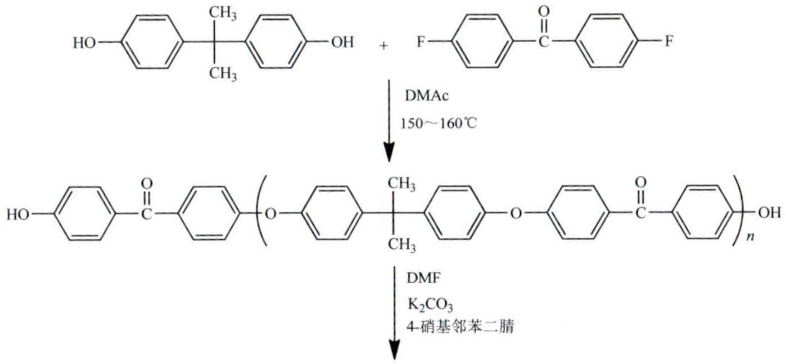

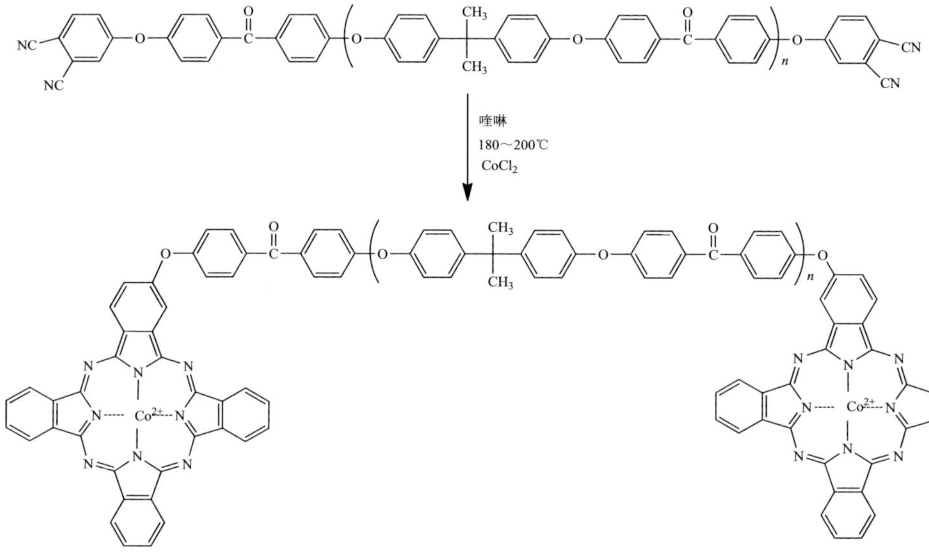

图 4.29 钴酞菁封端的线型聚芳醚酮(CoPc-HPAEK)的合成路线

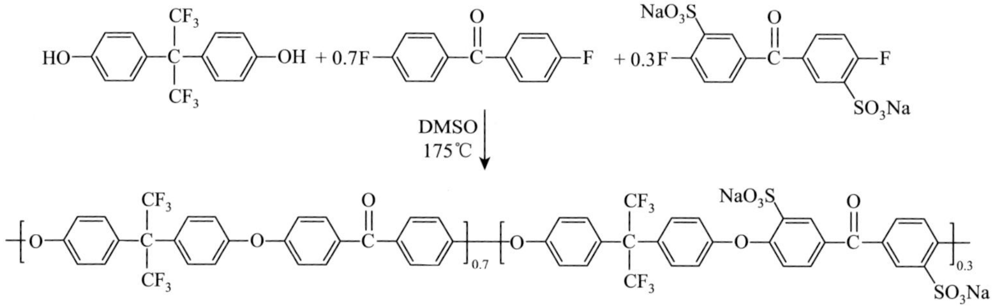

图 4.30 L-SPAEK 合成路线

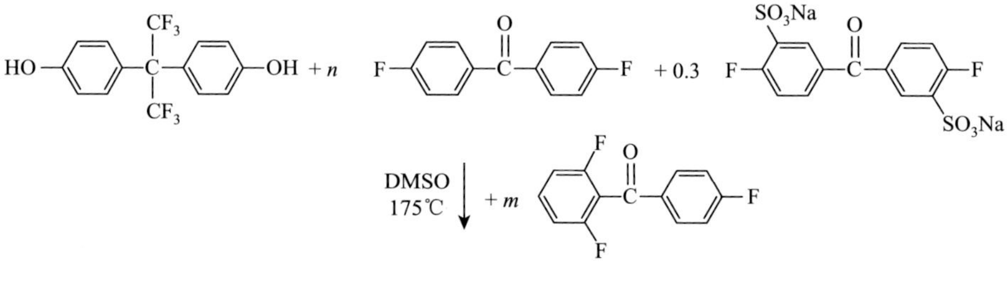

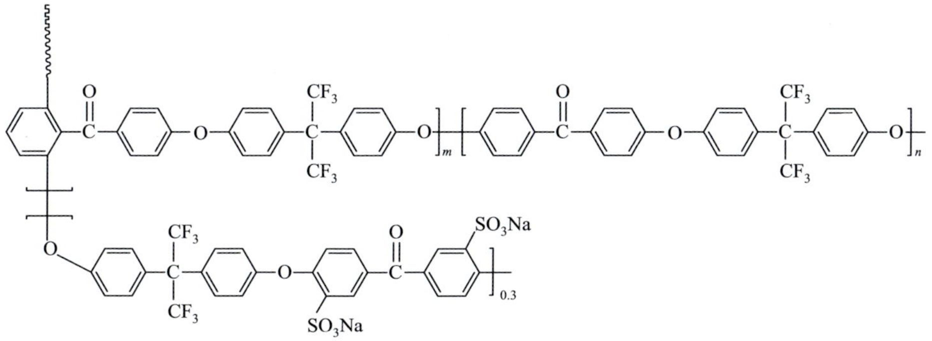
（xx = 10, m = 0.1, n = 0.6; xx = 20, m = 0.2, n = 0.5; xx = 30, m = 0.3, n = 0.4）

图 4.31　Br-xx-SPAEK-30 合成路线

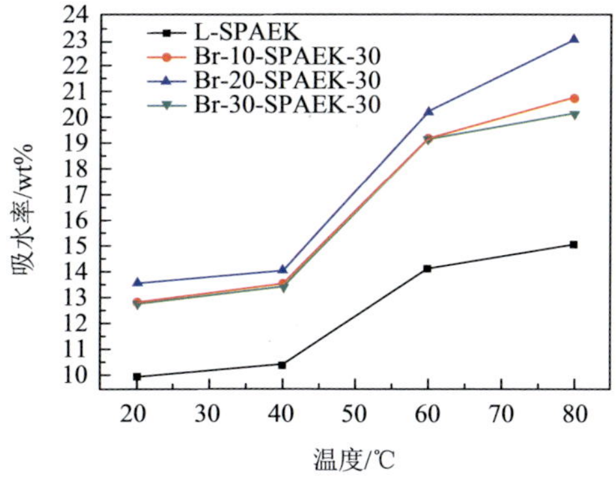

图 4.32　Br-xx-SPAEK-30 吸水率随温度变化曲线

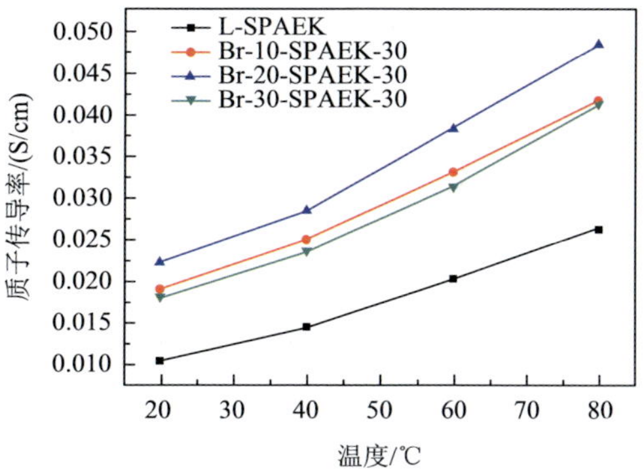

图 4.33　Br-xx-SPAEK-30 质子传导率随温度变化曲线

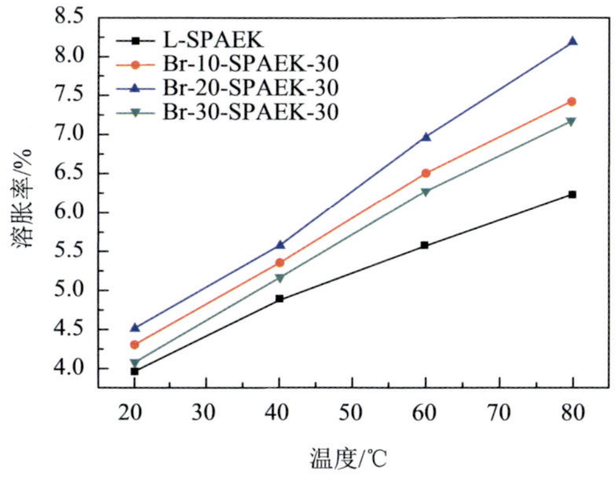

图 4.34　Br-xx-SPAEK-30 溶胀率随温度变化曲线

表 4.8 Br-xx-SPAEK-30 甲醇渗透性和选择性

聚合物	质子传导率/(S/cm)		甲醇渗透系数/(cm^2/s)	选择性($S\cdot s/cm^3$)
	20℃	80℃		
L-SPAEK	1.05×10^{-2}	1.64×10^{-2}	1.78×10^{-7}	0.59×10^{5}
Br-10-SPAEK-30	1.19×10^{-2}	4.17×10^{-2}	1.55×10^{-7}	0.76×10^{5}
Br-20-SPAEK-30	2.23×10^{-2}	4.85×10^{-2}	1.32×10^{-7}	1.69×10^{5}
Br-30-SPAEK-30	1.81×10^{-2}	4.14×10^{-2}	1.25×10^{-7}	1.48×10^{5}

由于支化聚合物不同于线型聚合物，其不规则椭球形分子空间构型相比于线型分子链缠结和分子链相互作用相对减弱。随着支化结构的引入和含量的增加，聚合物黏度逐渐减小，这一点与共价交联对质子交换膜的改性相比，解决了共价交联聚合物难溶解和难加工的问题，更具有优势。另外，由于聚合物分子间的链缠结作用减弱，同样带来聚合物的机械性能的相对损失(表 4.9)，这一点对于支化聚合物而言是不可避免的，但可以通过设计合适的支化构型和选择适当的支化含量，使聚合物膜的其他性能得到优化的同时，尽量减少对机械性能的影响，从而达到质子交换膜使用要求的目的。

表 4.9 Br-xx-SPAEK-30 机械和耐氧化性能

聚合物	拉伸模量/GPa	拉伸强度/MPa	断裂伸长率/%	膜的残余量/%
L-SPAEK	1.24	57.25	21.70	>95
Br-10-SPAEK-30	0.93	44.55	19.60	>95
Br-20-SPAEK-30	0.98	36.61	15.93	>95
Br-30-SPAEK-30	0.78	35.86	13.85	>95

燃料电池在实际运行过程中，由于存在燃料不完全氧化所产生的自由基，它们会对聚合物链的亲水区域进行进攻，从而导致聚合物链的降解，缩短燃料电池的使用寿命。因此，质子交换膜材料的氧化稳定性决定了燃料电池的使用寿命，成为质子交换膜评价标准的一个重要考虑因素。通过测试聚合物膜在 80℃的芬顿试剂中浸泡 1 h 后的残余量，对以上各个系列膜的氧化稳定性进行了研究。结果表明，膜的残余量均在 95%以上(表 4.9)，符合质子交换膜材料的使用要求，同时也说明支化结构的引入不会对聚合物膜的氧化稳定性造成影响。

因此，支化结构的引入为磺化聚芳醚酮类质子交换膜提供一种新型改性方法，使其综合性能得以优化。

4.2 环状聚芳醚酮

先进树脂基复合材料(也称热塑性树脂基复合材料)具有耐热性和韧性优异、抗冲击及加工效率高等特点，已经成为高分子树脂基复合材料的一个重要发展方向。聚芳醚酮树脂因其出色的力学性能、化学稳定性、耐热性等，是热塑性树脂中最具发展潜力的树脂基体。但是，聚芳醚酮树脂的熔体黏度大，几乎不溶于所有常规溶剂，这使连续纤维增强聚芳醚酮复合材料的制备及加工成型变得十分困难。然而聚芳醚酮环状低聚物具有良好的溶解性，可以通过溶液预浸工艺结合开环聚合的方法制备连续纤维增强聚芳醚酮复合材料。近年来，聚芳醚亲核反应合成过程中的环链互变、环状结构的假高稀合成技术、环状芳醚酮的分子空间结构、开环聚合引发剂和开环聚合产物分子量等方面的研究受到广泛关注[14-18]。

环状芳醚酮可以从工业聚醚醚酮精制时分离出的副产物中获得，也可以通过假高稀合成技术制备。假高稀技术是指在反应过程中，控制反应体系中原料的反应单体含量，使反应体系中的原料处于瞬时高稀状态，从而发生分子内反应，生成环状结构。反应产物为线性结构和环状结构的混合物，需经分离提纯获得环状芳醚酮。以环状芳醚酮原位开环聚合制备聚醚醚酮，除了单体获得困难，另一个问题就是开环聚合的碱金属盐类引发剂，如碳酸钾、氟化铯、酚钾盐等残留在最终产品中，难以去除。

本节讨论环状结构芳醚酮分子设计与复合材料的制备、手性芳醚酮环状低聚物和含环状芳醚酮的聚合物的制备与交联[19-21]。

4.2.1 刚性环状低聚物的制备与开环聚合制备复合材料

全芳性的聚芳醚酮类环状低聚物开环聚合制备的线性聚合物具有优异的热性能和机械性能，但其环状低聚物却因成环率低和熔融温度高导致开环聚合条件苛刻。而含脂肪族的柔性链段的环状低聚物，虽然有较高的成环率和相对较低的熔点，但相应的线型聚合物却因柔性链段而使得热性能和机械性能下降。如果在大环分子上引入一个大的取代侧基形成不对称结构，则使该类环状低聚物有更低的 T_g 和更好的熔体流动性，进而降低其熔点，降低开环聚合条件。

1. 含有侧基取代的环状芳醚酮制备和表征

环状芳醚酮结构中的大侧基是通过设计合成双酚单体引入。为了避免双氟单体与双酚单体反应生成线型低聚物或者聚合度较大的环状低聚物，需要先制备线型低聚物(图 4.35)，以便于增加分子链长度。通过将酚单体溶液滴入高浓度的氟酮的 *N*, *N*-二甲基甲酰胺(*N*, *N*-dimethylformamide，DMF)溶液中，通过减压蒸馏去除过量的 4, 4′-二氟二苯甲酮，丙酮重结晶得到。反应方程式如图 4.35 所示。

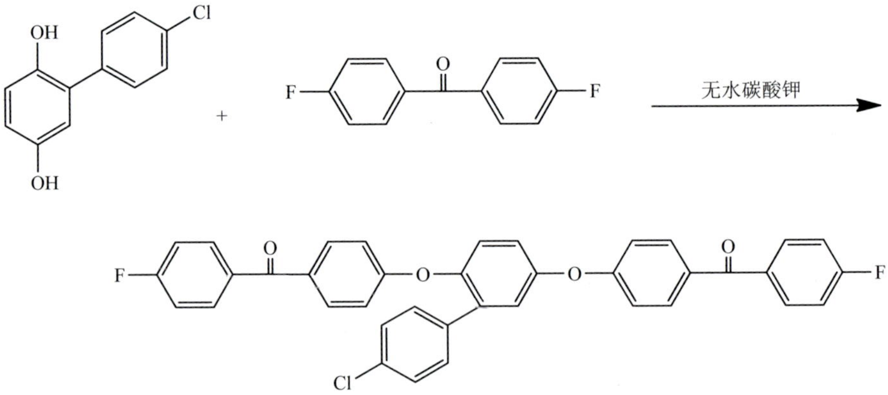

图 4.35 线型氟端基低聚物合成路线

环状芳醚酮结构如图 4.36 所示，通过双酚单体和双氟单体进行反应。由于双酚 A 结构中的异丙基具有较好的柔韧性，以双酚 A 形成的线型低聚物作为原料进行的反应(图 4.36 中右侧路线)，目标产物产率为 73%，而以 4-氯代苯基对苯二酚为线型低聚物制备的目标产物产率为 54%。

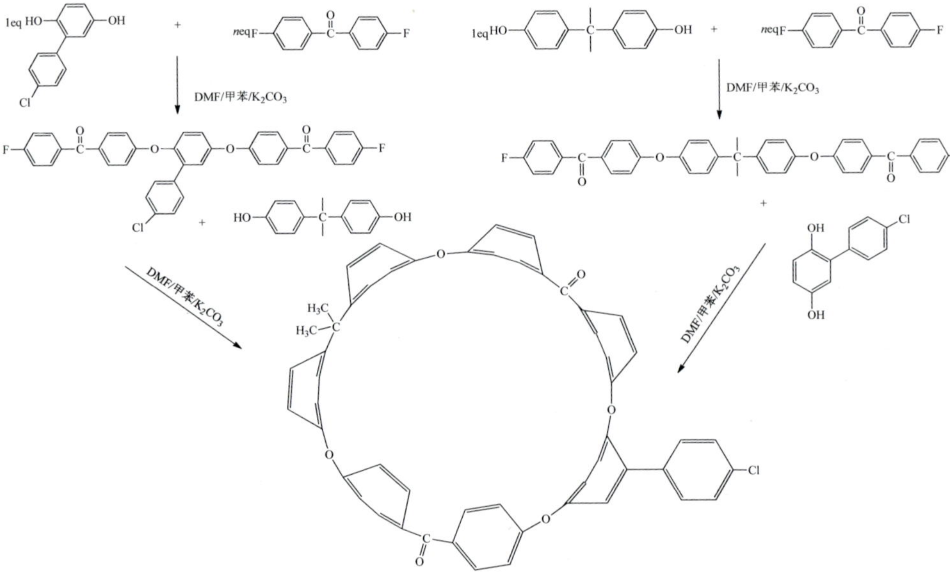

图 4.36 含异丙基和氯代苯侧基的芳醚酮类环状低聚物的合成路线

设计含有双酚 A 结构和一个氯代苯基侧基的聚芳醚酮类环状低聚物，主要有三方面目的。首先，希望得到较低熔点的环状低聚物，其具有较好的溶解性，熔体具有较好的流动性，使其在溶液条件和熔融条件下更好地实现对碳纤维等材料的浸渍，进而再发生开环聚合成为性能突出的复合材料树脂基体；其次，氯代苯基侧基的引入是为了通过氯苯之间的偶联反应制得纯聚芳醚酮类环状低聚物的二聚体；最后，由于含双酚 A 结构的聚芳醚酮类大环低聚物合成技术成熟，结构较简单，可作为模型化合物，研究开环聚合机理和反应过程。

DSC 的研究表明纯的环状低聚物为结晶型低聚物，而且环状低聚物存在多种结晶形态。图 4.37 中，DSC 分析表明该环状低聚物在 170.9℃和 182.7℃有两个熔点，并且在 306.8℃还存在一个小的熔融峰。

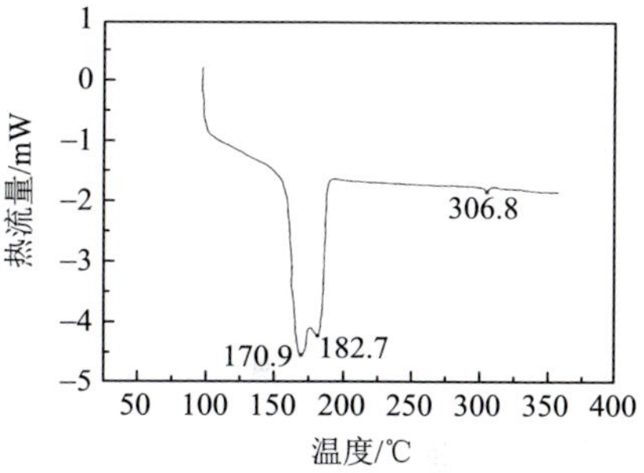

图 4.37　环状低聚物的 DSC 曲线

为了确定该环状低聚物的结晶结构，在两种不同溶剂中，培养出了该环状结构的单晶，图 4.38 给出了该环状结构的分子结构示意图。这两种单晶结构均属于三斜晶系，由于两个醚键中的氧原子之间的苯环可以自由转动，氯代苯基侧基相对于大环分子平面的位置明显不同，在图 4.38(b) 中，氯代苯

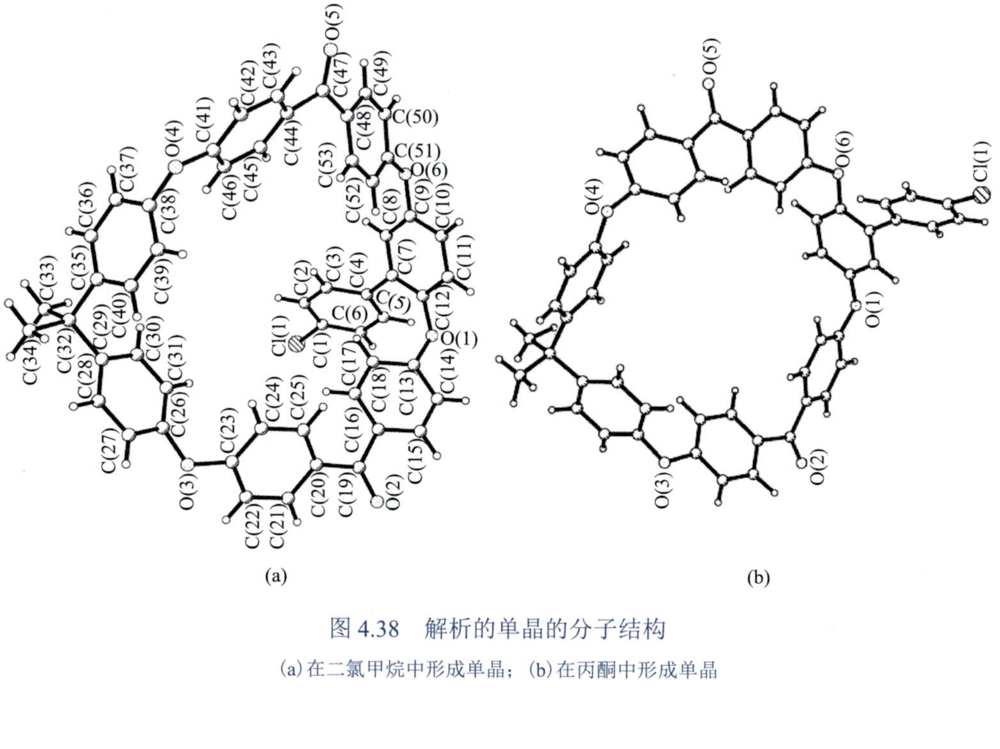

图 4.38　解析的单晶的分子结构

(a) 在二氯甲烷中形成单晶；(b) 在丙酮中形成单晶

基侧基有着向大环平面外翻转的趋势，并且较图 4.38(a)中的结构明显更偏向于大环平面的外侧。从单晶分子结构上可以看出，苯侧基的引入虽然导致环状结构也具有非对称性，但环状结构的键角和键长与线型低聚物相近。

2. 聚芳醚酮类刚性环状低聚物开环聚合与复合材料

聚醚醚酮具有较高的熔体黏度，很多商品牌号都是以熔体黏度命名，例如，英国 Victrex 公司生产的“VICTREX®PEEK 450 P”中 450 表明在 400℃、1000 s^{-1} 时的熔体黏度为 450 Pa·s。近年来，随着合成工艺改进，相应牌号的熔体黏度略有下降。聚醚醚酮较大的熔体黏度还是为成型带来困难，为了获得满意的纤维浸润效果，往往需要很高的成型温度和压力。但是聚醚醚酮在加工温度下并不稳定，易于发生降解和交联，而且过高的压力也会使纤维断裂和弯曲。环状低聚物熔融后黏度极低，开环聚合的过程中形成聚合物可以充分浸润碳纤维。从复合材料的制备工艺的角度看，希望环状芳醚酮的熔点低、熔体黏度小、溶解性好、开环温度低和开环聚合所得树脂材料的热性能和机械性能好。在芳醚酮类环状低聚物的大环结构上引入一个柔性的异丙基和氯代苯侧基，可以得到具有更低熔点、更低熔体黏度的芳醚酮类环状低聚物。研究证明其熔点为 170.9℃和 182.7℃，相较于传统的对苯二酚和 4, 4′-二氟二苯甲酮生成的环状低聚物(PEEKC，熔点为 300℃以上)，其具有更好的加工优势。

在对环状低聚物进行热处理的过程中，发现当在 300℃处理时，白色粉末先变成熔融液态的无色液体，恒温 1 h 之后却重新变回白色粉末。图 4.39 是白色粉末的 DSC 曲线，180℃左右的熔点消失，307℃出现一新熔点。该环状芳醚酮在不高于 260℃时恒温即使处理 4 h 以上也不会产生 307℃这一新熔点，但高于 260℃时，则随着时间的延长，180℃左右的熔点消失，307℃出现熔融峰。所以该类环状低聚物在完成对碳纤维的熔融浸渍时，需控制温度在 260℃以下，或 307℃以上。

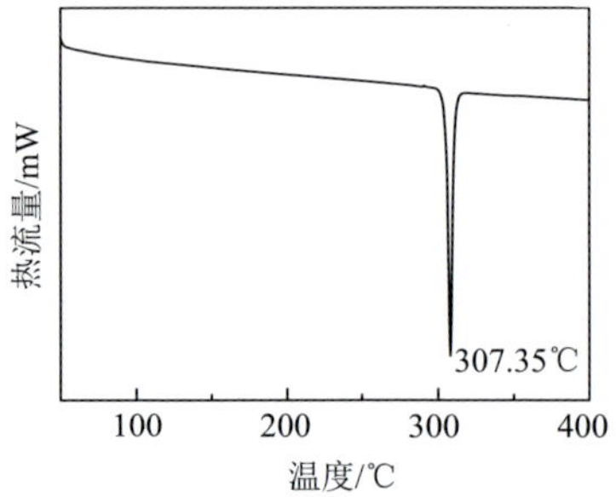

图 4.39　含异丙基和氯代苯侧基的环状芳醚酮热处理后的 DSC 曲线

利用动态流变仪测得了环状芳醚酮在 220℃的熔体黏度低于 0.01 Pa·s，并且收集到的数据是不连续的，这显示了此预聚体具有很好的流动性。而对苯二酚和 4, 4′-二氟二苯甲酮制备的环状芳醚酮在 350℃时熔体黏度约为 0.1 Pa·s，说明含有双酚 A 和一个氯代苯侧基的环状芳醚酮有着更好的流动性，更有利于充模成型及浸渍增强纤维。

利用环状低聚物质量的 2%的无水碳酸钾为引发剂，引发开环聚合反应，将六份样品分别在真空烘箱内 300℃、320℃、340℃、350℃、360℃、370℃处理 1 h。图 4.40 给出了六份样品分别处理后的 DSC 扫描谱图。图中六条曲线自上而下分别对应 300～370℃处理后的六种产物。从图中可知，300℃时无开环反应，320℃时，155℃左右出现一个 T_g，但环状低聚物在 306℃处的熔融峰仍然存在。350℃时，环状聚合物在 306℃处的熔融峰消失。370℃处理 1 h 后，得到 T_g 为 174℃的线型聚合物。

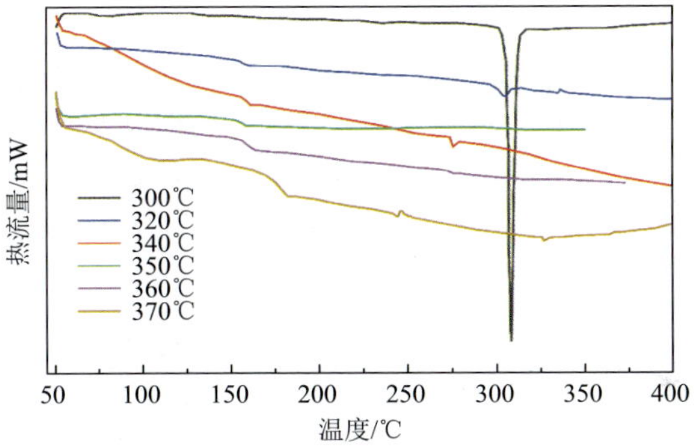

图 4.40　含异丙基和氯代苯侧基的环状芳醚酮开环聚合产物的 DSC 曲线

未加引发剂的含异丙基和氯代苯侧基的环状芳醚酮样品，在真空条件下分别于 300℃、320℃、340℃、350℃、360℃、370℃处理 1 h。对处理后的粉末样品进行 DSC 测定，结果如图 4.41 所示。图中六条曲线自下而上分别对应 300～370℃处理后的六组样品。可以看出从 320℃开始，在 155℃左右出现一 T_g，而在 306℃处环状低聚物的熔融峰则一直存在。将上述两类处理过的样品进行溶解试验，发现加催化剂的六种样品，以 340℃以上温度处理 1 h 的样品，都有不溶物。而未加催化剂的六种样品都可溶，并且高效液相色谱(high pressure chromatography，HPLC)

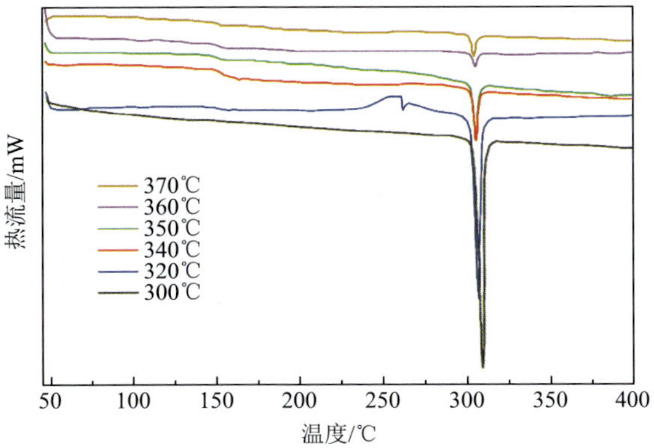

图 4.41　含异丙基和氯代苯侧基的环状芳醚酮热处理后的 DSC 曲线

分析表明其主要组分仍为环状低聚物。环状低聚物在 340℃时即有部分开环，至 370℃处理 1 h 后，则开环完全，得到 T_g 为 174℃的线型聚合物。所以含异丙基和氯代苯侧基的环状芳醚酮的最佳开环温度为 370℃。

将覆盖有样品粉末的多层碳纤维放于相应的容器中，在 220～230℃处理 3 h，340℃处理 1 h。370℃恒温模压 1 h，加工得到成型的复合材料。树脂与碳纤维的复合程度有复合材料的破坏断口的 SEM 图如图 4.42 所示，纤维和树脂基体界面结合紧密，相互作用良好。

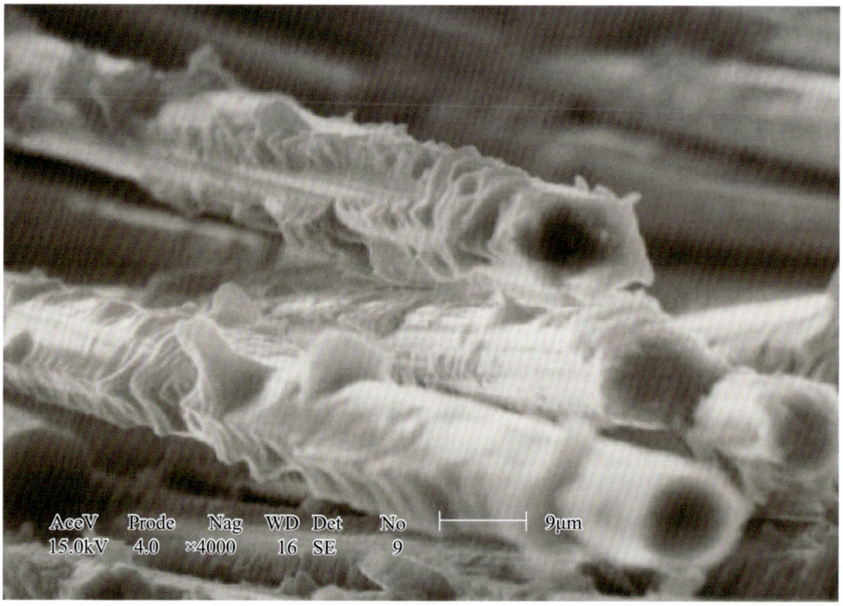

图 4.42 开环聚合制备的复合材料拉断处的 SEM 图

4.2.2 芳醚酮类手性刚性环状低聚物制备、分子识别与组装

传统的冠醚、杯芳烃等环状材料的孔尺寸和分子构象并不稳定，环上引入基团易对大环的孔穴产生影响。当其作为薄膜材料使用时，这些环状分子都易产生一些缺陷。从晶体结构上看，芳醚酮类大环低聚物具有尺寸稳定的刚性孔穴，通过分子设计合成芳醚酮类刚性大环分子，利用组装技术将这些大环分子进行组装得到刚性大环分子的二维有序薄膜，有望在分子识别、手性拆分方面获得应用。

1. 含联二萘结构的聚芳醚酮类手性刚性环状低聚物的制备

为了在芳醚酮大环分子中引入手性结构，选择联萘二酚为聚合单体。将外消旋体的联萘二酚与过量的 4, 4′-二氟二苯甲酮发生反应，生成一个氟端基的线型低聚物。通过假高稀合成技术，与双酚 A 进行反应，生成含有联萘的环状结构(图 4.43)。二元环状结构(BN-RCO)的产率约为 70%。通过激光飞行质谱分析，主要产物是二元和三元环状结构，几乎不存在四元环和五元环。

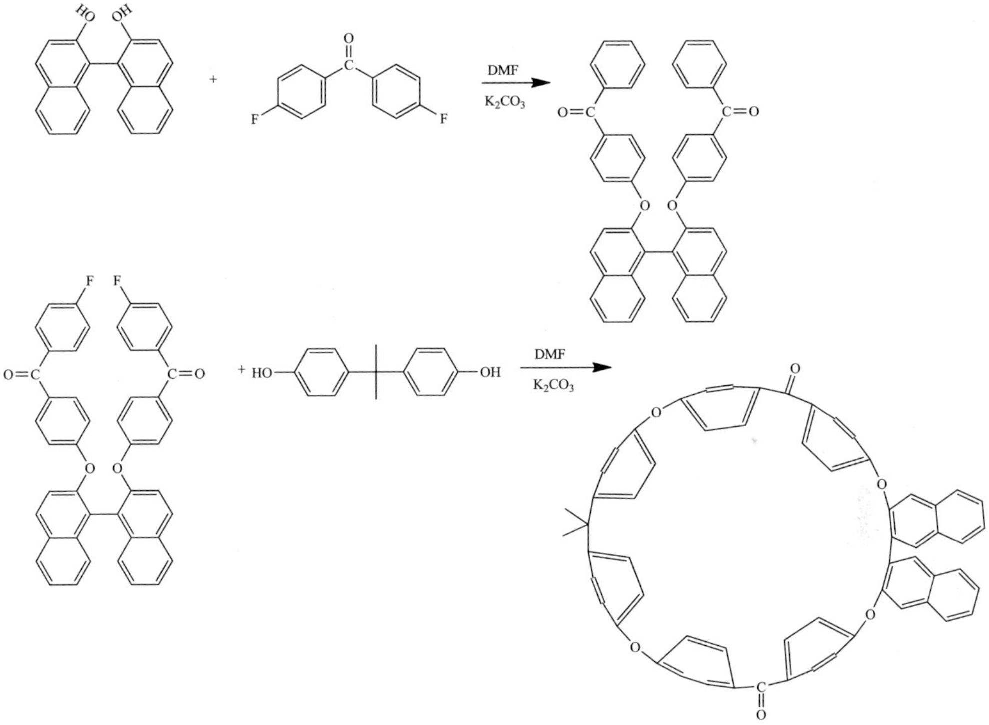

图 4.43　含有联萘结构的芳醚酮大环低聚物的合成路线

利用同样的合成技术，以含联萘的氟端基线型低聚物和 4, 4′-二羟基二苯硫醚或对苯二酚或 2, 5-二羟基-3′-三氟甲基联苯为相应的合成单体，可以制备不同的芳醚酮大环结构，这些大环结构具有不同孔径，可以用来识别不同的手性分子。

2. 含联二萘结构的芳醚酮大环的手性识别

芳醚酮大环的手性源为联二萘酚。通过振动圆二色谱(VCD)分析含萘大环的手性结构和相应的手性识别。图 4.44 显示出左旋、右旋及外消旋手性大环分子的 VCD 图。其外消旋分子的 VCD 图为一条直线，无法观察到科顿效应。而对映异构体观察到明显的科顿效应。大环分子的手性不仅仅来自联二萘酚手性基团，联二萘酚手性基团的引入也造成了整个手性孔穴的不对称扭曲。不对称性遍布于整个手性孔中，这种手性孔穴可以用于手性识别、手性拆分等方面。

将含联二萘结构的手性大环分子(S-BN-RCO)分别与不同含量的右旋联萘酚

(*R*-binaphthol)混合。用 VCD 扫描，信号差与过量百分数(ee)间的关系如图 4.45

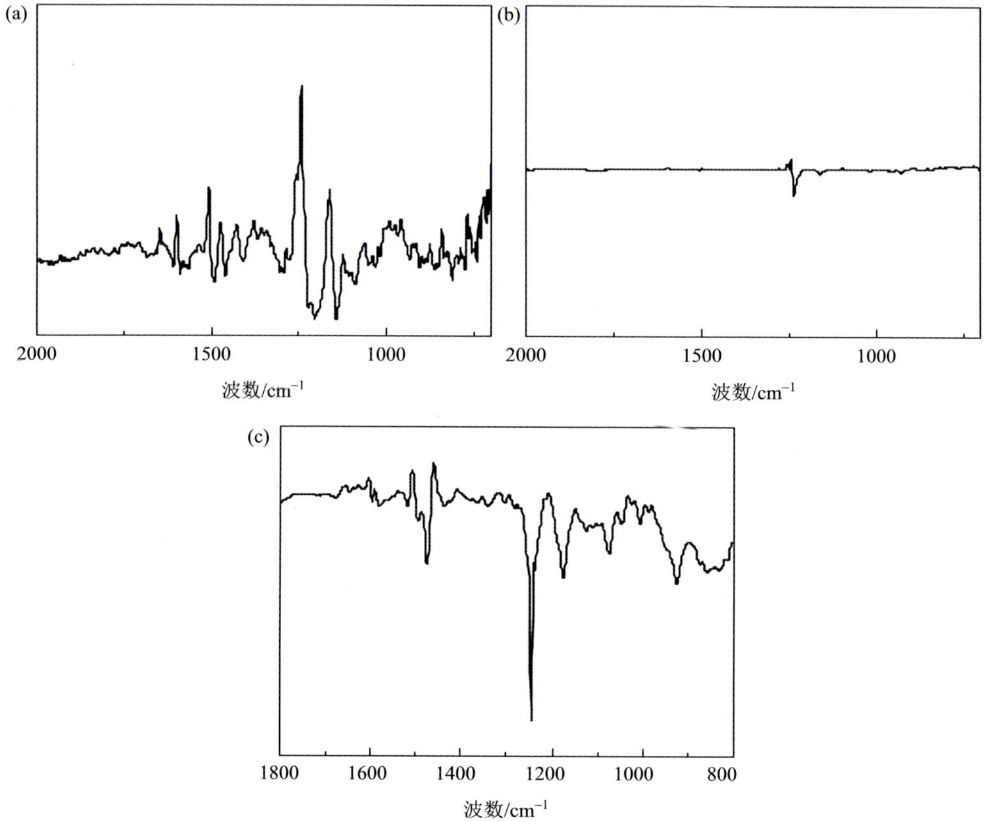

图 4.44 含联萘手性芳醚酮大环的 VCD 图

(a)右旋；(b)外消旋；(c)左旋

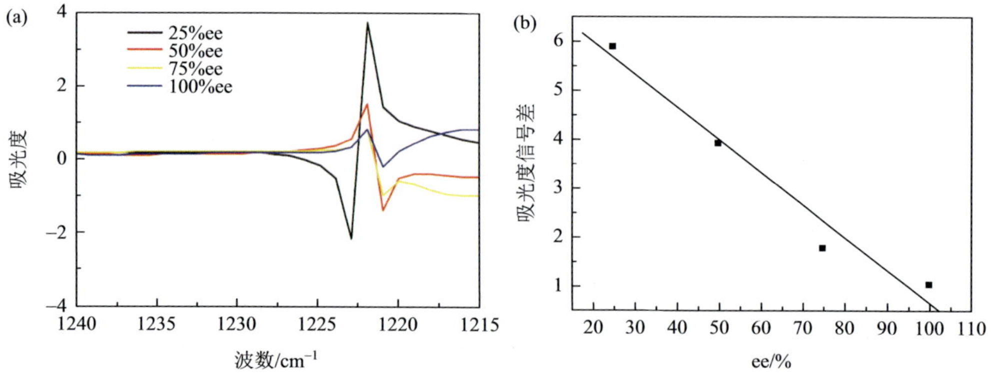

图 4.45 (a)手性大环与手性联萘二酚混合溶液的 VCD 图；(b)二酚过量数与信号差间的关系

所示，随着 *R* 构型过量百分数的增加，在 1221 cm^{-1} 处 VCD 信号也增加，而且 VCD 信号的形状也发生明显的变化。右旋过量百分数与信号差有很好的线性关系，因此，可以利用手性大环分子来识别联二萘酚的纯度。

3. 含联萘芳醚酮类手性环状低聚物在气/液、气/固界面的组装

芳醚酮大环分子结构中不存在较强的极性基团，但其具有亲水的氧原子和疏水的芳香环，这些手性大环分子由于具有刚性骨架，所以具有相对稳定的手性孔穴。其手性纳米孔穴自身具有特殊的性质，尤其是当这些手性纳米孔穴形成二维有序薄膜时，其在手性药物包裹与缓释、手性分子识别等应用技术方面具有潜在的应用。

将含萘大环的氯仿溶液滴到水的表面，待有机溶剂挥发后，经过一定的压力，形成组装 LB(Langrnuir-Blaggett)膜，并转移到云母片上形成稳定的大环有序二维膜结构。手性大环在气/水界面的压力与面积关系曲线如图 4.46 所示。液态压缩区曲线的斜率很高，说明手性大环分子存在很强的链-链相互作用和紧密的堆积。LB 膜具有很高的崩溃压(35 mN/m)，说明尽管手性芳醚酮大环不像典型的 LB 分子那样具有极性的亲水和疏水基团，但其也具有双亲性而且分子成膜性好。这个曲线的单一斜率说明在压缩过程中并未出现分子构象的变化，间接说明手性芳醚酮大环的刚性链段使其手性刚性孔穴稳定。反向延长曲线至压力为零处，得到其单分子面积为 1nm^2，与芳醚酮大环分子的大小相近，说明 LB 膜中大环分子是单层铺叠的。

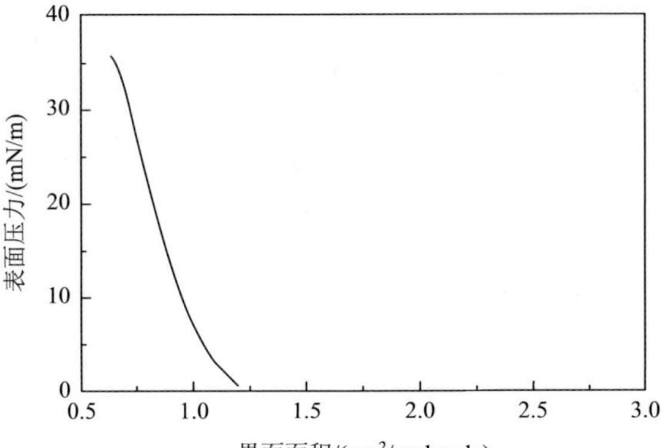

图 4.46　手性大环在气/水界面的压力与界面面积关系曲线

在云母片上的 LB 膜的原子力显微镜图像如图 4.47(a)所示。在原子力显微镜观察中发现其 LB 膜有序区域达到几百平方纳米，LB 膜呈现条带结构。图 4.47(b)显示出其高分辨分子图像。反复测量结果显示其单个分子的长轴为 1.6 nm，短轴长 0.6 nm。其分子图像清楚地显示出手性大环分子的手性孔穴，经测量其手性孔

长为 1 nm，宽为 0.2 nm。同时，其分子图像显示出竖直方向上，每两个手性大环分子之间有一条暗带，长度为 0.4 nm，推测是由手性的萘环分子的立体阻碍作用造成的。从其分子图像的测量结果指出其单层膜二维有序阵列属二维单斜晶系。

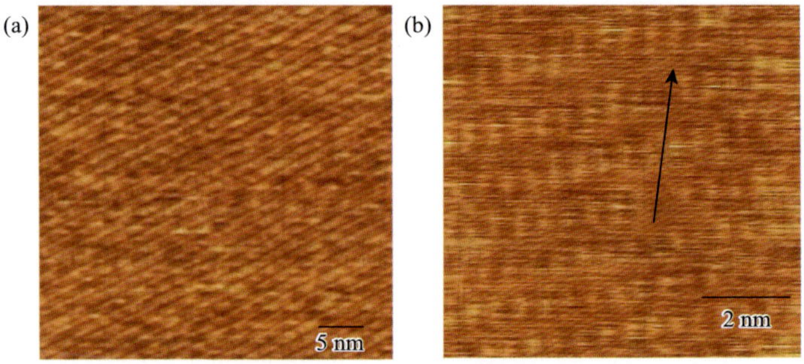

图 4.47 原子力显微镜图像

(a) BN-RCO 在云母上的扫描图像；(b) 分子排列平行于 (2*i*0) 的 (001) 方向的图像

采用 MSI 公司的 Cerius2 软件包对含联二萘结构的大环分子的最优构象进行分子力学模拟和云母表面的最优构象的分子动力学模拟。如图 4.48 所示，红色是氧原子，白色是氢原子，灰色是碳原子。结果表明含联二萘结构的手性大环分子呈现船式构象，环直径为 1.5 nm，孔穴内径 0.8 nm，分子面积为 1.7 nm^2。亲水的羰基与亲水的云母表面接触，产生较强分子间相互作用，使得大环分子形成的 LB 膜顺利转移到云母表面。

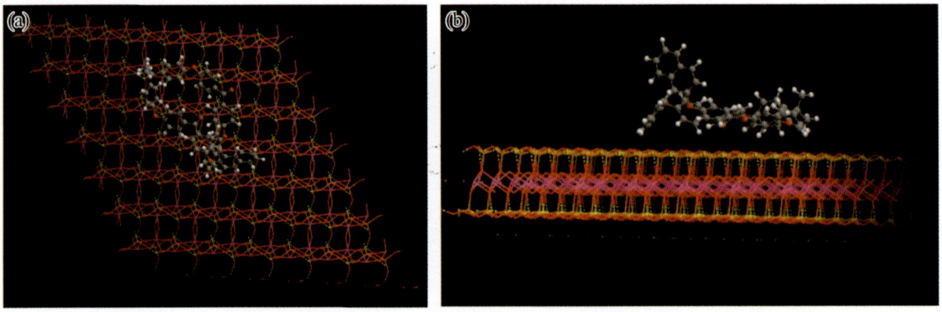

图 4.48 含萘大环在云母上的船形构象理论模型

(a) 俯视图；(b) 侧面图。红色的球表示氧原子；白色球表示氢原子；灰色球表示碳原子

4.2.3 含环全芳香聚醚醚酮的制备与交联

交联可以在一定程度上提高聚合物的热变形温度，聚芳醚酮的玻璃化转变温度一般较低，在温度达到玻璃化转变温度时，其强度和模量会有一个比较大幅度的降低。但由于晶区的存在，强度和模量仍可以保持在一个较高的水平。如果在

聚芳醚酮分子中引入稳定性好的全芳香性可交联基团，制备可交联的全芳香性聚醚醚酮树脂，既可以保持聚芳醚酮热稳定性好的特点，又可以提高其热变形温度。

1. 主链含有环状结构的聚芳醚酮制备与交联

设计一种含有羟基的环状芳醚酮结构，并将其引入到聚醚醚酮树脂中。通过假高稀技术制备环状芳醚酮单体，其合成路线如图 4.49 所示。为了将环状结构引

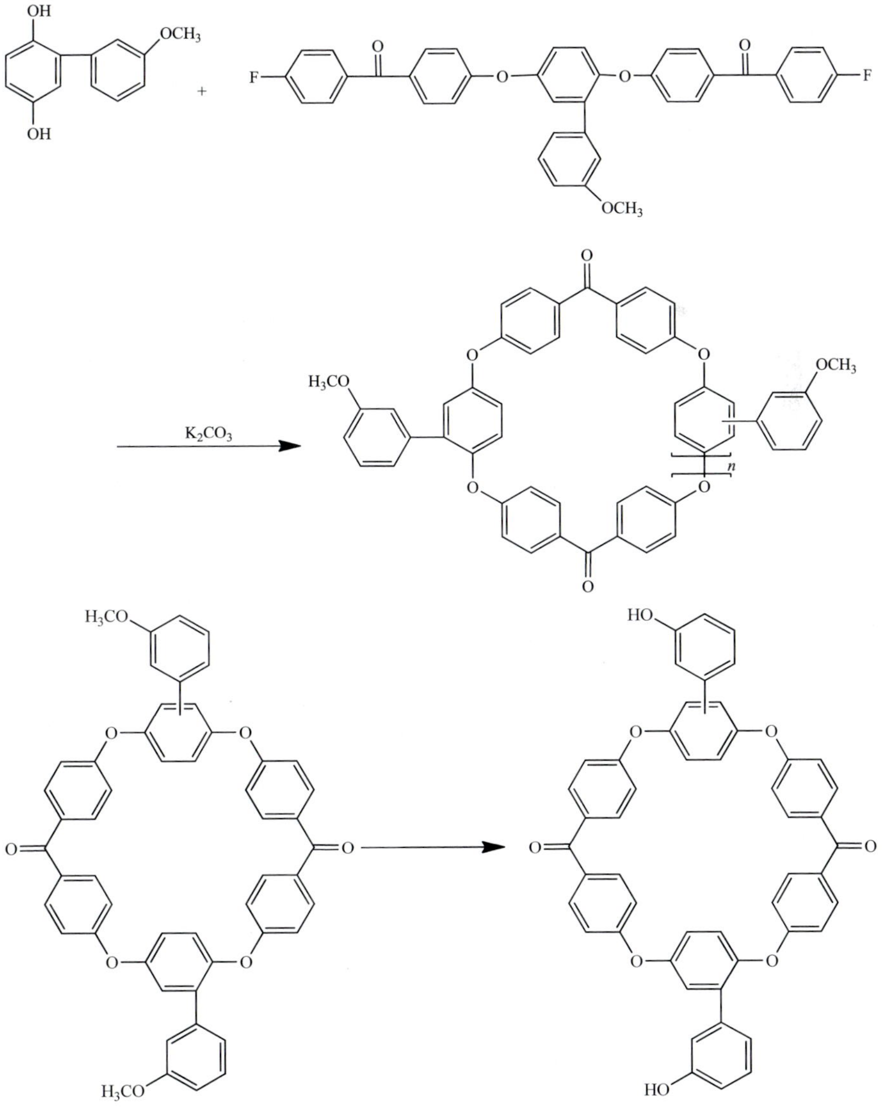

图 4.49　含有羟基的环状芳醚酮单体的合成路线

入聚合物主链中，需要分离含有双甲氧基的环状单体，其产率为 64%。环状低聚物的溶解性比较差，为了提高甲氧基离去反应的产率，以熔融的吡啶盐酸盐作为溶剂和强质子的去甲氧基试剂，双羟基环状单体的产率为 94%。

将合成的环状低聚物通过亲核取代反应引入聚芳醚酮主链，反应过程如图 4.50 所示。聚合反应在 *N*,*N*-二甲基乙酰胺(dimethylacefamide，DMAc)中进行，反应温度在 150℃左右。通过核磁共振波谱证明聚合物中存在环状结构。为了调控环状结构的含量，调整环状单体与六氟双酚 A 的比例，制备了环含量 10%、20%及六氟双酚 A 与 4, 4′-二氟二苯甲酮形成的均聚物三种聚合物，分别标记为聚合物 1、聚合物 2 和聚合物 3。三种聚合物分子量及热性能列于表 4.10。

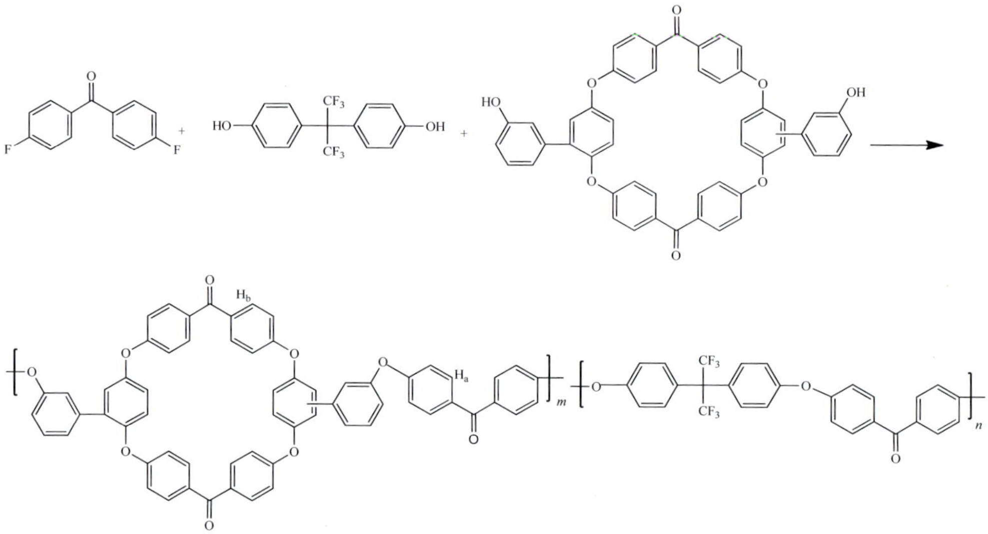

图 4.50　主链含有环结构的聚醚醚酮树脂合成路线

表 4.10　环含量为 10%、20%和均聚物的聚合物分子量和热性能

聚合物	η_{inv}/(dL/g)[a]	M_n[b]	分散度	T_g/℃	$T_{d,5\%}$/℃
1	0.60	43000	2.7	160	521
2	0.52	30000	3.2	177	529
3	0.79	55000	2.0	168	524

注：a 为浓度为 0.5 g/dL 的 DMAc 溶液中测量，温度为 25℃±0.1℃；b 为烯标准物计算了共聚物的分子量

从特性黏度和凝胶渗透色谱(gel permeation chromatography，GPC)的数据分析可以看出，含环聚合物具有较高的分子量。从图 4.51 合成的环状聚合物的 DSC 曲线可以看出，未观察到聚合物的熔点，其为无定形聚合物。随着环含量的增加，

聚合物的玻璃化转变温度先降低后升高。聚合物主链上引入环结构，对玻璃化转变温度有两方面的影响。一方面，环结构的引入，限制了聚合物链的运动，增加了聚合物的刚性，玻璃化转变温度升高。另一方面，环结构的加入，增加了链与链之间的距离，导致聚合物玻璃化转变温度降低。二者共同作用，导致聚合物的 T_g 值先降低后升高。主链含环结构的聚合物的交联反应是以氟化铯为催化剂。氟化铯和聚合物在氯仿中具有较好的溶解性。氟化铯的均匀分布可用更低的催化剂含量引发交联反应。

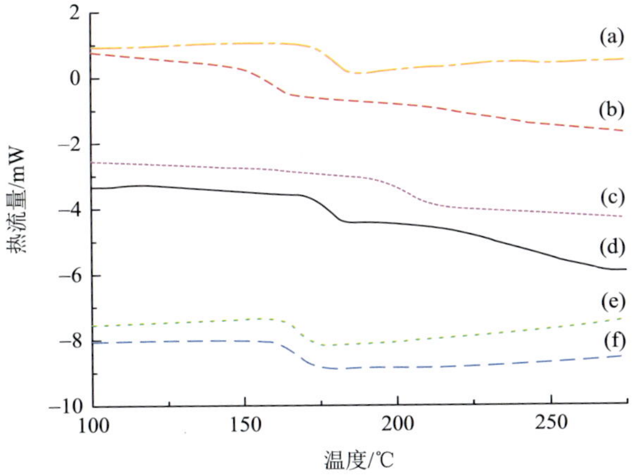

图 4.51　环含量 10%(a，b)、20%(c，d)和不含环(e，f)的聚合物热处理前后的 DSC 曲线

对含有催化剂的含环聚合物进行不同温度热处理。开环反应的最低温度为 260℃，270℃反应 1 h 后，再升高热处理温度，T_g 值基本没有变化，说明开环反应在 270℃进行得比较完全。将聚合物和氟化铯的复合物在 270℃热处理 1 h，样品的 DSC 曲线如图 4.51 所示，由图可见，环含量 10%的 T_g 从 160℃升高到 180℃，升高了 20℃。环含量 20%的聚合物，T_g 从 177℃升高到 204℃，升高了 27℃。而不含环的均聚物 T_g 为 168℃，热处理前后 T_g 没有变化。

主链含环聚合物的交联机理如图 4.52 所示。首先，氟离子(F^-)的进攻，导致了大环上的苯醚苯键发生断裂，生成了一个氧负离子。然后，生成的氧负离子进攻另外的一个环，导致了另外一个环上的苯醚苯键断裂，两个打开的环互相连接，并且生成一个新的醚键。最后，生成的另外一个氧负离子作为活性位点，进攻另外一个环状结构，整个分子链形成空间网络结构。以氯仿和甲醇抽提热处理后的材料，剩余的凝胶进行称重，评定凝胶含量。环含量为 10%的聚合物，热处理后凝胶含量为 71%，环含量 20%的聚合物热处理后凝胶含量为 86%。

图 4.53 是氟化铯与含环聚合物的等温热处理 DSC 曲线。在开环反应过程中没有任何的热量的转化。由于打开的键和生成的键都是相同的，即都是苯醚苯键，

所以反应前后聚合物的焓变为零。该反应的热力学应该是熵驱动的。由于氟化铯的存在，整个交联聚合物的热稳定性略有降低。

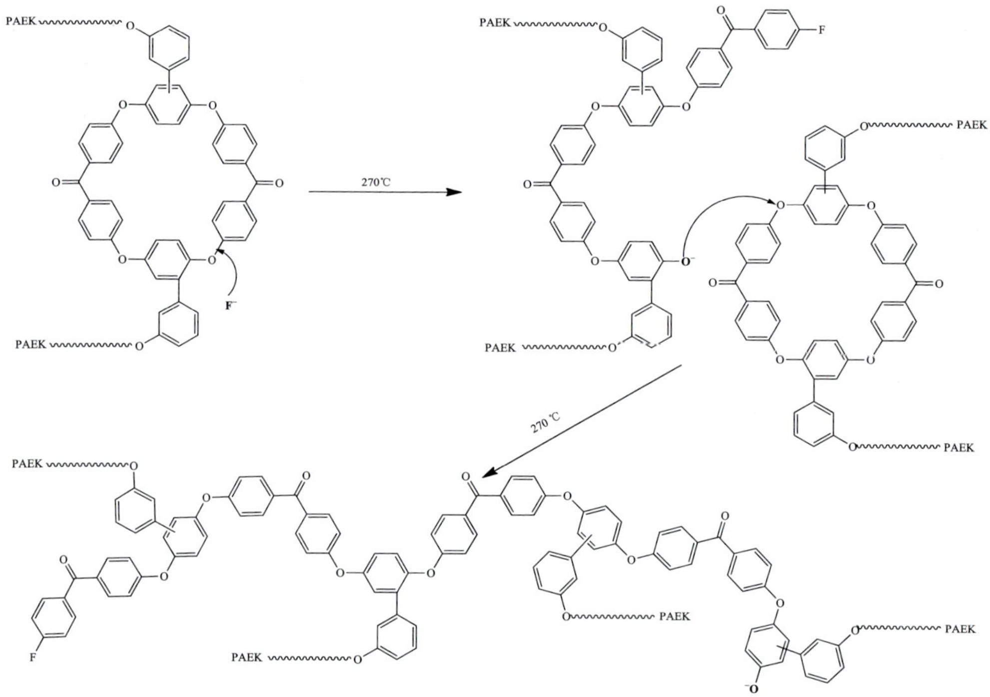

图 4.52　在氟化铯存在下的开环交联机理示意图

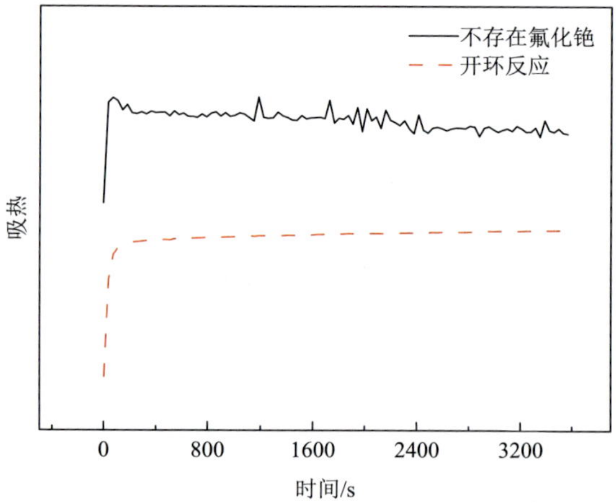

图 4.53　含环聚合物在氟化铯存在下的 270℃等温热处理 DSC 曲线

2. 环封端聚醚醚酮低聚物的合成与热交联

以间苯二酚和 4, 4′-二氟二苯甲酮反应生成低聚物，再用含单羟基的环状聚芳醚酮封端(图 4.54)。合成低聚物时，二酚和二氟的配比分别选择 10∶9 和 10∶9.5。当配比为 10∶9 时，按照二元缩聚反应，理论上的中间链段数为 10 个重复单元，标记为 MCPAEK-10；当配比为 10∶9.5 时，理论重复单元数为 20，标记为 MCPAEK-20。另外制备了间苯二酚和 4, 4′-二氟二苯甲酮的均聚物。

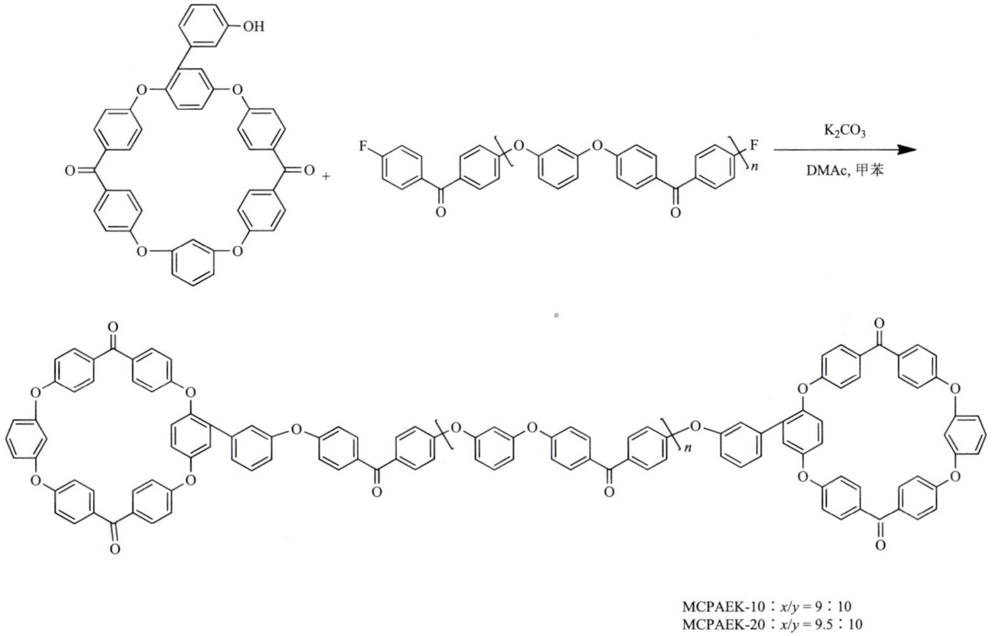

图 4.54　环封端的低聚物的合成示意图

如表 4.11 所示，MCPAEK-10 的 T_g 值为 142℃，MCPAEK-20 的 T_g 为 126℃。在 MCPAEK-10 中，两个环中间的分子链段较小，环状端基对聚合物的分子链段运动有一定限制，所以 T_g 较高。在 MCPAEK-20 中，环之间的分子链段长度增加，

表 4.11　MCPAEK-10、MCPAEK-20 和均聚物的性能列表

样品	η_{inv}/(dL/g)[a]	M_n[b]	多分散性	T_g/℃	$T_{d,5\%}$/℃
MCPAEK-10	0.15	—	—	142	503
MCPAEK-20	0.26	—	—	126	501
均聚物	0.65	45000	2.2	122	514

注：a 为在浓度为 0.5 g/dL 的 DMAc 中测量，温度为 25℃±0.1℃；b 为用聚苯乙烯标准物计算了共聚物的分子量。

环状结构的影响相对下降，所以得到的低聚物的 T_g 较低。间苯二酚与氟酮的均聚物的 T_g 为 122℃，与 MCPAEK-20 的 T_g(126℃)接近。聚合物有很高的热稳定性，性能如表 4.11 所示。

将氟化铯与含环低聚物进行混合，并在 270℃、290℃、310℃和 330℃热处理 1 h，MCPAEK-10、MCPAEK-20 的玻璃化转变温度如图 4.55 所示。由于 MCPAEK-10 的环含量较高，所以交联后的聚合物有更高的玻璃化转变温度，随着处理温度的升高，交联聚合物的玻璃化转变温度逐渐升高。由于高温下，聚合物有更好的运动能力，碰撞概率增大，交联度更大，因而交联后聚合物 T_g 升高。

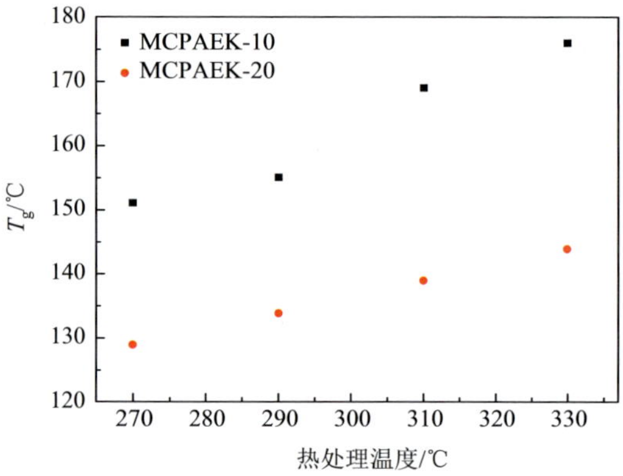

图 4.55　热处理温度和交联后聚合物的玻璃化转变温度的关系曲线

利用平行板流变仪测定的 MCPAEK-10 和 MCPAEK-20 的熔体黏度曲线如图 4.56 所示。在交联前，熔体黏度随着温度的升高而下降。继续升温达到交联

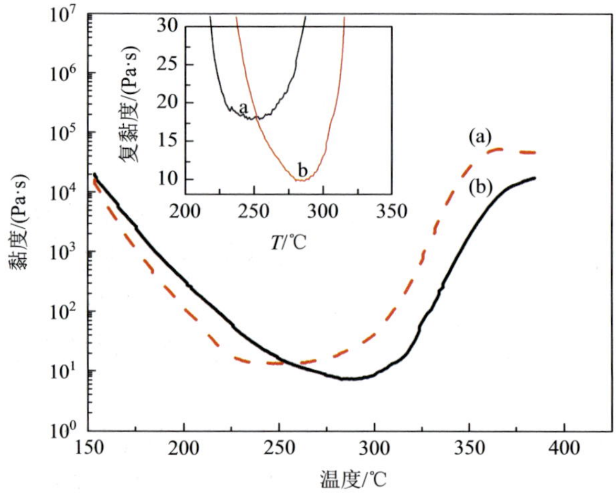

图 4.56　含环低聚物的熔体黏度曲线

(a) MCPAEK-10；(b) MCPAEK-20

温度之后，由于交联反应，熔体黏度逐渐升高。对于 MCPAEK-10，在 260℃其熔体黏度最低，为 17 Pa·s。

3. 含硫芳醚酮环封端的聚醚醚酮低聚物的合成与热交联

催化剂的存在使得含环低聚物的热稳定性和热氧化稳定性降低。众所周知，硫醚基团的反应活性比醚基大，在高温下，硫醚键会打开，生成硫自由基，并引发高分子链间的反应而发生交联。因此，引入硫醚基可以在不使用催化剂的情况下实现热交联，从而避开了因催化剂造成的热稳定性和热氧化稳定性降低。含硫醚环状低聚物的合成路线如图 4.57 所示。

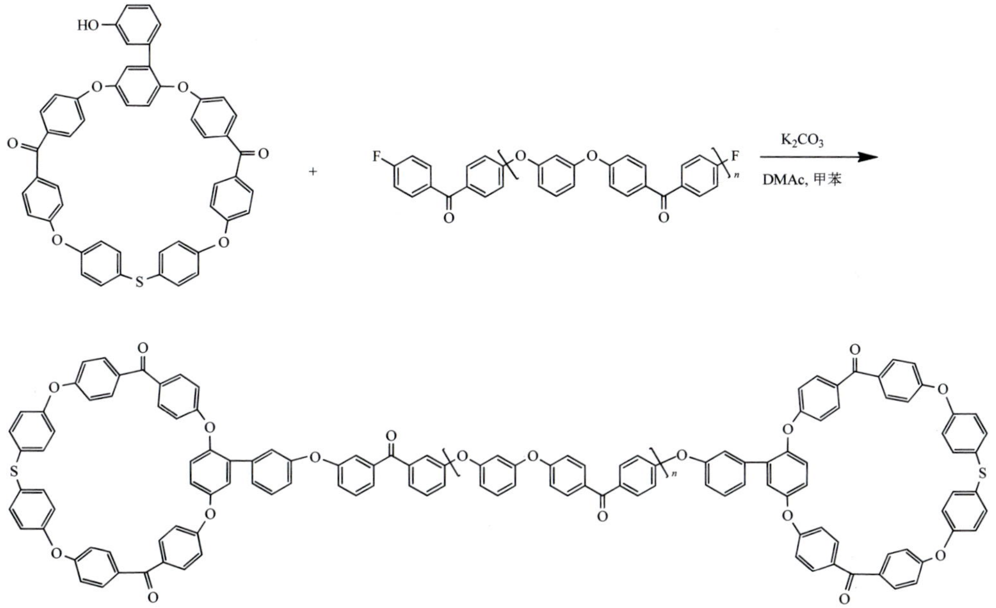

图 4.57 含硫醚环状低聚物的合成路线

图 4.58 为含硫醚环状低聚物的 20℃/min 升温速度的 DSC 动态扫描曲线。左侧为第一次 DSC 扫描曲线，右侧为第二次 DSC 扫描曲线。在第一次扫描中，只在 264℃处发现一个熔点，第二次扫描时，发现一个 T_g 为 125℃的玻璃化转变。这表明在含硫环状低聚物 DSC 动态升温过程中发生了交联反应，生成了较高分子量的聚合物。

图 4.59 是含硫环状聚芳醚酮在 310℃处理 1 h 前后的 DSC 曲线，样品的 T_g 从处理前 129℃升高到处理后 142℃，升高了 13℃。处理后样品的凝胶含量为 63%。图 4.60 为含硫醚环状低聚物交联前后的热稳定性测试，发现未交联的样品的 5% 热分解温度为 507℃，交联后的温度为 512℃。在交联后，树脂的热稳定性升高。

芳醚酮环状结构作为交联剂，需要引入催化剂，但催化剂的引入降低了聚合物的热稳定性。而将含硫芳醚酮环状低聚物作为交联剂，无催化剂也可发生交联，使得交联产物的热稳定性提升。

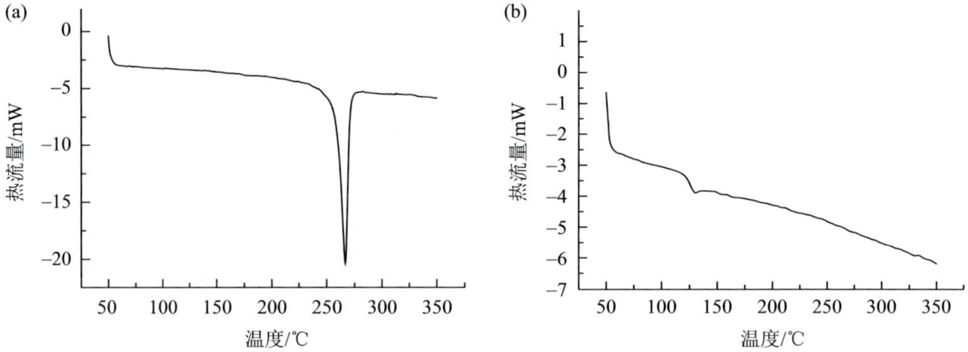

图 4.58 含硫醚环状低聚物的 DSC 曲线

(a) 第一次扫描；(b) 第二次扫描

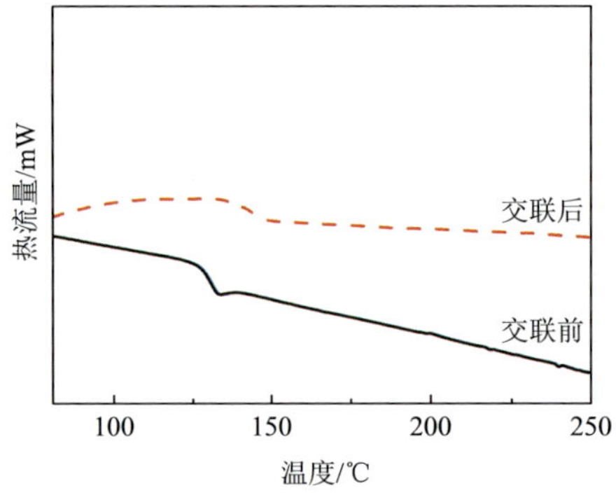

图 4.59 含硫醚环状低聚物的交联前后的 DSC 动态扫描曲线

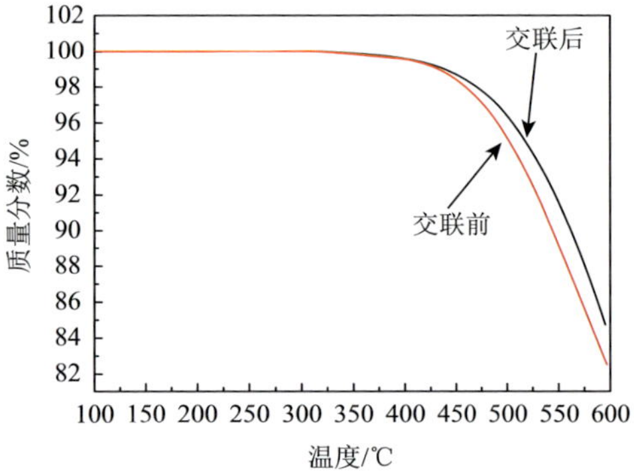

图 4.60 含硫醚环状低聚物的 TGA 测试曲线

4.3 交联聚芳醚酮

4.3.1 含苯乙炔基结构的交联聚芳醚酮

聚芳醚酮树脂虽然有晶区的支撑作用，在玻璃化转变温度之上仍能保持一定的强度和模量，但多数树脂的玻璃化转变温度相对较低，热变形温度不高。通过引入热交联基团，可以实现聚芳醚酮用热塑性塑料加工工艺成型，再通过热处理使之交联，从而提高其热变形温度，满足某些特殊情况下的使用要求。对于聚芳醚酮而言，引入既具有较高的热稳定性，又可以发生热交联反应的苯乙炔基团，不仅使聚合物表现出较好的热稳定性和较宽的加工窗口，而且为交联后材料提供相对优异的韧性、高损伤容限及耐反复冲击性能。采用苯乙炔基团制备交联聚芳醚酮具有如下优点。

(1) 交联前体的长期热稳定性和化学稳定性：由于苯乙炔基团的交联温度高达350℃以上，因此含有苯乙炔交联活性点的预聚体具有相对较好的稳定性。

(2) 交联程度可控：通过控制苯乙炔基团在分子链中的含量、位置、反应活性及交联条件等参数，可在一定范围内获得有一定 T_g 的聚合物。

(3) 自交联：苯乙炔基团交联反应无需交联剂，交联过程中无挥发性副产物逸出，不会在交联后材料中留下空隙而影响其机械性能。

(4) 加工范围较宽：苯乙炔基团的交联反应温度高，可提供一个从交联前体的 T_g(或 T_m) 到热处理温度(T_{cure})之间的较宽的操作温度范围。

交联后材料性能优势体现在以下几个方面。

(1) 热性能、机械及物理性能：苯乙炔交联后聚合物呈现空间网络状结构，与交联前预聚体相比，其 T_g 以及强度、模量等力学性能都会有不同程度提高。

(2) 溶解性能：聚合物在交联前溶解性好，可以通过溶液成膜；而交联后耐溶剂性好，这种特点适合制备光电器件时高分子材料的多层化操作工艺。

(3) 尺寸稳定性和防开裂性能：交联后的聚合物表现出更好的尺寸稳定性和防开裂性能；而且通过交联密度的控制，可以使聚合物即使在 T_g 以上也能保持一定的尺寸稳定性。

(4) 光学性能：聚合物在交联后仍能保持交联前体的光吸收情况，与交联前体相比没有光学性能的损失；交联聚合物在 T_g 以上的“橡胶态”仍能保持很好的光学性能。

1. 含苯乙炔基聚芳醚酮的设计和合成

通过分子设计可以将苯乙炔基团分别以端基或侧基的形式引入聚芳醚酮分子中。

1) 苯乙炔端基聚芳醚酮的合成

含苯侧基的苯乙炔封端聚醚醚酮(P-PEEK)的合成路线如图 4.61 所示，聚合物 P-PEEK 的玻璃化转变温度为 161℃，比纯聚醚醚酮高；同时具有很好的热、机械性能及加工性能。通过调整 4, 4′-二氟二苯甲酮和 2-苯基对苯二酚的投料比控制聚合物的分子量，控制分子链的端基数目，进而调控炔基含量，可以获得不同性能的交联聚合物 P-PEEK$_n$-PEP。

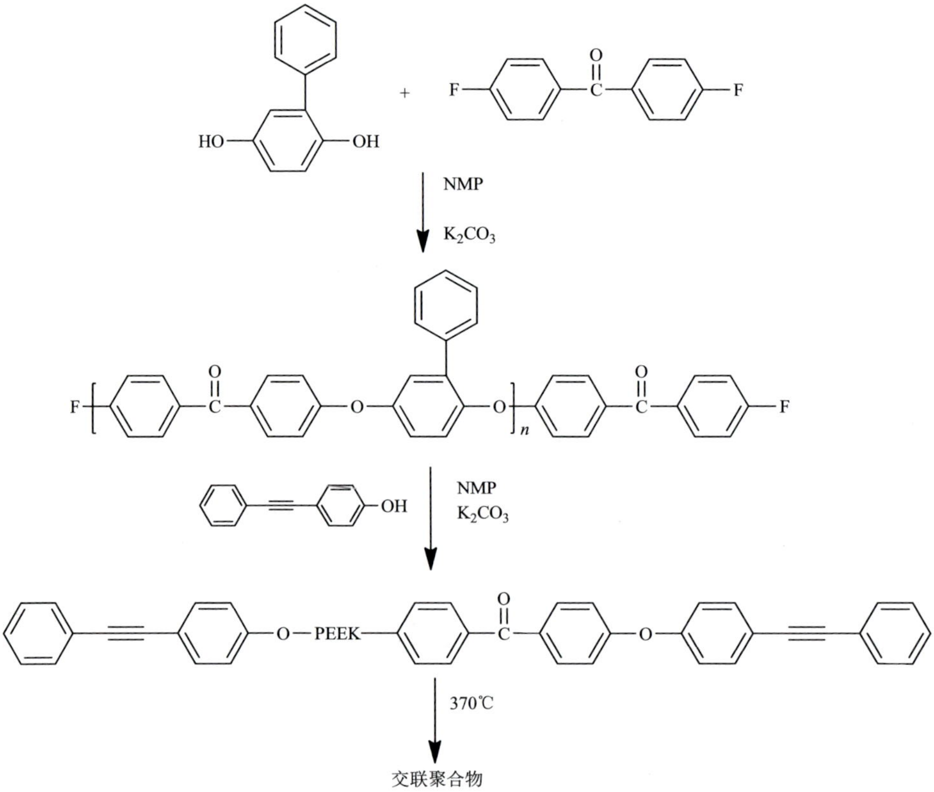

图 4.61 含苯侧基的苯乙炔封端聚醚醚酮(P-PEEK)合成路线

图 4.62 是四种不同分子量的 P-PEEK$_n$-PEP 交联前的第一次升温 DSC 扫描曲线，所测得的数据列于表 4.12。所有聚合物均有两个热转变，一个是玻璃化转变

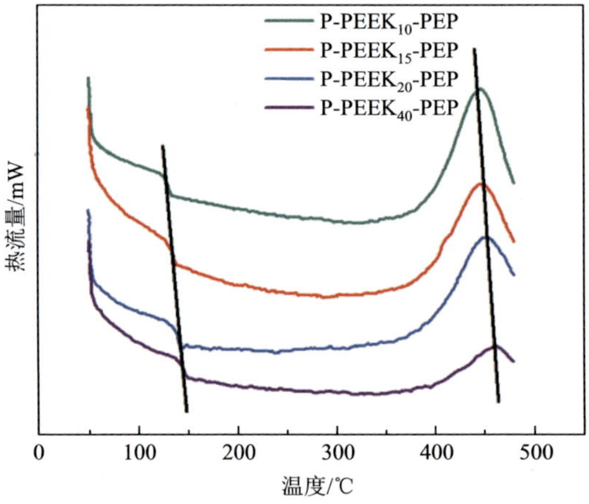

图 4.62 P-PEEK$_n$-PEP 交联前的 DSC 曲线

温度(T_g)，它随着氟酮过量比的增加而降低，这是聚合物的分子量随着氟酮过量比的增加而下降的结果；另一个是放热峰，它归因于乙炔基的交联反应。随着温度的升高，上述聚合物所含有的乙炔基团产生自由基，自由基之间相互碰撞形成新的化学键，聚合物的分子链间互相连接起来，形成交联网络。氟酮过量比增大，聚合物的端基数目增加，即苯乙炔含量增大，有利于交联反应的进行。随着氟酮过量比增加，交联起始温度和峰值温度都依次向低温移动，这是因为氟酮过量比增加一方面使端基数增多，另一方面使分子量降低，分子链运动性增加，从而使端基碰撞发生反应的概率增加，反应条件相对温和，交联反应速率加快。

表 4.12　P-PEEK$_n$-PEP 的热性能

	[A/B]	T_g^a/℃	T_p/℃	T_g^b/℃	$T_{d,5\%}$/℃	$T_{d,10\%}$/℃	质量分数/%(T = 750℃)
P-PEEK$_{10}$-PEP	1.20	130	445	180	529	550	59.3
P-PEEK$_{15}$-PEP	1.14	134	446	174	532	552	58.9
P-PEEK$_{20}$-PEP	1.10	139	450	170	534	556	58.3
P-PEEK$_{40}$-PEP	1.05	145	455	165	547	564	56.2

注：A/B 为 4, 4′-二氟二苯甲酮与 2-苯基对苯二酚摩尔比；T_g^a 为聚合物交联前的玻璃化转变温度；T_p 为交联反应放热峰峰值温度；T_g^b 为聚合物交联完全后玻璃化转变温度。

图 4.63 是 P-PEEK$_n$-PEP 交联后的 DSC 曲线，可以看到炔基含量越高，热处理后聚合物的玻璃化转变温度越高，这是因为交联密度随炔基含量增加而增大，分子链的运动更困难。

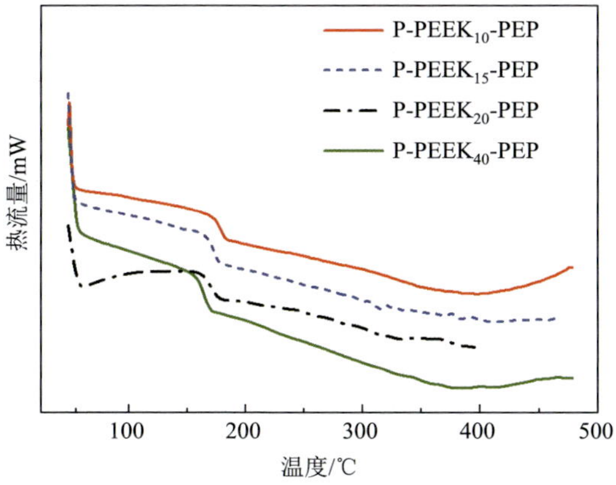

图 4.63　P-PEEK$_n$-PEP 交联后的 DSC 曲线

聚芳醚酮拉伸试验样件采用模压工艺加工：先将 P-PEEK$_n$-PEP 升温到 180℃熔融 10 min，然后加压成型，保持压力并升温到 370℃热处理 1.5 h，再升温到 380℃热处理 20 min 后降温到 T_g 以下，撤去压力取出成型后试样。试样的拉伸性能列于表 4.13。从结果可以看出，随着交联密度的增大，聚合物的拉伸模量和拉伸强度增加，而断裂伸长率则降低。总体来说，聚合物的拉伸性能随初始低聚物的分子量降低略有增加，由聚合物中炔基交联点的含量所决定。

表 4.13　交联聚合物 P-PEEK$_n$-PEP 的拉伸性能

试样	拉伸模量/MPa	拉伸强度/MPa	断裂伸长率/%
P-PEEK$_{10}$-PEP	2543	100	4.8
P-PEEK$_{15}$-PEP	2465	87	6.3
P-PEEK$_{20}$-PEP	2100	85	6.5
P-PEEK$_{40}$-PEP	2034	77	7.3

2) 含苯乙炔侧基聚芳醚酮的合成

封端交联 P-PEEK$_n$-PEP 系列聚合物交联点含量的增加是以降低分子量为前提的，当交联点含量进一步增加时，分子量降低过大，必然会损害基体的一些性能。而侧基炔基交联不以降低分子量为前提，可以依投料比例来控制炔基含量及分子量。封端苯乙炔交联过程中炔基的反应包括链增长、支化和交联，而侧基交联过程中炔基只存在交联反应，如图 4.64 所示。

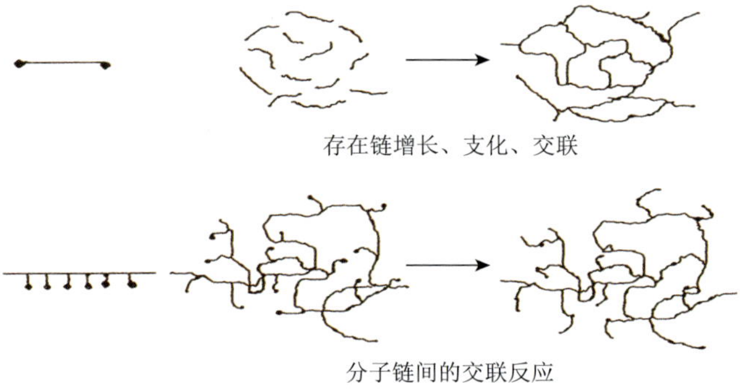

图 4.64　苯乙炔基端基交联与侧基交联

分子链的链端是分子运动比较活跃的地方，容易发生反应，而侧基只在分子链的外侧，受分子链空阻的影响较小，也有利于交联反应的进行。含苯乙炔侧基聚芳醚酮(PEP-PEEK)的合成反应如图 4.65 所示[22]。

图 4.66 是一组典型的 PEP-PEEK 热交联 DSC 曲线。第一次扫描时，曲线出现一个玻璃化转变和一个交联放热峰，其玻璃化转变温度为 179℃，高于纯 PEEK 的 143℃，这是由引入的刚性大体积侧基阻碍分子链运动或分子内旋转所致。起始交联温度在 300℃左右，放热峰的峰值温度出现在 389℃，显然其交联温度比炔端基聚合物要低 50℃左右，这是因为高的炔基含量增加了交联反应的概率。当

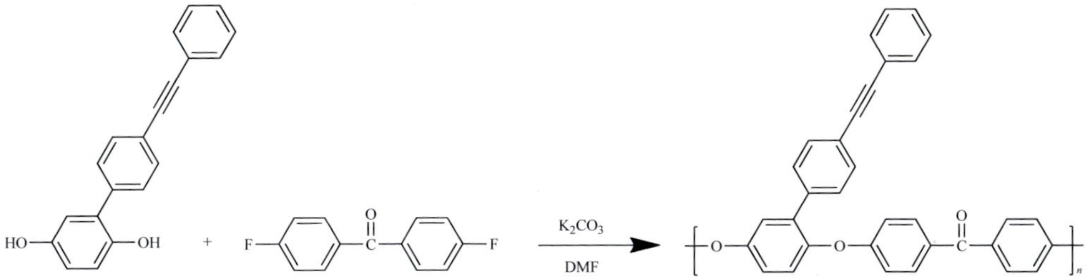

图 4.65　PEP-PEEK 的合成反应

温度升到 460℃时，淬火，在 340℃热处理 2 h，进行第二次扫描，没有发现明显的热转变，说明热处理后聚合物交联反应完全。在 PEP-PEEK 中每个重复单元均有一个可交联的苯乙炔基团，完全交联后由于交联密度过大，它所形成的网络结构束缚分子链几乎不能运动，单纯用 DSC 方法已经观测不到聚合物的 T_g。以上结果说明侧链苯乙炔基团能够有效地进行交联反应，有很好的交联反应活性。

2. 含苯乙炔基聚芳醚酮的热交联行为

1) 交联反应温度

用 DSC 研究交联反应的方法有等温法和非等温法两种。DSC 曲线受升温速率的影响不能客观地反映交联的情况。图 4.67 是以 P-PEEK$_{20}$-PEP 为例，在不同升温速率下的 DSC 的动态升温曲线。从图可见，随着扫描速率的增加，体系固化

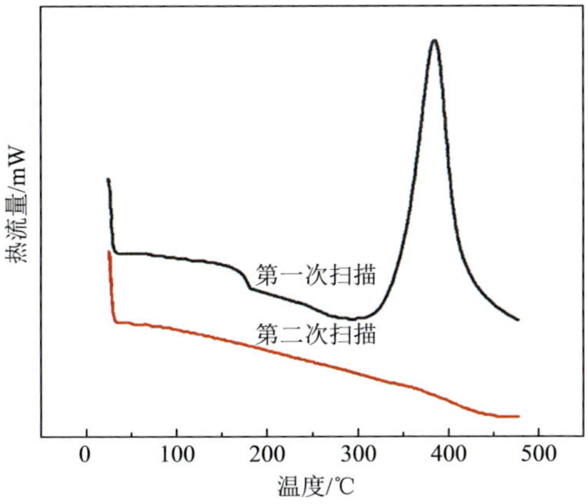

图 4.66　PEP-PEEK 的热交联 DSC 曲线

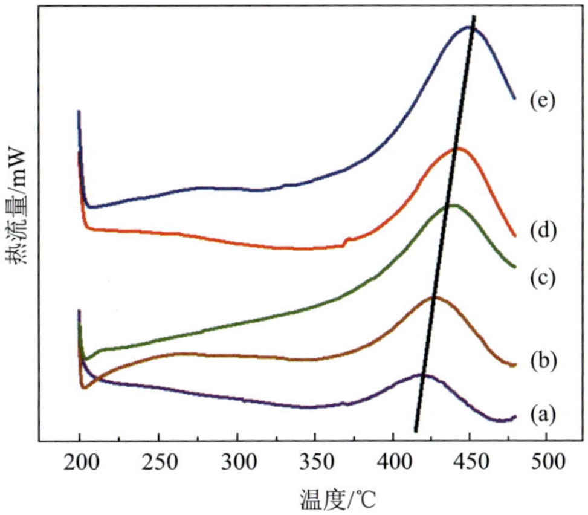

图 4.67　P-PEEK$_{20}$-PEP 在不同升温速率下的 DSC 的动态升温曲线

(a) 7℃/min；(b) 10℃/min；(c) 14℃/min；(d) 17℃/min；(e) 20℃/min

的初始温度 T_i、峰值温度 T_p 和终止温度 T_f 依次向高温方向移动。通过聚合物固化的 DSC 测定数据(表 4.14)，以升温速率 ϕ 分别对固化初始温度 T_i、峰值温度 T_p 作图(图 4.68)，并外推至 $\phi=0$ 时，得到该体系的初始固化工艺 $T_{凝胶}=351$℃，$T_{固化}=404$℃，固化温度应选择在 $T_{凝胶}$ 和 $T_{固化}$ 这个区间内。

表 4.14　P-PEEK$_n$-PEP 在不同升温速率下的 T_i 和 T_p

ϕ/(℃/min)		20	17	14	10	7	0
P-PEEK$_{20}$-PEP	T_i/℃	398	391	385	375	367	351
	T_p/℃	450	443	438	428.6	418.4	404
P-PEEK$_{15}$-PEP	T_p/℃	446	437.5	434	422.5	413.6	398

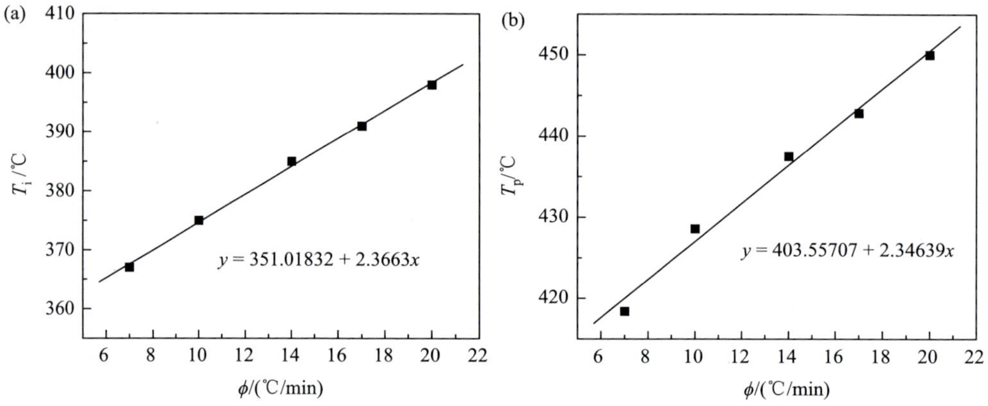

图 4.68　(a) P-PEEK$_{20}$-PEP 的 T_i 随 ϕ 变化的关系；(b) T_p 随 ϕ 变化的关系

2) 交联反应动力学

聚合物固化反应动力学常用 Kissinger 方法[23]和 Crane 理论[24]处理。

由 Kissinger 方程：

$$\frac{d\left(\ln\frac{\phi}{T_p^2}\right)}{d\left(\frac{1}{T_p}\right)}=-\frac{E_a}{R} \tag{4.1}$$

式中，E_a 为表观活化能(kJ/mol)；ϕ 为升温速率(K/min)；T_p 为峰值温度(K)；R 为气体常数 8.314J/(mol·K)。根据 DSC 热分析实验结果，以 $\ln(\phi/T_p^2)$ 对 $1/T_p$ 作图(图 4.69)，得一直线，其斜率 k 即为 $-E_a/R$，由此可求出该固化反应的表观活化能。

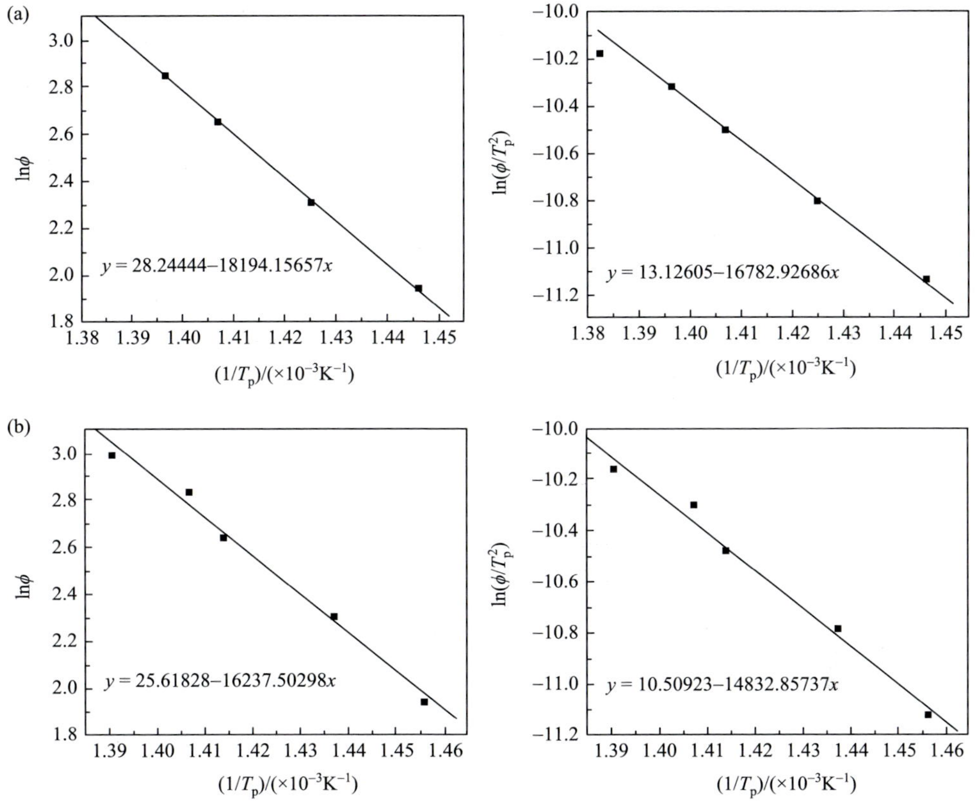

图 4.69　P-PEEK$_{20}$-PEP(a)和 P-PEEK$_{15}$-PEP(b)交联反应的 $\ln\phi$-$(1/T_p)$ 和 $\ln(\phi/T_p^2)$-$(1/T_p)$

用 Crane 公式可求得固化反应的反应级数 n，即

$$\frac{\mathrm{d}(\ln\phi)}{\mathrm{d}\left(\dfrac{1}{T_p}\right)}=-\frac{E_a}{nR}+2T_p \tag{4.2}$$

当 $E_a/nR \gg 2T_p$ 时，上式可简化为

$$\frac{\mathrm{d}(\ln\phi)}{\mathrm{d}\left(\dfrac{1}{T_p}\right)}=-\frac{E_a}{nR} \tag{4.3}$$

用 $\ln\phi$ 对 $1/T_p$ 作图(图 4.69)，得一直线，将其斜率和活化能代入 Crane 公式可求得反应级数 n。

根据上述方法 P-PEEK$_{20}$-PEP 和 P-PEEK$_{15}$-PEP 的 $\ln(\phi/T_p^2)$-$(1/T_p)$ 的线性拟合方程分别为 $y=13.12605-16782.92686x$ 和 $y=10.50923-14832.85737x$。根据直线斜率

可以求得两个样品交联反应的表观活化能分别为 139.5kJ/mol 和 123.3kJ/mol，可见炔基含量高的样品的表观活化能较低，所以炔基含量高的样品的交联反应容易进行，反应温度相对较低。$\ln\phi$ 对 $1/T_p$ 的线性拟合方程分别为 $y = 25.61828 - 16237.50298x$ 和 $y = 28.24444 - 18194.15657x$，分别求得表观反应级数 n 为 0.92 和 0.91，所以炔基的交联反应基本可以认为是一级反应。

热固性聚合物体系的玻璃化转变温度与交联反应程度之间的关系符合 DiBenedetto 公式[25]：

$$\frac{T_g - T_{g0}}{T_{g\infty} - T_{g0}} = \frac{\lambda x}{1-(1-\lambda)x} \tag{4.4}$$

式中，T_{g0} 和 $T_{g\infty}$ 分别是聚合物体系在交联前和完全交联之后的玻璃化转变温度；T_g 是样品在某一个温度下等温交联指定时间之后的玻璃化转变温度；λ 是该体系完全交联后的等温热容 ΔC_∞ 与交联前的等温热容 ΔC_0 的比值，即

$$\lambda = \frac{\Delta C_\infty}{\Delta C_0} \tag{4.5}$$

对于简单的基元反应，一级反应的反应速率只与物质浓度的一次方成正比，有关系式：

$$\ln(a-x) = -K_1 t + A \tag{4.6}$$

二级反应的反应速率与物质浓度的二次方成正比，交联反应程度 x 与反应时间 t 之间有关系式：

$$\frac{1}{a-x} = -K_2 t + A \tag{4.7}$$

依此类推，n 级反应就有关系式：

$$\frac{1}{(a-x)^{n-1}} = -K_n t + A \tag{4.8}$$

如果知道了某一反应在不同反应时间时的交联反应程度就能根据曲线外推的方法求得该反应的速率常数 K_n。

Arrhenius 公式讨论的是温度对交联反应速率的影响，适合于以上简单的基元反应，由此在不同反应温度下对 $\ln K$ 和 $1/T$ 作图，依据直线斜率既可求出该体系的反应活化能 E_a：

$$K = A e^{-\frac{E_a}{RT}} \tag{4.9}$$

$$\ln K = -\frac{E_a}{RT} + B \tag{4.10}$$

以 P-PEEK$_{15}$-PEP 为例来讨论反应温度和时间对交联的影响(图 4.70)，样品

在不同温度处理不同时间后的玻璃化转变温度都是用 DSC 来测试的，这些样品的交联和冷却全采用 DSC 体系来完成。玻璃化转变过程中的热容变化值 ΔC_p 可以通过 DSC 法计算得出（图 4.71）。因为苯乙炔交联为自身热交联，交联过程中没有挥发性的物质生成，所以在热处理过程中它的质量不变，进而根据上述的方法求得了 $\Delta C_{p\infty}$ 为 0.218 J/(g·K)和 ΔC_{p0} 为 0.278 J/(g·K)，最后求得 $\lambda = 0.784$。

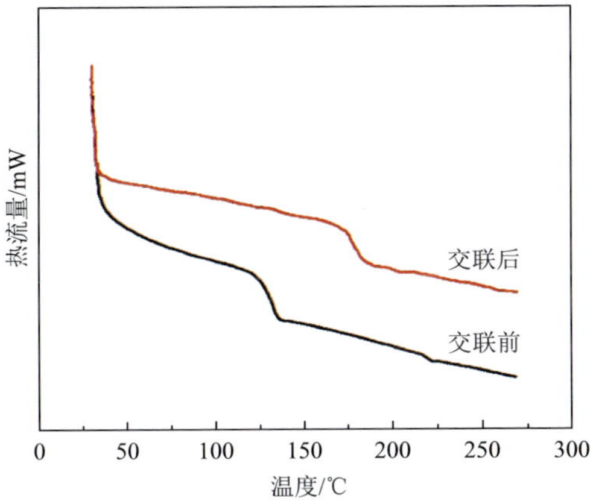

图 4.70 P-PEEK$_{15}$-PEP 交联前后 T_g 区域对比

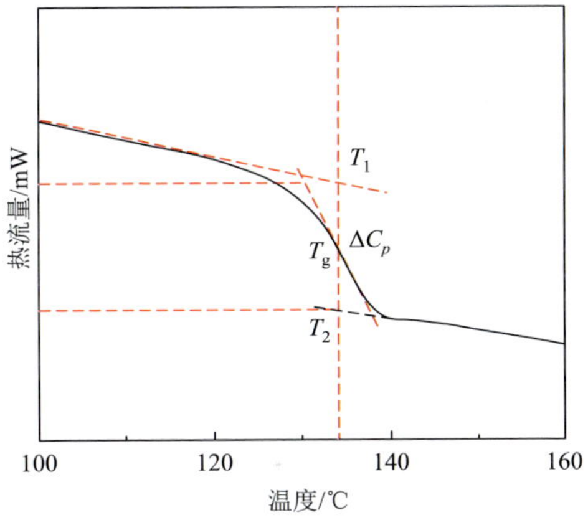

图 4.71 DSC 法计算玻璃化转变过程中热容变化值 ΔC_p

在 350～400℃范围选择 5 个不同的温度分别进行不同时间的恒温热处理，然后用 DSC 测得了不同热处理之后的玻璃化转变温度，结果如图 4.72 所示。随着热处理时间的延长，玻璃化转变温度逐渐升高，直至恒定。这是因为在热能作用下炔基发生了交联反应，随着反应程度的增大，玻璃化转变温度逐渐升高，当玻璃化转变温度恒定时交联反应基本完成，交联完成的时间与热处理温度有关，400℃下 20 min 左右交联完全，390℃和 380℃下 30 min 以上交联完全，而对应 370℃和 360℃交联 1 h 之后仍然有少量的交联反应没有进行，可见热处理温度越高，T_g 达到恒定所需要的时间就越短，说明高温有利于交联反应的进行。根据 DiBenedetto 公式计算了其在不同温度下热处理不同时间的交联反应程度 X[图 4.72(b)]，并将 $\ln(1-X)$[图 4.72(d)，一级反应关系]、$(1-X)^{1/2}$ [图 4.72(c)]，1/2 级反应关系)、$1/(1-X)$[图 4.72(e)，二级反应关系] 分别对时间作图，只有 $\ln(1-X)$ 与时间 t 接近线性关系，$(1-X)^{1/2}$ 和 $1/(1-X)$ 则没有这个关系，该炔基交联反应基本可以看作一级反应。通过 $\ln(1-X)$ 和时间 t 的斜率求得了不同温度下交联反应的反应速率(K)列于表 4.15。将 $\ln K$ 对 $1/T$ 作图[图 4.72(f)]求得斜率为−16640.2，依据 Arrhenius 公式有 $-E_a/R = -16640.2$，求得 P-PEEK$_{15}$-PEP 的炔基交联反应表观活化能 $E_a = 138$ kJ/mol。

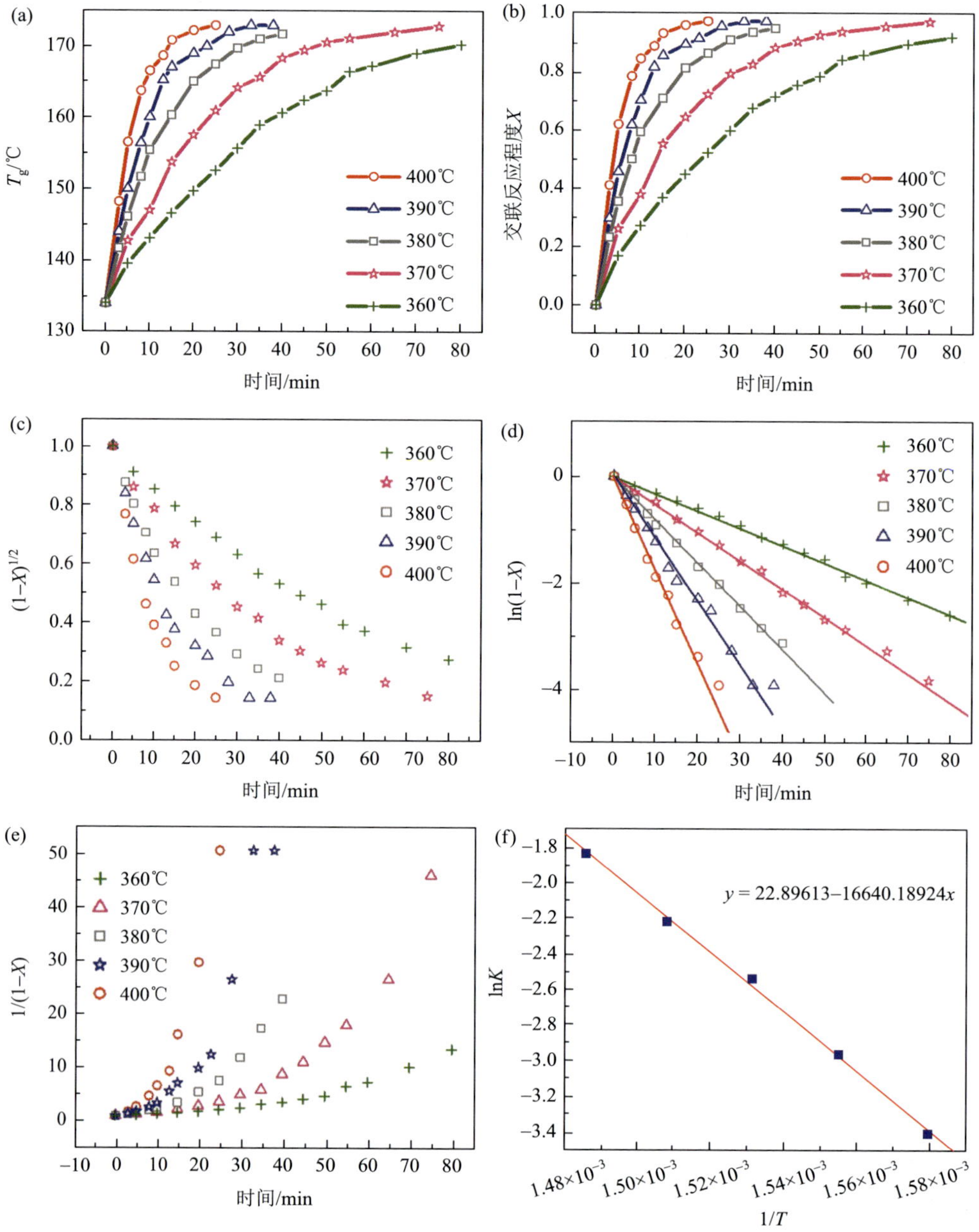

图 4.72 不同热处理温度下 P-PEEK$_{15}$-PEP 交联反应的玻璃化转变温度及动力学参数

表 4.15 P-PEEK$_{15}$-PEP 在不同温度下交联反应的反应速率

T/℃	360	370	380	390	400
K/min^{-1}	0.03307	0.05146	0.07915	0.10885	0.15994

3. 含氟可自交联聚芳醚酮的制备及应用

1) 苯乙炔封端的含氟可自交联聚芳醚酮的合成

将氟引入聚合物中，可以增加透光性、溶解性，保持很高的热稳定性，介电常数、折光指数、光损耗和吸水性降低，可作为微电子低介电常数材料、低损耗光波导材料、气体选择透过性膜材料等。含氟可自交联聚芳醚酮交联前具有良好的溶解性，很方便加工成型，交联后耐溶剂性增加，因此能够很好地解决多层化操作中存在的化学稳定性差的难题。同时交联可以增加聚合物材料的热稳定性，5%的热失重温度超过了 500℃，交联后聚合物也表现出更好的尺寸稳定性和防开裂性能。

含氟可自交联聚芳醚酮的合成路线如图 4.73 所示[26, 27]，聚合物分子量通过调控单体的摩尔投料比来控制。如表 4.16 所示，合成的聚合物分子量与理论计算结果基本一致。随着氟酮过量比的增加，聚合物的分子量逐渐降低，也就是相同质量条件下端基的含量逐渐增加。

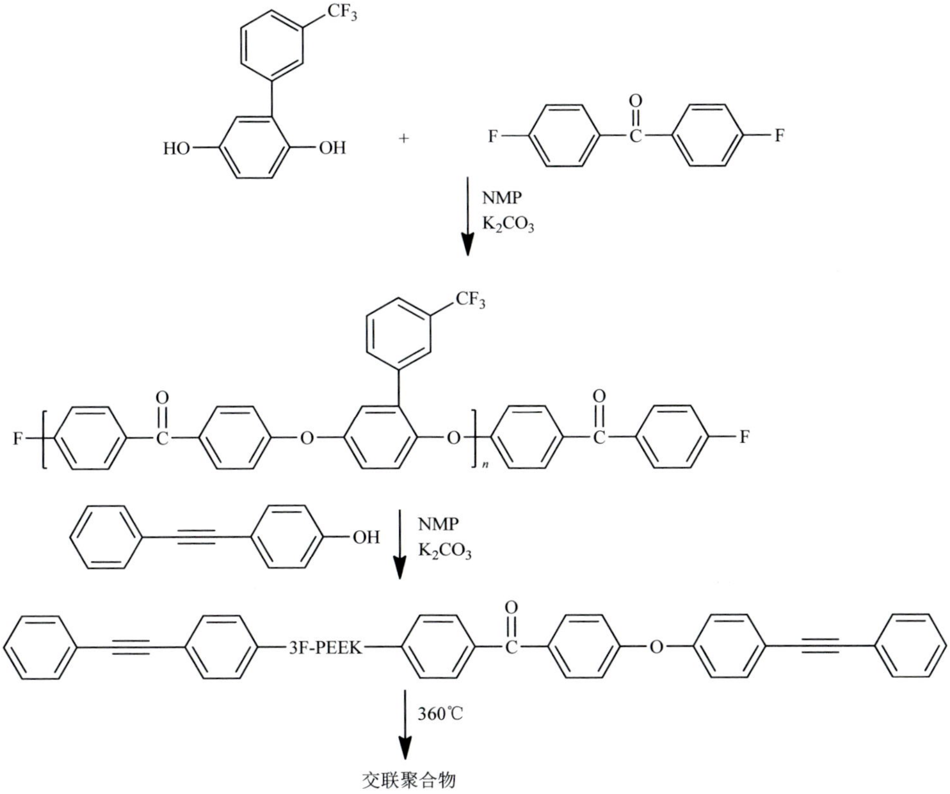

图 4.73　可自交联 3F-PEEK$_n$-PEP 的合成路线

表 4.16 3F-PEEK$_n$-PEP 分子量及其分布

聚合物名称	$[B]_0/[D]_0$	M_n'	M_n	M_w/M_n
3F-PEEK$_{50}$-PEP	1.04	22469	17397	1.32
3F-PEEK$_{20}$-PEP	1.10	9479	11395	1.30
3F-PEEK$_{15}$-PEP	1.15	6577	8536	1.24
3F-PEEK$_{10}$-PEP	1.20	5149	7661	1.22

注：$[B]_0/[D]_0$ 是氟酮与三氟甲基苯基对苯二酚的摩尔比；M_n' 是根据投料比例理论计算的聚合物的数均分子量；M_n 和 M_w/M_n 是以 THF 为溶剂，GPC 测试所得出的数均分子量和分子量分布。

含氟可自交联聚芳醚酮交联前后的 DSC 曲线如图 4.74 所示，交联前聚合物的玻璃化转变温度（T_g^a）随着氟酮摩尔比的增加而降低，交联起始温度以及交联峰峰值温度都随着炔基含量的增加而降低。聚合物在 360℃热处理 2 h 以后再进行二次升温 DSC 扫描，交联处理后的聚合物没有了明显的交联放热现象，并且随着炔基含量的增加，聚合物的玻璃化转变温度（T_g^b）升高。

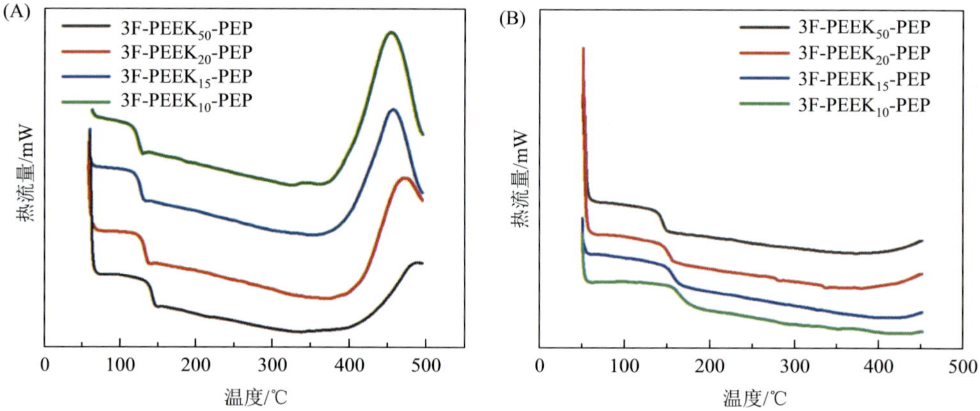

图 4.74 3F-PEEK$_n$-PEP 交联前(A)和交联后(B)DSC 曲线

图 4.75 是不同炔基含量的 3F-PEEK$_n$-PEP 近红外光谱。可见光区域吸收是由电子跃迁引起的，但是近红外区域的吸收主要是由化学键伸缩振动的谐振和它们的耦合引起的。碳-氢(C—H)键和氧-氢(O—H)键极大地影响了吸收。相比较可以看出炔基的引入及交联没有对聚合物的光吸收产生太大影响，吸收峰的位置和 3F-PEEK 基本一致，在 1.1 μm 附近有一个小的吸收峰，它被认为是由 C—H 键的伸缩振动的 3 倍频($3\nu\Phi_{CH}$)引起的，1.38 μm 处的吸收峰源于 C—H 键的伸缩振动的 2 倍频与变形振动的耦合($2\nu\Phi_{CH}+\delta\Phi_{CH}$)，另外，潮气中 O—H 键的伸缩振动也在这里出现[$2\nu\Phi_{OH}(H_2O)$]。另一处较强的峰(1.66 μm)是由 C—H 键伸缩振动的 2 倍频引起的，两组谱图相对照，可见没有增加其他的吸收峰，并且同样在光通信波段 1300 nm 和

1500 nm 处没有明显的光吸收。研究表明苯乙炔基团可以用来改善含氟光波导材料器件制作过程中的多层化操作问题及提高成型后的热及化学稳定性。

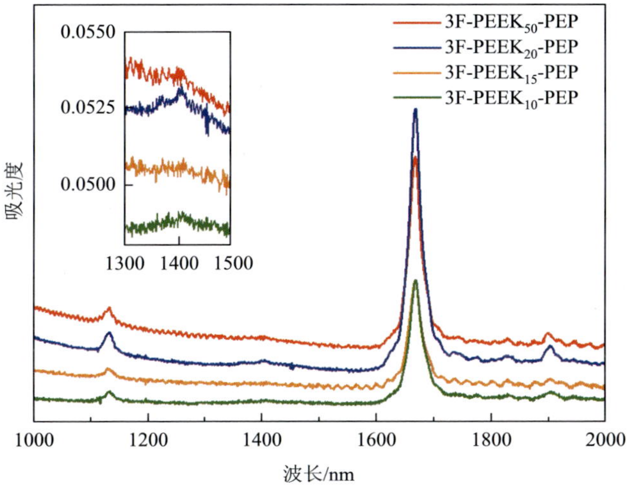

图 4.75 交联薄膜 3F-PEEK$_n$-PEP 的近红外光谱

2) 含苯乙炔侧基的含氟可自交联聚芳醚酮的合成

采用封端法引入交联基团的局限性在于要提高交联密度必须以降低分子量为代价，这一问题可以通过以共聚方式将交联基团以侧基形式引入聚合物的方法解决。采用共聚的方式制备了一系列侧基苯乙炔含氟聚合物(PEP-3F-PEEK$_n$)，合成路线如图 4.76 所示[28, 29]。首先是含氟双酚与氟酮反应一段时间形成氟封端的低聚物，然后再用其与炔基双酚单体进行聚合反应，制得 PEP-3F-PEEK$_n$。

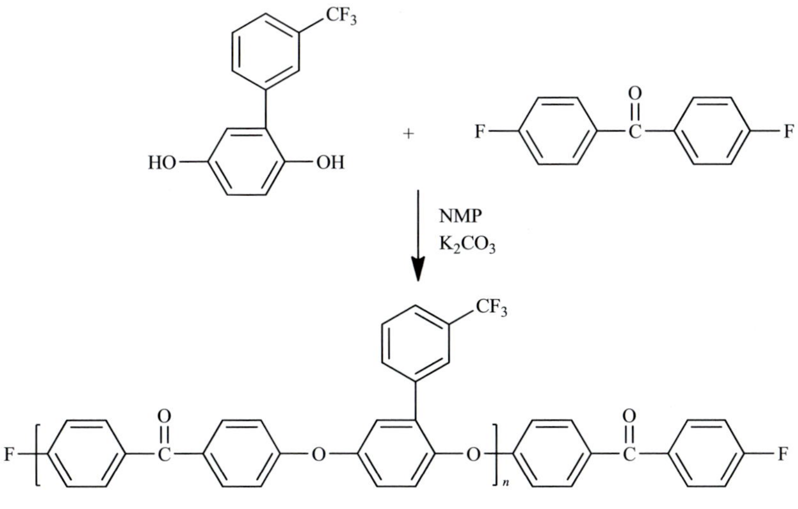

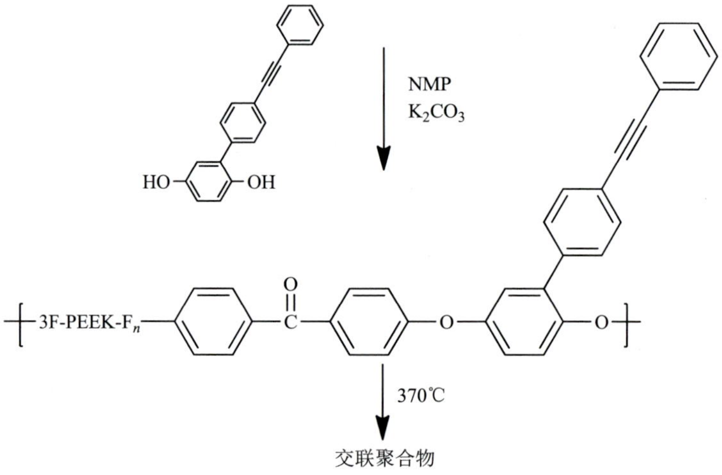

图 4.76 PEP-3F-PEEK$_n$ 的合成路线

图 4.77 是不同炔基含量的聚合物交联前后的 DSC 升温曲线。它们的初始 T_g 基本相同，这些聚合物在 370℃热处理 2 h 后的 T_g 升高，最高的 ΔT_g 值达 46℃。这一系列聚合物热失重 5%的温度都在 550℃以上，有很好的热稳定性。聚合物热性能如表 4.17 所示。

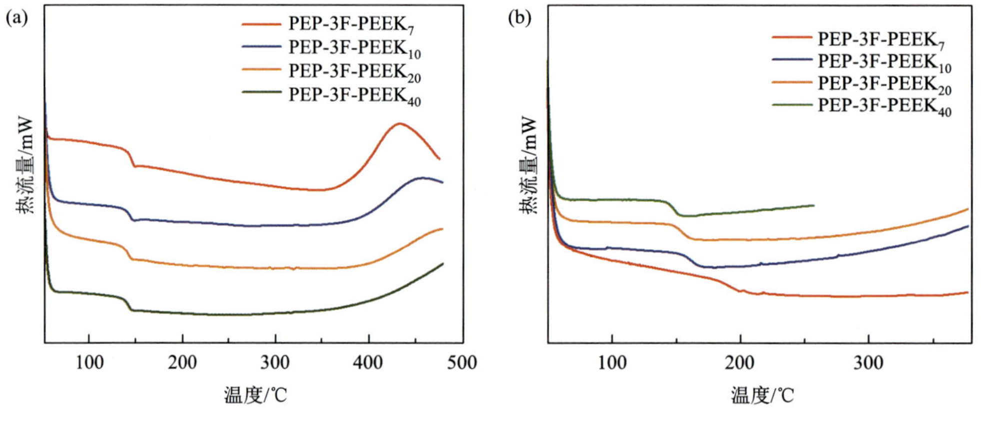

图 4.77 不同炔基含量的聚合物交联前(a)和交联后(b)的 DSC 升温曲线

表 4.17 聚合物的热性能

样品	$[B]_0/[D]_0$ [a]	T_g^b /℃	T_g^c /℃	ΔT_g/℃	$T_{d,5\%}$/℃	质量分数/%(800℃)
PEP-3F-PEEK$_{40}$	19:1	141	149	8	557	64.4
PEP-3F-PEEK$_{20}$	9:1	140	156	16	564	65.0

续表

样品	$[B]_0/[D]_0$ [a]	T_g^b /℃	T_g^c /℃	ΔT_g/℃	$T_{d,5\%}$/℃	质量分数/%(800℃)
PEP-3F-PEEK$_{10}$	4:1	142	163	21	553	67.5
PEP-3F-PEEK$_7$	7:3	144	190	46	561	69.2

a.三氟甲基苯基对苯二酚(3F-PH)与 4-(苯乙炔基)苯基对苯二酚(PEP-PH)的投料比。
b.在氮气气氛中于 160℃热处理 5 min 后淬冷，通过 DSC 测试获得。
c.在氮气气氛中于 370℃热处理 120 min 后淬冷，通过 DSC 测试获得。

图 4.78 是 PEP-3F-PEEK$_n$ 近红外光谱。与 3F-PEEK 相比可以看出炔基的引入以及交联处理没有对聚合物的光吸收产生太大影响，吸收峰的位置和 3F-PEEK 的基本一致，没有增加其他的吸收峰，并且在光通信波段 1300 nm 和 1500 nm 处没有明显的光吸收，这是聚合物作为光学材料的首要条件。

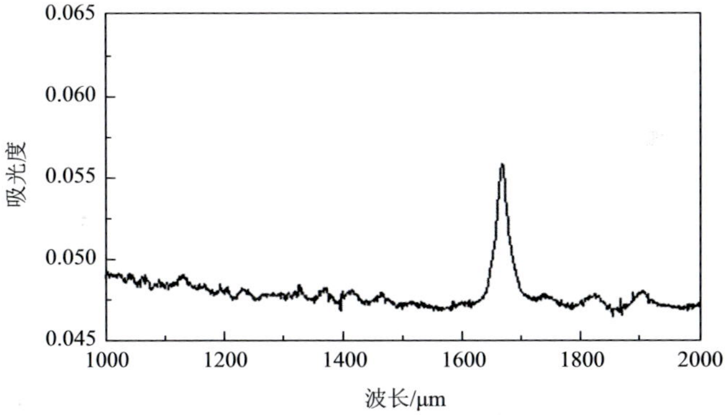

图 4.78　交联薄膜 PEP-3F-PEEK$_{10}$ 的近红外光谱

图 4.79 给出了上述几种聚合物交联后的折光指数，可以看出随着炔基含量的增加折光指数增大，从分子结构的角度分析折光指数的增大主要有以下几个方面的原因。

一是炔基的引入导致含氟量的降低，光波是一种电磁波，能使介质产生极化。极化作用的结果使光的传播速率降低，折光指数是真空中光速与介质中光速的比值，其大小与介质的极化率有关。一般来说在光波频率区，只有电子极化可以发生，而氟原子具有强的吸电子能力，使极化率变小，因而氟含量的降低会导致折光指数增大。

二是炔基交联产物中主要结构为共轭多烯，也会增大折光指数。

三是交联后材料的折光指数普遍增大。由于交联键的产生，形成三维网络结构，聚合物分子间更加致密，分子链的运动受到限制，自由体积减小，折光指数增大。

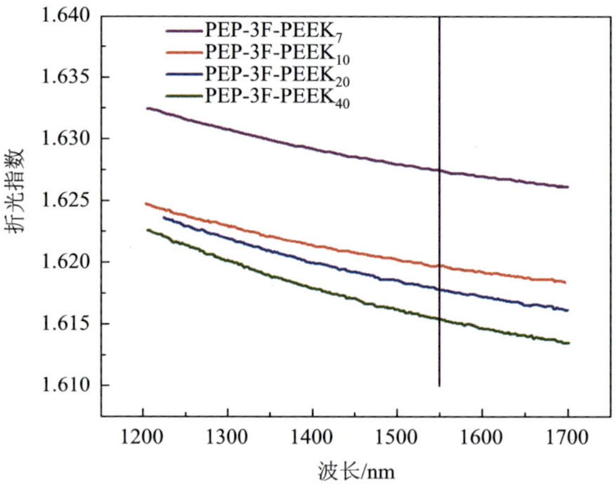

图 4.79 交联薄膜 PEP-3F-PEEK$_n$ 的折光指数

4.3.2 含氰基结构的交联聚芳醚酮

1. 氰基封端聚芳醚酮的合成和性能

双邻苯二甲腈树脂是一类综合性能优异热固性树脂，但存在以下缺点：一是单体的熔融温度高，加工温度窗口窄，固化温度高，固化速率慢，固化时间长；二是高的交联密度和刚性结构使固化后的树脂脆性较大，其断裂行为与未改性的环氧树脂类似，使其应用受到一定的限制。通过引入柔性链段和氰基侧基能有效降低分子结构的刚性和分子间作用力，从而有效地降低单体的熔点，拓宽其加工温度窗口。

通过分子结构设计，在双邻苯二甲腈结构中引入柔性链段，合成一种含氰基侧基醚酮结构的双邻苯二甲腈树脂，如图 4.80 所示[30, 31]。

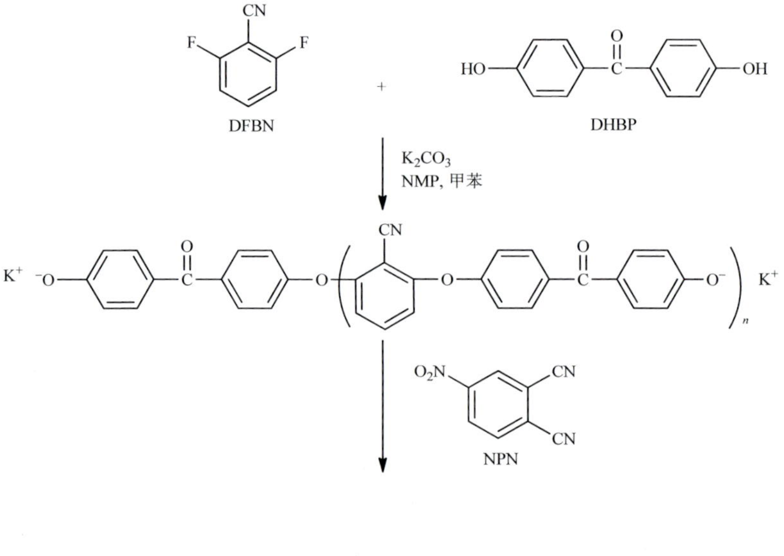

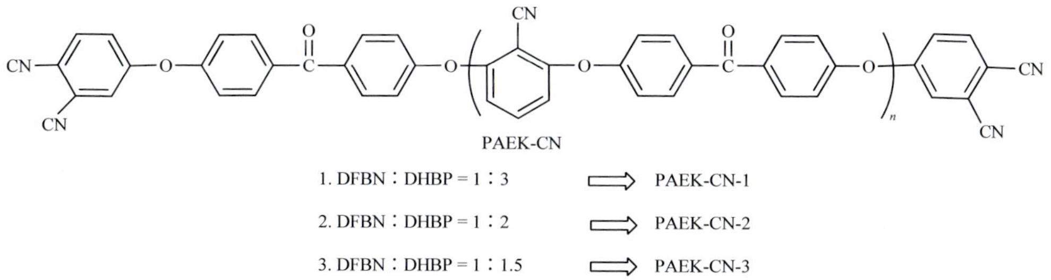

图 4.80　PAEK-CN 低聚物的合成路线

DFBN：2, 6-二氟苯腈；DHBP：4, 4′-二羟基二苯甲酮

如表 4.18 所示，通过改变原料的投料比合成了 3 种不同分子量的 PAEK-CN 低聚物，通过调控其分子链的长度来调控交联密度。

表 4.18　PAEK-CN 的分子量

样品	DFBN/DHBP 摩尔比	分子量/(g/mol)			PD[c]
		M_n^a	M_n^b	M_n^c	
PAEK-CN-1	1∶3	780	700	1420	1.17
PAEK-CN-2	1∶2	936	998	1759	1.17
PAEK-CN-3	1∶1.5	1250	1698	2429	1.30

注：a. 由 DFBN 与 DHBP 摩尔比计算出的数均分子量理论值；b. 由 ^{1}H NMR 计算出的数均分子量；c. 由 GPC 测出的数均分子量。

由图 4.81(a)可知，PAEK-CN 低聚物的熔点范围为 109～142℃，交联放热峰的峰值温度范围为 233～245℃。这说明 PAEK-CN 可以在较低的温度下熔融、流

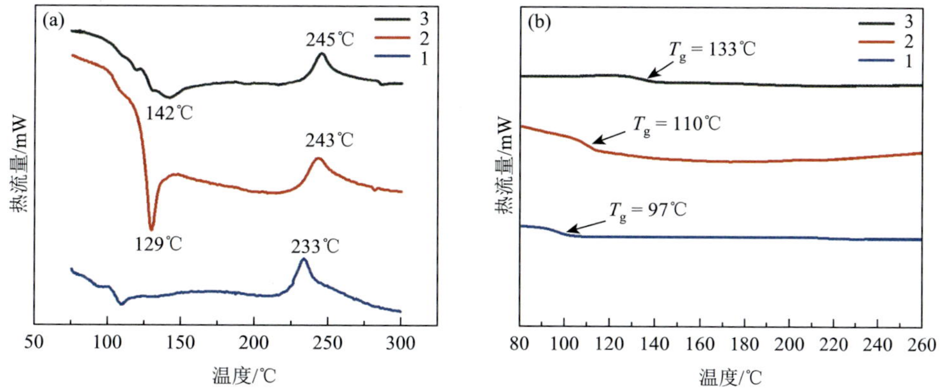

图 4.81　PAEK-CN/*p*-BAPS(双[4, 4′-氨基苯氧基)苯基]砜)(100/3，*w*/*w*)混合物第一次扫描(a)和第二次扫描(b)的 DSC 曲线

1. PAEK-CN-1；2. PAEK-CN-2；3. PAEK-CN-3

动，在较高的温度下发生交联反应，因此，PAEK-CN 具有较宽的加工温度窗口(103～124℃)。随着分子量的增加，样品交联放热峰的峰值温度从 233℃升高到了 245℃，放热峰的焓值从 21.05 J/g 降到了 11.31 J/g。这说明随着 PAEK-CN 低聚物分子链的增长，腈基在固化体系中的相对浓度降低，导致交联反应的进行变得更加困难。由图 4.81(b)可知，在对样品进行 DSC 的第二次扫描时，发现 DSC 第一次扫描时出现的熔点和放热峰消失了，出现了明显的玻璃化转变，三种低聚物交联后的玻璃化转变温度(T_g)分别为 97℃、110℃和 133℃。

由图 4.82 和图 4.83 可知，样品的起始熔体黏度是很低的，直到发生凝胶化现象以后，体系的黏度才快速增大；在相同的温度下，随着固化剂含量的增加，样品的熔融黏度增大得越来越明显。固化剂含量相同的条件下，固化温度越高，样品黏度的增大越明显。

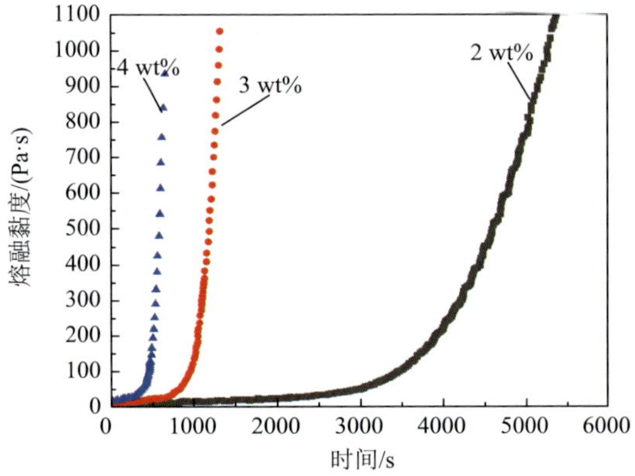

图 4.82 在 260℃下不同固化剂含量的 PAEK-CN-2/*p*-BAPS 混合物的时间-熔融黏度曲线

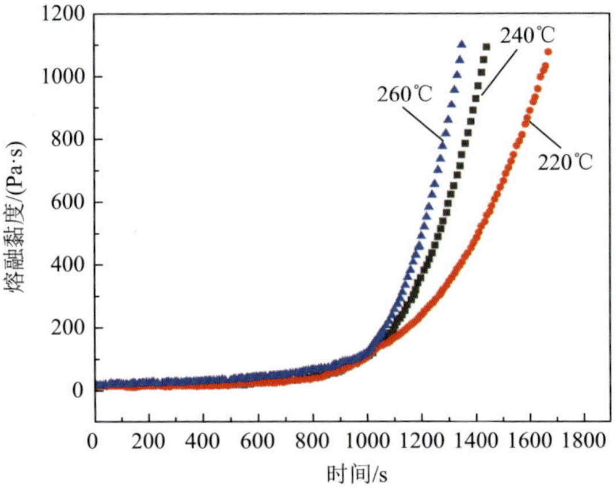

图 4.83 在相同的固化剂含量(3 wt%)下，不同温度的 PAEK-CN/*p*-BAPS 混合物的时间-熔融黏度曲线

表 4.19 列出了用于流变测试的所有样品的凝胶时间，这些数据表明增加固化剂的含量和提高固化的温度可以缩短交联体系的凝胶时间。PAEK-CN 低聚物具有良好的加工性能，适用于多种制备复合材料的加工成型方式，如模压成型、缠绕成型、真空辅助树脂传递模塑成型。

表 4.19　PAEK-CN-2/*p*-BAPS 预聚物的凝胶时间

p-BAPS 含量	凝胶时间/s		
	220℃	240℃	260℃
2 wt%	—	—	3600
3 wt%	1610	1250	1050
4 wt%	—	—	530

由表 4.20 可知，PAEK-CN 的三种固化物的凝胶含量高达 90%以上，高的凝胶含量可能是由于 PAEK-CN 分子链的端基和侧基上的腈基发生加成聚合形成了高交联密度的三维网状结构。

表 4.20　PAEK-CN 固化物的凝胶含量

样品	凝胶含量/%
PAEK-CN-1 固化物	90.1
PAEK-CN-2 固化物	97.9
PAEK-CN-3 固化物	98.3

固化条件：240℃ 5 h，260℃ 4 h，280℃ 4 h，300℃ 4 h，325℃ 4 h，350℃4 h。

PAEK-CN 系列聚合物展现出良好的热稳定性，初始失重温度高于 460℃，失重 5%的温度（$T_{d,5\%}$）高于 500℃。如表 4.21 所示，PAEK-CN 系列聚合物在氮气和空气下的 $T_{d,5\%}$分别在 520～534℃和 496～516℃范围。随着 PAEK-CN 分子量的增大，固化体系中腈基的相对浓度降低，导致固化物的交联密度也随之减小，固化后样品的热稳定性有下降的趋势。

表 4.21　PAEK-CN 固化物的热稳定性

样品	N_2气氛		空气气氛
	$T_{d,5\%}$/℃	残余量/%(800℃)	$T_{d,5\%}$/℃
PAEK-CN-1 固化物	534	77	516
PAEK-CN-2 固化物	530	74	496
PAEK-CN-3 固化物	520	71	498

固化条件：240℃ 5 h，260℃ 4 h，280℃ 4 h，300℃ 4 h，325℃ 4 h，350℃ 4 h。

2. 含腈基增韧剂的合成及其对腈基封端聚芳醚酮的增韧

从报道的双邻苯二甲腈树脂的力学性能数据可知，其断裂行为与环氧树脂相似，都属于脆性断裂[32]。将橡胶或热塑性树脂掺入热固性体系来提高其韧性，是一种简便易行、成本低廉、可操作性强的方法。但橡胶和普通热塑性树脂的引入往往会大幅降低双邻苯二甲腈树脂的耐热性及弯曲模量等性能。

如图 4.84 所示，设计并合成了含腈基侧基的联苯型聚醚砜(PPSU-CN)作为增韧剂[33, 34]，对数比浓黏度为 0.86 dL/g，玻璃化转变温度为 230℃。PPSU-CN 热稳定性十分优异，如表 4.22 所示其失重 5%的温度($T_{d,5\%}$)为 554℃，高于 PAEK-CN-1 固化物(534℃)。虽然 PPSU-CN 的 $T_{d,5\%}$高于 PAEK-CN-1 固化物，但复合材料固化物的 $T_{d,5\%}$与 PAEK-CN-1 固化物相比，略微降低，并没有随着 PPSU-CN 比例的增加而增大，这可能是由于 PPSU-CN 的加入，复合体系中腈基的相对浓度降低，导致固化后基体的交联密度下降，因而抵消了这部分影响。

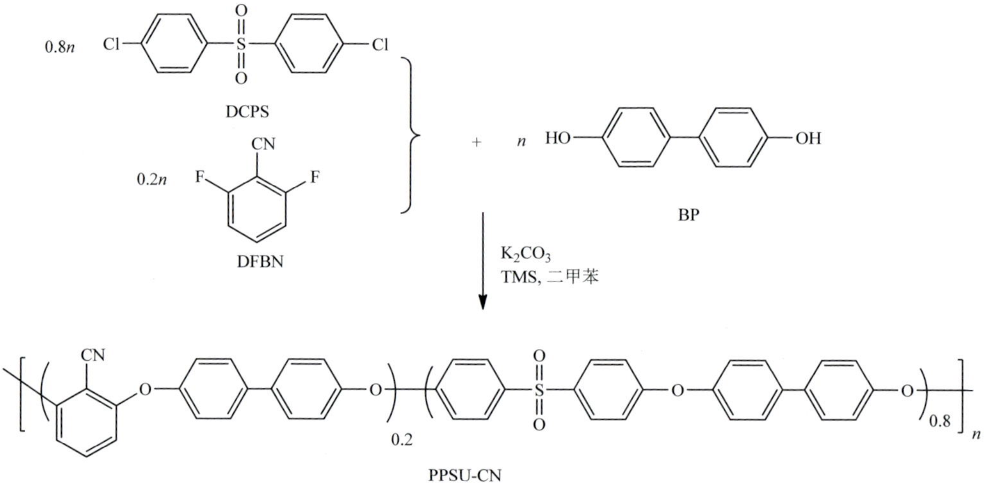

图 4.84　PPSU-CN 聚合物的合成路线

表 4.22　PAEK-CN-1 固化物、复合材料固化物和 PPSU-CN 的热稳定性(N_2 气氛)

样品	$T_{d,5\%}$/℃	残余量/%(800℃)
PAEK-CN-1 固化物	534	77
4.63 wt%PPSU-CN 共混材料固化物	530	76
8.85 wt%PPSU-CN 共混材料固化物	531	74
16.26 wt%PPSU-CN 共混材料固化物	532	73
PPSU-CN	554	63

表 4.23 所示为不同 PPSU-CN 含量的共混材料固化物样条的拉伸模量、拉伸强度、断裂伸长率以及断裂能数据。从拉伸强度数据可知，未经改性的 PAEK-CN-1 固化物的拉伸强度为 35 MPa，而添加 PPSU-CN 改性的树脂体系，其拉伸强度随着 PPSU-CN 含量的增加呈现增大的趋势。当 PPSU-CN 含量达到 12.71 wt%、16.26 wt%时，拉伸强度分别增大至 51 MPa 和 62 MPa。PAEK-CN-1 固化物的拉伸模量为 1357 MPa，经过 PPSU-CN 改性后，其拉伸模量随着 PPSU-CN 含量的增加也呈现增大的趋势。从断裂伸长率和断裂能的数据可知，随着 PPSU-CN 含量的增加，断裂伸长率和断裂能有明显增大的趋势。当 PPSU-CN 含量达到 16.26 wt%时，复合材料的断裂伸长率由纯树脂的 2.23%提高到 6.95%；其断裂能由纯树脂的 4.63 kJ/m^2 提高到 34.35 kJ/m^2，这说明材料韧性显著提高。PPSU-CN 的加入，在提高了 PAEK-CN-1 固化物的拉伸模量的同时，起到了增强、增韧的有益效果。

表 4.23　PAEK-CN-1 固化物、复合材料固化物和 PPSU-CN 机械性能

样品	拉伸模量/MPa	拉伸强度/MPa	断裂伸长率/%	断裂能/(kJ/m^2)
PAEK-CN-1 固化物	1357	35	2.23	4.63
4.63 wt%PPSU-CN 共混材料固化物	1417	38	2.39	5.47
8.85 wt%PPSU-CN 共混材料固化物	1455	45	3.59	11.98
12.71 wt%PPSU-CN 共混材料固化物	1510	51	5.64	13.66
16.26 wt%PPSU-CN 共混材料固化物	1556	62	6.95	34.35
PPSU-CN	1857	84	52.62	403.15

从图 4.85(a)中可以看出纯 PAEK-CN-1 固化物的断裂面光滑平整，这是典型热固性树脂脆性断裂的特点。增韧后复合材料的断裂面粗糙不平，而且在断裂口处出现许多高低不平、大小不一的碎状结构。随着 PPSU-CN 含量的增加，断面逐渐出现抽丝和山脊状形貌，PPSU-CN 中含有腈基，因此与 PAEK-CN-1 基体有较好的相容性，在固化过程中 PPSU-CN 逐渐从体系中分离，以粒子形式在 PAEK-CN-1 基体中形成均匀的微相分离结构，相分离的两相在受力时产生屈服现

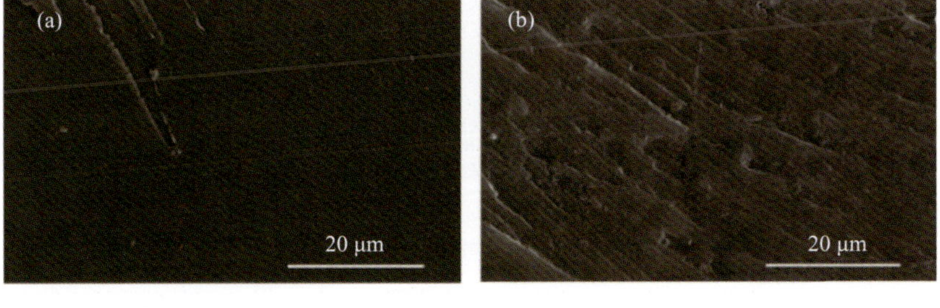

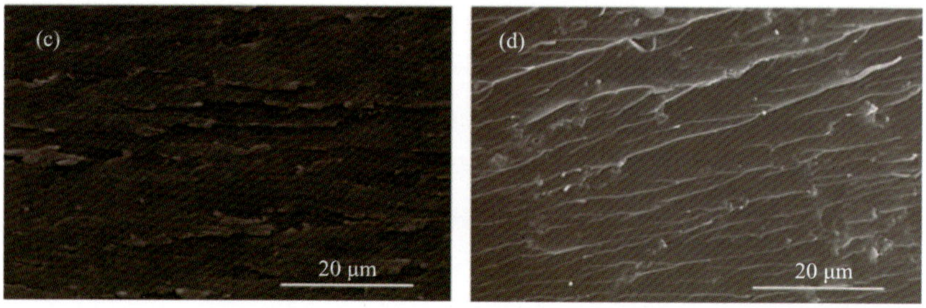

图 4.85 PAEK-CN-1 与不同含量 PPSU-CN 制得的共混材料固化物的拉伸断面形貌

(a) PAEK-CN-1；(b) 8.85 wt%；(c) 12.71 wt%；(d) 16.26 wt%

象，并形成凸棱状结构，有些部分脱落形成丝状物，伴随能量的吸收，从而使复合材料的韧性呈现出增长的趋势。通过扫描电镜观察的现象与之前所测的力学性能相吻合。

4.4 含稠环聚芳醚酮

4.4.1 含萘聚芳醚酮

将稠环引入聚芳醚酮能够有效提高聚芳醚酮的玻璃化转变温度和改善聚芳醚酮的溶解性能，并且可以利用其不同于苯环的反应活性，对聚芳醚酮进行化学改性。含萘聚芳醚酮是含稠环聚芳醚酮类聚合物中的重要一类。

含萘聚芳醚酮的最早文献报道是在 1988 年，Hergenrother 等报道了含萘及杂环聚芳醚酮类聚合物的合成[35]。所合成单体结构如图 4.86 所示。通过这两种单体和其他双酚发生缩聚反应，得到性能优良的含萘聚芳醚酮类聚合物，聚合物性能列于表 4.24 中。

2,6-FBN

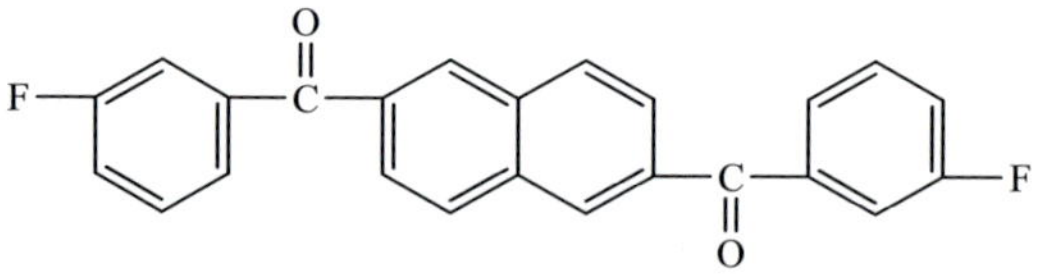

2,6-FBP

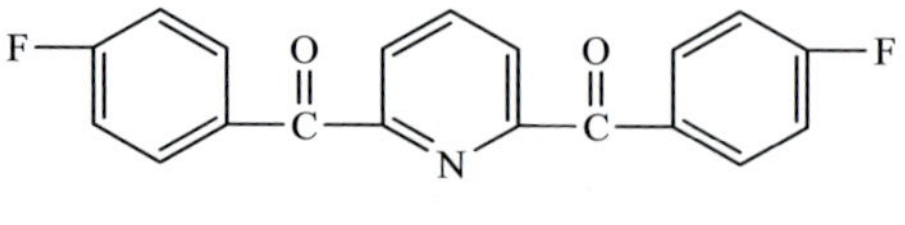

图 4.86 含萘及杂环聚芳醚酮单体结构

表 4.24　不同型号 PAEK 的性能

聚合物		η_{inh}/(dL/g)	$T_g(T_m)$/℃	薄膜
卤化物	双酚			
2, 6-FBN	BPA	1.05	185(220)	透明、坚韧、可弯折
2, 6-FBN	9, 9-HPF	1.29	252	透明、坚韧、可弯折
2, 6-FBN	HPB	1.08	185	透明、坚韧、可弯折
2, 6-FBP	BPA	0.17	132	薄膜易断裂
2, 6-FBP	9, 9-HPF	0.29	223	透明、易断

注：BPA 为双酚 A，9, 9-HPE 为双酚芴，HPB 为联苯二酚。

Yoshida 等也成功合成了结构相似的含萘单体，并利用此单体合成了一系列性能良好的聚芳醚酮聚合物，其具体反应路线如图 4.87 所示[36]。

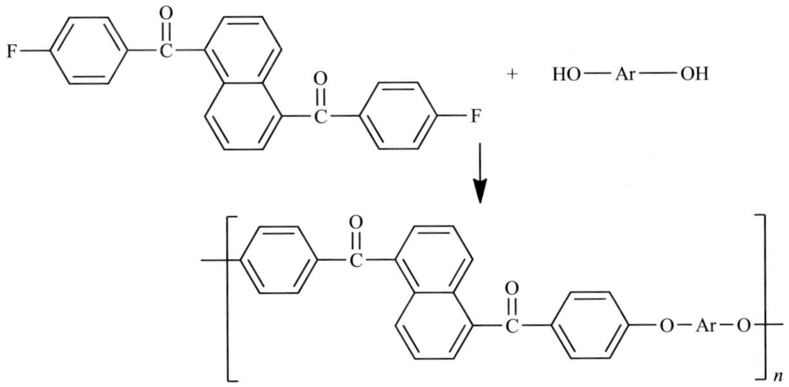

图 4.87　含萘聚芳醚酮的合成路线

Ohno 等也论述了一种含萘单体及其聚合物的合成，其含萘单体合成方法与 Hergenrother 等的方法相近，其单体反应式见图 4.88。所得到的聚合物由于甲基侧基的存在而有更好的溶解性[37-39]。

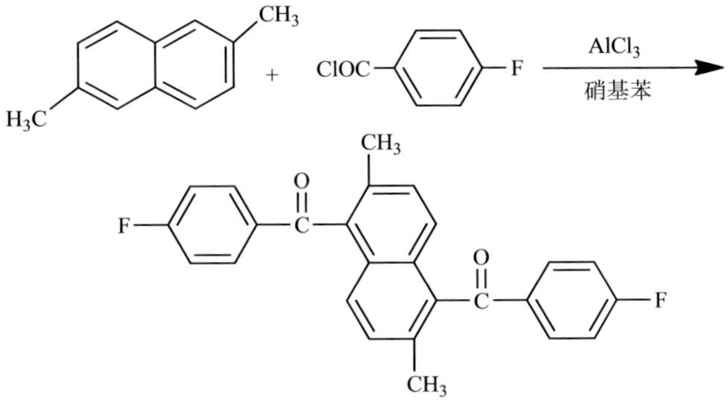

图 4.88　具有甲基侧基含萘单体的合成路线

Wang 等研究了含 1, 8-萘结构单元聚芳醚酮聚合物的合成及性能。合成路线如图 4.89 所示[40]。

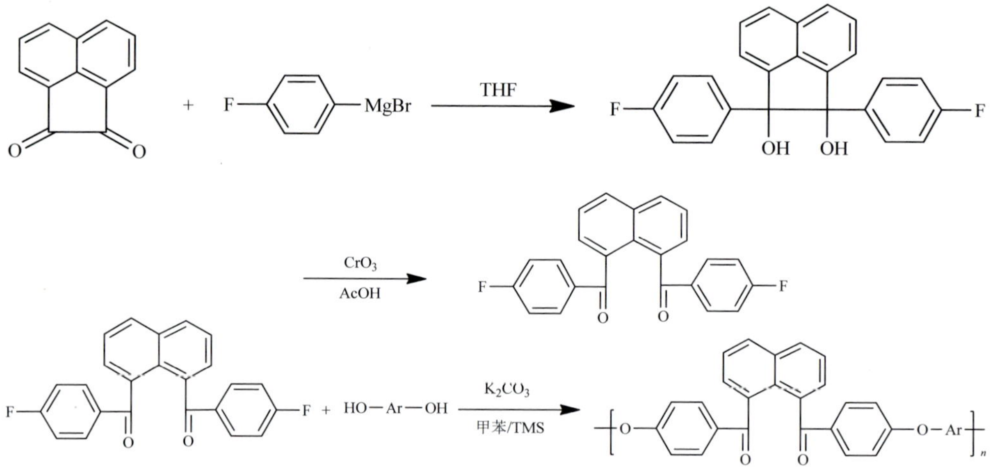

图 4.89 含 1, 8-萘结构聚芳醚酮聚合物的合成路线

Mercer 等研究了含 1, 4-萘结构单元的聚合物的合成。其单体合成路线如图 4.90 所示。在合成了新型单体的基础上，合成了一系列含 1, 4-萘环聚芳醚酮，其具有优越的热性能、介电性能和溶解性[41]。

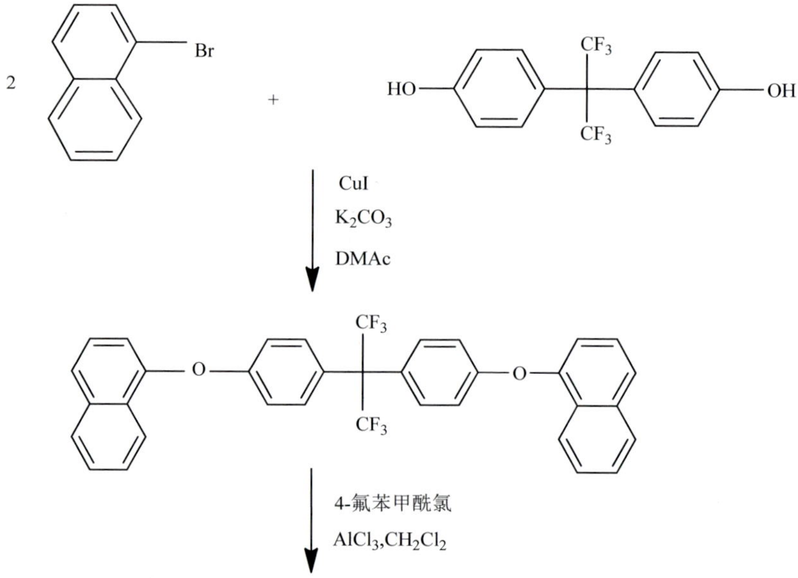

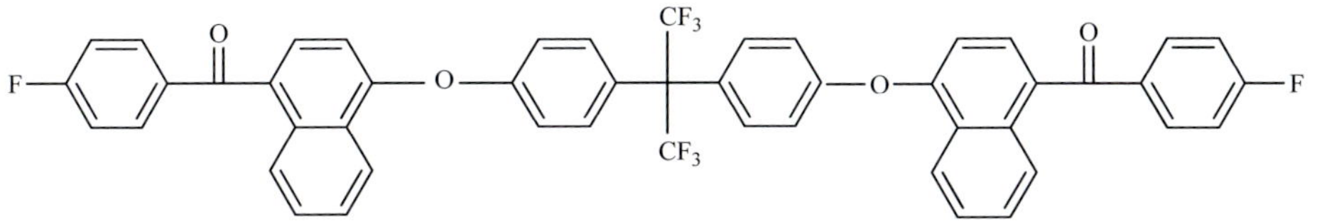

图 4.90　含 1, 4-萘结构单元聚合物单体的合成路线

1. 含萘聚芳醚酮树脂的合成

含萘聚芳醚酮的结构对性能有很大的影响，下面就几种聚芳醚酮的合成方法和性能进行介绍。

1) 萘二酮型含萘聚芳醚酮的设计及合成

设计一种 1, 4-萘二酮结构的双氟单体(1, 4-BFN)，并和氟酮共聚制备了一系列含萘聚芳醚酮共聚物(1, 4-PEEKNK)，其合成路线如图 4.91 所示[42]。

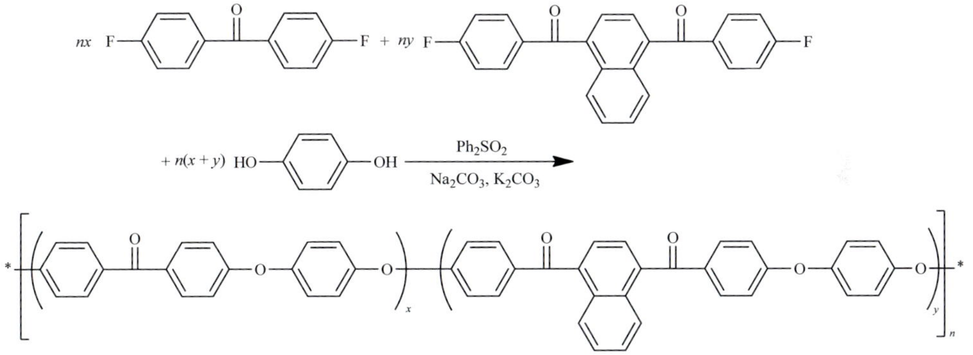

图 4.91　含 1, 4-萘环聚芳醚酮共聚物的合成路线

通过 XRD 研究表明 1, 4-PEEKNK 共聚物的晶体结构与聚醚醚酮一样同为正交晶系。但是萘环链段的引入，破坏了原来分子链的规整性，随着萘含量的增加，聚合物逐步失去了结晶能力。图 4.92 是不同萘含量的萘二酮型含萘聚芳醚酮的 DSC 曲线，随着萘环摩尔分数的增加，1, 4-PEEKNK 共聚物的玻璃化转变温度 T_g、冷结晶温度 T_c 逐步升高，熔点 T_m 则逐步降低，当萘含量增加至 20%时，共聚物成为无定形聚合物，只有 T_g 而无 T_c 和 T_m，可见萘环的引入对共聚物主链的规整性破坏较为严重，使聚合物的结晶能力下降，直至成为无定形聚合物。而且共聚物的玻璃化转变温度基本都在均聚物的线性加和值之上，说明萘环的引入对聚合物链段运动的影响较大。

随着萘环含量的增加，共聚物的溶解性逐步增大。一般来说，聚芳醚酮具有溶解性是因为其分子链堆积不紧密，从而增大聚合物的自由体积以便有机溶剂小

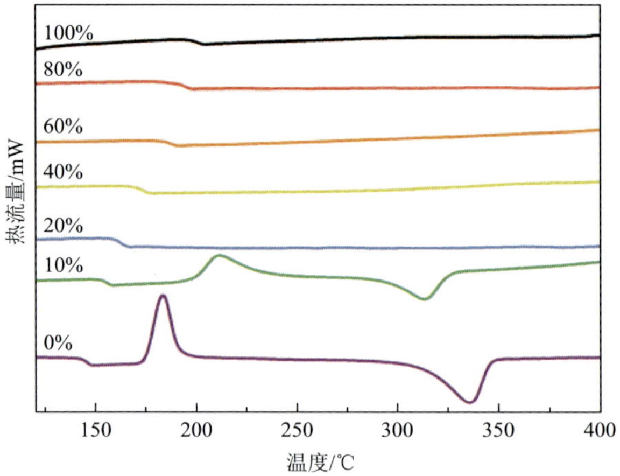

图 4.92 不同摩尔分数 1, 4-BFN 对含 1, 4-萘环 PAEK 共聚物的 DSC 曲线

分子进入聚合物链段之间。对于含 1, 4-萘环聚醚醚酮酮聚合物来说，由于 1, 4-萘环的引入相当于在聚合物的主链上增加了一个侧链的苯撑结构，即增大了聚合物的自由体积，从而增大了聚合物的溶解性。当萘含量增加到 50%时，聚合物开始变得易溶于 DMF、DMAc、NMP、THF 和 CH_2Cl_2 等有机溶剂。

2) 萘二醚型含萘聚芳醚酮的设计及合成

一系列萘二醚型的聚芳醚酮共聚物（1, 5-PENEK）的合成如图 4.93 所示。在具体的合成过程中，由于在高温下反应激活了萘环上的活性点，当共聚物中萘含量高于 30%时，合成过程中很容易产生凝胶。

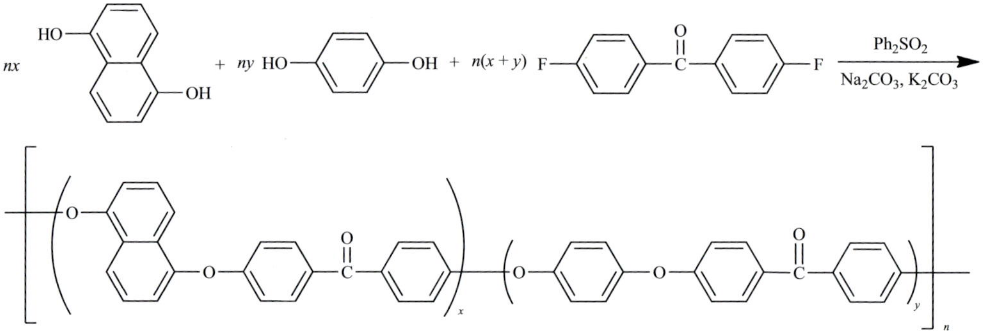

图 4.93 含 1, 5-萘的聚芳醚酮共聚物的合成路线

如图 4.94 所示，随着萘含量的增加，1, 5-PENEK 共聚物的玻璃化转变温度 T_g 和冷结晶温度 T_c 升高，熔点 T_m 则逐步降低，当萘含量增加至 30%时，共聚物成为无定形聚合物，只有 T_g 而无 T_m，可见萘环的引入对共聚物主链的规整性破坏较为严重，使聚合物的结晶性降低，直至成为无定形聚合物。

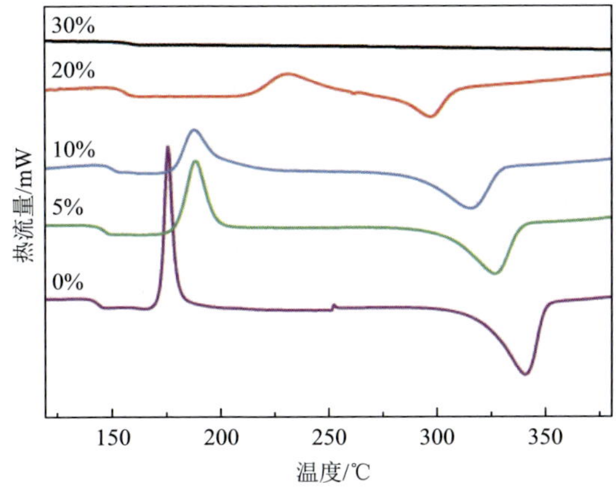

图 4.94　含有 1, 5-萘基的 PAEK 共聚物的 DSC 曲线

2. 含萘聚芳醚酮的热交联行为

萘环有着比苯环更多的活性点，可以在一定条件下发生交联反应，从而提升聚芳醚酮的耐热性能。以萘二醚结构的聚芳醚酮聚合物为例，讨论不同萘含量聚芳醚酮的热交联行为。

图 4.95 是不同含萘量共聚物在 340℃不同时间及不同气氛下处理后样品的 DSC 曲线。由曲线可以看到随着处理时间的增加，T_g 和 T_c 值逐步升高而 T_m 值逐步降低，直至 T_c、T_m 值消失，这一现象说明聚合物发生了交联反应；萘含量越高，热性质变化越快，这一现象可以说明萘环作为活性点参与了交联反应。但是 20%萘含量共聚物在氮气气氛下处理时其热性质与未处理的基本一致，这说明聚合物上的萘环发生的交联反应与空气中的氧气有关。

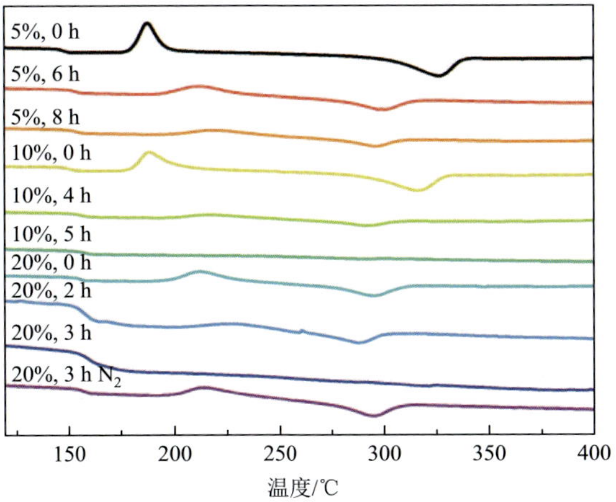

图 4.95　不同摩尔分数 1, 5-PENEK 在 340℃不同气氛处理不同时间后淬火样品的 DSC 曲线

由图 4.96 可见，空气气氛下当萘含量相同的共聚物［1, 5-PENEK (20 mol%)］在不同温度热处理时发现，随着处理时间的延长，T_g 逐步升高，T_m 逐步降低直到消失，并且处理温度越高，其热性质变化越快。观察 T_g 随处理时间变化曲线，其变化可以被分为两个部分，即初期 T_g 升高很快，然后逐步趋于缓慢直到基本不变。这一变化也符合聚合物交联反应时玻璃化转变温度的变化趋势，说明空气气氛下 320℃以上温度热处理时，含 1, 5-萘环共聚物的确发生了交联反应。

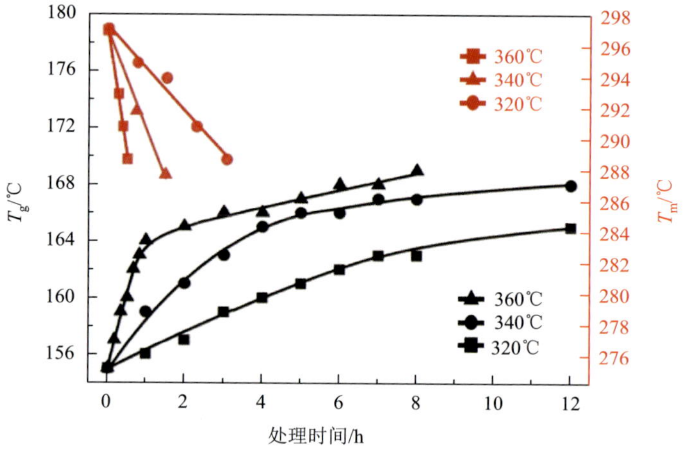

图 4.96 不同处理时间 1, 5-PENEK (20 mol%) 热处理样品的 T_g 和 T_m

图 4.97 是 1, 5-PENEK (20 mol%) 在空气条件下，340℃热处理不同时间的样品的 WAXD 谱图，X 射线衍射峰强度随着样品处理时间的延长而逐步减小，当处理 4 h 时，衍射峰基本消失。这一变化与 DSC 的扫描结果基本一致，说明聚合物由于发生了交联反应从而逐步形成网络状结构，使得分子链运动受到限制，结晶能力变差，直至消失。

1, 5-PENEK (20 mol%) 未进行热处理及在 340℃热处理后的淬火样品的 ESR 谱如图 4.98 所示。1, 5-PENEK (20 mol%) 在热处理前就存在一条弱的单峰，它的 $g = 2.0015$，$\Delta H_{PP} = 0.408$ mT，说明 1, 5-PENEK (20 mol%) 自身在聚合过程中就产生了一种少量稳定的自由基 R_1。将 1, 5-PENEK (20 mol%) 在 340℃下分别热处理 1～12 h，定量检测它们的 ESR 谱，发现单峰的幅度随着热处理时间的延长而增强，说明热处理过程中不断产生自由基，使得样品中自由基的浓度随热处理时间的延长而增加。

仔细观察图 4.98 中的波谱，发现在谱峰的两侧有很弱的突起 (图中箭头所示)，为了确认除了窄的单峰外是否还有其他峰存在，采用微波功率饱和特性方法进行识别，方法是逐渐增加微波功率检测其谱 (图 4.99)。选用的是在 340℃热处理 8 h 的淬火样品，随着微波功率的增加，单峰两侧的突起部分逐渐增高，当微波功率

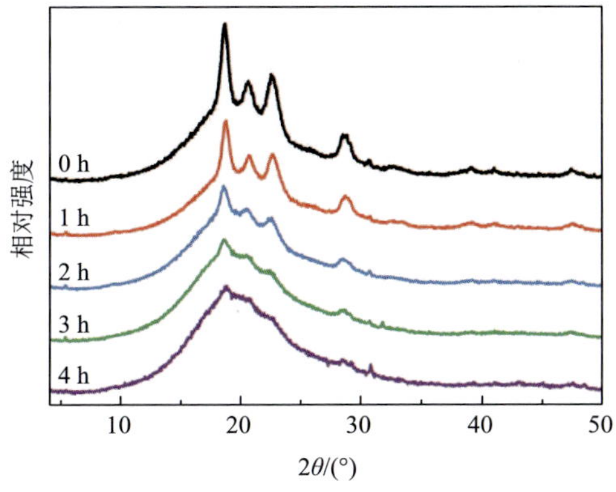

图 4.97　1, 5-PENEK(20 mol%)在 340℃热处理不同时间的 WAXD 谱

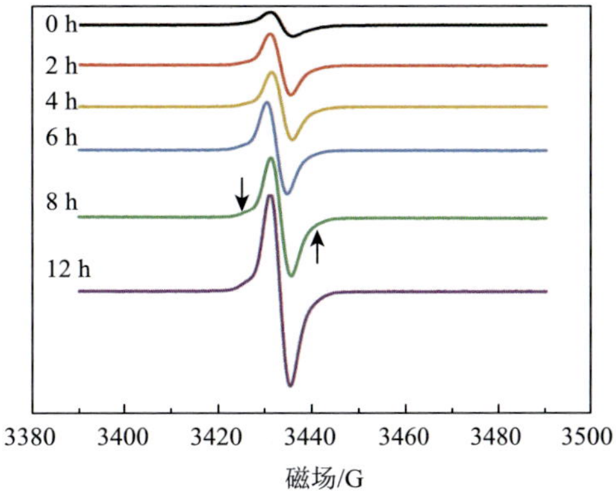

图 4.98　1, 5-PENEK(20 mol%)在 6 mW 热处理不同时间的 ESR 谱

增加到 64 mW 时，单峰两侧的突起变得较为明显(图 4.99D 箭头所示)。当把微波功率增加到 200 mW 时，单峰两侧的突起部分变得十分明显(图 4.99E)。最后，当微波功率增加到 500 mW 时，波谱的形状发生了明显的变化(图 4.99F)，中间的单峰因微波功率增大而出现明显的饱和现象，而单峰两侧的突起部分所代表的波谱，因还未出现微波功率饱和现象，波谱的幅度随微波功率的增加而缓慢增加。这说明 1, 5-PENEK(20 mol%)中自由基的 ESR 谱不只是由一条单峰组成，而是由两种自由基产生的两组谱线组成。

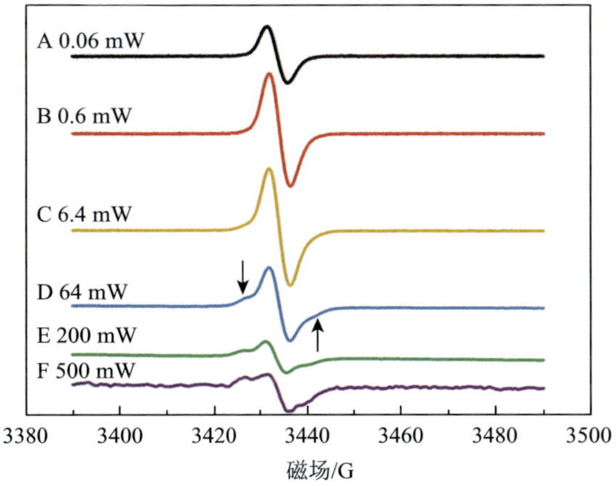

图 4.99　1, 5-PENEK(20 mol%)样品不同功率热处理 8 h 的 ESR 谱

这两种自由基的微波功率饱和特性(以峰的相对强度代表)不同(图 4.100)。由图可见，代表 R_1 的 ESR 窄谱易饱和，当微波功率为 6.4 mW 时，R_1 的 ESR 谱开

始饱和，之后，随着微波功率的增加，R_1的 ESR 谱的幅度反而下降。相反，没有检测到 R_2 的微波功率饱和点，R_2 的 ESR 谱的幅度始终随着微波功率的增加而缓慢增加，当微波功率增加到 64 mW 后，R_2 才逐渐显露出来。

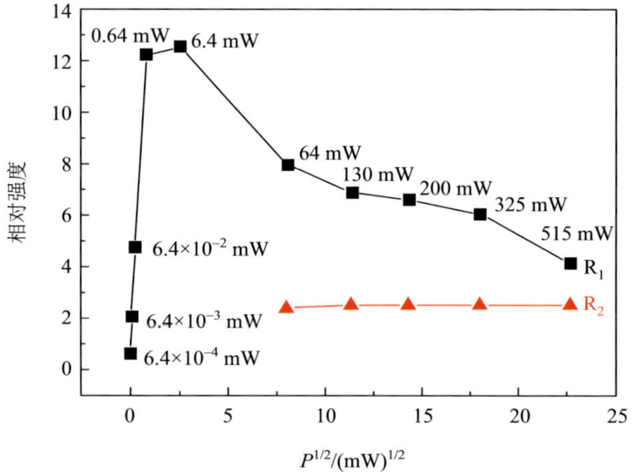

图 4.100　R_1 和 R_2 自由基的微波功率饱和特性曲线

不同热处理时间的聚合物样品在 200 mW 下的 ESR 谱如图 4.101 所示。发现 R_2 自由基所对应的 ESR 谱峰强度随着样品处理时间的延长而逐步增强。合成后的 1, 5-PENEK(20 mol%)在室温下就存在稳定的自由基 R_1。在热处理过程中，链段中键的断裂，使 R_1 自由基的浓度不断增加。考虑到热处理过程是在空气条件下进行的，即存在 O_2 的影响，再根据它的 g 因子和谱线宽度，推测 R_1 可能是 RO•自由基，为了确认这一看法，在 N_2 保护下进行热处理的对比实验，结果如图 4.102 所示。图中谱线 A 是 1, 5-PENEK(20 mol%)样品在 N_2 保护下热处理 8 h 产生的自由基 ESR 谱，与在空气条件下进行热处理的谱线(图 4.102B)对比，前者的幅度明显低于后者，也说明图 4.98 中出现的窄谱 R_1 自由基是 RO•自由基。

图 4.103 和图 4.104 分别为 1, 5-PENEK(20 mol%)无规共聚物在 340℃下处理 2 h 和 8 h，检测强度 6 mW 的变温谱图，谱图中峰(R_1 自由基)的对称性随试验温度的升高而提高。这是由于聚合物中分子链由各向异性向各向同性转变的结果。在相同测试温度下，热处理 2 h 的谱图对称性比热处理 8 h 的谱图对称性要高，这可能是由于尽管热处理 2 h 聚合物发生了交联反应，但还没有形成完全的网络结构，分子链的活动能力较强，而热处理 8 h 聚合物已经形成更加固定的网络状结构，分子链的活动能力变得更差，所以在相同温度下，处理 8 h 的聚合物表现了更强的分子链各向异性。并且，在一般的刚性分子结构的变温试验中，RO•自由基的谱线能够表现出由非对称谱逐步变化为对称谱，并且小峰逐步向主峰靠拢的

趋势，这与我们所得到的谱图的变化相一致。因此可以断定热处理后的聚合物中 R_1 自由基是 RO•自由基。

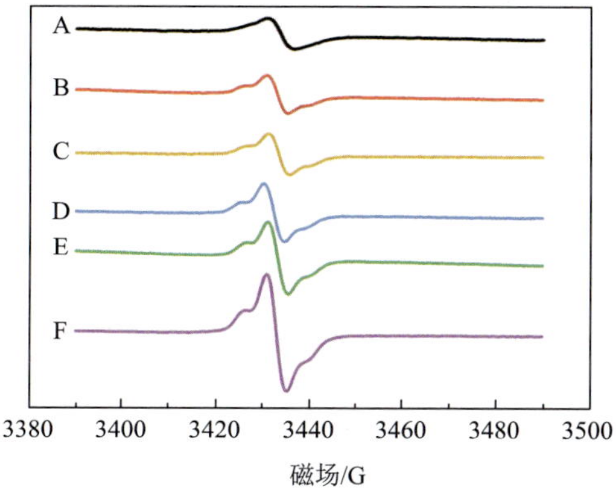

图 4.101　1, 5-PENEK(20 mol%)样品不同热处理时间(200 mW)的 ESR 谱(A～F 表示的热处理时间分别为 0 h、2 h、4 h、6 h、8 h 和 12 h)

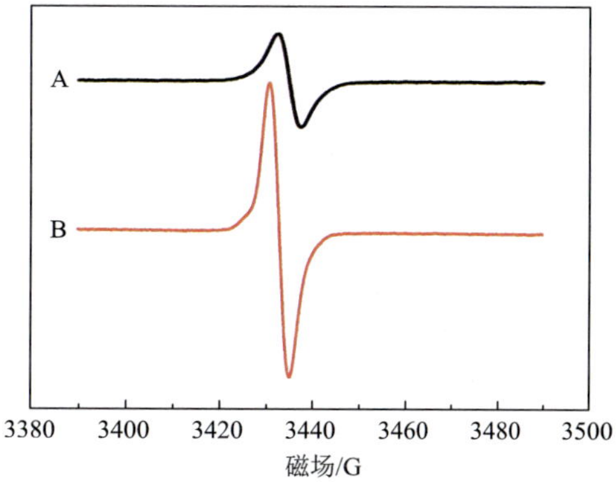

图 4.102　1, 5-PENEK(20 mol%)样品在氮气条件下(A)、空气条件下(B)热处理 8 h 后的 ESR 谱

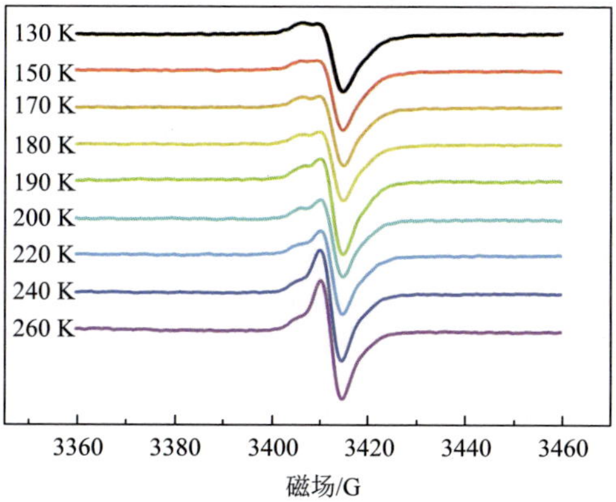

图 4.103　P(EEK-*co*-20 mol%ENEK)样品在 6 mW 不同温度下处理 2 h 后的 ESR 谱

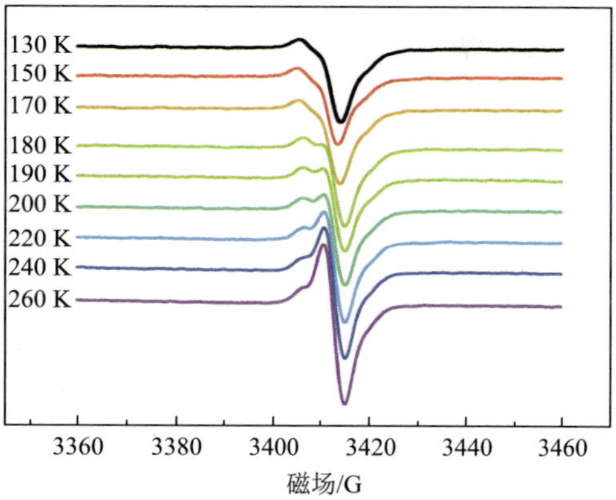

图 4.104　P(EEK-*co*-20 mol%ENEK)样品在 6 mW 不同温度下处理 8 h 后的 ESR 谱

对不同萘含量聚芳醚酮共聚物在相同处理温度及处理时间的样品进行检测时发现，其 ESR 谱图中 RO•自由基的自旋浓度随着萘含量的增加而线性增加，自旋浓度通过下式计算得到：

$$\frac{(\Delta H_{\mathrm{PP}})^2_{样} \times h_{样}}{m_{样} \times (\Delta H_{\mathrm{PP}})^2_{标} \times h_{标}} \times \rho_{标} \tag{4.11}$$

式中，ΔH_{PP} 是谱峰宽度；h 是谱峰高度；$m_{样}$ 是样品质量；$\rho_{标}$ 是标准样品的自旋

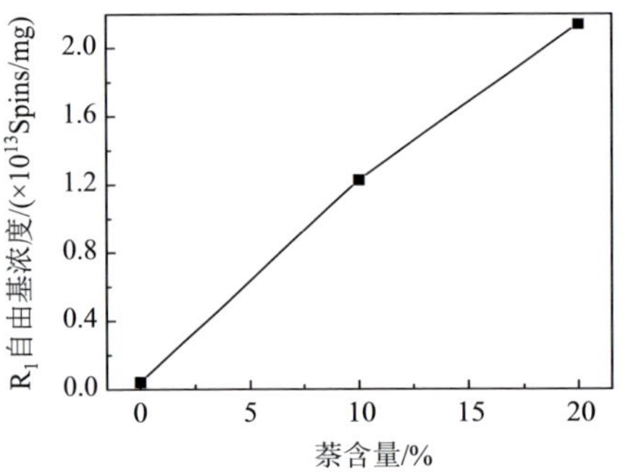

图 4.105 R_1 自由基浓度随萘含量的变化

浓度。这也说明萘环的确在聚合物热处理时发生的交联反应中起主要作用，ESR 谱图中单峰所代表的 RO•自由基也是由于萘环所产生的，R_1 自由基浓度随萘含量的变化关系见图 4.105。

为了分析 R_2 的由来，将含有两条谱线的图 4.99D 谱减去模拟的单线谱(图 4.99A，$\Delta H_{PP}=0.408$ mT)，得到图 4.106(c)，该谱是 R_2 的波谱，$g=2.0016$，总的谱线宽度为 1.41 mT。推测该谱应该是萘环自由基的 ESR 谱，图 4.106(d)是模拟萘自由基的 ESR 谱，模拟谱参数为 $a_\alpha=0.495$ mT，$a_\beta=0.187$ mT，$\Delta H_{PP}=0.408$ mT。测量模拟谱的总宽度为 1.41 mT，模拟谱与 R_2 的波谱［图 4.106(c)］相似，说明代表 R_2 的宽谱是萘自由基的波谱。另外，通过测定不含萘环的 PEEK 样品发现热处理前后都为一条单峰，且增加微波功率后也无其他谱线出现，如图 4.107 所示，进一步说明在图 4.99 中增加微波功率后出现的宽谱是萘自由基的 ESR 谱。

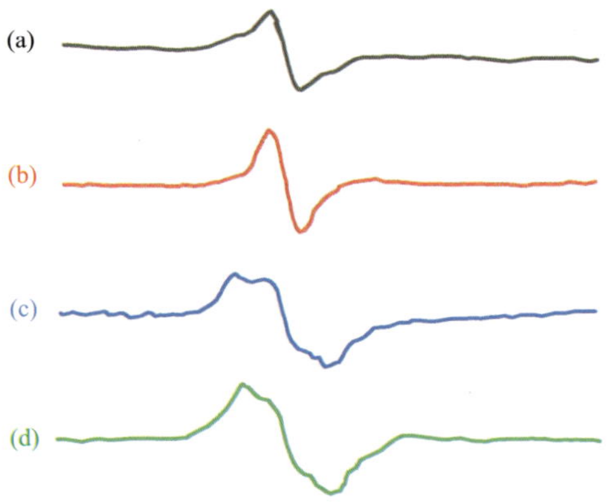

图 4.106 R_2 自由基的模拟谱

(a) R_1 和 R_2 的记录光谱(微波功率 200 mW)；(b) R_1 自由基的模拟谱，$\Delta H_{PP}=0.408$ mT；(c)从 A 中减去 B 的 ESR 谱；(d)萘自由基的模拟光谱，$a_\alpha=0.495$ mT，$a_\beta=0.187$ mT，$\Delta H_{PP}=0.408$ mT

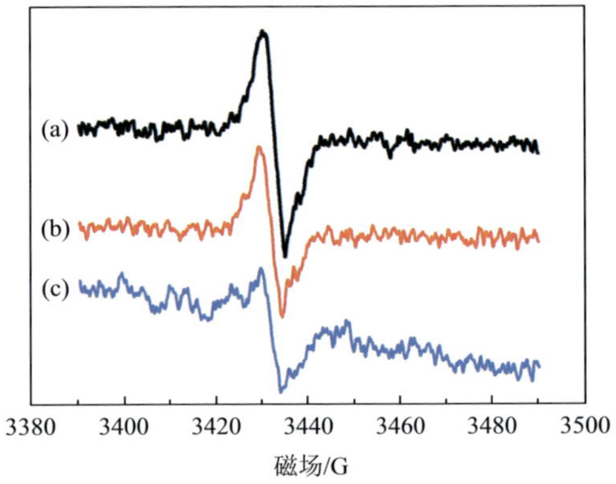

图 4.107 PEEK 样品经不同时间热处理后微波功率饱和的 ESR 谱

(a) 0 h，6 mW；(b) 8 h，6 mW；(c) 8 h，200 mW

为了研究 RO•自由基、萘自由基在热交联反应过程中的作用，绘制 RO•自由基、萘自由基的自旋浓度随热处理时间变化曲线，自旋浓度用标准样品标定，如图 4.108 所示。由图可见，自由基的浓度随着处理时间的延长一开始是线性增加的，浓度由 0.45×10^{13}(0 h)增加到 0.93×10^{13}(1 h)，这是自由基的激发阶段，即自由基在高温下产生后，由于高分子链还处于自由运动阶段，相互碰撞产生新键的概率还不是很大，因此产生的自由基的浓度迅速增加。RO•自由基的浓度则在1～5 h 增长缓慢，只从 0.93×10^{13} spins/mg(1 h)增加到 1.31×10^{13} spins/mg(5 h)。此后，RO•自由基浓度随着热处理时间的延长而明显的线性增加。这说明在热处理过程中前期 1～5 h 不断产生的 RO•自由基，大部分被用于发生交联反应而被消耗，即自由基的生成速率仅仅稍高于用于发生交联反应而被消耗的速率，所以在热处理 1～5 h 范围内，RO•自由基浓度缓慢增加。而一旦形成网络状固定结构，交联基本完成后，热处理所生成的 RO•自由基的生成速率远远大于消耗速率，使得样品中 RO•自由基的浓度随热处理时间的延长而线性增加。当热处理时间为12 h 时，RO•自由基的浓度为 3.48×10^{13} spins/mg。将微波功率增加到 200 mW，热处理时间为 1～5 h 期间，R_2 自由基浓度也是一个缓慢的增长过程，热处理 1 h 和 4 h 的 R_2 浓度分别为 3.01×10^{12} spins/mg 和 3.94×10^{12} spins/mg。5 h 以后 R_2 自由基浓度也呈线性增长趋势，可见萘自由基的增长方式和 RO•自由基的增长方式基本一致，推测萘自由基也参与了交联反应。

综上所述，特别是考虑到 RO•自由基、萘自由基的浓度在热处理前期缓慢增加，而 5 h 后呈现线性增加的情况，说明 RO•自由基、萘自由基都参与了交联反应。只是由于 RO•自由基的浓度明显高于萘自由基，所以 RO•自由基在交联反应中起到了主导作用。

在空气 340℃下对 1, 5-PENEK(20 mol%)和 PEEK 聚合物恒温 12 h 的热失重分析结果见图 4.109，发现两种聚合物的热失重变化差别很大，PEEK 12 h 后失重仅为 0.02%，1, 5-PENEK(20 mol%)则达到了 1.5%。这说明 1, 5-PENEK(20 mol%)的热稳定性远远低于 PEEK，在 340℃空气中 1, 5-PENEK(20 mol%)发生交联反应的同时也发生了裂解反应。

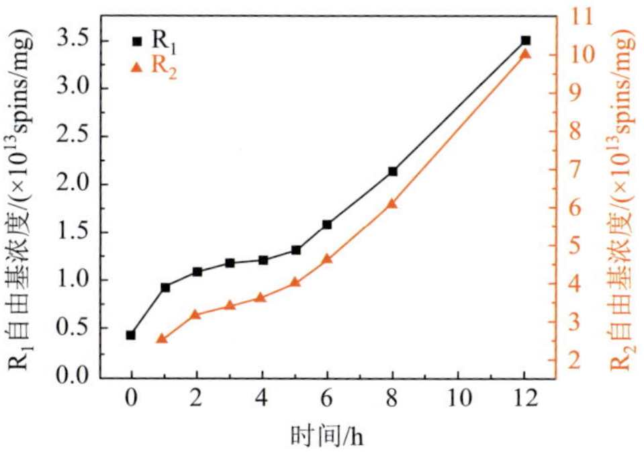

图 4.108　R_1 和 R_2 自由基浓度与热处理时间的关系

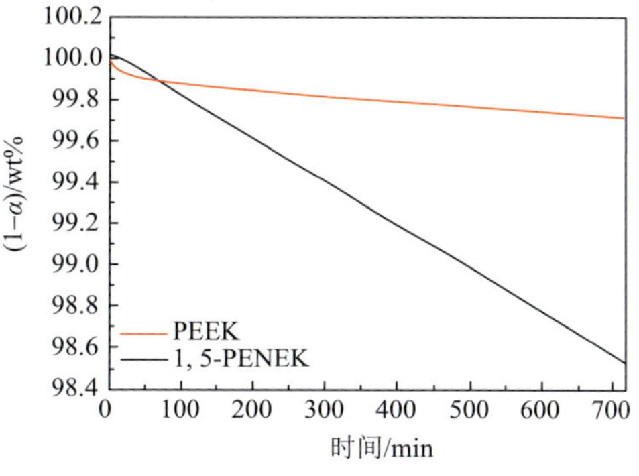

图 4.109　1, 5-PENEK(20 mol%)和 PEEK 在空气中 340℃下加热不同时间的质量损失

3. 交联反应机理

从上一节的讨论可知，聚合物在 340℃热处理时发生的交联反应主要是裂解交联类型，即首先聚合物发生热裂解反应，但是由于处理温度相对较低，聚合物链段裂解之后又主要发生了交联反应，其交联反应的机理见图 4.110。即 1, 5-PENEK 共聚物在空气中热处理时，首先萘醚键断裂成 RO•自由基和萘自由基的形式，由于 RO•自由基的自旋浓度远远大于萘自由基的自旋浓度，因此，在氧气作用下，萘自由基又部分转化成萘氧自由基的形式，最后以上三种自由基在高温作用下相互发生交联反应，从而形成所观察到的交联网络状结构。

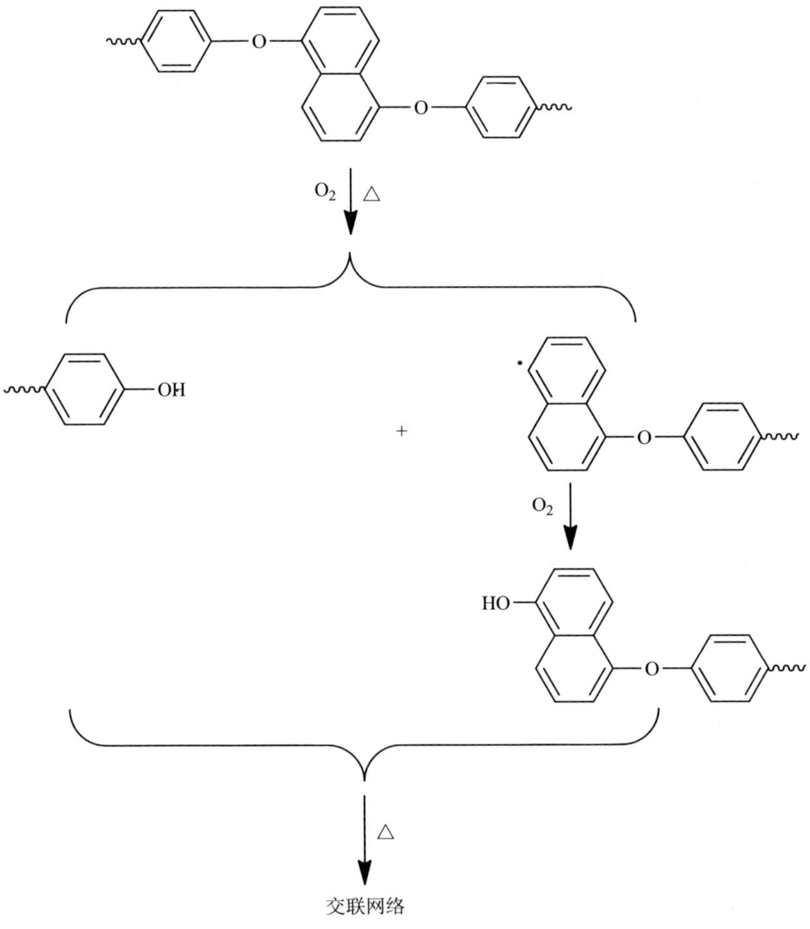

图 4.110　1, 5-PENEK 在空气中经 340℃热处理的交联反应机理

4.4.2 含蒽聚芳醚酮

蒽环及其衍生物作为稠环芳烃的一类重要的化合物，其与萘环相比具有更强的刚性、更大的共轭体系、更活泼的化学性质，以及紫外荧光、光二聚等特殊性质，近些年来引起了人们的广泛关注，下面介绍几种含有蒽的聚芳醚酮树脂的合成与性能。

1. 含蒽环聚芳醚酮的设计及合成

1) 侧链含蒽环聚芳醚酮

设计合成含蒽双酚单体：4-(2, 6-二羟基苯氧基苯基)羰基-9-蒽(AnP-PH)，采用经典的亲核取代反应路线与间苯二酚和 4, 4′-二氟二苯甲酮共聚，制备侧链含蒽环的聚芳醚酮聚合物，反应过程及共聚比例如图 4.111 所示[42]。所得聚合物分子量、特性黏度、热性能列于表 4.25。特性黏度和分子量测试的结果显示，所制备的几种不同含量的无规聚合物均具有高的分子量。然而，当含蒽环侧链双酚单体含量大于 40%时，无法得到分子量较高的聚合物，说明双酚单体中的大体积侧基

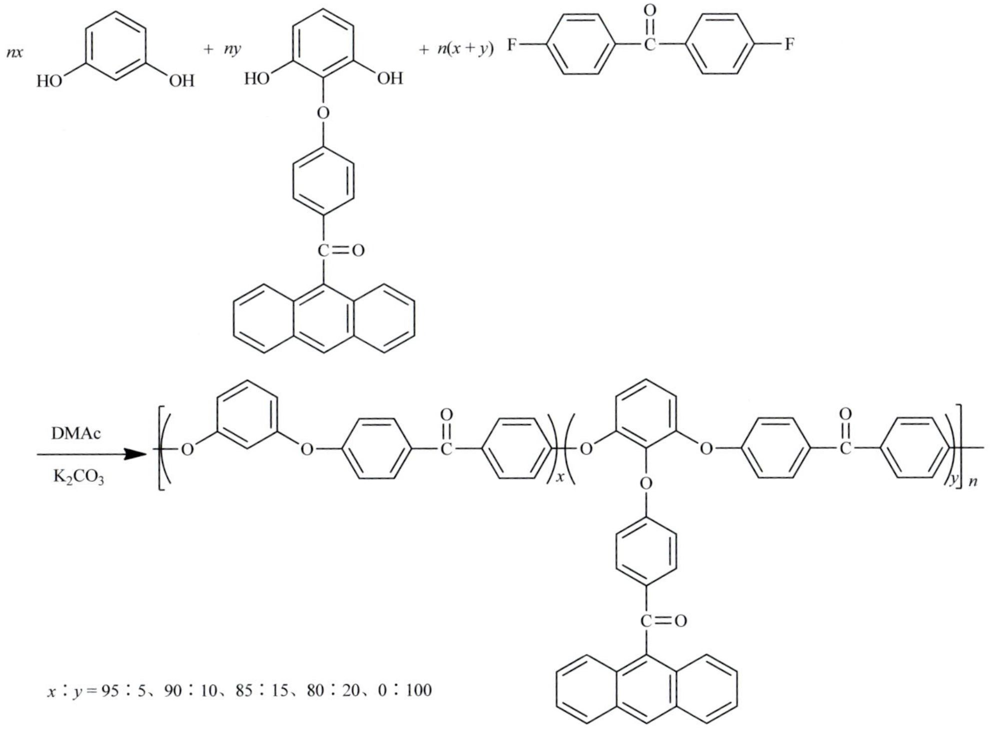

图 4.111 侧链含蒽环的聚芳醚酮聚合物的反应过程及共聚比例

对聚合反应有一定的影响。聚合物的5%热失重温度均在410℃以上，显示了聚合物优异的热稳定性。侧链的引入限制了聚合物链段的运动，使得其玻璃化转变温度随着侧基含量的增加逐渐升高，其玻璃化转变温度在120～155℃。不同蒽环侧基含量的聚合物在常规极性溶剂如四氢呋喃、二甲基甲酰胺、二甲基乙酰胺、氯仿、*N*-甲基吡咯烷酮中都有良好的溶解性。

表4.25　蒽功能化聚合物的性质

无规聚合物含量/mol%	T_g^a/℃	$T_{d,5\%}^b$/℃	η_{iv}^c	M_n^d	DPI	功能蒽含量 ^{e}/mol%
5	120	460	0.46	22000	1.83	4.7
10	125	466	0.40	20000	1.60	9.2
15	132	464	0.49	23000	2.01	14.6
20	136	460	0.38	19000	2.22	19.4
100	155	410	0.20	4000	3.10	98.0

注：a. 在20℃/min的加热速率下进行DSC测量的第一个扫描曲线；b. 在空气中加热速率为10℃/min时，TGA测量的5%失重温度；c. 乌氏黏度，在DMAc中25.0℃下聚合物浓度0.5 g/dL时测量；d. 使用线型苯乙烯标样在THF中通过GPC确定；e. 蒽含量由 ^{1}H NMR积分计算。DPI表示分子量分布。

2) 主链含蒽环聚芳醚酮

设计合成双氟单体：9, 10-(4′-氟苯羰基)蒽(9, 10-AnBF)，并与4, 4′-二氟二苯甲酮、对苯二酚采用一步投料法，通过亲核取代路线制备了不同蒽含量的聚芳醚酮无规共聚物(9, 10-PEEKAnK)，反应过程及共聚比例如图4.112所示[43]。所得聚合物特性黏度、热性能列于表4.26。随着蒽含量的增加，9, 10-PEEKAnK共聚物

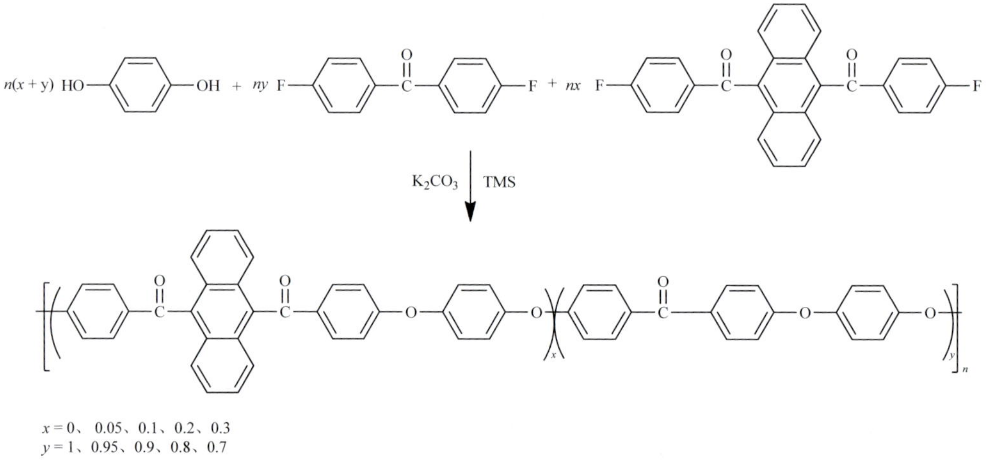

图4.112　含9, 10-蒽基共聚物的合成路线

的玻璃化转变温度 T_g、冷结晶温度 T_c 逐步升高，熔点 T_m 则逐步降低，当蒽含量增加至 30 mol%时，共聚物成为无定形聚合物，只有 T_g 而无 T_c 和 T_m(图 4.113)，可见蒽环的引入破坏了聚合物链的规整性，使聚合物的结晶能力下降，直至成为无定形聚合物。共聚物 5%热失重温度随着蒽含量的增加而略有下降，但是基本保持在 500℃以上，共聚物保持了良好的热稳定性。

表 4.26　9, 10-蒽基共聚物的性质

样品	萘含量/mol%	T_g^a /℃	T_c^a /℃	T_m^a /℃	$T_{d,5\%}^b$ /℃	η_{iv}^c
1	0	149	175	338	568	0.90
2	5	150	197	321	520	0.92
3	10	152	200	315	506	0.85
4	20	160	207	308	510	0.84
5	30	189	—	—	501	0.88

注：a. 在 20℃/min 的加热炉中进行 DSC 测量的第二个扫描曲线；b. 在空气中加热速率为 10C/min 时，TGA 测量的 5%失重温度；c. 固有黏度，在 25.0℃下聚合硫酸浓度为 0.1 g/dL 时测量。

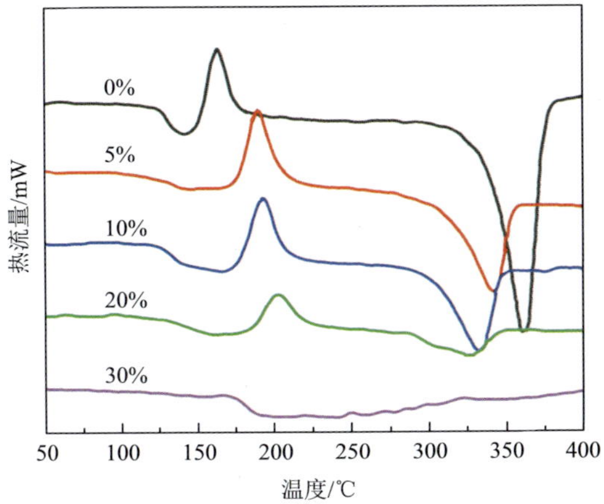

图 4.113　含有不同摩尔分数 9, 10-AnBF 的 9, 10-PEEKAnK 共聚物的 DSC 曲线

3) 端基含蒽环聚芳醚酮的制备

以蒽和对氟苯甲酰氯为起始原料，通过 Friedel-Crafts 酰基化反应，得到封端单体——9-(4-氟苯羰基) 蒽 (9-AnF)，然后制备羟基封端的间苯二酚与 4, 4′-二氟二苯甲酮聚芳醚酮低聚物，并利用 9-(4-氟苯羰基) 蒽对上述低聚物进行封端，制备端基含蒽环聚芳醚酮($PEEK_{10}$-An)，制备过程如图 4.114 所示，表 4.27 给出了端基含蒽环聚芳醚酮基本性能。

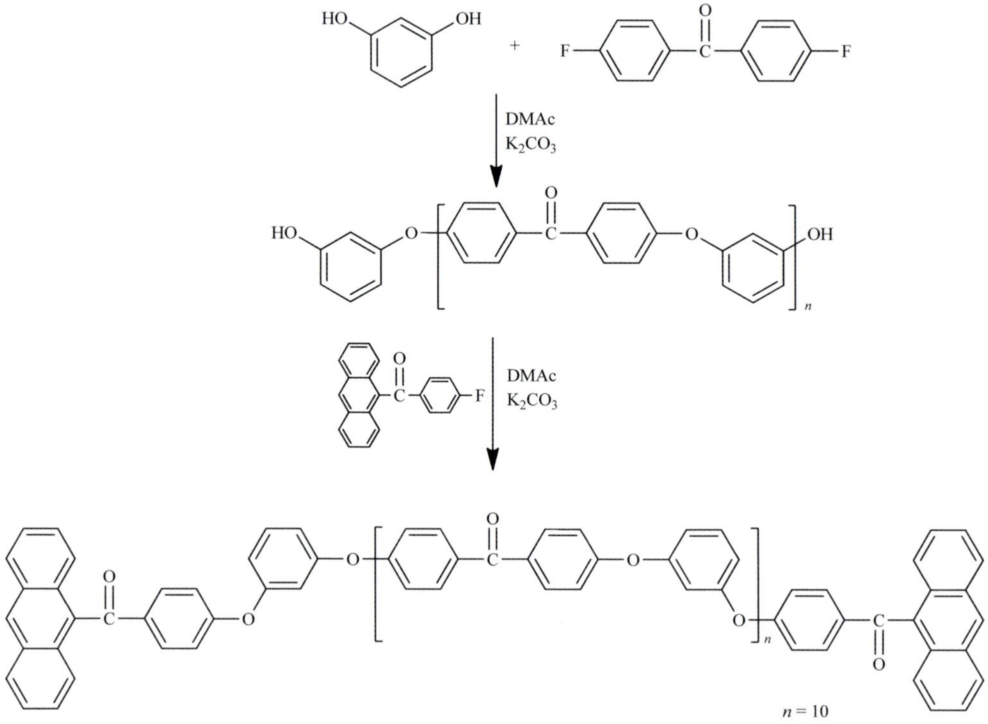

图 4.114 端基含蒽环聚芳醚酮的合成路线

表 4.27 PEEK$_{10}$-An 的性能

聚合物	T_g^a /℃	$T_{d,5\%}^b$ /℃	$T_{d,10\%}$ /℃	M_w	M_n	DPI
PEEK$_{10}$-An	114	466	495	7000	4000	1.75

注：a. 加热速率为 20℃/min 的首次加热的 DSC 曲线；b. 在空气中加热速率为 10℃/min 的 TGA 测量的 5% 失重温度。

2. 含蒽环聚芳醚酮的热交联行为

1) 含蒽环聚芳醚酮的热交联工艺条件

与含苯聚芳醚酮相似，含蒽环聚芳醚酮也可以使聚合物进行热交联，进一步提高聚合物热性能。以蒽环端基聚芳醚酮中的 PEEK$_{10}$-An 为例讨论热交联条件。不同热处理温度、热处理时间及不同气氛(氮气/空气)下样品的 DSC 曲线如图 4.115 所示。随着处理时间的延长，T_g 值逐步升高，这一现象是聚合物发生了交联反应形成交联网络，限制了聚合物链运动所致。玻璃化转变温度随时间的变化曲线可以被分为两个部分，即一开始 T_g 值升高很快，然后逐步趋于缓慢，这一变化也符合聚合物交联反应时玻璃化转变温度的变化趋势，说明热处理时，含蒽环端基的聚合物在氮气和空气中均发生了交联反应。在空气气氛中相同温度热处理后样品

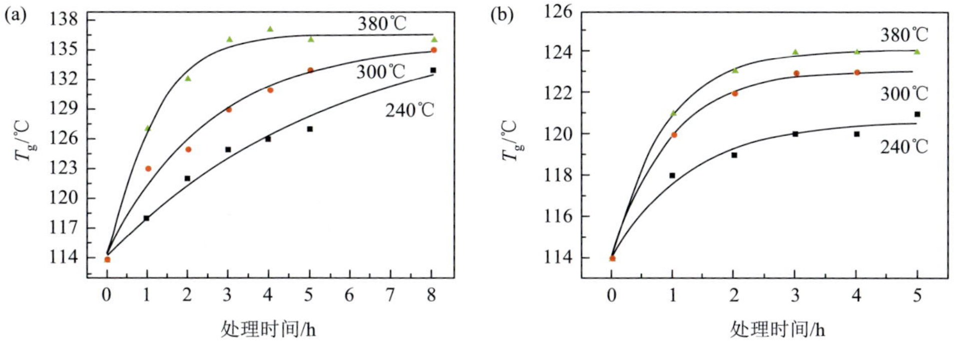

图 4.115　PEEK$_{10}$-An 在空气(a)和氮气(b)气氛下的 T_g

的 T_g 值较在氮气气氛中高，且在氮气气氛中，样品处理 2 h，T_g 值基本达到最大值，以后基本不变。可以认为，在氮气气氛中，2 h 内交联反应基本完成。在空气气氛中有氧参与，因氧在样品中扩散速率影响反应速率，空气中的氧气参与了交联反应，交联密度较大，更易形成交联的网状结构，因而，其 T_g 值较氮气气氛中升高得多。

众所周知，聚合物的交联与降解过程常常伴随发生，因此考察聚合物交联的同时，聚合物的热稳定性和热氧化稳定性也是选择交联条件的一个非常重要的因素。图 4.116 分别为 PEEK$_{10}$-An 在空气和氮气中不同温度下的恒温热失重曲线。在空气气氛下，蒽环端基的聚合物在 240℃和 300℃均体现出优异的热稳定性，在该温度下恒温 500 min，失重小于 0.3 wt%。同时，发现实验温度不同，聚合物的热失重变化差别较大，在 240℃恒温 500 min，PEEK$_{10}$-An 质量微弱下降，失重 0.1 wt%，说明 PEEK$_{10}$-An 在该温度下具有优异的热稳定性。聚合物在 300℃热处理的开始阶段，质量增加，这说明空气中的氧气在该温度下可能参与了交联反应，但是随着时间的延长，质量则略有下降，300℃恒温 500 min，PEEK$_{10}$-An 失重

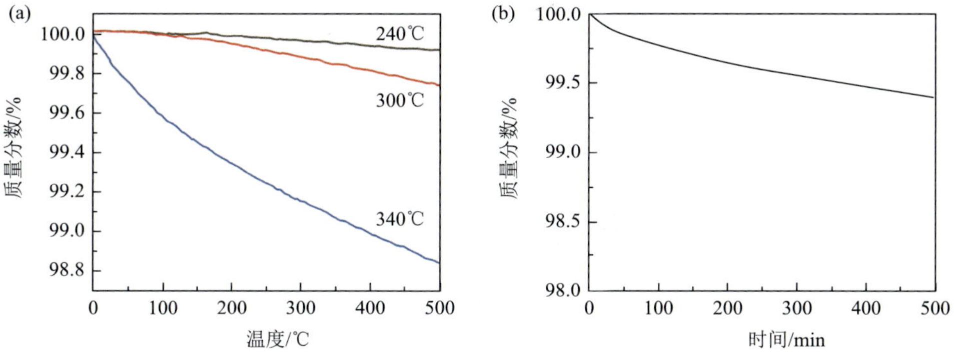

图 4.116　PEEK$_{10}$-An 在空气中不同温度下(a)和在氮气中 300℃下(b)的 TGA 曲线

0.3 wt%，说明在此温度下聚合物在发生交联反应的同时也轻微地降解，但在该温度下以交联反应为主。而在 340℃空气中检测 $PEEK_{10}$-An 热失重的情况时，则发现聚合物产生了更为明显的失重。恒温 500 min，失重达到约 1 wt%，说明聚合物 $PEEK_{10}$-An 在 340℃空气中热处理时有裂解反应发生。

在氮气气氛中，$PEEK_{10}$-An 在 300℃恒温 500 min，聚合物仅失重 0.5 wt%，说明蒽环端基的聚合物在 300℃具有良好的热稳定性。与同一温度下空气中的热失重曲线相比，聚合物 PEEK10-An 在氮气中热处理没有增重现象，说明聚合物在空气中热交联行为与空气中的氧有关。而在相同温度，无氧参与的条件下，聚合物依然体现出 T_g 值升高的现象，说明在 300℃聚合物 $PEEK_{10}$-An 在该条件下也存在交联现象，其在氮气下 300℃恒温 500 min 仅失重 0.5 wt%，说明在该条件下对聚合物的处理主要体现为聚合物的交联行为。

2) 含蒽环聚芳醚酮的热交联行为

由于蒽环和苯环在结构和性质上存在着一定的差异，所以 $PEEK_{10}$-An 和聚醚醚酮分子链中的原子振动能量也会有所差别。$PEEK_{10}$-An 红外光谱中 768 cm^{-1} 处吸收峰对应于蒽环碳氢键的振动(图 4.117)，可以通过该特征振动峰的变化来观察蒽环在聚合物交联过程中的结构变化。图 4.117 给出的是在氮气/空气气氛下 300℃热处理 5 h 后样品的红外光谱图。在氮气气氛下热处理后的谱图中发现 768 cm^{-1} 处的红外光谱峰经过热处理后减弱并略微向高波数移动，说明 $PEEK_{10}$-An 样品经过热处理后发生交联反应，其具体的交联位置在蒽环上，并且交联后蒽环的振动峰略微向高波数移动是由于交联致使蒽环电子云密度发生变化。在空气气氛下热处理后的聚合物红外光谱图发生了更显著的变化，蒽环 C—H 的 768 cm^{-1} 处特征振动峰处经过热处理后减弱并略微向低波数移动。除此之外，在 1012 cm^{-1} 处的振动峰明显增强，该

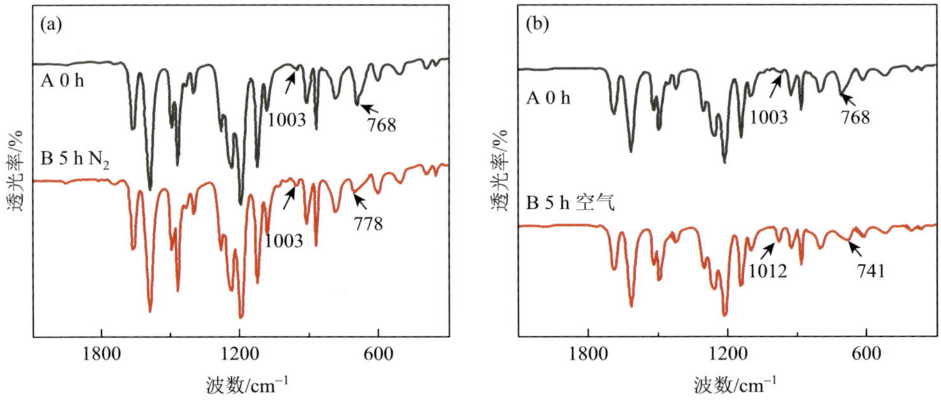

图 4.117　氮气(a)和空气(b)气氛下热处理前后 $PEEK_{10}$-An 的红外光谱图

峰对应于稠环与过氧结构相连的振动峰，因此 $PEEK_{10}$-An 样品经过热处理后发生交联反应，其具体的交联位置在蒽环上，并且其略微向低波数移动，表明交联反应有氧参与，交联后可能形成与氧相连的过氧结构。

3) 电子自旋共振法研究热交联行为

图 4.118 是 $PEEK_{10}$-An 样品在 300℃、1 mW 空气条件下不同热处理时间 ESR 谱，可以观察到，$PEEK_{10}$-An 在热处理前(图中处理时间为 0 h 的谱线)存在一个弱的对称单峰，它的 $g = 2.0029$，$\Delta H_{PP} = 0.603$ mT，说明 $PEEK_{10}$-An 自身就存在一种少量的在室温下稳定的自由基 R_1。将 $PEEK_{10}$-An 在 300℃下于空气中分别热处理 1～5 h，检测它们的 ESR 谱，发现单峰的强度随着热处理时间的延长而增强，说明热处理过程中不断地产生自由基，使得样品中自由基的浓度随热处理时间的延长而增加。

为了确定除了窄的单峰外是否还有其他峰存在，采用微波功率饱和特性方法进行了识别，具体方法是逐渐增加微波功率，观察谱线随微波功率的变化。图 4.119 给出的是在空气气氛下 300℃热处理 5 h 的淬火样品在不同微波功率下的 ESR 谱。随着微波功率的增加，谱峰由对称变成非对称，其谱峰宽度 ΔH_{PP} 变宽。观察其对称性单峰窄谱部分，发现对称性窄峰强度先增大，而后减小。其宽谱部分出现突起，并且该突起部分的峰强度微波功率的增加逐渐增强，当微波功率增加到 6 mW 时，单峰的突起部分变得十分明显。最后，当微波功率增加到 10 mW 时，波谱的形状发生了明显的变化。窄峰因微波功率增加而呈明显的饱和现象，即随着微波功率的增加，该峰强度先增加后降低，而窄峰的突起部分及对称性的变化表明另一种自由基的存在，将其称为 R_2 自由基。

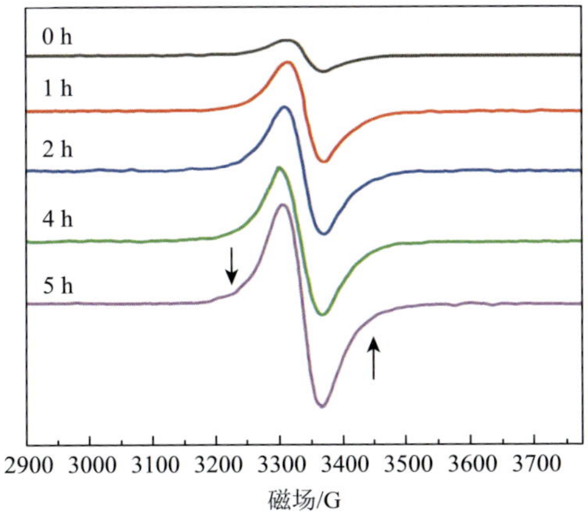

图 4.118　$PEEK_{10}$-An 样品在 300℃、1 mW 空气条件下不同热处理时间 ESR 谱

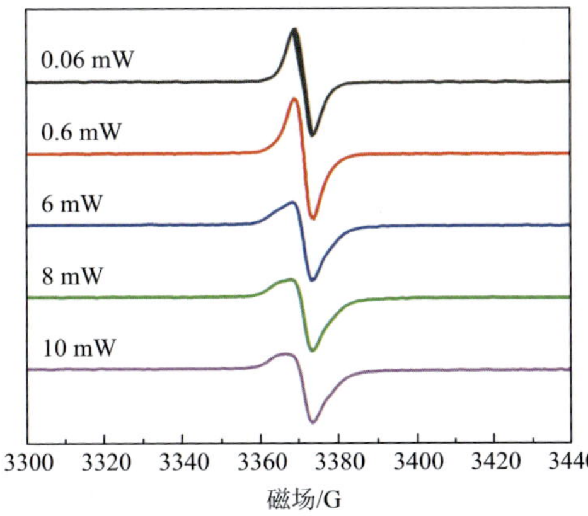

图 4.119　$PEEK_{10}$-An 样品在 300℃、不同微波功率下热处理 5 h 后的 ESR 谱

将两种自由基的相对强度对微波功率作图，如图 4.120 所示，可以发现 $PEEK_{10}$-An 中自由基的 ESR 谱不只由一条单峰谱线组成，而是由两种自由基产生的两组谱线组成。这两种自由基的微波功率饱和特性不同，代表 R_1 自由基的 ESR 窄谱易饱和，当微波功率为 0.6 mW 时，R_1 自由基的 ESR 谱开始饱和，之后，随着微波功率的增加，R_1 自由基的 ESR 谱的强度下降。在研究的微波功率范围内，并没有检测到 R_2 的微波功率饱和点，R_2 自由基的 ESR 谱的强度始终随着微波功率的增加而缓慢增加，由于其强度较 R_1 自由基小得多，当微波功率增加到 6 mW 后，R_2 自由基才逐渐显露出来。

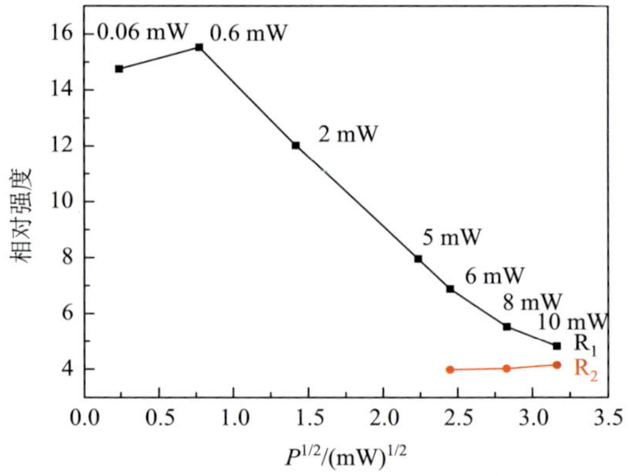

图 4.120 $PEEK_{10}$-An 在 300℃空气处理 5 h 时 R_1 和 R_2 自由基的微波功率饱和表征曲线

为了确定 R_2 自由基的变化趋势是否与 R_1 自由基一致，即自由基的浓度是否随着热处理时间的延长而增加，在 6 mW 下对不同处理时间的聚合物样品进行了检测，结果列于图 4.121(a)。从图中可以观察到，合成后的 $PEEK_{10}$-An 在室温下

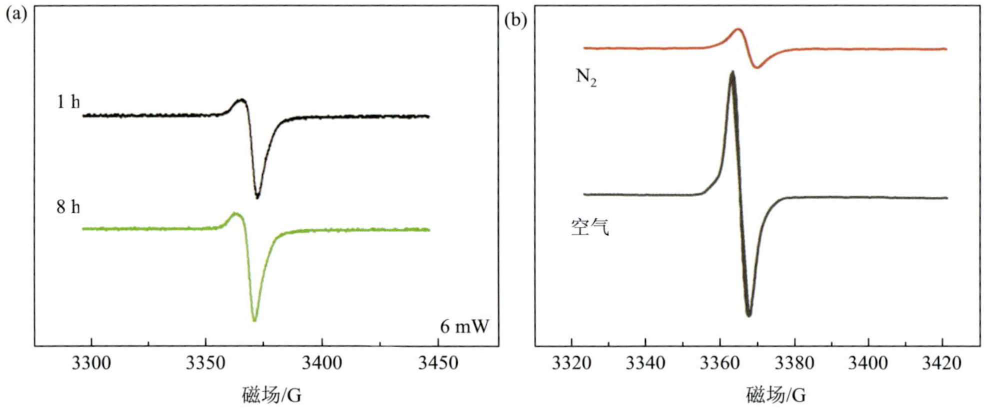

图 4.121 在 6 mW 下，不同热处理时间(a)和不同气氛下热处理 5 h 后(b)PEEK10-An 样品的 ESR 谱

就存在稳定的自由基 R_1，认为它可能是合成过程中产生的碳自由基 R•。在热处理过程中，由于 C—H 键的断裂，R•自由基的浓度不断增加。由于热处理过程是在空气条件下进行的，即存在氧气的影响，再根据它的 g 因子和谱线宽度 ΔH_{PP}，R_1 自由基可能是蒽氧自由基。为了确认这一看法，在氮气保护下进行热处理的对比实验，如图 4.121(b)所示，两条谱线分别为 $PEEK_{10}$-An 样品在氮气中和空气中热处理 5 h 产生的自由基 ESR 谱。可以看出，前者的强度明显低于后者，即 R_1 自由基在有氧参与的条件下，浓度增加较氮气中多，说明 R_1 自由基是与氧有关的自由基，即图 4.121 中出现的窄谱 R_1 自由基为蒽氧自由基。

与含萘聚芳醚酮树脂相似，对不同蒽含量 $PEEK_n$-An 在相同处理温度及处理时间的样品进行检测时发现，其 ESR 谱图中蒽氧自由基的自旋浓度，在所检测的蒽含量范围内，随着蒽含量的增加而线性增加，自旋浓度也可以通过式(4.11)进行计算。

R_1 自由基浓度随蒽含量的变化关系见图 4.122。

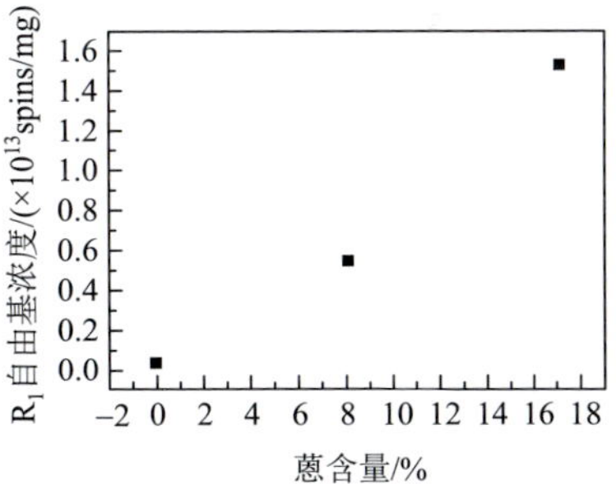

图 4.122　R_1 自由基浓度随蒽含量的变化

为了研究蒽氧自由基(R_1)、蒽自由基(R_2)在热交联反应过程中的作用，作出了蒽氧自由基、蒽自由基的自旋浓度随热处理时间变化曲线，自旋浓度用标准样品标定，结果见图 4.123。蒽氧自由基的浓度随着处理时间的变化可分为三个阶段，开始阶段蒽氧自由基的浓度随着处理时间增加较快，浓度由 0.45×10^{13} spins/mg(0 h)增加到 1.10×10^{13} spins/mg(2 h)，这是自由基的产生阶段，即自由基在高温下产

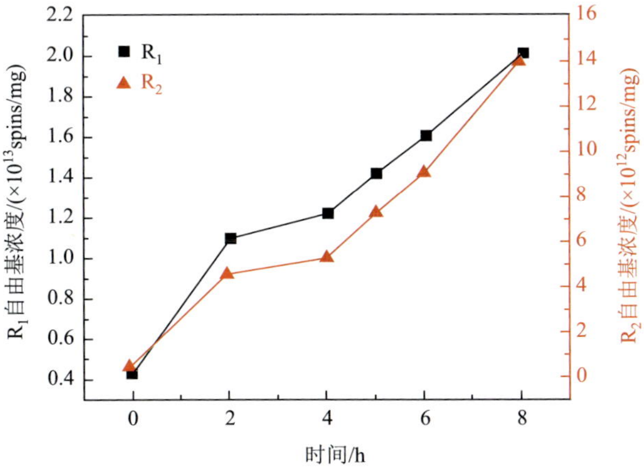

图 4.123　在 300℃空气下处理 5 h 后 R_1 和 R_2 自由基浓度随热处理时间的变化

生后，相互碰撞产生新键的概率还不是很大，因此产生的自由基的浓度迅速增加。随后，蒽氧自由基的浓度则在 2～4 h 增加缓慢，只从 1.10×10^{13} spins/mg(2 h) 增加到 1.22×10^{13} spins/mg(4 h)。最后，蒽氧自由基浓度随着热处理时间的延长而明显线性增加。

据此推测，在热处理过程前期 1～2 h，体系不断产生蒽氧自由基(R_1)，此时是自由基的产生阶段，即自由基在高温下产生后，相互碰撞产生新键的概率还不是很大，因此产生的自由基的浓度迅速增加；2～4 h，当自由基浓度达到一定值，即有足够多的自由基可以相互碰撞，生成化学键，此时大部分自由基被用于发生交联反应而消耗掉，即自由基的生成速率仅仅稍高于用于发生交联反应而消耗掉的自由基速率，所以在热处理 2～4 h 范围内，蒽氧自由基浓度缓慢增加。而一旦形成网络状固定结构，自由基没有足够自由的空间相互碰撞时，热处理所生成的蒽氧自由基的生成速率远远大于消耗速率，使得样品中蒽氧自由基的浓度随热处理时间的延长而线性增加。当热处理时间为 8 h 时，蒽氧自由基的浓度为 2.00×10^{13} spins/mg。为了研究蒽自由基(R_2)的浓度是如何随热处理时间变化，将微波功率增加到 10 mW，作 PEEK$_{10}$-An 样品在不同热处理时间下的 ESR 谱，得到蒽自由基的浓度随热处理时间变化的曲线(图 4.123)。由图 4.123 可知，热处理时间为 0～2 h 期间，R_2 自由基浓度也是一个快速的增长过程，热处理 2 h 和 4 h 的 R_2 浓度分别为 4.6×10^{12} spins/mg 和 5.3×10^{12} spins/mg。4 h 以后 R_2 自由基浓度也呈线性增加趋势，可见蒽自由基浓度随热处理时间的变化趋势和蒽氧自由基的变化趋势基本一致，所以蒽自由基也参与了交联反应。基于蒽自由基浓度远低于蒽氧自由基浓度的事实，认为蒽氧自由基在交联过程中起主导作用。

总结以上结果，特别是考虑到蒽氧自由基、蒽自由基的浓度在热处理前期迅速增加，中间阶段 2～4 h 缓慢增长，而 4 h 后呈现线性增加的情况，可以确认蒽氧自由基、蒽自由基都参与了交联反应。由于蒽氧自由基的浓度明显高于蒽自由基，所以蒽氧自由基在空气中的交联反应中起到了主导作用。在热处理时间、温度等条件相同时，在空气中热处理的样品产生的自由基浓度高于在氮气中热处理的样品。因而，前者所产生的交联点数目也高于后者。对于交联高聚物而言，其玻璃化转变温度在一定范围内随交联密度增加而升高。这就是相同温度、相同时间下，空气中处理的样品较氮气中处理的样品的玻璃化转变温度高的原因。

为了确定蒽环在交联过程中的键连接位置及推测交联产物的结构，设计并制备了如下模型化合物 9-AnOPh。该模型化合物的结构与端基含蒽环的聚合物中蒽环的结构相同。其制备方法采用经典的亲核取代路线，如图 4.124 所示。

采用与聚合物相同的方法对模型化合物 9-AnOPh 进行热处理(空气、300℃、1 h)，处理后的样品进行 MALDI-TOF 质谱分析(图 4.125)，根据分子离子峰值建议了二聚及三聚的可能结构，并计算了该结构的对应分子量(图 4.126，表 4.28)，

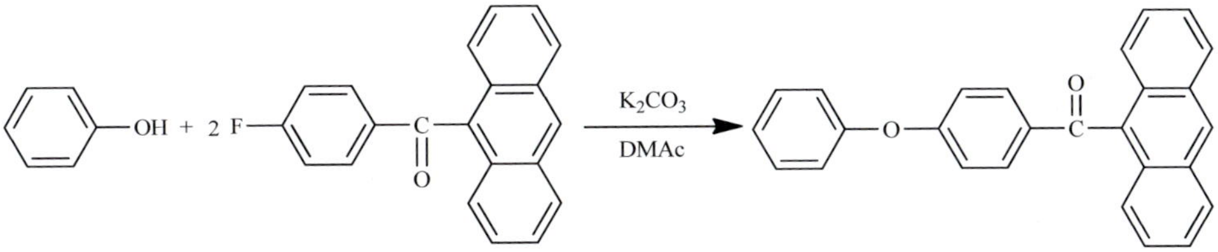

图 4.124　模型化合物 9-AnOPh 的合成路线

图 4.125 所给出的分子量分别与图 4.126 中蒽环两个或三个模型化合物直接相连，或通过醚键相连或者过氧相连后的分子量相对应。

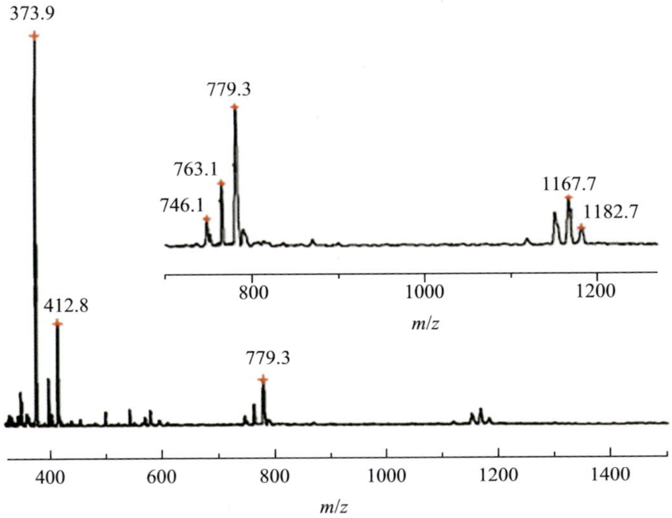

图 4.125　处理后 9-AnOPh 的 MALDI-TOF 质谱

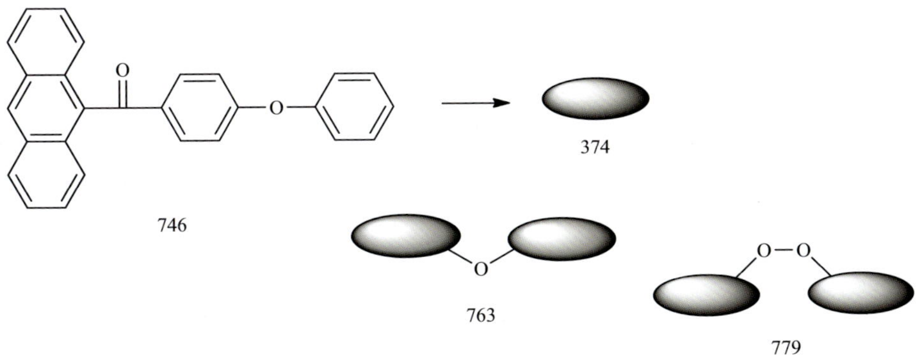

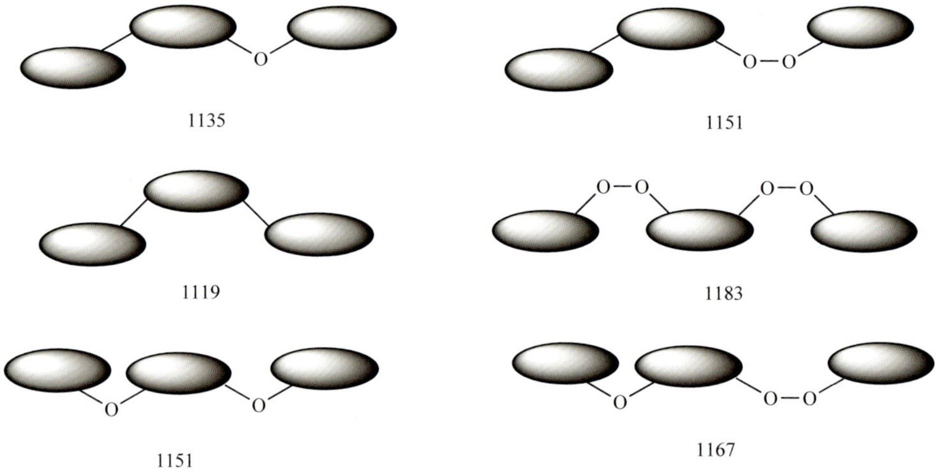

图 4.126 9-AnOPh 固化后的可能结构及计算分子量

表 4.28 9-AnOPh 固化后 MALDI-TOF 质谱数据

交联度	信号	$[(AB)_n+H]^+$	
	(m/z)	质量数/Da[a]	偏差/Da[b]
2	746.1	747.9	−1.8
	763.1	763.8	−0.7
	779.3	779.8	−0.5
3	1118.7	1120.3	−1.6
	1151.7	1152.3	−0.6
	1167.8	1168.3	−0.5
	1182.7	1184.3	−1.3

注：a. $[(AB)_n+H]^+$计算的平均分子量；b. 偏差 = 实验值−计算值。

3. 含蒽醌聚芳醚酮热交联机理

综合红外光谱和 ESR 及对模型化合物的研究的结果，提出含蒽端基的聚芳醚酮热交联机理如图 4.127 所示。聚合物在 300℃热处理时发生的交联反应是自由基反应，即 PEEK$_n$-An 聚合物在热处理时，首先形成蒽自由基，在有氧状态下还形成蒽氧自由基，由于蒽氧自由基的自旋浓度远远大于蒽自由基的自旋浓度，因此在空气作用下，交联过程以蒽氧自由基的交联反应为主，并形成交联网络状结构。

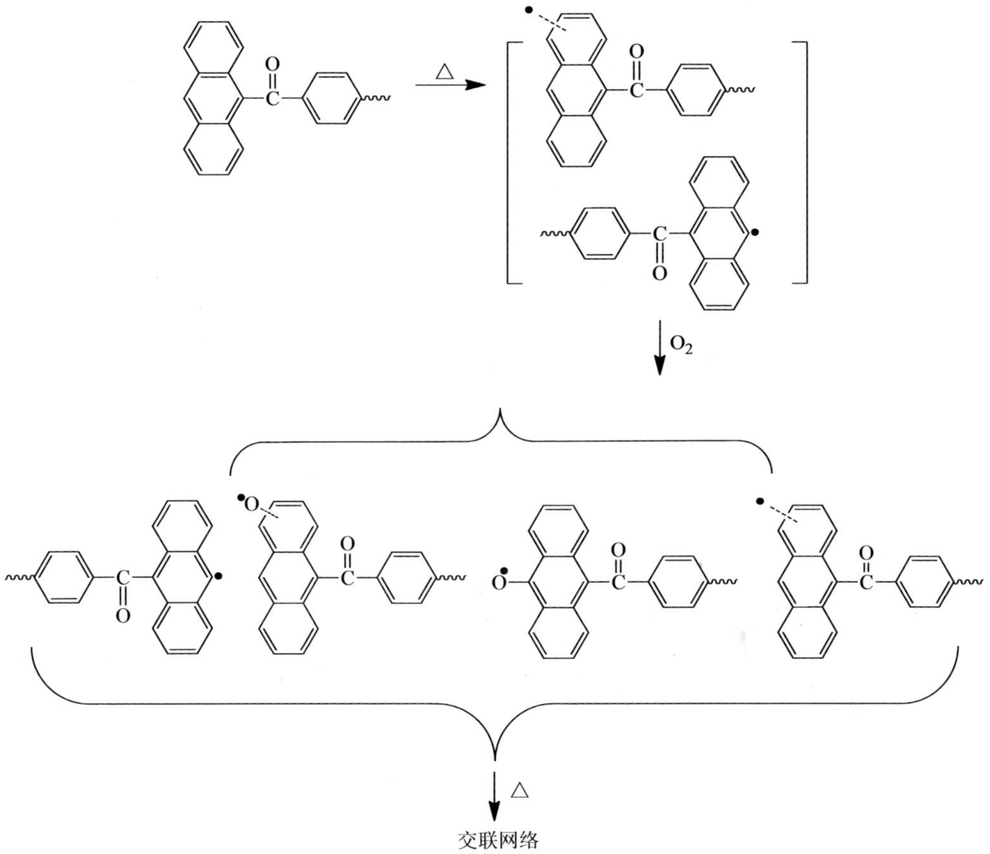

图 4.127　在 300℃不同气氛下，PEEK$_n$-An 交联反应机理

参 考 文 献

[1] Gao C, Yan D Y. Hyperbranched polymers: from synthesis to applications[J]. Progress in Polymer Science, 2004, 29: 183-275.

[2] Buhleier E, Wehner W, Vögtle F. "Cascade"- and "nonskid-chain-like" syntheses of molecular cavity topologies[J]. Synthesis, 1978, (2): 155-158.

[3] Tomalia D A, Baker H, Dewald J, et al. Dendritic macromolecules: synthesis of starburst dendrimers[J]. Macromolecules, 1986, 19: 2466-2468.

[4] Newkome G R, Yao Z, Baker G R, et al. Chemistry of micelles series. Part 2. Cascade molecules. Synthesis and characterization of a benzene[9] 3-arborol[J]. Journal of the American Chemical Society, 1986, 108(4): 849-850.

[5] Hawker C J, Frechet J M J. Preparation of polymers with controlled molecular architecture. A new convergent approach to dendritic macromolecules[J]. Journal of the American Chemical Society, 1990, 112(21): 7638-7647.

[6] Miller T M, Neenan T X, Kwock E W, et al. Dendritic analogs of engineering plastics: a general one-step synthesis of dendritic polyaryl ethers[J]. Journal of the American Chemical Society, 1993, 115(1): 356-357.

[7] Gao C, Yan D. Hyperbranched polymers: from synthesis to applications[J]. Progress in Polymer Science, 2004, 29(3): 183-275.

[8] Baek J B, Tan L S. Linear-hyperbranched copolymerization as a tool to modulate thermal properties and crystallinity of a para-poly(ether-ketone)[J]. Polymer, 2003, 44(12): 3451-3459.

[9] 牟建新. 超支化聚芳醚酮的分子设计, 合成, 表征及功能化研究[D]. 长春: 吉林大学, 2005.

[10] 李思均. 活性不等单体改进 A2 + B3 法合成超支化聚芳醚酮[D]. 长春: 吉林大学, 2007.

[11] 李秀杰. 超支化聚醚醚酮的制备及其作为粘度调节剂的研究[D]. 长春: 吉林大学, 2011.

[12] 王东. 超支化聚芳醚酮的功能化研究[D]. 长春: 吉林大学, 2008.

[13] 郭万才. 含支化结构磺化聚芳醚酮质子交换膜的制备及性能研究[D]. 长春: 吉林大学, 2013.

[14] 王世颖. 新型环状聚芳醚酮预聚体的合成及开环聚合研究[D]. 长春: 吉林大学, 1997.

[15] Wolinski L E, Mighton H R. The effect of C-substitution of caprolactam on the ring-opening polymerization reaction[J]. Journal of Polymer Science, 1961, 49(152): 217-223.

[16] Lapienis G, Penczek S. Kinetics and thermodynamics of the polymerization of the cyclic phosphate esters. Ⅱ. Cationic polymerization of 2-methoxy-2-oxo-1, 3, 2-dioxaphosphorinane(1, 3-propylene methyl phosphate) 1[J]. Macromolecules, 1974, 7: 166.

[17] Ivin K J, Saegusa T. Ring-Opening Polymerization[M]. NewYork: Elsevier Science, 1984.

[18] James E M. Ring-Opening Polymerization/Kinetics, Mechanism and synthesis[M]. Washington: American Chemical Society, 1985.

[19] Flory P J. Principles of Polymer Chemistry[M]. New York: Cornell University Press, 1953.

[20] Miki T, Higashirsur A T, Ouariur A S. Equilibrium concentration of trioxane in cationic polymerization[J]. Journal of Polymer Science, 1970, 8: 157.

[21] Miki T, Higashirsura T, Ouariura S. Polymerization of tetraoxane at low concentration catalyzed by $BF_3O(C_2H_5)_2$[J]. Journal of Polymer Science, 1967, 5: 2997.

[22] 马晓野. 含苯乙炔的可自交联聚芳醚酮的分子设计与性能研究[D]. 长春: 吉林大学, 2007.

[23] Homer E K. Reaction kinetics in differential thermal analysis[J]. Analytical Chemistry, 1957, 29(11): 1702-1706.

[24] Crane L, Dynes P J, Kaelble D H. Analysis of curing kinetics in polymer composites[J]. Journal of Polymer Science, Polymer Letters Edition, 1973, 11(8): 533-540.

[25] Dibenedetto A T. Prediction of the glass transition temperature of polymers A model based on the principle of corresponding states[J]. Journal of Polymer Science, Part B: Polymer Physics, 1987, 9: 1950-1969.

[26] 马晓野, 关绍巍, 陈春海, 等. 含苯乙炔的可自交联高温高性能聚芳醚酮的合成与性能研究[J]. 高等学校化学学报, 2007, 28(3): 600-602.

[27] Ma X, Liu B, Wang D, et al. Synthesis and characterization of fluorinated poly(aryl ether ether ketone)s terminated with a phenylethynyl group[J]. Materials Letters, 2006, 60(11): 1369-1373.

[28] Ma X, Lv Z, Wang D, et al.Crosslinkable fluorinated poly(aryl ether ketone)s containing pendent phenylethynyl moieties for optical waveguide devices[J]. Journal of Photochemistry and Photobiology A: Chemistry, 2007, 188(1): 43-50.

[29] 姜振华, 马晓野, 陈春海, 等. 双侧基苯乙炔的双官能团单体的制备及其应用: CN100376534C[P]. 2008-03-26.

[30] 刘韬. 含醚酮结构的双邻苯二甲腈树脂及其复合材料的制备和性能研究[D]. 长春: 吉林大学, 2015.

[31] Liu T, Yang Y, Wang T, et al. Synthesis and properties of poly(aryl ether ketone)-based phthalonitrile resins[J]. Polymer, 2014, 54(7): 1695-1703.

[32] Warzel M L, Keller T M. Tensile and fracture properties of a phthalonitrile polymer[J]. Polymer, 1993, 34(3): 663-666.

[33] 杨延华，赵楠，刘韬，等．聚醚砜增韧的双邻苯二甲腈树脂材料及其制备方法：CN104845349A[P]. 2015-08-19.

[34] Liu T, Wang Y, Su Y, et al. Preparation and properties of film materials of poly(aryl ether ketone)-based phthalonitrile resins[J]. Polymer, 2015, 55(10): 2313-2321.

[35] Hergenrother P M, Jensen B J, Havens S J. Poly(arylene ethers)[J]. Polymer, 1988, 29: 358.

[36] Yoshida S, Hay A, Macromol A. Poly(arylene ether)s containing 1, 5-dibenzoylnaphthalene units[J]. Journal of Macromolecular Science, Part A: Pure and Applied Chemistry, 1997, 34: 1299.

[37] Ohno M, Takata T, Endo T. Synthesis of a novel naphthalene-based poly(ary lene ether ketone) with high solubility and thermal stability[J]. Macromolecules, 1994, 27: 3447.

[38] Ohno M, Takata T, Endo T. Synthesis of a novel naphthalene-based poly(arylene ether-ketone) by polycondensation of 1, 5-bis(4-fluorobenzoyl)-2, 6-dimethylnaphthalene with bisphenol A[J]. Journal of Photochemistry and Photobiology A: Chemistry, 1995, 33: 2647.

[39] Ohno M, Takata T, Endo T. Synthesis and properties of poly(arylene-ether-ketone)s containing a dimethylnaphthalene skeleton in the main chain[J]. Reactive and Functional Polymers, 1996, 30: 149.

[40] Wang Z, Guen A. Synthesis and properties of poly(arylene ether)s containing 1, 8-dibenzoylnaphthalene units[J]. Macromolecules, 1995, 28: 3728.

[41] Mercer F, Fone M, Mckenzie M. Synthesis and characterization of fluorinated poly(arylether ketone)s containing l, 4-naphthalene Moieties[J]. Journal of Photochemistry and Photobiology A: Chemistry, 1997, 35: 521.

[42] 刘思洁. 含萘环聚芳醚酮聚合物的合成及其热性能研究[D]. 长春：吉林大学, 2007.

[43] 那莹. 含蒽环聚芳醚酮的分子设计及性能研究[D]. 长春：吉林大学, 2008.

第5章

含杂原子聚芳醚酮

优异的热稳定性和化学稳定性使得聚芳醚酮有着广泛的应用前景，但仅由碳氢、氧元素组成的聚芳醚酮材料却难以妥善满足特殊条件下的功能性需求。将氟、硫、硅、磷、氮等杂原子通过分子设计引入到聚芳醚酮分子中，可以赋予聚芳醚酮树脂介电、质子传导、电致变色、阻燃等功能性。本章主要介绍含杂原子聚芳醚酮的分子设计以及不同杂原子对聚芳醚酮功能性的影响。

5.1 含氟聚芳醚酮

5.1.1 含氟聚芳醚酮的制备

(1) 含氟聚醚醚酮均聚物

采用亲核取代路线合成含氟聚芳醚酮，合成反应式如图 5.1 所示。

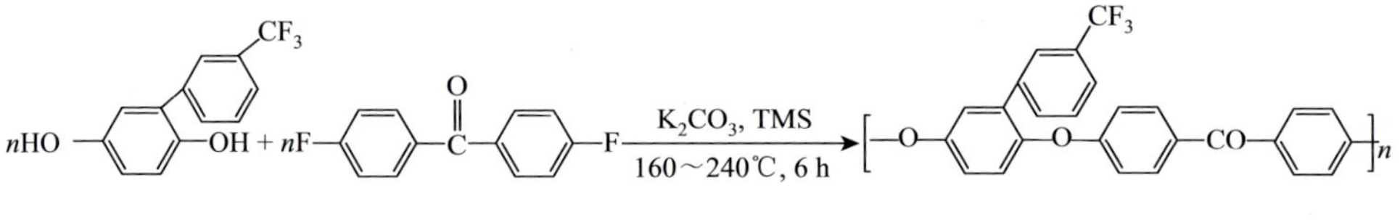

图 5.1 含氟聚醚醚酮的合成路线

(2) 含联苯结构的含氟聚芳醚酮共聚物，合成反应式如图 5.2 所示。

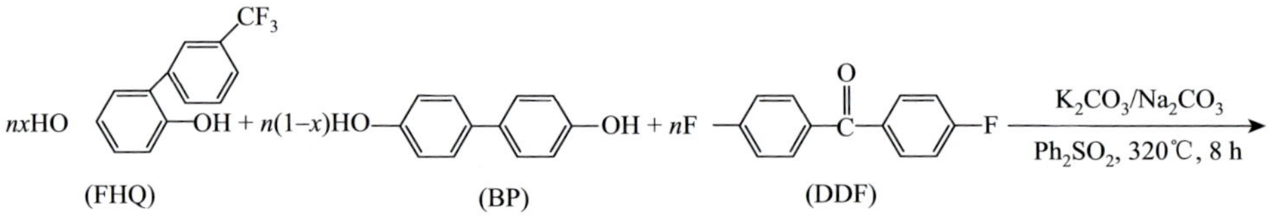

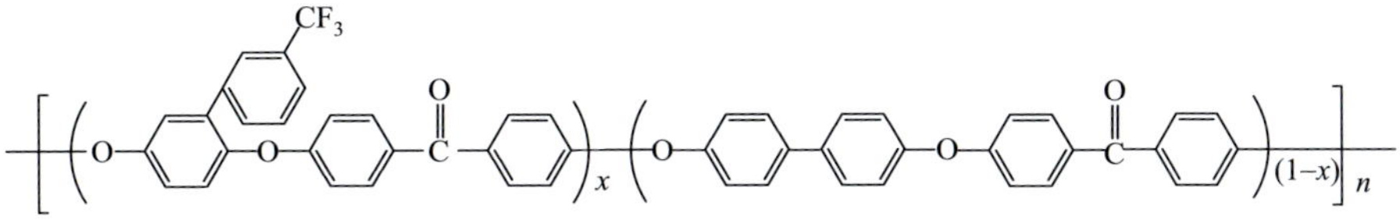

FPEDEK

x = 0.1、0.2、0.3、0.4、0.5、0.6、0.7、0.8、0.9
n为不等于0的正整数

图 5.2　含联苯结构的含氟聚芳醚酮共聚物的合成路线

5.1.2　含氟聚芳醚酮的结构与性能

含氟聚醚醚酮(FPEEK)的差示扫描量热分析(DSC)曲线和广角 X 射线衍射(WAXD)谱图，如图 5.3 和图 5.4 所示。聚合物的玻璃化转变温度(T_g)为 135℃，其聚集态结构为无定形结构。

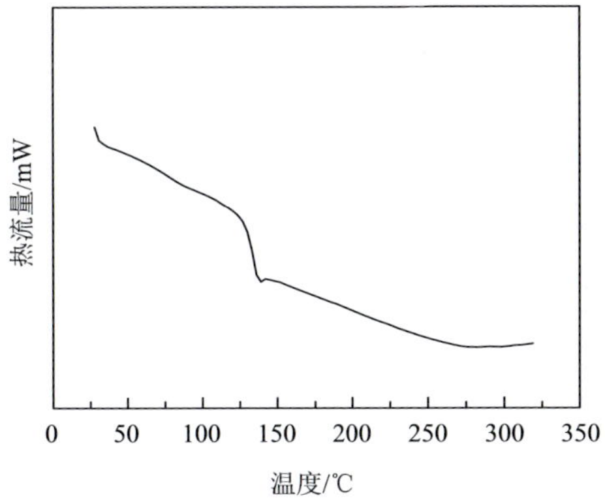

图 5.3　FPEEK 的 DSC 曲线(扫描速率为 10℃/min)

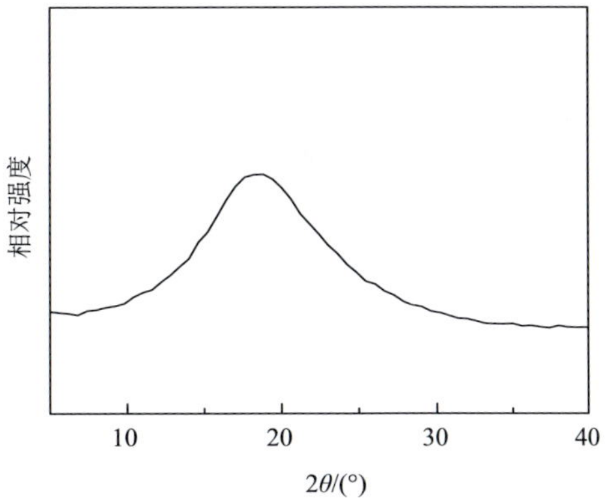

图 5.4　FPEEK 在 25℃的 WAXD 谱图

表 5.1 列出了含氟聚醚醚酮(FPEEK)和聚醚醚酮(PEEK)的力学性能、电性能等物理性能数据。由表中可以看出，FPEEK 和 PEEK 的机械性能比较接近，而介电常数却较 PEEK 降低了 0.6，可见在 PEEK 中引入(3-三氟甲基苯)侧基后，可以使 PEEK 的介电常数显著降低。这是由于含 F 取代基的存在，可能引起分子链的立体结构变化，减少了分子链的紧密堆砌，使聚合物的自由体积增加或聚合物单位体积内的极化基团的数量减少。另外，C—F 键的电子极化率比 C—H 键的小，而使聚合物的电子极化作用减小，从而使含氟聚醚醚酮的介电常数降低。

众所周知，PEEK 具有良好的耐溶剂性，除浓硫酸外几乎不溶于其他有机溶剂。PEEK 的难溶性是由于它的分子链具有较大的刚性及它的结晶性。由于引入了破坏结晶的(3′-三氟甲基)苯基取代基，因此，FPEEK 易溶于氯仿、四氢呋喃、环丁砜等有机溶剂(表 5.2)。

表 5.1　FPEEK 和 PEEK 的物理性能

项目	FPEEK	PEEK
介电常数(测试频率为 10^6 Hz)	2.7	3.3
拉伸强度/MPa	95.5	102.1
断裂伸长率/%	31.7	48.7
拉伸模量/MPa	1475.7	2214.0
弯曲强度/MPa	124.5	137.9
弯曲模量/MPa	2538.6	2682.5
缺口简支梁冲击强度/(kJ/m^2)	9.7	8.6
热变形温度/℃	117.0	152
吸水率/%	0.1	0.3
密度/(g/cm^3)	1.32	1.30
体积电阻率/(Ω·m)	2.7×10^{14}	$>10^{15}$
表面电阻率/Ω	1.9×10^{17}	$>10^{15}$
介电强度/(MV/m)	23.7	17
耐电弧/s	13	170

表 5.2　FPEEK 和 PEEK 溶解性能对比

聚合物	$CHCl_3$	CH_2Cl_2	THF	DMF	DMAc	TMS	NMP
FPEEK	s	s	s	s	s	s	s
PEEK	i	i	i	i	i	i	i

注：$CHCl_3$：氯仿；CH_2Cl_2：二氯甲烷；THF：四氢呋喃；DMF：*N*, *N*-二甲基甲酰胺；DMAc：*N*, *N*-二甲基乙酰胺；TMS：环丁砜；NMP：*N*-甲基吡咯烷酮；s：溶解；i：不溶解。

用 FPEEK 的氯仿溶液浇铸成的膜具有很好的透明性、耐折性和韧性。用氯仿和 *N*, *N*-二甲基甲酰胺(DMF)混合溶剂制备了 FPEEK 溶液，将其涂覆于铝基材上，分别在不同的温度下使溶剂挥发，然后评测它们的附着力，所得结果如表 5.3 所示，说明含氟聚醚醚酮(FPEEK)与基材具有很好的附着力和耐冲击力。

表 5.3　FPEEK 膜涂覆于铝基材的黏附强度和冲击强度

溶剂挥发温度	黏附强度	冲击强度/(50 kg/cm)
200℃	1 级	未被破坏
250℃	1 级	未被破坏

续表

溶剂挥发温度	黏附强度	冲击强度/(50 kg/cm)
290℃	1 级	未被破坏
320℃	1 级	未被破坏
350℃	1 级	未被破坏
380℃	1 级	未被破坏

将 FPEEK 的氯仿溶液涂覆于覆铜的印刷线路板上，充分干燥使溶剂挥发，然后测定了线路板涂覆 FPEEK 膜前后的 Q 值(绝缘材料对线路板性能影响程度的指标)，评测结果列于表 5.4。利用以下公式：

$$\Delta Q = \frac{Q_1 - Q_2}{Q_1} \times 100\%$$

计算出线路板涂覆 FPEEK 前后 Q 值的变化率，式中 Q_1 为线路板未涂覆 FPEEK 时的 Q 值，Q_2 为线路板涂覆 FPEEK 后的 Q 值。计算结果及与其他类型的涂覆材料允许的 Q 值最大变化率比较如表 5.5 所示。

表 5.4　印刷线路板涂覆 FPEEK 前后的 Q 值

Q 值	1 MHz			50 MHz		
	No.1	No.2	No.3	No.1	No.2	No.3
Q_1	111	110	110	132	131	132
Q_2	110	108	109	130	129	129

从表中可以看到，线路板涂覆 FPEEK 膜前后的 Q 值变化较小，Q 值变化率非常低，较其他类型树脂的允许 Q 值变化率低很多，表明用 FPEEK 作为印刷线路板的绝缘封装材料，对于线路信号传输及电子线路的性能影响极小。FPEEK 树脂完全能够满足涂覆印制电路组件用绝缘材料的相关行业标准。

表 5.5　印刷线路板涂覆 FPEEK 和其他绝缘材料前后的 Q 值

频率/MHz	FPEEK 的 Q 值变化率/%	其他材料涂覆的允许 Q 值变化率/%				
	FPEEK	AR	ER	SR	UR	XY
1	1.18	9	8	8	5	9
50	1.82	19	10	12	8	7

注：AR 表示丙烯酸树脂；ER 表示环氧树脂；SR 表示硅树脂；UR 表示聚脲树脂；XY 表示聚对二甲苯树脂。

5.1.3 含氟聚芳醚酮的介电性能

现代通信、电子信息及武器装备飞速发展，对其电子线路的稳定性、可靠性和信号传输速度的要求越来越高，而且电子元器件的尺寸越来越小，仪器设备需要更密集的多级线路。这样就要求用作封装材料的绝缘材料具有足够低的介电常数，同时，要求绝缘材料具有较好的耐高温性、耐腐蚀性和较好的机械性能。如果显著降低绝缘体的介电常数，就可以减少传输滞后、电子的交差干扰和电容性的耦合等缺点。降低介电常数的一种方法是在有机或无机的材料中产生闭合的多孔单元，使材料形成较大的自由体积；另一种方法是显著改变聚合物链的偶极矩，降低电子的极化作用。氟元素尺寸较小，可以形成强化学键和具有较好的电性能等，使其在化学物质的分子设计中成为极有价值的取代基。氟结合的电子离核更近，电子与核的相互作用力也大，所以极化率小，折射率较低，其电负性是所有元素中最高的。如果在聚醚醚酮的分子链中引入氟元素，就可以制备出低介电常数的新型聚芳醚酮，而且氟取代基的存在会使聚芳醚酮的溶解性、结晶性和吸水性等有所变化，进而使聚芳醚酮功能化，为电子信息行业提供新一代的绝缘封装材料。

从易得的工业原料出发，设计制备纯度可满足聚合要求的功能单体——2-(3′-三氟甲基苯)对苯二酚(FHQ)，再利用溶液缩聚路线合成出高分子量的聚合物，这种含氟聚芳醚酮在机械性能保持聚醚醚酮优点的条件下，介电常数达到2.7，且对频率依赖性小，成膜性能好，成本比相应的含氟聚酰亚胺(polyimide，PI)低，有望成为一种极有实用价值的电子封装材料[1-5]。

图5.5给出了FPEEK的介电常数(ε)、介电损耗($\tan\delta$)与频率的关系，其结果列于表5.6。FPEEK的介电常数和介电损耗随频率的变化较小，频率对聚合物的介电常数影响较小，这对其作为绝缘封装材料是非常有利的，因为电子仪器设备

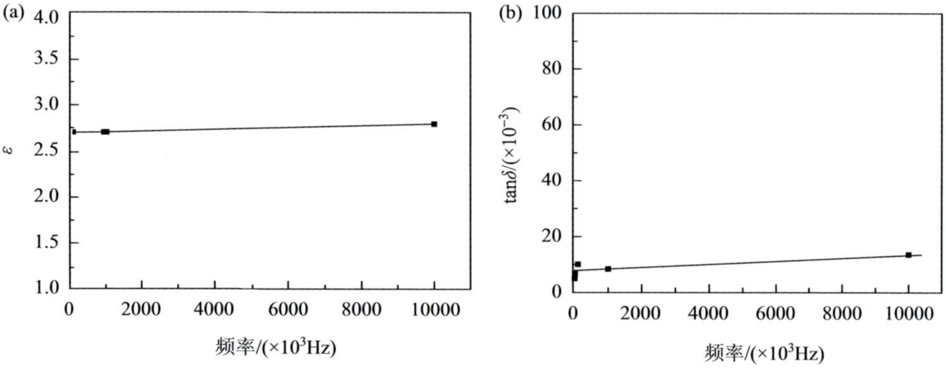

图5.5 FPEEK介电常数(a)、介电损耗(b)与测试频率关系

在运行中，如果其绝缘封装材料的介电常数随频率变化较大，则会影响信号的传输或使信号失真。

表 5.6　FPEEK 介电常数和介电损耗随测试频率的变化

频率/Hz	介电常数(ε)	介电损耗(tanδ)/(×10⁻³)
10^3	2.65	5.0
10^4	2.65	6.7
10^5	2.70	10.1
10^6	2.70	8.4
10^7	2.79	13.6

通过共聚的方式制备了一系列含联苯结构的含氟聚芳醚酮共聚物(FPEDEK)。FPEDEK 共聚物的玻璃化转变温度(T_g)和熔点(T_m)随 2-(3′-三氟甲基苯)对苯二酚(FHQ)含量变化曲线如图 5.6 和图 5.7 所示，其不同共聚物的 T_g 和熔点 T_m 及熔融焓具体数值列于表 5.7。从图表中可以看出，随着 FHQ 含量的增加，FPEDEK 共聚物的 T_g 和 T_m 基本呈线性降低，当单体 FHQ 含量增加至 60 mol%以后，共聚物成为无定形聚合物，只有 T_g 而无 T_m，可见(3′-三氟甲基)苯基取代基对共聚物主链的规整性破坏较为严重，使聚合物的结晶性降低，直至无定形聚合物。

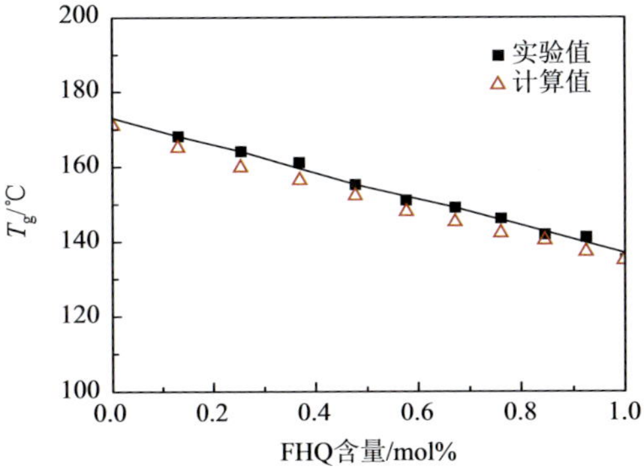

图 5.6　共聚物(FPEDEK)的玻璃化转变温度(T_g)随 FHQ 含量的变化

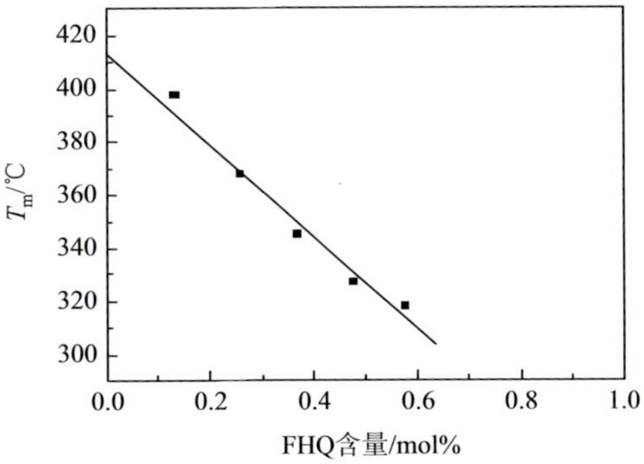

图 5.7　共聚物(FPEDEK)的熔点(T_m)随 FHQ 含量的变化

表 5.7　FPEDEK 共聚物的热性能

共聚物(FHQ/BP)	T_g/℃	T_m/℃	ΔH_m/(J/g)
0/100	171	409	113
10/90	168	398	66
20/80	164	368	47

续表

共聚物(FHQ/BP)	T_g/℃	T_m/℃	ΔH_m/(J/g)
30/70	161	345	33
40/60	155	327	28
50/50	151	318	9
60/40	149	—	—
70/30	146	—	—
80/20	142	—	—
90/10	141	—	—
100/0	135	—	—

图 5.8 和表 5.8 给出了 FPEDEK 共聚物的介电常数随 FHQ 含量的变化。随着 FHQ 含量的增加，共聚物结构单元中取代基—CF_3 的量逐渐增加，即—CF_3 与苯环的比值增加，共聚物 FPEDEK 的介电常数也随之线性降低。在聚醚砜、聚酰亚胺中引入氟原子也可降低电子极化效应，而且随着含氟量的增加，体系的自由体积增大，介电常数随着自由体积的增大呈线性下降[6, 7]。

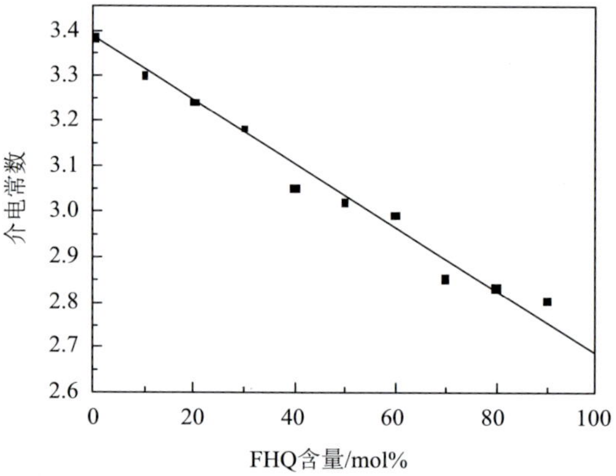

图 5.8 FPEDEK 共聚物的介电常数与 FHQ 含量的关系

表 5.8 FPEDEK 共聚物的介电常数

共聚物(FHQ/BP)	聚合物结构单元中 CF_3 和苯基的比例	频率/Hz	介电常数(ε)
0/100	0	10^6	3.38
10/90	1/40	10^6	3.30
20/80	2/40	10^6	3.24
30/70	3/40	10^6	3.18
40/60	4/40	10^6	3.05

续表

共聚物(FHQ/BP)	聚合物结构单元中 CF_3 和苯基的比例	频率/Hz	介电常数(ε)
50/50	5/40	10^6	3.02
60/40	6/40	10^6	2.99
70/30	7/40	10^6	2.85
80/20	8/40	10^6	2.83
90/10	9/40	10^6	2.80
100/0	10/40	10^6	2.70

5.1.4　含氟聚芳醚酮液晶的结构与性能

主链型液晶聚合物是刚性液晶基元位于主链中的聚合物。完全刚性的主链型液晶高分子只能表现出溶致液晶相。为使这类聚合物表现出热致液晶的性质，必须使其结晶熔点或玻璃化转变温度降到足够低的程度。利用共聚合引入取代基团、异种刚性成分、扭结结构成分、柔性链段等方法，能有效降低聚合物的熔点或玻璃化转变温度。Bennett 和 Farris[8]合成了含有联苯二酚液晶基元和取代基的聚芳醚酮共聚物，发现当带有取代基的单体达到一定的摩尔百分比时，共聚物具有热致液晶性质。张善举等[4]用 2-氯对苯二酚或 2, 5-二羟基联苯、联苯二酚和 4, 4′-二氟二苯甲酮单体进行无规共聚，合成了新型聚芳醚酮液晶。

1. 含氟聚芳醚酮液晶聚合物的合成

通过调控 2-(3′-三氟甲基苯)对苯二酚(FHQ)和联苯二酚(BP)的投料比，与 1, 4-(4-氟-苯酰基)-苯(BF)聚合，制得一系列三氟甲基含量不同的含氟聚芳醚酮共聚物(FPEDEKK)。合成反应式如图 5.9 所示。

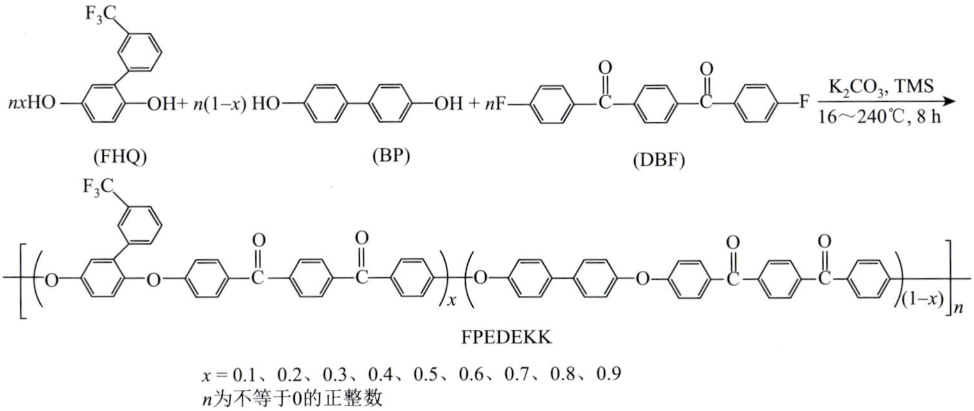

图 5.9　含氟聚芳醚酮液晶聚合物的合成路线

2. 含氟聚芳醚酮的液晶行为

部分含氟聚芳醚酮液晶聚合物的差示扫描量热分析(DSC)曲线如图 5.10 所示。由于共聚物中单体 FHQ 含量的不同，共聚物的聚集态有着由结晶结构向液晶结构，再向无定形结构转变的过程。

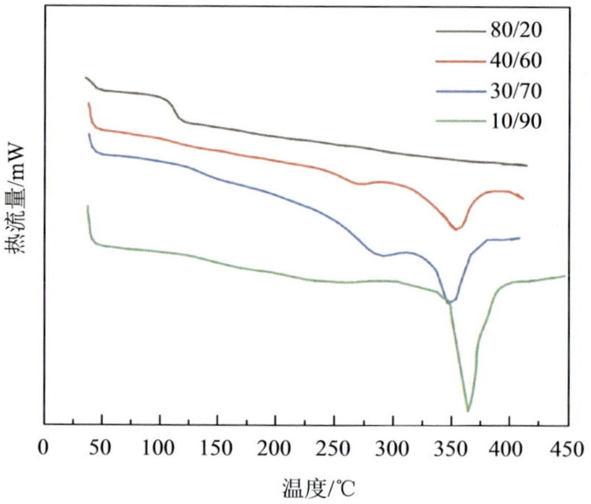

图 5.10 共聚物的 DSC 升温曲线

10/90：10FHQ/90BP/100DBF；30/70：30FHQ/70BP/100DBF；40/60：40FHQ/60BP/100DBF；80/20：80FHQ/20BP/100DBF

表 5.9 给出了不同含氟聚芳醚酮共聚物的热性能参数，共聚物保留了常规聚芳醚酮较好的热稳定性。由于共聚作用，随着 FHQ 含量的增加，聚合物熔点(T_m)呈下降趋势，其熔融焓变(ΔH_m)也随之减小。当 FHQ 含量小于 20 mol%时，共聚物只有一个熔融转变，不再具有液晶性；当单体 FHQ 含量大于 80 mol%以后，含氟聚芳醚酮共聚物已经没有结晶性，表现为无定形聚合物，只呈现一个玻璃化转变温度。当 FHQ 含量在 20 mol%～70 mol%时，共聚物呈现两个一级相转变温度。它们分别对应结晶-液晶转变和液晶-各向同性转变，液晶温度区间为 50～75℃，因此这种含氟聚芳醚酮液晶聚合物具有较好的稳定性。该含氟聚芳醚酮液晶共聚物的各向同性转变热焓ΔH_i 大于熔融热焓ΔH_m，意味着结晶态熔融到液晶态

表 5.9 新型含氟聚芳醚酮共聚物的热性能

样品	T_g/℃	T_m/℃	T_i/℃	ΔH_m/(J/g)	ΔH_i/(J/g)	T_d/℃	WAXD 模式
100BP/100BF	185	411	—	90	—	520	结晶
90BP/10FHQ/100BF	173	376	—	60	—		结晶
80BP/20FHQ/100BF	139	301	376	24	62	480	低结晶

续表

样品	T_g/℃	T_m/℃	T_i/℃	ΔH_m/ (J/g)	ΔH_i/ (J/g)	T_d/℃	WAXD 模式
70BP/30FHQ/100BF	135	297	365	20	46	500	低结晶
60BP/40FHQ/100BF	133	294	362	17	42	498	低结晶
50BP/50FHQ/100BF	132	285	354	15	22	416	低结晶
40BP/60FHQ/100BF	131	281	345	12	20	484	低结晶
30BP/70FHQ/100BF	128	277	334	8	11	510	低结晶
20BP/80FHQ/100BF	135	—	—	—	—		无定形
10BP/90FHQ/100BF	142	—	—	—	—		无定形
100FHQ/100BF	147	—	—	—	—	505	无定形

的规整性转变差异小于液晶态熔融至各向同性状态的有序性转变差异，这表明液晶态具有较高的有序度，Jonsson 和 Werner[9]等及 Shaffer 和 Percec[10]所合成的主链型聚酯液晶也发现相似的结果。

含氟聚芳醚酮液晶聚合物的组成对其相转变温度的影响如图 5.11 所示。当聚合物中 FHQ 含量小于 20 mol%时，随 FHQ 含量的增加，聚合物熔点显著下降。一旦液晶相形成，即 FHQ 含量在 20 mol%～70 mol%范围内，聚合物的熔融转变温度无明显变化。一般来讲，由联苯二酚和对苯二酚共聚的聚芳醚酮熔融转变温度与组成的关系是呈“V”字形变化，即先显著下降，然后上升，且在 75 mol%联苯二酚/25 mol%对苯二酚组成上有最小值。这种无规共聚物熔融转变温度随组成的变化规律是由于不同组成共聚物的聚集态结构不同，具有最低共熔点的聚合物有最小的片晶厚度。当 FHQ 含量小于 20 mol%时，液晶聚合物相转变温度变化规律和常规聚芳醚酮共聚物明显不同，T_m 下降幅度很大。当 FHQ 含量为 20 mol%～

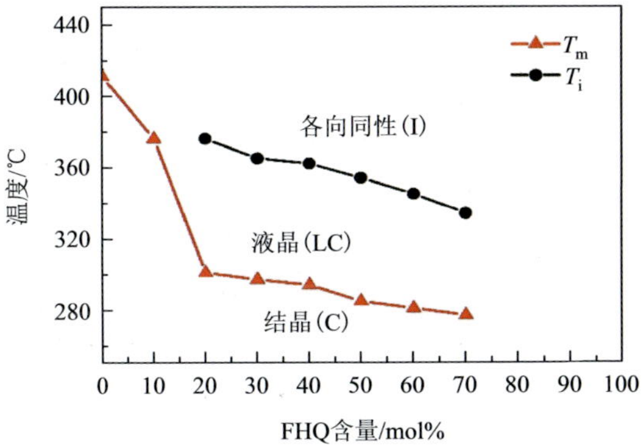

图 5.11　含氟聚芳醚酮液晶聚合物相转变温度与单体 FHQ 含量的关系

70 mol%时，熔融相转变温度变化幅度较小。这种变化规律可能同液晶相的形成有关。由于结晶相是从有序的液晶相转化而来的，而液晶相尺寸的变化不受组成的影响，因而结晶相尺寸随组成的变化也不显著，所以聚合物的熔融转变不受组成的影响。

将不同含氟聚芳醚酮液晶聚合物从熔融态降温到 310℃，退火 12 h，然后冷却到室温，利用偏光显微镜(polarization microscope，PLM)观察其液晶性。如图 5.12 所示，含氟聚芳醚酮液晶能够形成液晶相，共聚物液晶的织构类似于小分子液晶，可以观察到扇形、粒状、纹影和镶嵌等织构。样品 70BP/30FHQ/100DBF 分别呈现近晶 X 相纹影织构[图 5.12(a)]和近晶 A 相扇形织构[图 5.12(f)]；60BP/40FHQ/100DBF 样品呈现近晶 A 相扇形织构 [图 5.12(b) 和(g)]；50BP/50FHQ/100DBF

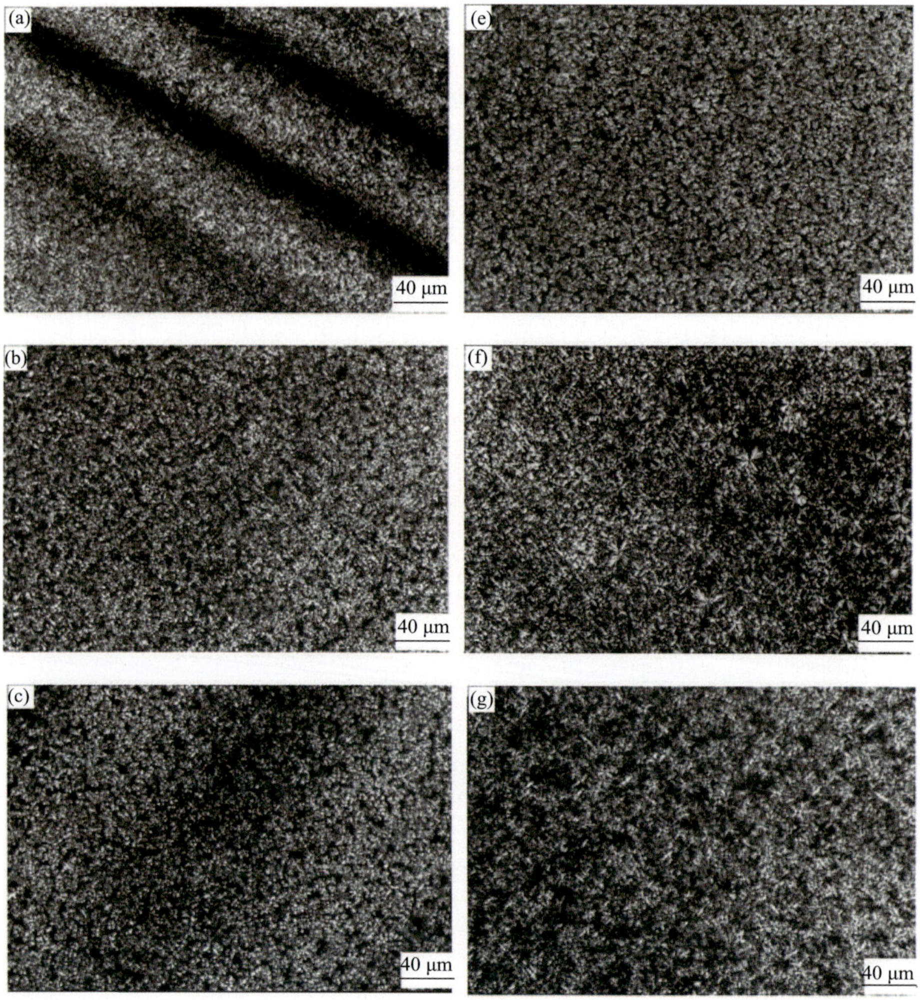

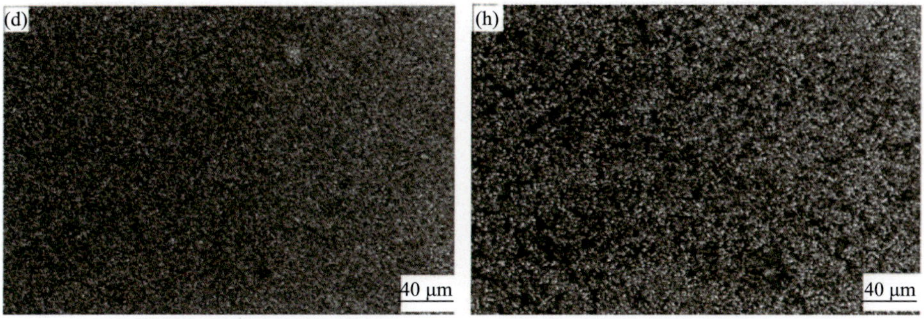

图5.12 含氟聚芳醚酮液晶聚合物70BP/30FHQ/100DBF、60BP/40FHQ/100DBF、50BP/50FHQ/100DBF、40BP/60FHQ/100DBF偏光显微镜图像

(a) 70BP/30FHQ/100DBF纹影织构；(b，g) 60BP/40FHQ/100DBF扇形织构；(c) 50BP/50FHQ/100DBF沙地织构；(d) 40BP/60FHQ/100DBF向列相阶粒织构；(e) 30BP/70FHQ/100DBF向列相纹影织构；(f) 70BP/30FHQ/100DBF扇形织构；(h) 50BP/50FHQ/100DBF精细镶嵌织构

液晶分别呈现近晶C相沙地织构[图5.12(c)]和近晶F相精细镶嵌织构[图5.12(h)]；40BP/60FHQ/100DBF液晶呈现向列相阶粒织构[图5.12(d)]；30 BP/70FHQ/100DBF液晶呈现向列相纹影织构 [图5.12(e)]。

3. 含氟聚芳醚酮液晶的熔融行为

在过去的二十年中，主链型液晶高分子的相态和相转变行为得到了广泛的研究。在大多数情况下，液晶高分子是对映异位的，在结晶熔融温度以上可以观察到向列相。许多刊物已经报道了存在近晶A相和近晶C相。Yoon等[11]报道了在主链型聚酯液晶聚合物中存在高有序近晶结构(S_F、S_G和S_H)，有趣的是，在热致聚芳醚酮液晶聚合物中也发现了高有序的近晶结构。

图5.13和图5.14给出了70BP/30FHQ/100DBF液晶聚合物不同升温速率和降温速率下的差示扫描量热分析(DSC)曲线。在不同升温或降温速率下，曲线都呈现多重转变峰。升温过程中第一个转变(150℃左右)是分子链玻璃化转变，第二个转变峰(297℃左右)是结晶相向近晶相转变，第三个转变峰(365℃左右)是近晶相向各向同性相的转变。扫描速率对近晶相向各向同性相转变峰的位置基本没有影响，而且相转变的热焓在不同的扫描速率下是相等的，不同的扫描速率只是对曲线的热流值有影响，快的扫描速率对应大的热流值。在降温曲线中也可以观察到同样的情况。

利用WAXD观察不同温度下液晶聚合物70BP/30FHQ/100DBF和60BP/40FHQ/100DBF的结构和有序性的变化，如图5.15和图5.16所示。由图中可以看到，在常温下聚芳醚酮液晶聚合物70BP/30FHQ/100DBF呈现类似于常规聚芳醚酮的衍射峰，随着温度升高至280℃以上时，衍射峰强度逐渐减弱，峰形变锐。

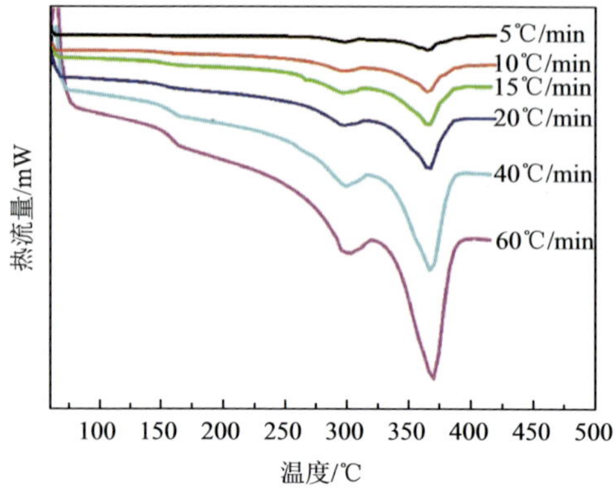

图 5.13 共聚物 70BP/30FHQ/100DBF 的 DSC 升温曲线

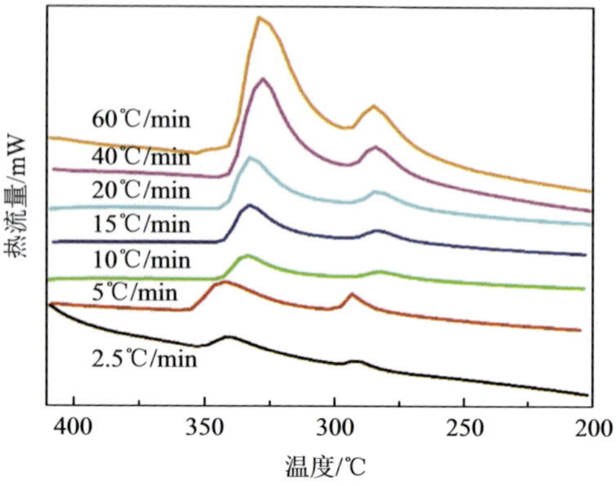

图 5.14 共聚物 70BP/30FHQ/100DBF 的 DSC 降温曲线

这时结晶相逐渐消失而进入液晶相，到 340℃以上时，只存在高有序近晶相(SC*)的衍射峰，温度升至 370℃左右时，衍射曲线成为弥散峰，液晶高分子由高有序近晶相转变为各向同性。液晶聚合物 60BP/40FHQ/100DBF 在其对应的相变温度的结构和有序性的变化与 70BP/30FHQ/100DBF 的比较相似。为了加以比较，作了纯聚醚醚酮不同温度下的 WAXD 谱图，如图 5.17 所示，由图可以看出，当温度达到 345℃时，PEEK 只呈现一个弥散峰，而无高有序结构相。WAXD 的分析结果与前面 DSC 的评测结果是相吻合的。

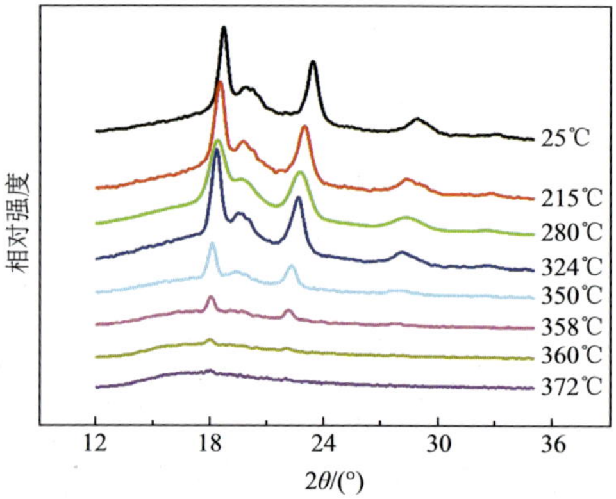

图 5.15 共聚物 70 BP/30 FHQ/100 DBF 不同温度下的 WAXD 谱图

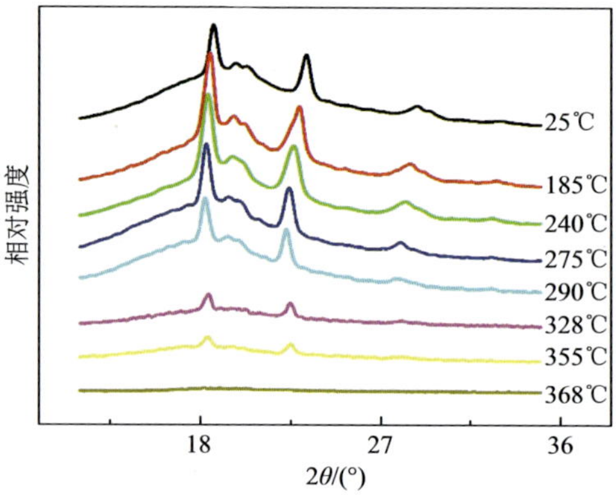

图 5.16 共聚物 60 BP/40 FHQ/100 DBF 不同温度下的 WAXD 谱图

4. 含氟聚芳醚酮液晶的单畴液晶行为

液晶的单畴行为是指液晶分子链有很窄或单一取向的区域。聚合物液晶的织

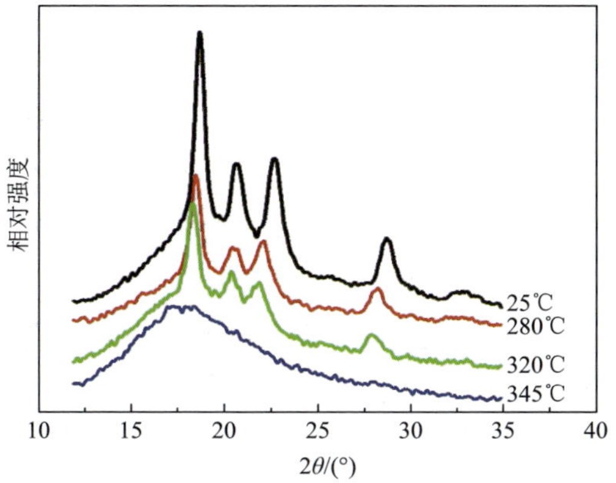

图 5.17　PEEK 不同温度下的 WAXD 谱图

构由于分子链的缠结而需要较高温度和较长时间才能出现。Yoon 等[11]认为，聚合物液晶可以通过外场作用，使分子链取向平行或垂直于基质表面，这种诱导效应可以有效地得到聚合物单畴液晶，单畴的尺寸随着时间不断增大。在覆有碳膜的单晶硅上，将液晶聚合物 50BP/50FHQ/100DBF 制成了 10～100 nm 的薄膜，然后在一定的温度下进行热处理，通过透射电镜(TEM)观察不同温度和不同热处理时间的液晶聚合物的单畴行为，测试得到了清晰的单晶的电子衍射，如图 5.18 所示。薄膜样品沿着(001)区域拥有正交晶系的横向堆砌，基于(200)和(110)反射面的晶胞参数 $a = 7.76$ Å 和 $b = 6.12$ Å。

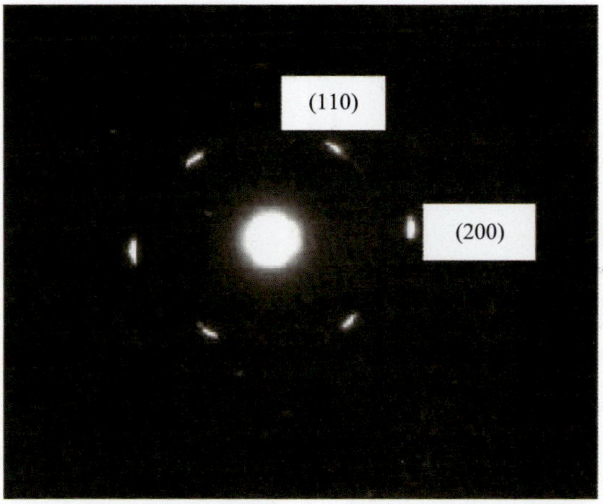

图 5.18　液晶聚合物 50BP/50FHQ/100DBF 薄膜样品的单畴行为中正交晶系横向堆砌的电子衍射图

图 5.19 是液晶聚合物 50 BP/50 FHQ/100 DBF 薄膜样品在同一温度不同处理

时间的透射电镜图及电子衍射(ED)图。从图中可以观察到，在液晶分子的单畴行为中液晶的分子链是垂直于基质的表面(沿着 c 轴方向)取向的，这也代表了液晶聚合物在宏观的取向方式。液晶聚合物的单畴形态的形状是近于椭圆形，而且长轴的方向对应于正交晶系的 b 轴，这表明堆砌生长的优先方向是 b 轴方向。值得强调的是当薄膜样品经过热处理后，应从类似于液态的向列相淬火至室温，因为当高分子进入高有序的近晶相时，其行为类似于固态，分子的运动能力降低而有序度增加，因此推断图中所观察到的单畴现象应是由向列相直接形成的。从另一

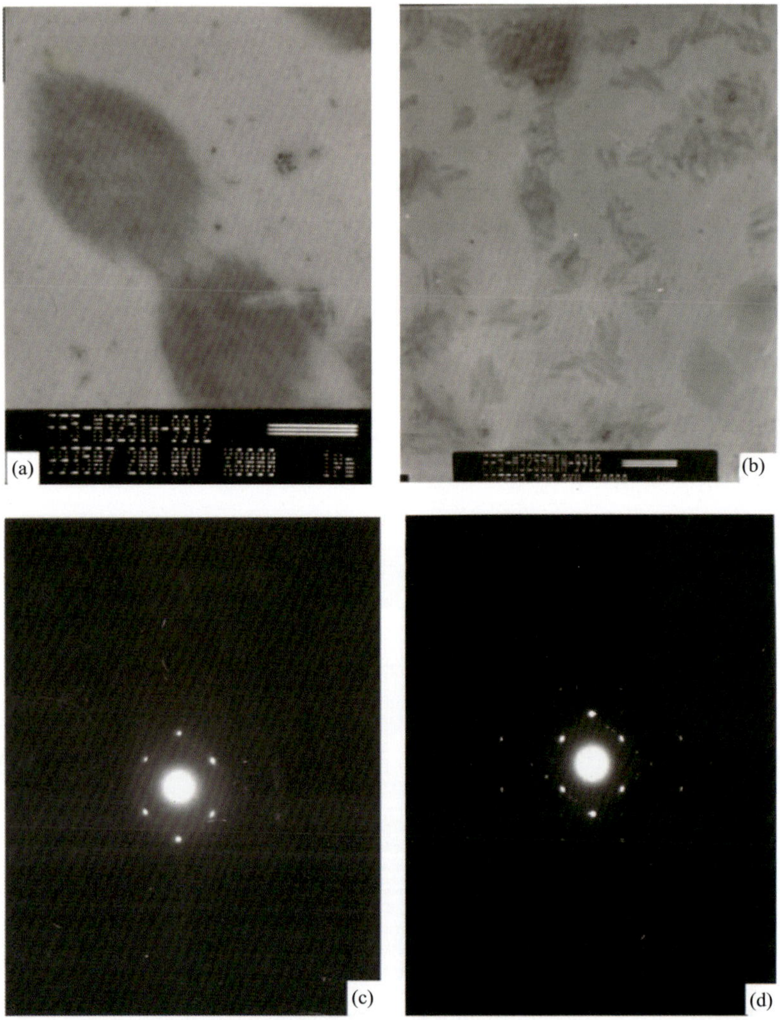

图 5.19　液晶聚合物 50 BP/50 FHQ/100 DBF 单畴行为 TEM 图和电子衍射图样品在 325℃处理不同的时间：(a，c) 1 h，(b，d) 5 min

个角度来说，由于表面的诱导作用，正交晶系的液晶分子堆砌形成向列相而不是 S_G 相。聚合物液晶单畴生长的分子机制可以看作是分子大规模运动引起的分子自组装过程。图 5.19 中(a)和(c)的单畴形态是在 325℃热处理 1 h 的形态和电子衍射图，图 5.19(a)中形成的单畴区域尺寸较大而且比较规整。图 5.19 中(b)是 325℃热处理 5 min 的液晶形态，图 5.19(d)是对应于(b)的电子衍射图。可以认为这是单畴生长的初始阶段，只形成一个多矢畴(polydomain)的织构，此时液晶聚合物的聚集体中的分子都有沿着垂直于基质表面方向取向的趋势，这最大的可能性是由于表面的影响，这一阶段也可以描述为“成核过程”，初始阶段过后，在单矢畴“核”周围的分子不断向这一区域迁移，自动调整它们的取向方向，成为这一区域有序结构的组成部分。Yoon 等[11]认为这个生长过程在单畴有序结构进化过程中是一种分子自组装过程。随着热处理时间的延长，到 1 h 时，小单矢畴生长成为较大的近于椭圆形状的单畴区域［图 5.19(a)和(c)］。

图 5.20 是液晶聚合物 50BP/50/100DBF 薄膜样品在 300℃的不同制备方法的 TEM 图像及 ED 图，图 5.20(a)是样品在 420℃熔融后，以 5℃/min 的速度降温至 300℃热处理 5 h 后，再以 5℃/min 降至室温的 TEM 明场图，图 5.20(b)是对应于图 5.20(a)的 ED 图。图 5.20(c)是样品在 420℃熔融后，以 5℃/min 的速度降温至 300℃热处理 5 h 再淬火至室温的 TEM 明场图。比较图 5.20 的结果，不难看出，液晶聚合物自组装的有序化过程对温度有极大的依赖性，尽管经过 5 h 的热处理，也只是形成了高有序的近晶相区或多矢畴阶段，而没有形成较好的单畴区域。由表面诱导引起的液晶聚合物的取向要求分子可以大规模地运动，当由各向同性状

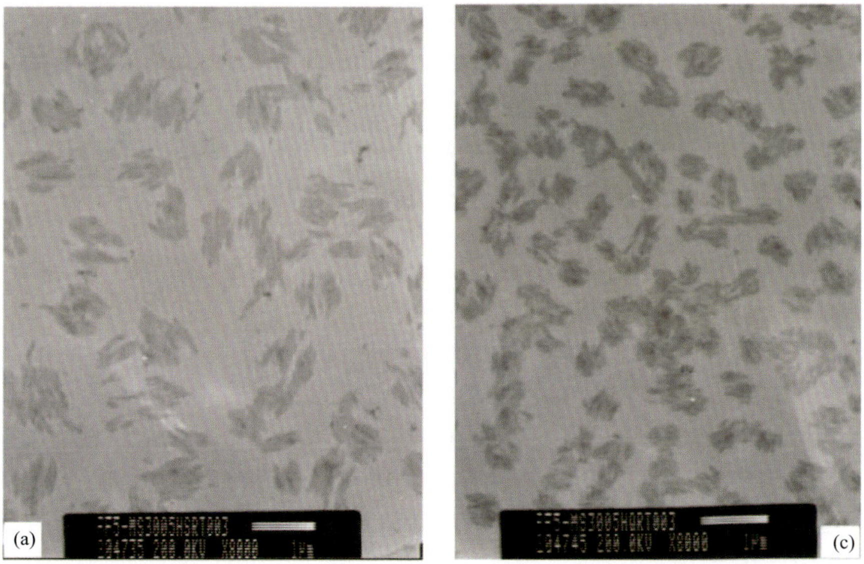

图 5.20　液晶聚合物 50BP/50FHQ/100DBF 多矢畴 TEM 图像(a，c)和电子衍射图(b)

样品在 300℃热处理 5 h，在 420℃熔融，然后以 5℃/min 的速度降温至 300℃，退火 5 h 后，(a，b)再以 5℃/min 速度降至室温；(c)迅速淬火到室温

态降至 300℃时，分子链的运动受到限制，分子的取向和迁移受到阻碍。(c)是由 300℃淬火至室温的样品，分子的取向较(a)更分散。(a)的电子衍射(b)近于环状。可见，温度和时间对于高分子液晶的单畴形成及发展具有重要的作用。

5. 含氟聚芳醚酮液晶的高有序相与分子量及温度的关系

分子量对聚合物热致液晶的影响，大致包括液晶相间转变温度和液晶相清亮点温度、相变焓和相变熵、液晶相序参数，以及液晶相温区宽度等。小分子液晶的熔体黏度小，使其有序的液晶相较容易形成。而高分子聚合物液晶不同于小分子液晶，由于聚合物的长链特征，液晶有序结构中层与层之间存在一定的相关性。随着分子量的不同，聚合物链的空间构象和分子堆积情况均不一样，从而影响液晶的有序结构。Bennett 和 Farris[8]研究了 50BP/50PHQ/100DBF 的共聚物随着分子量的增加，其液晶有序结构逐渐降低。当分子量较低时($M_n = 1850$)，样品表现为向列相 N 和高有序近晶相 S_G 和 SC_B；中间分子量的样品($M_n = 4000$)存在向列相 N 和高有序近晶相 S_G；当分子量超过 6600 时，样品只有低有序的向列相 N。

图 5.21 是液晶聚合物 70 BP/30 FHQ/100DBF 三种不同分子量的差示扫描量热分析(DSC)曲线，当分子量为 $M_n = 6800$ 时，液晶高分子的近晶相向各向同性相转变的热焓较大，转变峰较锐；$M_n = 10200$ 时，液晶高分子的近晶相向各向同性相转变的热焓较 $M_n = 6800$ 的要小，而且转变峰较宽；$M_n = 19000$ 时，结晶相与液晶相无法分开，只出现一个较宽的熔融峰。液晶聚合物的高温转变峰温度为 $M_n = 19000 > M_n = 10200 > M_n = 6800$。这表明随共聚物分子量的增加，分子链的

缠绕程度增大，不利于分子链的有序排列，也就不利于液晶相的形成。通常，分子量的增加，使熵值增大，分子运动的混乱度增大，阻碍了高有序液晶结构的形成；同时，分子量的增加，使融体黏度增大，分子活动能力降低，也不利于形成高有序液晶结构。所以分子量的不同将导致聚合物液晶有序结构的不同。

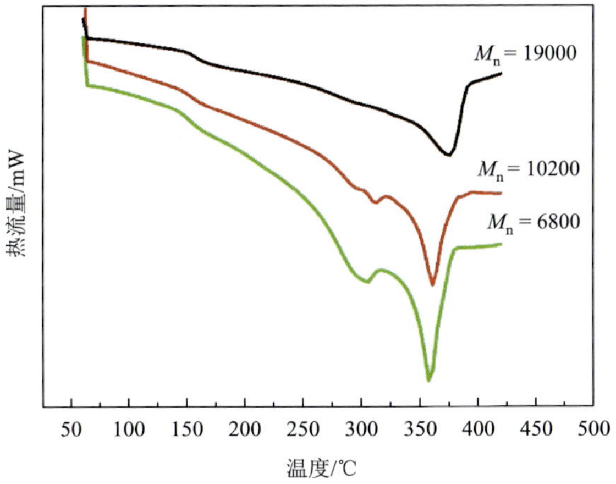

图 5.21　不同分子量液晶聚合物(70BP/30FHQ/100DBF)的 DSC 曲线(扫描速率为 10℃/min)

液晶聚合物的有序排列对温度和时间的依赖性较大，升高液晶有序排列的温度，将使共聚物的熔体黏度降低，使分子活动能力增加，有利于高有序液晶相的形成。对三种分子量不同的共聚物在 360℃热处理 30 min，再自然降温至室温，然后进行 DSC 扫描，曲线如图 5.22 所示。三种分子量的共聚物都呈现

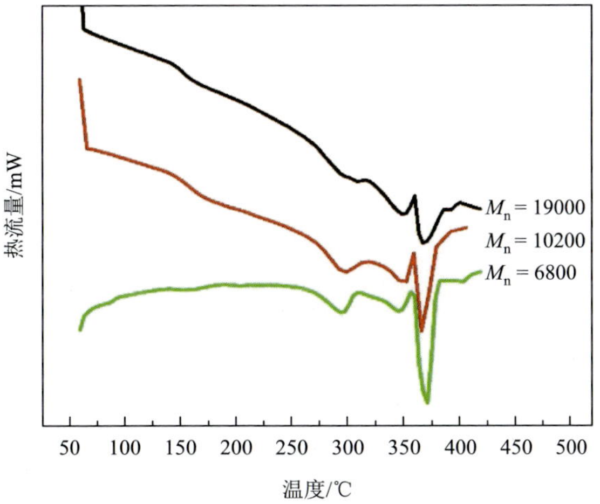

图 5.22　不同分子量液晶聚合物(70BP/30FHQ/100DBF)在 360℃处理 30 min 的 DSC 曲线(扫描速率为 10℃/min)

出结晶-液晶-各向同性相的转变，而且使分子量低的液晶向各向同性转变的熔融峰更锐，表明温度对高有序液晶相的形成具有重要的作用。同时，也表明含氟聚芳醚酮液晶具有高有序的近晶结构，在通常条件下，高分子量的共聚物结晶相和高有序液晶相差别较小，不易呈现多重相转变。而在一定的热处理条件下可以表现液晶行为。

图 5.23 是 $M_n = 19000$ 的 70BP/30FHQ/100DBF 共聚物在不同温度下热处理 30 min 的 DSC 曲线。曲线表明，高分子量的共聚物在适当的温度进行热处理，有利于形成高有序液晶结构。图 5.24 是 $M_n = 19000$ 的 70BP/30FHQ/100DBF 共聚物在 360℃热处理不同时间的 DSC 曲线，从图中可以看出，随热处理时间的延长，有利于高有序液晶相的形成。由以上的结果可以得出，分子量与液晶的形成和高有序液晶结构的形成有着一定的对应关系。

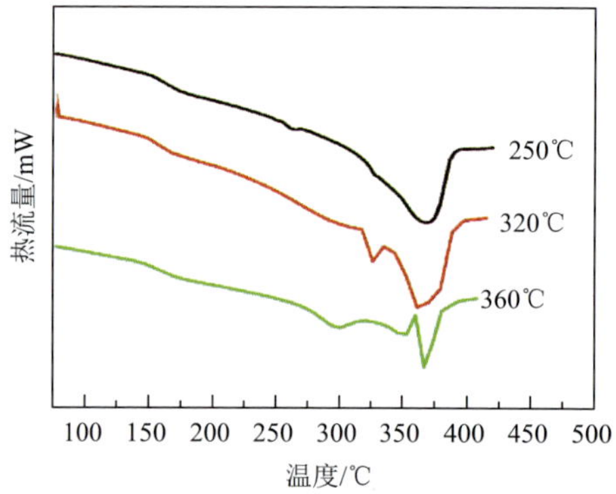

图 5.23　液晶聚合物 70BP/30FHQ/100DBF（$M_n = 19000$）在不同温度下处理 30 min 后的 DSC 曲线

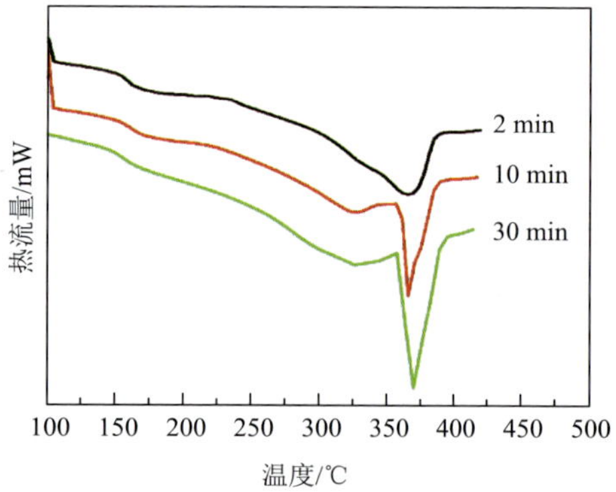

图 5.24　液晶聚合物 70BP/30FHQ/100DBF（$M_n = 19000$）在 360℃处理不同时间后的 DSC 曲线

对 $M_n = 6800$ 的含氟聚芳醚酮液晶聚合物分别在同一时间不同温度和同一温度不同时间的条件下进行热处理，样品的 DSC 曲线如图 5.25 和图 5.26 所示。同样可以看出，温度和时间对液晶聚合物的作用同上面的结果是一致的。含氟聚芳醚酮液晶的高有序液晶结构的形成对热处理温度和时间有一定的依赖性。

6. 侧基对聚芳醚酮液晶稳定性的影响

液晶稳定性一般用液晶温度区间的大小来衡量。液晶温度区间越大，表明液晶相越稳定。液晶稳定性主要受空阻效应和极性效应的影响。根据 Flory-Onsager 观点[12, 13]，影响液晶稳定性的因素中，空间位阻效应大于分子极性效应；而 Maier-Saupe 则持相反观点，即分子极性效应是影响液晶稳定性的关键因素[14, 15]。

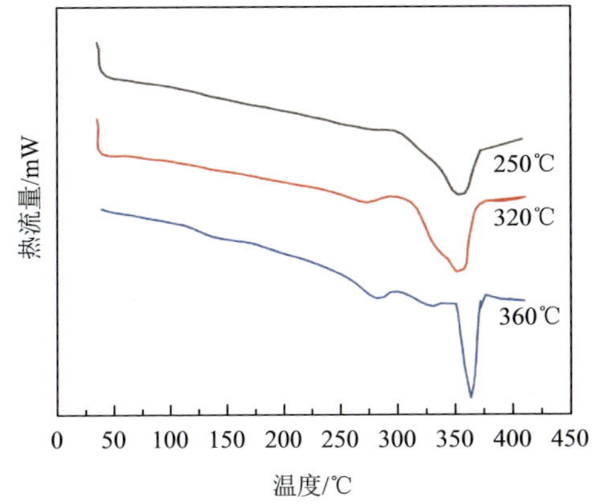

图 5.25　液晶聚合物 70BP/30FHQ/100DBF (M_n = 6800) 在不同温度下处理 3 h 的 DSC 曲线

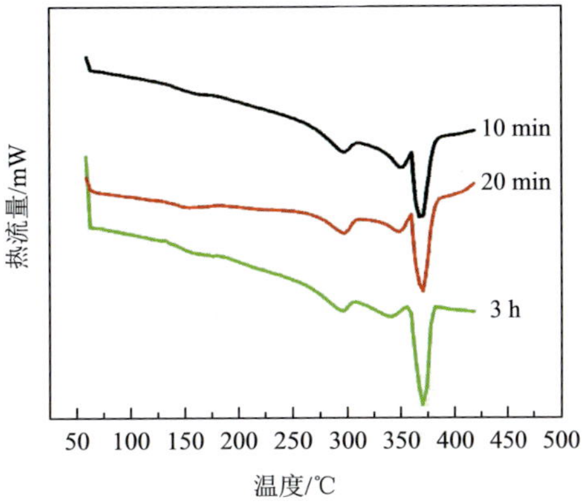

图 5.26　液晶聚合物 70BP/30FHQ/100DBF 360℃退火不同时间的 DSC 曲线

以侧基含量为 50 mol%的共聚物为例，将合成的含 3-三氟甲基苯侧基的聚芳醚酮液晶同本实验室已经合成的含其他类型侧基的聚芳醚酮液晶（含氯侧基、甲氧基侧基、叔丁基侧基和苯侧基，不同侧基的液晶聚合物结构式如图 5.27 所示）进行比较，研究侧基的极性和空间体积对新型聚芳醚酮液晶稳定性的影响。表 5.10 列出了含不同侧基液晶共聚物的热性能及其相应的液晶温度区间（$\Delta T = T_i - T_m$）。从表 5.10 的数据中看出，含氯侧基共聚物（Cl-PAEK）的 ΔT 为 10～20℃；含甲氧侧基共聚物（M-PAEK）的 ΔT 为 30～35℃；含叔丁侧基共聚物（B-PAEK）的 ΔT 为 50～55℃；含苯侧基共聚物（P-PAEK）的 ΔT 为 50～55℃；含 3-三氟甲基苯侧基共聚物（F-PAEK）的 ΔT 为 65～70℃。因此，共聚物的液晶稳定性从小到大次序为 Cl-PAEK＜M-PAEK＜B-PAEK≤P-PAEK＜F-PAEK，其规律与单体侧基的空间体积变化次序相同（ClHQ＜MHQ＜BHQ≤PHQ＜ FHQ）。虽然氯侧基为极性基团，但其对液晶稳定性的影响远比空间位阻效应的影响小得多。从以上的数据分析中

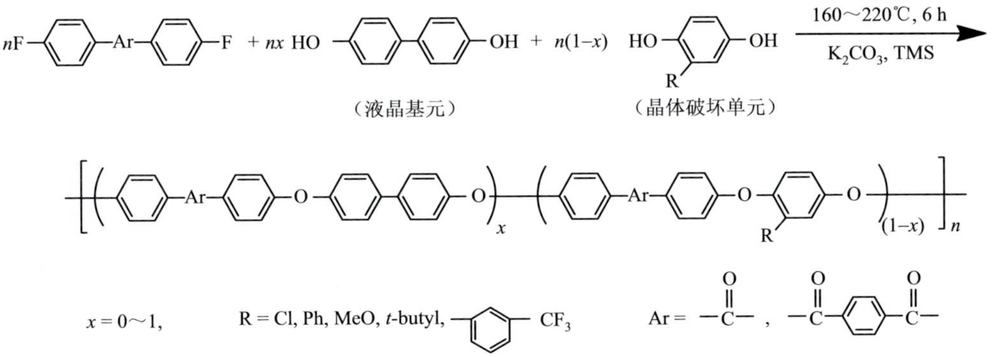

图 5.27　不同侧基聚芳醚酮液晶聚合物结构式

可以看出，对本文的系列液晶聚芳醚酮来说，影响液晶稳定性的因素中，空间位阻效应起决定性作用，即符合 Flory-Onsager 观点。

表 5.10 不同侧基聚芳醚酮液晶的热性能*

样品	T_m/℃	T_i/℃	ΔH_m/(J/g)	ΔH_i/(J/g)	ΔT/℃
Cl-PAEK 50BP/50ClHQ/100DBF	336	350	19	19	14
Cl-PAEK 50BP/50ClHQ/100BF	317	333	53	5	16
M-PAEK 50BP/50MHQ/100BF	306	338	42	9	32
B-PAEK 50BP/50BHQ/100BF	322	375	40	8	53
B-PAEK 50BP/50BHQ/100DBF	330	385	8	2	55
P-PAEK 50BP/50PHQ/100DBF	300	352	21	10	52
P-PAEK 50BP/50PHQ/100BF	314	369	5	4	55
F-PAEK 50BP/50FHQ/100DBF	285	354	15	22	69

*共聚物的分子量约为 10000。

5.2 磺化聚芳醚酮

聚芳醚酮作为一种高性能特种工程塑料，由于其主链骨架富含刚性芳环的结构特点，具有良好的耐溶剂性、高的热稳定性和出色的机械性能等综合性能。除此之外，聚芳醚酮的化学结构可控，易于进行结构设计与化学修饰，如通过磺化亲电取代反应制备得到衍生物磺化聚芳醚酮(SPAEK)[15]。磺化聚芳醚酮不仅继承了聚芳醚酮本身良好的机械性能和热性能，而且还通过引入磺酸基团赋予其较强的质子传导能力，从而制备得到一类性能优异的非氟质子交换膜[16-19]。质子交换膜燃料电池是燃料电池的一种，由于采用高分子膜作为电解质，具有能量转换率高、低温启动、无电解质泄漏等特点，被公认为最有希望成为航天、军事、电动汽车和区域性电站的首选电源。洁净的氢燃料电池汽车也被认为是取代传统内燃机汽车的最佳选择。质子交换膜正是质子交换膜燃料电池的核心关键材料，起着阻隔燃料和氧化剂、从阴极传导质子到阳极的作用，它的性能直接决定着燃料电池的性能[20-22]。目前，磺化聚芳醚酮是应用于质子交换膜燃料电池领域的候选材料之一，具有热稳定性优异、机械性能良好、可加工性佳及成本低等优势，得到国内外研究者广泛关注[24, 25]。磺化聚芳醚酮的制备可分为聚合物后磺化法和磺化单体直接聚合两种途径。

5.2.1　主链后磺化法制备磺化聚芳醚酮

最早被采用的制备磺化聚芳醚酮的途径是聚合物后磺化法，于 1985 年首次报道，即采用合适的磺化试剂直接对聚合物进行磺化反应，磺化程度主要由反应时间、温度及磺化剂的选择等因素控制。常见的磺化试剂包括浓硫酸[25, 26]、氯磺酸[27]、发烟硫酸[28]、甲基磺酸/浓硫酸等，每个重复单元的磺化度可达到 1.0。其中，发烟硫酸和氯磺酸是比浓硫酸更强的磺化剂，在磺化反应过程中常伴有副反应发生。因此，最常见也最广泛采用的是利用浓硫酸对聚醚醚酮进行磺化，可制备得到磺化聚醚醚酮(sulfonated polyether ether ketone，SPEEK)，反应方程式如图 5.28 所示。SPEEK 的制备又可分为异相磺化和均相磺化。在异相磺化的情况下，PEEK 的溶解和磺化同时发生；均相磺化是指将 PEEK 溶解在溶剂(如甲基磺酸)中，然后通过添加硫酸进行磺化。

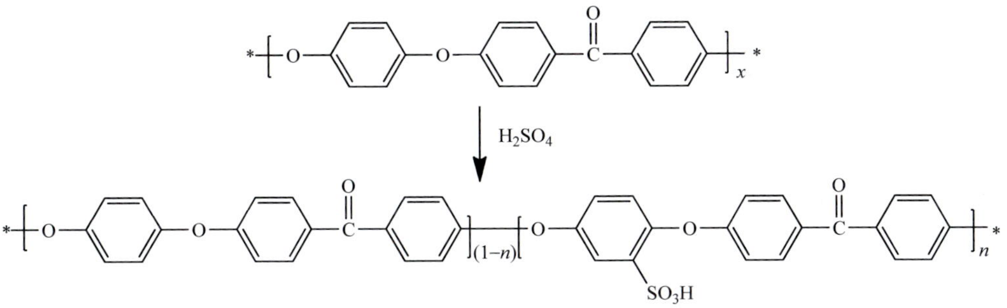

图 5.28　磺化聚醚醚酮(SPEEK)的合成过程

异相磺化制备 SPEEK 的具体操作如下：将 10 g PEEK 和 100 mL 浓硫酸放置于 250 mL 带有机械搅拌装置、温度计的反应瓶中。在氮气保护下，在恒温水浴 70℃通过强机械搅拌 5 h。达到反应时间后，将反应溶液缓慢倒入去离子水中。沉淀物采用去离子水洗涤并多次过滤，直到洗涤液呈中性，将沉淀产物烘干后即可得到 SPEEK。

由于磺化反应是一种向有机化合物中引入磺酸基的亲电取代反应，磺酸基团优先取代于电子云密度高的位点。在 PEEK 的重复单元中，醚键的氧原子具有较强的推电子能力，故醚键相邻的位点是磺酸基团最有可能取代的位置。如图 5.29 所示，磺酸基(—SO_3H)取代了 SPEEK 重复单元中两个醚键之间芳香环的四个位置上的氢之一。如图 5.29 所示，SPEEK 的核磁共振谱图中出现了芳香环质子的信号峰。特别是，由于磺酸基团的引入，会在 7.45 ppm 化学位移处产生显著的信号峰(H_3)。各种氢原子的化学位移及对应的积分面积如表 5.11 所示。通过以下公式，将信号峰的积分面积代入，可计算得到 SPEEK 的磺化度(D_s，SPEEK 中磺酸基团的含量)。

$$\frac{D_s}{12-2D_s}=\frac{I(H_3)}{I(H_R)}$$

式中，$I(H_3)$为与磺酸基团相邻的苯环上氢原子峰的积分面积；$I(H_R)$为除H_3外所有氢原子的积分面积的总和。这里磺化度的数值等于 SPEEK 分子式中结构单元数 n，所以H_3数目为 n，H_R数量则等于 12–2n。将氢原子数目的比值与氢原子在核磁共振谱图中的积分面积比值列等式，即可计算出D_s。

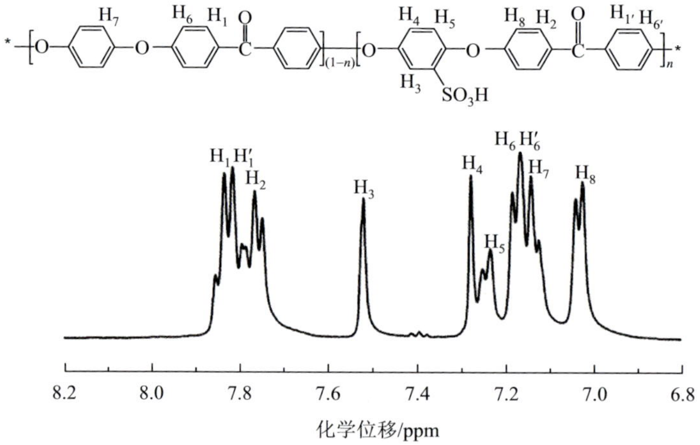

图 5.29 SPEEK 的氢核磁共振谱图

表 5.11 SPEEK 各氢原子的化学位移及对应的积分面积

H 类型	H_1, H_1'	H_2	H_3	H_4, H_5	H_6, H_7	H_8
化学位移/ppm	7.81～7.87	7.72～7.79	7.49～7.56	7.21～7.32	7.08～7.21	6.98～7.07
积分面积	3.20	2.23	1.00	2.02	4.20	2.25

将表 5.11 中氢原子对应的积分面积，代入磺化度的计算公式，得到上述具体合成示例所合成的 SPEEK 的D_s为 0.75。

离子交换容量(ion exchange capacity，IEC)定义为单位质量的聚合物中含有可交换出阳离子的酸性基团的摩尔数，是评价质子交换膜材料的一个重要的指标。代入磺化度，通过下列公式可以计算出上述具体合成示例所合成的 SPEEK 的理论 IEC 值为 2.15 mmol/g。

$$\mathrm{IEC}\left(\frac{\text{mequiv.}}{g}\right)=\frac{1}{M_x}\times D_s$$

式中，M_x代表 SPEEK 每个重复单元的平均分子量。

聚合物后磺化法的常见缺点在于缺乏对磺酸基官能化程度和位置的控制，同时由于磺化试剂具有强活性、强氧化性，容易在反应过程中导致聚合物的断链降解及分子内交联等副反应发生[29]。

5.2.2　侧链接枝后磺化法制备磺化聚芳醚酮

根据磺酸基在聚合物中的位置不同，后磺化法又可分为主链型后磺化和侧链接枝后磺化两种制备方法。制备侧链后磺化聚芳醚酮的想法来源于以 Nafion 膜为代表全氟磺酸聚合物的分子结构[30-32]。将磺酸基放在柔性的长侧链上，便于摆动和聚集，易于形成连续的亲水相，具有更加优异的相分离结构和连通的质子传导通道。正是侧链后磺化聚合物具有独特的相分离结构，使其在低的磺化度的情况下，能够保持较主链后磺化聚合物更高的质子传导率。而且，在低磺化度下，所制备质子交换膜的机械性能及化学稳定性都有较大提高。

以下为侧链接枝后磺化法制备磺化聚芳醚酮的具体示例，具体的反应方程式如图 5.30 所示。首先通过直接共聚法，制得侧链上含有甲氧基的聚芳醚酮；再通过去甲氧基化反应，得到含有酚羟基的聚芳醚酮；最后利用酚羟基与 1, 4-丁基磺酸内酯的亲核开环反应，将磺酸基成功地接枝到聚合物侧链上。侧链接枝后磺化法的反应条件比较温和，避免了交联等副反应的发生。同时，由于酚羟基在聚合物上的位置是确定的，其接枝后磺酸基在聚合物上的分布和数量是明确的。

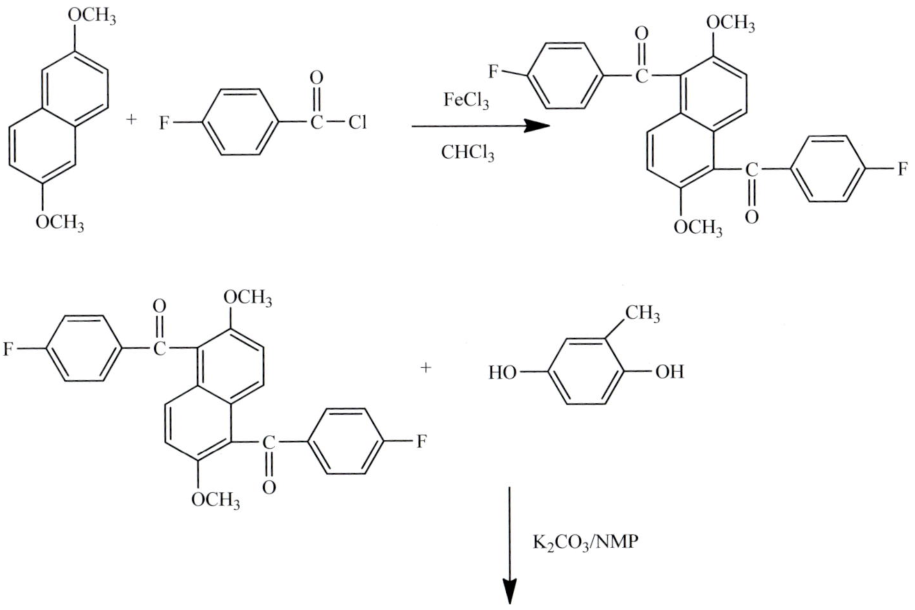

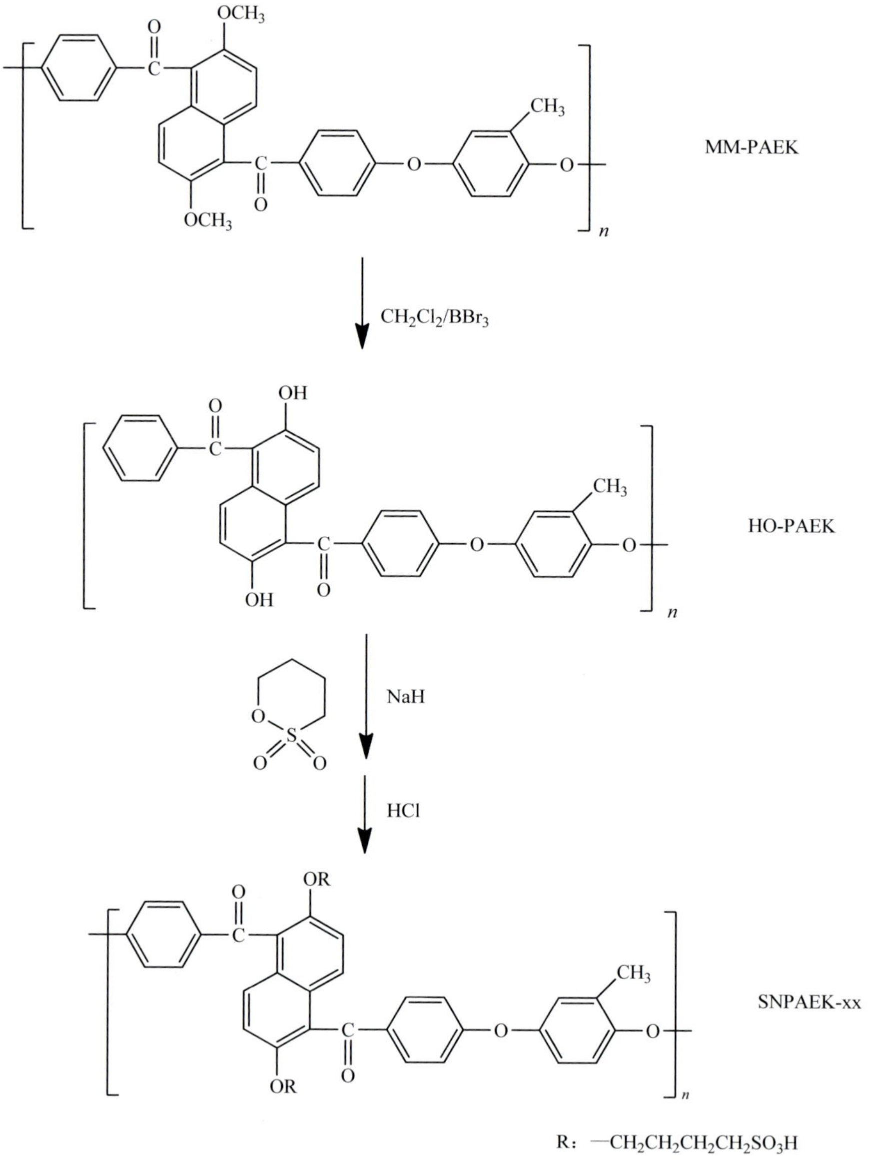

图 5.30 侧链接枝后磺化聚芳醚酮的制备路线

1. 含甲氧基的萘基-聚芳醚酮的合成

利用 1, 5-双(4-氟苯甲酰基)-2, 6-二甲氧基萘(DMNF)与甲基氢醌之间的亲核取代反应，以氮甲基吡咯烷酮为溶剂，以碳酸钾为催化剂，以甲苯为带水剂，在 180℃下发生聚合反应，制备含甲氧基的萘基-聚芳醚酮，命名为 MM-PAEK。

2. 含羟基基团的萘基-聚芳醚酮的合成

通过脱甲氧基反应，将聚合物上的甲氧基转变为酚羟基。常见的脱甲氧基试剂有吡啶盐酸盐、氢溴酸、无水三氯化铝及三溴化硼等。根据聚合物自身的特点，尤其是溶解性比较，采用三溴化硼将 MM-PAEK 聚合物中的甲氧基转化为羟基。将 MM-PAEK 聚合物溶解于二氯甲烷(CH_2Cl_2)中，液氮冷却后，向上述溶液中缓慢滴加 1 mol/L BBr_3/CH_2Cl_2 溶液，室温下继续反应 12 h，用冰水猝灭反应，析出的固体聚合物用乙醇和去离子水反复洗涤 10 次，收集洗涤后的固体聚合物，120℃真空烘箱中干燥 24 h，除去残留的少量乙醇和水分，最终得到的固体粉末聚合物命名为 HO-PAEK。

3. 侧链磺化烷基萘基-聚芳醚酮的合成

利用聚合物上的酚羟基与 1, 4-丁基磺酸内酯发生亲核开环反应，将脂肪族磺酸基接枝到聚合物侧链上，从而得到侧链型磺化聚芳醚酮。将 HO-PAEK 聚合物溶解到二甲基亚砜中，以氢化钠(NaH)为催化剂，与 1, 4-丁磺酸内酯在 120℃下发生开环接枝反应。反应结束后用无水丙酮猝灭终止反应，得到侧链磺化烷基萘基-聚芳醚酮产物，命名为 SNPAEK-xx，其中“xx”代表 SNPAEK-xx 聚合物每个重复单元结构中含有侧链磺烷基基团的数量。

4. 聚合物膜的制备及质子化处理

将磺酸钠型聚合物室温溶解于二甲基亚砜中，采用溶液流延法制备磺化聚芳醚酮膜材料。将其浸泡于 1 mol/L HCl 溶液中 24 h，利用磺酸根上的 Na^+离子与溶液中 H^+离子的质子化作用，将钠型磺化聚合物充分转化成质子磺酸型聚合物。

含有萘基基团的双氟单体 DMNF 是通过无水 $FeCl_3$ 催化 2, 6-二甲氧基萘与对氟苯甲酰氯的 Friedel-Crafts 反应来制备的，可通过 ^1H NMR 分析确定其分子结构。图 5.31 为双氟单体 DMNF 化合物的 ^1H NMR 谱图，谱图中化学位移在 7.87～7.84 ppm 处的特征峰归属于分子结构中与羰基相连的氟苯基上的氢，化学位移在 3.76 ppm 处的信号峰归属于与萘基基团相连的甲氧基基团(—OCH_3)上的氢。根据以上两处特征峰的化学位移位置和积分面积比，确定合成制备的化合物为目标双氟单体产物 DMNF。

利用 K_2CO_3 催化双氟单体 DMNF 与双酚单体甲基氢醌的缩合聚合反应，制备了含甲氧基基团的萘基-聚芳醚酮(MM-PAEK)。随着聚合反应的进行，聚合物的分子量显著增加，并在一定聚合时间后达到很高的聚合物黏度，同时在温度高于 180℃时没有发生明显的交联反应。乌氏黏度计法测定的 MM-PAEK 聚合物的黏度达到 1.0 g/dL，说明以上合成工艺制备的 MM-PAEK 聚合物满足膜材料的分子

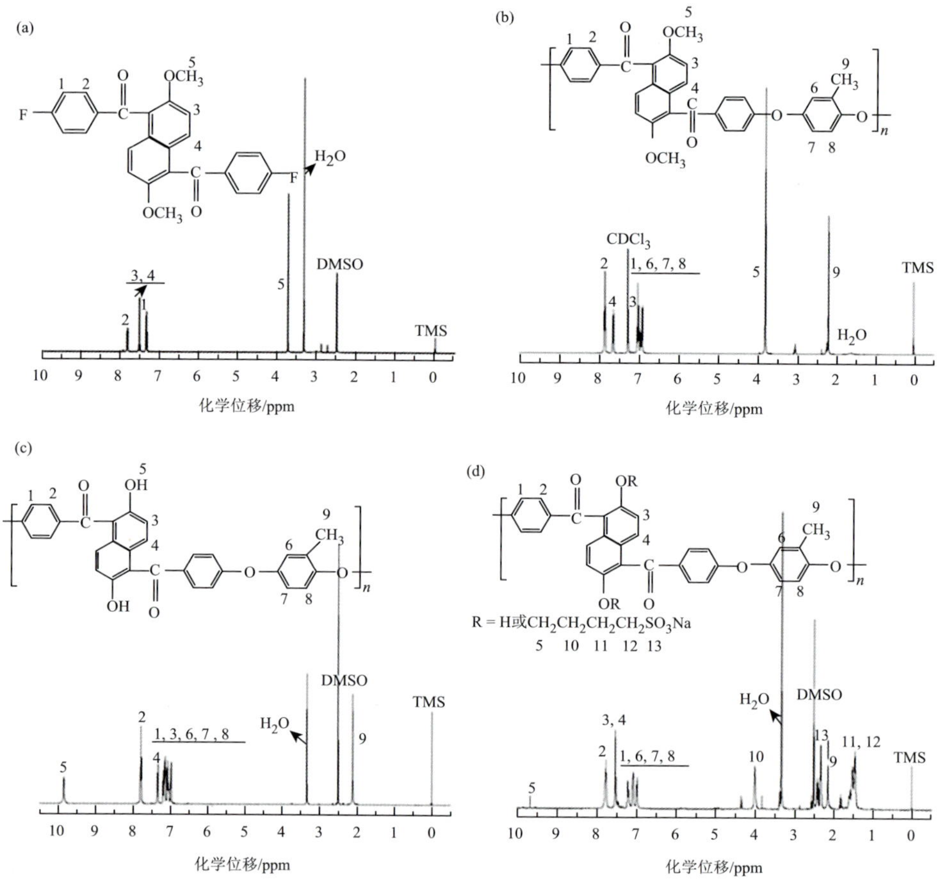

图 5.31 (a) DMNF 单体、(b) MM-PAEK、(c) HO-PAEK 和 (d) SNPAEK-1.00 的 ^{1}H NMR 谱图

量要求。以 MM-PAEK 作为基础聚合物，经 BBr_3 去甲基化反应，制备了用于磺烷基化接枝反应的、含羟基基团的萘基-聚芳醚酮(HO-PAEK)，在去甲基化反应过程中，甲氧基基团转化为极性较大的羟基基团，使得聚合物的极性变大，表现为含羟基聚合物在 CH_2Cl_2 溶剂的溶解度逐渐变小，且随着去甲基化反应的进行，生成的 HO-PAEK 聚合物逐渐发生聚集，并逐渐从反应体系中聚集析出。

图 5.31 (b) 和 (c) 分别为 MM-PAEK 和 HO-PAEK 聚合物的 ^{1}H NMR 谱图。图 5.31 (b) 中化学位移在 3.78 ppm 处归属于与萘基基团相连接的甲氧基基团($—OCH_3$)的特征峰在图 5.31 (c) 中基本消失；而对应的在 HO-PAEK 聚合物 ^{1}H NMR 谱图 5.31 (c) 中，出现了新的化学位移为 9.83 ppm 归属于酚羟基基团(—OH)的特征峰，而且图 5.31 (b) 和图 5.31 (c) 所示的 ^{1}H NMR 谱图中归属于其他基团氢的特征化学位移基本保持一致，以上结果充分证明了 MM-PAEK 聚合物中的甲氧基基团

(—OCH_3) 几乎完全转化为酚羟基基团(—OH)，说明 HO-PAEK 聚合物的成功制备。最后，以 NaH 作为碱性成盐试剂，通过与 1, 4-丁磺酸内酯发生的开环反应，将磺化烷基基团接枝于 HO-PAEK 聚合物主链结构上。同时，控制 1, 4-丁磺酸内酯和 HO-PAEK 聚合物中酚羟基基团间的摩尔比例，制备了一系列侧链磺烷基基团含量不同的侧链型磺化-萘基聚芳醚酮(SNPAEK-xx)。

图 5.31(d) 是以磺化度为 1.00 的磺酸钠型 SNPAEK-1.00 聚合物的 ^{1}H NMR 谱图。谱图中各个基团氢的化学位移特征峰与目标 SNPAEK-1.00 聚合物的分子结构相一致。其中，化学位移在 9.83 ppm 处的信号峰归属于酚羟基基团(—OH) 中氢的特征峰几本消失，同时在化学位移为 3.97 ppm、2.33 ppm、1.52 ppm 和 1.45 ppm 处分别出现了归属于接枝的侧链磺烷基结构中亚甲基(—CH_2—) 氢中的信号峰，说明了通过磺烷基化反应成功地将磺烷基基团接枝于萘基-聚芳醚酮聚合物主链结构上，即从双氟单体 DMNF 和双酚单体甲基氢醌原料出发，经一系列的 K_2CO_3 催化的亲核聚合反应、BBr_3 的去甲基化反应和氢化钠碱性下的 1, 4-丁磺酸内酯的开环接枝反应，成功制备了含侧链磺烷基结构的萘基-聚芳醚酮(SNPAEK-xx)，并根据磺化度(DS) 计算方法获得 SNPAEK-xx 聚合物的磺化度变化范围为 0.65～1.60。表 5.12 列举了 MM-PAEK 和 SNPAEK-xx 聚合物的黏度数据，初始聚合物 MM-PAEK 具有 1.00 dL/g 的黏度值，满足其作为膜材料使用的分子量要求。相比较于初始 MM-PAEK 聚合物，侧链磺化后的 SNPAEK-xx 聚合物中引入的极性的磺酸基基团增加了分子链间的相互作用，增加了 SNPAEK-xx 聚合物的黏度，且黏度变化范围在 1.06～2.03 dL/g 之间，均高于初始 MM-PAEK 聚合物的黏度，证明了 SNPAEK-xx 聚合物在氢化钠碱性接枝条件下没有发生明显的分解反应和交联反应。

表 5.12　MM-PAEK、SNPAEK-xx 和 Nafion 117 膜的黏度和力学性能对比

样品	黏度/(dL/g)	环境条件			完全水合状态		
		拉伸强度/MPa	杨氏模量/GPa	断裂伸长率/%	拉伸强度/MPa	杨氏模量/GPa	断裂伸长率/%
MM-PAEK	1.00	63.7±4.0	1.08±0.09	7.4±0.7	—	—	—
SNPAEK-0.65	1.49	67.0±4.0	1.76±0.07	14.8±3.8	62.3±3.5	0.29±0.03	33.8±4.6
SNPAEK-1.00	1.06	52.0±2.0	1.39±0.04	17.3±7.9	45.5±1.0	0.26±0.02	31.1±2.7
SNPAEK-1.30	1.67	42.6±1.6	1.09±0.07	40.3±4.5	45.0±3.4	0.35±0.03	35.6±6.4
SNPAEK-1.47	1.70	32.0±2.2	0.84±0.04	55.0±5.3	44.0±2.5	0.53±0.04	33.2±3.7
SNPAEK-1.60	2.03	35.6±2.1	0.88±0.02	77.7±7.5	35.1±1.7	0.16±0.02	40.2±1.7
Nafion 117	—	29.4	0.357	270	—	—	—

为了更加直观地比较不同磺化度的 SNPAEK-xx 聚合物膜材料间的机械性能

差异，图 5.32 为室温条件下酸型 SNPAEK-xx 聚合物膜材料的应力-应变曲线，结合表 5.12 中 MM-PAEK 膜、不同磺化度的 SNPAEK-xx 膜和 Nafion117 膜的机械性能参数比较，芳香萘基基团的引入使得初始 MM-PAEK 聚合物膜呈现出优异的机械性能，其拉伸强度和杨氏模量分别达到 63.7 MPa 和 1.08 GPa，且断裂伸长率为 7.4%。然而，比较未进行磺化烷基功能化的初始 MM-PAEK 聚合物膜，磺化烷基功能化后的 SNPAEK-xx 膜材料仍呈现出较高的机械强度，其拉伸强度的变化范围从 32.0～67.0 MPa，杨氏模量的变化范围从 0.84～1.76 GPa。虽然磺化烷基功能化后的 SNPAEK-xx 膜材料的机械强度出现一定程度的下降，但仍高于目前商品化的 Nafion 117 膜的机械强度（拉伸强度为 29.4 MPa，杨氏模量为 0.357 GPa）。而且，从表 5.12 中可以看出，所有 SNPAEK-xx 膜的拉伸强度和杨氏模量均呈现出随接枝的侧链磺化烷基基团含量的增加而减少的变化趋势。特别是，当磺化度从 0.65 增加到 1.60 时，SNPAEK-xx 膜的断裂伸长率从 14.8%增加到 77.7%，这主要是由于侧链磺化烷基基团的引入，起到增塑芳香萘基主链聚合物的作用，表现为机械强度下降，断裂伸长率增大。又如表 5.12 所示，在全湿条件下，SNPAEK-xx 膜仍然表现出较好的机械强度，拉伸强度的变化范围为 35.1～62.3 MPa，杨氏模量的变化范围为 0.16～0.53 GPa。相较于干态下 SNPAEK-xx 膜的机械强度，全湿条件下 SNPAEK-xx 膜的机械强度出现一定程度的下降，主要是膜材料中吸收的水分子充当增塑剂，使得 SNPAEK-xx 膜的刚性降低，韧性增加，导致机械强度下降。同时，在全湿条件下，所有 SNPAEK-xx 膜具有相近的断裂伸长率，断裂伸长率在 31.1%～40.2%。综合比较 SNPAEK-xx 膜在干/湿条件下的机械性能可知，SNPAEK-xx 膜具有优异的机械性能。

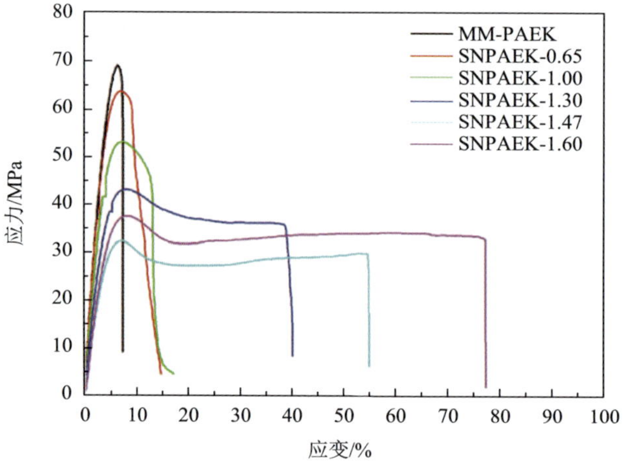

图 5.32　SNPAEK-xx 膜在室温下的应力-应变曲线

由于初始 MM-PAEK 聚合物及去甲基化产物 HO-PAEK 聚合物的主链是通过

芳基醚氧键连接形成的全芳基刚性分子链结构，分子链段运动所需的能量较高，故 MM-PAEK 和 HO-PAEK 两聚合物表现出高的玻璃化转变温度(T_g)。图 5.33 所示为不同聚合物的 DSC 曲线，MM-PAEK 和 HO-PAEK 两聚合物的 T_g 分别为 239℃和 227℃。然而，对于含侧链磺化烷基结构的磺酸钠型 SNPAEK-0.65 来说，在低于热分解温度范围内，并没有检测到明显的 T_g 值，这是由于 SNPAEK-xx 以离子型聚合物电解质形式存在，聚合物分子链段间磺酸根离子间的相互作用，使得分子链段的运动更加艰难，所以在低于热分解温度范围内没用检测到对应的明显的 T_g 值。

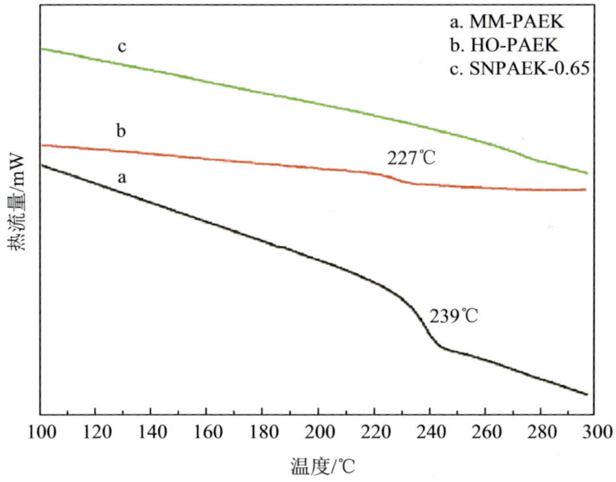

图 5.33　MM-PAEK、HO-PAEK 和 SNPAEK-0.65 的 DSC 曲线

为了深入研究侧链磺化烷基磺酸型 SNPAEK-xx 聚合物的热稳定性，通过在氮气气氛下的热重分析(TGA)实验，并记录不同磺化度的磺酸型 SNPAEK-xx 聚合物在 100～700℃温度范围内的 TGA 和 DTG 曲线。如图 5.34 所示，不同磺化度的 SNPAEK-xx 聚合物的 TGA 曲线中均呈现两个明显的热失重平台。其中，温度在 230～350℃的第一个热失重平台是接枝的侧链磺化烷基基团的降解；温度在 450℃左右的第二个热失重平台是主链芳香基团结构的降解。所有 SNPAEK-xx 聚合物的 $T_{d,5\%}$(5%热分解温度)均高于 230℃，这一结果说明了 SNPAEK-xx 聚合物具有良好的热稳定性。

通过交流四电极法，记录不同 IEC 值的 SNPAEK-xx 膜在全湿状态下(100%RH)和不同测试温度下的面电阻的大小，进行质子传导率的评价。如表 5.13 和图 5.35 所示，随着 IEC 值从 1.13 mequiv/g(DS = 0.65)增加到 2.27 mequiv/g (DS = 1.60)，25℃时的质子传导率从 SNPAEK-0.65 的 0.010 S/cm 增加到 SNPAEK-1.60

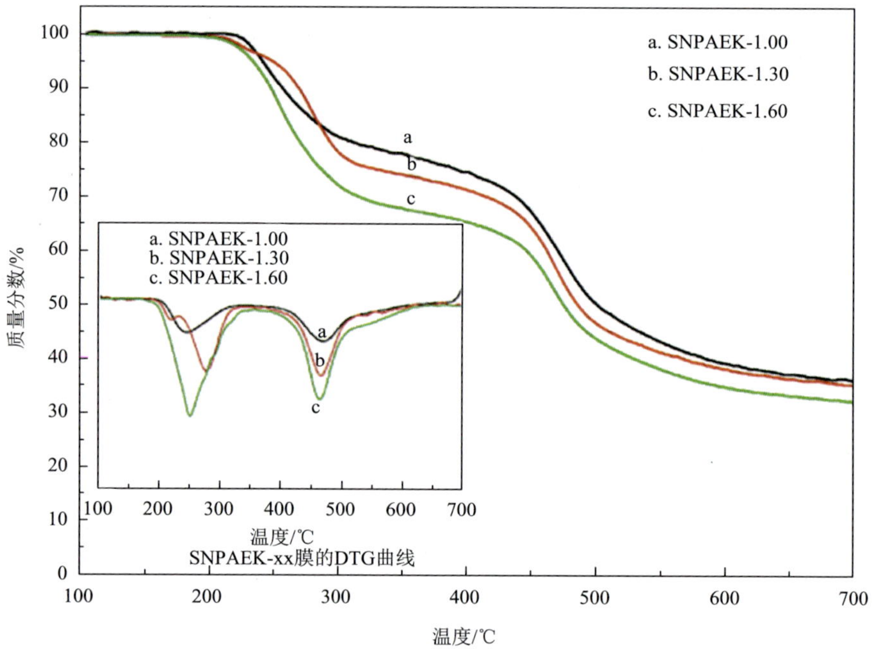

图 5.34 不同磺化度 SNPAEK-xx 膜的 TGA 和 DTG 曲线

的 0.094 S/cm，80℃时的质子传导率从 SNPAEK-0.65 的 0.027 S/cm 增加到 SNPAEK-1.60 的 0.191 S/cm。SNPAEK-xx 膜的质子传导率均满足其作为质子交换膜燃料电池隔膜材料的使用要求。尤其是，SNPAEK-1.47 和 SNPAEK-1.60 两种聚合物的质子传导率均高于同等条件下的 Nafion 117 的质子传导率(0.149 S/cm@80℃)[32]和已经报道的其他侧链型 SNPAEK 膜材料的质子传导率[33]。众所周知，磺化芳香型质子交换膜材料的质子传导率主要是依赖于 D_s 值和 IEC 值的大小，尤其是无规共聚的非氟磺酸型芳香聚合物，由于脂肪族磺酸的酸性较低(pK_a 值较大)，需要更高的 D_s 值和 IEC 值才能实现高质子传导率的要求。同时，膜材料内的亲疏水相区分离结构又是另外一个决定质子传导率的重要因素，对于侧链型 SNPAEK-xx 膜来说，侧链磺烷基结构有助于分子链段的运动迁移和端基磺酸基团的聚集，形成离子簇结构，而聚合物主链中刚性的平面芳香萘基结构，又有助于降低聚合物链的自由体积和增加疏水性。考虑到亲水性的磺酸基团位于磺烷基侧链的端基，疏水性的芳香萘基基团位于聚合物主链上，使得 SNPAEK-xx 膜在高磺化度时，更加有利于形成亲疏水相区分离结构明显、尺寸更大的质子传输通道，实现水合质子在膜内的有效传输，提高 SNPAEK-xx 膜的质子传导率。

表 5.13　SNPAEK-xx 膜和 Nafion117 膜的质子传导率、甲醇渗透率和选择性

样品	质子传导率/(S/cm)		甲醇渗透率/($\times10^{-7}$ cm^2/s)	选择性/($\times10^4$S·s/cm^3)
	25℃	80℃		
SNPAEK-0.65	0.010	0.027	1.25	8.00
SNPAEK-1.00	0.035	0.092	4.42	7.92
SNPAEK-1.30	0.061	0.145	7.32	8.33
SNPAEK-1.47	0.076	0.181	9.28	8.19
SNPAEK-1.60	0.094	0.191	10.22	9.20
Nafion 117	0.075	0.149	23.80	3.15

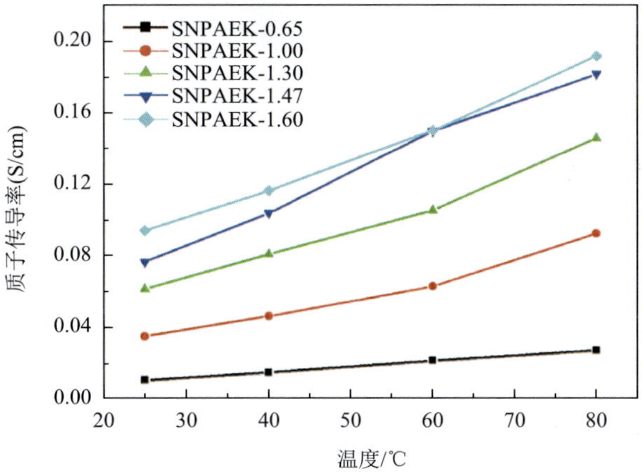

图 5.35　SNPAEK-xx 膜的质子传导率随温度的变化情况

为了更加清楚地观察到随着 SNPAEK-xx 聚合物磺化度的增加，侧链接枝的磺烷基基团聚集形态的不同，对 SNPAEK-xx 膜中的磺酸基团进行 Ag^+染色，以便于在透射电镜(TEM)下能够清楚观察到磺酸根离子的聚集形态。图 5.36(a)和(b)分别是磺化度为 1.30 和 1.60 的两个 SNPAEK-1.30 和 SNPAEK-1.60 聚合物膜在 Ag^+染色后的 TEM 图像。在 TEM 图像中，黑色区域代表 Ag^+染色后的亲水性的磺酸根离子的聚集区域，明亮的区域代表聚合物主链中疏水性的聚集区域，亲水性的磺酸根离子聚集形成的离子簇分散于聚合物膜基体内。随着 IEC 值的增加，磺酸根离子聚集形成的离子簇区域更加明显，同时离子簇分散更加均匀，相邻离子簇间的距离减少，连通性更好。然而，相比于 Nafion 膜，SNPAEK-xx 中刚性的全芳香主链结构一定程度上抑制了亲疏水相区分离结构的形成，说明通过增加柔性的磺烷基侧链结构的数量，有助于磺酸基团聚集形成离子簇结构，最终形成更好的、亲疏水相区分离的微相分离结构[34]。着重比较了具有最高 IEC 值的 SNPAEK-1.60 膜和中等 IEC 值的 SNPAEK-1.30 膜内形成的离子传输通道情况，

比较发现，SNPAEK-1.60 膜内的磺酸根离子聚集形成的离子簇结构尺寸更加均匀，离子簇间的距离更小，有助于离子通道间的贯通。同时，所形成的更加均匀、连通的亲水区域，有助于降低质子传输迁移过程中的障碍，提高质子迁移的效率，相应的膜材料也具有更高的质子传导率。

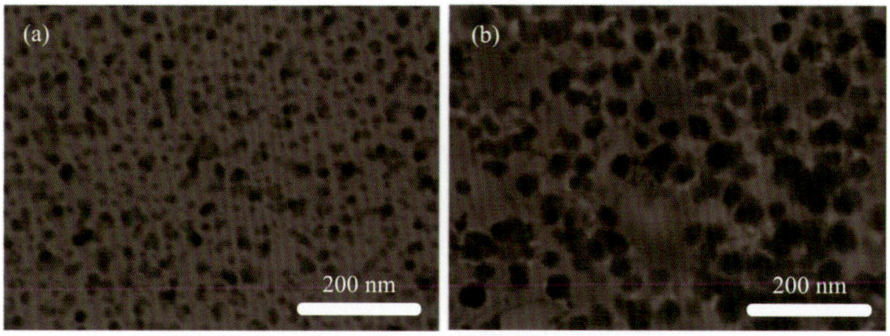

图 5.36 SNPAEK-1.30 膜(a)和 SNPAEK-1.60 膜(b)的 TEM 图像

5.2.3 磺化单体直接共聚法制备磺化聚芳醚酮

磺化单体直接共聚法，即先合成磺化单体，再与非磺化单体进行共聚，从而将磺酸根引入聚合物中。与后磺化法相比，通过磺化单体直接共聚法的主要优点是：①磺酸基团浓度及直接合成后的位置(如对位和邻位)更容易控制，可以保证磺化度和聚合物结构；②直接磺化方法避免了交联和其他副反应，从而使聚合物具有更好的热稳定性和机械性能。

1. 磺化单体的制备

如图 5.37 所示，以发烟硫酸(含 50%的 SO_3 混合物)为磺化试剂，利用 4, 4′-二氟二苯甲酮的磺化反应，制备得到磺化二氟二苯甲酮。反应式如图 5.37 所示。

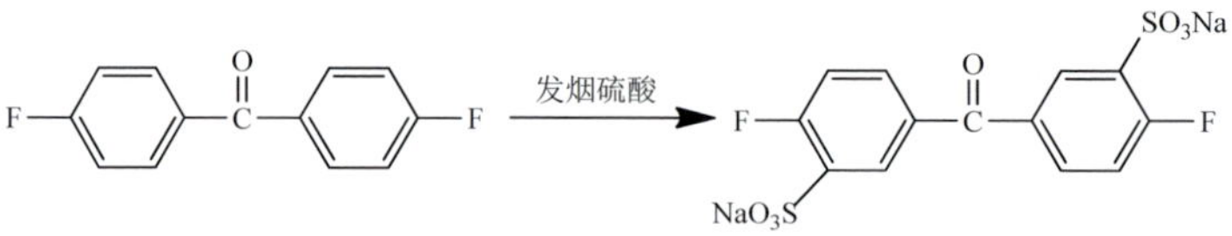

图 5.37 磺化二氟二苯甲酮单体的制备路线

如图 5.38 所示，以发烟硫酸(含 50%的 SO_3 混合物)为磺化试剂，利用 4, 4′-二氟三苯二酮的磺化反应，得到磺化二氟三苯二酮单体，反应式如图 5.38 所示。

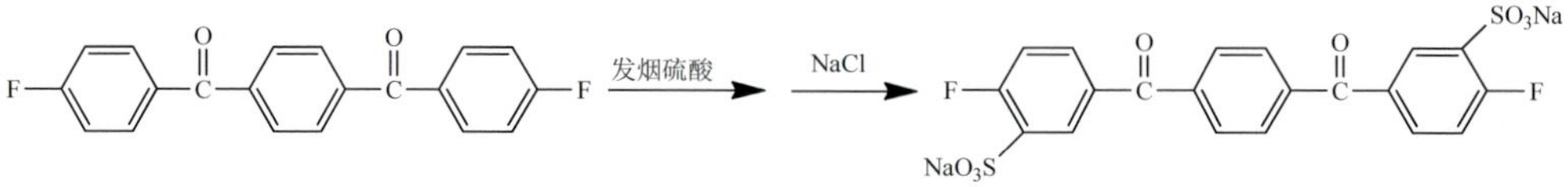

图 5.38 磺化二氟三苯二酮单体的制备路线

2. 直接共聚磺化聚芳醚酮的合成

如图 5.39 所示，以 4, 4′-二氟二苯甲酮(单体 n)、磺化二氟二苯甲酮(单体 m)和 3, 3′, 5, 5′-四甲基-4, 4′-联苯二酚(单体 k)为原料，通过直接芳香亲核取代聚合得到 SPEEK。在这个聚合反应中，通过控制加入单体 m 和单体 n 的比例，得到不同磺化度的磺化聚醚醚酮。单体 m 和单体 n 的总量相当于单体 k，单体 m、单体 n 的用量和 n/m 在表 5.14 中列出。

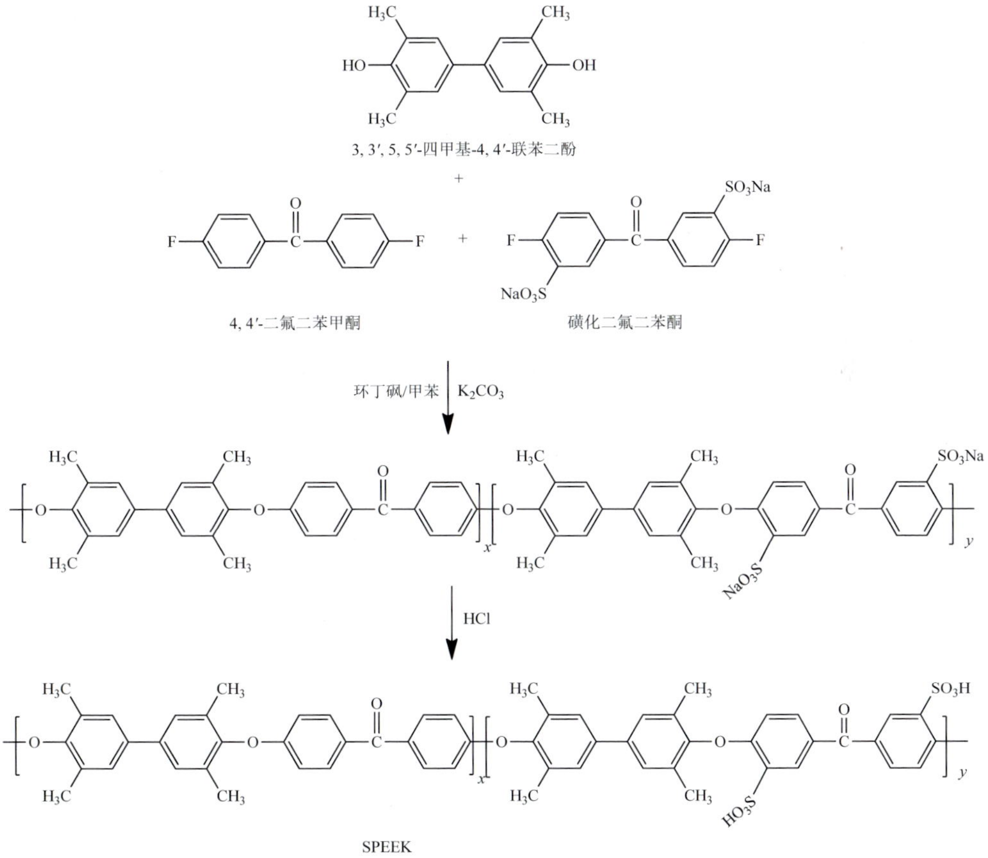

图 5.39　由磺化单体直接共聚制备磺化聚芳醚酮的反应路线

表 5.14　直接共聚磺化聚芳醚酮 SPEEK-xx 的单体用量及磺化度

样品	单体 n 用量/mmol	单体 m 用量/mmol	*n*/*m*	产率/%	比浓黏度(dL/g)	磺化度
SPEEK-1	30	70	3∶7	95	1.09	0.6
SPEEK-2	40	60	4∶6	94	1.12	0.8

续表

样品	单体 n 用量/mmol	单体 m 用量/mmol	n/m	产率/%	比浓黏度(dL/g)	磺化度
SPEEK-3	50	50	5∶5	95	1.10	1.0
SPEEK-4	60	40	6∶4	93	0.94	1.2
SPEEK-5	70	30	7∶3	91	0.93	1.4

从表 5.14 可以看到聚合物的比浓黏度大多在 1.0 以上，并且可以铺成韧性较好的膜，说明得到了高分子量的聚合物。从表中的黏度数据发现，聚合物的黏度呈先上升后下降的趋势。该反应是亲核取代反应，其反应机理如图 5.40 所示。

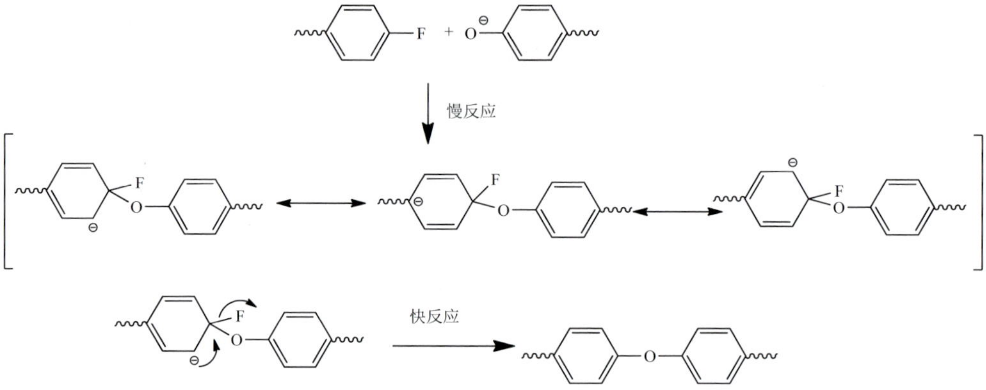

图 5.40　由磺化单体直接共聚的反应机理

其中酚氧负离子进攻亲核中心，形成了图 5.40 共振结构的中间体，这也是决定该反应活性的决定性步骤。由上述反应机理可知，以下几个因素影响着该反应的速率，或者该反应活性。

(1) 取代活性基团的影响。如果在氟的邻对位存在吸电子基团，可以降低中间体的电荷密度，提高该中间体的稳定性，有利于该中间体的形成。相反，则会降低该反应活性。常见的吸电子基团的吸电子能力大致如下：$NO > NO_2 > SO_2Me > CF_3 > CN > CHO > COR > COOH > Br > Cl > I > H > F > CMe_3 > Me > OMe > NMe_2 > OH > NH_2$。

(2) 离去基团的影响。离去基团的离去能力也是影响该反应的一个重要因素，一般说来对于卤族元素，它们的离去能力如下：$F \gg Cl \geqslant Br \geqslant I$，因此二氟二苯甲酮的反应活性比二氯二苯甲酮的高。

(3) 亲核基团的亲核能力。亲核基团的亲核能力也是影响该反应的重要因素，对于常见的亲核基团，它们的亲核能力如下：$ArS^- > RO^- > R_2NH^- > ArO^- > OH^- > ArNH_2 > NH_3 > I^- > Br^- > Cl^- > H_2O > ROH$。

(4) 空间位阻的影响。反应物的取代基越多，其空间位阻也就越大，越不利于反应的进行。

对于该聚合反应，由于磺酸基是一种强吸电子基团，因此磺酸基引入有利于降低中间体的电荷密度，提高中间体的稳定性。但是随着磺酸基含量增加，该反应的空间位阻也增加，在该反应中先是磺酸基的作用为主导，然后是空间位阻的作用占主导，因此聚合物的分子量呈先上升后下降的趋势。

3. SPEEK 聚合物结构分析

在 SPEEK 主链上，由于磺酸基($—SO_3^-$)较强的电子吸引效应，与磺酸基相邻的氢原子(H_1)的电子云密度减少，在低场处出现化学位移 $\delta = 8.24$ ppm(H_1)的质子峰。SPEEK 芳香主链上的氢原子对应于 6.4～8.3 ppm 的化学位移。图 5.41 所示为一系列具有不同磺化度的 SPEEK 的部分核磁共振谱图，通过分析氢原子的电子云密度，在核磁共振谱图中均能找到对应归属的化学位移，确定了磺化聚合物的结构。

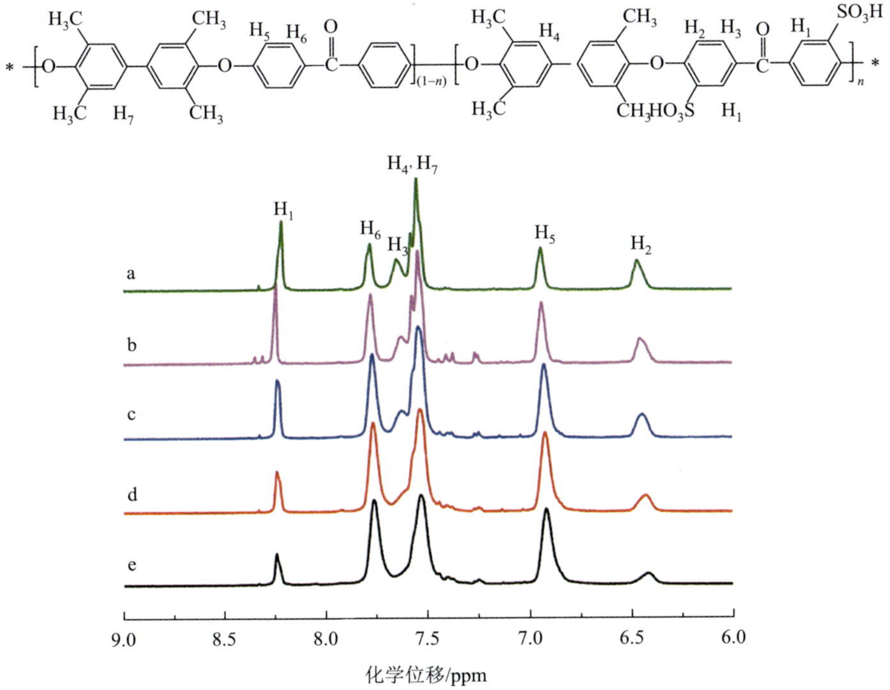

图 5.41　不同磺化度的 SPEEK 聚合物的氢核磁共振谱图

a. SPEEK-5；b. SPEEK-4；c. SPEEK-3；d. SPEEK-2；e. SPEEK-1

以 SPEEK-4 为例，在表 5.15 中列出 SPEEK 主链上不同氢原子的化学位移及对应的积分面积，通过计算聚合物核磁共振谱图中氢原子对应峰的积分面积的比值，能够确定 SPEEK-4 的磺化度为 1.18，与理论值 1.2 非常接近。这清楚地表明，通过磺化单体直接共聚法，改变磺化单体的投料比例可以精确控制磺化度，进而实现对聚合物磺化度的可控性。

表 5.15 SPEEK-4 聚合物的氢原子化学位移及对应的积分面积

H 种类	H_1	H_2	H_3, H_4, H_7	H_5	H_6
化学位移/ppm	8.19～8.27	6.36～6.54	7.23～7.69	6.84～7.00	7.70～7.84
积分面积	1.00	0.86	4.37	1.46	1.50

以 SPEEK-4 为代表，对聚合物进行了红外表征(图 5.42)，其中 1016 cm^{-1} 处为是磺酸钠基团中 S═O 的伸缩振动峰，1082 cm^{-1} 和 1247 cm^{-1} 处分别对应于磺酸基团中 O═S═O 的非对称和对称伸缩振动峰。聚合物在 1140～1110 cm^{-1} 范围内没有出现由交联副反应产生的特征吸收峰。这说明在聚合物中成功地引入了磺酸基，而且采用磺化单体共聚的方式，消除了直接磺化聚合物时发生的降解和交联反应。这也为控制聚合物的性能提供了良好的保证。

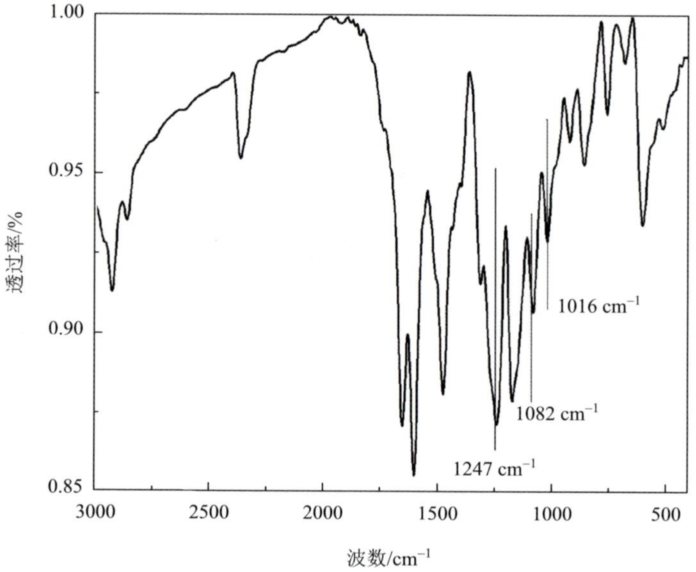

图 5.42 SPEEK 聚合物的红外光谱图

4. SPEEK 膜微观形貌

聚合物的微观结构直接决定着所制备的质子交换膜的性能。膜中亲水相和疏水相微区的分布，将决定着膜中离子传输通道的大小和连续性，进一步决定着膜的质子传导性能。对于质子交换膜的相分离结构的研究，最直观的方法是通过透射电子显微镜（TEM）和原子力显微镜(AFM)进行观察。一般说来，为了更容易地观察膜中亲水相和疏水相的分布，人们通常利用磺酸基与 Ag^+的络合作用，通过 Ag^+置换对所制备的磺化 SPEEK 膜的微观形貌进行分析。图 5.43 是不同磺化度的 SPEEK 膜的 TEM 图。

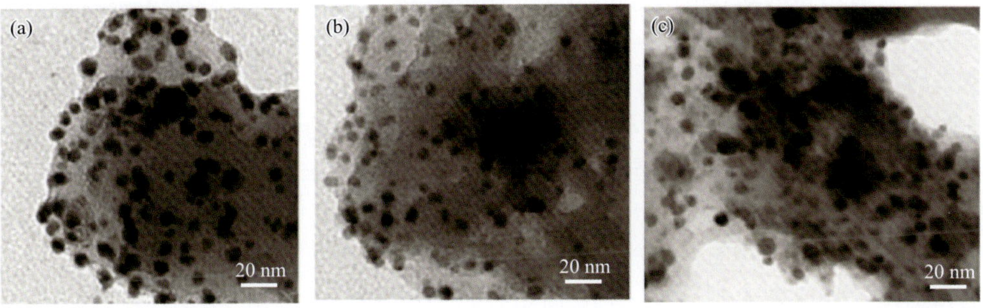

图 5.43　不同磺化度的 SPEEK 聚合物的 TEM 图

(a) SPEEK-1；(b) SPEEK-2；(c) SPEEK-3

在离子型的聚合物中，离子是以团簇(cluster)的形式存在，从而为离子的传输提供离子通道。从图 5.43 可以看到，随着磺化度的提高，与 Ag^+络合的磺酸基随之增多，在图中表现为 Ag 粒子分布比较密集。而且随着磺化度的提高，所形成的 Ag 粒子的半径依次增加。用银离子置换后，所形成的粒子的半径分别为 5 nm、8 nm 和 15 nm。从该结果可以得出如下结论：随着磺酸基含量的增加，SPEEK 膜中离子簇的分布更为连续，离子簇的尺寸由小变大，进而相分离的现象更为明显。

为了进一步研究膜中亲水相和疏水相的相区分布状态，对所制备的膜也进行了 AFM 测试，如图 5.44 所示。

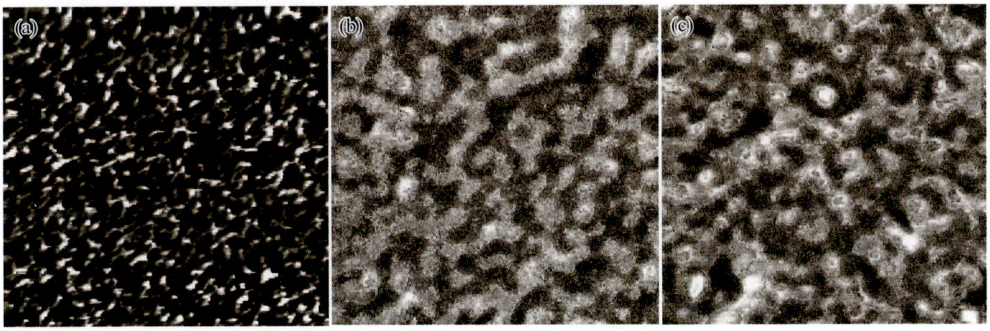

图 5.44　不同磺化度的 SPEEK 膜的 AFM 图

(a) SPEEK-1；(b) SPEEK-2；(c) SPEEK-3

AFM 图中亮处对应着疏水区，而暗处则对应着亲水区。从图中可以明显看到，随着磺化度的提高，亲水区分布越来越连续。其中，当磺化度为 0.8 时，已经开始出现了明显相分离的现象，离子传输通道变得连通有序。这主要由于随着磺化度的提高，其亲水基团含量增加，更容易聚集在一起形成亲/疏水相分离的结构，也有利于质子传导率的提高。

X 射线小角散射(small angle X-ray scattering，SAXS)是一种在 X 射线透过材料时原光束附近小角度(2°～5°)范围内的电子相干散射的现象，常用于研究离子聚合物微观结构和形态特征，特别是应用于解析纳米尺度上离子团簇的尺寸、特征距离及分布。小角散射的本质是材料内部电子密度的均方起伏变化，散射强度与纳米微粒的电子云密度差异密切相关，因此 SAXS 在高分子结构，特别是在晶化过程和亲疏水相分离的研究中得到广泛应用。SPEEK 聚合物是由疏水相和亲水相构成的两相体系，亲水相中大量的磺酸基团易聚集成较大的亲水团簇，嵌在疏水相基体中形成纳米相分离结构。而这种亲/疏水相的纳米相分离结构直接导致电子云密度差异，进而体现在 SAXS 测试中散射矢量的变化。

SAXS 的散射强度随着散射矢量的增加而产生变化。散射矢量和散射角之间存在如下关系：

$$q = 4\pi \sin\theta / \lambda$$

式中，q 为散射矢量；λ 为波长；2θ 为散射角。而 Bragg 距离 d 可以表示为

$$d = 2\pi / q$$

图 5.45 为测试得到的 SPEEK-xx 系列磺化聚合物的 SAXS 曲线。图中由上至下的曲线分别代表磺化度依次增大的磺化聚合物，可以看到磺化度较低的两种磺

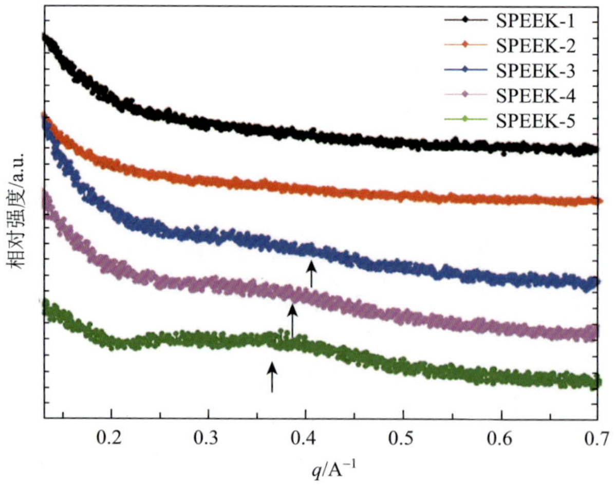

图 5.45　不同磺化度的 SPEEK 膜的 SAXS 曲线

化聚合物在图中所示的散射矢量范围内，没有明显的散射强度峰出现。这是因为当 D_s 较低时，聚合物体系内磺酸基团的数量过少，不易形成离子团簇，也就不足以形成能够引起散射强度明显变化的亲/疏水相分离。与此相比，随着磺化度的增加，聚合物 SAXS 曲线中的散射峰越来越明显，同时出峰位置对应的散射矢量趋于降低。

将图中对应的 q 值代入 Bragg 方程，可以计算得到磺化度为 1.0、1.2 和 1.4 的三种 SPEEK 膜中的亲水离子簇中心距离分别为 1.93 nm、2.08 nm 和 2.63 nm。SAXS 的测试结果表明，亲水的离子簇尺寸随着磺化度的提高而增大。更容易形成相分离的结构。磺化度高的聚合物膜可以提供更宽、更连续的离子通道，从而更有利于质子的传输。测试结果与 TEM、AFM 的观测结果相一致。

5. SPEEK 膜的性能

表 5.16 给出了 SPEEK 膜的力学性能。SPEEK 膜具有很好的机械性能，它们的拉伸强度都在 49 MPa 左右，而杨氏模量超过 1 GPa。与美国杜邦公司生产的 Nafion117 膜相比，SPEEK 具有更好的机械性能，杨氏模量大约是 Nafion117 膜的 3～5 倍，这也充分体现了聚芳醚酮类聚合物的优点。聚芳醚酮主链由于刚性苯环的存在，使得 SPEEK 膜的断裂伸长率较 Nafion117 膜低。总的来说，作为功能膜材料，SPEEK 膜具有良好的机械性能。

表 5.16　不同磺化度的 SPEEK 膜和 Nafion117 膜的力学性能

膜样品	拉伸强度/MPa	断裂伸长率/%	杨氏模量/GPa
SPEEK-1	57.32	20	1.64
SPEEK-2	55.03	32	1.03
SPEEK-3	68.31	18	1.80
SPEEK-4	49.14	22	1.01
Nafion117	29.40	270	0.357

在纯水条件下，对 SPEEK 膜在不同温度下的质子传导率进行测试，如图 5.46 所示。在各个温度，该系列磺化聚合物膜的质子传导率均随着磺化度的增加而增大。这是因为质子是通过水合质子形式传递，极大地依赖于材料的保水能力；同时，磺化度的增大，意味着单位体积内磺酸基的数目增多，这给质子提供了更多的传递位点，有效地缩短了质子的传输路径，提高了质子传递的效率。其中，磺化度为 1.4 的 SPEEK 膜在 80℃时的质子传导率高达 285 mS/cm，是全氟磺酸树脂 Nafion®同样温度下传导率的 2 倍。由此可见，磺化度的增加，有效地提高了材料的传导率。

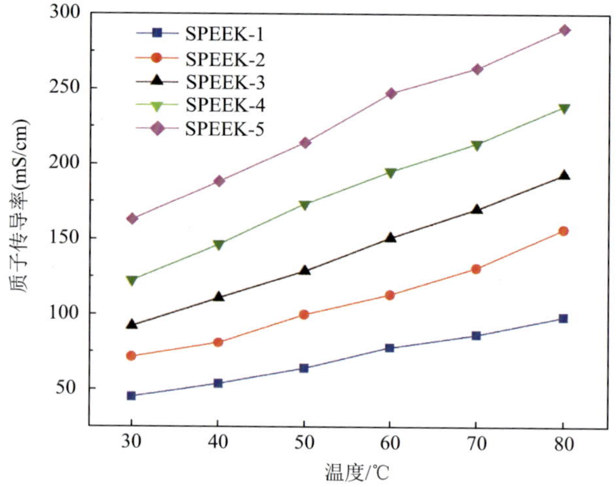

图 5.46 不同磺化度的 SPEEK 膜的质子传导率随温度的变化情况

为了研究磺化度对燃料电池性能的影响，将五种含不同磺化度 SPEEK-xx 聚合物作为离聚物，以磺化度为 1.2 的 SPEEK-4 聚合物作为膜材料，组装成膜电极，并在 75℃条件下，测试其在直接甲醇燃料电池和 H_2/空气燃料电池中各自的极化曲线，如图 5.47 所示。随着磺化聚芳醚酮离聚物磺化度的增大，膜电极的开路电压和最大功率密度也随之增大。磺化度从 0.6 增加到 1.2 时，膜电极在直接甲醇燃料电池中的最大功率密度从 45 mW/cm^2 增加到 92 mW/cm^2，提高了 104%，在 H_2/空气燃料电池中的最大功率密度从 288 mW/cm^2 增加到 514 mW/cm^2，提高了 178%。这可以理解为磺化度增大，提高了催化剂层中的质子传导能力，并增大了电化学活性面积，使电极反应更为高效；但当磺化度增大到 1.4 时，膜电极的开路电压和最大功率密度有所下降，这可能是催化剂层中磺酸基密度增大，使得催化剂层溶胀严重并伴有水淹所致。添加磺化度为 1.0 的磺化聚芳醚酮离聚物与

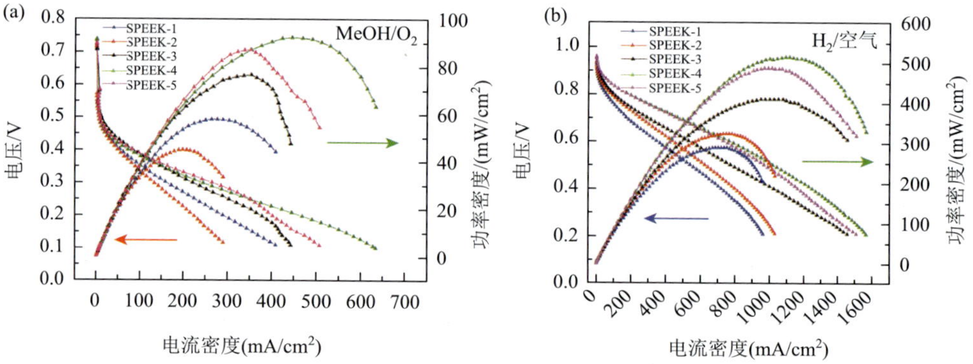

图 5.47 不同磺化度的 SPEEK 膜在直接甲醇燃料电池 (a) 和 H_2/空气燃料电池 (b) 中的极化曲线

添加 Nafion®离聚物的膜电极性能相近。并以 1.0 磺化度为界限，离聚物磺化度低，膜电极输出功率较低；离聚物磺化度高，膜电极性能优异，但磺化度极高(如 $D_s = 1.4$)时，性能有所回落，这是由于阴极催化剂层疏水性极差会造成严重水淹，进而使电池性能下降。总体而言，SPEEK-xx 的磺化度需要保持在一个合适的范围内，既能高效传递质子，还不至于使疏水性严重下降造成阴极水淹。总体来看，磺化聚芳醚酮表现出与商用 Nafion®膜与离聚物相当的电池性能，而且由于其阻醇性能和成本都低于 Nafion®体系，在直接甲醇燃料电池中具有良好的应用潜力。

5.3 含其他杂原子聚芳醚酮

近几十年来，随着航天航空、电子电气、核能、车辆等技术的高速发展，新型高性能高分子材料和功能高分子材料的研究开发及产业化进程被快速推进。一直以耐热性能和机械性能优异著称的聚芳醚酮类材料不但要逐步替代金属，助力高速飞行器、车辆、舰船等完成轻量化、远航程、低耗能的重要任务，还要与时俱进，满足各新兴领域在应用方面的更多功能需求。与仅由 C、O、H 原子构成的传统聚芳醚酮材料相比，在主链结构中适当引入新原子(如 N、Si、P 和 S 等杂原子)，不但可以显著提升聚芳醚酮材料的原有性能，还可以赋予此类材料新的功能特性。

5.3.1 含氮聚芳醚酮

含氮聚芳醚酮材料分子结构中的 N 原子主要来自其聚合反应起始原料中的含 N 杂环结构，如二氮杂萘酮、酰胺、咔唑、三苯胺、咪唑等，这些结构单元的引入能够赋予聚芳醚酮材料新的物理化学特性。

含 N 杂原子的芳香杂环结构具有刚性共轭特征，将其引入聚合物主链后会增加刚性，并限制分子链段的自由旋转，从而使相应的聚合物在热性能及部分力学性能方面得到大幅提升。20 世纪 90 年代初，美国航空航天局兰利研究中心的 Hergenrother 等[34]通过 C—N 偶联反应制备出一系列新型耐高温特种工程塑料，其中包括含咪唑单元结构的聚芳醚酮材料［如图 5.48(a)所示，此类聚合物的玻璃化转变温度在 294～307℃之间，特性黏度在 0.93～1.34 dL/g］；其突出的热稳定性，引起了特种工程塑料研究领域的高度关注，也拉开了含氮杂原子型聚芳醚酮材料(以下简称含 N 型聚芳醚酮)的研发序幕。随即，加拿大麦吉尔大学的 Yoshida 和 Hay 教授课题组也采用该方法制备出多种新型耐高温特种工程塑料，并在 1994 年率先报道了经典的“含二氮杂萘酮结构聚芳醚酮材料［PPEK，如图 5.48(b)所示］”

的制备与表征工作[36]；此后，该课题组一直致力于通过 C—N 偶合反应，将含 N 的刚性杂环结构引入到聚芳醚酮结构中，如咪唑[37]、咔唑[38]等，开发出更多具有高热稳定性特点的含 N 型聚芳醚酮材料，如图 5.48(a)和(c)所示。在我国，含 N 型聚芳醚酮材料的设计与开发一直都是特种工程塑料领域的重要研究方向之一。例如，在 Hay 教授报道含氮杂原子聚芳醚酮材料的同一时期，蹇锡高[39]教授也申请到了此类材料的第一个中国发明专利；常冠军教授和张林教授[40]开发了高耐热稳定性聚芳醚酮材料，如图 5.48(c)所示；周光远团队[41-43]通过调节咔唑单元在聚

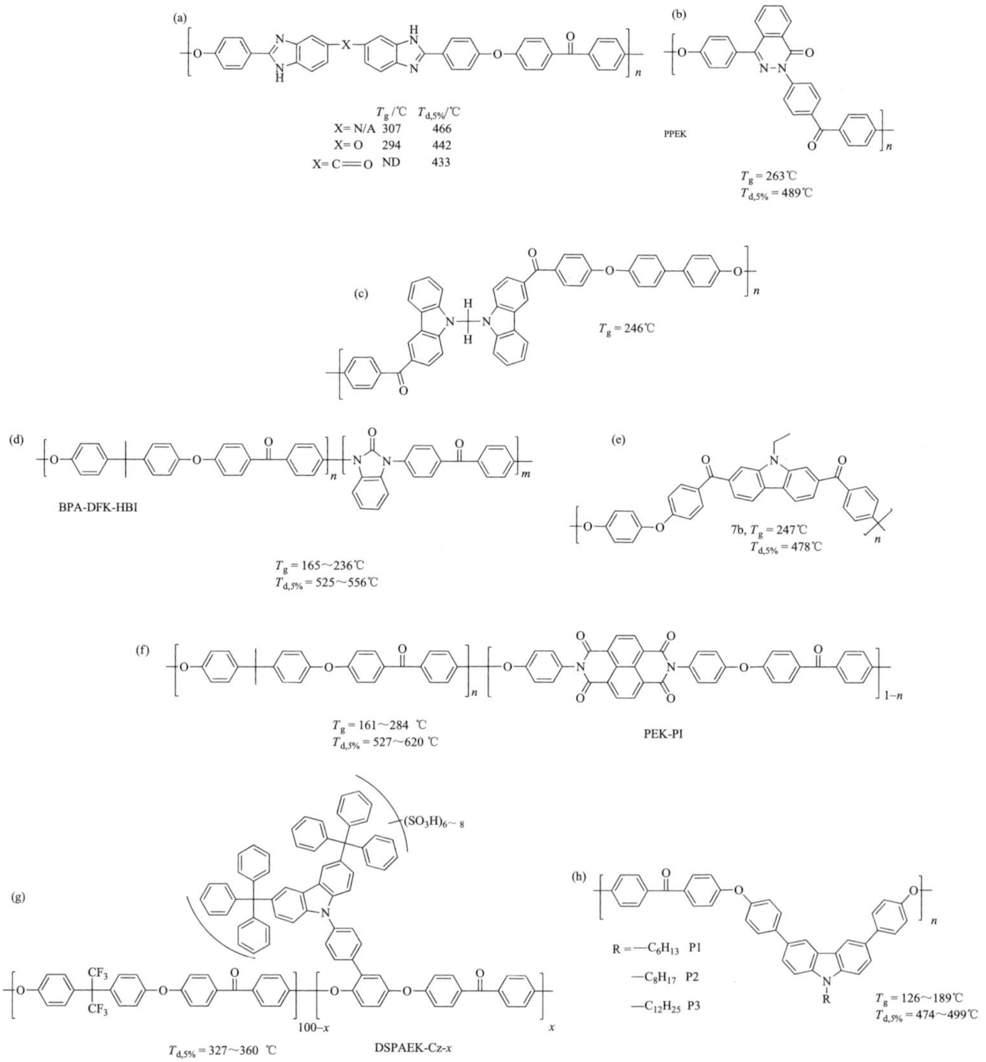

图 5.48　含 N 型聚芳醚酮[35-51]

合物骨架的含量，开发出一系耐热稳定性优异的聚芳醚酮新材料，如图 5.48(d)和(e)所示。作为国际知名的聚芳醚酮树脂研发基地，吉林大学特种工程塑料教育部工程研究中心(以下简称为吉大特塑中心)也同样在该领域开展了大量的研究工作。例如，基于含 N 的萘二酰亚胺结构设计合成出一系列高耐热稳定性的聚芳醚酮材料［图 5.48(f)］[44, 45]；将咔唑单元引入到聚芳醚酮结构侧链，开发出具有高热稳定性、高效率的质子传导膜专用材料［图 5.48(g)］[46-49]。另外，由于咔唑单元具有大 π 共轭结构，因此能够在有机相中通过 π-π 相互作用，将相应的聚合物链高效地富集在碳纳米材料表面。基于此，姜振华教授团队[50, 51]采用主链含咔唑结构的聚芳醚酮材料(P1～P3)［图 5.48(h)］，在有机溶液中实现了对碳纳米管材料的均匀分散及表面包覆，获得一种经聚芳醚酮表面修饰的碳纳米管材料，解决了 PEEK(聚醚醚酮)与碳纳米管材料之间因界面相容性差导致的复合加工难题，为 PEEK 与碳纳米材料实现理想的共混复合效果提供技术支持。上述这些研究工作不但丰富了含 N 杂原子聚芳醚酮材料的种类和数量，也为新型聚芳醚酮材料的结构设计提供了重要的参考，有力地推动了此类材料的进一步发展。

目前，除含二氮杂萘酮结构的聚芳醚酮类材料 PPEK 外(有一定的产能：500 t/年)，其他种类含 N 型聚芳醚酮材料都没有形成稳定的规模化生产能力。这一方面是由于含 N 型聚芳醚酮类材料的下游应用市场需求量偏低，另一方面也与生产此类聚合物的上游原料价格及其制备工艺有关。事实上，现阶段可用于亲核缩聚的双酚型含氮预聚单体(上游关键单体)存在品种少、价格高的难题，这在一定程度上限制了此类材料的进一步应用和发展。

自 20 世纪 90 年代初美国航空航天局的 Hergenrother 等[34]证明：杂环上的芳香仲胺(═NH)能够像芳香酚(Ar-OH)单体一样，在常规的聚芳醚酮/聚芳醚砜聚合条件下，与含氟单体(如二氟二苯砜和二氟二苯甲酮)发生亲核取代缩聚，以 C—N 偶联的方式制备高分子量的均聚物或共聚物后，该 C—N 偶联方法已经成为制备含杂氮结构聚芳醚酮材料的主要方法之一。这主要是因为芳香仲胺不但具有能够满足聚合反应发生的化学活性，而且含此结构的单体种类丰富、价格便宜。充足的原料供应和低廉的原料价格，让人们相信 C—N 偶联法将成为未来主导含 N 型聚芳醚酮材料应用发展的关键生产技术。

吉大特塑中心的研究团队发现苯胺及其衍生化合物中的—NH_2 基团(芳香伯胺，Ar—NH_2)，也可在与生产聚芳醚酮树脂一致的反应条件下，分两步逐次脱去胺基上的质子 H，且随着反应进程的加剧，与 4, 4′-二氟二苯甲酮发生亲核缩聚反应，制备出一种无醚键(—O—)的新型含氮聚合物——聚芳胺酮 PAAK(图 5.49)[51-55]。研究者将 PEEK 与 PAAK 的合成机理进行分析比较后认为：二者均属于亲核取代机理，但反应过程中所用的碱金属盐 K_2CO_3 却在不同反应体系下分别起到“成盐剂”和“缚酸剂”的作用；即便如此，也可以将合成 PEEK 和 PAAK 的两个不同的化学反应同时置于同一个反应体系下进行，从而能够合成出组分含量可控的三元或多元PEEK/PAAK型共聚物[54, 55]。基于上述研究，该团队提出了可广泛适用芳香伯胺结构单体与芳香二氟结构单体间的“两步C—N偶联缩聚法”（图5.50）[56]，该方法在设计开发新型含氮聚合物方面具有非常广阔的应用前景。

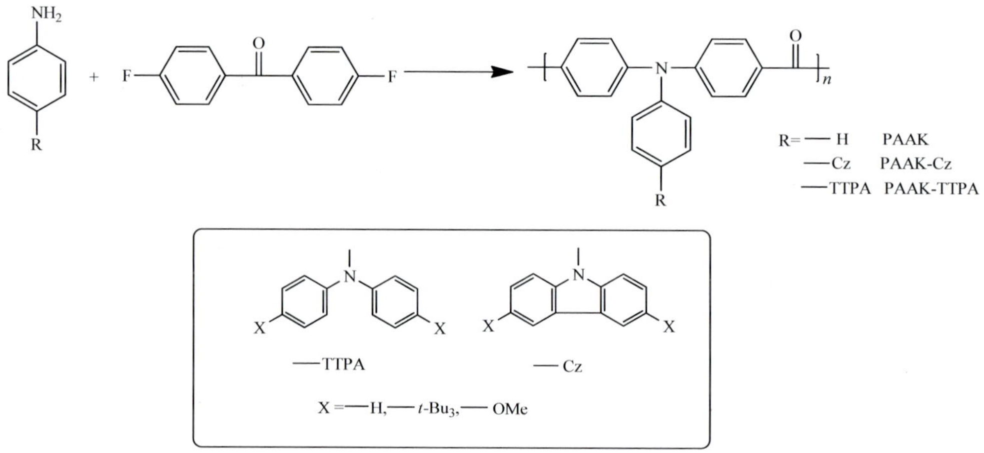

图5.49　含N型聚芳醚酮材料PAAK系列结构的合成路线

基于上述的工作基础，将苯胺单体或其衍生物、双酚结构单体和4, 4′-二氟二苯甲酮单体在常规的聚芳醚酮制备条件下进行共聚，通过调整不同的共聚比例，能够获得兼具优异机械性能、热稳定性、光电性能的多种含N型聚芳醚酮材料。如图5.51所示结构，测试表明此类含有PAAK链段的聚芳醚酮材料具有非常优异的热稳定性、电化学活性和光电特性(表现出三苯胺或咔唑结构特有的电化学活性和紫外-可见特征吸收)，能够溶解在*N*-甲基吡咯烷酮中，可通过旋涂方法加工制备出高性能的电致变色和信息存储器件。目前已报道了此类材料在电致变色[52-56]和分散包覆碳纳米材料方面的研究工作[57]和相关应用，均展示出令人满意效果。

这种含N型聚芳醚酮共聚物的优点在于：①苯胺类化合物种类丰富、价格便宜，非常适合作为大规模生产的基本原料；②苯胺结构易于功能化，通过简单的合成操作，就能够将所需的功能性基团引入到聚芳醚酮材料中，赋予材料新的功能特性；③经两步去质子化反应后，聚合物主链能够自然地形成具有光电活性的三苯胺结构，从而赋予聚芳醚酮类材料良好的光电学特性，拓展了此类材料的应用领域；④由于三苯胺单元具有优异的热稳定性和较大的刚性结构，随着共聚物的主链结构中三苯胺含量升高，醚键含量减少，此类含N型聚芳醚酮材料的热稳定性呈上升趋势。目前此类材料已经进入小试阶段，并根据不同的应用要求开发出多种产品型号。

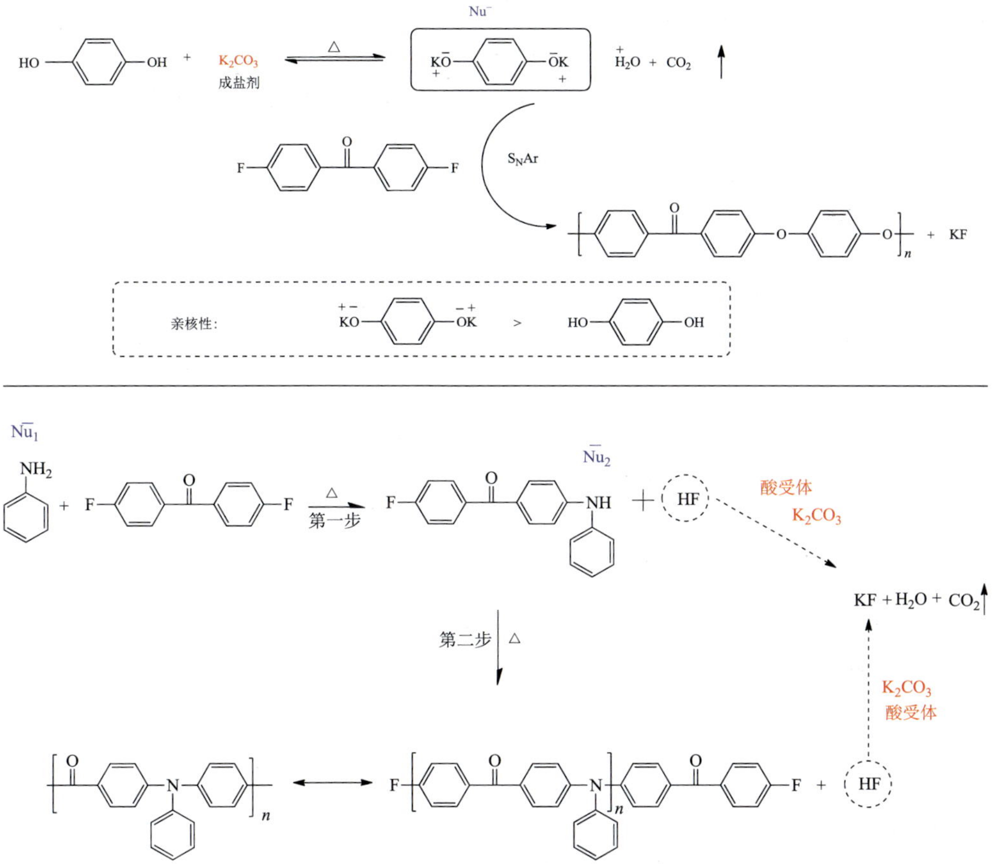

图 5.50　含 N 型聚芳醚酮材料 PAAK 与经典的聚芳醚酮 PEEK 在合成机理上的异同

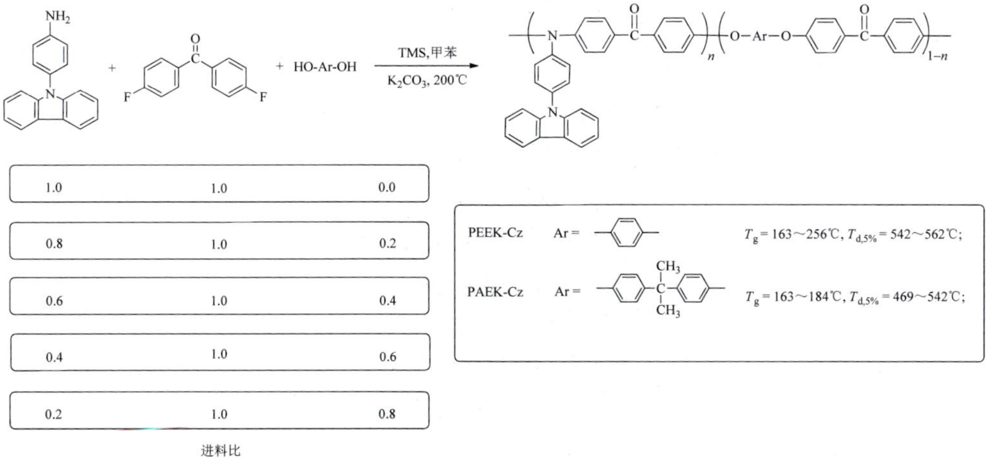

图 5.51　一种含 N 型聚芳醚酮三元共聚材料合成路线与相应结构

近年来，随着光电子产业的快速发展，人们也开始关注含氮杂环结构在光电领域赋予聚芳醚酮类材料的新性能，如引入的咔唑和三苯胺等杂环单元结构。因此，含 N 型聚芳醚酮材料作为一种兼具良好光电学特性和优异耐热稳定性的高性能功能材料再一次走入了科研工作者的视野。

总体来看，含 N 型聚芳醚酮材料已经在多个领域开始被人关注并应用，且不仅仅作为一种耐热等级高的特种工程塑料使用，也开始涉猎更多的功能性高分子材料领域，如气体分离、电致变色、信息存储、燃料电池等领域，可以预见的是随着材料种类的增多，含 N 型聚芳醚酮材料将具有非常广阔的应用空间和巨大应用潜力。

5.3.2 含硅聚芳醚酮

聚芳醚酮类聚合物因具有优异的耐热性、耐腐蚀性和高机械强度，也已经得到电子封装行业的广泛关注，但是聚芳醚酮类聚合物的介电常数一般在 3.3 左右，所以需要通过物理或化学的方法进一步降低其介电常数，才能够将其作为微电子领域的封装材料进行应用。多面体低聚倍半硅氧烷(polyhedral oligomeric silsesquioxane，POSS)，具有笼状无机硅氧框架结构，其外层可连接易于官能化的多种活性基团。POSS 具有许多独特的优点，如单分散、低密度、高热稳定性、表面性能可调、生物相容性、无毒性和细胞相容性等。但 POSS 一般不单独使用，而是与聚合物基体结合，使制备出的 POSS 聚合物具有许多新性能，如高热稳定性、高力学性能和阻燃性、低介电常数、低表面特性以及良好的吸附性等，并可应用到生物医学和纳米医学领域。研究表明，将 POSS 结构引入到聚芳醚酮材料结构体系中，能够有效降低聚芳醚酮类材料的介电常数，满足具体的应用需求。

根据 POSS 结构单元的引入位置一般可以分为：侧链型(图 5.52)和主链型(图 5.53)两种。

Geng 等[58]将 POSS 结构单元引入到聚芳醚酮侧链，成功制备 NH_2-POSS/PEEK-CF_3-COOH 型低介电聚芳醚酮材料，介电常数为 1.71(1 MHz)。2017 年，Lu 等[59]进一步优化了作为侧链结构 POSS 的引入方法和含量后，又开发出 POSS-NH_2-PAEK-COOH 聚合物，仅需向该聚合物中引入 10%含量的 POSS 单元，相应的聚芳醚酮就可以拥有 1.63(1 MHz)的低介电常数特性。在此基础上一类新型侧链含 POSS 单元的 PAEK-POSS 聚合物：PAEK-POSS-10、PAEK-POSS-20、PAEK-POSS-30、PAEK-POSS-100 也被开发出来；随着 POSS 含量的增加，此类聚合物的介电常数显著下降，当 POSS 含量为 100%时，聚合物 PAEK-POSS-100 的介电常数已经降至 1.36(1 MHz)。

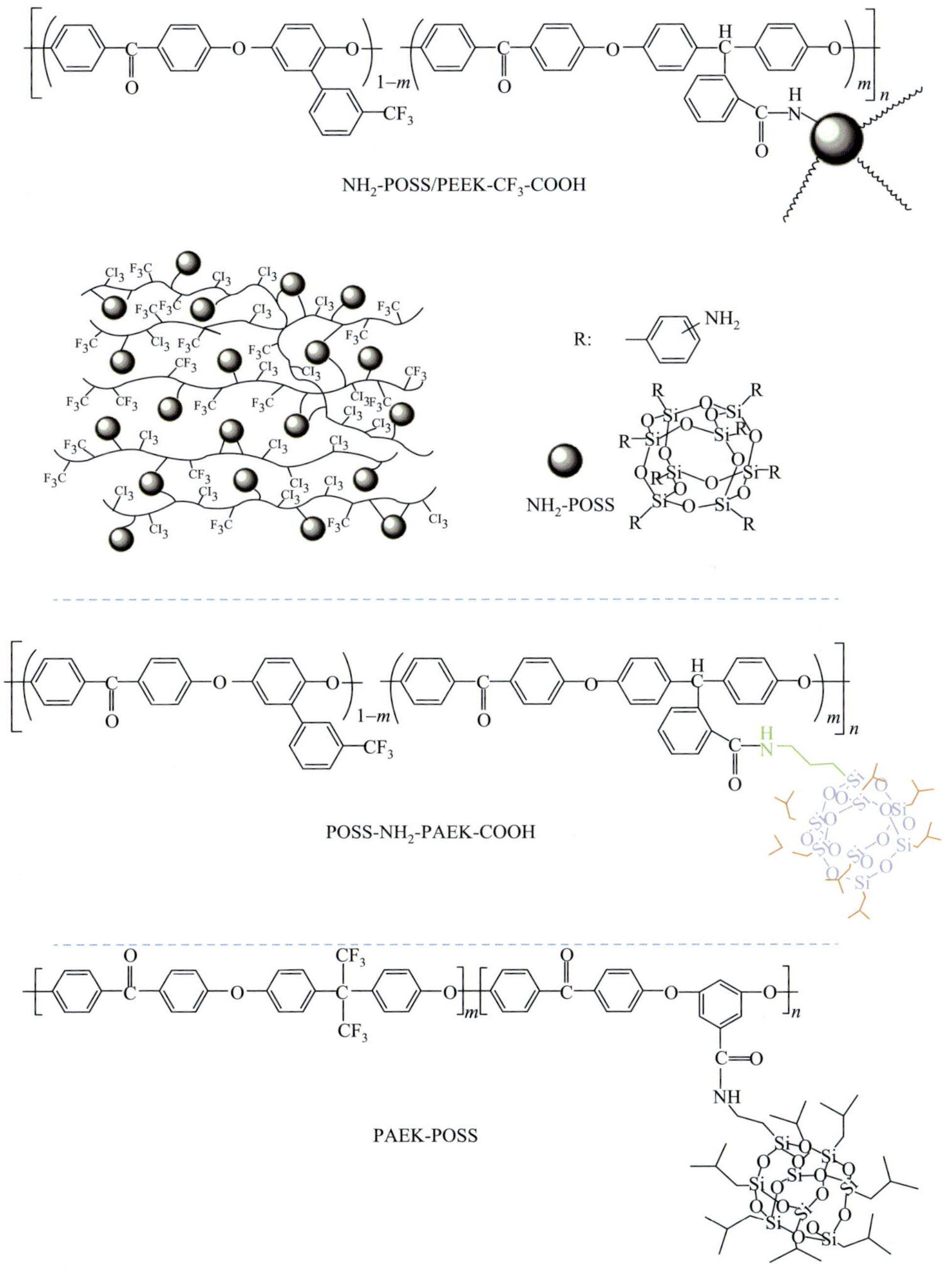

图 5.52　NH$_2$-POSS/PEEK-CF$_3$-COOH、POSS-NH$_2$-PAEK-COOH 及 PAEK-POSS 系列聚合物

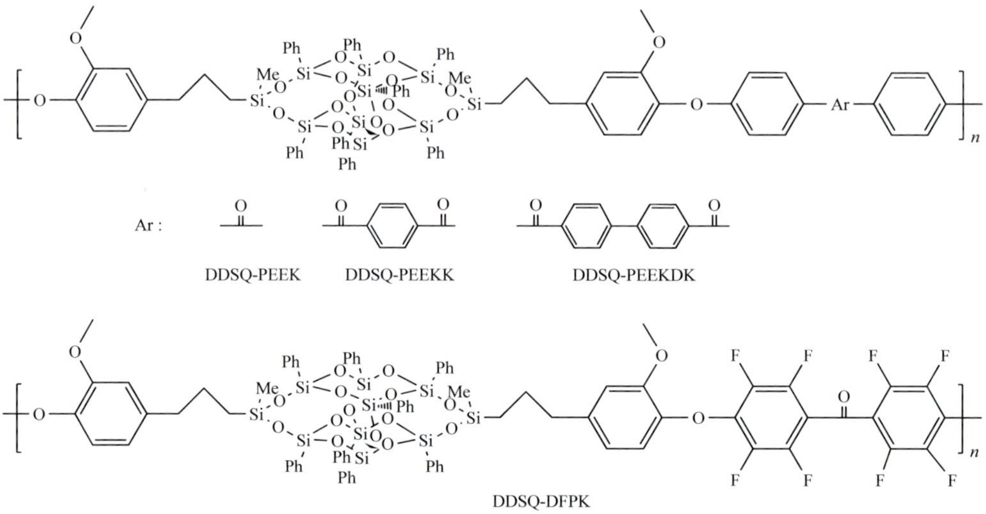

图 5.53 DDSQ-PAEK 系列聚合物

侧链含 POSS 结构单元聚芳醚酮材料的成功制备与开发也带动了主链型结构的创新发展。一系列主链含 POSS 结构单元的低介电聚芳醚酮材料 DDSQ-PAEK(包括 DDSQ-PEEK、DDSQ-PEEKK 和 DDSQ-PEEKDK)[60]被成功地设计并开发出来，此类聚合物的具体结构及其制备路线如图 5.53 所示。由于含有 POSS 结构单元，DDSQ-PAEK 聚合物的介电常数相比于常规的聚芳醚酮材料(如 PEEK、PEEKK 和 PEEKDK)显著降低，如表 5.17 所示，DDSQ-PEEK 的介电常数已降至 1.95(1 MHz)，而常规聚芳醚酮的介电常数往往都在 3.0(1 MHz)左右。根据 Clausius-Mosstti 公式可知，首先将 POSS 引入到聚合物分子链中将破坏链规整性，降低分子链间的密堆砌，因而增大了聚合物的自由体积使得介电常数降低；另外 POSS 分子本身也具有较低的极化率，因此也降低了聚合物分子的摩尔极化率，导致介电常数有所降低。为进一步降低介电常数，牟建新教授团队[61]在不改变 DDSQ-PAEK 系列聚合物主链结构中特征的二苯甲酮单元替换成含多氟结构的二苯甲酮单元，测试结果表明：聚合物 DDSQ-DFPK 的介电常数进一步降至 1.85(1 MHz)。

表 5.17 DDSQ-PAEK 和常规 PAEK 的介电常数

PAEK	介电常数*
NH_2-POSS/PEEK-CF_3-COOH(2012)	1.71
NH_2-POSS/PAEK-CF_3-COOH(2017)	1.63
PAEK-POSS-100	1.36
DDSQ-PEEK	1.95
DDSQ-PEEKK	2.03

续表

PAEK	介电常数*
DDSQ-PEEKDK	2.14
DDSQ-DFPK	1.85
PEEK	3.27
PEEKK	3.30
PEEKDK	3.32

*介电常数在 1 MHz 频率下测量。

另外，这三种主链含 POSS 单元的 DDSQ-PAEK 型聚芳醚酮材料(DDSQ-PEEK、DDSQ-PEEKK 和 DDSQ-PEEKDK)均具有优异的热稳定性和理想的阻燃特性。空气气氛下此类聚合物的 5%热失重范围在 396～434℃，尽管与相应的聚芳醚酮材料 PEEK、PEEKK 和 PEEKDK 相比大幅度下降(分别下降 183℃、159℃及 128℃)，但残余量都得到大幅提升，最高可达 37.1%。这是由于聚合物在热分解过程中，所含的 POSS 被逐渐分解并形成致密的 SiO_2 阻隔层，从而隔绝可燃气体释放和外部热量进入其内部，延缓了其内部材料的进一步分解。这意味着在实际应用中，聚合物中的 POSS 在高温下分解形成的致密氧化硅膜层可以有效阻止聚合物裂解后产生小分子逸出和熔滴滴落现象，并且阻隔氧气和热量传递到聚合物内部，从而赋予此类聚合物材料优异的阻燃性能。

差示扫描量热法的测试结果表明，在 50～430℃的测量区间内，与无 POSS 结构的聚芳醚酮 PEEK、PEEKK 和 PEEKDK 相比，DDSQ-PEEK、DDSQ-PEEKK 和 DDSQ-PEEKDK 的 DSC 测试过程中只有一个对应玻璃化转变温度(T_g)的热转变现象出现。尽管 DDSQ-PAEK 系列聚合物中含有的大自由体积 POSS 结构能起到限制链段运动、提高玻璃化转变温度的作用，但通过 2OH-DDSQ 单体引入的柔性脂肪烷烃结构[$\text{-}(CH_2)_3\text{-}$]却起到了降低 T_g 的作用，在双重因素作用下，所有 DDSQ-PAEK 系列聚合物的 T_g 值均有所下降(表 5.18)；另外，在其所有的 DCS 曲线中也没有发现结晶峰(T_c)的存在，这说明此类 DDSQ-PAEK 型聚芳醚酮是非晶型聚合物。

表 5.18　DDSQ-PAEK 与三种 PAEK 的 DSC 和 TGA 结果

聚合物	T_m/℃[a]	T_g/℃[a]	$T_{d,5\%}$/℃[b]	$T_{d,10\%}$/℃[b]	残余量/%[b]
DDSQ-PEEK	—	136	396	440	36.5
DDSQ-PEEKK	—	142	434	479	37.1
DDSQ-PEEKDK	—	151	428	482	33.4
PEEK	334	143	579	599	0.3

续表

聚合物	T_m/℃[a]	T_g/℃[a]	$T_{d, 5\%}$/℃[b]	$T_{d, 10\%}$/℃[b]	残余量/%[b]
PEEKK	365	150	593	604	0.6
PEEKDK	428	192	556	591	0.8

注：a. DSC 在氮气气氛中升温速率为 10℃/min；b. TGA 在空气气氛下升温速率为 10℃/min。

由于 POSS 结构单元的引入，相比于 PEEK、PEEKK 和 PEEKDK 三种聚合物材料，DDSQ-PAEK 系列聚合物的疏水性能获得显著提升。从表 5.19 中水接触角(WCA)测试数据可知：此类聚合物的疏水角在 96.5°～100.0°之间，明显高于 PEEK、PEEKK 和 PEEKDK 的接触角。这说明引入低极性的 POSS 结构单元后，DDSQ-PAEK 类聚合物被赋予了低表面能的特性。

表 5.19　DDSQ-PAEK 和常规 PAEK 的 WCA 结果

PAEK	WCA/(°)	PAEK	WCA/(°)
PAEK-POSS-100	100.0	DDSQ-PEEKDK	96.5
DDSQ-DFPK	105.0	PEEK	85.6
DDSQ-PEEK	100.0	PEEKK	75.0
DDSQ-PEEKK	98.6	PEEKDK	76.7

向聚合物结构中引入 POSS 单元可大幅度增大聚合物分子的摩尔体积，从而达到降低聚合物介电常数的目的。研究表明，无论是将 POSS 单元引入到聚合物链的末端进行封端，还是接枝到聚合物侧链，或直接引入到聚合物主链中，相应的聚合物都会比原聚合物表现出更低的介电常数。因此，为满足高频、高速电路中的应用需求，通过引入 POSS 降低聚合物介电常数是目前调控聚合物介电常数的最有效方法之一。

5.3.3　含磷聚芳醚酮

由于酚酞基聚芳醚酮(PEK-C)具有耐高温、自润滑、力学性能和加工性能优异等特点，又由于其具有高溶解性和强机械韧性的突出特点，通常作为增韧复合组分，用于环氧树脂、双马来酰亚胺等热固性树脂的增韧改性。但与 PEEK 相比，PEK-C 的阻燃性能显著下降。在聚合物链中引入含磷结构单元是提高聚合物阻燃性能的有效方法之一。因此，PEK-C 类材料可以在制备过程中通过与含磷单体共聚的方式将磷元素引入 PEK-C 结构中，达到改善 PEK-C 阻燃性的目的，PEK-C 和含磷型聚合物 PEPPO 的结构式如图 5.54 所示。

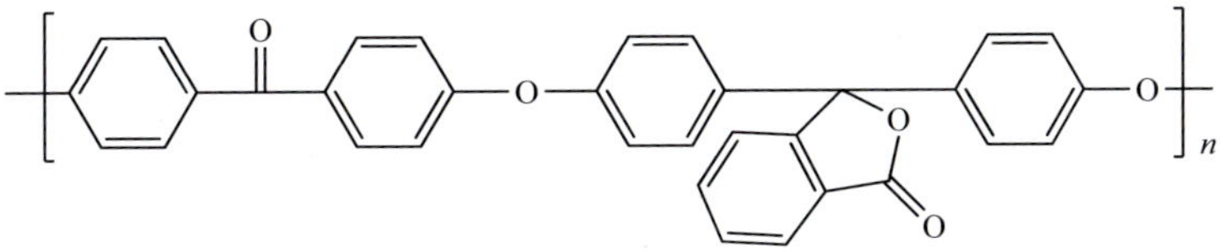

PEK-C (P0)

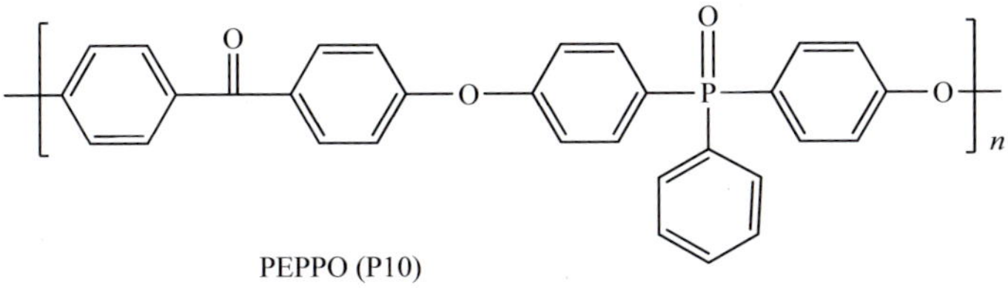

PEPPO (P10)

图 5.54　PEK-C 和含磷型聚合物 PEPPO 的结构式

1. 含苯苯磷氧结构(PPO)聚芳醚酮共聚物

1) PEK-C/PEPPO 含磷无规共聚物的制备方法

王冬佶[62]采用与聚芳醚酮生产工艺相同的亲核缩聚法将含磷双氟单体的双(4-氟苯基)苯基氧化膦(BFPPO)与 4, 4′-二氟二苯甲酮(DFK)、酚酞(phenolphthalein，PPT)按不同比例共聚，制备出一系列不同含磷量的 PEK-C/PEPPO 无规共聚物。

其共聚合反应方程式如图 5.55 所示，其中 DFK 单体与 BFPPO 单体的摩尔比分别为 10∶0、9∶1、8∶2、7∶3、6∶4、5∶5、4∶6、3∶7、2∶8、1∶9、0∶10，随着含磷单体 PPO 含量的增加，依次将所得到的聚合物命名为 P0(PEK-C)、

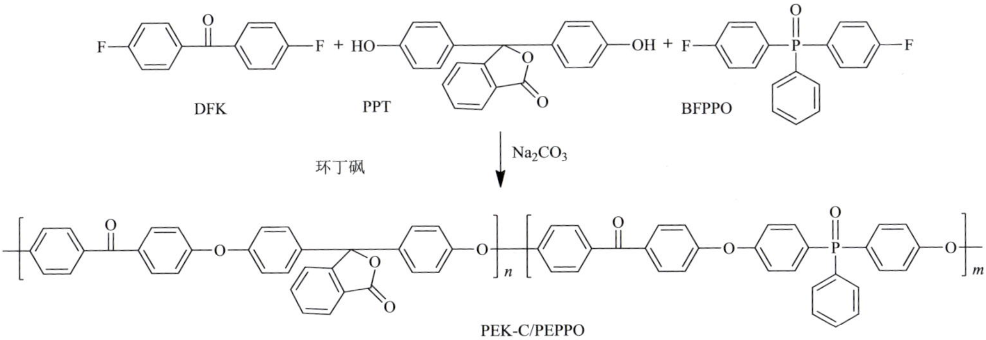

PEK-C/PEPPO

DFK∶BFPPO = 10∶0	P0 (PEK-C)	4∶6	P6
9∶1	P1	3∶7	P7
8∶2	P2	2∶8	P8
7∶3	P3	1∶9	P9
6∶4	P4	0∶10	P10 (PEPPO)
5∶5	P5		

图 5.55　含磷无规共聚物 PEK-C/PEPPO 的合成路线

P1、P2、P3、P4、P5、P6、P7、P8、P9、P10(PEPPO)。溶解性测试结果表明，所有聚合物 P1～P10 在 DMSO、NMP、DMF、DMAc、$CHCl_3$ 等常规溶剂中依然具有良好的溶解性。以聚苯乙烯(PS)为标样，70℃下以二甲基甲酰胺(DMF)为流动相，经凝胶渗透色谱(GPC)测试结果证明，所有聚合物的数均分子量都在 53.0～91.0 kDa，分散度在 1.7～2.6。

2) PEK-C/PEPPO 无规共聚物的热稳定性

PPO 结构单元的引入进一步增强了聚合物分子链的刚性，使聚合物分子链段的弯曲和运动受限，因此在 DSC 曲线中可以发现 PEK-C/PEPPO 共聚物的 T_g 值随 PPO 含量的增加而升高，如表 5.20 所示。

在热稳定性方面，分别在空气和氮气条件下对聚合物 P0～P10 开展热重分析方法研究。如表 5.20 所示，相比于其他化学键结构，C—P 键的键能最小(272 kJ/mol)，因此 C—P 键会在高温下先被破坏，导致聚合物出现降解失重现象。图 5.56 中所示：图 5.56(a)和(b)分别是聚合物 P0、P2、P4、P6、P8、P10 在空气和氮气气氛下的热失重曲线。如表 5.21 中数据所示：在氮气气氛下，聚合物的 5%热失重温度随 PPO 结构单元含量的增加而递减，从 482℃下降到 448℃；在空气气氛下，所有聚合物的 5%热失重温度都>470℃，但是 5%热失重温度变化呈现出随 PPO 含量增加先升高后降低的趋势。并且如图 5.56(b)所示，空气气氛下 P2、P4、P6、

表 5.20 聚合物中部分键能数据

化学键	键能/(kJ/mol)	化学键	键能/(kJ/mol)
C═O	728	P═O	544
C—H	460	C—O	332
C—N	389	C—P	272
Ar—Ar	487	C_6H_5—CO—	385

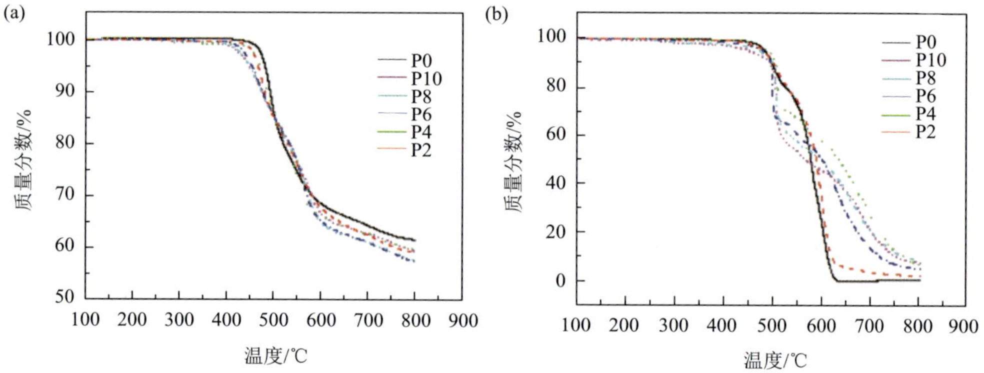

图 5.56 氮气(a)和空气(b)条件下聚合物的 TGA 曲线

P8、P10 的 TGA 曲线都在 500℃出现了一个降解平台，但由于共聚合物中 PPO 含量不同，平台的宽度也发生相应变化，即随着 PPO 含量的增加，平台宽度随之变大。

表 5.21　聚合物的热性能数据

样品	T_g/℃		$T_{d,5\%}$/℃		残余量/%
	DMA	DSC	N_2	空气	
P0	221	228	482	479	61.3
P1	223	234	481	485	59.7
P2	228	238	476	481	59.5
P3	230	241	471	484	59.5
P4	234	246	474	487	58.5
P5	240	250	468	478	57.4
P6	245	255	453	481	58.1
P7	248	259	455	484	57.6
P8	254	263	448	477	58.6
P9	257	266	449	477	58.5
P10	260	270	448	472	56.5

膨胀型阻燃机理是目前含磷阻燃剂的主要阻燃机理，因此含磷阻燃剂能否在阻燃过程中有效构筑低渗透性的泡沫炭层是获得理想阻燃效果的关键。在聚合物燃烧或受热过程中，空气中的氧气可以作为氧化剂促进阻燃泡沫炭层的形成。但是，随着含磷共聚物 PEK-C/PEPPO 中 PPO 含量增加，相应的共聚物也出现了低温下失重过多的问题，所以在空气气氛下含磷共聚物的 5%热失重温度随 PPO 含量的增加呈现出先升高后降低变化情况，而相对于含磷共聚物在 800℃时的残余量相较于 PEK-C 没有出现显著提高。尽管如此，PPO 结构单元的阻燃特性还是非常明显的。

3) PEK-C/PEPPO 共聚物的阻燃性能

高分子聚合物材料阻燃性能的评价方法主要有两种：燃烧试验和氧指数试验。燃烧试验是采用厚度为 0.1 mm 左右的聚合物薄膜样品，通过垂直燃烧法评测 P0 (PEK-C)、P2、P4、P6、P8、P10 (PEPPO) 六种聚合物的燃烧性能。测试标准为 ANSI/UL94-2009 薄质材料垂直燃烧试验 (Thin Material Vertical Burning Test)，评测仪器为 CZF-5A 型水平垂直燃烧测定仪，测试样品为聚合物薄膜，样品尺寸为 200.0 mm×50.0 mm×0.1 mm，测试前于温度 23℃±2℃、湿度 50%±5%条件下，经 48 h 完成对样品的状态调节，每个样品测试 6～7 组，通过对测试数据进行计算和分析，得到各个样品的垂直燃烧等级。具体结果整理如表 5.22 所示，所有含 PPO 的聚合物(P2、P4、P6、P8、P10)都具有最高等级的阻燃性能，即便只有 20% PPO 的 P2 也具有极佳的阻燃特性。

表 5.22 聚合物薄膜的垂直燃烧测试

样品薄膜编号	P0	P2	P4	P6	P8	P10
垂直燃烧等级	无级别	VTM-0	VTM-0	VTM-0	VTM-0	VTM-0

注：VTM 为薄质垂直材料。UL-VTM(薄质材料的垂直燃烧测试)分为三个级别：VTM-0>VTM-1>VTM-2。VTM-0 指对样品进行两次 10 s 燃烧测试后，火焰在 30 s 内熄灭，且不能有燃烧物掉下；VTM-1 指对样品进行两次 10 s 燃烧测试后，火焰在 60 s 内熄灭，且不能有燃烧物掉下；VTM-2 指对样品进行两次 10 s 燃烧测试后，火焰在 60 s 内熄灭，可以有燃烧物掉下。

氧指数试验是采用厚度为 0.1 mm 左右的聚合物薄膜样品，通过氧指数法评测 P0(PEK-C)、P2、P4、P6、P8、P10(PEPPO)六种聚合物的燃烧性能。测试标准为 GB/T 2406.2—2009，评测仪器为 FTA Ⅱ型氧指数仪，测试样品为聚合物薄膜，样品尺寸为 160.0 mm×20.0 mm×0.1 mm，每个样品测试 10 组。具体结果整理如表 5.23 所示，其测试结果表明：磷元素的引入显著提高了聚合物燃烧的氧指数值，这表明为了能够维持含磷聚合物的平稳燃烧，所需的最低氧浓度(N_2 与 O_2 的混合气体中氧气所占的体积分数)被大幅提升，这意味着含磷结构单元 PPO 的引入实现了改善、提升聚合物阻燃性能的目的。另外，测试结果表明 PPO 含量过高时，因 P—C 键的比例过高，也会出现聚合物燃烧时所需氧浓度相对下降的情况。但是，但总体而言，磷元素的引入大幅度提高了此类聚合物的氧指数，阻燃性能也明显改善。

表 5.23 聚合物薄膜的氧指数测试

样品编号	P0	P2	P4	P6	P10
氧指数/%	36.0	40.9	47.3	≥50.5	45.3

2. 含苯磷氧结构聚芳醚酮共混物及性能

与共聚方法相比，采用共混方法改性聚合物通常具有简单、高效等特点。王冬佶[62]将均聚物 PEK-C 与 PEPPO 按照不同的摩尔比(9∶1、8∶2、7∶3、6∶4、5∶5、4∶6、3∶7、2∶8、1∶9)进行混合，然后以 DMAc 为溶剂开展溶液共混，再以浇筑成膜法从玻璃板上得到不同摩尔比的聚合物复合薄膜，分别将其命名为 BP1、BP2、BP3、BP4、BP5、BP6、BP7、BP8、BP9。

通过 DSC 和 TGA 的测试考察了共混复合薄膜的热性能，测试所得的玻璃化转变温度、热分解温度等数据如表 5.24 所示。从玻璃化转变温度的结果可知，由于 PEPPO 含量较低，BP1、BP2、BP3 样品的 DSC 曲线中只有一个玻璃化转变温度出现。但随着 PEPPO 含量逐渐升高后，BP4、BP5、BP6 样品的 DCS 曲线中开始出现两个玻璃化转变温度(T_{g1}，T_{g2})，其中 T_{g1} 出现在 233～234℃，接近 PEK-C(BP1)的玻璃化转变温度(228℃)，T_{g2} 出现在 255～258℃，与 PEPPO(BP10)的玻璃化转变温度(270℃)接近，而且随着 PEPPO 含量的进一步增加，BP4、BP5 和 BP6 的玻璃化转变温度 T_{g1} 略有增加，T_{g2} 略有降低。当 PEPPO 含量再进一步增加后，样品 BP7、BP8、BP9 的 DSC 曲线中再次呈现唯一的玻璃化转变温度，从 259℃升至 268℃，接近纯 PEPPO 聚合物的玻璃化转变温度 270℃。这说明尽管在摩尔比例相近的情况下，PEK-C 和 PEPPO 二者仅部分相溶，经 DMA 和 SEM 的进一步测试表明：其相态形貌呈现出以单相连续结构为主的相分离特征。

表 5.24　共混物的玻璃化转变温度和热分解温度数据

样品	DSC		TGA		残余量/%
	T_{g1}/℃	T_{g2}/℃	$T_{d, 5\%}(N_2)$/℃	$T_{d, 5\%}$(空气)/℃	
PEK-C	228		482	479	61.3
BP1	229		478	483	61.0
BP2	231		476	484	60.0
BP3	259		469	478	57.8
BP4	233	258	468	483	57.6
BP5	234	257	463	482	55.6
BP6	234	255	462	475	54.5
BP7	259		461	468	54.2
BP8	263		466	483	53.5
BP9	268		457	478	52.7
PEPPO	270		448	472	56.5

热失重测试结果表明(表 5.24 和图 5.57)，在氮气气氛下，随着共混样品中 PEPPO 的含量增加，共混样品薄膜的 5%热失重温度随之降低，从 478℃下降到 457℃，800℃时的残余量从 61.0%下降到 52.7%，这些现象的发生是因为样品中低键能的 P—C 结构含量增加，含磷聚合物 PEPPO 在加热过程中率先发生分解导致的。如图 5.57 的空气气氛下 TGA 曲线所示，共混样品薄膜 BP2、BP4、BP6、BP8 在 500℃始出现了一个明显的热降解平台，并且平台的宽度与 PEPPO 的含量相关。

5.3.4　含硫聚芳醚酮

由于具有优异的综合性能，聚醚醚酮材料已经得到广泛的应用。但相比于其他特种工程塑料，PEEK 也存在着玻璃化转变温度(T_g = 143℃)和长期使用温度相

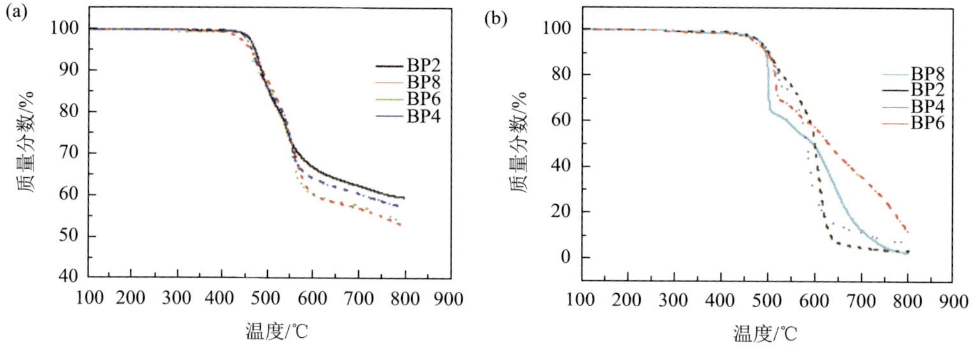

图 5.57　共混样品薄膜氮气(a)和空气(b)气氛下的 TGA 曲线

对较低(＜240℃)、熔点(T_m = 342～350℃)和加工温度(380℃)较高的应用及加工问题。尽管可以采用向聚醚醚酮链引入更多刚性结构的策略进一步提高 T_g 和 T_m，但是聚芳醚酮的熔点也会相应提高，从而给加工带来更大的困难。

按照材料的热行为分类，工程塑料一般可分为热塑性工程塑料(如聚醚醚酮、聚醚砜、聚醚氰等)和热固性工程塑料(如聚酰亚胺、环氧树脂等)两大类。热塑性工程塑料的加工温度一般高于长期使用温度，而热固性工程塑料的加工温度一般低于长期使用温度。例如，聚醚醚酮的加工温度在 380℃，而其长期使用温度在 240℃；而聚酰亚胺亚胺化温度通常在 300℃左右，其使用温度在 200～350℃。因此，尽管热固性工程塑料在存在无法重塑、不可回收等缺点，但是在加工方面相比于热塑性工程材料更具优势。

在聚芳醚酮的结构设计中，研究人员可以将硫醚键(—S—)结构作为活性交联点引入到主链结构中，通过高温或辐照引发交联反应，赋予含醚硫型聚芳醚酮热固性特点。

1. 含硫聚醚醚酮的热交联特点

刘新才[63]采用含硫醚结构的双氟单体 FKOSOKF 与 4, 4′-二氟二苯甲酮(DFK)、二苯酚按一定比例投料，通过亲核取代缩聚反应制备得到不同硫醚结构含量的嵌段共聚物(SPEEK 系列)、无规共聚物(SPEEKr)及交替共聚物(PESK)，研究了含硫醚结构聚醚醚酮材料的热交联特性。以 SPEEK 系列为例，合成路线如图 5.58 所示。由于含硫结构的引入，这些聚合物的溶解性等到了改善，能够在四氢呋喃和氯仿等有机溶剂中溶解。

针对交联反应的测试结果表明，含硫醚结构聚醚醚酮在氮气环境下，在 380℃进行热处理时能够发生交联反应，且发生在硫醚键位置。以 SPEEK-5%为例，研究发现该聚合物的 T_g 和 T_m 与纯 PEEK 相近，这表明一定含量硫醚(—S—)结构的引入不会显著增加链段的刚性，如表 5.25 所示。纯 PEEK 在 N_2 环境中经 380℃高

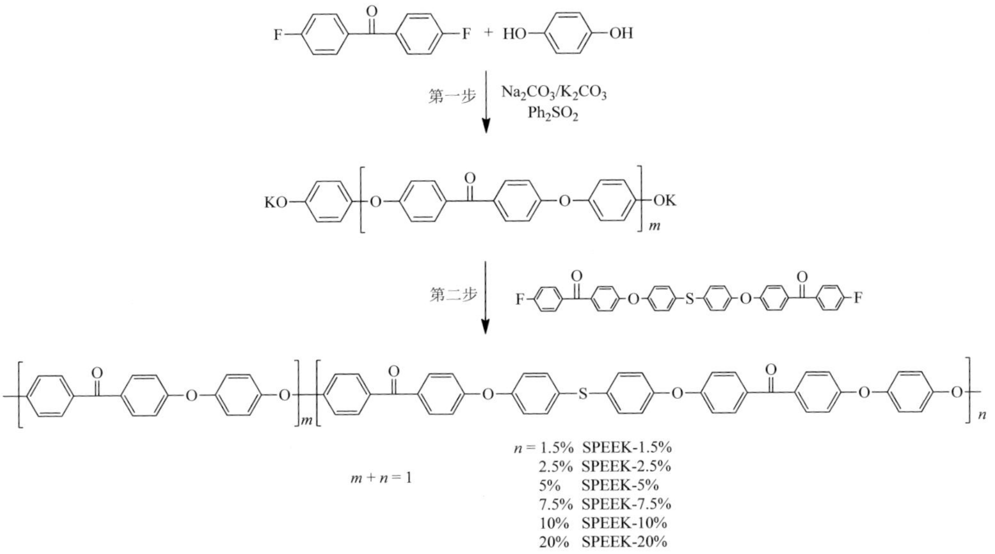

图 5.58　含硫醚结构的聚醚醚酮嵌段共聚物合成路线

温热处理 6 h 后仍能够保持结构稳定、不发生交联反应；但在空气中经 380℃高温热处理 6 h 后则会发生断链、支化和热氧交联等化学反应。在 N_2 或空气条件下，在 350℃热处理 5 h 时都没有交联反应发生，因此含硫醚结构聚醚醚酮 SPEEK-5%可以选择与纯聚醚醚酮相同的条件下进行成型加工，展现出优异的加工性能。但是在 N_2 环境中经 380℃高温热处理 6 h 后，硫醚键间却能够发生交联反应，交联程度随热处理时间延长而增大，进而导致聚合物链段热运动受到束缚，玻璃化转变温度和冷结晶峰位置逐渐向高温方向移动，熔融峰向低温方向移动且逐渐变小，380℃热处理 12 h 的样品，其玻璃化转变温度由未热处理时的 143℃升高到 224℃，升高了约 80℃。其高温储能模量增加到 3.87×10^7 Pa，提高了一个数量级。这是因为硫醚结构在 380℃发生交联反应，聚合物链间形成交联结构。延长热处理时间，使相对交联密度不断增大，导致高分子链柔性逐渐降低，链段的热运动受到束缚，聚合物的玻璃化转变温度和高温储能模量不断增加，发生动态模量跌落的温度逐渐升高，跌落量逐渐减少，最终形成具有较高交联度、较致密交联结构的高聚物。由于高聚物是化学交联的，永久的交联网代替了暂时的分子链缠结，整体高聚物就是一个大分子，且因分子间化学键的束缚，分子间的相对运动无法进行，因此不能发生流动转变，不出现黏流态，其高弹形变量随交联度的增加而逐渐减小。

通过偏光显微镜观察含硫醚结构聚醚醚酮交联前后的结晶形态，交联前含硫醚聚醚醚酮为典型的球晶结构。随着交联反应的不断进行，交联度逐渐增大，交联键的形成影响聚合物链段的规整性排列，破坏结晶能力，最终导致结晶性逐渐下降，结晶结构受到破坏。交联反应进行到 5 h 后，完全失去结晶能力变为无定形结构。结晶峰的衍射都随着热处理时间的延长而减弱，说明随着热处理时间的延长，交联结构不断生成，共聚物的结晶能力逐渐减弱，直到完全失去结晶能力变为无定形结构。可控交联聚醚醚酮与纯聚醚醚酮同属正交晶系，其晶胞参数 $a = 7.52$ Å，$b = 5.86$ Å，$c = 10.24$ Å。这是由于可控交联聚醚醚酮结构中连接主链的 C—S—C 键的柔性特征，围绕主轴可以自由旋转。

表 5.25 交联前后 SPEEK-5%的物性数据

	T_g/℃	T_m/℃	T_{d1}/℃	T_{d2}/℃
SPEEK-5%	143	342	546	563
PEEK	142	345	549	—

注：T_{d1} 为交联前的样品 5%热失重温度；T_{d2} 为交联后的样品 5%热失重温度。

因为聚合物 SPEEK-5%的样品在 380℃时发生交联反应，我们考察其在 380℃交联反应发生时是否伴随着降解反应的发生。从 380℃恒温扫描 7 h 热失重曲线(图 5.59)中可以看出，在 N_2 保护条件下，聚合物几乎没有失重，空气条件下失重也非常少。这表明交联聚醚醚酮具有优异的热稳定性和热氧化稳定性，同时说明交联反应过程中没有发生降解反应，没有小分子放出，交联后形成稳定的交联结构。

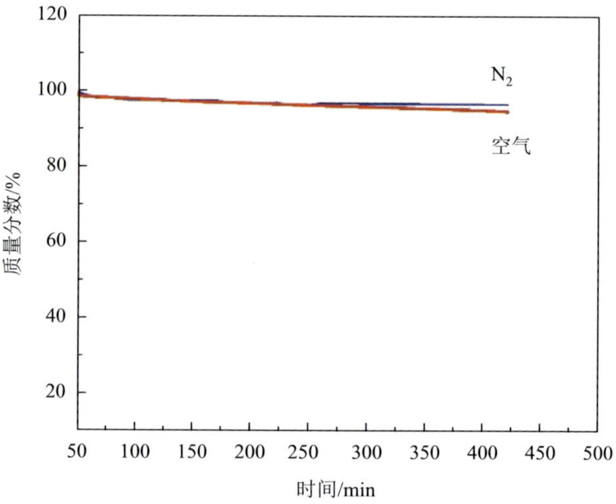

图 5.59 在 380℃不同气体气氛下，SPEEK-5%扫描 7 h 的 TGA 曲线

2. 含醚硫结构聚芳醚酮的辐照交联特点

聚合物主链引入不同的功能基团(如萘环、氮杂萘环等)及侧基功能基团(如

苯、三氟甲基等)，可以提高聚芳醚酮的溶解性，从而改善聚芳醚酮材料的加工性能。但是主链及侧链结构的改变，虽然提高了材料的溶解性，但同时却降低了使用温度和部分力学性能，限制了可溶性聚芳醚酮的应用，为此人们将交联点引入可溶性聚芳醚酮链段中，通过交联来提高材料的性能。但通常采用的热交联方法往往需要在很高的温度下进行交联反应，不适合低温加工的应用领域(如微电子、光通信等)。研究人员将可以进行辐照交联的硫醚键引入聚芳醚酮的主链中，合成出可溶于一般有机极性溶剂含硫醚聚芳醚酮，材料成型后通过电子束辐射进行交联，能够增加这类材料的耐热性能和耐溶剂性，满足光通信等方面的应用要求。周宏伟教授[64]制备了一种可溶性的含醚硫结构聚芳醚酮材料 SPAEK-10%，其具体结构及合成路线如图 5.60 所示。

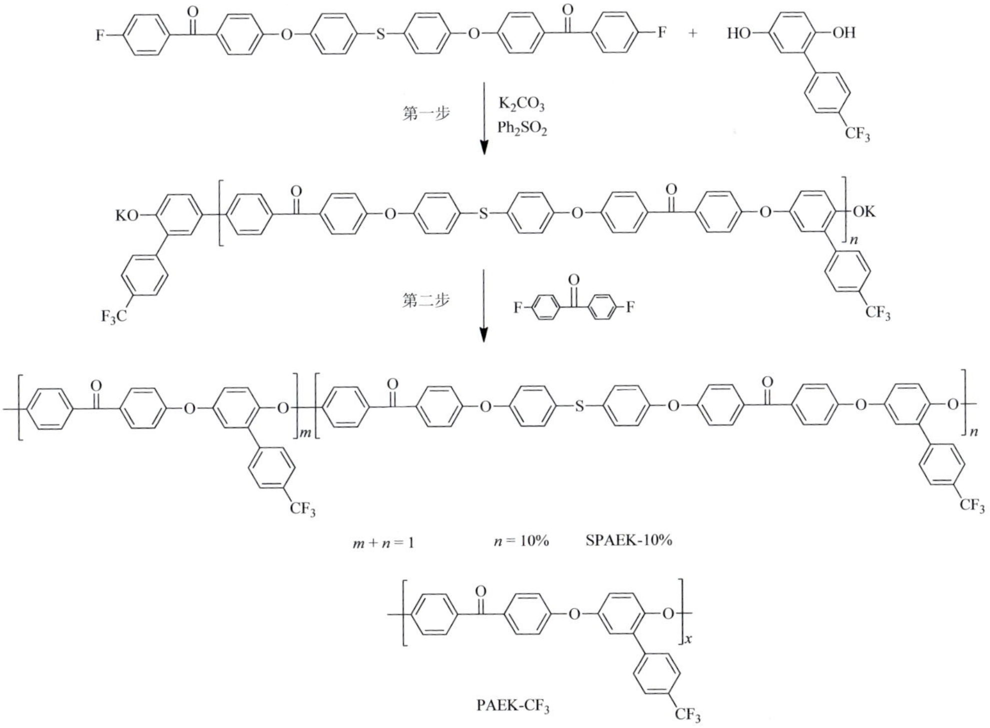

图 5.60　含硫醚结构的聚芳醚酮 SPAEK-10%的合成路线

研究发现，当含硫醚结构聚芳醚酮 SPAEK-10%经电子束辐照达 150 kGy 时，出现凝胶现象，随着电子束辐照剂量的增加，凝胶含量进一步增加。这一现象表明 SPAEK-10%在电子束辐照条件下，分子间有交联键形成，因此有凝胶析出。在 100 kGy 的电子束辐照下，凝胶中可溶部分的重均分子量从 6×10^4 增加到 20×10^4。将不含硫醚聚芳醚酮(PAEK-CF_3)与 SPAEK-10%样品电子束辐照前后热性能列于

表 5.26，对比之下可以发现，电子束辐照前后聚合物 PAEK 的 T_g 始终保持不变，而将 SPAEK-10%在经过电子束辐照以后，其 T_g 升高了 15℃。另外，辐照前 SPAEK-10%在空气中 5%的热失重温度为543℃，而辐照后 5%的热失重温度升高到576℃，说明辐照前后的热稳定性也会被显著提升。

表 5.26 SPAEK-10%辐照交联前后的玻璃化转变温度

	PAEK-CF_3		SPAEK-10%			
电子束辐照/kGy	0	350	0	100	250	350
T_g/℃	134	134	137	138	145	152

PAEK 与 SPAEK-10%样品经过电子束辐照前后的力学性能数据列于表 5.27 从储存模量的变化规律可以看出，电子束辐照对含硫醚 SPAEK-10%的力学性能改变较大，SPAEK-10%的储存模量基本上随着辐照剂量的增加而增加，SPAEK-10%的伸长率随着辐照剂量的增加而降低，这是由于合成的 SPAEK-10%在电子束辐照条件下发生了交联反应。此类新型可控交联含硫醚类聚芳醚酮材料在电子束辐照的情况下其拉伸强度和模量都随辐照剂量增加而增加，这与材料的交联程度有关，交联程度越大，其拉伸强度和模量就越高，材料的伸长率降低。

表 5.27 SPAEK-10%辐照交联前后的力学性能变化

含量/kGy	0	100	150	200	250	300	350
拉伸模量/GPa	1.34	1.35	1.36	1.36	1.40	1.41	1.43
拉伸强度/MPa	76.4	77.5	77.5	78.3	77.3	79.2	86.7
断裂伸长率/%	36.0	24.0	26.0	15.0	16.0	11.0	10.0

总体来说，醚硫结构的引入赋予了聚芳醚酮材料热固性的加工特点，将热塑性材料和热固性材料的加工优势有机地结合在一起，既解决了热固性树脂不易加工的问题，又克服了热塑性树脂使用温度低的缺点，同时具有低温固化的优点，为新材料的研究开发提供了一条新途径。

参 考 文 献

[1] 刘佰军, 呼微, 陈春海, 等. 低介电常数含氟聚芳醚酮的合成与性能研究[C]. 中国仪器仪表学会仪表材料分会. 第四届中国功能材料及其应用学术会议论文集. 吉林大学特种工程塑料研究开发中心, 2001: 3.

[2] Hougham G, Tesoro G, Shaw J. The synthesis and properties of polyimides made from perfluoro aromatic diamines[C]. Abstracts of Papers of the American Chemical Society, 1989: 465.

[3] Maruoy Y, Sasaki S, Haga T, et al. Changes in refractive index and in chemical state of synchrotron radiation

irradiated fluorinated polyimide films[J]. Journal of Vacuum Science Technology A: Vacuum, Surfaces, and Films, 1998, 14(4): 2470.

[4] 张善举, 郑玉斌, 吴忠文, 等. 具有液晶性新型聚芳醚酮的合成与表征[J]. 高等学校化学学报, 1998, (6): 153-157.

[5] 张善举, 郑玉斌, 吴忠文, 等. 新型热致型液晶苯代聚芳醚酮的单畴液晶行为[J]. 功能高分子学报, 1997, (4): 132-134.

[6] 马海松. 低介电含氟聚芳砜涂料的开发[D]. 长春: 吉林大学, 2000.

[7] 戴俊燕, 刘德山. 含氟聚酰亚胺的研究进展[J]. 功能高分子学报, 1999, (3): 337-344.

[8] Bennett G S, Farris R J. The synthesis and characterization of novel thermotropic liquid crystalline poly(aryl ether ketone)s[J]. Polymer Engineering and Science, 1994, 34(10): 781-793.

[9] Jonsson H, Werner P W, Gedde U W, et al. Synthesis and structure of thermotropic main-chain polyethers based on bis(4-hydroxyphenoxy)-p-xylene[J]. Macromolecules, 1989, 22(4):1683-1689.

[10] Shaffer T D, Percec V. Functional polymers and sequential copolymers by phase transfer catalysis. 14. Thermotropic polyethers and copolyethers based on 4, 4′-dihydroxybiphenyl[J]. Journal of Polymer Science: Polymer Letters Edition, 1985, 23(4): 185-194.

[11] Yoon Y, Zhang A Q, Cheng S Z D, et al. Phase identification in a series of liquid crystalline TPP polyethers and copolyethers having highly ordered mesophase structures. 1. Phase diagrams of odd-numbered TPP polyethers[J]. Macromolecules, 1996, 29(1): 294-305.

[12] Flory P J. Phase equilibria in solutions of rod-like particles. 5. Mixtures with random coils[J]. Macromolecules, 1978, 11(6): 1138-1141.

[13] Onsager L. The effects of shape on the interaction of colloidal particles[J]. Annals of the New York Academy of Sciences, 1949, 51(4): 627-659.

[14] Mehta A, Isayev A I. Rheology, morphology, and mechanical characteristics of poly(etherether ketone)-liquid crystal polymer blends[J]. Polymer Engineering and Science, 1991, 31: 971-980.

[15] 刘晨光. 用于质子交换膜的磺化聚醚醚酮的合成和性能研究[D]. 长春: 吉林大学, 2005.

[16] Bauer B, Jones D J, Rozière J, et al. Electrochemical characterisation of sulfonated polyetherketone membranes[J]. Journal of New Materials for Electrochemical Systems, 2000, 3: 93-98.

[17] Jones D J, Roziere J. Recent advances in the functionalisation of polybenzimidazole and polyetherketone for fuel cell applications[J]. Journal of Membrane Science, 2001, 185: 41-58.

[18] Nunes S, Ruffmann B, Rikowski E, et al. Inorganic modification of proton conductive polymer membranes for direct methanol fuel cells[J]. Journal of Membrane Science, 2002, 203(1-2): 215-225.

[19] Reitz W. Handbook of Fuel Cells: Fundamentals, Technology, and Applications[M]. Chichester: Wiley Press, 2007.

[20] Park H C, Lee H C, Guiver D M, et al. Sulfonated hydrocarbon membranes for medium-temperature and low-humidity proton exchange membrane fuel cells(PEMFCs)[J]. Progress in Polymer Science, 2011, 36(11): 1443-1498.

[21] Du X Z, Yu J R, Han M, et al. Performances of proton exchange membrane fuel cells with alternate membranes[J]. Physical Chemistry Chemical Physics, 2001, 3(15): 3175-3179.

[22] Zhang X, Hu Z, Pu Y, et al. Preparation and properties of novel sulfonated poly(*p*-phenylene-*co*-aryl ether ketone)s for polymer electrolyte fuel cell applications[J]. Journal of Power Sources, 2012, 216: 261-268.

[23] Zhang Y, Cui Z, Zhao C, et al. Synthesis and characterization of novel sulfonated poly(arylene ether ketone) copolymers with pendant carboxylic acid groups for proton exchange membranes[J]. Journal of Power

Sources, 2009, 191(2): 253-258.

[24] Daoust D, Legras R, Godard P, et al. Chemical modification of poly(ether ether ketone) for size-exclusion chromatography at room-temperature: 1. Absolute molecular-mass determination for sulfonated PEEK[J]. Polymer, 1994, 35: 5498-5503.

[25] Shibuya N, Porter R S. A kinetic study of PEEK sulfonation in concentrated sulfuric acid by ultraviolet-visible spectroscopy[J]. Polymer, 1994, 35: 3237-3242.

[26] Ulrich H, Rafler G. Sulfonated poly(aryl ether ketone)s[J]. Die Angewandte Makromolekulare Chemie, 1998, 263: 71-78.

[27] Bishop T M, Karasz E F, Russo S P, et al. Solubility and properties of a poly(aryl ether ketone) in strong acids[J]. Macromolecules, 2002, 18(1): 86-93.

[28] Xiao G, Sun G, Yan D. Polyelectrolytes for fuel cells made of sulfonated poly(phthalazinone ether ketone)s[J]. Macromolecular Rapid Communications, 2002, 23(8): 488-492.

[29] Klaus S, Qiang C. Parallel cylindrical water nanochannels in Nafion fuel-cell membranes[J]. Nature Materials, 2008, 7(1): 75-83.

[30] Kreuer K, Portale G. A critical revision of the nano-morphology of proton conducting ionomers and polyelectrolytes for fuel cell applications[J]. Advanced Functional Materials, 2013, 23(43): 5390-5397.

[31] Xiao L, Mischa B, Sapun H P, et al. Nanoscale distribution of sulfonic acid groups determines structure and binding of water in nafion membranes[J]. Angewandte Chemie International Edition, 2016, 55(12): 4011-4015.

[32] Zhang L Y, Qi D, Zhang G, et al. Crosslinked tri-side-chain-type sulfonated poly(arylene ether ketones) with enhanced proton conductivity by a Friedel-Crafts acylation reaction[J]. RSC Advances, 2014, 4(94): 51916-51925.

[33] Zhang Q, Liu B, Hu W, et al. Poly(arylene ether) electrolyte membranes bearing aliphatic-chain-linked sulfophenyl pendant groups[J]. Journal of Membrane Science, 2013, 428: 629-638.

[34] Hergenrother P M, Smith J G, Connell J W. Synthesis and properties of poly(arylene ether benzimidazole)s[J]. Polymer, 1993, 34: 856-865.

[35] Berard N, Paventi M, Chan K P, et al. Polymers from 4-(4-hydroxyphenyl)phthalazin-1-one[J]. Macromolecular Symposia, 1994, 77: 379-388.

[36] Yoshida S, Hay A S. Synthesis of all aromatic phthalazinone containing polymers by a novel N—C coupling reaction[J]. Macromolecules, 1995, 28: 2579-2581.

[37] Hlil A R, Matsumura S, HAY A S. Polymers containing di(1*H*-benzo[*d*]imidazol-2-yl)arene moieties: polymerization via N—C coupling reactions[J]. Macromolecules, 2008, 41: 1912-1914.

[38] Liu Y Y, Li W M, Hlil A R, et al. Synthesis and properties of carbazole-containing copolymers from bis[3-(4-fluorobenzoyl)carbazole] methane[J]. Journal of Macromolecular Science, Part A, 2010, 47: 1051-1054.

[39] 蹇锡高, 廖功雄, 王锦艳. 含二氮杂萘酮结构聚芳醚酮和聚芳醚砜研究进展[J]. 中国塑料, 2002, (4): 13-17.

[40] Xu Y, Sun Y, Huo J, et al. Synthesis of novel poly(*N*-arylenebenzimidazole)s containing biphenyl groups via N—C coupling reaction[J]. Polymer Science Series B, 2014, 56: 799-806.

[41] 王志鹏, 王菲菲, 王红华, 等. 含苯并咪唑酮结构双酚 A 型聚芳醚酮共聚物的制备和表征[J]. 应用化学, 2015, 32: 504-509.

[42] Wang F, Wang Z, Wang H, et al. Synthesis and characterization of soluble poly(arylene ether ketone)s with high glass transition temperature based on 3, 6-bi(4-fluorobenzoyl)-*N*-alkylcarbazole[J]. Polymer International, 2015, 64(2): 258-266.

[43] Wang F, Wang Z, Wang H, et al. Carbazole-based poly(aryl ether ketone) containing crosslinkable allyl groups on the side chains: Synthesis, characterization and properties[J]. Polymer International, 2015, 64(7): 858-866.

[44] Dou Z Y, Li X F, Zhong S L, et al. The synthesis and characterization of a novel ternary polymer bisphenol a-4, 4-difluorobenzophenone-bis(*p*-hydroxylphenyl)-1, 4, 5, 8-naphthalene-tetra-carboxylic diimide monomer[J]. Polymer Bulletin, 2006, 57(3): 351-358.

[45] 窦志宇, 刘晨光, 李先锋, 等. 以亲核取代反应制备质子交换膜用磺化聚酰亚胺[J]. 高等学校化学学报, 2006, 3: 586-588.

[46] Xie Y, Liu B, Chen Z, et al. Graft fluorinated poly(arylene ether ketone)s containing highly dense sulfonic-acid-functionalized pendants for proton exchange membranes by C—N coupling[J]. Polymer, 2017, 131: 84-94.

[47] Liu B, Chen Z, Lin L, et al. Synthesis and characterization of poly(arylene ether ketone)s with 3, 6-diphenyl-9*H*-carbazole pendants using C—N coupling reaction[J]. High Performance Polymers, 2017, 29(5): 575-584.

[48] Han X, Xie Y, Liu D, et al. Synthesis and properties of novel poly(arylene ether)s with densely sulfonated units based on carbazole derivative[J]. Journal of Membrane Science, 2019, 589: 117230.

[49] Lin L, Wu X, Han Y T, et al. Novel soluble carbazole-based poly(aryl ethers): preparation, properties, and application for dispersing multiwalled carbon nanotubes[J]. Journal of Applied Polymer Science, 2018, 135: 46250.

[50] 陈峥, 林里, 姜振华, 等. 一种主链含咔唑的聚芳醚、制备方法及纳米碳改性材料和复合材料: CN201710013740.2[P]. 2018-10-23.

[51] 陈峥. 新型含噻吩或咔唑发光聚合物材料的制备及性能研究[D]. 长春: 吉林大学, 2011.

[52] Jia S R, Xing Z, Wang Q L, et al. Poly(aryl amino ketone/sulfones) with obvious electrochromic effect prepared by one-step low-cost and facile synthesis[J]. Molecules, 2023, 28(14): 5297.

[53] Wang Q L, Li S Y, Zhang Z B, et al. Rapid and effective electrochemical strategy for the synthesis of PAASs/PAAKs electrochromic high-performance polymers[J]. Solar Energy Materials and Solar Cells, 2023, 254: 112256.

[54] Chen Z, Ono J R, Wiggins M K, et al. Synthesis and characterization of polyketones containing pendant carbazoles[J]. Polymer, 2011, 52(8): 1731-1737.

[55] 韩韫韬. 新型聚芳胺酮/聚芳胺砜类光电高分子材料的合成及其电致变色性能研究[D]. 长春: 吉林大学, 2020.

[56] Han Y, Lin Y, Sun D, et al. Poly(aryl amino ketone)-based materials with excellent electrochromic and electrofluorochromic behaviors[J]. Dyes and Pigments, 2018, 163: 40-47.

[57] Lin L, Han Y, Zhao X, et al. Effectively improving the performance of MWNT/PEEK composite by choosing PAK-Cz as the solubilizer[J]. High Performance Polymers, 2019, 31(8): 875-884.

[58] Geng Z, Huo M, Mu J X. Ultra low dielectric constant soluble polyhedral oligomeric silsesquioxane (POSS)-poly(aryl ether ketone) nanocomposites with excellent thermal and mechanical properties[J]. Journal of Materials Chemistry C: Materials for Optical and Electronic Devices, 2014, 2(6): 1094-1103.

[59] Yaning L, Shuling Z, Zhi G, et al. Hybrid formation of graphene oxide-POSS and their effect on the dielectric properties of poly(aryl ether ketone) composites[J]. New Journal of Chemistry, 2017, 41(8): 3089-3096.

[60] 陈博. 主链含双夹板结构笼型倍半硅氧烷聚芳醚酮材料的合成及性能研究[D]. 长春: 吉林大学, 2016.

[61] Hao J, Wei Y, Mu J. Ultra-low dielectric constant materials with hydrophobic property derived from polyhedral oligomeric silsequioxane(POSS) and perfluoro-aromatics[J]. RSC Advances, 2016, 6: 87433-87439.

[62] 王冬佶. 含磷聚芳醚/聚芳醚酮共聚物及共混物的制备和研究[D]. 长春: 吉林大学, 2012.

[63] Liu X C, Chen C H, Cao H, et al. Synthesis and thermal properties of controllable cross-linking poly(ether ether ketones[J]. Chemical Journal of Chinese Universities, 2002, 23(9): 1817-1819.

[64] 刘新才, 周宏伟, 陈春海, 等. 可控交联聚醚醚酮动态流变学行为的研究[J]. 高等学校化学学报, 2003, 11: 2116-2118.

第6章 聚醚醚酮复合改性

聚醚醚酮以其优异的综合性能被广泛应用于工业、电子、航空及汽车等领域。当今科技发展对材料性能的要求逐步增加，单一的聚醚醚酮树脂难以满足不同的使用要求，如航空航天领域需求的高强度、高模量结构部件，机械领域需求的耐磨损、低摩擦系数制品，国防军工和高技术民用领域需求的电磁屏蔽结构-功能一体化部件，医疗领域需求的植入制品等，促使人们对聚醚醚酮的改性展开深入研究。通过改性不仅可以降低聚醚醚酮制品的成本，还能有效地改善聚醚醚酮的成型加工性能与使用性能，进而拓展其应用领域。本章主要介绍颗粒填充、聚合物共混、纤维增强三种聚醚醚酮复合改性方式，以及复合改性后聚醚醚酮的性能特点和应用。

6.1 无机粒子填充聚醚醚酮

无机物具有稳定性好、分解温度高、化学性质简单、硬度和模量较有机物高等特点，同时，多数无机物比有机物更廉价。无机纳米粒子具有巨大的比表面积和因尺寸效应带来的一系列特性。在聚合物中加入无机纳米填料，如碳酸钙、硅灰石、蒙脱土、纳米碳材料等可使聚合物的力学、电学等性能得到很大程度的提高，并可降低聚合物产品的成本。如果将无机纳米粒子填充到聚醚醚酮基体中，且其分散程度达到了纳米尺度，聚醚醚酮和填料之间的接触面积将非常大，会产生很强的界面相互作用，就有可能将无机物的刚性、尺寸稳定性及光、电功能性与聚醚醚酮的韧性、可加工性和热性能等完美地结合起来，获得综合性能优异的聚醚醚酮基复合材料，满足不同领域的应用需求。

6.1.1 聚醚醚酮/碳酸钙复合材料

纳米碳酸钙($CaCO_3$)是一种价格低廉、应用广泛的无机填料，其表面亲油疏水，与树脂相容性好，能有效提高或调节制品的刚韧性，改善树脂的流变性能、尺寸稳定性能、热稳定性能等。将纳米碳酸钙填充到聚醚醚酮树脂中，不仅对聚醚醚酮起到增强、增韧的效果，还可以利用其较低的市场价格，降低聚醚醚酮产品的成本，提高市场竞争力[1-3]。

1. 碳酸钙的表面改性

在纳米碳酸钙表面引入与聚醚醚酮树脂结构相似的磺化聚醚醚酮(SPEEK)，不仅可以利用分子结构中活性基团磺酸基，增加磺化聚醚醚酮与碳酸钙粒子间的相互作用(图 6.1)，还能够克服传统表面改性剂使用温度较低，无法满足聚醚醚酮高温加工的要求，实现碳酸钙粒子在聚醚醚酮树脂中的良好分散，达到对聚醚醚酮进行填充改性的目的[4]。

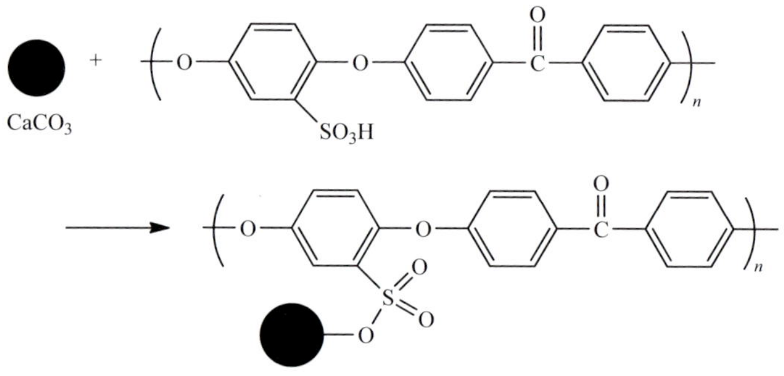

图 6.1 磺化聚醚醚酮修饰改性碳酸钙示意图

利用传统的磺化方法对聚醚醚酮树脂进行磺化，可以通过控制反应温度和反应时间获得不同磺化度的磺化聚醚醚酮。同时利用元素分析法测定了不同反应条件获得的磺化聚醚醚酮磺化度，如表 6.1 所示。随着反应时间和温度的增加，磺化聚醚醚酮的磺化度逐步提升，当反应温度和时间分别为 70℃和 6 h 时，磺化度达到 83.9%，此时磺化聚醚醚酮能够溶于热水，记为 $SPEEK_{70}$。

将一定量的纳米碳酸钙加入到 $SPEEK_{70}$ 水溶液中(碳酸钙与磺化聚醚醚酮质量比为 50∶1)，通过搅拌、抽滤、洗涤、干燥等制备流程，获得磺化聚醚醚酮改性碳酸钙。图 6.2 给出了粒径大小为 0.08 μm 碳酸钙改性前后的红外光谱图，从图中可以看出，改性的碳酸钙在 1700 cm^{-1}、1250 cm^{-1}、1160 cm^{-1} 和 1080 cm^{-1} 处出现了新的吸收峰，分别对应聚醚醚酮苯环上取代的磺酸根和磺酸盐的红外吸收峰，表明 SPEEK 通过化学键与碳酸钙粒子表面发生键合，形成类似如图 6.1 所示的结构。

表 6.1 SPEEK 合成反应条件及磺化度测定

样品	SPEEK-1	SPEEK-2	SPEEK-3	SPEEK-4	SPEEK-5
反应温度/℃	23	23	36	36	70
反应时间/h	9	13	6	9	6

续表

样品	SPEEK-1	SPEEK-2	SPEEK-3	SPEEK-4	SPEEK-5
碳元素含量/%	73.04	66.90	66.37	63.96	53.46
氢元素含量/%	3.92	3.89	3.83	3.92	3.82
硫元素含量/%	1.45	3.78	4.30	4.70	7.56
磺化度/%	13.5	37.6	43.0	47.9	83.9

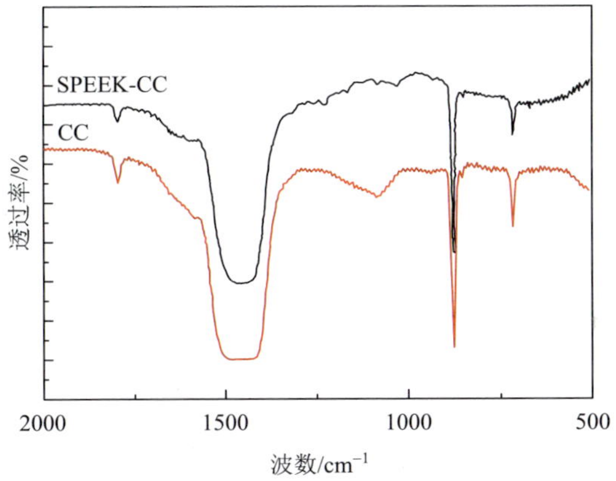

图 6.2　碳酸钙经 $SPEEK_{70}$ 修饰前后的红外光谱图

CC 表示 $CaCO_3$

2. 碳酸钙表面改性对复合材料热性能和力学性能的影响

1) 复合材料热性能

将未改性的纳米碳酸钙和经 $SPEEK_{70}$ 改性的碳酸钙填充到聚醚醚酮中制备了两个系列的复合材料，其碳酸钙填充量如表 6.2 所示。纳米碳酸钙的引入使聚醚醚酮基体的玻璃化转变温度(T_g)升高，熔点(T_m)降低，并且随碳酸钙填充量的增加而下降，可见碳酸钙粒子对无定形区和结晶区的聚醚醚酮链段的运动产生了限制作用。经 $SPEEK_{70}$ 改性的碳酸钙填充的复合材料熔点降低更加明显，而玻璃化转变温度升高幅度较未改性碳酸钙填充的复合材料小，这说明碳酸钙与聚醚醚酮基体间的相互作用增强后，对聚醚醚酮无定形区的链段运动限制作用减弱。

表 6.2　CC0.08 填充 PEEK 复合材料的 T_g 和 T_m

CC0.08 填充量/wt%	0	5	10	15	20	25
T_g/℃	144	148	147	146	147	147
T_g^*/℃	144	146	146	146	147	147

续表

CC0.08 填充量/wt%	0	5	10	15	20	25
T_m/℃	334	333	331	331	329	329
T_m^* /℃	334	329	329	326	326	325

注：CC0.08 表示粒径大小为 0.08 μm $CaCO_3$。*表示 $SPEEK_{70}$-CC0.08 填充体系。

2) 复合材料力学性能

$SPEEK_{70}$ 改性碳酸钙与聚醚醚酮基体间的相互作用增强，同时减少了碳酸钙粒子的团聚现象，促进了粒子在聚醚醚酮基体中的均匀分散，在所选的填充范围内，相同含量下，经 $SPEEK_{70}$ 改性碳酸钙填充的复合材料拉伸强度明显高于未改性碳酸钙填充的复合材料。从图 6.3(a) 可以看出，经 $SPEEK_{70}$ 改性的碳酸钙填充聚醚醚酮制备的复合材料拉伸强度有明显改善，未改性碳酸钙填充的复合材料拉伸强度随填充量增加有小幅提高，但明显低于纯聚醚醚酮树脂的拉伸强度。经 $SPEEK_{70}$ 改性后碳酸钙填充的复合材料拉伸强度先上升后下降，在填充量低于 10 wt%时，复合材料的拉伸强度高于纯聚醚醚酮，最高可提高 7%。图 6.3(b) 表明与未改性碳酸钙填充的复合材料体系相比，$SPEEK_{70}$ 改性碳酸钙填充的复合材料拉伸模量上升趋势更加明显，复合材料拉伸模量从 1.33 GPa 增大到 2.16 GPa。图 6.3(c) 和 (d) 表明复合材料的弯曲强度和弯曲模量随碳酸钙填充量的增加而增加，$SPEEK_{70}$ 改性碳酸钙填充的复合材料体系弯曲强度和弯曲模量的增加幅度高于未改性碳酸钙填充的复合材料。

复合材料的断裂伸长率随碳酸钙填充量的增加先增大后减小，在相同填料含量下高于未改性碳酸钙填充复合材料，如图 6.4 所示。复合材料的缺口冲击强度在碳酸钙填充量达到 15 wt%时仍高于树脂基体，可见纳米碳酸钙使 PEEK 韧性得到提高，两种复合材料体系的缺口冲击强度随填充量的变化趋势一致，但经 $SPEEK_{70}$ 改性碳酸钙对聚醚醚酮的增韧效果明显优于未改性的。经 $SPEEK_{70}$ 改性碳酸钙填充到聚醚醚酮后，起到了很好的增强和增韧效果。

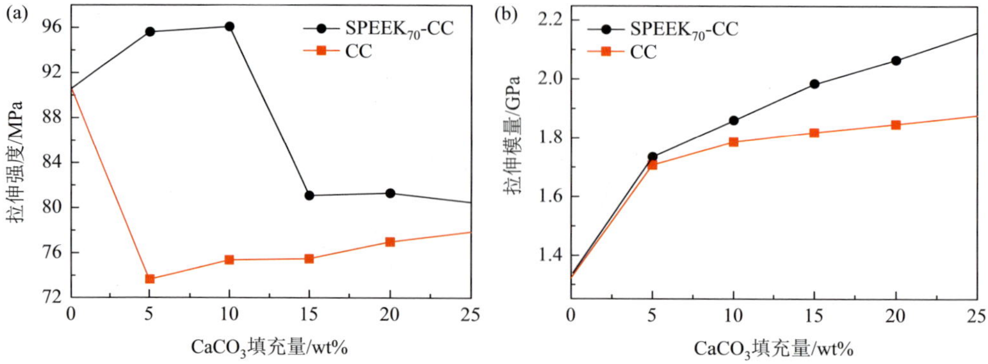

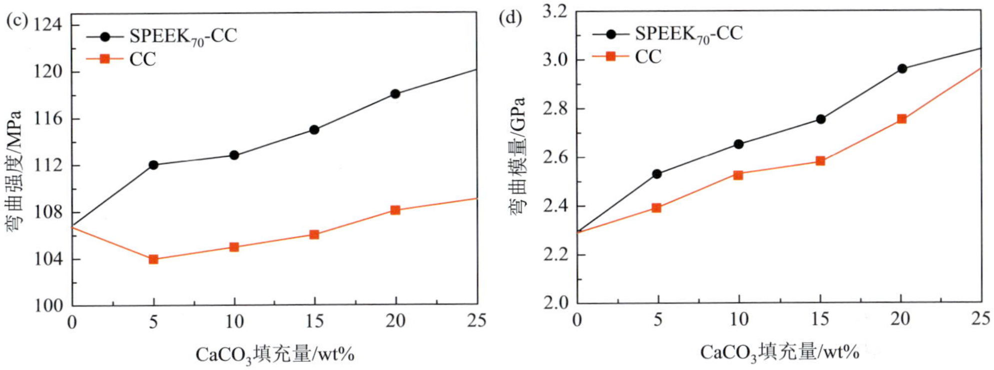

图 6.3 复合材料的(a)拉伸强度、(b)拉伸模量、(c)弯曲强度和(d)弯曲模量与 $CaCO_3$ 填充量的关系

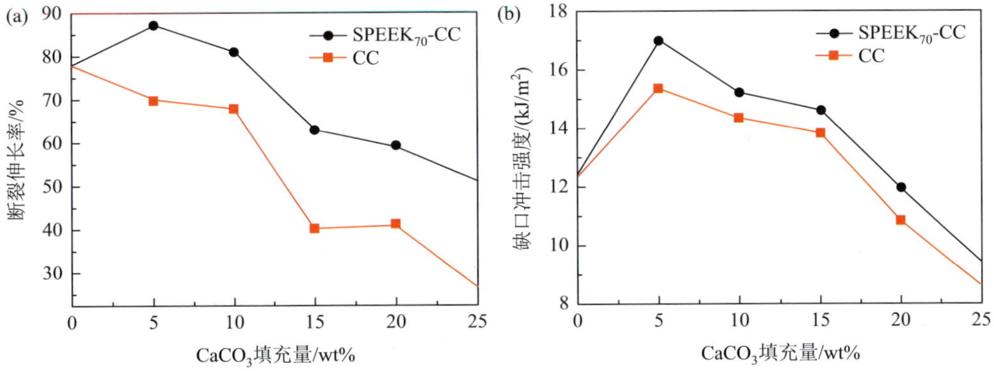

图 6.4 复合材料的断裂伸长率(a)和缺口冲击强度(b)与 $CaCO_3$ 填充量的关系

3. 碳酸钙粒径变化对复合材料热性能和力学性能的影响

分别使用粒径为 0.1 μm、2.0 μm、3.0 μm 的碳酸钙与聚醚醚酮进行复合(图 6.5)，根据碳酸钙的颗粒尺寸依次标记为 CC0.1、CC2.0、CC3.0。同样经过 SPEEK$_{70}$ 表面改性后，通过熔融共混的工艺，制备相应的碳酸钙/聚醚醚酮复合材料，分别标记为 ComA、ComB 和 ComC。

图 6.5 三种 $CaCO_3$ 颗粒的扫描电镜

(a) CC0.1 (0.1 μm)；(b) CC2.0 (2.0 μm)；(c) CC3.0 (3.0 μm)

1) 复合材料热性能

由图 6.6 可以看出，复合材料的 T_g 由于碳酸钙的加入均有小幅升高，在相同的碳酸钙含量下，CC3.0 填充的聚醚醚酮复合材料(ComC)的玻璃化转变温度最高，而复合材料的 T_m 随碳酸钙填充量增加而下降。降温过程中的结晶温度(T_c)随碳酸钙填充量的增加向低温移动，ComC 的结晶峰温度单调降低，而 ComA 和 ComB 表现为先升后降，熔点的变化与结晶温度的变化趋势一致，无论结晶温度还是熔点，ComC 变化幅度均大于 ComA 和 ComB。这说明碳酸钙的粒度对复合材料中聚醚醚酮树脂基体的链段运动产生了很大的影响，粒子的尺寸越大，对链段迁移能力的限制作用越大。

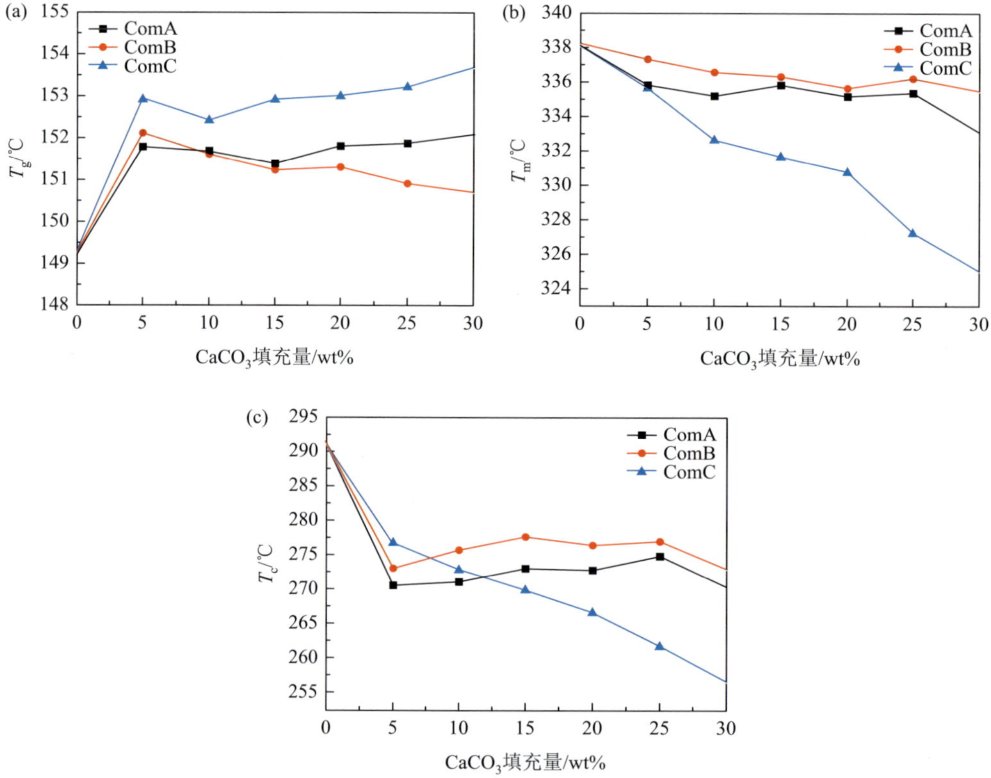

图 6.6 碳酸钙粒度对复合材料热性能的影响

(a) T_g；(b) T_m；(c) T_c

2) 复合材料力学性能

图 6.7(a)和(b)表明碳酸钙的粒度对复合材料的拉伸性能有显著影响，相同碳酸钙填充量下，复合材料的拉伸强度随碳酸钙粒径的增大而降低。ComA 系列的

拉伸强度随碳酸钙填充量的增加而增加，拉伸模量也呈现相同的变化。CC0.1 在研究的填充量范围内对聚醚醚酮具有显著的增强作用。如图 6.7(c)和(d)所示，三种复合材料的弯曲强度和弯曲模量均随碳酸钙含量的增加而增加，ComB 系列的弯曲强度在高碳酸钙填充量(超过 10%)时，高于其他两个复合材料体系，但是弯曲模量最低。CC0.1 对复合材料的弯曲强度改善很小，但是对弯曲模量的贡献最大，可见由于 CC0.1 的颗粒粒度很小，比表面积大于 CC2.0 和 CC3.0，与聚醚醚酮基体的界面作用增强，材料的韧性提高，因此弯曲强度降低。缺口冲击强度方面[图 6.7(e)和(f)]，碳酸钙填充量为 5 wt%的三种复合材料冲击强度均出现最大值，然后随碳酸钙填充量增加而下降，CC3.0 的增韧效果最佳，从断裂伸长率的变化也可以得到印证，主要归因于填料的质量分数低，碳酸钙颗粒的团聚现象减少。

碳酸钙粒径的变化对复合材料断裂表面的形态有很大的影响，从拉伸断面的扫描电镜(SEM)照片可以看到碳酸钙颗粒与聚醚醚酮基体间的黏结和基体形变的程度，如图 6.8 所示。CC0.1 颗粒是以近似球形的团聚体形式分布在聚醚醚酮基体中，包埋的现象很明显；随着碳酸钙粒径的增大，基体的形变程度增大，CC2.0 在聚醚醚酮基体中既有单个颗粒的分散，也有松散的团聚；CC3.0 的颗粒具有不规则的形状，而且在基体中不团聚，能够引发的基体形变尺度较大。

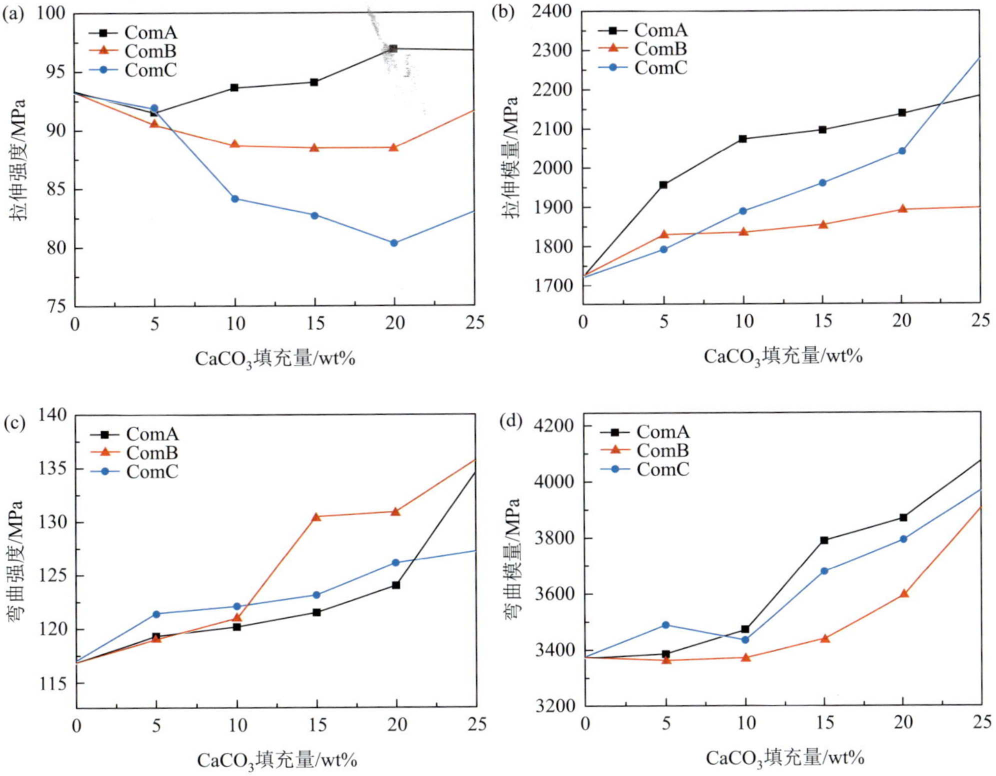

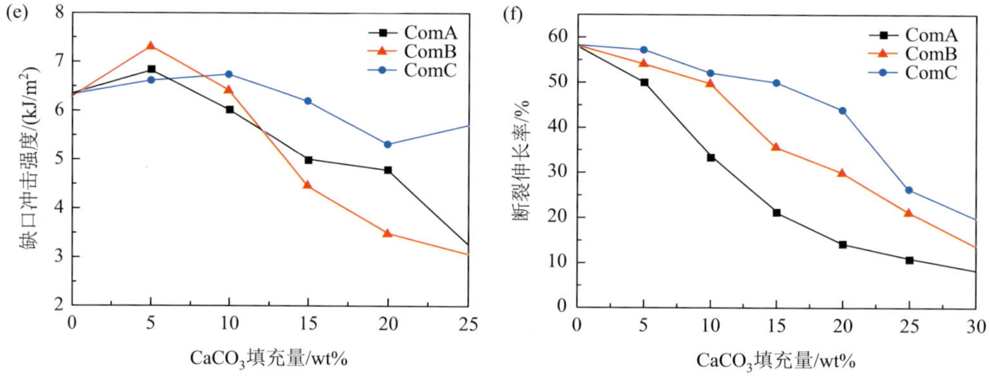

图 6.7　$CaCO_3$ 填充量对 $CaCO_3$/PEEK 复合材料力学性能的影响

(a) 拉伸强度；(b) 拉伸模量；(c) 弯曲强度；(d) 弯曲模量；(e) 缺口冲击强度；(f) 断裂伸长率

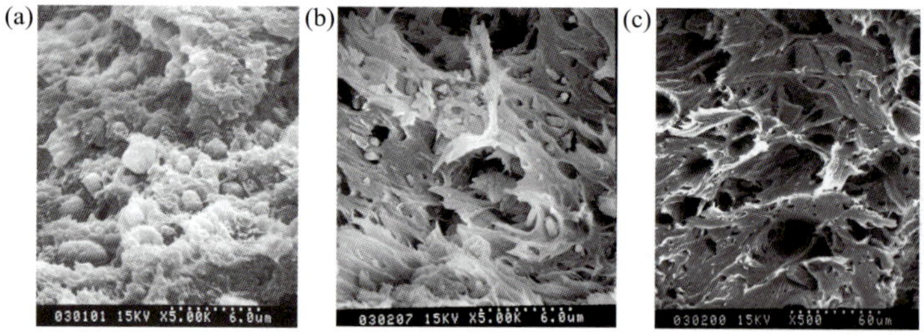

图 6.8　三种 $CaCO_3$ 颗粒 20 wt%填充 PEEK 复合材料拉伸断面 SEM 图

(a) CC0.1；(b) CC2.0；(c) CC3.0

4. 聚醚醚酮/碳酸钙复合材料的熔体动态流变行为

无机纳米粒子填充聚合物复合体系可视为一种刚性粒子混入黏弹性液体的浓悬浮液体系，由于分散相与连续相有各自独立的流变结构和流变机理，其对外力有本质不同的反应，又由于两相之间有复杂的相互作用，因而高分子填充体系流变行为复杂多变。作为连续相的高分子液体，其本身的流变行为即表现出一种复杂的非线性黏弹性质。加入填料相后，由于填料在剪切外力持续作用下，粒子的堆砌结构由解体到重建，由混乱再到有序，由不平衡到平衡的渐变过程，对流变行为的影响十分复杂。通常填充的结果总是随着填充量的增大，体系黏度增大，弹性减弱，刚性和脆性均加大，且常出现屈服现象。影响体系流动性质的因素主要有：填料粒子与聚合物介质本身的流变性、填充粒子与聚合物介质间的相互作用、填料粒子间的相互作用、粒子在聚合物介质中的分散状态、分散尺寸及尺寸分布等。

碳酸钙是无机惰性材料，填充到聚醚醚酮中对复合体系性能至少有以下两点影响：一是增多复合体系内部的微孔隙，使复合体系内部的应力集中点增加，导致破坏过程加速；二是复合体系黏度增大，弹性下降，加工困难，设备磨损加快。同时碳酸钙粒子本身也有堆砌结构，在持续的剪切外力下，结构由解体到再重建、混乱到再有序、不平衡到平衡的渐变过程，表现出触变性。考察聚醚醚酮/碳酸钙复合材料熔体动态流变行为对于指导其加工成型工艺及设备设计与优化具有重要意义。

1) 碳酸钙填充量和粒径变化对熔体储能模量的影响

图 6.9 显示的是 ComA、ComB 和 ComC 三种复合材料的动态储能模量(G')和损耗模量(G'')，样品编号从 1 到 5，碳酸钙填充量分别为 5 wt%、10 wt%、15 wt%、20 wt%、25 wt%。低频区的模量对填料颗粒在熔体中形成的网络很敏感，增加碳酸钙的填充量和降低碳酸钙的尺寸都会使模量产生变化，说明碳酸钙的特性(颗粒尺寸、形状和表面活性)及其与聚合物熔体之间的相互作用对熔体的黏度和动态模量影响很大。复合材料熔体的储能模量和损耗模量随频率的增加而升高。对于 Com A 系列复合材料，动态模量随着碳酸钙填充量的增加而升高，超过 15 wt%后，动态储能模量高于纯聚醚醚酮树脂，可见 CC0.1 颗粒在熔体中的浓度达到一定的临界值后，在熔体中形成了相对稳定的网络结构，在低频区，25 wt%含量的样品出

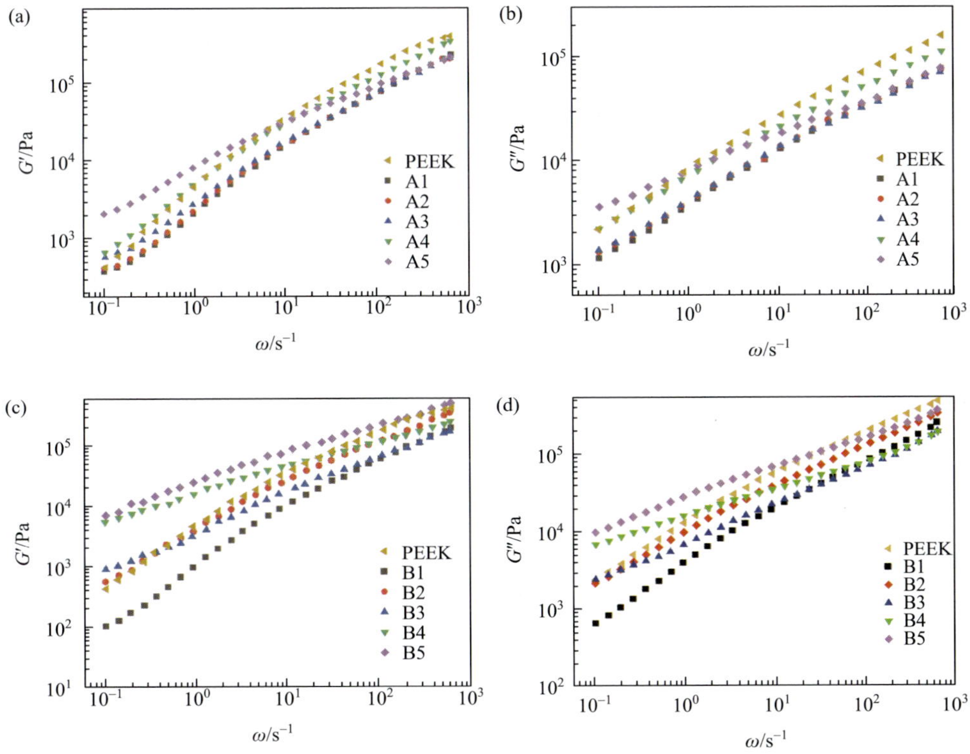

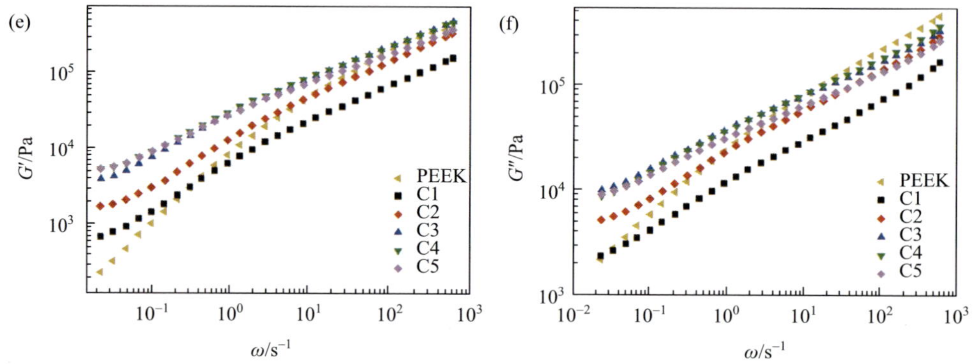

图 6.9　测量温度为 350℃时，填充 $CaCO_3$ 对 ComA、ComB 和 ComC 的储能模量 G'(a，c，e)和损耗模量 G''(b，d，f)的影响

现了类似平台的区域就是很好的证明。对于 ComB 系列，在测试频率范围内，低频区已经出现平台，在高频区，复合材料的动态模量增加的幅度减小，碳酸钙填充量越高，增加得越缓慢。对于 ComC 系列来说，平台区出现得更早，在碳酸钙的填充范围内，低频区的动态模量均高于纯聚醚醚酮树脂，低碳酸钙填充量时，大的碳酸钙粒子在熔体中很难形成稳定的网络结构，但是随填充量的增加，颗粒间的接触机会增加，内摩擦效应使得熔体的链段的松弛运动受限，黏弹性增强，模量增加。

2) 碳酸钙填充量和粒径变化对熔体动态黏度与损耗因子的影响

小振幅振荡的剪切流场中，熔体的动态黏度和损耗因子分别为

$$\eta'(\omega)=\frac{G''(\omega)}{\omega} \tag{6.1}$$

$$\tan\delta=\frac{G''(\omega)}{G'(\omega)} \tag{6.2}$$

式中，η'为动态黏度；ω 为频率；$\tan\delta$ 为损耗因子；G'为储能模量；G''为损耗模量。

从动态黏弹性实验的数据可以得到 η'-ω 曲线和 $\tan\delta$-ω 曲线，如图 6.10 所示。从图中可以观察到，三种复合材料熔体的动态黏度随频率的增加而降低，具有明显的非牛顿流体的特征，类似于“剪切变稀”现象，对于 ComA 和 ComB 系列复合材料来说，碳酸钙填充量在 10 wt%之前动态黏度在其他材料之上，而 ComC 系列，碳酸钙填充量为 25 wt%的样品的动态黏度最低，可见碳酸钙填充量和尺寸同时对动态黏度产生影响。损耗因子的变化对应于损耗模量和储能模量的变化规律，高频区损耗因子的数值趋近于 1，表明二者的数值不断接近，熔体的弹性储能和黏性损耗能力达到平衡。

3) 碳酸钙填充量和粒径变化对熔体动态剪切黏度的影响

从图 6.11 可以看出，聚醚醚酮/碳酸钙复合材料的熔体表现出明显的假塑性流体的特征，当剪切速率很低时，剪切黏度保持为常数，而随剪切速率的增加，剪

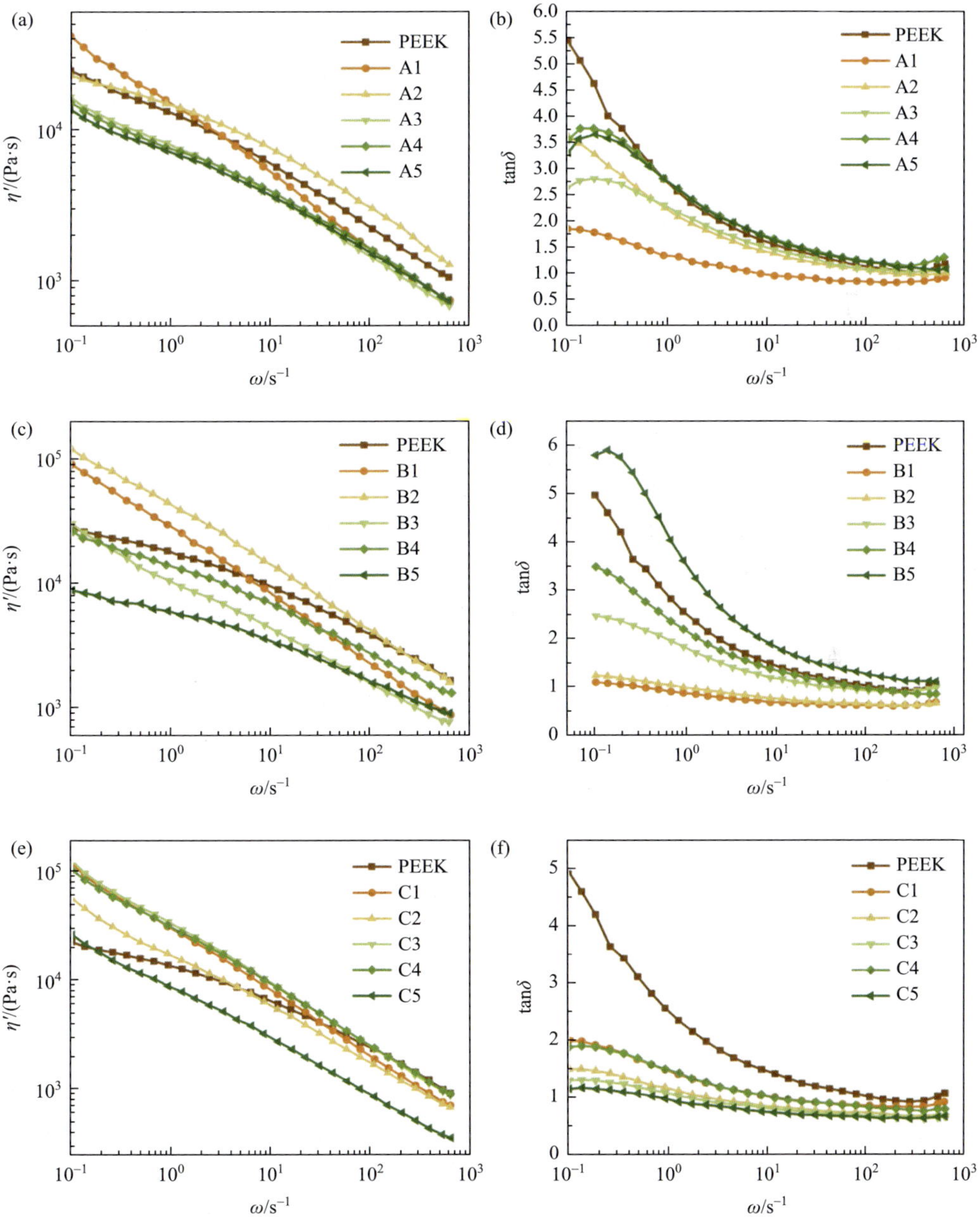

图 6.10 ComA、ComB 和 ComC 的表观黏度 η'(a，c，e)和损耗因子 tanδ(b，d，f)随碳酸钙填充量的变化

切黏度开始降低。黏度曲线平台区对应的黏度一般称为零切黏度 η_0，对于 ComA 系列复合材料，零切黏度的变化为复合材料 A1＞A2＞PEEK＞A3＞A4＞A5，对于 ComB 系列，复合材料 B2＞B1＞B3＞B4＞PEEK＞B5，对于 ComC 系列，复

合材料 C5>C3>C4>C2>C1>PEEK。颗粒尺寸最大的 CC3.0 填充聚醚醚酮后，体系的黏度随碳酸钙填充量的增加而增加，而对于碳酸钙粒度相对较小的复合材料体系，零切黏度的变化比较复杂，CC0.1 的加入使得体系的黏度随浓度的升高而降低，超过 15 wt%后甚至低于聚醚醚酮。相比于 ComB 和 ComC 系列复合材料，CC0.1 的较小粒子尺寸对体系零切黏度的降低贡献更大，从加工的角度来说，相同加工温度下的流动性更好。当剪切速率超过某一临界剪切速率后，材料的流动性质出现非牛顿性，即剪切黏度随剪切速率的增大而逐渐下降，出现剪切变稀行为。在剪切过程中，填充团聚体破裂，粒子逐渐分散在熔体中，熔体网络结构更容易破坏，体系的黏度连续降低。

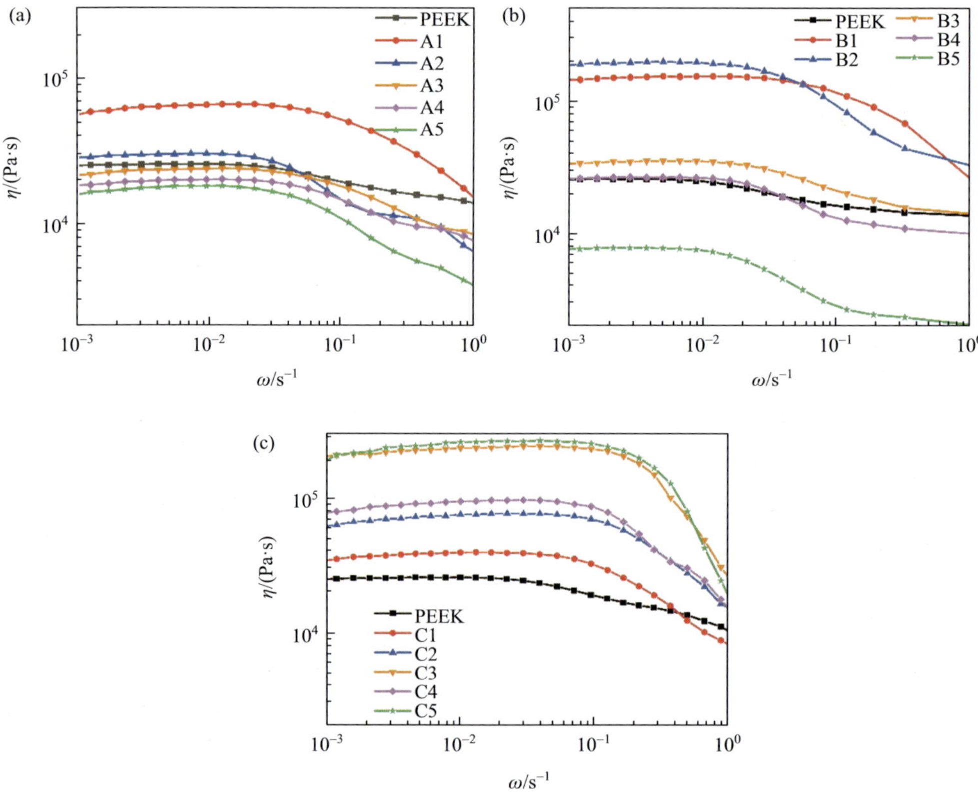

图 6.11 (a) ComA、(b) ComB 和 (c) ComC 剪切黏度 η 随 $CaCO_3$ 填充量的变化

6.1.2 聚醚醚酮/硅灰石复合材料

硅灰石是一种储量丰富、应用前景广阔的天然偏硅酸钙矿物，图 6.12 为硅灰石的 SEM 图。纯度较高的硅灰石呈乳白色，具有玻璃光泽，可代替昂贵的钛白粉，

用来制备浅色树脂基复合材料。此外，硅灰石的耐温等级高，硬度高，具有非常好的绝缘性，可以有效提高聚合物复合材料的耐摩擦性能及电学性能[5-7]。硅灰石还具有极高的长径比和尺寸稳定性，将硅灰石填充到聚醚醚酮树脂中，不仅可以提高复合材料的模量、强度和硬度，还可以降低复合材料的线膨胀系数和成型收缩率，提高聚醚醚酮制品的尺寸稳定性[8]。

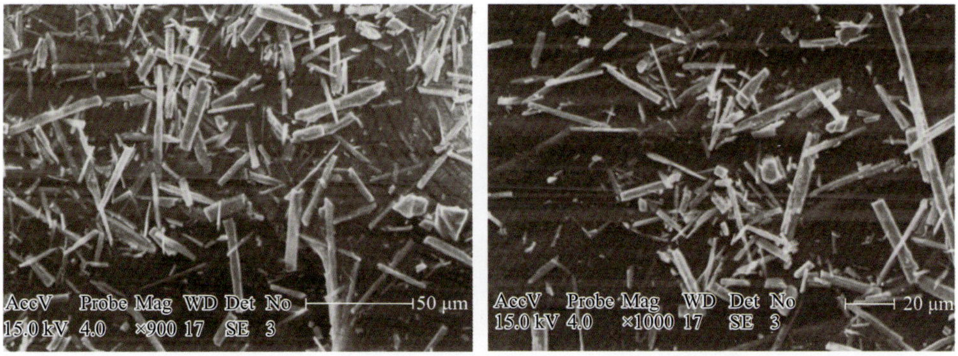

图 6.12　硅灰石的 SEM 图

1. 聚醚醚酮/硅灰石复合材料

1) 复合材料的制备

首先利用双氧水将硅灰石粉末纯化、干燥，然后与聚醚醚酮粉末进行复合制备出不同质量分数(5 wt%、10 wt%、15 wt%、20 wt%、30 wt%)的聚醚醚酮/未改性硅灰石(PEEK/W)复合材料。从表 6.3 中可以观察到，随着硅灰石含量增加，复合材料的模量及强度升高，断裂伸长率降低。通过观察复合材料拉伸断面的 SEM 图(图 6.13)可知，当硅灰石含量较低时，尽管在挤出过程也会受到剪切及摩擦，但硅灰石仍然可以保持一定的长径比，具有一定长径比的针状结构的硅灰石可以较好地提高材料的刚性，同时使复合材料保持一定的韧性，综合性能优异。当硅灰石含量较高时，复合材料在加工过程中黏度上升，挤出过程中受到双螺杆的剪切作用强烈，硅灰石破碎程度增加，针状结构被破坏，长径比减小，使复合材料的断裂伸长率逐步下降。

表 6.3　PEEK 及其复合材料的力学性能

样品	弯曲模量/MPa	弯曲强度/MPa	拉伸模量/MPa	拉伸强度/MPa	断裂伸长率/%
PEEK	3292	164	1895	102	34.1
5 wt%W	3697	171	1959	104	30.4
10 wt%W	4242	183	2143	109	24.6

续表

样品	弯曲模量/MPa	弯曲强度/MPa	拉伸模量/MPa	拉伸强度/MPa	断裂伸长率/%
15 wt%W	4895	189	2310	112	21.2
20 wt%W	5812	201	2513	116	14.4
25 wt%W	6319	202	2556	118	11.5
30 wt%W	6838	207	2756	123	12.3

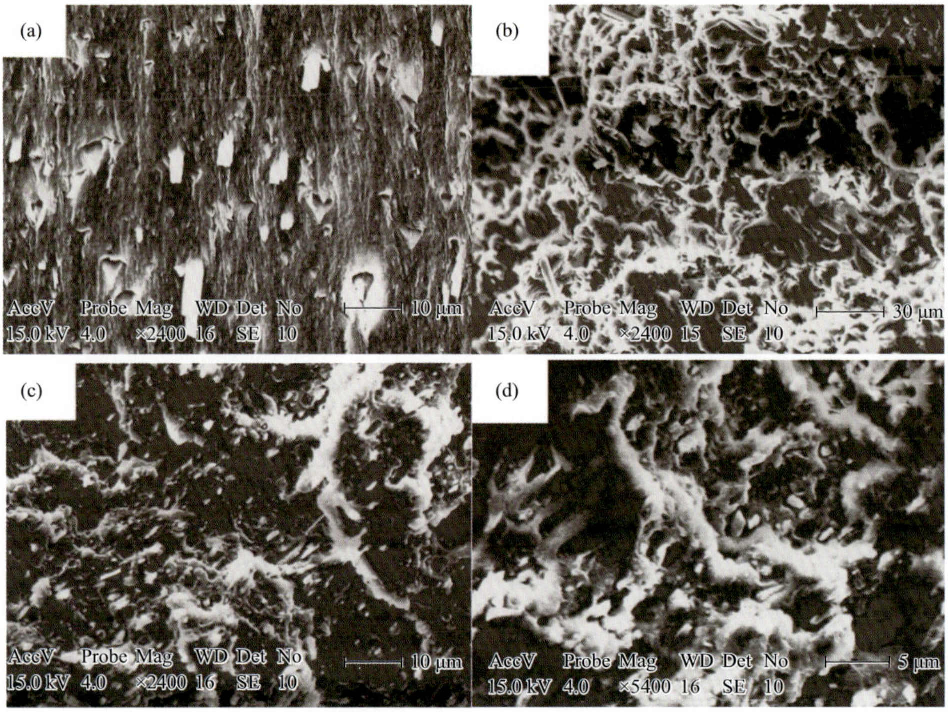

图 6.13 复合材料 PEEK/W 的拉伸断面 SEM 图

(a) 5 wt%；(b) 10 wt%；(c) 20 wt%；(d) 30 wt%

2) 复合材料的热性能

表 6.4 是复合材料的 DSC 数据，从中可以看出，随着硅灰石含量的增加，PEEK/W 复合材料的结晶温度(T_c)先降低后升高，但均低于纯聚醚醚酮树脂的结晶温度。当硅灰石含量达到一定程度(20 wt%)时，硅灰石的针状结构被严重破坏，长径比变小，粒径也变小，更有利于成核，硅灰石对分子链的运动阻碍作用也减弱，结晶能力反而有一定程度的回升。此外，在填料量较低时(≤15 wt%)，复合材料的熔点(T_m)变化不大，可见聚醚醚酮的结晶完善程度几乎不受影响；当填料

量达到 20 wt%时，熔点下降 3℃，结晶不完善区域增大；当填料量进一步增加，硅灰石针状结构被更大地破坏，粒径减小之后，结晶完善程度又有所增加，使熔点有所回升。

表 6.4　PEEK 及其复合材料的热性能

样品	T_{conset}/℃	T_c/℃	T_m/℃	χ_c/%
PEEK	300	294	338	25.9
PEEK/5 wt%W	294	292	339	24.4
PEEK/10 wt%W	291	287	338	27.1
PEEK/15 wt%W	294	288	338	26.1
PEEK/20 wt%W	286	278	335	25.4
PEEK/25 wt%W	290	285	338	25.0
PEEK/30 wt%W	288	283	337	24.0

3) 复合材料的流变性能

图 6.14 给出了 PEEK/W 复合材料熔体动态流变曲线，从图中可以观察到纯聚醚醚酮树脂和复合材料的熔体黏度随着频率的增加都呈下降趋势，表现出明显的非牛顿流体剪切变稀行为。通常填料的加入一方面会起到增塑剂的作用，减轻分子链的缠结；另一方面又会阻碍分子链运动，同时本身粗糙的表面会和聚合物分子链以及自身之间产生内摩擦，导致体系黏度增加。对于 PEEK/W 复合材料体系，硅灰石的加入增加黏度的作用占了主导地位，因此在较低的频率下，复合材料的黏度随着硅灰石含量的增加不断上升。

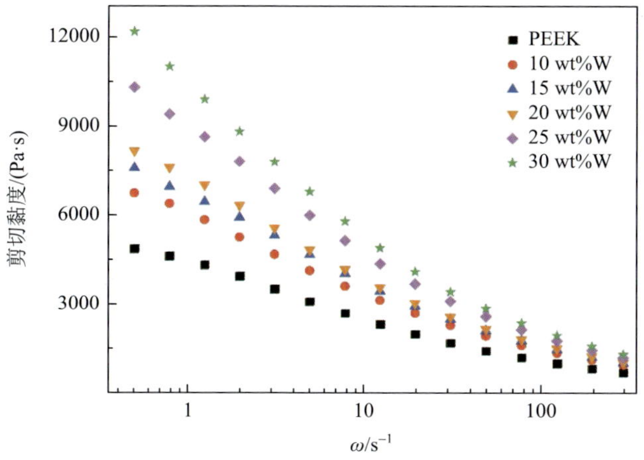

图 6.14　在 360℃固定温度下 PEEK 及其复合材料的剪切黏度随角频率的变化

4)复合材料的尺寸稳定性

随着科学技术的进步，各种装备的精度越来越高，而装备的零部件和元器件精度是保证装备精度的基础。这就要求制造这些零部件和元器件的材料具有良好的尺寸稳定性，即较小的线膨胀系数和成型收缩率。硅灰石本身具有很低的线膨胀系数，同时高刚性、高耐热性的硅灰石颗粒也限制了聚醚醚酮分子链段的运动。因此，PEEK/W 复合材料的线膨胀系数随着硅灰石含量的增加会迅速下降(表 6.5)，当填料量达到 25 wt%时，线膨胀系数下降了大约 34%，并且在各个不同温度段下降幅度基本一致。

表 6.5 PEEK 及其复合材料的线膨胀系数(ppm/℃)

样品	40～60℃	80～100℃	180～210℃
PEEK	53.0	59.6	141.7
PEEK/5 wt%W	48.8	54.7	138.5
PEEK/15 wt%W	46.8	51.5	119.2
PEEK/25 wt%W	34.8	38.4	94.5

成型收缩率受很多因素影响，包括材料本身因素、制品形状、模具结构及注射条件等，这些因素彼此之间也互相影响，非常复杂。对于材料本身而言，成型收缩主要包括热收缩和结晶收缩，前者是热胀冷缩作用，后者是由于晶区的分子链排列紧密，因而比非晶区体积小，密度大，制品脱模冷却过程中的后结晶过程会引起翘曲和收缩。硅灰石的加入不仅使热收缩程度降低，还在一定程度上影响了聚醚醚酮结晶性能，使得结晶收缩也降低，因此硅灰石的加入可以显著降低材料的成型收缩率，提高了材料的尺寸稳定性(图 6.15)。

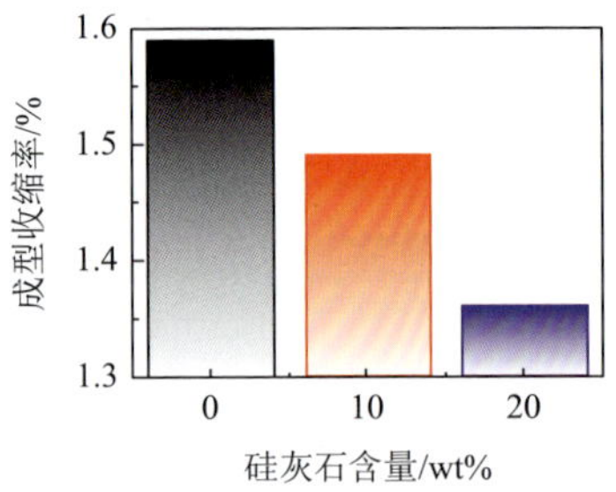

图 6.15 PEEK 复合材料成型收缩

2. 聚醚醚酮/表面接枝改性硅灰石复合材料

1)表面接枝改性硅灰石(g-W)

由于硅灰石的表面性质与聚醚醚酮相差较大，二者复合时的界面作用力是决定复合材料性能的重要因素，提高复合材料的界面作用力，对于提高复合材料的性能有一定积极影响。在硅灰石表面接枝基体树脂分子链或者与基体树脂具有良好相容性的聚合物分子链能有效提高复合材料界面作用力。

如图 6.16 所示，首先，利用亲核取代反应制备含有不同分子量和不同结构的低聚物偶联剂，这些低聚物偶联剂分子结构中具有和聚醚醚酮树脂相似的“醚-

苯环-酮”或“醚-苯环-砜”结构，含间苯二酚结构低聚物偶联剂标记为 g-R、含双酚 A 结构低聚物偶联剂标记为 g-A、含苯砜结构聚物偶联剂标记为 g-S。其中 g-R 低聚物偶联剂系列中，通过调控间苯二酚和氟酮的比例，制备了三种不同分子量(数均分子量分别约为 1430、3430、5430)的低聚物偶联剂，分别标记为 g-R1、g-R3、g-R5。然后，利用硅灰石表面富集的羟基(—OH)与硅氧偶联剂封端低聚物发生硅氢加成反应，制备低聚物接枝的硅灰石，如图 6.17 所示，不同结构低聚物偶联剂 g-R、g-A、g-S 改性的硅灰石分别标记为 W-R、W-A、W-S，不同分子量 g-R 改性的硅灰石分别标记为 W-1、W-3、W-5，其中 W-3 和 W-R 为同一种改性硅灰石。

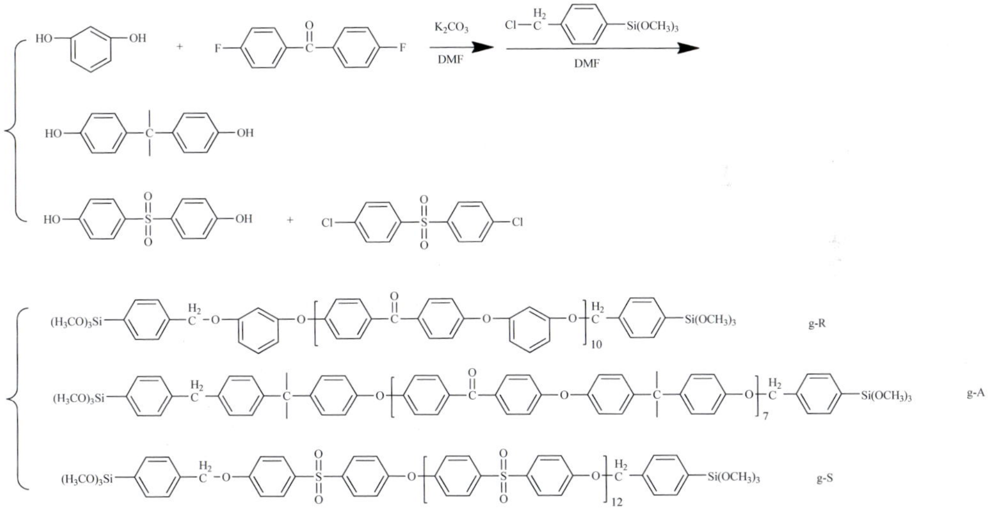

图 6.16　低聚物偶联剂的制备过程

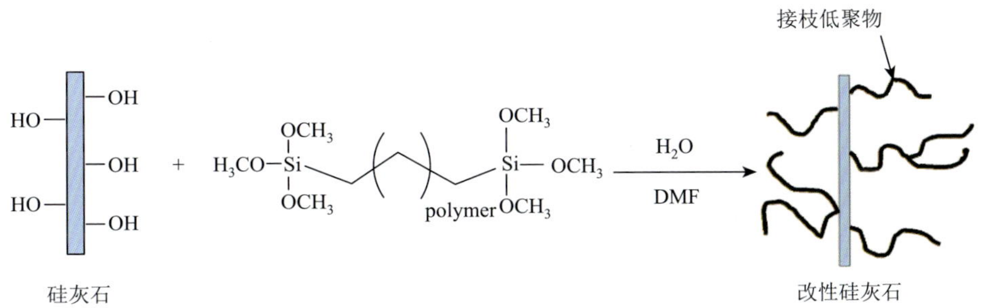

图 6.17　低聚物接枝硅灰石的制备过程

图 6.18 是表面接枝改性硅灰石的 X 射线表面能谱(XPS)，图中给出了 W-R、W-A、W-S 的碳元素分峰谱图。从图中可以得知，W-R 表面碳元素的化学键包

括 C—C 和 C—H(285 eV)，C—O—C(286.2 eV)，C ═ O(287.6 eV)以及 $\pi \rightarrow \pi^*$(291.6 eV)。W-A 表面碳元素的化学键包括 C—C 和 C—H(285 eV)，C—O—C(286.4 eV)。W-S 表面碳元素的化学键包括 C—C 和 C—H(285 eV)，C—O—C(286.5 eV)，分析结果清晰地表明不同结构的低聚物均接枝包覆到硅灰石表面。

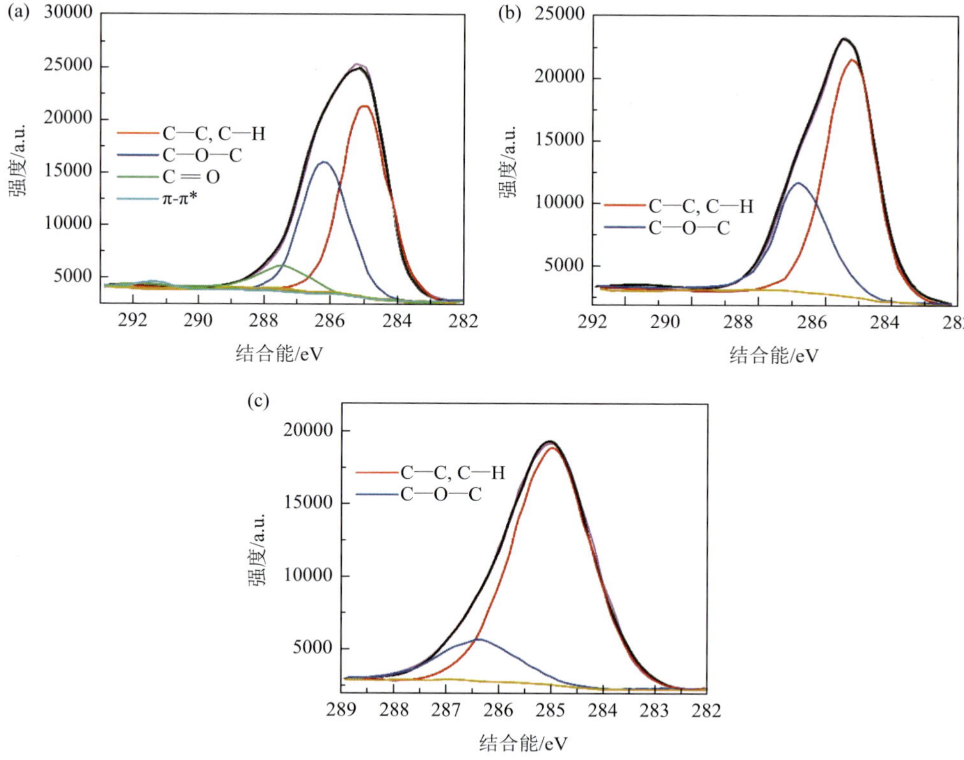

图 6.18　(a) W-R、(b) W-A、(c) W-S 中的 C 1s XPS 谱图

图 6.19 是接枝前后的硅灰石粉末的 SEM 图，纯硅灰石表面虽然也存在一些矿物碎片，但是相对而言比较平整，而经过低聚物 g-R5 接枝处理后，硅灰石表面有一层明显的包覆物，变得起伏不平。

2) 复合材料的力学性能

使用表面接枝改性的硅灰石(g-W)与聚醚醚酮(PEEK)粉末进行复合制备不同系列聚醚醚酮/表面接枝改性硅灰石(PEEK/g-W)复合材料(表 6.6)，其中硅灰石含量均为质量分数 10 wt%。表 6.6 分别给出了不同系列复合体系材料的力学性能，从表中可以看出，硅灰石的加入使复合材料的弯曲模量、弯曲强度、拉伸模量、拉伸强度都有所提高，而断裂伸长率下降，符合一般刚性填料增强树脂的规律。

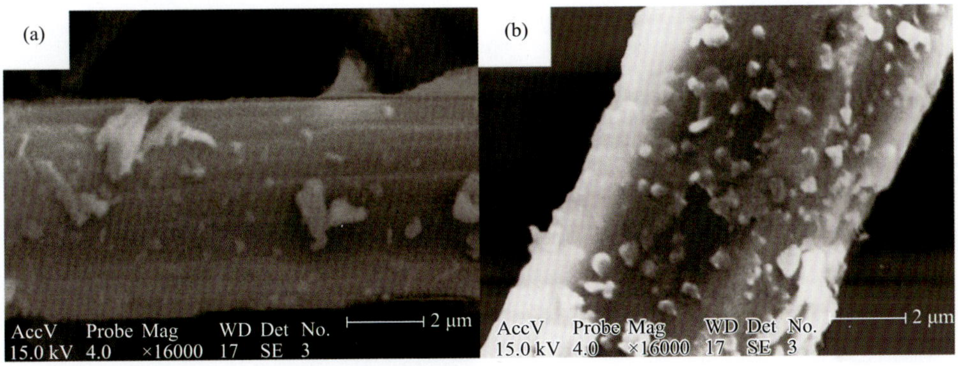

图 6.19　硅灰石表面 SEM 图

(a) 纯 W；(b) W-5

表 6.6　PEEK 及其复合材料的力学性能

样品	弯曲模量/MPa	弯曲强度/MPa	拉伸模量/MPa	拉伸强度/MPa	断裂伸长率/%
PEEK	3420	171	1736	102	39.0
PEEK/W	4307	182	2089	108	20.0
PEEK/W-1	4546	187	2205	111	20.4
PEEK/W-3	4559	189	2367	110	22.4
PEEK/W-5	4564	188	2375	110	18.2
PEEK/W-S	4682	189	2371	110	18.1
PEEK/W-A	4473	187	2370	110	20.9

硅灰石本身具有较高的刚性和长径比，因此可以起到一定的增强效果，但是由于界面相容性较差，力学性能提高有限。而经过表面接枝处理后的硅灰石，由于接枝低聚物良好的耐热性，在加工过程中几乎不发生变化，并且由于分子结构相似，硅灰石表面接枝的低聚物与聚醚醚酮基体具有良好的相容性，因此可以提供良好的界面作用力，使得应力能够有效传递到填料上，使填料更好地起到骨架支撑作用，因此刚性进一步提高，力学性能有了很大改善。相对而言，几种 g-W 填充的复合材料之间的力学性能相差不大。这是因为界面增强对材料力学性能的提高有其极限，当界面结合作用达到一定程度的情况下，材料的力学性能主要是取决于基体和填料的强度，所以几种偶联剂效果差别不大。

图 6.20 是不同系列复合材料拉伸断面的 SEM 图，从图中可以清楚地观察到，经过接枝处理的硅灰石表面包覆大量树脂基体，其中，又以 W-R 上包覆的聚醚醚酮树脂最多，表明两者间具有更好的界面作用力，这也从另一方面验证了上述复合材料力学性能的变化规律。

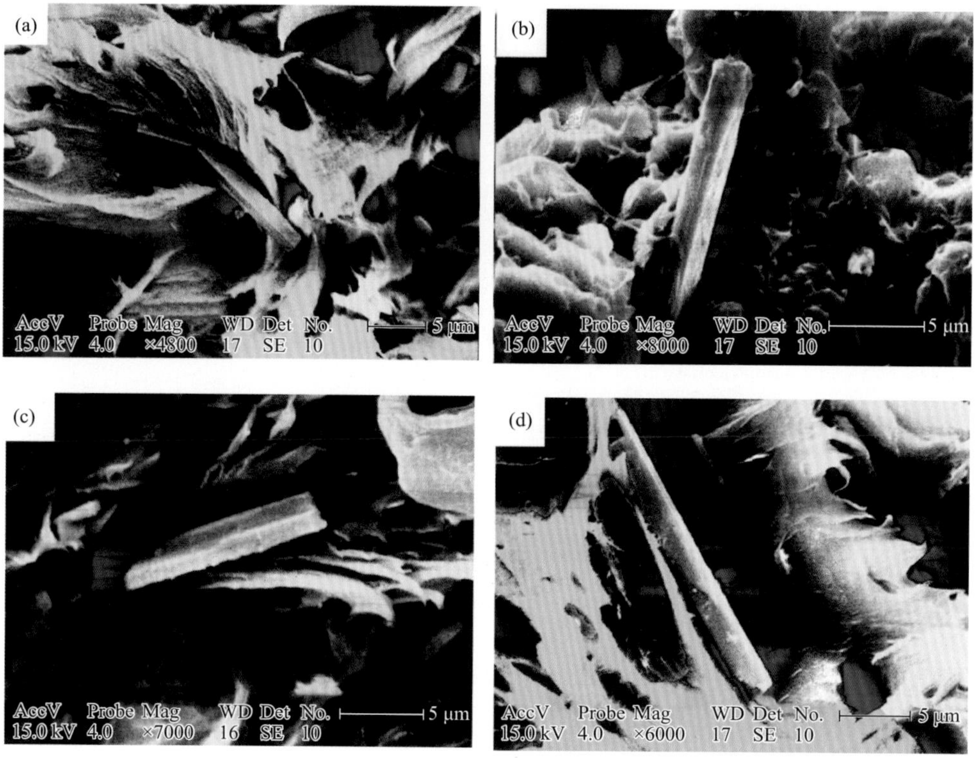

图 6.20　拉伸断面 SEM 图

(a) PEEK/W；(b) PEEK/W-R；(c) PEEK/W-A；(d) PEEK/W-S

3) 复合材料热性能

表面处理会改善填料和基体的界面结合情况，影响填料和聚合物基体分子链之间的相互作用，自然也会对材料的结晶熔融行为产生影响。利用 DSC 对两个系列复合材料进行热性能分析，相关数据列于表 6.7，其中结晶度根据下面公式计算：

$$X_c = \frac{\Delta H_m}{\Delta H_f^0 W_{聚合物}} \times 100\% \tag{6.3}$$

式中，X_c 是结晶度；ΔH_m 为复合材料的熔融热焓；ΔH_f^0 是聚醚醚酮结晶完善时的熔融热焓，数值为 130 J/g；$W_{聚合物}$是复合材料中聚醚醚酮的质量分数。从表中可以看出，硅灰石的加入对结晶度有所提高，这可能是因为硅灰石的加入降低了树脂基体的链缠结。不论是硅灰石（W）还是不同种类的表面接枝硅灰石（g-W），材料的结晶峰（T_c）都向低温方向移动。T_c 可以比较综合地反映材料的结晶性能，复合材料的 T_c 降低，证明硅灰石的引入对材料的结晶有一定的不利影响。这是由于硅灰石粒径比较大，使得它作为异相成核剂促进成核的作用不明显，同时又阻碍了聚醚醚酮链段的运动。g-W 填充的复合材料的 T_c 值要高于 W 填充的复合材料，表明接枝改性可以在一定程度上改善材料的结晶性能。这是由于在表面处理过程中，硅灰石在机械搅拌的情况下，针状结构受到一定程度的破坏，粒径减小，从而在复合材料中的异相成核作用增加，对基体分子运动的阻碍也减小，同时表面改性也增加了填料和基体之间的界面作用力，使得聚醚醚酮分子链在硅灰石附近更容易有序排列。结晶过程分为成核过程和晶体生长过程，在高温区域，结晶速度主要由成核速度决定，在低温区域主要由晶体生长速度决定，所以冷结晶峰(T_{ccold})更能反映材料分子链的规整排列能力。从表中还可以发现，硅灰石的加入使得材料的 T_{ccold} 上升，而经过表面处理之后，材料的 T_{ccold} 值下降，证明了接枝处理之后，分子链在其周围的有序排列更容易，晶体生长速度增加。

表 6.7 PEEK 及其复合材料的热性能

样品	T_{ccold}/℃	T_c/℃	T_m/℃	X_c/%
PEEK	171	297	340	22.1
PEEK/W	173	293	339	24.7
PEEK/W-1	170	295	339	26.0
PEEK/W-3	170	295	339	25.6
PEEK/W-5	171	293	340	25.7
PEEK/W-S	171	294	339	25.8
PEEK/W-A	171	293	339	25.6

4) 复合材料的流变性能

图 6.21 给出了两个体系复合材料在 360℃等温条件下剪切黏度随角频率的变化规律。从图中可以观察到，随着测试频率的增加，所有复合材料的黏度都呈下降趋势，表现出明显的非牛顿流体剪切变稀行为。未经表面处理的硅灰石使材料的黏度有所上升，这是由于粗糙的表面和基体分子链之间产生了较大的内摩擦，从而使得黏度上升。而经过表面接枝处理之后，材料的黏度表现出了不同的变化趋势。W-1 和 W-3 都使得复合材料的黏度上升，其黏度值高于硅灰石填充的材料。通常认为更高的黏度意味着更强的界面作用，良好的界面结合使得填料和基体结合紧密，从而使黏度上升。但 W-5 填充复合材料的黏度比 W 填充复合材料有所降低，这是由于 W-5 表面低聚物的接枝量远高于其他几种改性硅灰石，低聚物对硅灰石的包覆最为完善，从而有效地降低了内摩擦作用。表面改性一方面会增加填料与基体的界面作用力，增大两者间的相互作用，从而使黏度上升；另一方面，表面处理会增加树脂对填料的浸润，减少填料由于粗糙表面而产生的和分子链的内摩擦，从而使黏度降低。W-5 正是包覆更完全，才使得黏度有所降低。也正是

表面处理存在这两种相反的效果，使得 W-A 填充复合材料的黏度和 W 填充复合材料几乎相同。而 W-S 在接枝率远小于 W-5 的情况下，其填充复合材料的黏度更低，甚至要低于 W 填充复合材料，这表明 g-S 的界面增强效果较弱，降低内摩擦作用占了主导地位。

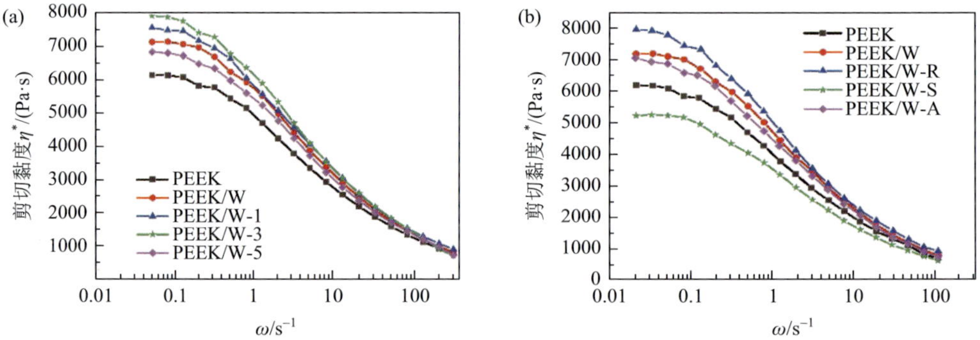

图 6.21　在 360℃固定温度下 PEEK 及其复合材料的剪切黏度随角频率的变化

5）复合材料的线膨胀系数

表 6.8 给出了复合材料的线膨胀系数变化规律，由表中可知，硅灰石的加入使得复合材料的线膨胀系数有所降低，并且在各个不同温度段下降幅度基本一致，这是由于硅灰石本身具有很低的线膨胀系数，同时硅灰石的针状结构和较大的粒径限制了聚醚醚酮分子链段的运动。而经过表面接枝处理，填料和基体的界面作用增强，对基体分子链段运动能力的限制作用也随之加强，因此在较高温度下，一定程度上降低了材料的线膨胀系数。

表 6.8　PEEK 及其复合材料的线膨胀系数（ppm/℃）

样品	40～60℃	80～100℃	180～210℃
PEEK	52.9	54.2	142
PEEK/W	42.2	47.8	126
PEEK/W-R	45.2	50.8	119
PEEK/W-S	42.0	45.5	107
PEEK/W-A	41.6	47.0	120

6）复合材料的耐摩擦性能

根据 Bowden 和 Tabor 的“黏着-剪切理论”[9]及 Lee 的“表面能理论”[10]，影响材料摩擦系数的因素有三个，即真实接触面积、材料的极限剪切强度和表面能。真实接触面积和极限剪切强度可归纳为以下公式：

$$\mu = \frac{F}{P} = \frac{A\tau}{P} \tag{6.4}$$

式中，μ 为摩擦系数；F 为摩擦力；P 为法向载荷；A 为真实接触面积；τ 是材料的极限剪切强度。聚醚醚酮的摩擦系数在开始阶段直线上升(图 6.22)，这是因为材料的表面有很多细微突起，在摩擦初始阶段，真实接触面积非常小，导致实际的载荷非常大，法向载荷与真实接触面积的比值(P/A)远大于材料的屈服强度。随着材料不断屈服破坏，发生塑性形变，使真实接触面积迅速增加，摩擦系数也随之增加。随着真实接触面积 A 增大，P/A 不断减小，直到和材料的屈服强度相等，达到一种平衡状态。接下来随着摩擦生热的积累，材料温度升高，软化，塑性变形，接触面积继续增加，同时大量聚合物脱落，在对偶面上铺展成转移膜，使摩擦变成聚合物与聚合物间的摩擦，综合作用下使摩擦系数降低到一个比较平稳的数值。硅灰石填充之后的复合材料，其摩擦系数变化规律与纯树脂类似，都是先上升后下降到平稳状态。

硅灰石的加入会使得摩擦接触面更加凹凸不平，并且材料的剪切强度增加，导致摩擦系数的上升。但是材料表面凸出的硅灰石颗粒硬度高，耐磨性好，相比于纯树脂颗粒，不易磨损，因此导致真实接触面积减小，同时由于硅灰石的骨架支撑作用，摩擦生热所导致的塑性变形减弱，真实接触面积增加程度减弱，使得摩擦系数降低。两者综合作用的结果使得未改性硅灰石填充聚醚醚酮复合材料的摩擦系数略低于纯聚醚醚酮树脂。当硅灰石经过表面接枝改性处理后，填料和树脂的界面结合作用增加，能更有效地传递应力，硅灰石的增强效果更加明显，材料的整体硬度上升，抵抗对偶面硬物刺入的能力增加(图 6.22)。同时相比于未改性的硅灰石，接枝后的硅灰石与基体结合紧密，凸出的颗粒更耐磨，不易从基体中脱出形成磨粒，所以改性后硅灰石填充的复合材料摩擦系数要大大低于未改性硅灰石填充的复合材料和纯树脂，稳态摩擦系数下降了大约 50%。

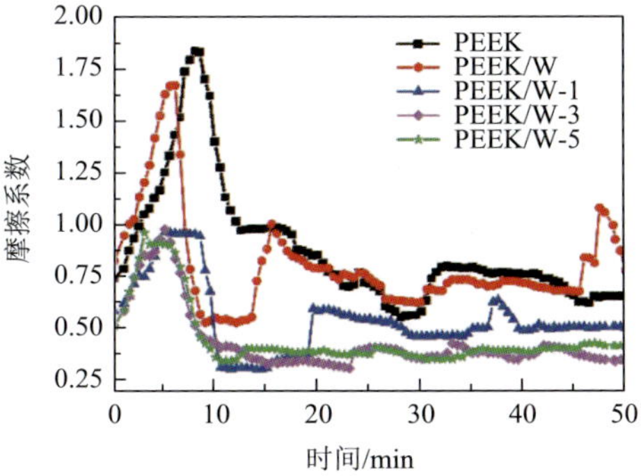

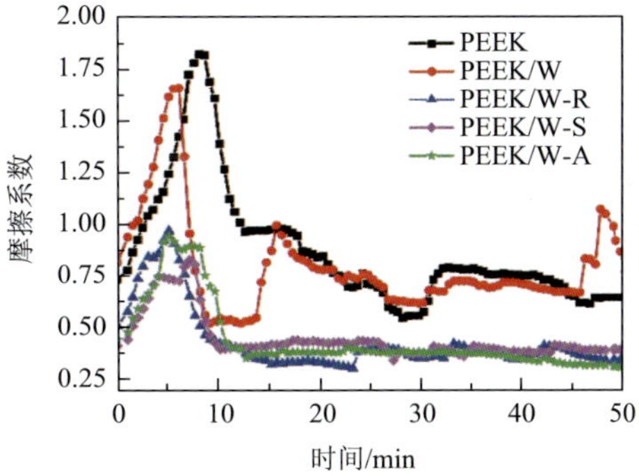

图 6.22　PEEK 及其复合材料摩擦系数随时间变化曲线图

体积磨损率根据下面公式计算：

$$\omega = \frac{\Delta m}{2\pi \rho PRtr} \tag{6.5}$$

式中，ω 是材料的体积磨损率，等于磨损体积和磨程的比值；Δm 是质量磨损量；ρ 是材料的密度，通过排水法测得；P 是载荷；R 是摩擦副半径；t 是摩擦时间；r 是摩擦转数。通常的磨损机理分为以下四种：①黏着磨损，在正常载荷的作用下，黏着力的形成而使聚合物转移到对偶面的现象。②磨粒磨损，是由于对偶面的粗糙不平或磨粒夹在摩擦面之间，从而使摩擦面主要由于切削而引起磨损脱落的现象。③疲劳磨损，是在循环载荷的作用下，非明显的磨损在粗糙表面积累导致的磨损现象。④化学磨损，是指由于接触表面与周围环境发生化学作用而引起的磨损。一般情况下，材料的磨损都是几种机理共同作用的结果。通常纯聚合物的磨损以黏着磨损为主，加入填料后磨粒磨损的程度将加剧。

图 6.23 给出不同系列复合材料体积磨损率的柱状图。从图中可以观察到，硅灰石的加入显著降低了材料的磨损率，降低了约 40%，而硅灰石经过接枝处理后，其填充的复合材料磨损率表现出了不同的变化趋势，W-1、W-3 填充的复合材料磨损率基本与 W 一样，没有明显差别，而 W-S 和 W-A 填充的复合材料，磨损率都有了进一步下降，其中 W-A 填充的复合材料表现出最佳的耐磨性，磨损率下降了 70%。另外，由于 PEEK/W 复合材料本身耐磨性非常好，10000 r/min 的磨损仅仅磨掉了几微米到几十微米厚的一层，这几乎和硅灰石的粒径相当，所以该磨损率数据有一定的误差和偶然性，这也可能是其他几种接枝硅灰石磨损率和未改性的硅灰石相差不大的原因。

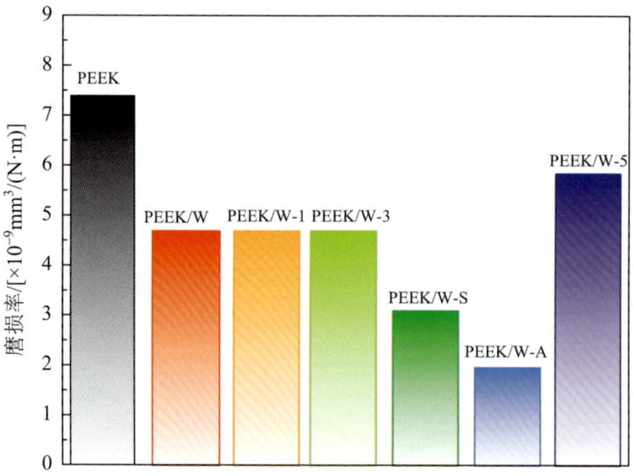

图 6.23　PEEK 及其复合材料的磨损率

图 6.24 是摩擦实验后样品的 SEM 图，所有材料经过其摩擦面宏观上都平整光亮，没有破损。纯聚醚醚酮树脂经过摩擦实验后的表面平整，存在许多长而直

的犁沟状形貌，沟槽较浅，这是磨粒磨损的形貌。除此之外，表面还有大量磨屑，这种磨屑通常是黏着磨损和疲劳磨损共同作用的结果。填充硅灰石后的复合材料摩擦表面同样存在犁沟状形貌和磨屑，但相比于纯聚醚醚酮，犁沟和磨屑的数量大大减少，这是由于硅灰石的存在限制了聚醚醚酮的塑性形变，从而使得黏着磨损程度降低。摩擦表面可以观察到大量的硅灰石，凸出的硅灰石颗粒减少了摩擦

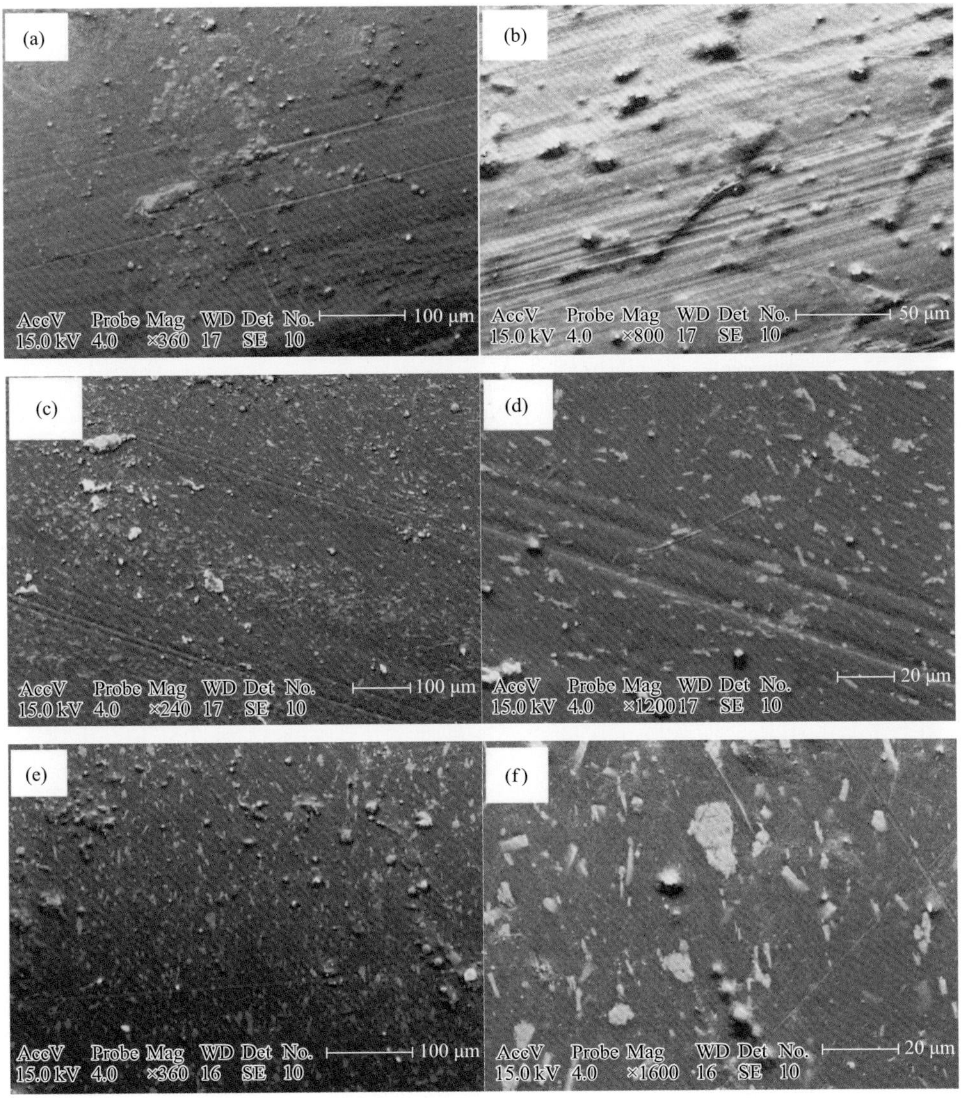

图 6.24　PEEK 及其复合材料的磨损表面 SEM 图

(a，b) 纯 PEEK；(c，d) PEEK/W；(e，f) PEEK/W-A

界面的真实接触面积，而硅灰石本身的硬度和耐磨性很高，不易磨损，从而使材料磨粒磨损的程度也有所下降。经过表面接枝处理后的硅灰石，由于更好的界面作用，硅灰石颗粒不易脱落，对聚醚醚酮基体塑性形变的限制能力也增加，所以W-A 填充的复合材料摩擦表面磨屑极少，也不存在明显的犁沟，仅有一些很浅的沟槽，表现出优异的耐摩擦性能。

6.1.3 聚醚醚酮/蒙脱土复合材料

蒙脱土(montmorillonite，MMT)是一种层状结构的天然硅酸盐矿物(也称黏土矿)，其中上下两层为硅氧四面体，中间层为铝氧八面体。根据层间可交换的阳离子种类可分为氢基、锂基、钠基和钙基等，天然矿物以钙基土为主，可以通过离子交换改变层间的阳离子种类，获得性能各异的蒙脱土；也可以通过离子交换增大层间距，直至使层间剥离成纳米尺度的薄片，这个过程称为插层反应。利用插层反应可以将蒙脱土与聚合物复合，提高材料的抗冲击、抗疲劳、尺寸稳定性及气体阻隔性能等。将蒙脱土填充到聚醚醚酮中，可以改善聚醚醚酮的热、力学及加工性能，以满足不同领域的应用需求[11-13]。

1. 季铵盐改性蒙脱土/聚醚醚酮复合材料

1) 蒙脱土的改性及复合材料的制备

蒙脱土表面呈现亲水性，这种性状不利于其在聚合物中分散，要改善蒙脱土在聚合物中的分散，则需要提高蒙脱土表面疏水性。提高蒙脱土疏水性的有效方法是对蒙脱土进行有机化处理，常用的方法是用季铵盐与层间阳离子进行交换，利用季铵盐的有机基团提高蒙脱土的疏水性，同时还可以使蒙脱土层间距增大，甚至剥离成纳米薄片。季铵盐的种类和添加量都对蒙脱土的层间距有一定影响，增加季铵盐的用量会使蒙脱土层间距离线性递增，当用量达到 2.5CEC[土壤阳离子交换总量(calion exchange capacity，CEC)指土壤胶体所能吸附各种阳离子的总量，1CEC = 400 mg/kg]时层间距达到最大值，蒙脱土片层打开效果最好，称之为有机蒙脱土(OMMT)。有机蒙脱土(001)衍射峰与未经改性蒙脱土的(001)衍射峰相比，向低角度发生了移动[图 6.25(a)]，这是由于季铵盐进入蒙脱土层间而促使其层间距增大。蒙脱土层间距的数值计算可以得到：MMT 的层间距是 1.22 nm，OMMT 的层间距是 4.14 nm。

将一定量的 2.5CEC-OMMT 蒙脱土(1 wt%、3 wt%、5 wt%、7 wt%、10 wt%)加入到聚醚醚酮中，获得聚醚醚酮/有机蒙脱土复合材料(PEEK/OMMT)，根据有机蒙脱土填充量不同，复合材料依次标记为 POMC1、POMC3、POMC5、POMC7、POMC10。由复合材料的 X 射线衍射(XRD)谱图可知[图 6.25（b）]，与聚醚醚酮复合后有机蒙脱土的特征峰向高角度发生了移动，(001)衍射峰位置在

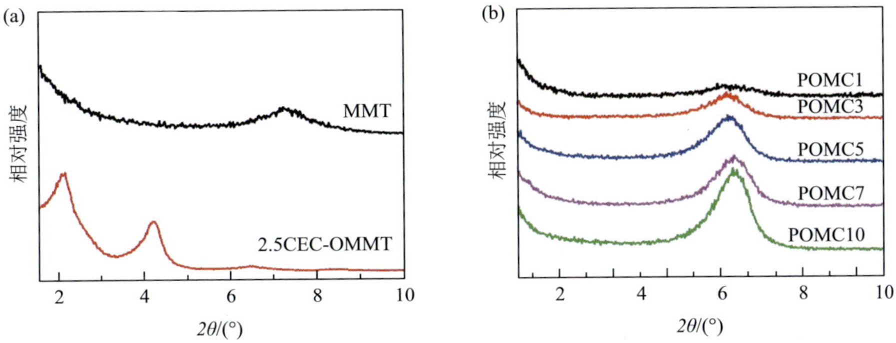

图 6.25　MMT 和 OMMT(a)、PEEK/OMMT 复合材料(b)的 XRD 谱图

6.35°处，层间距是 1.39 nm。这是由于熔融共混时加工温度过高，大部分季铵盐改性剂发生了分解，而聚醚醚酮的刚性链段在季铵盐分解后层间距减小之前没能插入到蒙脱土层间，层间距在层间作用力下又发生回缩[14-16]。

从图 6.26 PEEK/OMMT 复合材料 TEM 图可以看出，复合材料中蒙脱土为多片层堆积状态，团聚的蒙脱土片层均匀地分布在聚醚醚酮基体中，随着蒙脱土添加量的增加，团聚的趋势越为明显，POMC3 中蒙脱土片层虽然没有打开，但是多片层存在的蒙脱土在聚合物基体中分布比较均匀，而在填充量较多的POMC10 中，蒙脱土的团聚现象严重。因此，添加量的多少会影响蒙脱土在聚醚醚酮基体中团聚程度。

图 6.27 是纯聚醚醚酮和复合材料 POMC3、POMC10 淬断面的 SEM 图，图像中白线圈出部分为片层状、半埋在基体中蒙脱土片层，估算其厚度在十几到几十纳米，基体中长条形的缺口是淬断过程中拔出的蒙脱土留下的痕迹，在 POMC10 中的蒙脱土片层堆积得更多，片层比 POMC3 中的蒙脱土片层更厚，多为几十到一百纳米，这个现象同上述 TEM 结果相一致。

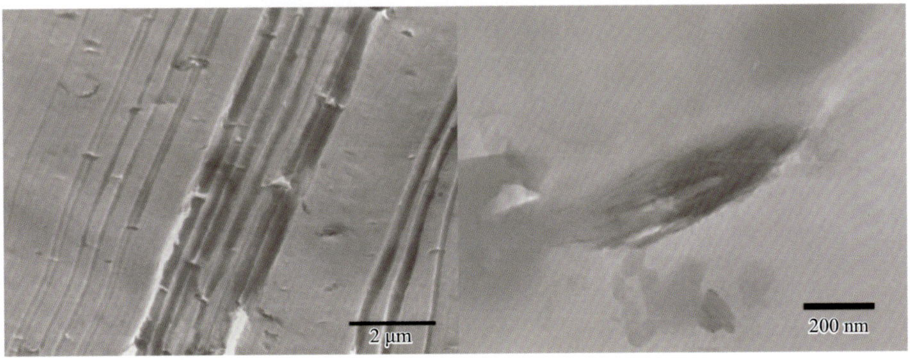

(a)

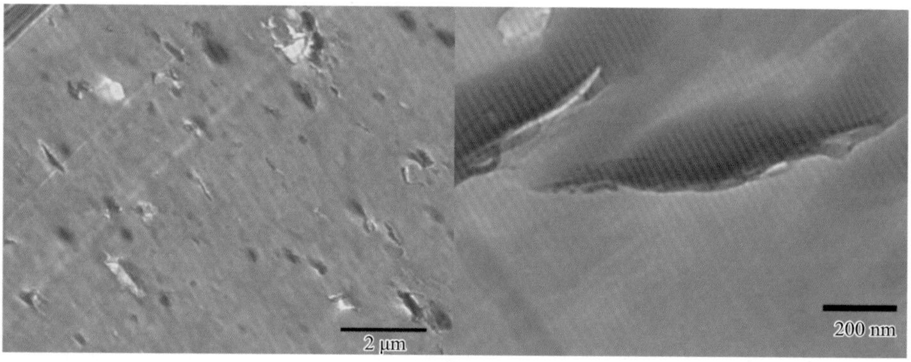

(b)

图 6.26　PEEK/OMMT 复合材料 TEM 图

(a) POMC3；(b) POMC10

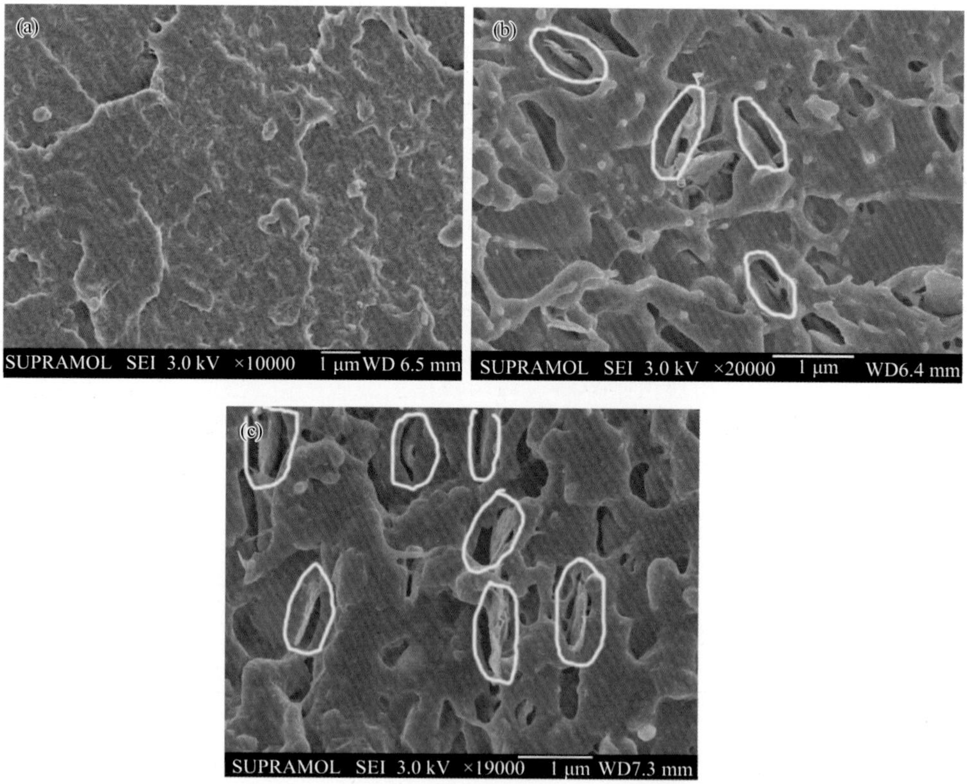

图 6.27　PEEK (a)、POMC3 (b)、POMC10 (c) 的淬断面 SEM 图

2) 复合材料的热性能

表 6.9 列出了 PEEK/OMMT 复合材料的热性能数据，由于聚醚醚酮链段运动

在受到蒙脱土制约的同时，少量季铵盐改性剂分解产生的小分子会起到增塑剂的作用，促进链段运动，这两种作用相互抵消，使得复合材料的玻璃化转变温度(T_g)和熔点(T_m)与聚醚醚酮基体相比没有明显的变化。随蒙脱土添加量的增加，聚合物的结晶温度逐渐向低温方向移动，在给定的降温速率下，POMC10 的结晶温度比聚醚醚酮降低了约 10℃，表明 OMMT 在聚醚醚酮基体中限制了其熔体的分子链运动，从而阻碍了聚合物结晶，但 POMC1 的结晶温度比聚醚醚酮高。无机相对于聚合物结晶的影响主要体现在两个方面：一是无机相的加入起到了异相成核的作用，促进聚合物结晶；二是无机相的加入增加了体系的黏度，阻碍了聚合物链段的规整排列，从而抑制结晶。在聚醚醚酮中填充少量 OMMT 时，第一种作用占了主导，少量的有机蒙脱土起到成核剂的作用，提高了聚醚醚酮基体的结晶速率，促进聚合物结晶；继续增加 OMMT，过多的有机蒙脱土阻碍了聚合物链段的排列，第二种抑制结晶的作用则更为明显。其宏观表现为复合材料随着 OMMT 添加量的增加，结晶温度与结晶焓值是先升高再降低的趋势。利用熔融焓值计算了复合材料的结晶度，复合材料的结晶度与纯聚醚醚酮相比先升高后降低。当 OMMT 添加量较低时，聚醚醚酮复合材料的结晶度有所提高，当蒙脱土添加量达到一定值时，蒙脱土对聚醚醚酮链段规整排列产生阻碍作用，影响了复合材料结晶，结晶度逐渐降低，在 POMC10 样品中复合材料的结晶度与聚醚醚酮树脂的结晶度相当。

表 6.9　PEEK/OMMT 复合材料的热性能

样品	T_g/℃	T_m/℃	T_c/℃	ΔH_c^a / (J/g)	ΔH_m^a / (J/g)	X_c/%
PEEK	144.9	338.6	294.2	33.9	−31.6	24.3
POMC1	144.5	338.5	297.9	37.1	−33.1	25.5
POMC3	144.3	339.2	291.9	40.4	−37.1	28.5
POMC5	144.3	338.1	285.9	36.1	−33.3	25.6
POMC7	143.4	337.8	285.8	36.3	−32.8	25.2
POMC10	143.8	338.5	284.9	34.4	−31.9	24.5

注：a. PEEK/OMMT 复合材料中的 PEEK 成分的归一化。

3) 复合材料的力学性能

表 6.10 表明 PEEK/OMMT 复合材料的拉伸模量、拉伸强度、弯曲模量和弯曲强度均比纯聚醚醚酮的有所提高，并且随着蒙脱土添加量的增加，复合材料的模量和强度增大，这是由于分散的无机蒙脱土使得基体断裂时的裂纹扩展路径增长，吸收了部分能量提高了塑性形变，即表面断裂能增加，宏观表现为复合材料的模量和强度随着蒙脱土添加量的增加而增加。复合材料的断裂伸长率随着蒙脱土添加量增加逐渐降低，由 53%逐渐降低到 33%，这是由于随着蒙脱土添加量的

增加，蒙脱土初级粒子数量增多，缺陷点增加，在外力作用下，这些缺陷点容易诱发应力集中从而导致断裂发生。

表 6.10 PEEK 及其复合材料的力学性能

样品	弯曲模量/GPa	弯曲强度/MPa	拉伸模量/MPa	拉伸强度/MPa	断裂伸长率/%
PEEK	3.50	180	805	95	53
POMC1	3.92	189	956	100	41
POMC3	4.13	191	1012	102	40
POMC5	4.24	193	1087	102	39
POMC7	4.56	198	1123	103	35
POMC10	4.59	200	1129	105	33

4) 复合材料的流变性能

图 6.28 表明 PEEK/OMMT 复合材料都为非牛顿流体，呈现剪切变稀行为。OMMT 片层对聚合物分子链段的运动有一定的制约作用，并且有可能形成物理交联点，使得熔体流动变得困难；同时在剪切变形过程中，OMMT 片层在聚合物分子链间搭起了无数个桥梁，一定程度上阻碍了熔体的流动，因此会引起复数黏度增大。随着 OMMT 填充量越大，这种阻碍作用越发突出，PEEK/OMMT 复合材料的复数黏度越大。

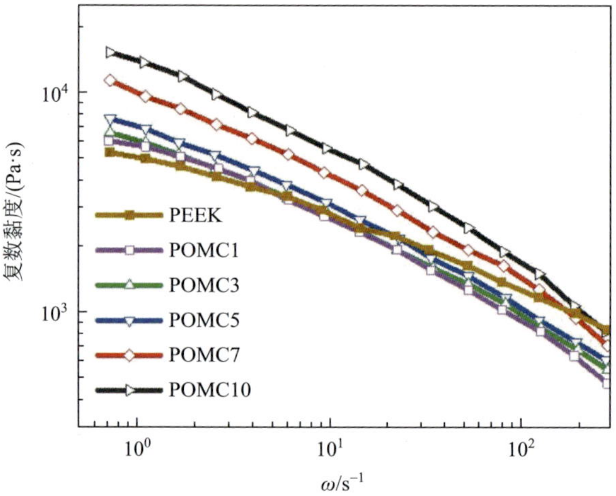

图 6.28 PEEK/OMMT 复合材料与纯 PEEK 复数黏度与角频率的关系

频率变化对 PEEK/OMMT 复合材料的储能模量(G')和损耗模量(G'')的影响如图 6.29 所示。随着角频率的升高，纯聚醚醚酮和复合材料的 G'和 G''都逐渐升高，这主要是由蒙脱土片层之间的相互摩擦作用引起的。PEEK/OMMT 复合材料的剪切变形过程中，蒙脱土片层在一定程度上阻碍了熔体的流动，同时蒙脱土与聚醚醚酮分子间发生了作用力，使得复合材料表现出更高的模量。在低频区，复合材料比纯聚醚醚酮的 G'和 G''的变化表现得更加明显，因为分子链的松弛时间较长，模量的提高主要来自受限分子链的贡献；但是角频率升高之后，由于材料的松弛过程变短，G'和 G''主要受到角频率的影响，因此复合材料与纯聚醚醚酮的 G'和 G''的差异减小。分散粒子的大小及其与基体的缔合程度都会影响分散体系的稳定性，因此在 PEEK/OMMT 复合材料体系中，更多的有机蒙脱土与聚醚醚酮的缔合程度更高，从而 OMMT 填充量高的复合材料具有更高的 G'和 G''。

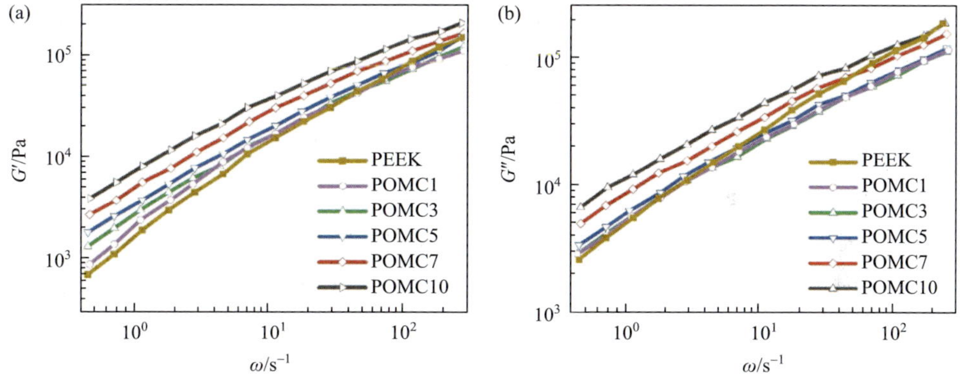

图 6.29 在 360℃下，OMMT 对 PEEK 储能模量(a)和损耗模量(b)的影响

2. 聚合物改性蒙脱土/聚醚醚酮复合材料

聚醚醚酮熔融加工温度较高，达到 380～400℃，多数季铵盐在如此高温下都会有不同程度的分解，不能有效地将聚醚醚酮链段插入到有机蒙脱土层间，导致复合材料的性能提升有限。同时，部分分解产物还会对材料性能产生不良影响。

聚醚酰亚胺(polyetherimide，PEI)和聚醚砜(polyethersulfone，PES)是一类非结晶型高性能热塑性树脂，它们与聚醚醚酮共混时具有很好的相容性。由于 PEI 和 PES 可以溶解在 *N*-甲基吡咯烷酮(NMP)、*N*, *N*-二甲基甲酰胺(DMF)、氯仿等溶剂中，可以先采用溶液插层法制备 PEI 树脂改性 OMMT(PEI/OMMT)和 PES 树脂改性 OMMT(PES/OMMT)，然后与聚醚醚酮熔融共混，制备 PEEK/PEI/OMMT 和 PEEK/PES/OMMT 复合材料。

1) 聚合物改性蒙脱土及复合材料的制备

将 10 g PEI 或 PES 溶于氯仿溶剂后，分别加入 0.5 g、1 g、3 g OMMT，混合均匀后去除氯仿溶剂，得到 PEI/OMMT(分别标记为 PEI/OMMT0.5、PEI/OMMT1、PEI/OMMT3)或 PES/OMMT(分别记为 PES/OMMT0.5、PES/OMMT1、PES/OMMT3)纳米复合材料。然后与 100 g 聚醚醚酮熔融复合制备聚醚醚酮/聚醚酰亚胺/有机蒙脱土三元复合材料(PPIMx，x 代表 OMMT 含量)或聚醚醚酮/聚醚砜/有机蒙脱土三元复合材料(PPSMx，x 代表 OMMT 含量)。此外，为了便于对比聚合物改性蒙脱土对聚醚醚酮树脂性能的影响，还制备了 10 g PEI 或 PES 与 100 g 聚醚醚酮共混物，分别标记为 PPIM 和 PPSM。

使用溶液插层法制备的 PEI/OMMT 和 PES/OMMT 纳米复合材料 XRD 谱图如图 6.30 所示。从图中可以看出，与 PEI 复合后蒙脱土的特征峰由原来的 2.13°(上文中的 2.5CEC-OMMT)移动到了 2.39°，PEI 插层后层间距没有增加反而有轻微的减小。这是由于氯仿对于长碳链季铵盐具有一定的溶解能力，蒙脱土在氯仿溶剂中能够很好分散，此时在蒙脱土片层中堆积的部分过量的季铵盐由于和蒙脱土较弱的作用力会被溶解出来，导致蒙脱土层间距下降。随着蒙脱土的添加量增加，(001)特征峰的位置不变，峰强更加明显。与 PES 复合后蒙脱土的特征峰移动到 3.0°处，增加蒙脱土的添加量，特征峰位移动到了 3.42°处，峰形变弱变宽，这说明随着 OMMT 添加量的增加，蒙脱土的层间距变小但是有序度变差。

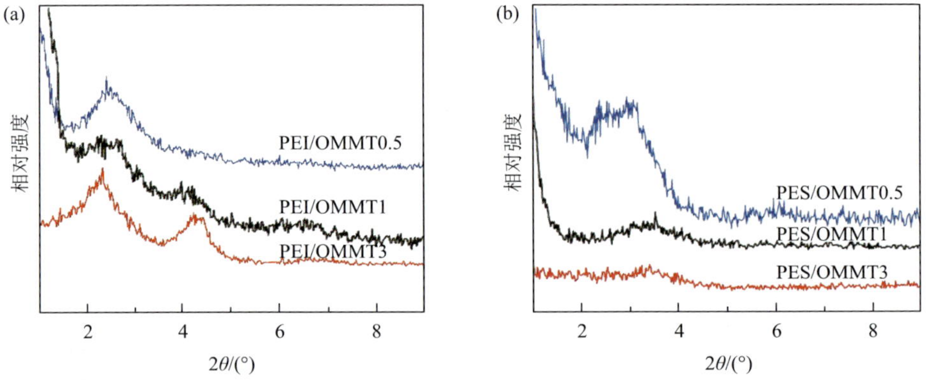

图 6.30 PEI/OMMT(a)和 PES/OMMT(b)的 XRD 谱图

聚合物改性蒙脱土/聚醚醚酮复合材料的 XRD 谱图如图 6.31 所示。从图中可以看出 PPIM0.5 中蒙脱土的特征峰基本完全消失，PPIM1 中蒙脱土在 3°～6°区域内有一个漫包，这说明蒙脱土虽然没有剥离，但是片层有序度已经非常低，在 PPIM3 的图中，蒙脱土特征峰变得明显，但是有序度依然很低。可见在蒙脱土添加量较少时，借助 PEI 插层可以得到蒙脱土片层基本完全剥离的纳米复合材料。增加蒙脱土的添加量，蒙脱土的剥离程度降低，以插层结构存在于复合材料基体中的蒙脱土增多。而在 PPSM0.5 中，蒙脱土特征峰完全消失，也就是说借助大分子 PES 的链段运动，蒙脱土片层可以完全剥离，呈无序状分布，当蒙脱土含量增加时，即在 PPSM3 中特征峰明显出现在 5.79°，这进一步说明了聚合物链段在蒙脱土片层间的插层作用。

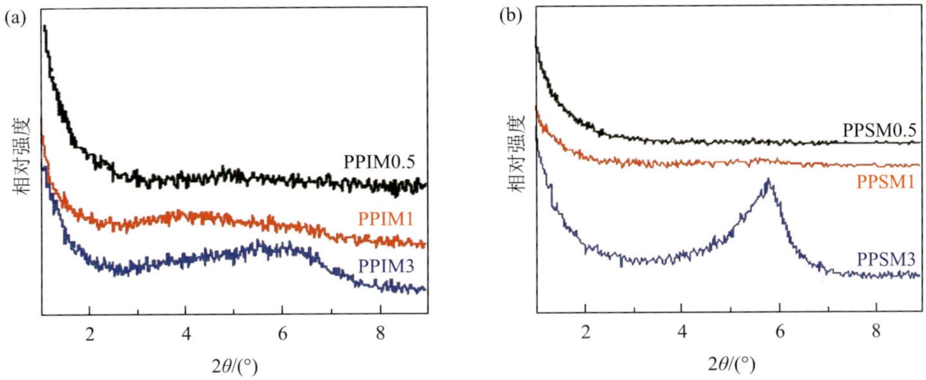

图 6.31 PPIM(a)和 PPSM(b)的 XRD 谱图

图 6.32 给出了复合材料 PPIM0.5、PPIM3、PPSM0.5、PPSM3 的 TEM 图，从图中可以观察到 PPIM0.5 中蒙脱土片层多为剥离的状态，这与 XRD 的结果相一致，由于 PEI 链段的插层作用，蒙脱土片层大部分是打开的，蒙脱土此时的

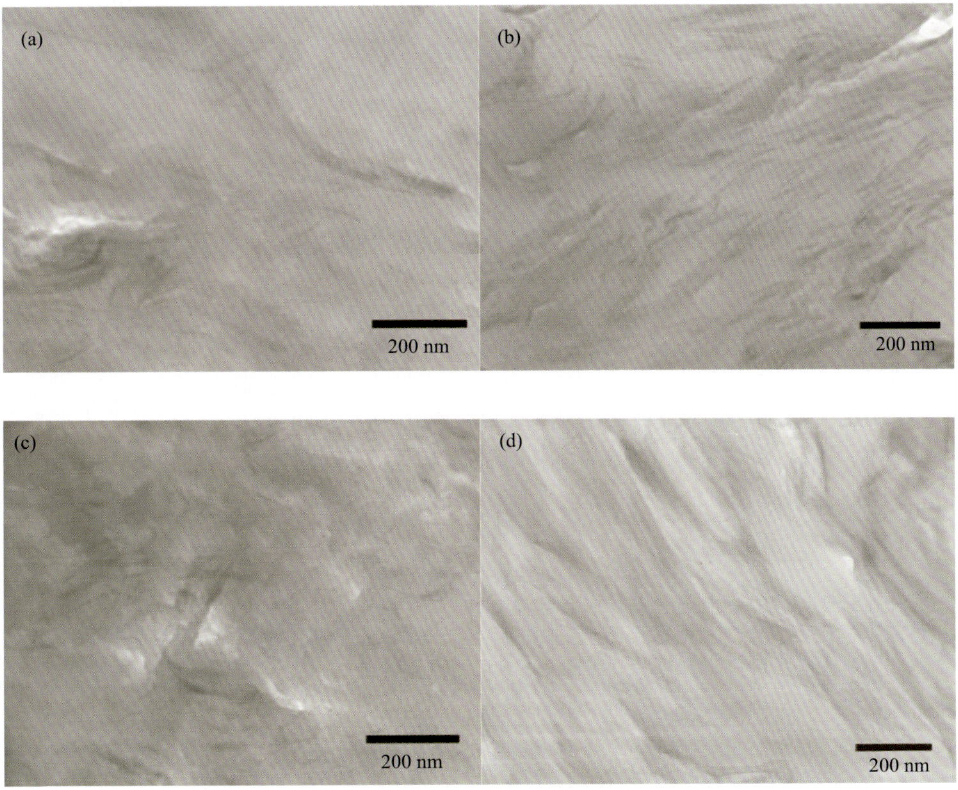

图 6.32 PPIM0.5(a)、PPIM3(b)、PPSM0.5(c)和 PPSM3(d)的 TEM 图

XRD 特征峰是极其微弱的漫包。在 PPIM3 的照片中蒙脱土片层多为取向明显的插层片层，部分蒙脱土层间距较小。在 PPSM0.5 中，蒙脱土分散得比较好，呈现出杂乱无章的分布，在 PPSM3 中可以明显观察到层间距较小的片层团聚的状况，这就是在 XRD 谱图中表现出明显特征峰的蒙脱土片层。

2)复合材料的热性能

表 6.11 列出了聚合物改性蒙脱土/聚醚醚酮复合材料的热性能，从表中可知，OMMT 的加入提高了复合材料的玻璃化转变温度，远高于共混物 PPIM 和 PPSM 的玻璃化转变温度，这是由于蒙脱土片层在聚合物基体中起到片层阻隔的作用，导致聚合物链段运动受阻，玻璃化转变温度升高。PEI 和 PES 与聚醚醚酮共混制备的 PPIM 和 PPSM 共混物熔点降低，而加入 OMMT 之后，熔点继续降低，PPIM3 的熔点与 PPIM 相比降低了 11℃，PPSM1 的熔点与 PPSM 相比降低了 14℃，并且熔融焓值即结晶度随着 OMMT 添加量的增加逐渐降低，这说明蒙脱土的加入起到了阻碍聚合物链段规整排列的作用，使得结晶不完善，熔点降低。非晶型聚合物 PEI 和 PES 的加入使得聚醚醚酮的结晶温度向低温方向发生移动，结晶需要在更低的温度下进行。在给定降温速率下，PPIM3 的结晶温度比 PPIM 的结晶温度降低了 24℃，PPSM1 的结晶温度比 PPSM 的降低了 22℃，表明 OMMT 纳米片层在 PEEK 和 PEI(或者 PES)基体中起到了阻碍聚合物链段规整排列的作用，并且结晶焓值随着 OMMT 添加量的增加逐渐降低。由于蒙脱土片层出现团聚，蒙脱土片层纳米效应不明显，使得 PPSM3 的结晶温度和结晶焓值与 PPSM1 相比又出现了升高的趋势，PPSM3 的熔点及熔融焓值降幅不明显。

表 6.11　PPIM、PPSM 和 PEEK 的热性能

样品	T_g/℃	T_m/℃	T_c/℃	ΔH_c^a / (J/g)	ΔH_m^a / (J/g)	X_c/%
PEEK	143	338	294	33.9	−33.1	25.5
PPIM	145	336	291	53.9	−42.7	32.8
PPIM0.5	151	334	290	45.2	−38.0	29.2
PPIM1	151	332	284	42.8	−36.5	28.1
PPIM3	151	325	267	28.3	−21.3	16.4
PPSM	144	336	289	42.4	−37.8	29.1
PPSM0.5	147	327	275	38.7	−27.5	21.1
PPSM1	148	322	267	36.8	−25.4	19.5
PPSM3	148	334	280	43.1	−29.9	22.9

注：a. PPIM 和 PPSM 中的 PEEK 成分的归一化。

3)复合材料的力学性能

表 6.12 表明三元复合材料的力学性能要优于纯聚醚醚酮，随着蒙脱土添加量

的增加，复合材料的模量和强度逐渐升高，分散的蒙脱土片层利用其特有的纳米效应可以更为有效地使得基体断裂时的裂纹扩展路径增长，提高了塑性形变，增加了表面断裂能，即宏观上复合材料的模量和强度随着蒙脱土添加量的增加而升高。在 PPIM3 和 PPSM3 中，较高的 OMMT 添加量使得蒙脱土片层分散更加困难，纳米效应被削弱，使得模量和强度的升高幅度变小。复合材料的断裂伸长率随着蒙脱土添加量升高而下降，降低了近 50%。

表 6.12　PPIM、PPSM 和 PEEK 的力学性能数据

样品	弯曲模量/GPa	弯曲强度/MPa	拉伸模量/GPa	拉伸强度/MPa	断裂伸长率/%
PEEK	3.43	162	1.53	92	53
PPIM	3.20	168	1.31	93	88
PPIM0.5	3.75	181	1.57	96	52
PPIM1	4.24	193	1.75	102	39
PPIM3	4.30	198	1.82	103	37
PPSM	3.13	150	1.25	87	57
PPSM0.5	3.89	179	1.64	95	47
PPSM1	4.06	182	1.73	96	37
PPSM3	4.09	184	1.81	98	31

4）复合材料流变性能

图 6.33 表明三元复合材料也是非牛顿流体，呈现剪切变稀行为。蒙脱土是由多层有序片晶团聚组成的粒子微区，有机化处理会改变蒙脱土的微观结构、短程有序性及蒙脱土与聚合物基体的表面相互作用，这会阻碍聚合物大分子链的运动，因此，蒙脱土添加量的增加对聚合物链段运动的阻碍作用也会增强，在三元复合材料中，当 OMMT 添加量增加时，复合材料的黏度逐渐升高。

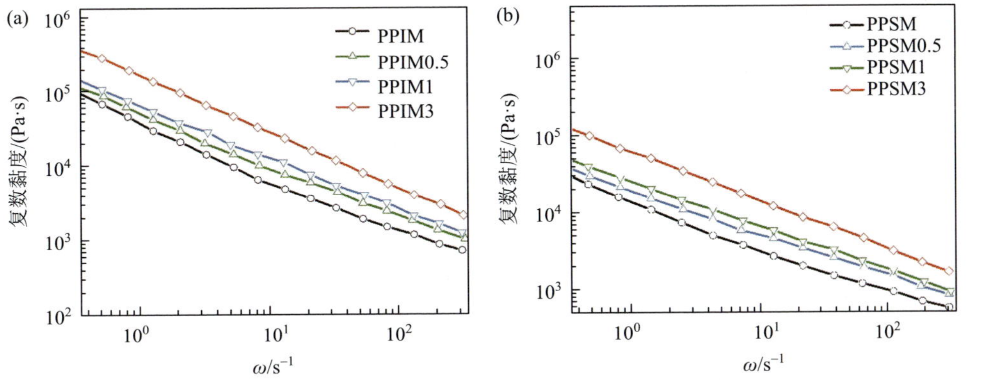

图 6.33　PPIM（a）和 PPSM（b）的复数黏度与频率的关系

在三元复合材料体系中，G'和 G''也会随 OMMT 添加量的增加而逐渐升高（图 6.34），三元复合材料的剪切变形过程中，蒙脱土片层在一定程度上阻碍了熔体的流动，同时蒙脱土与聚醚醚酮、聚醚酰亚胺或聚醚砜分子间发生了作用力，使得复合材料表现出更高的模量。

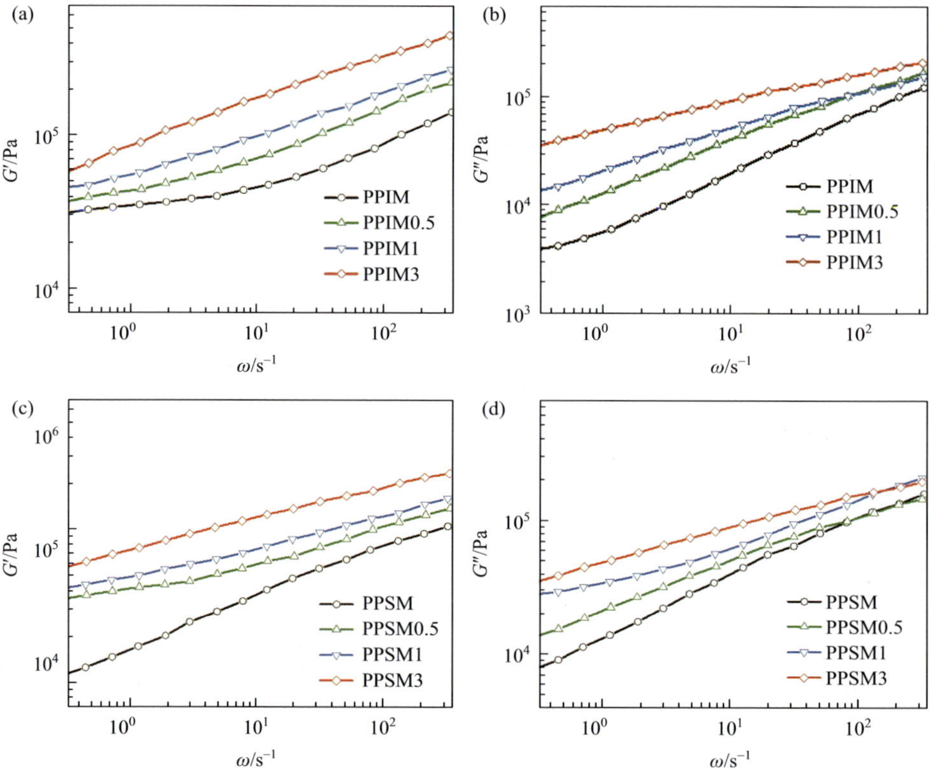

图 6.34　OMMT 对 PPIM 和 PPSM 的储能模量（a，c）和损耗模量（b，d）的影响（测量温度为 380℃）

6.1.4　聚醚醚酮/钡玻璃粉复合材料

钡玻璃粉（BGF）是钡铝硅系列玻璃，主要组分有氧化硅、氧化铝、氧化钡等，这些组分在混合均匀后经过固相烧结、破碎、研磨、过筛等工艺制成粉末，其粒径分布数十微米到十分之一微米之间。BGF 作为无机填料最大的优点是含有重金属钡元素，与聚合物共混制备的复合材料具有 X 射线阻射性，因此是口腔修复材料常用的填料。通过 X 射线照片可以清晰地观察修复材料固化后是否与牙体结合紧密，有利于在临床上对口腔中复合树脂的修复效果进行检查[17]。

1. 复合材料的制备及力学性能

首先，利用高速搅拌机将 BGF 与 PEEK 粉末进行均匀混合，然后使用双螺杆挤出机进行熔融挤出得到一系列不同含量及不同粒径的 PEEK/BGF 复合材料(表 6.13)[18]。

表 6.13 PEEK/BGF 复合材料

样品	粒径 1 μm	粒径 4 μm	粒径 9 μm
钡玻璃粉含量 10 wt%	PEEK/BGF10-1	PEEK/BGF10-4	PEEK/BGF10-9
钡玻璃粉含量 20 wt%	PEEK/BGF20-1	PEEK/BGF20-4	PEEK/BGF20-9
钡玻璃粉含量 30 wt%	PEEK/BGF30-1	PEEK/BGF30-4	PEEK/BGF30-9
钡玻璃粉含量 40 wt%	PEEK/BGF40-1	PEEK/BGF40-4	PEEK/BGF40-9

表 6.14 表明 BGF 的引入会提高聚醚醚酮基体的力学性能，随着 BGF 填充量的提高，复合材料的弯曲模量及拉伸模量增大，弯曲强度及拉伸强度则先增大后减小，断裂伸长率减小。其中，BGF 粒径最大、填充量最多的复合材料弯曲模量最大(6063 MPa)；BGF 粒径最小、填充量为 30 wt%的复合材料弯曲强度最高(181 MPa)、拉伸强度也最高(102 MPa)。填料粒径的变化对复合材料力学性能的影响并不显著，但大粒径的填料更有利于模量的提高，而小粒径的填料则有利于强度的提高。为了更好地理解 BGF 粒径大小和填充量对复合材料的影响，图 6.35 给出了不同 BGF 填充的复合材料拉伸断面 SEM 图。从图中可以观察到，聚醚醚酮和 BGF 之间并没有紧密的结合，聚醚醚酮具有较高的断裂伸长率，其拉伸断裂面是平整的，裂缝是横向传播的。微孔生成和裂缝传播的理论研究表明，高分子在受到外力拉伸后会产生微孔，进而产生裂缝。由于应力集中，裂缝的边缘受到极大的应力，从而使裂缝迅速扩张。复合材料 PEEK/BGF10-1 和 PEEK/BGF20-1 拉伸后出现了粗糙的断面，这是由于填料的阻碍使裂缝无法进行横向传播，从而提高了材料的拉伸强度，而 PEEK/BGF30-1 和 PEEK/BGF40-1 的拉伸断面重新变得平整，填料量增加，填料间的树脂减少，聚醚醚酮与填料之间的界面面积增大，这会使裂缝的横向传播变得更容易。而填料的粒径越大，断裂面上填料的数量越少，其中 PEEK/BGF40-9 的断裂面上，填料的数量相对最少，使得裂缝的传播更加容易，因此随着填料粒径的增大，材料的强度略有下降。

表 6.14 PEEK/BGF 复合材料力学性能

样品	弯曲模量/MPa	弯曲强度/MPa	拉伸模量/MPa	拉伸强度/MPa	断裂伸长率/%
PEEK	3337	167	1730	98	39
10 wt%BGF-1μm	3794	173	1935	100	23
10 wt%BGF-4μm	3897	172	1976	99	20
10 wt%BGF-9μm	3995	169	2018	99	18

续表

样品	弯曲模量/MPa	弯曲强度/MPa	拉伸模量/MPa	拉伸强度/MPa	断裂伸长率/%
20 wt%BGF-1μm	4338	177	2179	101	17
20 wt%BGF-4μm	4446	174	2210	101	16
20 wt%BGF-9μm	4489	171	2254	100	11
30 wt%BGF-1μm	5069	181	2383	102	9
30 wt%BGF-4μm	5201	174	2389	101	8
30 wt%BGF-9μm	5256	171	2510	100	6
40 wt%BGF-1μm	5916	173	2588	98	7
40 wt%BGF-4μm	6010	170	2717	97	6
40 wt%BGF-9μm	6063	161	2840	97	5

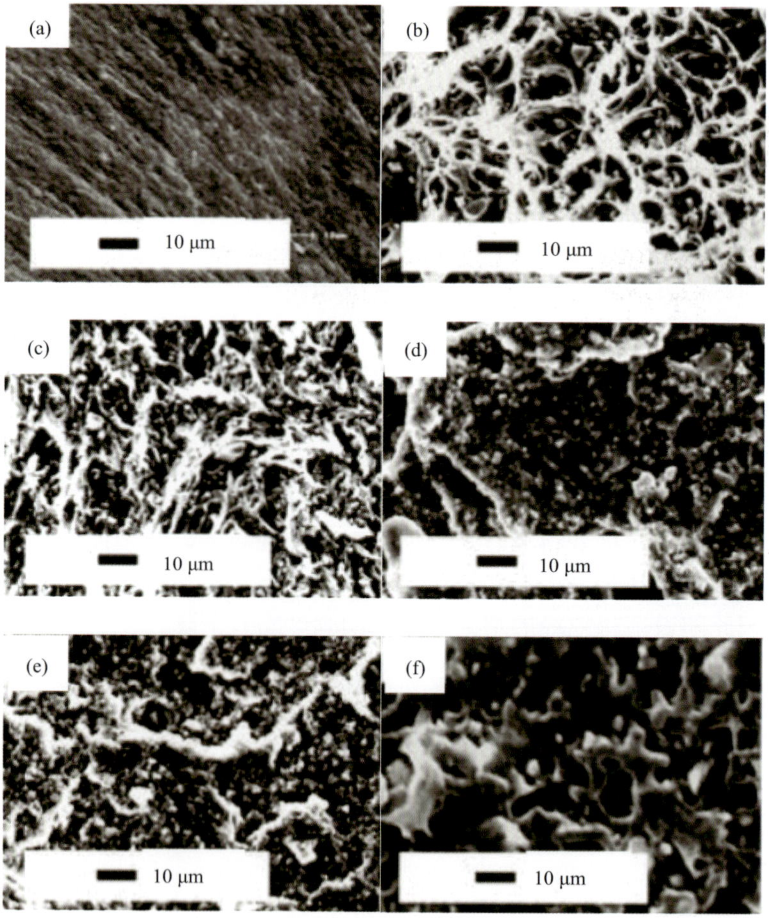

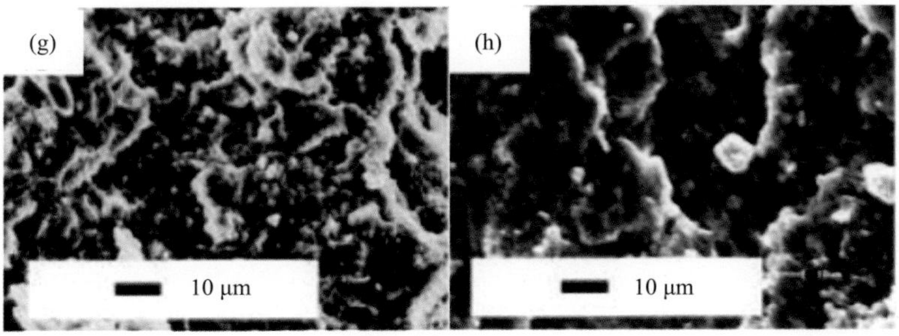

图 3.35　PEEK 和 PEEK/BGF 复合材料的拉伸断面 SEM 图

放大 2000 倍：(a) PEEK、(b) PEEK/BGF10-1、(c) PEEK/BGF20-1、(d) PEEK/BGF30-1、(e) PEEK/BGF40-1、(f) PEEK/BGF40-1 ；放大 20000 倍：(g) PEEK/BGF40-4、(h) PEEK/BGF40-9

2. 复合材料的表面硬度

作为口腔修复材料，表面硬度是一个重要的技术指标。表面硬度的测试方法是使用不同形状的压头，以一定作用力和作用时间压在材料表面，对形成的压痕进行测量，压痕越深，硬度越小。塑料硬度随环境温度和湿度的不同会有所变化，温度升高和湿度增大都会使硬度减小。材料的磨损是材料表面因摩擦而不断损耗的现象，硬度与材料的摩擦学特性有一定关系，材料硬度越大，越耐磨。并且材料表面硬度的增大有助于材料从力学角度模拟牙齿的刚性，从而提高材料与口腔硬组织的力学相容性。与聚醚醚酮相比，PEEK/BGF 复合材料具有较高的表面硬度，并且复合材料的维氏硬度随 BGF 含量的增加而提高，如图 6.36 所示。

3. 复合材料的热膨胀系数

钡玻璃粉具有较低的热膨胀系数，钡玻璃粉的存在会限制聚醚醚酮分子链段的运动，降低复合材料的热膨胀系数。当温度在玻璃化转变温度(T_g)以下时，聚合物处于玻璃态，分子链和链段都不能自由运动，只是构成分子的原子(或基团)在其平衡位置振动，因此材料的热膨胀系数基本保持稳定；当温度达到 T_g 以后，分子链虽不能移动，但是链段开始运动，表现出高弹性质，所以材料的热膨系数明显提高。如图 6.37 所示，随着钡玻璃粉的含量增加，复合材料的线性热膨胀系数降低，当填料含量为 40 wt%时达到 36.1 ppm/℃。

4. 复合材料的黏接强度

树脂水门汀是一种被广范应用于临床的口腔黏接材料，可以与牙齿、金属、陶瓷等材料进行良好的黏接，可用于冠/桥、树脂、烤瓷冠等多种修复体的黏接，并可作为桩核材料使用，具有用途广泛、操作简单、可释氟等特点。研究聚醚醚

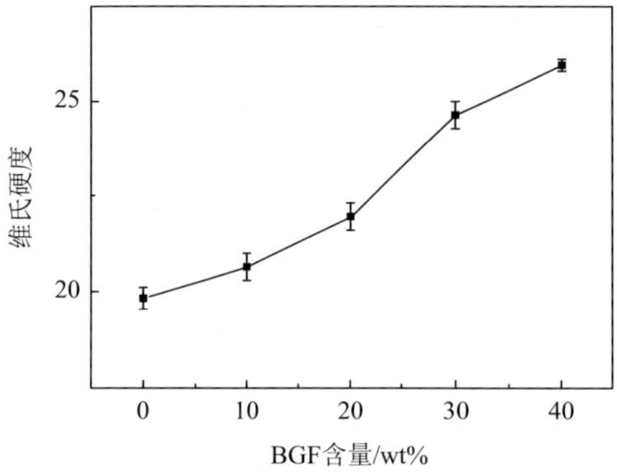

图 6.36 PEEK 和 PEEK/BGF 复合材料的显微维氏硬度

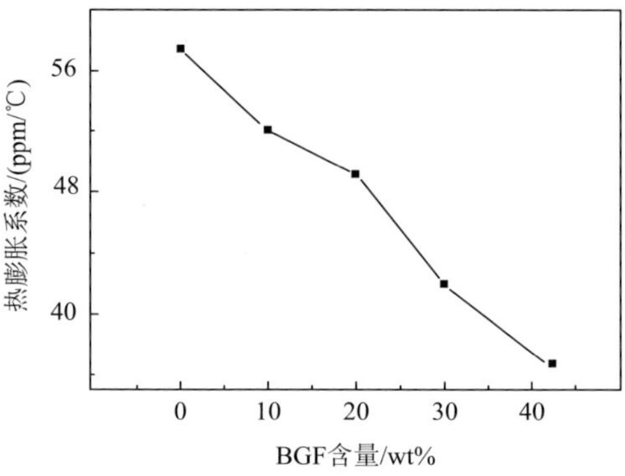

图 6.37 PEEK 和 PEEK/BGF 复合材料的热膨胀系数

酮及其复合材料与树脂水门汀的黏接强度对扩展聚醚醚酮的临床应用范围有重要意义。在材料与树脂水门汀黏接前进行如下处理：

(1) G500 砂纸打磨处理；

(2) G500 砂纸打磨处理后，使用 9.5 mol/L 氢氟酸处理 2 min，然后用清水冲洗 1 min，气泵吹干；

(3) G500 砂纸打磨处理后，使用 KH570 涂覆，静置 2 min，然后用气泵吹去多余的偶联剂；

(4) G500 砂纸打磨处理后，使用 98%浓硫酸处理 1 min，然后用清水冲洗 1 min，气泵吹干；

(5) G500 砂纸打磨处理后，继续使用 150 号碳化硅防水砂纸打磨，然后用清水冲洗 1 min，气泵吹干。

使用 G600 砂纸对 PEEK 及复合材料进行抛光，控制各样品表面具有相同的粗糙程度后进行对比。

图 6.38 给出了 BGF 粒径大小对黏接强度的影响，从图中可观察到复合材料 PEEK/BGF40-1 的黏接强度高于 PEEK/BGF40-4 和 PEEK/BGF40-9，其中，PEEK/BGF40-9 (6.12 MPa±2.85 MPa) 较 PEEK/BGF40-1 (10.04 MPa±2.38 MPa) 的黏接强度下降了近 40%。而 PEEK/BGF40-4 和 PEEK/BGF40-9 差距并不明显。PEEK/BGF40-4 和 PEEK/BGF40-9 的填料含量少于 PEEK/BGF40-1，而且大填料又容易被磨损，所以暴露的填料远少于 PEEK/BGF40-1，这可以从扫描电镜图（图 6.39）中得到证明。虽然 PEEK/BGF40-4 和 PEEK/BGF40-9 表面较 PEEK/BGF40-1 更为粗糙，但是由于表面缺乏 BGF，使得材料表面难以和树脂水门汀形成化学黏接，所以黏接强度相对较低。

图 6.40 给出了钡玻璃粉（粒径为 1 μm）含量对黏接强度的影响，从图中可观察

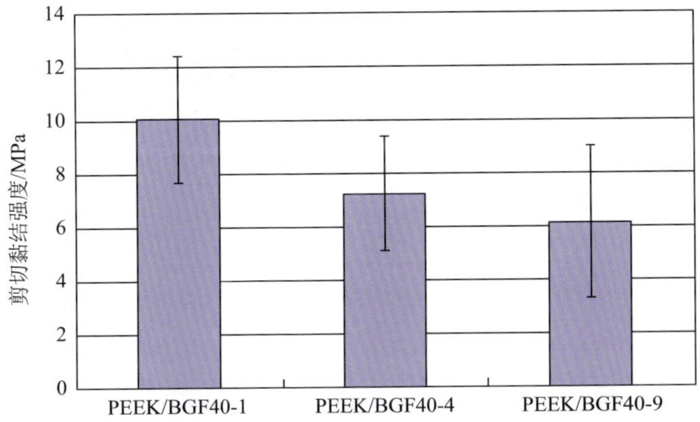

图 6.38 G600 抛光后 PEEK/BGF40-1、PEEK/BGF40-4 和 PEEK/BGF40-9 复合材料剪切黏接强度

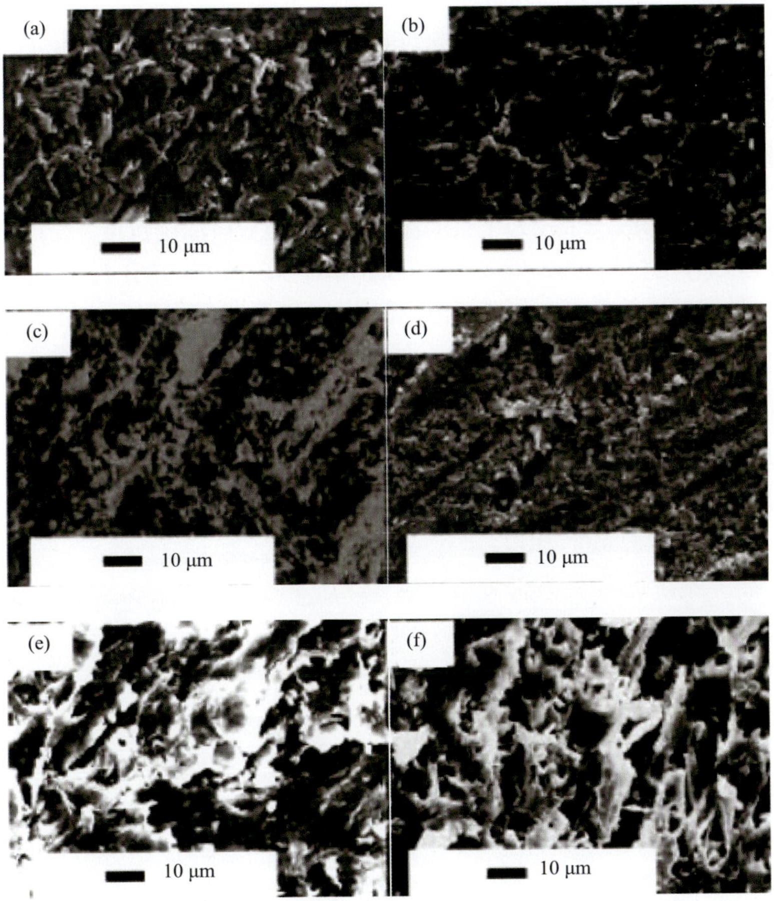

图 6.39 G600 抛光后 PEEK 和 PEEK/BGF 表面形貌的 SEM 图

(a) PEEK；(b) PEEK/BGF20-1；(c) PEEK/BGF30-1；(d) PEEK/BGF40-1；(e) PEEK/BGF40-4；(f) PEEK/BGF40-9

到随着钡玻璃粉填料含量的提高，复合材料的剪切黏接强度会有所提高。当填料含量达到 40 wt%时，剪切黏接强度可达 10.0 MPa±2.3 MPa，这可以满足日常的需要(8 MPa 为临床操作的最低要求)。钡玻璃粉含量的提高使得其暴露在材料表面的数量也增多，钡玻璃粉暴露数量是材料黏接强度重要影响因素，树脂水门汀和材料表面暴露的钡玻璃粉会发生反应，使复合材料的黏接强度比聚醚醚酮高。

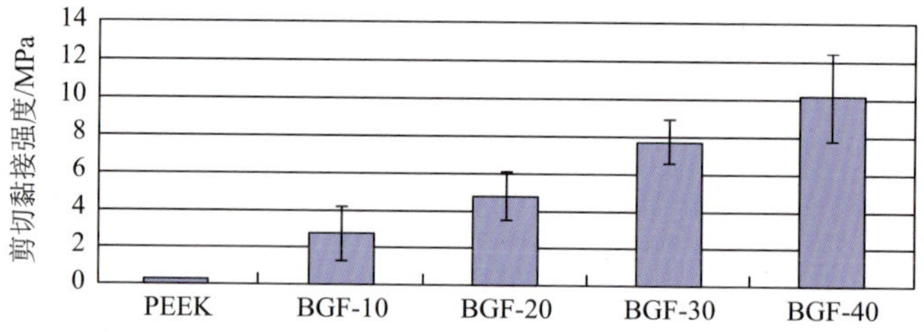

图 6.40　用 G600 抛光 PEEK 和 PEEK/BGF-1 复合材料的剪切黏接强度

图 6.41 显示的是经过不同处理方式处理后，聚醚醚酮和复合材料 PEEK/BGF40-1 的表面 SEM 图。经过氢氟酸处理以后，聚醚醚酮表面变化不大，而 PEEK/BGF40-1 的表面钡玻璃粉消失，留下很多直径接近 1 μm 的孔洞。经过硅烷偶联剂处理以后，材料表面形成一个较为平整的涂层，钡玻璃粉被涂层包覆。经过 1 min 浓硫酸表面处理以后，材料表面出现复杂的孔洞网络，在 PEEK/BGF40-1 的孔洞结构的表面，有大量钡玻璃粉暴露在树脂表面。使用 G150 砂纸打磨以后，材料表面出现很深的犁痕，形成起起伏状的粗糙表面，而且仍然有大量钡玻璃粉暴露在材料表面。

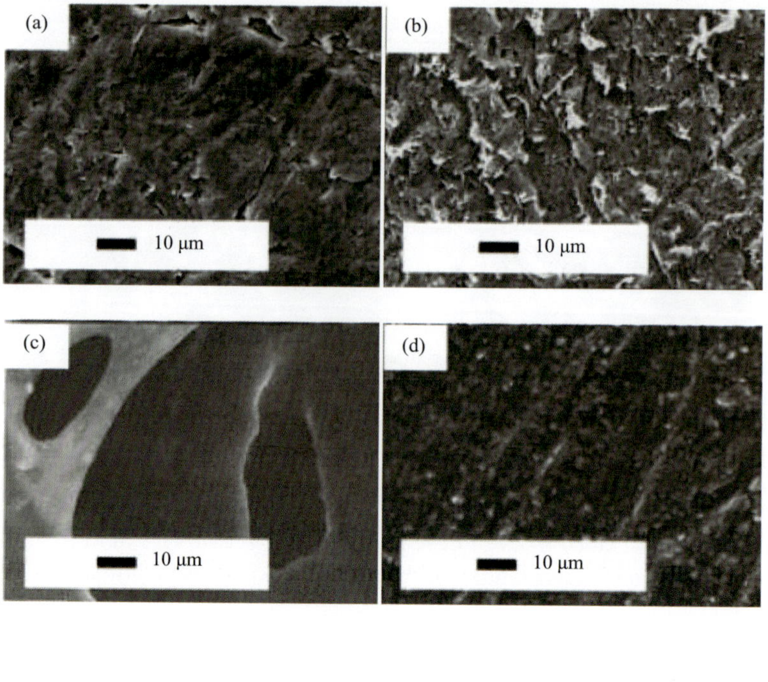

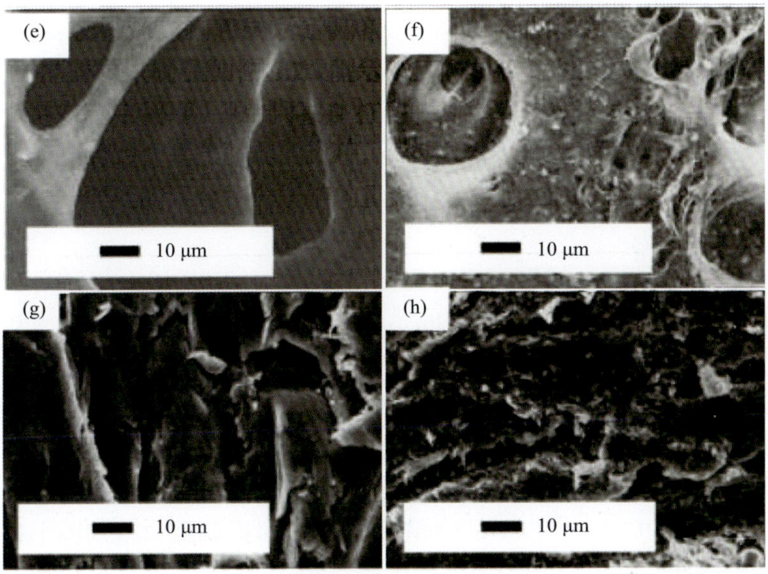

图 6.41 不同预处理方式后 PEEK 和 PEEK/BGF40-1 的表面 SEM 图

(a，b）氢氟酸蚀刻；(c，d)硅烷偶联剂；(e，f）硫酸蚀刻；(g，h）G150 抛光

图 6.42 给出了经过不同方法处理后，聚醚醚酮和复合材料 PEEK/BGF40-1 与树脂水门汀的黏接强度。经过氢氟酸处理以后，聚醚醚酮的黏接强度没有得到明显改善，而复合材料 PEEK/BGF40-1 的黏接强度下降了 67.5%，达到 3.2 MPa±1.2 MPa，这是由于复合材料经过氢氟酸的处理后，表面的钡玻璃粉被刻蚀，处理表面的粗糙程度变化不明显。经过硅烷偶联剂处理以后，聚醚醚酮的黏接强度增长到 4.3 MPa±1.1 MPa，而 PEEK/BGF40-1 的黏接强度减少了 23.2%，达到 7.7 MPa±1.5 MPa。这是由于经过硅烷偶联剂处理以后，硅烷渗透到材料表面的显微结构中形成一定的物理锁合。另外在化学方面，偶联剂与无机填料表

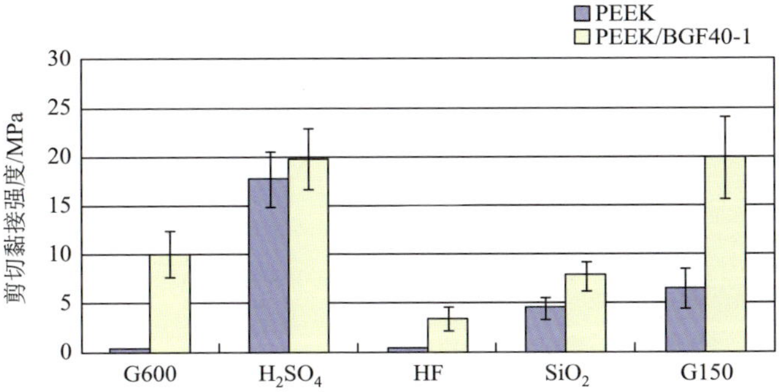

图 6.42 不同表面预处理后的 PEEK 和 PEEK/BGF40-1 的剪切黏接强度

面的羟基发生缩合反应，从而和填料间产生化学结合。偶联剂上的甲基丙烯酸酯基的双键与树脂水门汀的甲基丙烯酸酯体系反应，发生较好的结合，偶联剂的黏度更低，可以很好地渗透到树脂表面的缝隙中，从而产生物理锁合作用，所以通过偶联剂的处理聚醚醚酮的黏接强度有了一定提高。但是偶联剂会完全覆盖 PEEK/BGF40-1 的表面，阻断钡玻璃粉和树脂水门汀的反应，所以复合材料的黏接强度会下降。

经过浓硫酸的处理，聚醚醚酮和复合材料 PEEK/BGF40-1 与树脂水门汀的黏接强度分别提高到 17.7 MPa±2.8 MPa 和 19.7 MPa±3.1 MPa。众所周知，常温下聚醚醚酮只溶于浓硫酸，并和浓硫酸发生磺化反应，使聚醚醚酮分子上带有磺酸基。当树脂溶解于浓硫酸后，随浓硫酸渗入材料内部，材料表面出现复杂的孔洞结构。在黏接过程中，树脂水门汀会渗入这些孔洞结构，从而和材料形成较强的物理锁合作用，使黏接强度得到大幅度的提高[19]。选用更为粗糙的 G150 砂纸打磨以后，聚醚醚酮和 PEEK/BGF40-1 的黏接强度分别提高到 6.3 MPa±1.9 MPa 和 19.7 MPa±4.3 MPa。对于 PEEK/BGF40-1，强度的提高来源于两方面，分别是材料表面粗糙程度的增加产生的更强的物理锁合作用，以及材料表面的起伏结构，使得更多的钡玻璃粉暴露在材料表面，增加了树脂水门汀和玻璃粉的反应。但是对于聚醚醚酮，只有表面粗糙程度的提高，所以 PEEK/BGF40-1 黏接强度提高的幅度大于聚醚醚酮。

5. 复合材料的 X 射线阻射性

聚醚醚酮树脂本身不具有 X 射线阻射性，将钡玻璃粉引入到聚醚醚酮后，复合材料具有较好的 X 射线阻射性，随着钡玻璃粉填料含量的增加，X 射线阻射的能力增大(图 6.43)。2 mm 厚 PEEK/BGF20-1 复合材料的阻射能力与 2 mm 厚的铝板相似，阻射能力约为 1.0，基本达到临床使用的要求。而 2 mm 厚 PEEK/BGF40-1 复合材料已经达到 4 mm 厚的铝板的阻射能力，可以在 X 射线下较好地分辨。在不减少钡玻璃粉含量的情况下，添加其他高密度无机填料(如玻璃纤维)，可以使材料的密度增大，所以在相同体积中，钡玻璃粉的含量更高，可以获得更好的 X 射线阻射性。

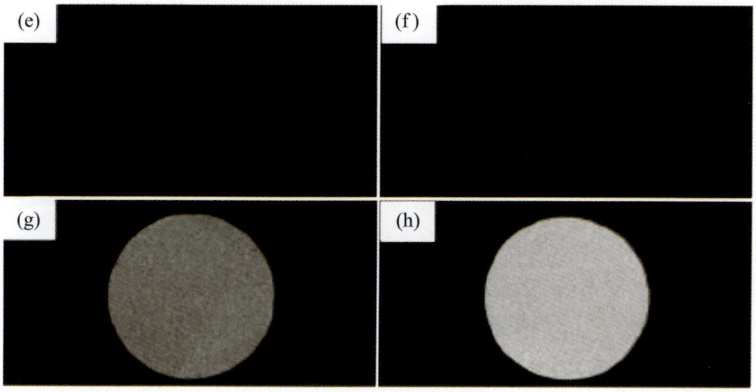

图 6.43 不同材料和 X 射线成像图

(a) 1 mm Al；(b) 2 mm Al；(c) 3 mm Al；(d) 4 mm Al；(e) 2 mm PEEK；(f) 2 mm PEEK/BGF10-1；(g) 2 mm PEEK/BGF20-1；(h) 2 mm PEEK/BGF40-1

6. 复合材料的摩擦性能

图 6.44 表明，引入钡玻璃粉会降低聚醚醚酮基体的摩擦系数和磨损率，随着填料含量的增加，摩擦系数不断下降，而磨损率达到一个极小值后不断增大。复合材料表面富集着大量的钡玻璃粉，凸出的钡玻璃粉使得复合材料的表面耐磨性明显强于聚醚醚酮，同时也会使材料的塑性变形减弱，使摩擦系数降低，而摩擦系数降低会使摩擦生热大量减少，这又降低了塑性形变，综合作用下使得复合材料的摩擦系数明显小于聚醚醚酮。但复合材料的摩擦系数彼此相差较小，钡玻璃粉较聚醚醚酮更为耐磨，随着聚醚醚酮被磨损，钡玻璃粉在材料表面发生富集，使材料表面钡玻璃粉的含量相近，具有相似的摩擦系数，当材料表面钡玻璃粉富集达到一定程度，材料的摩擦系数会达到一个较为稳定的状态。低含量的钡玻璃粉会提高材料的强度，材料表面的钡玻璃粉有足够的树脂包覆，并为其提供支撑，所以磨损率最低，随着填料含量增加，材料的强度降低，材料表面的钡玻璃粉富集程度过高，钡玻璃粉缺少树脂包覆，使得钡玻璃粉更加容易脱落，使得复合材料的磨损率增大。

6.1.5 聚醚醚酮/纳米碳材料复合材料

纳米碳材料是指基本结构单元至少有一维处于纳米尺度范围(一般在 1～100 nm)的新型碳材料，其中碳纳米管及石墨烯为最典型的代表。利用碳纳米管和石墨烯优异的电学、热及力学性能，将其作为填料与聚醚醚酮进行复合，可以改善聚醚醚酮的力学、热性能或赋予聚醚醚酮导电、导热等特殊功能，从而拓宽聚醚醚酮的应用领域。

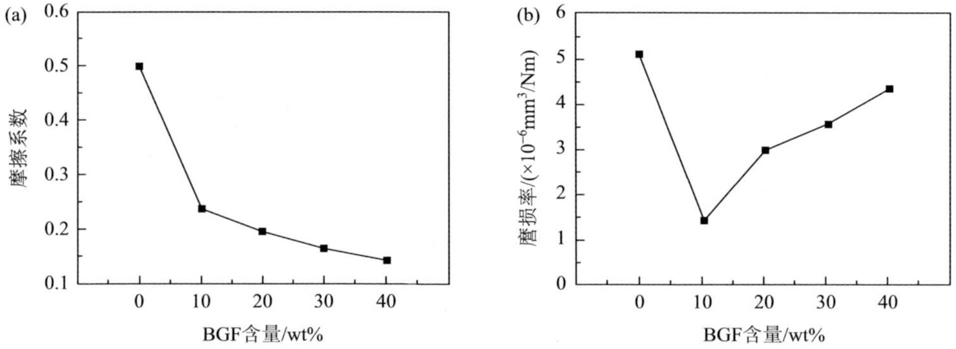

图 6.44 PEEK 及其复合材料的摩擦系数(a)和磨损率(b)

1. 聚醚醚酮/碳纳米管复合材料

碳纳米管(carbon nanotube，CNT)是 20 世纪末发现的一种极特殊的碳材料。理想的碳纳米管是由单一碳原子构成的石墨状片层结构卷曲形成的中空管形结构体。实际上，碳纳米管是单层或多层的片层结构，是按照一个特定的螺旋角有规则的卷曲结构，有一定的结构缺陷，属于一种纳米尺寸上的一维管状材料。碳纳米管具有纳米尺寸效应，其模量非常高，韧性和强度优异且密度小，被誉为“超级纤维”，是一种优异的聚合物增强填料。此外，碳原子上的电子只能在碳纳米管的轴向运动，在垂直管轴方向的运动会受到限制，但保持了圆周上的圆对称性或螺旋对称性，因此电子的波函数在轴向上有一定的不变性，在沿圆周方向上的波长也是量子化的，使得碳纳米管具有特殊的电学性质[20-22]。

Díez-Pascual 等[23]选取电弧生长和激光生长两种方法制备了碳纳米管(分别命名为 ZC1、LC1)，并与聚醚醚酮共混得到了一系列聚醚醚酮/碳纳米管复合材料，其中 PEEK/ZC1、PEEK/LC1 为直接共混，PEEK/ZC1 p、PEEK/LC1 m 为利用乙醇辅助机械预混方法制备的聚醚醚酮/碳纳米管复合材料。

表 6.15 列出了聚醚醚酮/碳纳米管复合材料的热性能，碳纳米管的引入使聚醚醚酮的玻璃化转变温度及热分解温度都升高，增大碳纳米管的含量或利用预混辅助都能使复合材料的玻璃化转变温度和热分解温度提高的程度更大。可见碳纳米管的加入会限制聚醚醚酮分子链段运动，碳纳米管在聚合物基体中分散情况越好，对聚合物分子链段运动的限制越强，可以进一步提高材料的耐热性能。

与热性能类似，碳纳米管的加入改善了聚醚醚酮基体的力学性能，从表 6.16 可以观察到随着碳纳米管含量的增加，力学性能提升变得更显著，可见碳纳米管是一种可以改善聚醚醚酮热性能和力学性能的优良填料。

表 6.15 聚醚醚酮/碳纳米管复合材料的热性能

材料(CNT 含量/wt%)	T_i/℃	$T_{d,10\%}$/℃	T_{mr}/℃	T_g/℃
PEEK	521	544	558	148
PEEK/LC1 m(0.1)	542	557	565	149
PEEK/LC1 m(0.5)	544	563	573	152
PEEK/LC1 m(1.0)	546	568	577	154
PEEK/LC1(0.1)	523	547	559	149.4
PEEK/LC1(0.5)	525	549	561	151.8
PEEK/LC1(1.0)	526	551	564	153.5
PEEK/ZC1 p(0.1)	536	550	564	151.0
PEEK/ZC1 p(0.5)	540	558	574	153.3
PEEK/ZC1 p(1.0)	543	564	578	155.1
PEEK/ZC1(0.5)	520	545	560	150.2
PEEK/ZC1(1.0)	521	547	562	152.6

注：T_i 表示失重 2%时的初始失重温度；$T_{d,10\%}$表示失重 10%时的温度；T_{mr} 表示最大失重速率时的温度；T_g 表示玻璃化转变温度。

表 6.16 聚醚醚酮/碳纳米管复合材料的力学性能

材料(CNT 含量/wt%)	储能模量 G'/GPa	损耗模量 G''/MPa
PEEK	3.83	37.2
PEEK/LC1 m(0.1)	4.43	33.1
PEEK/LC1 m(0.5)	4.71	29.7
PEEK/LC1 m(1.0)	4.86	25.9
PEEK/LC1(0.1)	3.95	36.7
PEEK/LC1(0.5)	4.11	35.9
PEEK/LC1(1.0)	4.21	34.3
PEEK/ZC1 p(0.1)	4.20	34.6
PEEK/ZC1 p(0.5)	4.59	31.0
PEEK/ZC1 p(1.0)	4.63	29.5
PEEK/ZC1(0.5)	3.98	36.6
PEEK/ZC1(1.0)	4.05	36.1

碳纳米管自身内聚能较大，易团聚，它的引入会增加聚醚醚酮基体树脂的熔体黏度，不利于碳纳米管在聚醚醚酮基体中的分散，容易造成材料的电击穿，

也会限制复合材料的机械性能。利用聚醚砜(PES)包覆处理碳纳米管，可以解决碳纳米管自身团聚的问题，便于碳纳米管在聚醚醚酮基体中均匀分散[24]。此外，聚醚砜与聚醚醚酮具有部分相容性，对碳纳米管进行包覆后可以改善填料与基体树脂之间的界面结合力。图 6.45 为聚醚醚酮/聚醚砜改性碳纳米管复合材料微观形貌，可见聚醚砜改性后的碳纳米管可以在聚醚醚酮基体中较好分散，无明显团聚现象。

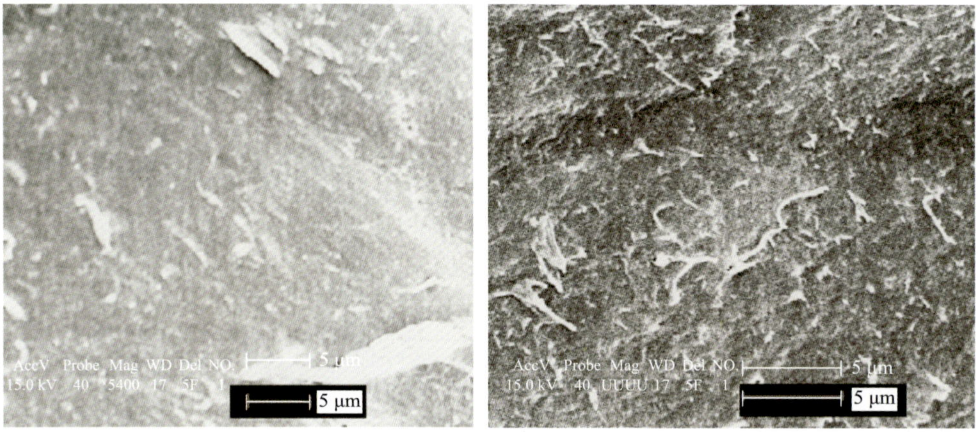

图 6.45　复合材料淬断面的 SEM 图

(a) PEEK/CNT = 93/7；(b) PEEK/CNT = 88/12

表 6.17 给出了聚醚醚酮/聚醚砜改性碳纳米管复合材料的性能，改性碳纳米管的加入使聚醚醚酮基体的玻璃化转变温度略有提高，无机填料相对聚合物而言具有一定程度的刚性，填料的加入会阻碍聚合物分子链的运动，使聚合物在发生相转变时需要更高的能量。复合材料的硬度和密度随填料含量的增加逐渐增大，这是由于碳纳米管自身具有较大的硬度，碳纳米管的加入可以提高材料的刚性，而聚醚砜改性碳纳米管的引入对复合材料的力学性能影响不大。

表 6.17　聚醚醚酮/聚醚砜改性碳纳米管复合材料的性能

样品	PEEK	PEEK/CNT = 93/7	PEEK/CNT = 88/12
玻璃化转变温度/℃	149	150	151
密度/(g/cm^3)	1.27	1.32	1.34
维氏硬度	21.5	23.6	24.7
弯曲模量/MPa	3462	3911	4171
弯曲强度/MPa	174	177	175

绝大多数电子设备在工作时都会产生电磁辐射，随着电子设备的普及，电磁干扰已经成为一种公害，它会对精密的电子电气设备造成严重影响。通信设备工作时产生的电磁辐射有可能造成信息泄露，影响信息安全。因此，电磁屏蔽材料已经成为保证电子设备安全运行和通信安全必不可少的材料。碳纳米管是一种可以赋予材料电磁屏蔽性能的填料。表 6.18 表明碳纳米管的引入可以提高聚醚醚酮基体的电磁屏蔽能力，复合材料在 18～26.5 GHz 有着较好的屏蔽性能，可以达到 40 dB 左右，这源于碳纳米管优异的导电性，以及在聚醚醚酮基体中较好的分散性，形成了有效的导电网络。

表 6.18　聚醚醚酮/聚醚砜改性碳纳米管复合材料的屏蔽性能

样品	PEEK/CNT = 93/7	PEEK/CNT = 88/12
18～26.5 GHz	约 30 dB	约 40 dB

2. 聚醚醚酮/石墨烯复合材料

石墨烯（graphene）是具有六方晶格结构的单层碳原子层，具有许多独特的性质，如量子霍尔效应(quantam Hall effect，QHE)、室温下高的载流子迁移率[约 10000 $cm^2/(V·s)$]、大的理论比表面积(2630 m^2/g)、良好的透光率(约 97.7%)、高的拉伸模量(约 1 TPa)和优异的热导率[25-27]。石墨烯及其衍生物的合成路线已经从初始的从下到上的外延生长法到现今从上到下的石墨剥离法，主要通过氧化、插层或超声剥离，特别是化学剥离和还原的氧化石墨烯(graphene oxide，GO)已经实现大量生产且成本低廉，其具有很多有反应活性的含氧官能团，为进一步的功能化和性能调控提供了方便，这些优异的性能使石墨烯在制备功能化复合材料领域成为理想选择。

1) 石墨烯的制备和功能化

采用硅烷偶联剂 KH550 修饰氧化石墨烯后利用水合肼化学还原和低温热还原两步处理可以得到功能化石墨烯(CRG-KH550)。图 6.46 表明完全剥离的氧化石墨烯具有大的比表面积，表面具有褶皱结构，这是由于氧化后，大部分晶体碳变成无定形态，使得平面的石墨烯结构变扭曲。氧化石墨烯片层很薄，近乎单层，而经过 KH550 修饰后的氧化石墨烯发生片层内或片层间的偶联，比表面积明显变小，片层变厚；对比还原得到的石墨烯(CRG)和 CRG-KH550 可以看出，未经修饰的石墨烯在还原后表现出明显的团聚，而经过修饰后的还原石墨烯虽然片层尺寸变小，但避免了还原过程中片层的堆叠和团聚，得到具有良好分散性的石墨烯[28]。

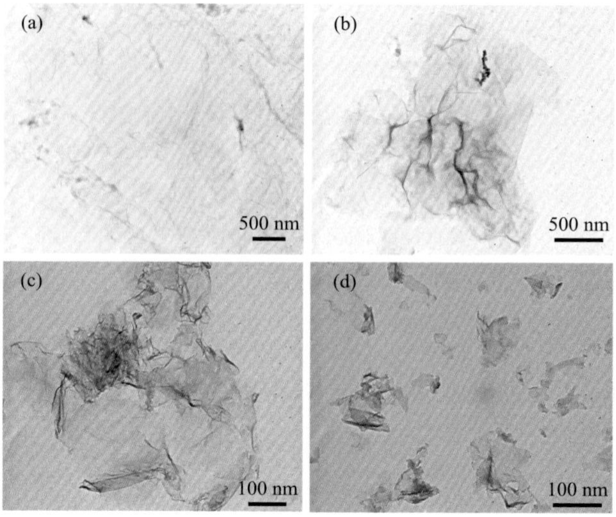

图 6.46 (a) GO、(b) GO-KH550、(c) CRG、(d) CRG-KH550 的 SEM 图

将干燥的氧化石墨烯粉末放入管式炉中，在保护气下 1000℃处理得到一种热还原石墨烯（TRG），然后利用聚醚砜（PES）包覆得到聚醚砜修饰热还原石墨烯（m-TRG）[28, 29]。图 6.47 可以看出 TRG 显示出超薄、透明、表面具有几个褶皱结构的 2D 大尺寸形貌，为高度剥离状态，仅有几层甚至是单层石墨烯存在，而石墨烯片层间的聚醚砜很好地避免了片层的堆积，提高了石墨烯的分散性。和上述水合肼化学还原石墨烯 CRG-KH550 相比，TRG 显示较大尺寸的片层结构，这是由于 TRG 和 PES 之间的物理相互作用没有破坏石墨烯片层的原始结构，而使 m-TRG 保持了较高的电导率和热稳定性。

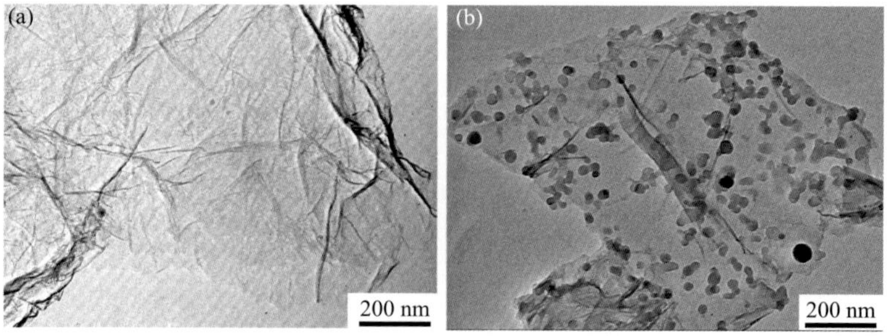

图 6.47 TRG (a) 与 m-TRG (b) 的 TEM 图

图（b）中黑点为 PES

2) CRG-KH550/PEEK 复合材料

将不同质量分数的 CRG-KH550 通过熔融共混的方式引入聚醚醚酮，制备了一系列 CRG-KH550/PEEK 复合材料，石墨烯填充量对复合材料电导率的影响，

如图 6.48 所示。将 CRT-KH550 引入到聚醚醚酮中，材料可以由绝缘体转变为半导体，且在低填料含量下，复合材料电导率增加显著，在含量较高时电导率增加缓慢。当填料含量较低时，石墨烯片层彼此孤立分散，导电主要是通过量子隧道效应形成的电流，所以电导率缓慢增加；含量继续增加时，石墨烯片层间互相接触概率增大，电导率急剧增加，当填料含量超过渗流阈值时，电导率随含量的增加平缓增加。通过对复合材料的电导率进行拟合得知 CRG-KH550/PEEK 复合体系渗流阈值低至 0.2 vol%(由质量分数换算为体积分数)，这表明 CRG-KH550 在 PEEK 基体中具有良好的分散性，如图 6.48 内插图所示。

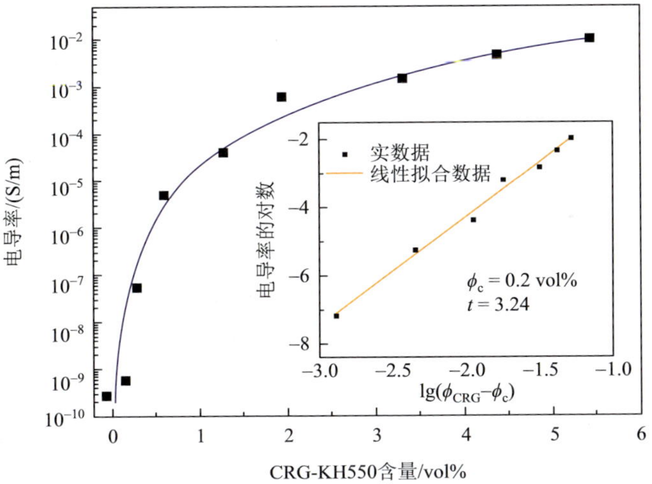

图 6.48 室温、1000 Hz 下，CRG-KH550/PEEK 复合材料电导率与 CRG-KH550 含量(ϕ_{CRG})的关系

图 6.49 给出了复合材料的交流电导率随频率变化曲线，从图中可以观察到当 CRG-KH550 含量低于 0.3 wt%时，电导率随频率变化几乎线性增加，显示明显的绝缘体行为；当 CRG-KH550 含量为 0.5 wt%时，出现明显的过渡转变，材料从绝缘体转变为导体，在低频区电导率为一个平台，而在高频处电导率有少量增加，显示电容行为；当填料含量继续增加时，电导率在 100 Hz～1 MHz 频率范围内几乎不变，这是因为 CRG-KH550 填料已经形成连续的导电网络，提供了电子传导的通道。CRG-KH550/PEEK 复合体系电导率为 1.0×10^{-2} S/m 时，CRG-KH550 含量需要达到 5.43 vol%，这是由于 KH550 偶联到石墨烯表面，使表面有大量的 sp^3 杂化的碳网络存在，缺少 sp^2 杂化的碳网络，限制了 π-π 共轭相互作用，导致石墨烯的本征电导率较低，因此需要添加较高的量才能提高复合材料电导率。

3) m-TRG/PEEK 复合材料

将不同质量分数的 m-TRG 通过熔融共混的方式引入聚醚醚酮，制备了一系列 m-TRG/PEEK 复合材料。如图 6.50 所示，由于 m-TRG 具有大量的共轭的 sp^2

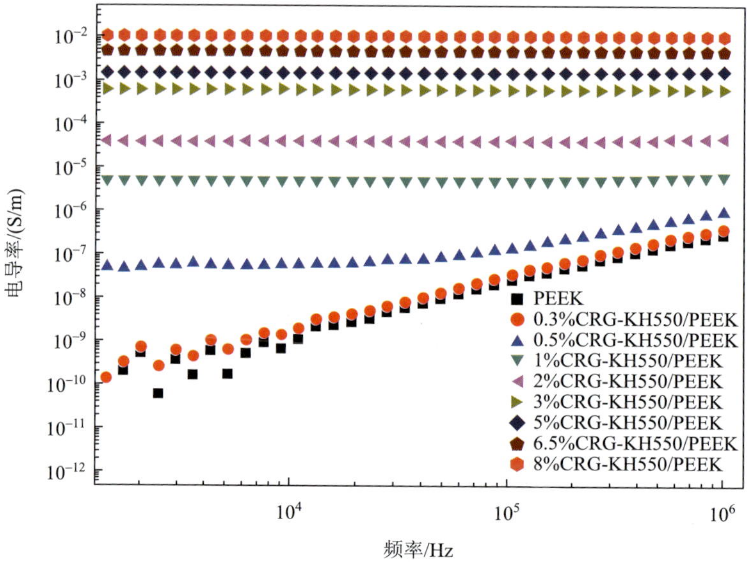

图 6.49 CRG-KH550/PEEK 复合材料的交流电导率随测量频率的变化

碳网络，本征电导率较高，当石墨烯含量为 3.84 vol%时，复合材料交流电导率就会快速增加到 1.78×10^{-1} S/m。当石墨烯含量在 1.53 vol%时，m-TRG/PEEK 复合材料电导率也可以达到 2.00×10^{-4} S/m，这都已经高于抗静电材料要求的电导率要求（10^{-6} S/m）。与 CRG-KH550/PEEK 复合体系相比，m-TRG/PEEK 复合材料渗流阈值相对较高，为 0.76 vol%（由质量分数换算为体积分数），这是由于 m-TRG/PEEK 复合体系的界面相互作用要弱于 CRG-KH550/PEEK 复合体系。此外，TRG 具有更大的片层尺寸，比表面积大，更倾向于团聚，在低石墨烯含量时复合体系中电子传输网络会被部分破坏，这也限制了复合材料电导率的提高。

图 6.51 给出了复合材料的交流电导率随频率变化曲线，在 m-TRG/PEEK 复合材料中，当 m-TRG 含量低于 1 wt%时，电导率随频率变化几乎线性增加，也显示出明显的绝缘体行为；当 m-TRG 含量为 1.5 wt%时，在低频区电导率先表现出一个平台，只在高频处有少量增加，表现其明显的电容行为。和 CRG-KH550/PEEK 复合体系一样，对从绝缘体到半导体转变阶段都有一个临界频率，在临界频率后的高频区电导率有少量提高，对不同体系，这个临界频率不同。当填料含量继续增加时，体系的电容行为越来越小，表现导体的导电性，在 100 Hz～1 MHz 频率范围内电导率几乎不依赖于频率，显示一平台，这是由于 m-TRG 填料已经形成连续的导电网络，提供了电子传导的通道。

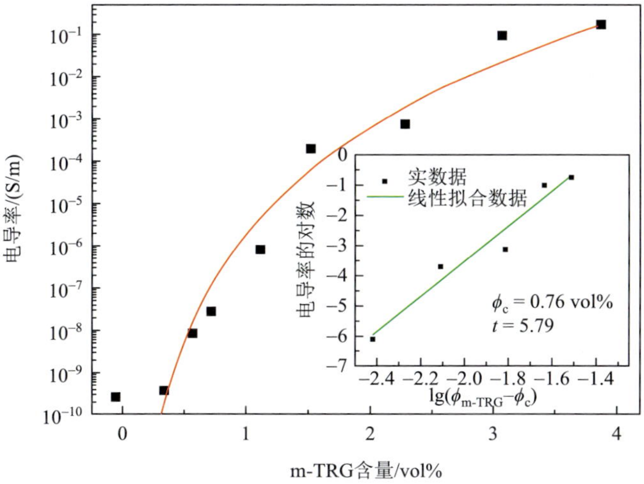

图 6.50　室温、1000 Hz 下，m-TRG/PEEK 复合材料电导率与 m-TRG 含量($\phi_{m\text{-}TRG}$)的关系

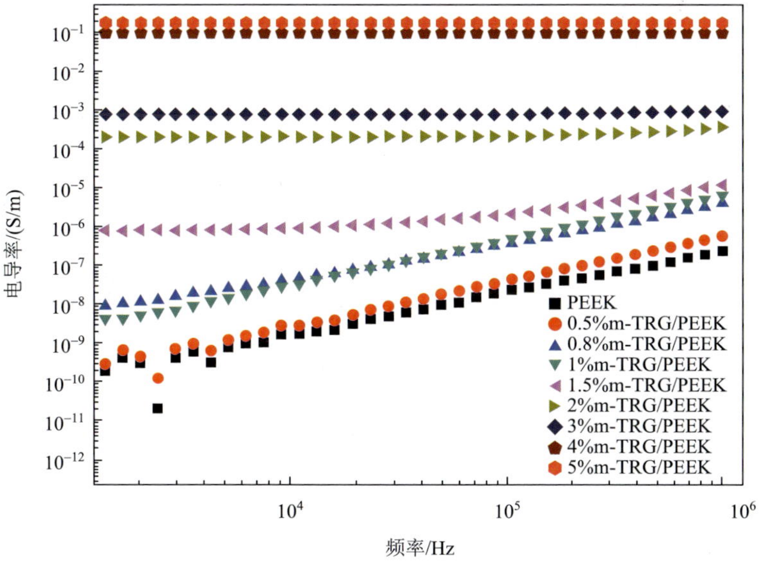

图 6.51　m-TRG/PEEK 复合材料的交流电导率与测量频率的关系

6.2　聚醚醚酮共混物

共混改性是聚合物改性方法中最为简便且有效的方法。共混改性可以通过溶液共混、乳液共混、熔融共混等方法实现，其中熔融共混可以在密炼机、挤出机

等聚合物加工设备中完成，工艺过程易于实施和调控。为了提高或改善聚醚醚酮某方面性能，将与之相容性较好的其他聚合物共混，如聚醚酰亚胺(PEI)、聚醚砜(PES)、热塑性聚酰亚胺(thermoplastic polyimide，TPI)等，使聚醚醚酮与其他聚合物在性能上实现互补，开发出综合性能优越的材料，使聚醚醚酮树脂性能改善或者成本降低，满足不同应用领域的需求[30]。

6.2.1　聚醚醚酮/聚醚砜共混物

聚醚醚酮的玻璃化转变温度(T_g)相对较低(仅为143℃)，超过T_g以后的高温使用性能(拉伸、弯曲、储能模量等)会明显下降，这在一定程度上限制了其在高温领域的应用。利用具有高玻璃化转变温度(≥220℃)的PES对聚醚醚酮进行共混改性，是提高聚醚醚酮高温使用性能的一种有效手段。

1. 聚醚醚酮/聚醚砜共混物的制备

利用溶液共混制备聚醚醚酮/聚醚砜共混物。在二苯砜熔点之上将PEEK和PES分别溶于二苯砜制成聚合物溶液，然后按一定比例将两种溶液通过机械搅拌混合均匀，冷却到室温，机械粉碎成粉末。用水和乙醇抽提，除去二苯砜得到共混物样品。共混物分别在310℃和350℃热压成型制备得到0.1 mm的膜样品。

2. 聚醚醚酮/聚醚砜共混物的性能

图6.52给出的是310℃热压成型的共混物PEEK/PES损耗角正切松弛曲线。由图可见，共混物只有一个α转变峰，说明PEEK与PES在链段尺度是相容的。图6.53给出的是310℃热压成型的PEEK/PES共混物玻璃化转变温度随PEEK含

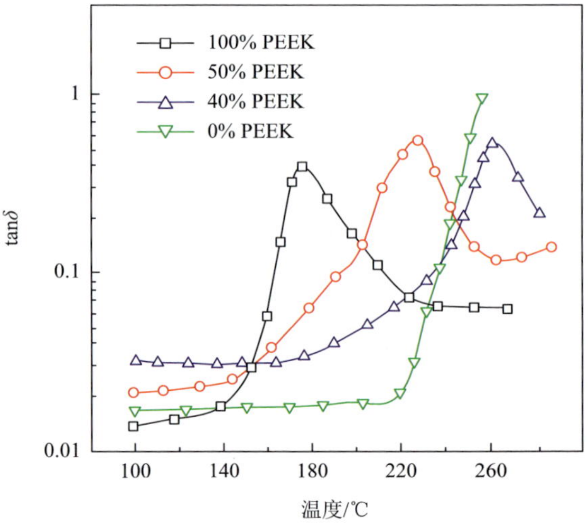

图6.52　310℃热压成型的共混物PEEK/PES损耗角正切松弛曲线

量的变化。可见随着 PEEK 含量的增加，共混物的玻璃化转变温度降低。图中实线是用 Gordon-Taylor 方程计算的共混物玻璃化转变温度。

$$T_{\mathrm{g}}=\frac{T_{\mathrm{g}1}+\left(kT_{\mathrm{g}2}-T_{\mathrm{g}1}\right)w_2}{1-(1-k)w_2} \tag{6.6}$$

式中，T_{g}为共混物的玻璃化转变温度；T_{g1}和T_{g2}分别为 PES 和 PEEK 的玻璃化转变温度；w_2为共混物中 PEEK 的质量分数；k是校正因子(图 6.53 中曲线选择 $k = 0.43$)。共混物玻璃化转变温度随 PEEK 含量的变化总体趋势符合 Gordon-Taylor 方程。

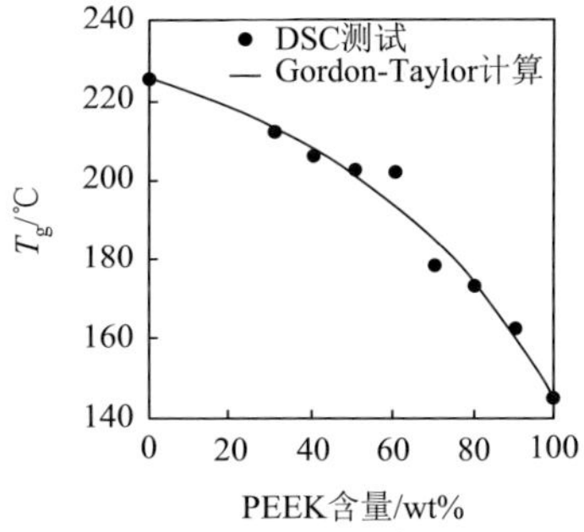

图 6.53　310℃热压成型的 PEEK/PES 共混物的玻璃化转变温度

PEEK/PES 共混物是结晶/非晶聚合物共混物，它们的熔点低于结晶组分 PEEK 的熔点。图 6.54(a)为共混物熔融温度与 PEEK 质量分数的关系图。由 Nishi 和 Wang[31]研究得到关于聚合物共混相容体系的熔点下降公式：

$$\frac{T_{\mathrm{m}}^{\mathrm{o}}-T_{\mathrm{m}}}{T_{\mathrm{m}}}=-\frac{RV_2T_{\mathrm{m}}^{\mathrm{o}}}{V_1\Delta H_2}\chi_{12}\phi_1^2 \tag{6.7}$$

式中，$T_{\mathrm{m}}^{\mathrm{o}}$是结晶组分的平衡熔融温度；$T_{\mathrm{m}}$是观察到的共混物熔融温度；$V_1$、$V_2$分别是每个组分的摩尔体积；$\Delta H_2$是纯结晶组分的熔融热焓；$\phi_1$是无定形组分的体积分数(根据 PEEK 质量分数换算获得)；χ_{12}是热力学相互作用参数。从图 6.54(b)曲线的斜率可以求得 PEEK/PES 的χ_{12}，估值为–0.001，从热力学角度看 PEEK 和 PES 是相容的。

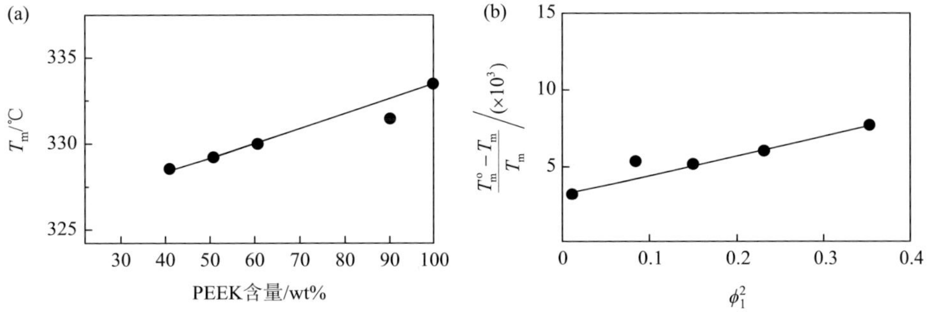

图 6.54　(a) PEEK/PES 共混的熔点-组成关系；(b) 由共混物中 PEEK 熔点下降估算相互作用参数

当 PEEK/PES 共混物在 350℃热压成型时，共混物存在如图 6.55 所示的 2 个玻璃化转变温度，这说明共混物发生了相分离。共混物具有下临界溶解温度(lower critical solution temperature，LCST)行为，并且云点位于 310～350℃，其中 PES 的组成在 30%～70%。

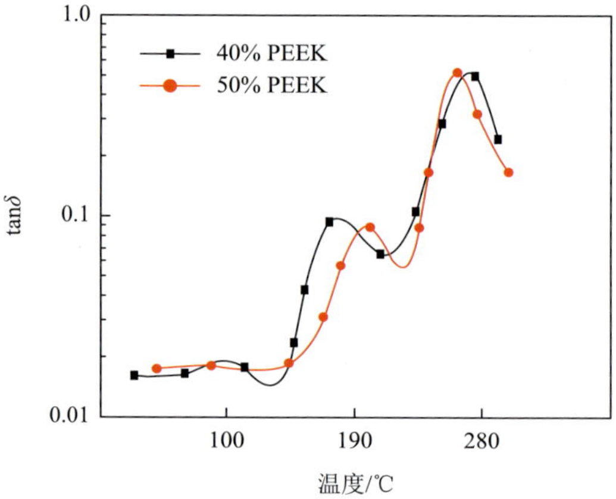

图 6.55 350℃热压成型的共混物 PEEK/PES 损耗角正切松弛曲线

图 6.56 为共混物在 100～280℃储能模量(G')的温度关系图。聚醚醚酮的模量在 150～180℃降到室温模量之下的一个数量级。在 310℃与适量的聚醚砜共混后，聚醚醚酮在高温的动态机械性质得到很大改善。例如，由于共混物玻璃化转变温度的提高，模量在纯聚醚醚酮树脂之上 60℃才开始下降。在 180～220℃，聚醚醚酮质量分数为 40%的共混物的 G'是纯聚醚醚酮树脂的 10 倍。

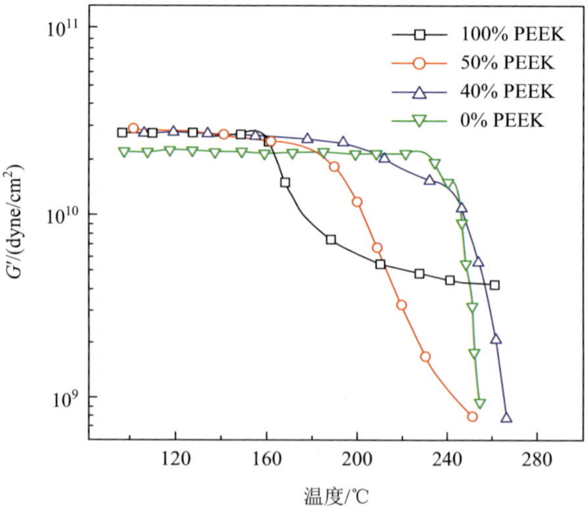

图 6.56 310℃热压成型的共混物 PEEK/PES 储能模量 G'的温度关系图

6.2.2 聚醚醚酮/聚酰亚胺共混物

热塑性聚酰亚胺由于酰亚胺环的刚性结构和较强的链间作用力，具有很高的 T_g(一般在 200℃以上)，在 T_g 以下均能保持聚酰亚胺固有的优异性能，但热塑性聚酰亚胺耐溶剂性较差，高温易水解，同时热塑性聚酰亚胺的加工性能较差(熔体黏度高、流动性差等)[32-37]。因此，从性能特点看，将聚醚醚酮和聚酰亚胺共混，可以很好地优势互补，聚酰亚胺可提高聚醚醚酮的高温使用性能，同时聚醚醚酮可改善聚酰亚胺的化学稳定性和加工流动性，从而得到一种综合性能优异的高分子共混物，如图 6.57 所示。

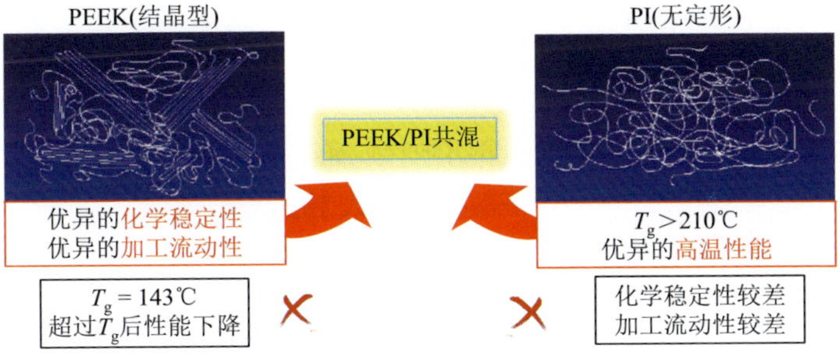

图 6.57 PI/PEEK 聚合物共混物的性能互补

1. 聚醚醚酮/聚酰亚胺共混物

英国 Victrex 公司将 PEEK 和 Extem 聚酰亚胺共混，于 2008 年向市场推出了 Victrex Max 系列聚合物 M1000 和 M2000[38]，其中 M1000 和 M2000 是 PEEK 和 Extem 聚酰亚胺以不同比例混合得到的产品。Victrex Max 系列产品具有优异的耐腐蚀、耐摩擦、易加工等性能，在工业、半导体、航空航天、石油化工领域占有一定的市场。如图 6.58 所示，Extem 聚酰亚胺的加入可以显著提高 PEEK 在 150℃以上的高温使用性能，同时有效改善 PEEK 的高温尺寸稳定性。尽管 Victrex Max 系列产品的模量很高，但产品的韧性较差，断裂伸长率仅在 2%～5%的水平，这在一定程度上限制了产品的推广。

通过分子设计，合成一种热塑性聚酰亚胺模塑粉，用于改善聚醚醚酮薄膜的高温使用性能[39-41]。所合成的聚酰亚胺模塑粉的 T_g 可高达 260℃，无结晶峰，是一种无定形树脂，具体合成路线如图 6.59 所示。

将聚醚醚酮与聚酰亚胺模塑粉进行熔融共混，发现聚酰亚胺模塑粉的加入不会改变聚醚醚酮的晶型，但会降低聚醚醚酮的结晶度。聚醚醚酮和聚酰亚胺共混物中呈现独立的两个玻璃化转变温度，并且聚醚醚酮和聚酰亚胺有各自的相区，说明两者的相容性较差。聚酰亚胺模塑粉的加入可以明显提高聚醚醚酮在高温区

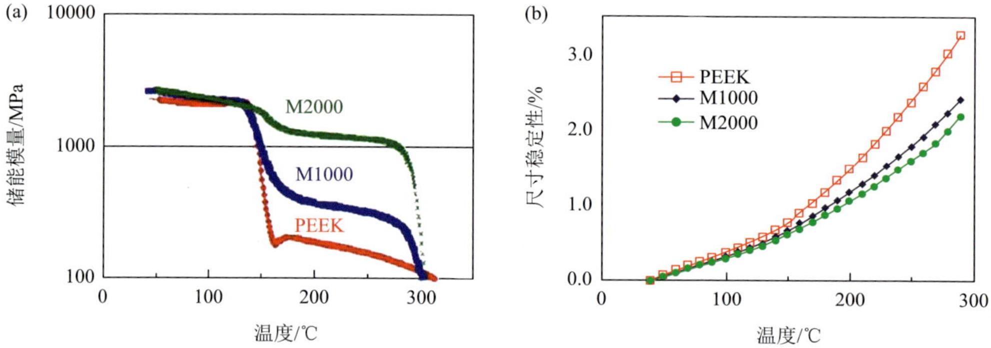

图 6.58 Victrex Max 系列聚合物 M1000 和 M2000 的储能模量(a)和尺寸稳定性(b)

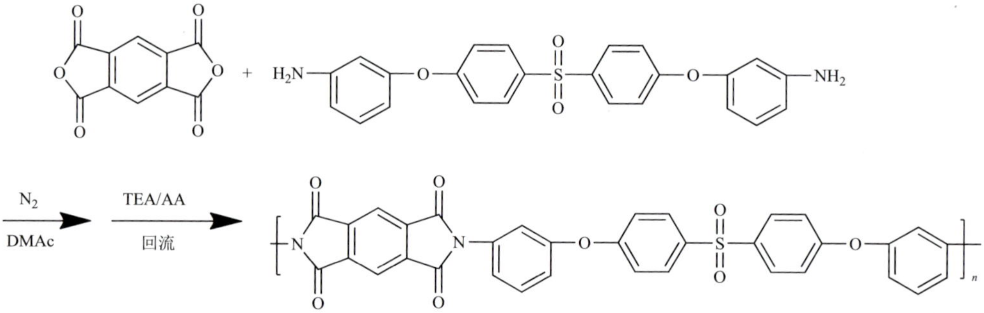

图 6.59 热塑性聚酰亚胺模塑粉合成路线

(150～250℃)的储能模量，同时降低聚醚醚酮在高温区的线膨胀系数，提高尺寸稳定性，即聚酰亚胺模塑粉的加入可以有效提高聚醚醚酮高温使用性能；聚酰亚胺模塑粉的加入可以明显提高聚醚醚酮在高温区的拉伸强度和模量，但由于两者相容性较差，材料在常温条件下的断裂伸长率仅为 10%左右，力学性能的具体数据如表 6.19 所示。

表 6.19 PEEK/聚酰亚胺共混物在不同温度下的力学性能

PEEK/聚酰亚胺(*w*/*w*)	测试温度/℃	拉伸模量/MPa	拉伸强度/MPa	断裂伸长率/%
80/20	23	2320	84	9
60/40	23	2120	90	16
40/60	23	1960	97	10
80/20	100	1880	67	17
60/40	100	1830	69	26
40/60	100	1610	70	13
80/20	200	540	31	238
60/40	200	700	32	249
40/60	200	820	31	59

2. 聚醚醚酮/热塑性聚酰亚胺共混物

南京岳子化工有限公司开发了一种热塑性聚酰亚胺(YZPI 型 TPI)，其 T_g 高达 256℃，具有优异的耐热、力学、介电及抗辐射等性能[42]。来育梅等[42]将聚醚醚酮和该 TPI 进行熔融共混，深入研究了 PEEK/TPI 共混物的各项性能，如图 6.60 所示。TPI 的加入可显著提高聚醚醚酮的高温储能模量，同时聚醚醚酮的加入能很好地改善 TPI 的加工流动性，达到优势互补，这对于开发高温下的结构材料有重要意义。但聚醚醚酮和这种 TPI 相容性较差，两者有各自的相区，其中在 TPI 含量低于 50%的共混物中，TPI 作为分散相分布于聚醚醚酮基体中，共混物的韧性较差。

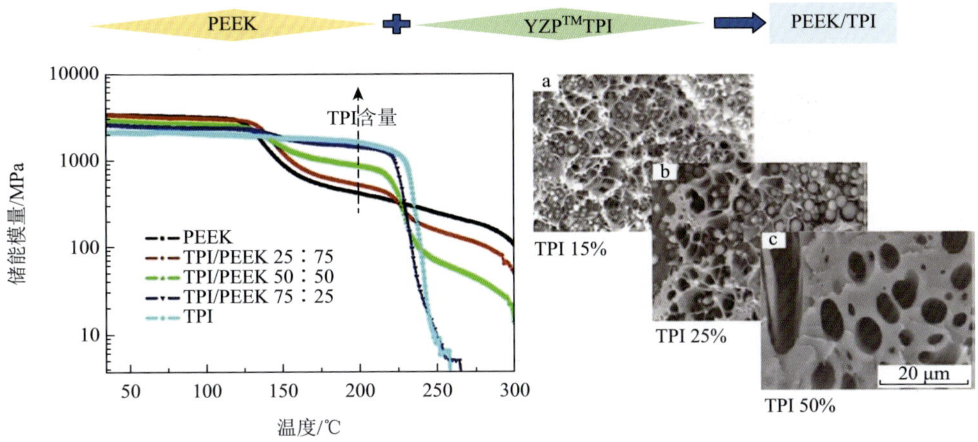

图 6.60　PEEK/TPI 共混物的储能模量和相形貌

对于聚醚醚酮/聚酰亚胺共混物而言，韧性较差成为其发展的瓶颈，这在很大程度上限制了其推广和应用。因此，如何增强聚醚醚酮和聚酰亚胺之间的界面作用，改善聚醚醚酮和聚酰亚胺的相容性，从而提高聚醚醚酮/聚酰亚胺共混物的韧性成为目前亟需解决的问题。通常来讲，各组分的性能特点要在高分子共混物中充分体现，各组分需要在共混物中拥有自己的相区。在不相容高分子共混物体系中，通常各组分会保持相对独立的各自相区，因此能把各自的性能特点带给共混物，但由于相区界面之间的结合力较弱，在受到外力作用时，界面不能很好地传递应力，导致材料的性能下降。因此要使共混物组分间实现性能互补，又保证材料的性能，需要对不相容高分子共混体系进行增容处理。在高分子共混体系中，加入增容剂是改善组分间相容性的有效方法。所谓增容剂，是指与共混体系中的两种高分子组分均有相互作用的第三组分，它可以有效提高组分间的界面黏结力、降低界面张力，从而显著改善共混体系的综合性能。

根据增容作用方式的不同，高分子增容剂可以分为反应型增容剂(羧酸型、酸酐型、环氧型等)和非反应型增容剂(无规共聚物、嵌段共聚物、接枝共聚物)两大类。反应型增容剂具有用量少、增容效果好等优点，但可供选择的反应基团有限，且反应过程中易发生副反应，同时反应基团的毒性、挥发性及对成型条件的苛刻要求都大大限制了其应用范围。与反应型增容剂相比，非反应型增容剂具有副反应少、应用广泛、增容效果好等优点，而嵌段共聚物就是一种常用的非反应型增容剂。嵌段共聚物增容剂是指嵌段共聚物分子链的一嵌段与共混物中的一种组分相容，另一嵌段与另一种组分相容的聚合物，即分子链段在共混物的界面处交互穿梭，起到类似“缝针”、“湿刷”或者“表面活性剂”的作用，从而达到增强界面作用的效果。

1)嵌段共聚物型增容剂的合成

聚醚醚酮-嵌段-聚酰亚胺共聚物(PEEK-*b*-PI)按图 6.61 所示反应路线合成，分别合成了嵌段分子量分别为 1500、3000、6000 和 12000 的 PEEK-*b*-PI 嵌段共聚物，分别标记为 PEEK-*b*-PI1500、PEEK-*b*-PI3000、PEEK-*b*-PI6000 和 PEEK-*b*-PI12000。

2)PEEK/TPI 合金的制备

首先将 PEEK、TPI 和 PEEK-*b*-PI 嵌段共聚物(PEEK-*b*-PI1500、PEEK-*b*-PI3000、

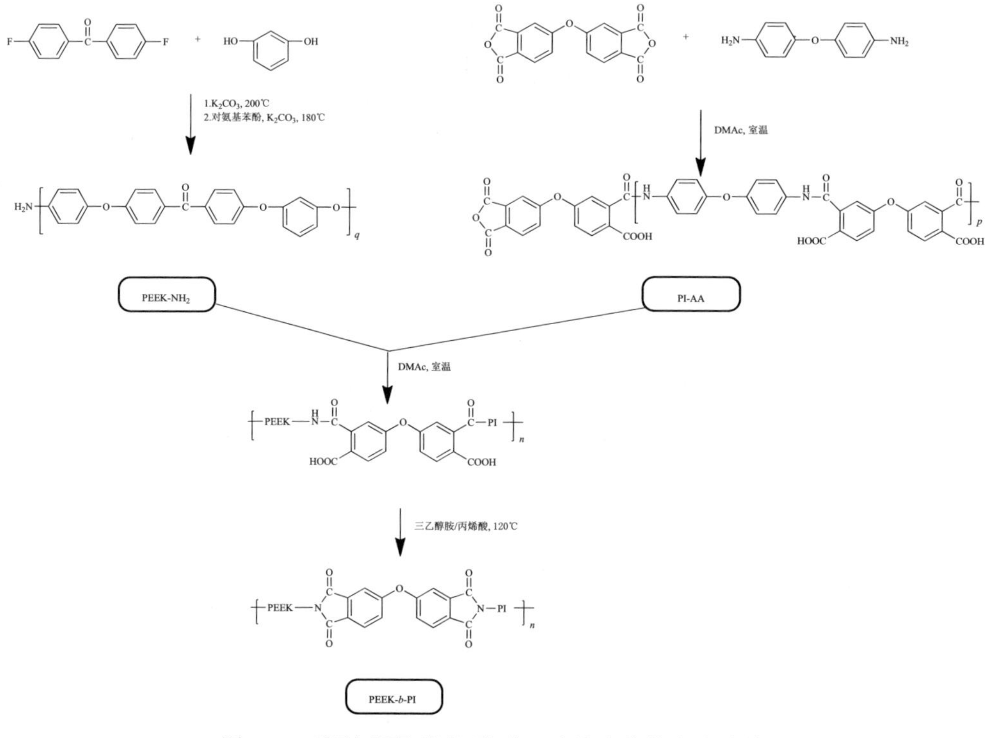

图 6.61 聚醚醚酮-嵌段-聚酰亚胺共聚物的合成路线

PEEK-*b*-PI6000 和 PEEK-*b*-PI12000）在 120℃干燥 12 h，然后以 PEEK∶TPI = 50∶50 的共混物为基体、PEEK-*b*-PI 的添加量为 5 wt%进行配料，用高速混料机进行预混，并用双螺杆挤出机进行熔融共混挤出，造粒得到粒料。为了确保实验结果的可比性，不添加增容剂的纯 PEEK、纯 TPI 和 PEEK∶TPI = 50∶50（质量比）的样品采用与上述相同的制备方法，得到相应的粒料。

3）嵌段共聚物的嵌段分子量对增容效果的影响

不同嵌段分子量的 PEEK-*b*-PI 对 PEEK/TPI 体系的增容效果，如表 6.20 所示。表中样品名“P50/T50”表示 PEEK∶TPI = 50∶50 的共混物，样品名“P50/T50/5%-*b*-1500”表示在 P50/T50 基体中添加 5 wt% PEEK-*b*-PI1500 作为增容剂得到的样品，依此类推。

表 6.20 中，聚醚醚酮的断裂伸长率为 31%，纯 TPI 的断裂伸长率为 15%，而 P50/T50 的断裂伸长率仅为 8.6%，这说明 PEEK 和 TPI 的相容性较差，界面黏结力较弱。加入不同嵌段分子量的 PEEK-*b*-PI 后，共混物的断裂伸长率有了不同程度的提高。加入 5 wt% PEEK-*b*-PI1500（表中 P50/T50/5%-*b*-1500）的共混物的断裂伸长率仅提升至 10.2%，说明嵌段分子量太小，而无法在 PEEK 和 TPI 的界面处穿梭和交联，增容效果并不理想；加入 5 wt% PEEK-*b*-PI3000 时，共混物的断裂伸长率提升至 18.1%；加入 5 wt% PEEK-*b*-PI6000 时，共混物的断裂伸长率提升至 27.4%，相比于不加增容剂时的 8.6%提升了 2 倍多，说明 PEEK-*b*-PI6000 的分子链足够长，两相的界面黏结力提高，达到增容效果；继续提高嵌段分子量至 12000 时，共混物的断裂伸长率略微下降至 22.5%，这是因为在 PEEK-*b*-PI 分子量基本相同的前提下，当嵌段分子量过大时，PEEK-*b*-PI 分子链不能形成多次的界面穿梭，而易在两相界面处发生断链，削弱了增容效果，嵌段分子量为 6000 时（即 PEEK-*b*-PI6000）的增容效果最好。

表 6.20　P50/T50 与不同嵌段长度 PEEK-*b*-PI 共混物的力学性能

样品	弯曲模量/MPa	弯曲强度/MPa	拉伸强度/MPa	断裂伸长率/%
PEEK	3620	129	104	31
TPI	2902	105	103	15
P50/T50	3280	119	102	8.6
P50/T50/5%-*b*-1500	3288	119	102	10.2
P50/T50/5%-*b*-3000	3290	119	104	18.1
P50/T50/5%-*b*-6000	3282	119	106	27.4
P50/T50/5%-*b*-12000	3284	118	105	22.5

4）嵌段共聚物的添加量对增容效果的影响

嵌段共聚物的添加量对于增容效果也有十分重要的影响。在一定添加量范围内，提高嵌段共聚物的添加量，会不断提高嵌段共聚物的增容效果；超过临界浓度之后，若继续提高添加量，则过多的嵌段共聚物可能形成自身富集相，而不会再起到增容效果。因此，优选嵌段分子量为6000的PEEK-*b*-PI作为增容剂，控制PEEK-*b*-PI的添加量为0%、2 wt%、5 wt%和8 wt%，从体系的微观形貌、玻璃化转变温度、力学性能、线膨胀系数等变化角度证明PEEK-*b*-PI对PEEK/TPI体系的增容作用。

(1)共混体系的微观形貌

图6.62是PEEK-*b*-PI不同添加量的PEEK/TPI共混体系淬断面的SEM图，样品测试前用有机溶剂DMAc将TPI刻蚀掉以区分两相，图中灰色部分为PEEK相，黑色部分是TPI相区。由图6.62(a)看出，其相尺寸较大且分布很宽(0.3～5μm)，说明PEEK与TPI之间的界面张力较大、界面作用力较弱。而PEEK-*b*-PI的加入可以明显提高PEEK与TPI的界面作用力和分散相的分散度，改善两者的相容性：当添加2 wt% PEEK-*b*-PI时[图6.62(b)]，分散相尺寸有了明显的减小，进一步地提高PEEK-*b*-PI添加量至5 wt%时[图6.62(c)]，分散相尺寸减小程度更显著，说明PEEK-*b*-PI的加入可有效地降低PEEK和TPI间的界面张力，增强界面作用力，提高了分散相的分散度。继续提高PEEK-*b*-PI添加量至8 wt%时[图6.62(d)]，两相尺寸不会再进一步减小，这是因为超过PEEK-*b*-PI的临界浓度后，若继续提高其添加量，则部分PEEK-*b*-PI会在PEEK或TPI的相区形成自身富集相，而不是继续在界面处起增容效果。当PEEK-*b*-PI的添加量为5 wt%或8 wt%时，共混体系形成了两相互锁的结构(双连续相结构)。PEEK-*b*-PI之所以有很理想的增容效果，是因为PEEK-*b*-PI中的聚醚醚酮链段和聚酰亚胺链段与纯PEEK树脂和TPI树脂有相似的分子链结构，PEEK-*b*-PI可以在PEEK/TPI两相的界面处渗透和穿梭，起到类似于表面活性剂的作用，有效降低了PEEK和TPI间的界面张力，同时提高两相界面作用力。

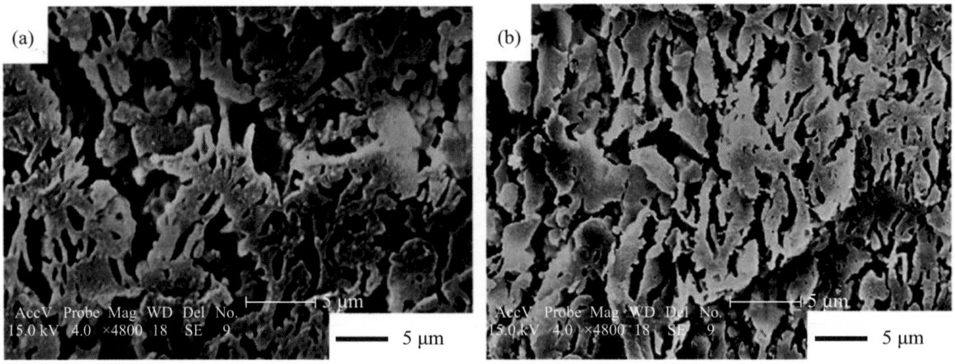

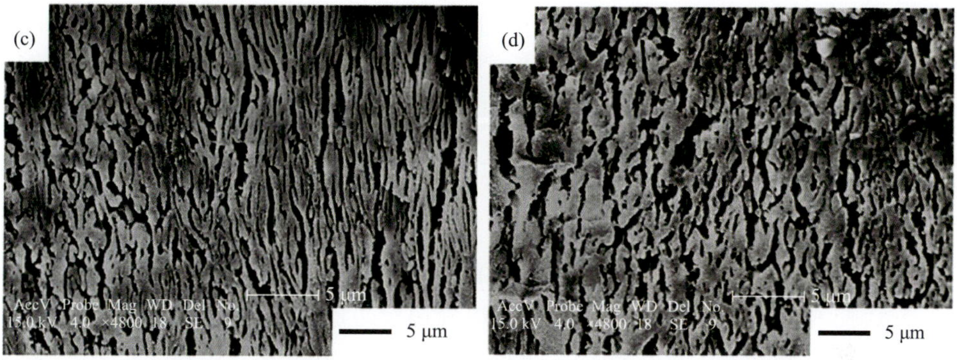

图 6.62 (a)未增容 P50/T50 混合物、(b)P50/T50/2%-*b*-6000、(c)P50/T50/5%-*b*-6000 和 (d)P50/T50/8%-*b*-6000 的淬断面 SEM 图

(2)共混体系的玻璃化转变温度

众所周知，利用共混前后各组分的玻璃化转变温度(T_g)变化可以判定共混体系的相容性。对于完全不相容的体系(以两组分共混体系为例)，共混体系组分间没有任何相互作用，各组分保持自己的相区和性质，因此共混物有两个 T_g，且其数值与原组分保持一致；当组分间有一定相容性时，各组分链间有一定的相互作用，T_g 有内移的趋势，即 T_g 较高的组分共混后 T_g 降低，T_g 较低的组分共混后 T_g 上升，且内移的程度越大，相容性越好；而对于完全相容的体系，组分间达到了分子水平上的完全混合，因此体系只有一个 T_g，且其数值介于两组分的 T_g 之间。

如图 6.63 所示 a、b 曲线分别是 PEEK 和 TPI 的动态热机械分析损耗角正切(tan *δ*)随温度变化的曲线，PEEK 和 TPI 的峰位分别在 170℃和 268℃。c 曲线有两个峰，且峰位与 PEEK 和 TPI 的相比基本保持不变，这说明 PEEK 和 TPI 的组分间作用力

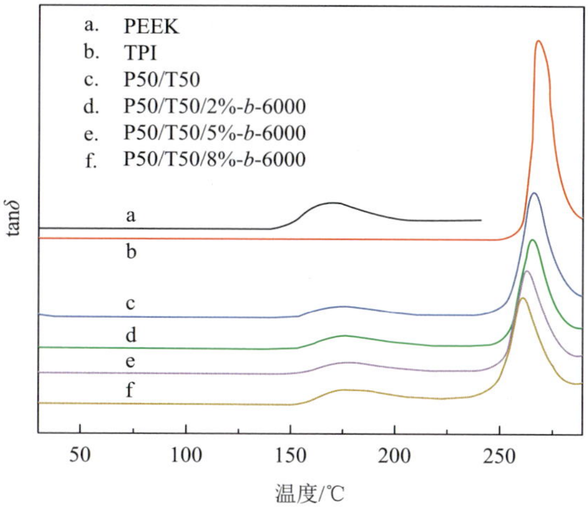

图 6.63 P50/T50 共混物的 tan *δ*-温度曲线

较弱，相容性较差。与之相比，d、e、f 曲线分别是添加 2 wt%、5 wt%和 8 wt%的 PEEK-*b*-PI 之后共混体系的 tan δ 曲线，共混体系 T_g 有内移的趋势：添加 5 wt%的 PEEK-*b*-PI，可以将对应 PEEK 的峰位提高 2℃，同时将对应 TPI 的峰位降低 5℃；添加 8 wt%的 PEEK-*b*-PI，共混物 T_g 会进一步内移。这证明 PEEK-*b*-PI 的加入，可以有效地增强 PEEK 和 TPI 间的链间相互作用，改善 PEEK 和 TPI 的相容性。

(3) 共混体系的力学性能

表 6.21 所示是 PEEK-*b*-PI 不同添加量的 PEEK/TPI 体系力学性能。PEEK-*b*-PI 的加入基本不会影响 PEEK/TPI 的弯曲强度和弯曲模量，同时可以小幅提升体系的拉伸强度，但 PEEK-*b*-PI 的加入可以大幅提升 PEEK/PI 共混体系的韧性(断裂伸长率)。共混体系的弯曲模量保持在 3300 MPa 左右，弯曲强度保持在 120 MPa 左右，拉伸强度保持在 102～106 MPa。

表 6.21 不同 PEEK-*b*-PI 含量 P50/T50 共混物的力学性能

样品	弯曲模量/MPa	弯曲强度/MPa	拉伸强度/MPa	断裂伸长率/%
P50/T50	3280	119	102	8.6
P50/T50/2%-*b*-6000	3314	120	103	13.2
P50/T50/5%-*b*-6000	3282	119	106	27.4
P50/T50/8%-*b*-6000	3298	119	106	23.3

PEEK-*b*-PI 的加入可以显著提升体系的断裂伸长率。不添加 PEEK-*b*-PI 时体系断裂伸长率仅为 8.6%，说明 PEEK 和 TPI 的界面作用力较弱；加入 2 wt%的 PEEK-*b*-PI 可以将体系的断裂伸长率提升至 13.2%；当 PEEK-*b*-PI 的添加量为 5 wt%时，体系的断裂伸长率大幅提升至 27.4%，相比于不添加 PEEK-*b*-PI 时的断裂伸长率提升了 200%，结合共混物形貌观察，添加 5 wt%的 PEEK-*b*-PI 时，共混体系的相尺寸明显降低、界面黏结力增强，同时形成了双连续结构，因此断裂伸长率大幅提升；进一步提高 PEEK-*b*-PI 的添加量至 8 wt%时，体系的断裂伸长率略有下降，这是因为超过临界浓度之后，过量的 PEEK-*b*-PI 会在 PEEK 相或 TPI 相形成自身富集相，这反而降低整个体系的性能。

(4) 共混体系的储能模量

图 6.64 给出的共混物为动态热机械分析(dynamic thermomechanical analysis，DMA)储能模量随温度的变化关系。PEEK 在 150℃以下的储能模量较高(约 2600 MPa)，但超过 150℃之后储能模量出现明显下降，这是因为 PEEK 的 T_g 在 143℃，超过 T_g 之后，链段开始运动，使材料的模量、强度等性能有所下降，在 180～250℃高温区的储能模量仅维持在 450 MPa 的水平；TPI 的储能模量能维持到 250℃，可在高温区保持良好的性能(约 1450 MPa)。未添加增容剂的 PEEK/TPI 共混物在 180～250℃高温区的储能模量明显高于 PEEK，可以

说明 TPI 的加入可以提高 PEEK 的高温使用性能。PEEK-*b*-PI 的加入可以提高体系的储能模量。其中，在 150℃以下的温度范围内，当 PEEK-*b*-PI 的添加量为 2 wt%时的储能模量维持在 2150 MPa 左右，当 PEEK-*b*-PI 的添加量为 5 wt%时的储能模量维持在 2350 MPa 左右，而未添加 PEEK-*b*-PI 时的储能模量仅在 1690 MPa 左右；在 180～250℃高温范围内，PEEK-*b*-PI 的添加量为 2 wt%时的储能模量为 790 MPa 左右，PEEK-*b*-PI 的添加量为 5 wt%时的储能模量维持在 840 MPa 左右，而未添加 PEEK-*b*-PI 时体系的储能模量仅在 650 MPa 左右。因此，PEEK-*b*-PI 的加入可以改善 PEEK 与 TPI 的界面结合力，明显提高体系的高温使用性能。

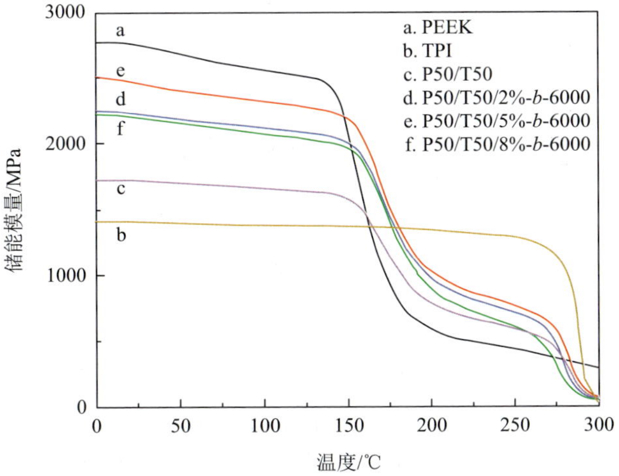

图 6.64　PEEK/TPI 共混物的储能模量与温度的函数曲线

(5) 共混体系的线膨胀系数

由图 6.65 中静态热机械分析(thermomechanical analysis，TMA)曲线计算得到相应的线膨胀系数，列于表 6.22 中。在 25～150℃温度区间内，PEEK、TPI 及 PEEK/TPI 共混体系的线膨胀系数差别不大，均在 50 ppm/℃左右。在 150～250℃高温区内，PEEK 的尺寸稳定性下降，线膨胀系数达到 135.98 ppm/℃，这是因为温度已经超过了 PEEK 的 T_g，PEEK 分子链段开始运动；TPI 在高温区内仍保持较好的尺寸稳定性，线膨胀系数仅为 66.19 ppm/℃，这是因为 TPI 的 T_g 高达 265℃，在 T_g 以下可保持较好的稳定性；P50/T50 线膨胀系数为 114.39 ppm/℃，低于纯 PEEK，说明 TPI 的加入可以有效改善 PEEK 在高温区的尺寸稳定性；另外，加入适量的 PEEK-*b*-PI 可以提高 PEEK/TPI 的尺寸稳定性，PEEK-*b*-PI 添加量为 2 wt%时的线膨胀系数降低至 109.47 ppm/℃，PEEK-*b*-PI 添加量为 5 wt%时的线膨胀系数降低至 89.39 ppm/℃，PEEK-*b*-PI 添加量为 8 wt%时的线膨胀系数略升高至

98.79 ppm/℃，这是因为 PEEK-*b*-PI 的加入可以提高 PEEK 和 TPI 两相间的界面作用力，进而可以降低体系的线膨胀系数，但当其添加量过高(8 wt%)时，PEEK-*b*-PI 嵌段共聚物因分子量相对较小、尺寸稳定性较差而影响了体系的整体性能，体系线膨胀系数会略微升高。

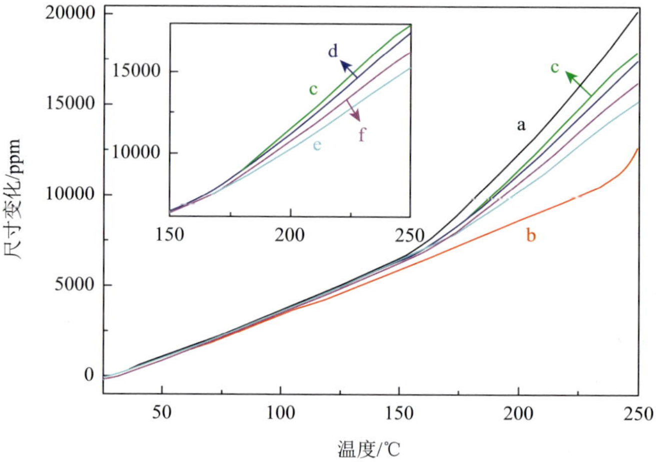

图 6.65 PEEK/TPI 共混物的 TMA 温度曲线

(a)纯 PEEK；(b)纯 TPI；(c)P50/T50；(d)P50/T50/2%-*b*-6000；(e)P50/T50/5%-*b*-6000；(f)P50/T50/8%-*b*-6000；插入图为 150～250℃放大图

表 6.22 PEEK/TPI 共混物的线膨胀系数(ppm/℃)

样品	25～150℃	150～250℃
PEEK	53.46	135.98
TPI	49.57	66.19
P50/T50	52.85	114.39
P50/T50/2%-*b*-6000	53.62	109.47
P50/T50/5%-*b*-6000	53.62	89.39
P50/T50/8%-*b*-6000	52.27	98.79

(6)共混体系的热稳定性

各共混物的 5%热失重温度($T_{d,5\%}$)和 10%热失重温度($T_{d,10\%}$)列于表 6.23 中。P50/T50 的 5%热失重温度为 564℃，10%的热失重温度为 578℃，而加入 PEEK-*b*-PI 的共混体系可以保持几乎同样的热稳定性。也就是说，PEEK-*b*-PI 的加入几乎不会影响体系的热稳定性，共混体系的 5%热失重温度均大于 560℃，具有很好的热稳定性。

表 6.23　PEEK/TPI 共混物的热稳定性

样品	$T_{d,5\%}$/℃	$T_{d,10\%}$/℃
P50/T50	564	578
P50/T50/2%-*b*-6000	564	578
P50/T50/5%-*b*-6000	564	578
P50/T50/8%-*b*-6000	563	577

5) 聚醚醚酮/聚酰亚胺比例不同的共混体系

分别以 PEEK∶TPI = 75∶25(简写为 P75/T25)和 PEEK∶TPI = 25∶75(简写为 P25/T75)为基体(共混比例均为质量分数)，嵌段分子量 6000 的 PEEK-*b*-PI 的添加量为 5 wt%，通过熔融共混制备共混物。

(1) 共混体系的微观形貌

图 6.66 是共混物淬断面 SEM 图，测试前 TPI 被刻蚀掉，图中灰色部分是 PEEK 相，黑色部分是 TPI 相。PEEK-*b*-PI 的加入明显降低相尺寸，有效地降低 PEEK 和 TPI 间的界面张力，增强界面作用力，改善 P75/T25 的相容性。

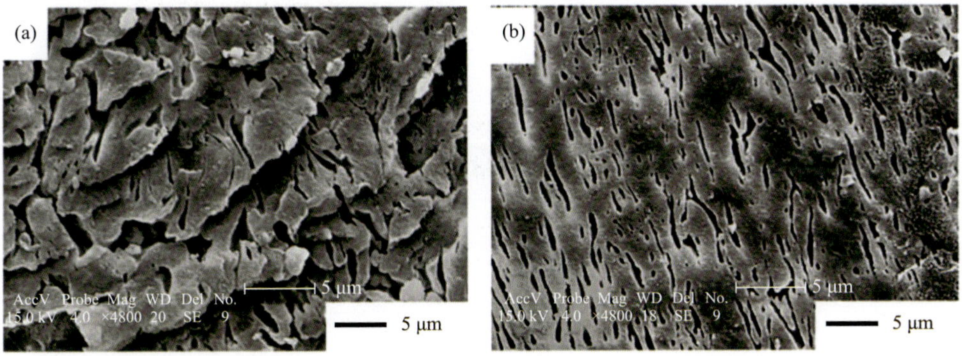

图 6.66　共混物 P75/T25(a)、P75/T25/5%-*b*-6000(b)淬断面 SEM 图

(2) 共混体系的力学性能

如表 6.24 所示，对于 P75/T25 体系而言，断裂伸长率为 10%，而加入 5 wt% 的 PEEK-*b*-PI 后体系的断裂伸长率提升为 25%；对于 P25/T75 体系的断裂伸长率为 10%，而加入 5 wt% PEEK-b-PI 后体系的断裂伸长率提升为 30%。PEEK-*b*-PI 对于不同 PEEK/TPI 比例的基体，都具有很好的增容效果，可以有效增强 PEEK 和 TPI 之间的界面结合力，改善 PEEK 和 TPI 的相容性。

表 6.24 P75/T25 和 P25/T75 共混物的力学性能

样品	拉伸强度/MPa	断裂伸长率/%
P75/T25	106	10
P75/T25/5%-*b*-6000	107	25
P25/T75	105	10
P25/T75/5%-*b*-6000	104	30

6.2.3 聚醚醚酮/聚醚酰亚胺共混物

聚醚酰亚胺(PEI)(ULTEM®)是一种无定形的聚酰亚胺，玻璃化转变温度在220℃左右，引入醚键在不破坏其优异热稳定性的同时，极大地提高了它的加工性能。Crevecoeur 和 Groeninckx[43]研究了 PEEK/PEI 共混物的相容性和结晶行为，如图 6.67(a)所示，以任意比例混合的 PEEK/PEI 共混物体系只呈现一个 T_g，即无定形态时 PEEK 和 PEI 完全相容。Lovinger 和 Hudson[44]及 Hsiao 和 Sauer[45]用电子和光学显微镜详细研究了 PEEK/PEI 的结晶形貌，如图 6.67(b)所示，发现在结晶过程中，部分 PEEK 从完全相容的无定形态分离形成自己的晶区(片晶、球晶、纤维状等)，而 PEI 则被排斥在 PEEK 结晶层的区域之外，因此 PEI 的加入会显著降低 PEEK 的结晶速率。

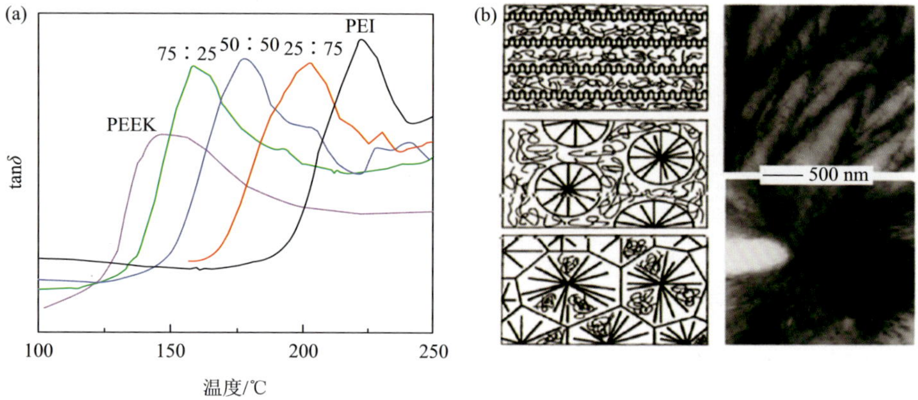

图 6.67 (a) PEEK/PEI 共混物的损耗角正切松弛曲线；(b) 半晶形态示意图和结晶形貌

从图 6.67(a)可以看到，要获得玻璃化转变温度高于 200℃的 PEEK/PEI 共混物，其中 PEI 的质量分数含量要接近 75%，不利于共混物综合性能的提升。通过在 PEI 中引入苯乙炔基团进行封端，在加工过程中利用苯乙炔基的交联反应构筑网络结构，制备交联型聚醚酰亚胺(c-PEI)，将其引入 PEEK 制备共混物可以实现在较低添加量下有效限制 PEEK 的无定形区的分子链段运动，达到提升 PEEK 热、力学性能及介电性能效果[40]。

1. c-PEI 的合成

采用如图 6.68 所示合成方法，合成了两种投料比不同的交联型聚醚酰亚胺，二胺的过量比分别为 10%和 20%，分别记为 c-PEI10 和 c-PEI20。

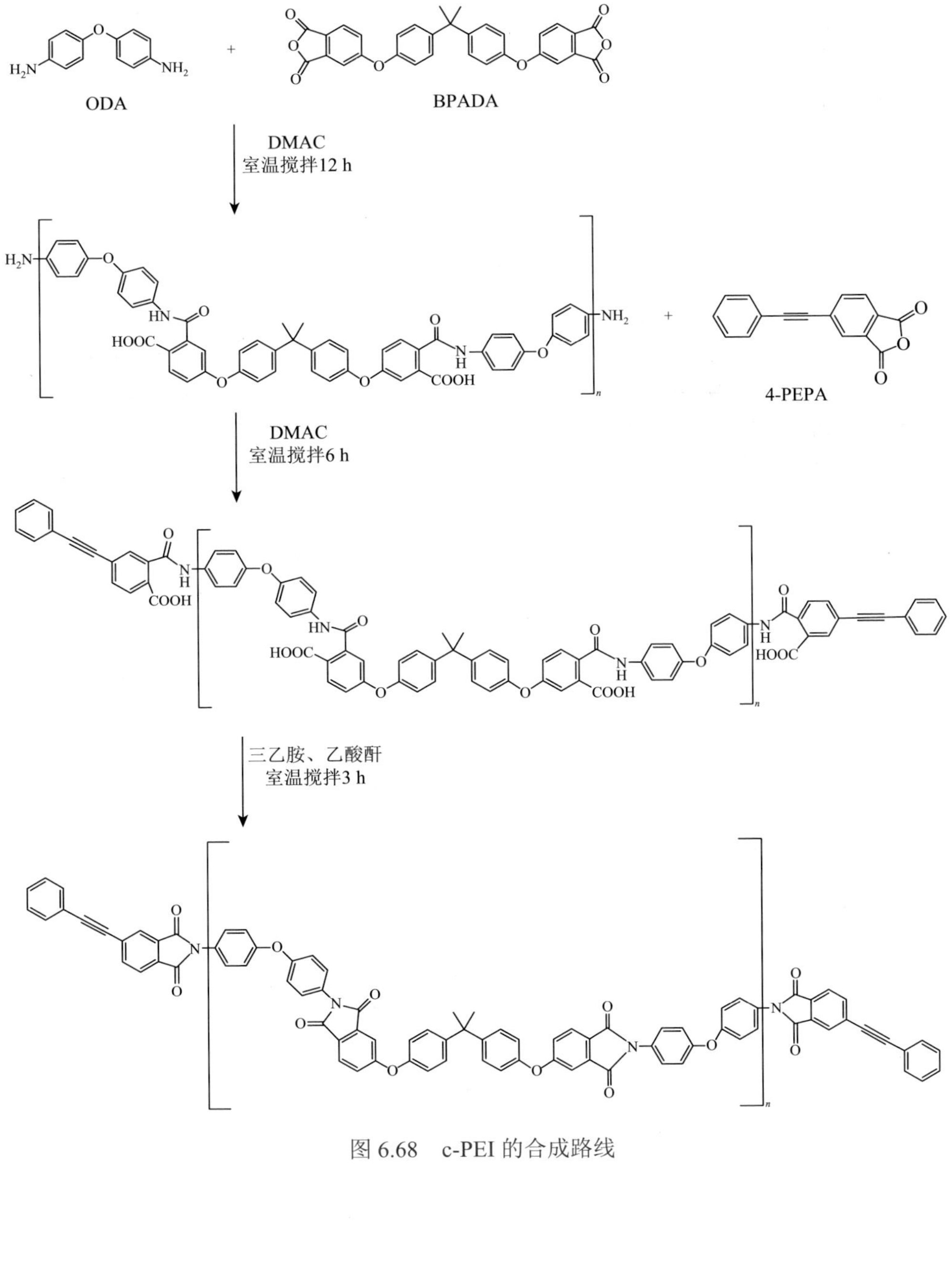

图 6.68 c-PEI 的合成路线

2. c-PEI/PEEK 共混物的制备

将真空干燥后的 c-PEI10 和 c-PEI20 分别以表 6.25 中的比例和 PEEK 置于高速搅拌机中混合均匀。再将混合粉末通过双螺杆挤出机共混制备 c-PEI/PEEK 共混物粒料。将 ULTEM®聚醚酰亚胺(s-PEI)按一定比例掺入 PEEK 制备共混物，并将其作为对照组进行分析。

表 6.25 PEEK 共混改性配方

PEI 种类	质量分数/wt%
s-PEI	5、10、15、20、30
c-PEI10	5、10、15、20、30
c-PEI20	5、10、15、20

图 6.69 是三种 PEI/PEEK 共混物的熔融指数随 PEI 添加量变化的曲线，随着 c-PEI 的添加量逐渐增加，引入的交联基团形成三维网络，阻碍分子链段的运动，高分子共混物的熔融指数逐渐下降。由于 c-PEI20 的交联基团含量较高，共混物的熔融指数下降得更快，对加工性能影响更大。30 wt% c-PEI10/PEEK 和 20 wt% c-PEI20/PEEK 两种高分子合金的熔融指数都降至 0.5 g/10 min 以下，难以成型加工。而随着 s-PEI 的添加量逐渐增加，高分子合金的熔融指数呈上升趋势。

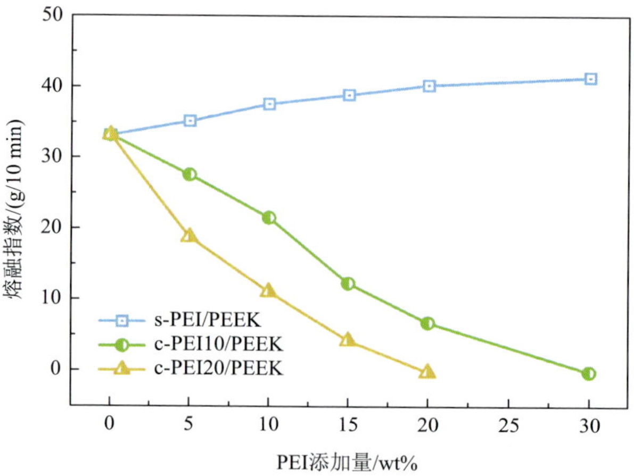

图 6.69 PEI/PEEK 共混物的熔融指数随 PEI 添加量变化曲线

三个系列的共混物的毛细管流变性能如图 6.70 所示，和熔融指数类似，其表观剪切黏度随着 c-PEI 添加量的增加而升高，而随着 s-PEI 添加量的增加而降低，同样说明了通过交联基团引入形成的交联网络会影响材料的加工性能。而且交联基团添加量越高，影响越明显，具体表现在相同添加量的情况下，c-PEI20/PEEK 的表观剪切黏度比 c-PEI10/PEEK 大，说明过高的交联度虽然可能会更好地提升材料的热性能和力学性能，但是会大幅度降低材料的加工性能，不利于材料的加工成型。

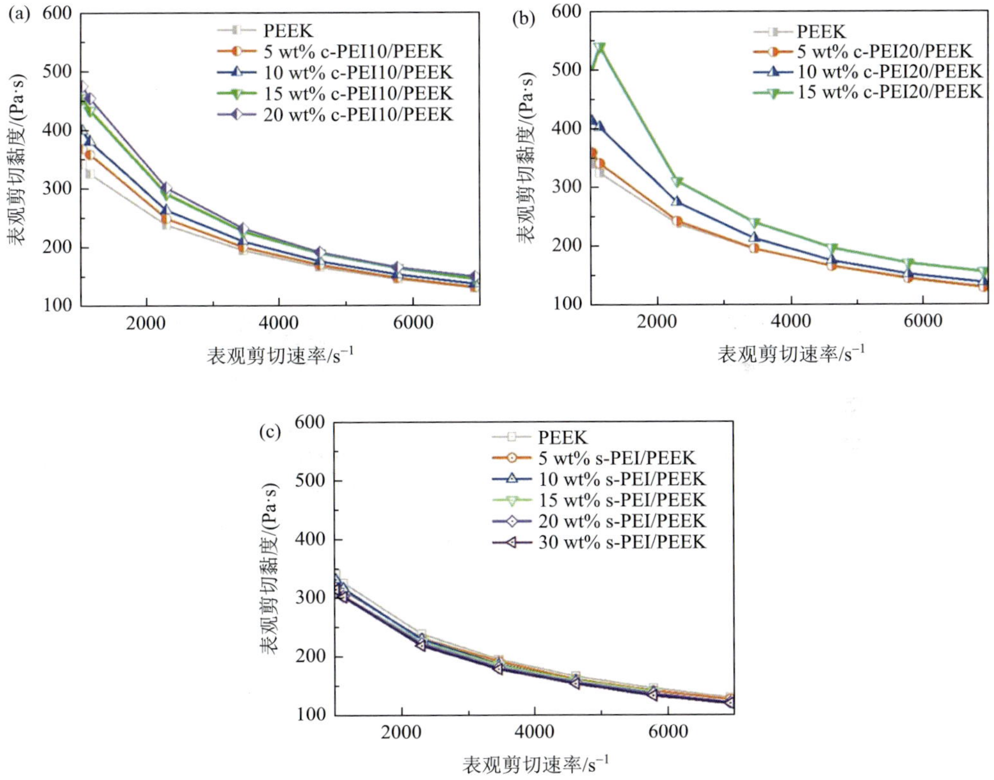

图 6.70　(a) c-PEI10/PEEK、(b) c-PEI20/PEEK 和 (c) s-PEI/PEEK 聚合物共混物的表观剪切黏度与表观剪切速率关系图

3. 交联型聚醚酰亚胺/聚醚醚酮的热性能

图 6.71 是 PEI/PEEK 共混物玻璃化转变温度随 PEI 添加量的变化曲线，从图中可以观察到引入 c-PEI 提高 T_g 的效果比 s-PEI 更加明显，如 20 wt% s-PEI/PEEK 的 T_g 为 160℃，而 20 wt% c-PEI10/PEEK 的 T_g 达到 172℃，这是由于 c-PEI 中引入的交联基团在加工过程中发生交联反应，构建了交联网络，限制了 PEEK 非晶区的分子链段运动，结合 PEI 本身的高 T_g 协同作用，所以效果更加明显。而对比两种 c-PEI，添加量相同时，c-PEI20/PEEK 高分子合金的 T_g 较高。

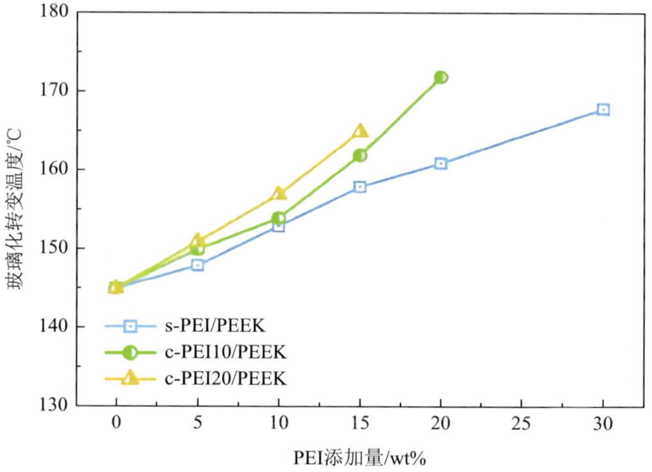

图 6.71　PEI/PEEK 共混物的玻璃化转变温度

图 6.72 是用 DMA 测定的 PEI/PEEK 共混物玻璃化转变温度和在 160℃下储能模量随 PEI 添加量的变化，从图中可以观察到随着 PEI 的加入，三个系列共混物高温时的储能模量均大幅提升，尤其是 20 wt% c-PEI10/PEEK 提升至 1350 MPa，与聚醚醚酮相比提高 124%，相同添加量的 20 wt% s-PEI/PEEK 的储能模量为 1240 MPa，说明 c-PEI 对材料高温机械性能的提高效果更加明显。c-PEI 引入时交联网络的构建和自身优异性能协同作用，在较低的添加量下，就可以大幅度提升材料高温时的机械性能。

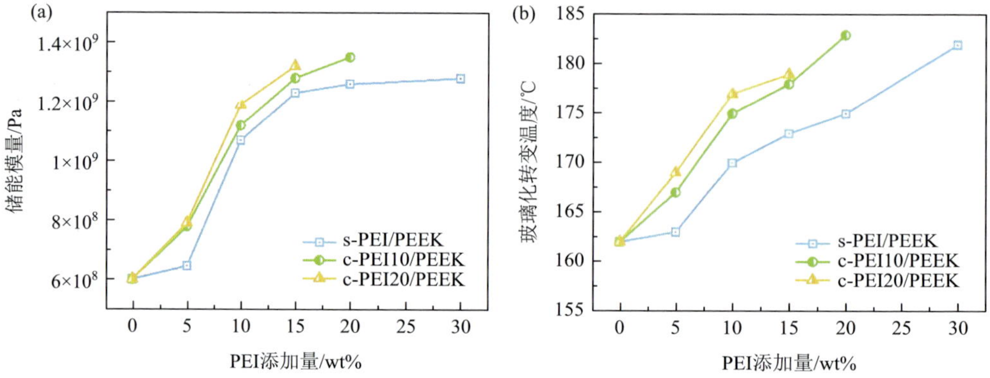

图 6.72　PEI/PEEK 共混物在 160℃下储能模量(a)和玻璃化转变温度(b)随 PEI 添加量的变化曲线

图 6.73(a)、(b)和(c)给出了三个系列 PEI/PEEK 共混物的热机械分析（TMA）曲线。为了便于观察，将三个系列 PEI/PEEK 共混物 25～150℃的线膨胀系数拟合于图 6.73(d)。从图中可以观察到，随着 PEI 添加量的增加，TMA 曲线的突变温度都向高温移动，这和共混物的玻璃化转变温度逐渐升高相对应。随着 c-PEI 的

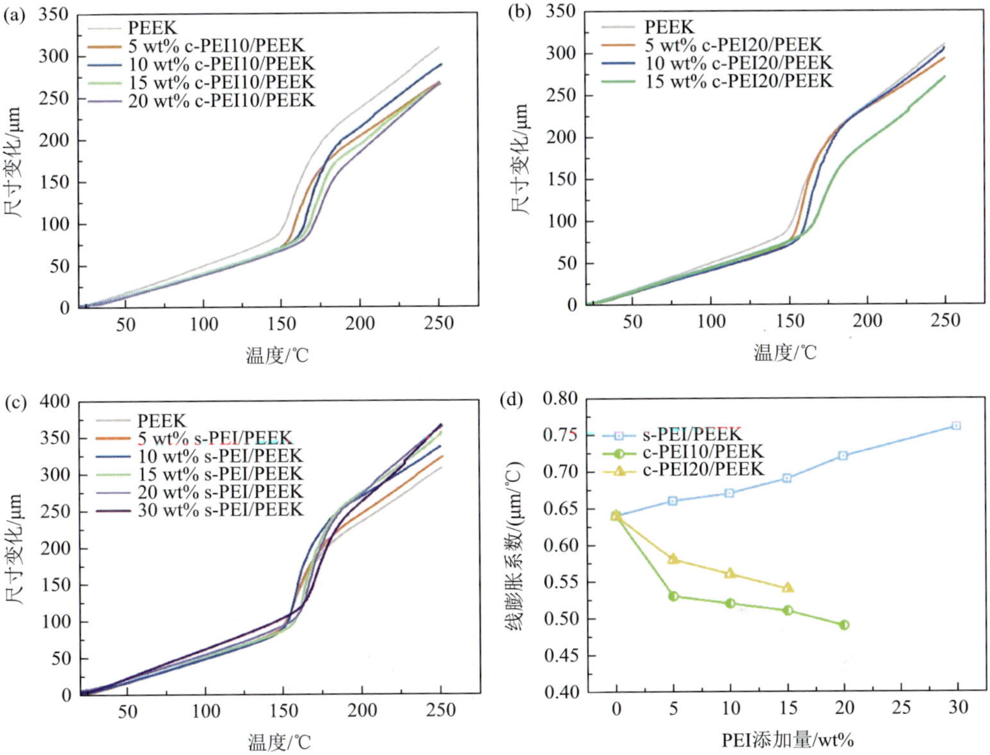

图 6.73　(a) c-PEI10/PEEK、(b) c-PEI20/PEEK 和 (c) s-PEI/PEEK 的 TMA 曲线；(d) PEI/PEEK 的线膨胀系数与 PEI 添加量的关系

加入，共混物的线膨胀系数不断减少，最低可达 0.49 μm/℃(20 wt% c-PEI10/PEEK)，降低了 23.4%。但随着 s-PEI 的加入，其所得共混物线膨胀系数却不断增加，20 wt% s-PEI/PEEK 的线膨胀系数为 0.72 μm/℃，与 PEEK(0.64 μm/℃)相比反而增加了 12.5%。线膨胀系数的变化说明 s-PEI 的加入，会降低材料的尺寸稳定性，而 c-PEI 的交联网络构建可以显著限制无定形区的分子链段运动，从而大幅降低共混物的线膨胀系数，明显提高材料的尺寸稳定性。

4. 交联型聚醚酰亚胺/聚醚醚酮共混物的力学性能

三个系列的 PEI/PEEK 共混物力学性能如表 6.26 所示。相比于聚醚醚酮，s-PEI 的加入引起了共混物材料的拉伸强度下降，断裂伸长率增加；而 c-PEI 的引入使共混物拉伸强度和断裂伸长率都有所提升。s-PEI 的引入会使聚醚醚酮的结晶度降低，从而使共混物具有更高的断裂伸长率。对于 c-PEI/PEEK 共混物，虽然 c-PEI 也会使聚醚醚酮基体的结晶度降低，但 c-PEI 在加工过程交联后，可以弥补其引入破坏聚醚醚酮基体结晶而导致拉伸强度下降问题。

表 6.26 PEI/PEEK 共混物的力学性能

样品	拉伸强度/MPa	断裂伸长率/%
PEEK	102.9	22.9
5 wt% s-PEI/PEEK	102.2	24.1
10 wt% s-PEI/PEEK	101.5	26.2
15 wt% s-PEI/PEEK	100.7	30.4
20 wt% s-PEI/PEEK	99.1	33.7
30 wt% s-PEI/PEEK	97.9	40.2
5 wt% c-PEI10/PEEK	103.2	22.5
10 wt% c-PEI10/PEEK	104.9	25.7
15 wt% c-PEI10/PEEK	105.7	28.3
20 wt% c-PEI10/PEEK	107.9	33.2
5 wt% c-PEI20/PEEK	103.7	21.0
10 wt% c-PEI20/PEEK	104.4	22.5
15 wt% c-PEI20/PEEK	105.9	29.1

5. 交联型聚醚酰亚胺/聚醚醚酮高分子合金的介电性能

图 6.74～图 6.76 给出的是三个系列共混物在 1000 Hz 下，介电常数和介电损耗的温谱，从图中可以观察到，c-PEI 填充的共混物介电常数和介电损耗的突变(拐点)温度明显高于 s-PEI 填充的共混物。将 160℃、1000 Hz 下的三个系列共混物的介电常数和介电损耗绘制图 6.77，引入 PEI 之后的共混物的介电常数和介电损耗与室温相比变化不大，且 PEI 的添加量越大，共混物的交联程度越高，其介电常数和介电损耗越接近室温时的数值。PEEK 在 160℃时介电常数已经达到 3.84，介电损耗达到 0.0134，相比室温下的介电常数(3.51)和介电损耗(0.0055)分别增加了 9.4%和 143.6%，这是由于 PEEK 无定形区的分子链段在高温下开始运动，在电场作用下产生更大的极化损耗，严重影响了 PEEK 高温时的介电性能。20 wt% s-PEI/PEEK 在 160℃时介电常数达到了 3.72，介电损耗达到了 0.0075，相比室温下 PEEK 的介电常数和介电损耗分别增加了 6.0%和 36%，这是由于 PEI 与 PEEK 无定形区的分子链相互缠结，并且 PEI 具有较高的玻璃化转变温度，在高温时对 PEEK 无定形区的分子链段运动起到了一定限制作用，从而提高了材料的介电稳定性。20 wt% c-PEI10/PEEK 在 160℃时介电常数(3.22)和介电损耗(0.0019)仍维持在常温时的水平，相比室温下 PEEK 的介电常数和介电损耗分别降低了 8.3%和 65%，与 s-PEI 填充的共混物相比效果更加明显，尤其是其介电损耗更低。c-PEI 的引入，利用其自身优异的热性能和交联网络构建的协同作用，限制 PEEK 无定形区的分子链段运动，从而显著提升材料的介电性能的温度稳定性。

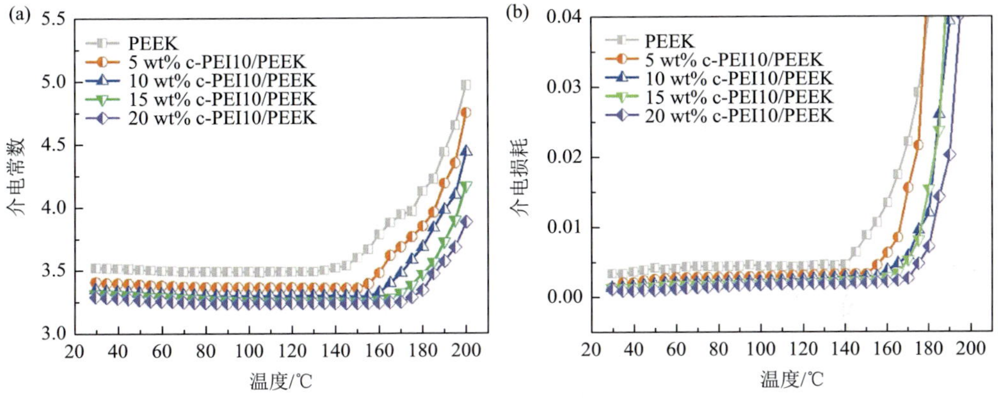

图 6.74 c-PEI10/PEEK 的介电常数(a)和介电损耗(b)与温度的函数曲线

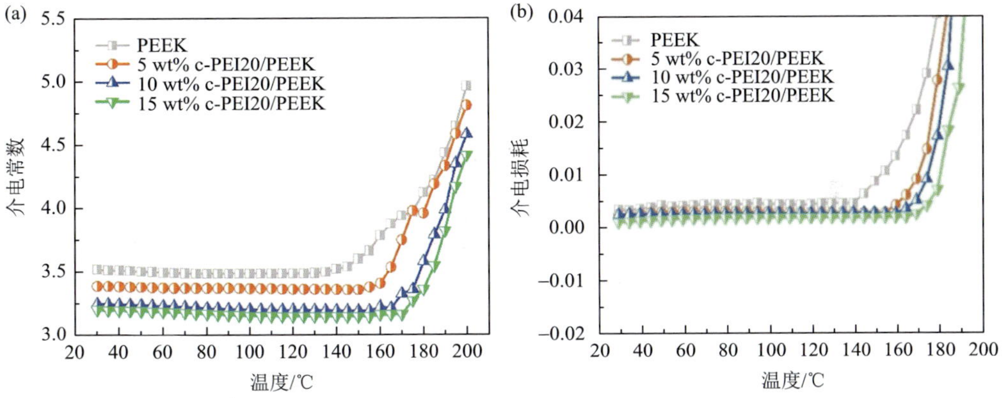

图 6.75 c-PEI20/PEEK 的介电常数(a)和介电损耗(b)与温度的函数曲线

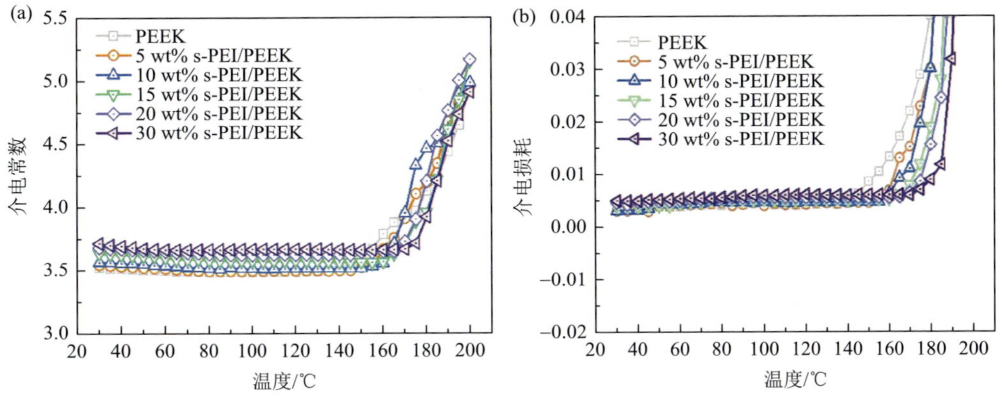

图 6.76 s-PEI/PEEK 的介电常数(a)和介电损耗(b)与温度的函数曲线

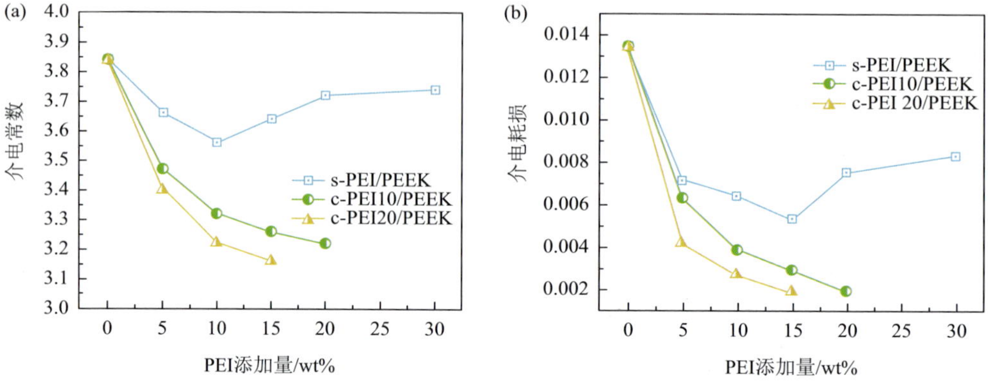

图 6.77　160℃时 PEI/PEEK 的介电常数(a)和介电损耗(b)随 PEI 添加量的变化曲线

6.3　纤维增强聚醚醚酮

利用无机或有机纤维与聚芳醚酮树脂复合是提高聚芳醚酮树脂力学强度的最有效和常用的方法。常用的纤维主要有碳纤维、玻璃纤维、玄武岩纤维、芳纶纤维和晶须等。根据纤维在复合材料中的长度和状态通常可以分为短纤维增强聚醚醚酮复合材料、长纤维增强聚醚醚酮复合材料和连续纤维增强聚醚醚酮复合材料。

短纤维增强聚醚醚酮复合材料可以在大幅度提高材料的力学强度的同时，还保持聚醚醚酮树脂的热塑性，即短纤维增强聚醚醚酮复合材料可以采用挤出、注塑、模压等常规热塑性树脂加工工艺方便、高效地加工成制品，大大拓宽了聚醚醚酮树脂的应用领域。短纤维增强聚醚醚酮复合材料一般采用熔融挤出工艺制备，常用的设备是双螺杆挤出机。一方面纤维在复合材料中分散越均匀，材料的性能越好；另一方面，由于复合材料中纤维的长径比要达到一定数值才能起到增强作用，且长径比对材料的强度等性能影响比较大，因此在选择挤出机螺杆组合及技术参数时要兼顾二者，既要确保纤维的分散度，又要保证纤维在复合过程中能保持必要的长度。

6.3.1　玻璃纤维和碳纤维增强聚醚醚酮

玻璃纤维(玻纤，glassfiber，GF)是一种绝缘性好、耐热性强、抗腐蚀性好、机械强度高的纤维材料。碳纤维(碳纤，carbon fiber，CF)则是一种高强度、高模量纤维的新型纤维材料，含碳量超过 90%，具有质量轻、高强度的特点。这两类纤维是最常用的高分子树脂增强填料。

玻纤、碳纤与聚醚醚酮具有较好的亲和性，纤维填充量一般在 10 wt%～50 wt%，玻纤和碳纤增强复合材料具有以下特点[46-50]：

(1) 优异的耐热性。玻纤/碳纤增强聚醚醚酮具有非常好的耐热性能，和未增强的聚醚醚酮相比，具有更高的热变形温度和更好的尺寸稳定性。

(2) 优异的力学性能。玻纤和碳纤可使增强聚醚醚酮材料的力学性能大幅提高，与未增强的相比，显示出更高的模量和强度。

(3) 优异的耐腐蚀性能。玻纤和碳纤增强聚醚醚酮耐腐蚀，能够在低温以及恶劣环境下，保证产品性能稳定性，并且使用周期长。

(4) 优异的耐磨性。玻纤增强聚醚醚酮具有优异的耐摩擦性能，增加零部件的耐用性，其具有较低的摩擦系数及良好的润滑性，从而延长零部件的使用寿命。

(5) 环保。玻纤/碳纤增强聚醚醚酮符合严格的安全要求，具有阻燃、低烟排放等特点。

1. 聚芳醚酮树脂熔体黏度调节剂

聚醚醚酮树脂的熔体黏度比较大，熔体流动性不佳，添加碳纤维或玻璃纤维后，聚醚醚酮熔体流动性更加降低，使得复合材料熔融挤出加工困难。为了改善纤维增强复合材料的加工性能，开发了一种聚芳醚酮液晶加工助剂，该加工助剂保证了与聚醚醚酮良好的相容性，同时增加了聚醚醚酮树脂的熔体流动性，所设计的聚芳醚酮液晶反应方程式如图 6.78 所示。

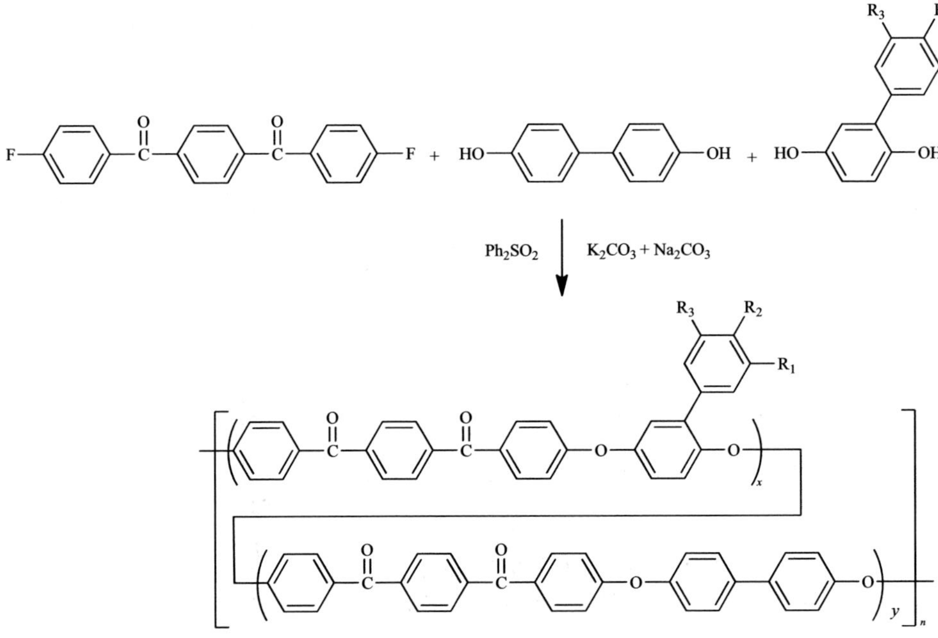

图 6.78 聚芳醚酮液晶聚合物的合成路线

反应方程式中的 R_1、R_2、R_3 选择不同的基团可以获得不同的聚芳醚酮液晶聚合物，表 6.27 列出了三种聚合物作为聚醚醚酮熔体黏度调节剂。通过研究表明，聚合物 I 对聚醚醚酮树脂熔融指数的改善作用最明显，其合成路线及化学结构如图 6.79 所示。

表 6.27 聚芳醚酮液晶聚合物苯侧基上的取代基

取代基	R_1	R_2	R_3
聚合物 I	CF_3	H	H
聚合物 II	CF_3	Cl	H
聚合物III	CF_3	H	CF_3

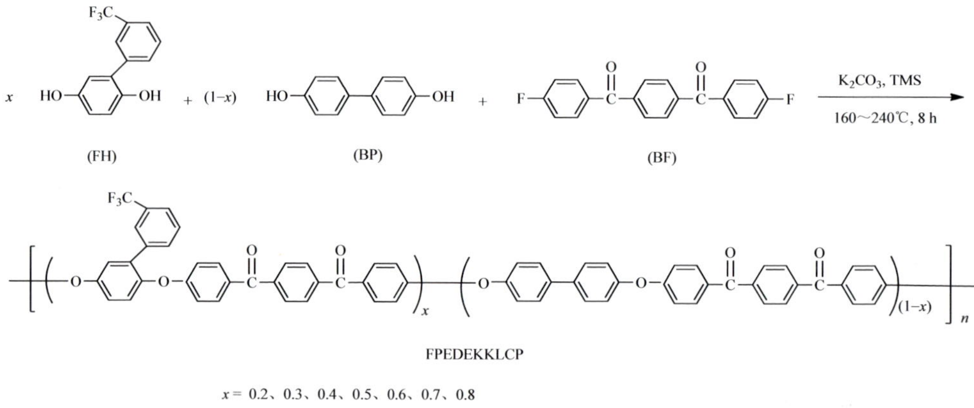

图 6.79 含三氟甲基聚芳醚酮液晶聚合物合成路线

选用具有良好的液晶性三氟甲基苯酚与联苯二酚投料比为 30∶70 的聚芳醚酮液晶作为加工助剂，该聚合物熔融指数(MI)为 81 g/10 min；相对黏度(η)为 0.35 dL/g(浓硫酸)；玻璃化转变温度(T_g)为 135℃；熔点(T_m)为 297℃；清亮点温度(T_i)为 365℃。将聚芳醚酮液晶聚合物(FPEDEKKLCP)按一定比例混入聚醚醚酮，从图 6.80 可以看出，FPEDEKKLCP 的加入使聚醚醚酮的熔体黏度显著降低。同时，可以看出，复合材料对剪切速率非常敏感，当剪切应力为 7 kg/mm^2 时，复合材料的熔融指数较剪切应力为 5 kg/mm^2 时增加一倍。因此，聚芳醚酮液晶聚合物将在聚醚醚酮的加工改性中发挥重要作用。

表 6.28 列出了添加不同量的聚芳醚酮液晶聚合物的聚醚醚酮树脂共混物的机械性能。从表中数据可以看出，聚芳醚酮液晶聚合物添加到聚醚醚酮树脂后，可以提高聚醚醚酮树脂的熔体流动性，同时还可以提高其力学性能。

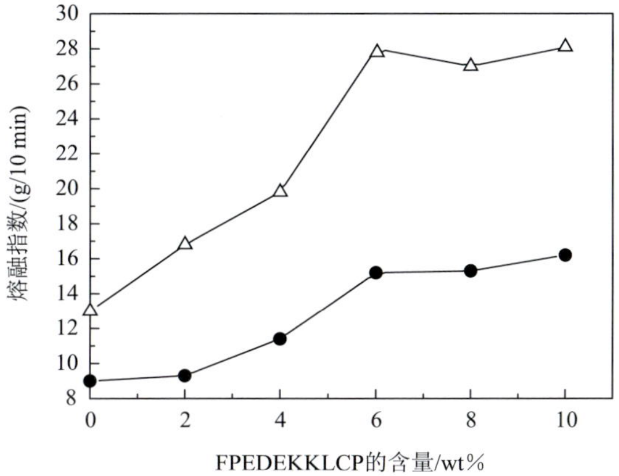

图 6.80　聚芳醚酮液晶聚合物的加入量对 PEEK 的熔融指数的影响

（● 剪切应力为 5 kg/mm²，△ 剪切应力为 7 kg/mm²，熔融温度为 360℃）

表 6.28　PEEK/FPEDEKKLCP 共混物的力学性能

PEEK/FPEDEKKLCP	100/0	98/2	96/4	94/6	92/8	90/10
拉伸强度/MPa	96.4	100.6	98.2	99.8	97.9	102.8
弯曲强度/MPa	161.8	164.6	163.3	162.9	162.5	165.9

2. 高温润滑剂

高温润滑剂作用机理包括内部润滑和界面润滑，内部润滑是指少量的润滑剂分子能像增塑剂一样穿插到聚合物分子链之间，进而可以降低聚合物分子链之间的相互作用力，使得分子链更容易移动和旋转；界面润滑是指为减少加工时树脂同加工器械间摩擦，在熔融树脂表面或加工器械模具表面涂覆润滑剂，以达到形成润滑剂层的目的，以此增加熔融流动性。

为了进一步提高纤维增强聚醚醚酮复合材料的加工性能，筛选了德国 Wacker 公司的高温润滑剂 GENIOPLAST® Pellet S（GPPS）作为复合材料加工的内润滑剂，这种润滑剂具有较高的热分解温度，加入较少的量就可以显著降低挤出机的螺杆扭矩。图 6.81 给出了润滑剂不同添加量对螺杆扭矩的影响，从图中可以看出，只要加入 1 wt%的润滑剂就可以使挤出机螺杆的扭矩由原来纯聚醚醚酮树脂的 87 N·m 降低到 62 N·m，加入 3 wt%时，可以使扭矩降低到 58 N·m；添加 1 wt%润滑剂使添加 20 wt%碳纤维的复合材料的扭矩由原来的 88 N·m 降低到 61 N·m，添加 3 wt%润滑剂可以使扭矩降低到 52 N·m。以上结果表明，这种高温润滑剂可以显著改善聚醚醚酮树脂的熔融加工性能。

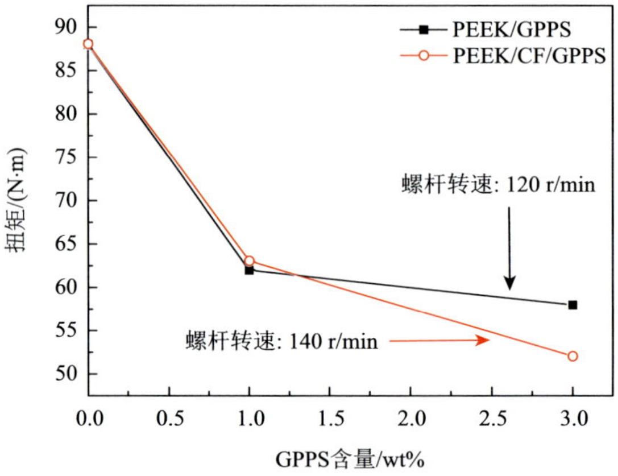

图 6.81 高温润滑剂(GPPS)含量对螺杆扭矩的影响

图6.82给出了聚醚醚酮树脂及添加润滑剂的聚醚醚酮树脂的5%热失重曲线。从曲线可以看出，添加 1 wt%润滑剂对聚醚醚酮树脂的热失重温度几乎没有任何影响，加入 3 wt%润滑剂时，聚醚醚酮树脂的热分解温度稍有降低，表明适量润滑剂的加入不会对聚醚醚酮树脂的热稳定性产生明显影响。

加入润滑剂后，对聚醚醚酮及碳纤维复合材料的力学性能影响如表 6.29 所示。从表中数据可以看出，添加 1 wt%润滑剂对聚醚醚酮树脂的力学性能几乎没有影响，添加 3 wt%润滑剂对聚醚醚酮树脂的力学性能有所影响，但对聚醚醚酮碳纤维复合材料的力学性能却有所提高，这是因为加入润滑剂使聚醚醚酮的熔体黏度下降，有利于碳纤维在聚醚醚酮基体中分散，从而使复合材料的力学性能有所提高。

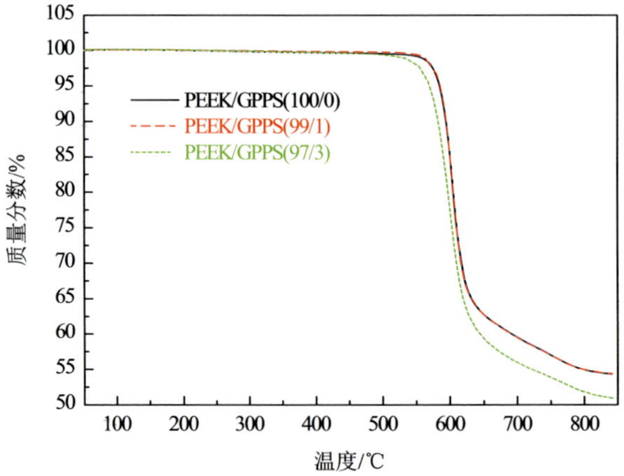

图 6.82 聚醚醚酮树脂与聚醚醚酮/GPPS 在氮气下热失重曲线

表 6.29　PEEK、PEEK/GPPS 及 PEEK/CF/GPPS 复合物的力学性能

样品	拉伸强度/MPa	断裂伸长率/%	弯曲强度/MPa	弯曲模量/GPa
PEEK (99 wt%) /GPPS (1 wt%)	96.4	26.5	161.8	3.5
PEEK/GPPS (1 wt%)	95.0	25.3	160.5	3.4
PEEK (80 wt%) /CF (20 wt%)	172.9	7.9	255.0	9.1
PEEK (79 wt%) /CF (20 wt%) /GPPS (1 wt%)	186.8	7.6	250.5	9.2
PEEK (97 wt%) /GPPS (3 wt%)	89.1	36.2	157.1	3.2
PEEK (77 wt%) /CF (20 wt%) /GPPS (3 wt%)	191.6	7.7	218.5	8.3

同时，这种高温润滑剂中含有纳米二氧化硅组分，应该可以起到成核剂的作用，从而提高聚醚醚酮树脂的结晶速度。图 6.83 给出了聚醚醚酮树脂、添加润滑剂的聚醚醚酮树脂及碳纤维增强聚醚醚酮复合材料在 298℃的等温结晶时间，从图中可以看出，润滑剂的加入使聚醚醚酮树脂结晶速度加快，但碳纤维的加入使复合材料的结晶速度有所降低。

图 6.84 分别是以聚芳醚酮液晶聚合物、GPPS 高温润滑剂等填料作为复合材料挤出的加工助剂，通过熔融挤出复合工艺制备碳纤维和玻璃纤维增强聚醚醚酮

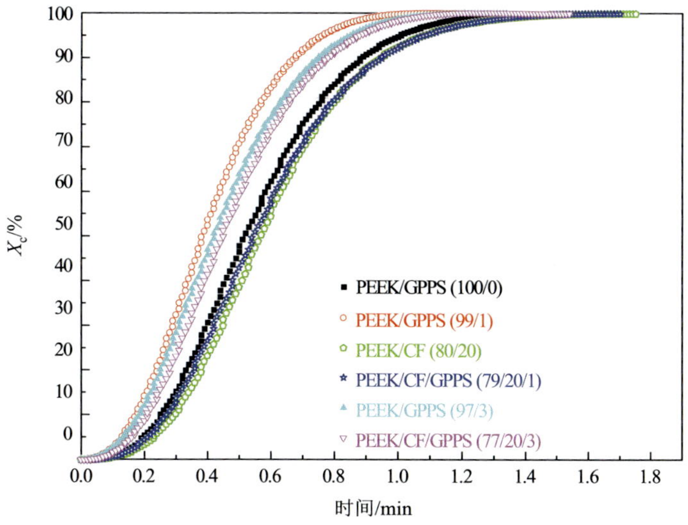

图 6.83　PEEK/GPPS 与 PEEK/CF/GPPS 298℃下等温结晶相对结晶度随时间变化曲线

复合材料。表 6.30 给出了纤维含量为 20 wt%、30 wt%的碳纤维及玻璃纤维增强的聚醚醚酮复合材料的综合性能。

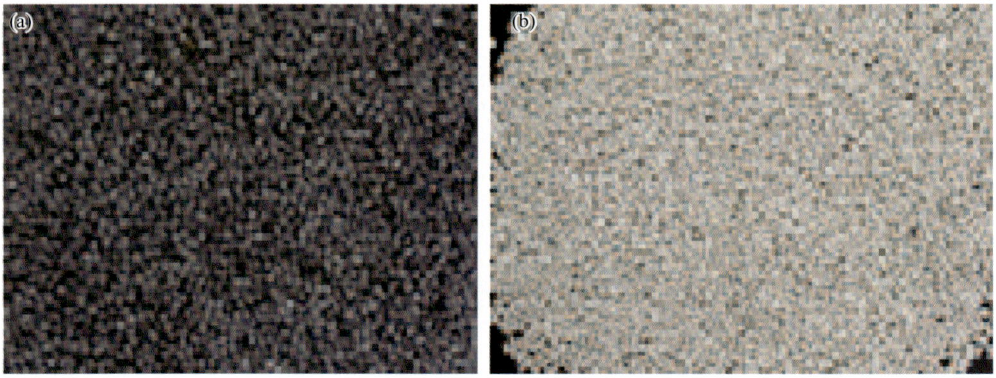

图 6.84 碳纤维增强聚醚醚酮复合材料粒料(a)和玻璃纤维增强聚醚醚酮复合材料粒料(b)

表 6.30 碳纤维及玻璃纤维增强的聚醚醚酮复合材料的综合性能

		20 wt% CF/PEEK	30 wt% CF/PEEK	20 wt% GF/PEEK	30 wt% GF/PEEK
机械性能	拉伸强度/MPa	210	260	140	160
	断裂伸长率/%	2.5	2.5	2.5	2.5
	拉伸模量/GPa	21.5	31.0	8.5	11.2
	弯曲强度/MPa	300	360	200	230
	弯曲模量/GPa	12	20	8	9
	简支梁冲击强度/(kJ/m)(缺口)	6.0	8.0	7.0	7.0
热性能	熔点/℃	334	334	334	334
	玻璃化转变温度/℃	143	143	143	143
	热膨胀系数(温度低于 T_g 平均值)/(ppm/℃)	40	40	45	45
	热膨胀系数(温度高于 T_g 平均值)/(ppm/℃)	100	100	100	100
	热变形温度(1.8 MPa)/℃	310	310	300	310
	热导率/[W/(m·℃)]	0.95	0.95	0.35	0.35
物理性能	密度/(g/cm^3)	1.4	1.4	1.45	1.45
	熔体黏度/(Pa·s)	530	630	480	540
	洛氏硬度/(HR)	85	87	88	88

续表

		20 wt% CF/PEEK	30 wt% CF/PEEK	20 wt% GF/PEEK	30 wt% GF/PEEK
物理性能	吸水率/%	0.4	0.4	0.4	0.4
	表面电阻/Ω	—	—	10^{14}	10^{14}
	体积电阻率/(Ω·cm)	—	—	10^{15}	10^{15}
	成型收缩率（平行流动）/‰	3	2	4	3
	成型收缩率（垂直流动）/‰	4	3	6	5
	易燃性等级	V-0	V-0	V-0	V-0

6.3.2 玄武岩纤维增强聚醚醚酮

玄武岩纤维是一种以天然矿物为原料的高性能纤维，拥有一系列的性能优势，如耐酸碱性、耐寒性、耐高温性远远高于玻璃纤维和碳纤维等，它能够代替玻璃纤维(GF)和部分代替成本较高的碳纤维(CF)，用于制备高温、潮湿、腐蚀等苛刻使用环境的聚醚醚酮复合材料，从而提升纤维增强聚醚醚酮复合材料的性价比。本节介绍以聚醚醚酮(PEEK)为基体树脂、玄武岩纤维(BF)为增强纤维的复合材料[51, 52]。

1. 玄武岩纤维表面改性对复合材料性能影响

就纤维增强聚合物基复合材料而言，当纤维与树脂间拥有较强的界面相互作用时，所受应力才能得到有效的传递，使纤维成为应力的主要承担者进而机械性能得以提高。所以，改善玄武岩纤维与聚醚醚酮树脂之间的界面相互作用，对于获得性能优异的复合材料十分重要。由于玄武岩纤维的主要成分是天然无机矿物，其表面能与聚醚醚酮相差较大，二者的界面结合比较差，所以需要对玄武岩纤维进行表面处理。首先采用酚醛树脂、环氧树脂、聚氨酯树脂对玄武岩纤维进行表面处理，然后通过熔融挤出复合工艺制备玄武岩纤维增强聚醚醚酮(PEEK/BF)复合材料。

1) 玄武岩纤维增强聚醚醚酮复合材料的力学性能

浸润剂对玄武岩纤维/聚醚醚酮复合材料力学性能的影响见表 6.31。可以看出，浸润剂中成膜剂为环氧树脂或者环氧树脂和聚氨酯的玄武岩纤维与聚醚醚酮的复合材料力学性能相差不多，而且均要好于浸润剂中成膜剂为酚醛树脂的玄武岩纤维与聚醚醚酮的复合材料。

表 6.31 表面改性玄武岩纤维/聚醚醚酮复合材料力学性能

样品组成(*w*/*w*/*w*)	拉伸性能		弯曲性能	
	拉伸强度/MPa	断裂伸长率/%	弯曲强度/MPa	弯曲模量/MPa
PEEK/GPPS/BF(1) = 79.5/0.5/20.0	143	8	205	7213
PEEK/GPPS/BF(2) = 79.5/0.5/20.0	143	8	215	6626
PEEK/GPPS/BF(3) = 79.5/0.5/20.0	113	10	210	6130

注：BF(1)是成膜剂为环氧树脂的玄武岩纤维；BF(2)是成膜剂为环氧树脂和聚氨酯(两者质量比是 3∶1)的玄武岩纤维；BF(3)是成膜剂为酚醛树脂的玄武岩纤维；GPPS 是高温润滑剂。

2)玄武岩纤维增强聚醚醚酮复合材料的微观形貌

图 8.85 为表面改性玄武岩纤维/聚醚醚酮复合材料拉伸断面 SEM 图，浸润剂中成膜剂为酚醛树脂的玄武岩纤维与聚醚醚酮的复合材料中玄武岩纤维表面相对光滑，上面很少有树脂基体黏附；而浸润剂中成膜剂为环氧树脂的玄武岩纤维与聚醚醚酮的复合材料中玄武岩纤维表面相对粗糙，可以看见树脂基体附着其上，

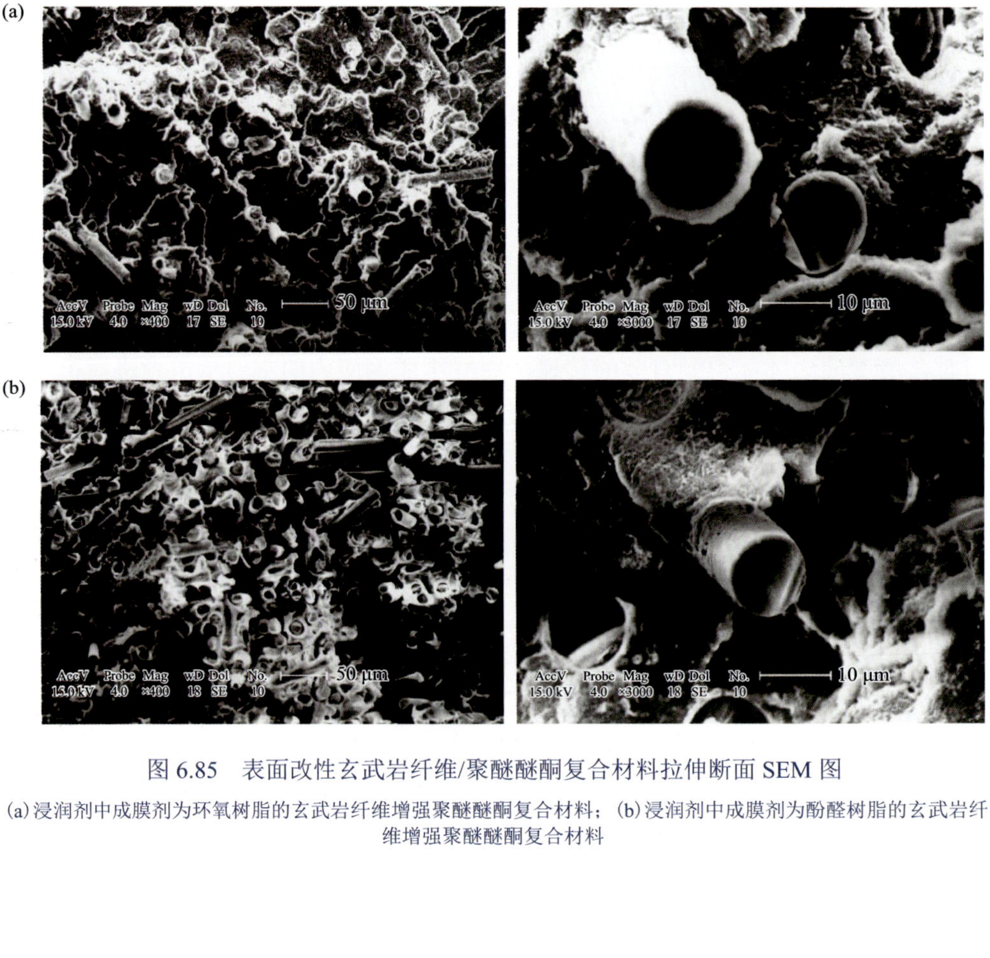

图 6.85 表面改性玄武岩纤维/聚醚醚酮复合材料拉伸断面 SEM 图

(a)浸润剂中成膜剂为环氧树脂的玄武岩纤维增强聚醚醚酮复合材料；(b)浸润剂中成膜剂为酚醛树脂的玄武岩纤维增强聚醚醚酮复合材料

进而证明环氧树脂与聚醚醚酮具有相对好的界面黏结，因此浸润剂中成膜剂为环氧树脂或环氧树脂/聚氨酯的玄武岩纤维增强聚醚醚酮复合材料的力学性能好于浸润剂中成膜剂为酚醛树脂的复合材料。

3) 玄武岩纤维增强聚醚醚酮复合材料的流变性能

图 6.86 给出了表面改性玄武岩纤维/聚醚醚酮复合材料流变曲线，从图中可以看出，随着剪切速率增加，玄武岩纤维/聚醚醚酮复合材料的剪切黏度均呈现下降趋势，表现出明显的非牛顿流体剪切变稀行为。随着剪切频率增加，聚醚醚酮分子链的缠结程度降低，体系剪切黏度均下降。通常来说，表面改性会增加填料与基体的相容性，增强两者间的相互作用，从而使体系的黏度上升。鉴于环氧树脂与聚醚醚酮具有相对好的界面黏结，所以浸润剂中成膜剂为环氧树脂或者是环氧树脂和聚氨酯的玄武岩纤维增强聚醚醚酮复合材料的剪切黏度几乎相等，且均略高于浸润剂中成膜剂为酚醛树脂的玄武岩纤维增强聚醚醚酮复合材料。

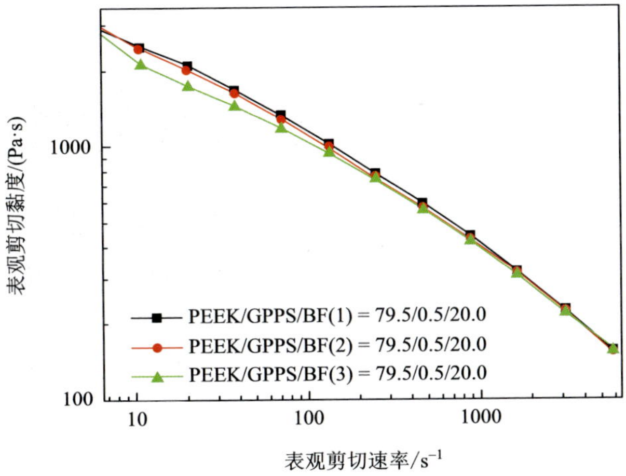

图 6.86　表面改性玄武岩纤维/聚醚醚酮复合材料流变曲线

4) 玄武岩纤维增强聚醚醚酮复合材料的热稳定性

图 6.87 给出了表面改性玄武岩纤维/聚醚醚酮复合材料热失重曲线。可以看出，三种玄武岩纤维/聚醚醚酮复合材料热稳定性区别不大，而且浸润剂的改变几乎没有影响玄武岩纤维/聚醚醚酮复合材料的热分解温度，材料的 5%热失重温度均高于 575℃，保持了聚醚醚酮优异的热稳定性。

浸润剂中成膜剂为环氧树脂或者环氧树脂和聚氨酯的玄武岩纤维增强聚醚醚酮复合材料的力学性能相差不多，而且均好于浸润剂中成膜剂为酚醛树脂的玄武岩纤维增强聚醚醚酮复合材料；浸润剂中成膜剂为环氧树脂或者环氧树脂和聚氨

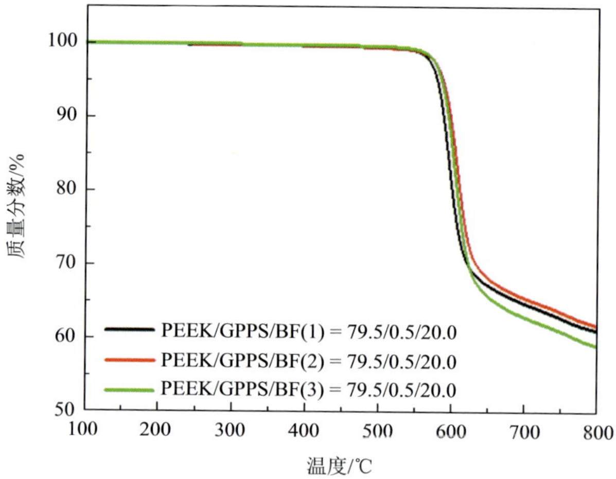

图 6.87　表面改性玄武岩纤维/聚醚醚酮复合材料热失重曲线

酯的玄武岩纤维增强聚醚醚酮复合材料的加工性能、热稳定性也都差别不大。考虑到浸润剂中成膜剂为环氧树脂的玄武岩纤维相对于浸润剂中成膜剂为环氧树脂和聚氨酯的玄武岩纤维制备工艺更趋简化，因此玄武岩纤维浸润剂中的成膜剂选用环氧树脂为主要成分。

2. 加工助剂对复合材料性能影响

聚醚醚酮与玄武岩纤维熔融复合时也会增加体系熔体黏度，不仅会导致流动性不佳，还会影响玄武岩纤维在聚醚醚酮基体树脂中的取向和分散，进而影响玄武岩纤维/聚醚醚酮复合材料力学性能。利用高温润滑剂(GPPS)和聚芳醚酮液晶(FPEDEKKLCP)等加工助剂可以改善复合材料的性能。

1) 高温润滑剂对复合材料流变性能影响

高温润滑剂在玄武岩纤维/聚醚醚酮复合材料中添加量对双螺杆挤出机扭矩的影响如图 6.88 所示。高温润滑剂的加入确实对玄武岩纤维/聚醚醚酮复合材料的加工性能具有显著改善作用，降低了双螺杆挤出机扭矩。此外，还可以看出只要加入 0.1 wt%的高温润滑剂 GPPS，就可使双螺杆挤出机的扭矩由 67 N·m 降低到 54 N·m。而且随着 GPPS 在复合材料中添加量的增加，双螺杆挤出机的扭矩会进一步降低。当 GPPS 添加量达到 2.5 wt%时，双螺杆挤出机的扭矩降低趋势减缓。当 GPPS 添加量达到 5 wt%时，双螺杆挤出机的扭矩则可降低到 27 N·m。

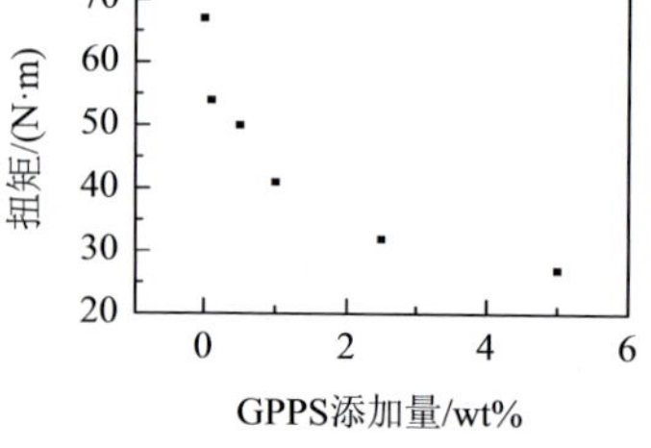

图 6.88　高温润滑剂在玄武岩纤维/聚醚醚酮复合材料中添加量对扭矩影响

2) 高温润滑剂对复合材料力学性能影响

表 6.32 给出了不同 GPPS 添加量对玄武岩纤维/聚醚醚酮复合材料力学性能影响。可以看出，随着高温润滑剂在玄武岩纤维/聚醚醚酮复合材料中添加量增加，其拉伸强度、弯曲强度和弯曲模量都是先升高而后降低，而断裂伸长率则略有降低。玄武岩纤维/聚醚醚酮复合材料的拉伸强度、弯曲强度和弯曲模量之所以随着高温润滑剂添加量增加(＜0.5 wt%)先升高，是源于聚醚醚酮熔体黏度降低，使得玄武岩纤维在树脂基体内分布的均一性和取向性得到提高。并且，当高温润滑剂含量为 0.5 wt%，玄武岩纤维/聚醚醚酮复合材料的力学性能最佳。但是，随着高温润滑剂添加量进一步增加(＞0.5 wt%)，玄武岩纤维/聚醚醚酮复合材料的拉伸强度、弯曲强度和弯曲模量反而下降，是源于高温润滑剂含量达到一定值时自身性质就会突显出来，并且这种作用超过了聚醚醚酮熔体黏度的降低使得玄武岩纤维在树脂基体内分布的均一性和取向性得到提高，而使复合材料强度和模量提高的作用。

表 6.32 GPPS 添加量对玄武岩纤维/聚醚醚酮复合材料力学性能影响

样品	组成(*w*/*w*/*w*)	拉伸性能		弯曲性能	
		拉伸强度/MPa	断裂伸长率/%	弯曲强度/MPa	弯曲模量/MPa
1	PEEK/GPPS/BF = 80.0/0.0/20.0	138	11	219	6284
2	PEEK/GPPS/BF = 79.9/0.1/20.0	153	10	218	6931
3	PEEK/GPPS/BF = 79.5/0.5/20.0	156	10	227	7275
4	PEEK/GPPS/BF = 79.0/1.0/20.0	144	10	214	7140
5	PEEK/GPPS/BF = 77.5/2.5/20.0	122	9	178	6562
6	PEEK/GPPS/BF = 75.0/5.0/20.0	121	9	154	5744

注：BF 是成膜剂为环氧树脂的玄武岩纤维；GPPS 是高温润滑剂。

3) 高温润滑剂对复合材料微观形貌影响

高温润滑剂对玄武岩纤维在聚醚醚酮中分散性和取向性的影响见图 6.89。高温润滑剂添加之前，玄武岩纤维在聚醚醚酮基体树脂中的分散性和取向性更趋于杂乱和无序；高温润滑剂添加之后，玄武岩纤维在聚醚醚酮基体树脂中的分散性和取向性更趋于均一和有序。上述现象应归因于少量润滑剂分子能像增塑剂一样穿插到聚合物分子链之间，使得聚合物分子链之间相互作用力减小，进而改善玄武岩纤维在聚醚醚酮基体树脂中的分散性和取向性。这也是高温润滑剂加入之后，玄武岩纤维/聚醚醚酮的复合材料强度和模量能够得到提高，而断裂伸长率变化不大的原因。

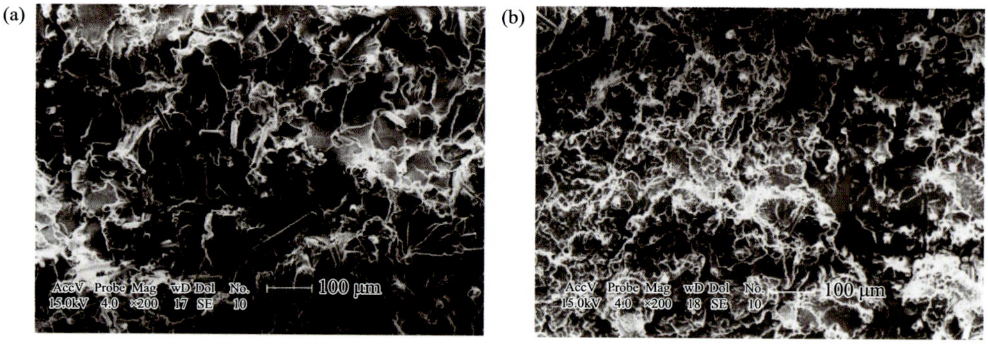

图 6.89 高温润滑剂对玄武岩纤维在聚醚醚酮中分散性和取向性的影响

(a) PEEK/GPPS/BF = 80.0/0.0/20.0；(b) PEEK/GPPS/BF = 77.5/2.5/20.0

4) 高温润滑剂对复合材料热稳定性影响

表 6.33 给出了 GPPS 添加量对玄武岩纤维/聚醚醚酮复合材料热稳定性的影响。可以看出，在 5.0 wt%范围内添加高温润滑剂对玄武岩纤维/聚醚醚酮复合材料的热失重温度几乎没有影响，表明适量高温润滑剂加入不会影响复合材料热稳定性。

表 6.33 GPPS 添加量对玄武岩纤维/聚醚醚酮复合材料热稳定性影响

样品	组成（w/w/w）	$T_{d, 5\%}$/℃	$T_{d, 10\%}$/℃
1	PEEK/GPPS/BF = 80.0/0.0/20.0	579.7	589.7
2	PEEK/GPPS/BF = 79.9/0.1/20.0	583.6	593.9
3	PEEK/GPPS/BF = 79.5/0.5/20.0	578.0	587.9
4	PEEK/GPPS/BF = 79.0/1.0/20.0	581.2	591.6
5	PEEK/GPPS/BF = 77.5/2.5/20.0	580.1	592.2
6	PEEK/GPPS/BF = 75.0/5.0/20.0	575.0	590.8

5) 聚芳醚酮液晶对复合材料流变性能影响

热致液晶聚合物以其独有的特性（如棒状的分子，分子各向异性，低熔体黏度，且在剪切力作用下高取向度和优良流动性）可以作为加工助剂使用。利用三氟甲基苯侧基聚芳醚酮液晶（FPEDEKKLCP，结构及合成方法见 6.3.1 节）来改善玄武岩纤维增强聚醚醚酮复合材料的熔体黏度和性能。聚芳醚酮液晶在玄武岩纤维/聚醚醚酮复合材料中的添加量对双螺杆挤出机扭矩影响见图 6.90，聚芳醚酮液晶加入确实对复合材料的加工性能具有一定的改善作用，降低了双螺杆挤出机的扭矩。此外，还可以看出只要加入 0.1 wt%的 FPEDEKKLCP，就可使双螺杆挤出机的扭矩由 67 N·m 降低到 59 N·m。而且 FPEDEKKLCP 在复合材料中添加量增加，双螺杆挤出机扭矩会进一步降低。当 FPEDEKKLCP 在复合材料中添加量超过 0.1 wt%时，双螺杆挤出机的扭矩降低趋势减缓。当 FPEDEKKLCP 在复合材料中添加量达到 5 wt%时，双螺杆挤出机的扭矩则可降低到 54 N·m。

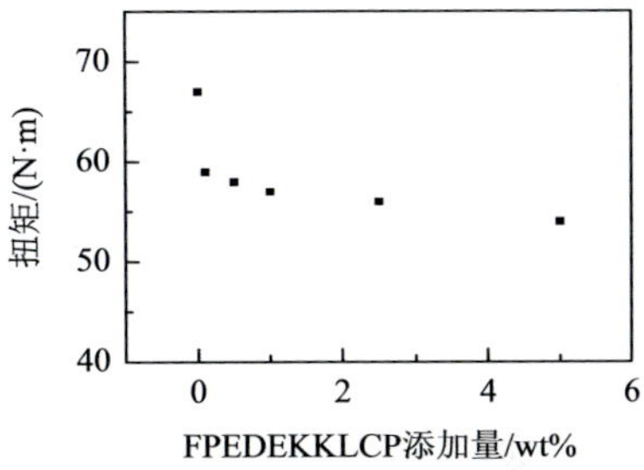

图 6.90 聚芳醚酮液晶在玄武岩纤维/聚醚醚酮复合材料中添加量对双螺杆挤出机扭矩的影响

6) 聚芳醚酮液晶对复合材料力学性能影响

表 6.34 给出了 FPEDEKKLCP 添加量对玄武岩纤维/聚醚醚酮复合材料力学性能的影响。可以看出，FPEDEKKLCP 的加入使玄武岩纤维/聚醚醚酮复合材料的拉伸强度、弯曲强度和弯曲模量都有所提高，而断裂伸长率则变化不大。从综合性能来看，FPEDEKKLCP 添加量为 5 wt%时，力学性能最佳。

表 6.34 FPEDEKKLCP 添加量对玄武岩纤维/聚醚醚酮复合材料力学性能的影响

样品	组成(*w/w/w*)	拉伸性能		弯曲性能	
		拉伸强度/MPa	断裂伸长率/%	弯曲强度/MPa	弯曲模量/MPa
1	PEEK/FPEDEKKLCP/BF = 80.0/0.0/20.0	138	11	219	6284
2	PEEK/FPEDEKKLCP/BF = 79.9/0.1/20.0	154	10	221	7126
3	PEEK/FPEDEKKLCP/BF = 79.5/0.5/20.0	153	11	226	6958
4	PEEK/FPEDEKKLCP/BF = 79.0/1.0/20.0	153	11	225	7055
5	PEEK/FPEDEKKLCP/BF = 77.5/2.5/20.0	154	11	226	7129
6	PEEK/FPEDEKKLCP/BF = 75.0/5.0/20.0	159	10	222	7335

注：BF 是成膜剂为环氧树脂的玄武岩纤维。

7) 聚芳醚酮液晶对复合材料微观形貌影响

聚芳醚酮液晶对玄武岩纤维在聚醚醚酮中分散性和取向性的影响见图 6.91。聚芳醚酮液晶添加之前，玄武岩纤维在聚醚醚酮基体树脂中的分散性和取向性更趋于杂乱和无序；聚芳醚酮液晶添加之后，玄武岩纤维在聚醚醚酮基体树脂中的分散性和取向性更趋于均一和有序。这也是聚芳醚酮液晶加入之后，玄武岩纤维/聚醚醚酮的复合材料强度和模量能够得到明显改善，而断裂伸长率的变化不明显的原因。

8) 聚芳醚酮液晶对复合材料热稳定性影响

表 6.35 给出了 FPEDEKKLCP 添加量对玄武岩纤维/聚醚醚酮复合材料热稳定性的影响。可以看出，在 5.0 wt%范围内添加聚芳醚酮液晶对玄武岩纤维/聚醚醚酮复合材料热失重温度几乎没有任何影响，即适量聚芳醚酮液晶加入不会影响复合材料热稳定性。

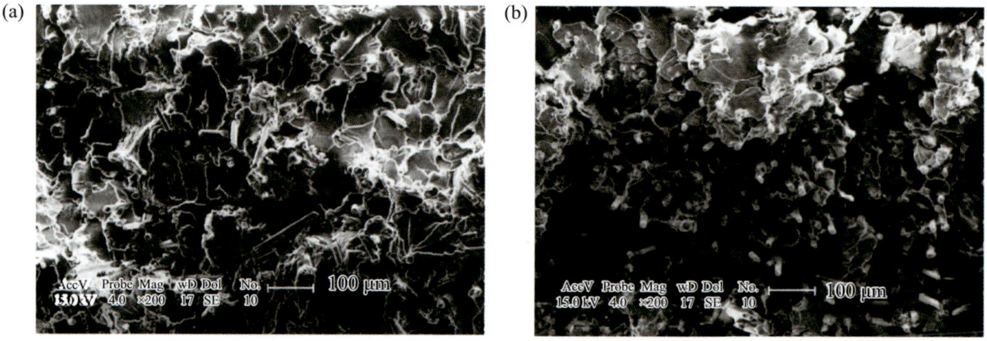

图 6.91 聚芳醚酮液晶对玄武岩纤维在聚醚醚酮中分散性和取向性的影响

(a) PEEK/FPEDEKKLCP/BF = 80.0/0.0/20.0；(b) PEEK/FPEDEKKLCP/BF = 77.5/2.5/20.0

表 6.35 FPEDEKKLCP 添加量对玄武岩纤维/聚醚醚酮复合材料热稳定性的影响

样品	组成(*w*/*w*/*w*)	$T_{d, 5\%}$/℃	$T_{d, 10\%}$/℃
1	PEEK/FPEDEKKLCP/BF = 80.0/0.0/20.0	579.7	589.7
2	PEEK/FPEDEKKLCP/BF = 79.9/0.1/20.0	583.1	590.7
3	PEEK/FPEDEKKLCP/BF = 79.5/0.5/20.0	582.0	591.2
4	PEEK/FPEDEKKLCP/BF = 79.0/1.0/20.0	580.2	589.0
5	PEEK/FPEDEKKLCP/BF = 77.5/2.5/20.0	576.5	585.8
6	PEEK/FPEDEKKLCP/BF = 75.0/5.0/20.0	574.9	584.7

3. 玄武岩纤维添加量对复合材料性能影响

1) 玄武岩纤维添加量对复合材料力学性能影响

表 6.36 给出了室温(23℃)下玄武岩纤维添加量对玄武岩纤维/聚醚醚酮复合材料力学性能的影响。可以看出，在所研究的玄武岩纤维填充比例范围内，随着玄武岩纤维在复合材料中填充比例的提升，其拉伸强度、弯曲强度及弯曲模量逐渐升高，而断裂伸长率则略有下降。当玄武岩纤维含量为 40 wt%，玄武岩纤维/聚醚醚酮复合材料的拉伸强度、弯曲强度和弯曲模量分别达到 180 MPa、228 MPa 和 10366 MPa。当纤维含量为 20 wt%，玄武岩纤维/聚醚醚酮复合材料的力学性能要好于玻璃纤维/聚醚醚酮复合材料的力学性能，这应归于玄武岩纤维优异的力学性能：玄武岩纤维的拉伸强度为 3800～4800 MPa，与 S(高强度)玻璃纤维相当。

表 6.36 玄武岩纤维添加量对玄武岩纤维/聚醚醚酮复合材料力学性能的影响（测试温度为 23℃）

样品	组成（w/w/w）	拉伸性能		弯曲性能	
		拉伸强度/MPa	断裂伸长率/%	弯曲强度/MPa	弯曲模量/MPa
1	PEEK/GPPS/BF = 89.5/0.5/10.0	113	10	189	5351
2	PEEK/GPPS/BF = 79.5/0.5/20.0	143	8	205	7213
3	PEEK/GPPS/BF = 69.5/0.5/30.0	149	7	214	8410
4	PEEK/GPPS/BF = 59.0/0.5/40.0	180	7	228	10366
5	PEEK/GPPS/GF = 79.5/0.5/20.0	118	6	177	6808

注：BF 是成膜剂为环氧树脂的玄武岩纤维；GF 是玻璃纤维；GPPS 是高温润滑剂。

表 6.37 给出了高温（220℃）下玄武岩纤维添加量对玄武岩纤维/聚醚醚酮复合材料力学性能的影响。可以看出，在所研究的玄武岩纤维含量范围内，随着玄武岩纤维在复合材料中添加量的增加，其拉伸强度也在逐渐升高，而断裂伸长率则略有降低。当玄武岩纤维含量为 40 wt%，玄武岩纤维/聚醚醚酮复合材料的拉伸强度和断裂伸长率仍可达到 120 MPa 和 6%。当纤维含量为 20 wt%，玄武岩纤维/聚醚醚酮复合材料的力学性能要好于玻璃纤维/聚醚醚酮复合材料的力学性能，这种规律与室温下测试的力学性能规律一致。

表 6.37 玄武岩纤维添加量对玄武岩纤维/聚醚醚酮复合材料力学性能的影响（测试温度为 220℃）

样品	组成（w/w/w）	拉伸强度/MPa	断裂伸长率/%
1	PEEK/GPPS/BF = 89.5/0.5/10.0	78	8
2	PEEK/GPPS/BF = 79.5/0.5/20.0	93	6
3	PEEK/GPPS/BF = 69.5/0.5/30.0	109	5
4	PEEK/GPPS/BF = 59.0/0.5/40.0	120	6
5	PEEK/GPPS/GF = 79.5/0.5/20.0	81	5

注：BF 是成膜剂为环氧树脂的玄武岩纤维；GF 是玻璃纤维；GPPS 是高温润滑剂。

2) 玄武岩纤维添加量对复合材料流变性能影响

图 6.92 给出了纤维添加量不同的玄武岩纤维/聚醚醚酮复合材料的流变曲线。可以看出，随着剪切速率的增加，玄武岩纤维/聚醚醚酮复合材料的剪切黏度均呈现下降趋势，表现出明显的非牛顿流体剪切变稀行为。在较低的剪切频率下，随着玄武岩纤维添加量的增加，聚醚醚酮复合材料的剪切黏度也在逐渐增加。在较高的剪切频率下，聚醚醚酮分子链的缠结程度降低，体系剪切黏度都明显下降，彼此之间剪切黏度差距变小。此外，在相同的剪切速率和纤维添加量下，纤维种类的改变对聚醚醚酮树脂的剪切黏度则影响不大。

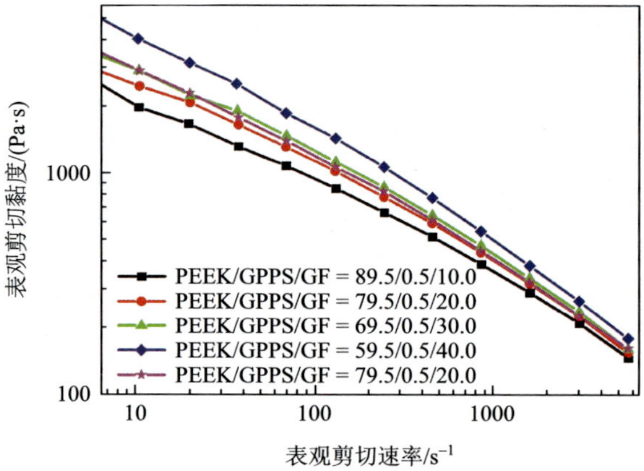

图 6.92 玄武岩纤维/聚醚醚酮复合材料流变曲线

3) 玄武岩纤维添加量对复合材料热稳定性影响

表 6.38 给出了纤维添加量不同的玄武岩纤维/聚醚醚酮复合材料的热失重温度。可以看出，随着玄武岩纤维在聚醚醚酮基体树脂中添加量增加，复合材料热分解温度变化不大，复合材料的 5%和 10%热失重温度分别高于 574℃和 580℃，即复合材料热稳定性区别不大。此外，玄武岩纤维/聚醚醚酮复合材料的热稳定性与玻璃纤维/聚醚醚酮复合材料的热稳定性几乎相当。

表 6.38 玄武岩纤维/聚醚醚酮复合材料热失重温度

样品	组成(*w*/*w*/*w*)	$T_{d,5\%}$/℃	$T_{d,10\%}$/℃
1	PEEK/GPPS/BF = 89.5/0.5/10.0	576.7	586.2
2	PEEK/GPPS/BF = 79.5/0.5/20.0	578.8	587.9
3	PEEK/GPPS/BF = 69.5/0.5/30.0	574.9	583.9
4	PEEK/GPPS/BF = 59.0/0.5/40.0	577.6	587.0
5	PEEK/GPPS/GF = 79.5/0.5/20.0	576.3	585.9

4. 聚醚醚酮熔融指数对复合材料性能影响

1) 聚醚醚酮熔融指数对复合材料力学性能影响

表 6.39 给出了室温(23℃)下玄武岩纤维/熔融指数不同的聚醚醚酮复合材料力学性能。可以看出，在所研究的聚醚醚酮熔融指数范围内，随着聚醚醚酮熔融指数增加，复合材料的拉伸强度、弯曲强度和弯曲模量也在逐渐增加，而断裂伸长率则几乎不变。并且，当聚醚醚酮熔融指数为 140 g/10 min，玄武岩纤维含量为 40 wt%，玄武岩纤维/聚醚醚酮复合材料的拉伸强度、弯曲强度和弯曲模量分别达

到 182 MPa、257 MPa 和 12527 MPa，其性能接近聚醚醚酮熔融指数为 23 g/10 min 碳纤维含量为 20 wt%的聚醚醚酮复合材料的力学性能。

表 6.39 玄武岩纤维/聚醚醚酮复合材料力学性能（测试温度为 23℃）

样品	组成（w/w/w）	拉伸性能		弯曲性能	
		拉伸强度/MPa	断裂伸长率/%	弯曲强度/MPa	弯曲模量/MPa
1	PEEK（1）/GPPS/BF = 59.0/0.5/40.0	180	7	228	10366
2	PEEK（2）/GPPS/BF = 59.0/0.5/40.0	174	6	234	10871
3	PEEK（3）/GPPS/BF = 59.0/0.5/40.0	178	6	257	12017
4	PEEK（4）/GPPS/BF = 59.0/0.5/40.0	182	7	257	12527
5	PEEK（1）/GPPS/CF = 79.5/0.5/20.0	195	6	257	12758

注：PEEK（1）是熔融指数为 23 g/10 min 的聚醚醚酮，PEEK（2）是熔融指数为 42 g/10 min 的聚醚醚酮，PEEK（3）是熔融指数为 93 g/10 min 的聚醚醚酮，PEEK（4）是熔融指数为 140 g/10 min 的聚醚醚酮；BF 是成膜剂为环氧树脂的玄武岩纤维，CF 是碳纤维，GPPS 是高温润滑剂。

表 6.40 给出了高温（220℃）下玄武岩纤维/熔融指数不同的聚醚醚酮复合材料力学性能。可以看出，在所研究的聚醚醚酮熔融指数范围内，随着聚醚醚酮熔融指数的增加，复合材料拉伸强度有所增加，而断裂伸长率则几乎不变。并且，当玄武岩纤维添加量为 40 wt%，玄武岩纤维/聚醚醚酮复合材料的拉伸强度和断裂伸长率仍可达到 127 MPa 和 6%。其拉伸性能接近聚醚醚酮熔融指数为 23 g/10 min 碳纤维含量为 20 wt%的聚醚醚酮复合材料的拉伸性能。这种规律与室温下评测的力学性能规律一致。

表 6.40 玄武岩纤维/聚醚醚酮复合材料力学性能（测试温度为 220℃）

样品	组成（w/w/w）	拉伸强度/MPa	断裂伸长率/%
1	PEEK（1）/GPPS/BF = 59.0/0.5/40.0	120	6
2	PEEK（2）/GPPS/BF = 59.0/0.5/40.0	128	6
3	PEEK（3）/GPPS/BF = 59.0/0.5/40.0	129	5
4	PEEK（4）/GPPS/BF = 59.0/0.5/40.0	127	6
5	PEEK（1）/GPPS/CF = 79.5/0.5/20.0	137	6

注：PEEK（1）是熔融指数为 23 g/10 min 的聚醚醚酮，PEEK（2）是熔融指数为 42 g/10 min 的聚醚醚酮，PEEK（3）是熔融指数为 93 g/10 min 的聚醚醚酮，PEEK（4）是熔融指数为 140 g/10 min 的聚醚醚酮；BF 是成膜剂为环氧树脂的玄武岩纤维，CF 是碳纤维，GPPS 是高温润滑剂。

2）聚醚醚酮熔融指数对复合材料流变性能影响

图 6.93 给出了玄武岩纤维/熔融指数不同的聚醚醚酮复合材料的流变曲线。由图 6.93 可以看出，随着剪切速率的增加，玄武岩纤维/聚醚醚酮复合材料的剪切黏度均呈现下降趋势，表现出明显的非牛顿流体剪切变稀行为。在较低的剪

切频率下，随着聚醚醚酮熔融指数的增加，聚醚醚酮复合材料的剪切黏度也在逐渐降低。在较高的剪切频率下，聚醚醚酮分子链的缠结程度也会降低，故而体系剪切黏度也会下降，因此彼此之间剪切黏度差距变小。总之，随着聚醚醚酮熔融指数的增加，其与玄武岩纤维复合后的熔体黏度在逐渐降低，即加工性能在逐渐改善。

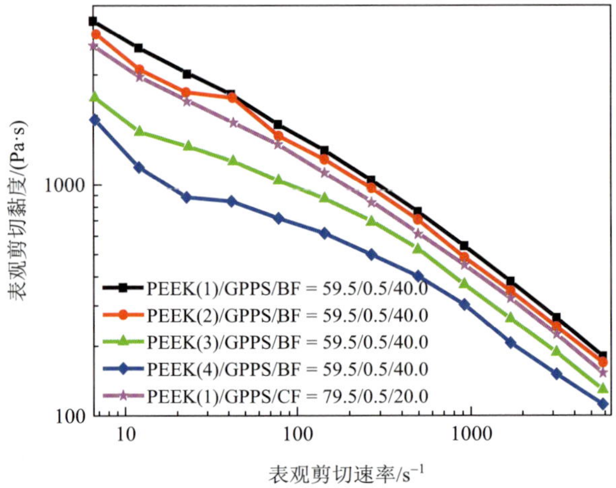

图 6.93　玄武岩纤维/聚醚醚酮复合材料流变曲线

3) 聚醚醚酮熔融指数对复合材料热稳定性影响

玄武岩纤维/熔融指数不同的聚醚醚酮复合材料的热失重温度见表 6.41。可以看出，随着聚醚醚酮熔融指数的增加，其与玄武岩纤维复合后的热失重温度有所增加，即热稳定性有所提高。

表 6.41　玄武岩纤维/聚醚醚酮复合材料热失重温度

样品	组成 (w/w/w)	$T_{d,5\%}$/℃	$T_{d,10\%}$/℃
1	PEEK (1) /GPPS/BF = 59.0/0.5/40.0	577.6	587.0
2	PEEK (2) /GPPS/BF = 59.0/0.5/40.0	581.7	592.2
3	PEEK (3) /GPPS/BF = 59.0/0.5/40.0	580.1	590.7
4	PEEK (4) /GPPS/BF = 59.0/0.5/40.0	582.6	593.0
5	PEEK (1) /GPPS/CF = 79.5/0.5/20.0	571.2	582.1

此外，还必须指出的是在玄武岩纤维添加量高达 40 wt%时聚醚醚酮复合材料的体积电阻率仍为 10^{15} Ω·cm。因此，玄武岩纤维/聚醚醚酮复合材料在一定程度上既可以达到碳纤维/聚醚醚酮复合材料的高强高模，又可以获得玻璃纤维/聚醚醚酮复合材料的高绝缘性。

参考文献

[1] 王旭. PP/纳米级 $CaCO_3$ 复合材料性能研究[J]. 中国塑料, 1999, 13(9): 22.

[2] 任显诚. 纳米级 $CaCO_3$ 粒子增韧增强聚丙烯的研究[J]. 中国塑料, 2000, 14(1): 22-26.

[3] 黄锐. 无定形塑料圆截面挤出制品水浴冷却模型[J]. 中国塑料, 2000, 14(8): 25.

[4] 周兵. $CaCO_3$/PEEK 复合材料的制备与性能研究[D]. 长春: 吉林大学, 2004.

[5] 戴长禄, 肖泽贵, 昂志, 等. 硅灰石[M]. 北京: 中国建筑工业出版社, 1986: 7-9.

[6] Dubray A, Vanderschuren J. Mass transfer phenomena during sorption of hydrophilic volatile organic compounds into aqueous suspension of activated carbon[J]. Separation and Purification Technology, 2004, 38(3): 215-223.

[7] 苑美荣. 基于硅灰石的 TiO_2 复合多孔材料以及糠醛渣制备活性炭的研究[D]. 长春: 吉林大学, 2007: 8-9.

[8] 马刚, 张淑玲, 岳喜贵, 等. 聚醚醚酮/硅灰石/玻纤三元复合材料的制备及性能研究[J]. 航空制造技术, 2013, (5): 6.

[9] LEE L H. Advances in polymer friction and wear[M]. New York, London: Plenum Press, 1974, 5A: 5.

[10] LEE L H. Advances in polymer friction and wear[M]. New York, London: Plenum Press, 1974, 5A: 31.

[11] Dermatas D, Dadachov M S. Riveted quantification of montmorillonite in lead-contaminated soils[J]. Applied Clay Science, 2003, 23(1-4): 245.

[12] 栾文楼, 李明路. 膨润土的开发应用[M]. 北京: 地质出版社, 1998: 5.

[13] 赵焱. 聚醚醚酮(PEEK)/有机化蒙脱土(OMMT)复合材料的制备及其性能研究[D]. 长春: 吉林大学, 2009.

[14] Liang Z M, Yin J, Xu H J. Polyimide/montmorillonite nanocomposites based on thermally stable, rigid-rod aromatic amine modifiers[J]. Polymer, 2003, 44: 1391.

[15] 章永华, 龚克成.可聚合性季铵盐-膨润土嵌入复合物的制备[J]. 硅酸盐通报, 1998, 17(1): 24.

[16] Akelah A, Moet A. Polymer-clay nanocomposites: free radical grafting of polystyrene onto organophilic montmorillonte interlayers[J]. Journal of Materials Science, 1996, 31: 3589.

[17] 崔学民, 张鹤, 华伟刚, 等. 含钡玻璃粉体的表面修饰及其表征[C]. 重庆仪器材料研究所, 中国仪器仪表学会仪表材料分会, 国家仪表功能材料工程技术研究中心. 第六届中国功能材料及其应用学术会议论文集, 2007: 323-325.

[18] 闫鹏涛. 聚醚醚酮口腔生物复合材料的制备及性能研究[D]. 长春: 吉林大学, 2013.

[19] Shibuya N, Proter R S. A kinetic study of PEEK sulfonation in concentrated sulfuric acid by ultraviolet-visible spectroscopy[J]. Polymer, 1994, 35(15): 3237.

[20] Koul S, Chandra R, Dhawan S K. Conducting polyaniline composite for ESD and EMI at 101 GHz[J]. Polymer, 2000, 41(26): 9305-9310.

[21] Yu M F, Lourie O, Dyer M J, et al. Strength and breaking mechanism of multiwalled carbon nanotubes under tensile load[J]. Science, 2000, 287(5453): 637-640.

[22] Das N C, Chaki T K, Khastgir D, et al. Electromagnetic interference shielding effectiveness of ethylene vinyl acetate based conductive composites containing carbon fillers[J]. Journal of Applied Polymer Science, 2001, 80: 1601-1608.

[23] Díez-pascual A M, Naffakh M, Gómez M A, et al. Development and characterization of PEEK/carbon nanotube composites[J]. Carbon, 2009, 47(13): 3079-3090.

[24] 王洪松. 聚醚醚酮基电磁屏蔽复合材料的制备及性能研究[D]. 长春: 吉林大学, 2012.

[25] Syurik Y V, Ghislandi M G, Tkalya E E, et al. Graphene network organisation in conductive polymer composites[J].

Macromolecular Chemistry and Physics, 2012, 213 (12) : 1251-1258.

[26] Ganguli S, Roy A K, Anderson D P. Improved thermal conductivity for chemically functionalized exfoliated graphite/epoxy composites[J]. Carbon, 2008, 46 (5) : 806-817.

[27] Tang Z H, Kang H L, Shen Z L, et al. Grafting of polyester onto graphene for electrically and thermally conductive composites[J]. Macromolecules, 2012, 45 (8) : 3444-3451.

[28] 杨丽龙. 石墨烯/聚醚醚酮导电复合材料的制备和性能研究[D]. 长春: 吉林大学, 2014.

[29] 刘凤岐. 高分子物理[M]. 北京: 高等教育出版社, 2004.

[30] Yu X M, Zheng Y B, Wu Z W, et al. Study on the compatibility of the blend of poly (aryl ether ether ketone) with poly (aryl ether sulfone) [J]. Journal of Applied Polymer Science, 1990, 41: 2649-2654.

[31] Nishi T, Wang T T. Melting point depression and kinetic effects of cooling on crystallization in poly (vinylidene fluoride) -poly (methyl methacrylate) mixtures[J]. Macromolecules, 1975, 8 (6) : 909.

[32] 江东. 聚醚砜的共混改性[D]. 长春: 吉林大学, 2005.

[33] Li Y, Zou J, Das B P, et al. Well-defined amphiphilic double-brush copolymers and their performance as emulsion surfactants[J]. Macromolecules, 2012, 45 (11) : 4623-4629.

[34] Ruzette A V, Leibler L. Block copolymers in tomorrow's plastics[J]. Nature Material, 2012, 4 (1) : 19-31.

[35] Galloway J A, Jeon H K, Bell J R, et al. Block copolymer compatibilization of cocontinuous polymer blends[J]. Polymer, 2005, 46 (1) : 183-191.

[36] Joseph S, Lauprêtre F, Negrell C, et al. Compatibilising action of random and triblock copolymers of poly (styrene-butadiene) in polystyrene/polybutadiene blends: a study by electron microscopy, solid state NMR spectroscopy and mechanical measurements[J]. Polymer, 2005, 46 (22) : 9385-9395.

[37] Hlavatá D, Horák Z, Lednický F, et al. Compatibilization efficiency of styrene-butadiene multiblock copolymers in PS/PP blends[J]. Journal of Polymer Science X Part B: Polymer Physics, 2001, 39 (9) : 931-942.

[38] Beacham W. Victrex aims for peak with initiative[J]. European Chemical News, 2004, 80 (2104) : 9.

[39] 王运良. 一种热塑性聚酰亚胺改性聚醚醚酮树脂的研究[D]. 长春: 吉林大学, 2012.

[40] 郭来辉, 方省众, 王贵宾, 等. 热塑性聚酰亚胺与聚醚醚酮共混物的等温结晶动力学[J]. 高等学校化学学报, 2011, 32 (12) : 2908-2915.

[41] 牛森. 交联型聚醚酰亚胺/聚醚醚酮高分子合金的制备及其性能研究[D]. 长春: 吉林大学, 2022.

[42] 来育梅, 王伟, 章刚, 等. 热塑性聚酰亚胺/聚醚醚酮机械共混物的研究[J]. 机械工程材料, 2006 (07) : 25-28.

[43] Crevecoeur G, Groeninckx G. Binary blends of poly (ether ether ketone) and poly (ether imide) : miscibility, crystallization behavior and semicrystalline morphology[J]. Macromolecules, 1991, 24 (5) : 1190-1195.

[44] Lovinger A J, Hudson S D, Davis D D. High-temperature crystallization and morphology of poly (aryl ether ether ketone) [J]. Macromolecules, 1992, 25 (6) : 1752-1758.

[45] Hsiao B S, Sauer B B. Glass transition, crystallization, and morphology relationships in miscible poly (aryl ether ketones) and poly (ether imide) blends[J]. Journal of Polymer Science Part B: Polymer Physics, 2003, 31 (8) : 901-915.

[46] 李丹丹. 玻璃纤维增强聚醚砜/聚苯硫醚共混材料的制备与性能研究[D]. 长春: 吉林大学, 2015.

[47] 邓程方. 玻璃纤维增强 PPS/PA66 共混合金的制备与性能研究[D]. 株洲: 湖南工业大学, 2012.

[48] 王贵宾, 张海博, 张淑玲, 等. 高温润滑剂对玻璃纤维增强聚醚醚酮酮复合材料性能的影响[J]. 航空制造技术, 2009 (S1) : 70-72, 78.

[49] Xu C H, Cao L M, Chen Y K. Glass fibers reinforced poly (ethylene 2, 6-naphthalate) /ethylene propylene diene monomer composites: structure, mechanical, and thermal properties[J]. Journal of Polymer Composites, 2014, 35: 939-947.

[50] Lin L, Deng C, Lin G P. Mechanical properties, heat resistance and flame retardancy of glass fiber-reinforced PLA-PC alloys based on aluminum hypophosphite[J]. Journal of Polymer-Plastics Technology and Engineering, 2014, 53: 613-625.

[51] 范悦. 玄武岩纤维/聚醚醚酮复合材料的制备和性能研究[D]. 吉林: 吉林大学, 2015.

[52] 王明超, 张佐光, 张志杰, 等. 连续玄武岩纤维及其复合材料耐腐蚀特性[J]. 北京航空航天大学学报, 2006, 32(10): 1255-1258.

第7章 聚醚醚酮加工与应用

聚醚醚酮是半结晶型高分子，具有高温流动性和热分解温度很高等特点，可采用注射、挤出、模压、吹塑、熔融纺丝、粉末喷涂等多种传统成型方式，加工成注塑制品、板、棒、管、薄膜、纤维、涂层等各种形式的产品。本章重点讨论：①聚醚醚酮挤出和注塑为代表的传统加工成型方法及相关应用；②聚芳醚酮薄膜、纤维的加工方法、性能、应用等；③聚芳醚酮涂料的加工工艺及应用；④聚醚醚酮及其复合材料 3D 打印成型技术及应用。

7.1 聚醚醚酮加工成型

聚芳醚酮树脂是一类聚合物结晶型高分子，达到熔点后，熔体黏度发生突变，故在熔点以上有很好的流动性，而且又有很好的热稳定性(起始热分解温度 500℃以上)，所以可采用热塑性塑料常用的加工方法，如注射成型、挤出成型、模压成型、熔融纺丝、吹塑成型、旋转成型、粉末喷涂等加工成型。本节以挤出成型和注射成型为例讨论聚醚醚酮的加工方法[1-3]。

7.1.1 聚醚醚酮挤出成型工艺及应用

聚芳醚酮树脂具有优异的耐热性、化学稳定性和力学性能，常用于制造机械和仪器设备的精密零部件，这些零部件的精度要求都比较高，采用热塑加工方法加工的制件很难满足精度要求。通常采用先热塑加工成坯料，再用机械加工的方法加工高尺寸精度制件。常用的坯料有棒材、板材、管材等，这些型材一般采用熔融挤出加工工艺加工。

1. 挤出成型工艺

1) 挤出成型的特点

挤出成型是一种高效、连续、低成本、适应面宽的高分子材料成型加工方法，其主要特点是：

(1) 生产连续化。可以根据需要生产任意长度的管材、板材、棒材、异型材、薄膜、电缆及单丝等。

(2) 生产效率高。挤出机的单机产量较高。

(3) 应用范围广。既可以加工塑料，也可以加工橡胶、纤维等。

(4) 设备简单。投资少与注射、压延相比，挤出设备比较简单，制造较容易，设备费用较低，安装调试较方便。设备占地面积较小，对厂房及配套设施要求相对简单。

2) 挤出设备

挤出成型的设备一般有三部分组成：主机、辅机和控制系统。

(1) 主机(挤出机) 主要由三大系统组成。

挤出系统：由螺杆与料筒组成，是挤出机关键部分。其作用是塑化物料，定量、定压、定温挤出熔体。螺杆一般由加料、固体输送、熔融塑化、熔体输送、混合、压缩(排气) 等功能段组成。

传动系统：驱动螺杆，提供所需的扭矩和转矩。

温控系统：通过加热和冷却保证塑料和挤出系统在成型过程中温度达工艺要求。

(2) 辅机：由机头(模口)、定型装置、冷却装置、牵引装置、卷取装置、切割装置等组成。

(3) 控制系统：由电器、仪表和执行机构等组成。其作用是控制主辅机电动机，以满足所需转速和功率；控制主辅机温度、压力、流量，保证制品质量；实现挤出机组的自动控制，保证主辅机协调运行。

3) 挤出成型工艺流程

将原料按配方复配再混合其中，充分干燥后，加入挤出机料斗，按如图 7.1 流程加工。

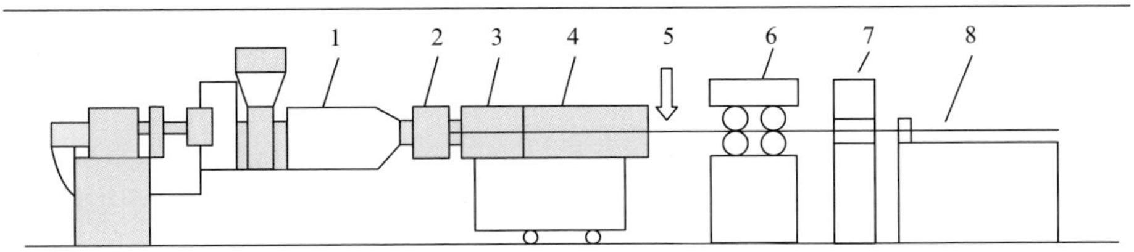

图 7.1　聚醚醚酮型材挤出加工流程图

1. 挤出机；2. 口模；3. 定型装置；4. 冷却装置；5. 打标装置；6. 牵引装置；7. 切割装置；8. 收集装置

4) 工艺参数

挤出成型工艺参数是决定产品的质量的关键因素，主要工艺参数包括各区段的温度、挤出压力、挤出速度等。以四段控温挤出机为例，聚醚醚酮型材的挤出成型加工温度如表 7.1 所示。

表 7.1　PEEK 型材挤出加工温度

一区	二区	三区	四区	模具	口模	定型套
300℃±15℃	370℃±15℃	370℃±15℃	370℃±15℃	370℃±15℃	370℃±15℃	150～250℃

注：一区为加料段，二区、三区为塑化段(二区为熔融段，三区为混合段)，四区为压缩段。

温度、压力、挤出速率都存在波动现象，为了保证制品质量，应正确设计螺杆、控制好加热冷却系统和螺杆转速稳定性，以减少参数波动。

2. 产品应用

高性能特种工程塑料 PEEK 及其改性材料（碳纤维、玻璃纤维、聚四氟乙烯等）的型材可以通过连续挤出的方式获得。挤出型材包括棒材、板材、管材、片材、毛细管、3D 打印细丝、电缆、隔离块及相关异形件，由于其具有优异的耐高温性、耐化学性、耐摩擦性、耐药品性、耐辐照性、耐水解性及优异的力学性能等，被广泛应用于要求苛刻的高端行业中，如航天航空、汽车、石油石化、医疗器械、半导体、分析仪器、纺织印染机械、食品加工、包装机械等领域，国内外市场需求巨大。

1)挤出管材

PEEK 由于其出色的耐腐蚀性，挤出管材常被用来代替石油和天然气行业中管道系统使用的耐腐蚀合金。挤出管材通过机加工可制作选镀环、研磨环、芯轮、轴套、齿轮、密封环、滚轮等。选择性电镀是一种高速、经济的电镀方式，适用于集成电路(IC)、二极管、三极管、连接器、发光二极管(LED)等电子元器件的引线框架电镀。由于能做到对功能区有目的的选择性电镀，选镀环电镀面积小，能达到节约金、银等贵金属的目的，可代替玻璃钢，效果理想。除提供优异的尺寸稳定性外，还具有电绝缘性能、耐化学性能、可加工性、耐热性能及韧性，所以是引线框架［如小外形二极管(SOD)、小外形晶体管(SOT)、LED 等］电镀应用的理想材料，如图 7.2 所示。

与传统工程塑料相比，PEEK 具有更高的耐磨损、耐高温、耐腐蚀特性，其加工成型的研磨环、芯轮、轴套、齿轮、密封环、滚轮等产品可以大大提高饮料

(a)　(b)　(c)

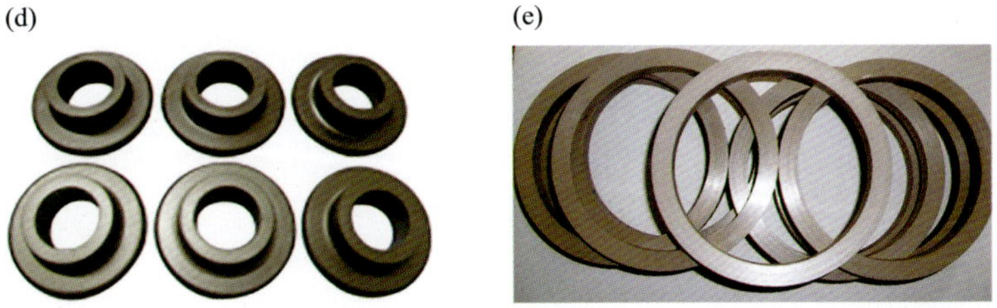

图 7.2　(a)挤出管材；(b)选镀环；(c)研磨环；(d)PEEK 滚轮；(e)密封环

灌装、电子半导体、石油化工等行业设备上关键部件使用寿命，减少停机维修时间，提高设备的稳定性和可靠性。PEEK 具有强的耐蠕变能力性，在油气行业主要用途是为更软的密封材料(如弹性体和含氟聚合物)提供机械支撑。

2)真空定径挤出毛细管、医疗导管

采用闭环式真空定径工艺挤出 PEEK 毛细管等，解决了由于 PEEK 熔融所需温度高、熔融黏度大、生产不连续、出料不均匀、产品应力大等缺点，从而导致型材成品率低的行业难题。PEEK 毛细管由于具有无毒性、耐腐蚀、耐高温等特性，被广泛应用于分析仪器行业及作为医疗导管应用于医疗行业微创手术，如图 7.3 所示。

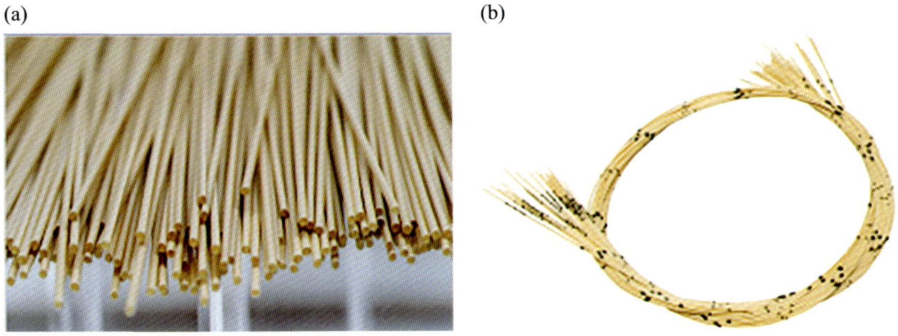

图 7.3　(a)挤出毛细管；(b)挤出医疗导管

3)挤出电缆

PEEK 挤出线缆具有突出的耐高低温性、阻燃性、耐辐射性、绝缘性及良好的机械性能，使其在航空工业中可作为超高温导线，在石油工业中可作为潜油泵电机绕组线及连接线，在原子能发电站中可作为核岛驱动机构的绕组线圈长期在辐照条件下使用，同时也广泛使用于高速牵引机车，如图 7.4 所示。

4)3D 打印细丝

挤出 3D 打印细丝，如图 7.5 所示。由于其独特的性能，3D 打印 PEEK 允许

图 7.4　挤出电缆

图 7.5　PEEK 3D 打印细丝

构建任何复杂的设计几何形状，通过熔融沉积造型（FDM）[或熔融丝制造（FFF）]方法使用 PEEK 丝进行 3D 打印。可广泛应用于医疗、航空航天、汽车、电子、能源和半导体等领域。低释气允许 PEEK 用于密闭空间和敏感环境中，如卫星，材料不会在真空下漏气。高温工作环境使其可用于生产发动机罩或发动机舱内的部件。

5）挤出隔离块

PEEK 挤出隔离块（图 7.6），由于其具有耐腐蚀性、高强度、耐磨损、耐高温等突出的特性优点，被应用于石化压滤机上。

6）挤出板、棒型材

PEEK 树脂具有良好的加工性能，不仅可以通过热塑工艺成型，还可以采用各种机械加工手段如车、铣、钻、磨等进行加工成型。对于尺寸精度要求高、直接注塑达不到精度要求的零部件和用量小、因模具利用率低注塑成本高的零部件，一般采用先挤出板材或棒材作为坯料，在机械加工成零部件的方法成型，如图 7.7～7.11 所示。

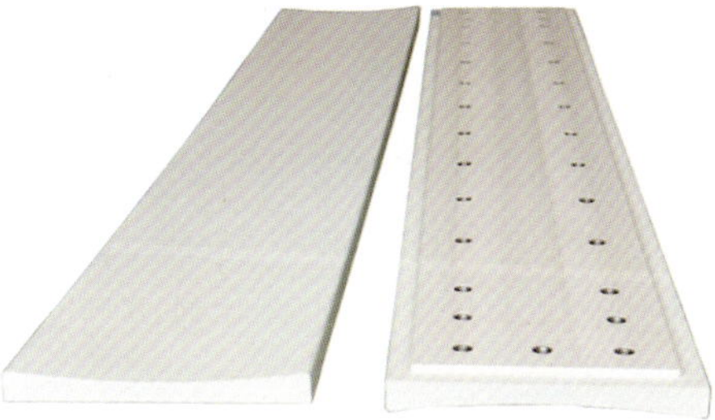

图 7.6 PEEK 挤出隔离块

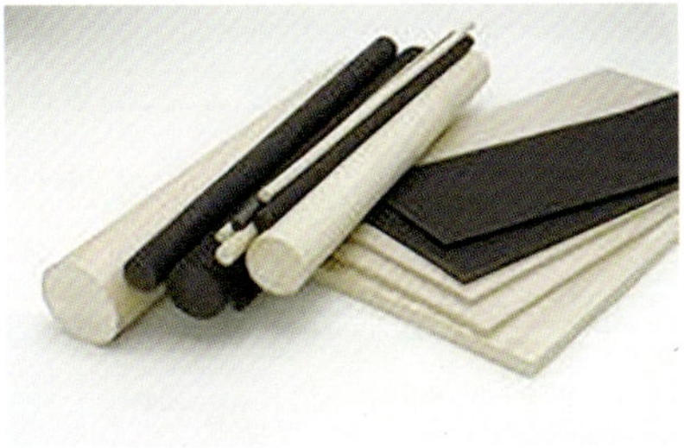

图 7.7 各种 PEEK 板材和棒材

图 7.8 利用 PEEK 棒材机械加工的各种齿轮和机械零部件

图 7.9 利用 PEEK 棒材机械加工的椎间融合器

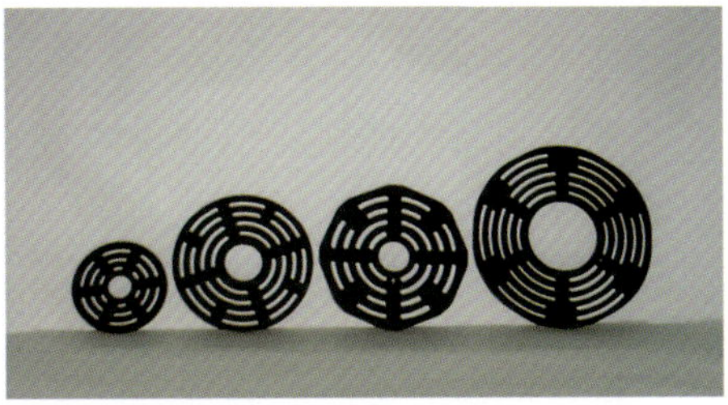

图 7.10 利用 PEEK 板材机械加工的气体压缩机阀片

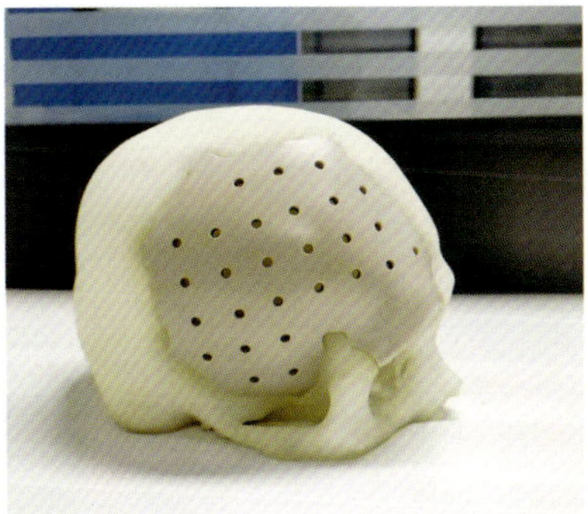

图 7.11 利用 PEEK 板材机械加工的颅骨修复植入体

7.1.2　聚醚醚酮注射成型工艺及应用

注射成型是聚芳醚酮及其改性材料成型加工中用的最多的方法。注射成型的特点是成型周期短、生产效率高，能一次成型外形复杂、尺寸精确的制品，成型适应性强，制品种类繁多，而且容易实现生产自动化，因此，注射成型是聚芳醚酮及其改性材料制品加工成型的主要方法之一。

1. 注射成型工艺及工艺原理

注射成型是树脂在加热料筒中塑化后，由柱塞或往复螺杆加压注入闭合模具的模腔中经冷却凝结形成制品塑料加工方法。注射成型的特点是能加工外形复杂、尺寸精确或带嵌件的制品，生产效率高。注射成型的工艺流程如图 7.12 所示。

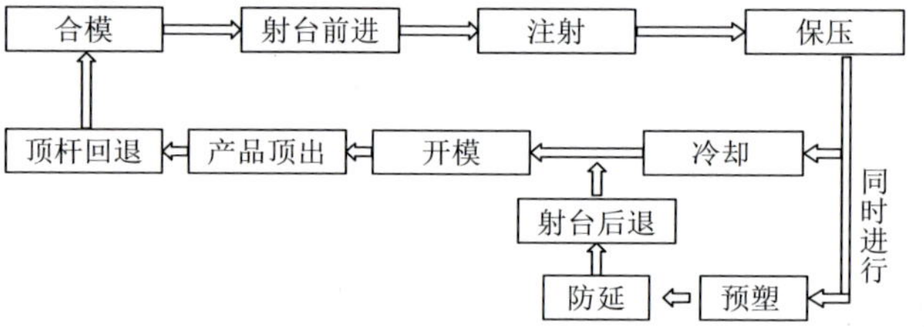

图 7.12　塑料注射成型的工艺流程

聚芳醚酮制品的注射成型是将树脂或改性材料的粒料经充分干燥后，加入到注射机的料筒，按图 7.12 流程进行加工。

聚醚醚酮及其改性材料的熔点较高，为 343℃，成型温度需要在 380℃左右。熔体黏度也比普通高分子材料高，因此对注射成型设备的加热温度、螺杆压缩比、长径比、模具的耐温性等都需要特定的要求。在设计模具时也要充分考虑其结晶特性及熔体黏度相对较大的问题。表 7.2 是聚醚醚酮树脂及纤维增强聚醚醚酮复合材料典型的注射工艺参数。

表 7.2　PEEK 树脂及其纤维增强复合材料典型的注射工艺参数

工艺参数		PEEK	30% GF 增强 PEEK	30% CF 增强 PEEK
料筒温度/℃	根部	330～360	350～380	350～380
	中间	350～380	370～400	370～400
	喷嘴	350～380	370～400	370～400
模具温度/℃		130～170	140～180	140～180
注射压力/(kg/cm^2)		1000～1400	1200～1600	1200～1600
螺杆背压/(kg/cm^2)		50～100	50～100	50～100

续表

工艺参数	PEEK	30% GF 增强 PEEK	30% CF 增强 PEEK
保持压	500～700	600～800	600～800
注射速度	中速～高速	中速～高速	中速～高速
螺杆转数/(r/min)	50	50	50
循环周期/s	30～60	30～60	30～60

2. 注射成型制品实例

聚醚醚酮及其改性材料注射成型制品由于具有优异的耐高温性、耐化学腐蚀性、耐磨性、耐辐照性、耐水解性、阻燃性及力学性能等，被广泛地应用于苛刻环境的高端行业中，如航天航空、汽车、石油石化、医疗器械、半导体、分析仪器、纺织印染机械、食品加工、包装机械等领域。

(1) 航空航天领域制品如图 7.13～图 7.17 所示。

图 7.13　飞机绝热保温管

图 7.14　直升飞机气流导向板

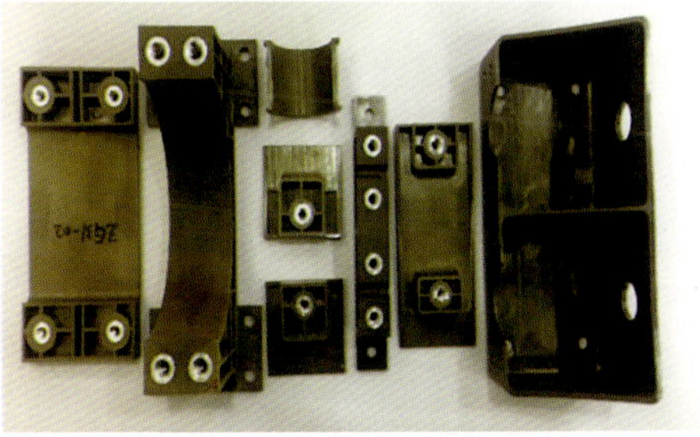

图 7.15　航天装备零部件

图 7.16　飞机控制系统电磁屏蔽壳体

图 7.17 卫星防冷焊薄壁轴承保持架

(2) 石油化工领域制品如图 7.18 和图 7.19 所示。

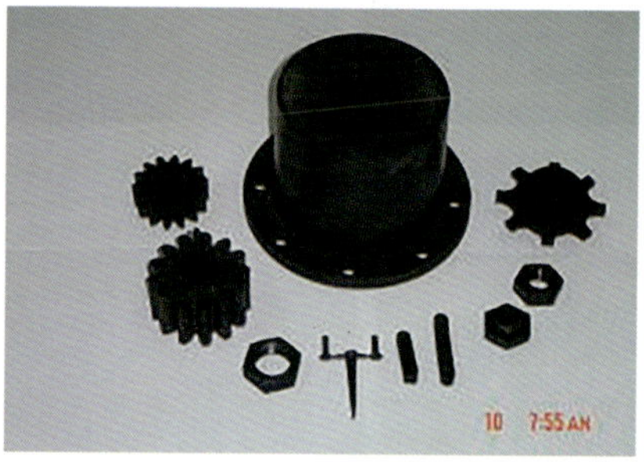

图 7.18 磁力驱动泵零部件

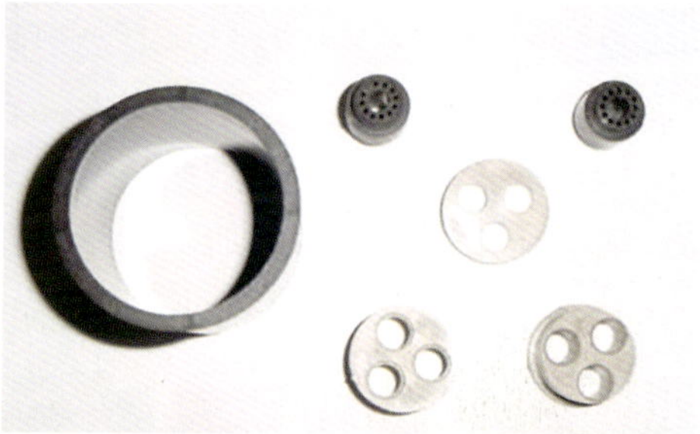

图 7.19 油田用零部件

(3) 汽车领域制品如图 7.20～图 7.22 所示。

图 7.20 多种齿轮

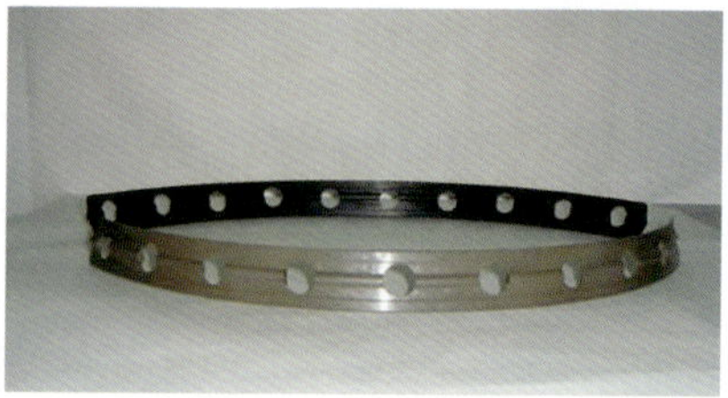

图 7.21 车辆零部件

图 7.22 轴承保持架

(4) 核能领域制品如图 7.23 所示。

(5) 电子电器领域制品如图 7.24 所示。

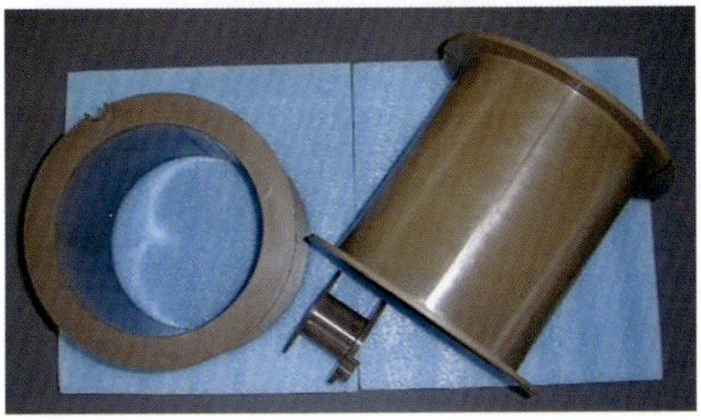

图 7.23　核电站反应堆线圈骨架

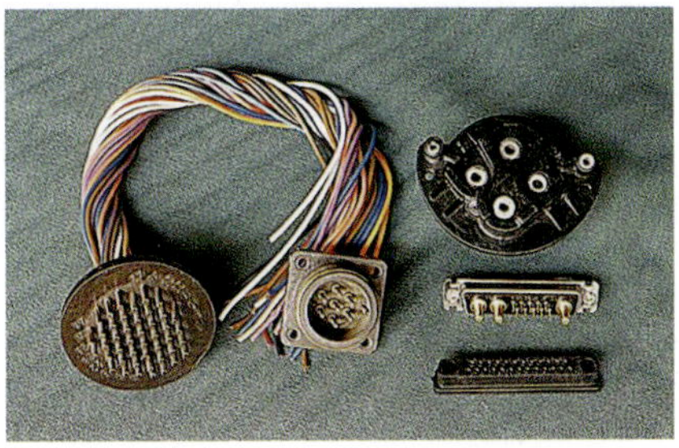

图 7.24　电器接插件

(6) 机械等领域制品如图 7.25 和图 7.26 所示。

图 7.25　分析仪器零部件

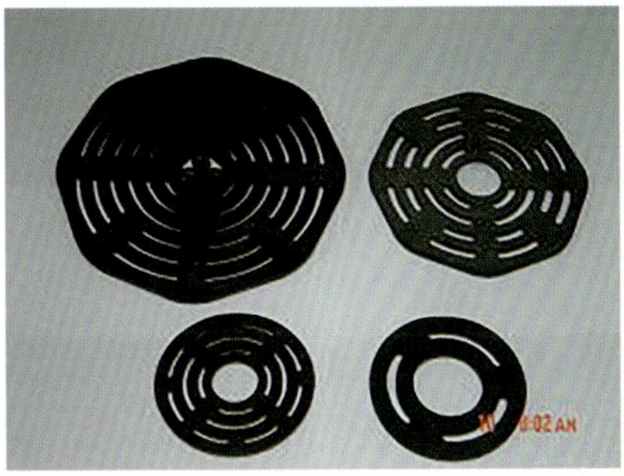

图 7.26　空气压缩机阀片、活塞环

7.2　聚醚醚酮薄膜

高温熔融挤出/流延工艺是目前制备聚醚醚酮热塑性薄膜最成熟的工艺，所制备的薄膜厚度范围在 3～200 nm。最早商品化的聚醚醚酮薄膜是 2008 年由英国 Victrex 公司制备得到，商品牌号为 Aptiv®，随后 Solvay 公司和吉林大学也推出了商品化的 PEEK 薄膜材料。PEEK 薄膜展现出优异的耐溶剂、耐腐蚀、耐摩擦等特性，在包装、封装、电子、医疗、航空航天等领域有广泛的应用前景。

7.2.1　聚醚醚酮薄膜性能

利用高温熔融挤出/流延方法，通过调控薄膜结晶度制备了透明与半透明两种聚醚醚酮薄膜，并研究其性能差异。首先将薄膜制备成哑铃形样条(GB/T 2951.11—

2008)，并按照国标 GB/T 19466.3—2004 测试其力学性能。透明聚醚醚酮薄膜的拉伸曲线如图 7.27(a)所示，拉伸强度在 89 MPa，断裂伸长率达 211%。当拉伸强度接近 70 MPa 时出现应力屈服，并且随着拉伸薄膜分子出现取向，力学强度逐渐增加。半透明聚醚醚酮薄膜的拉伸曲线如图 7.27(b)所示，膜的最大拉伸强度为 100 MPa，断裂伸长率为 188%。相比于透明薄膜，半透明薄膜在屈服点前膜表现出更高的拉伸强度，而断裂伸长率略有降低，这种现象归因于两种薄膜结晶度的差异。

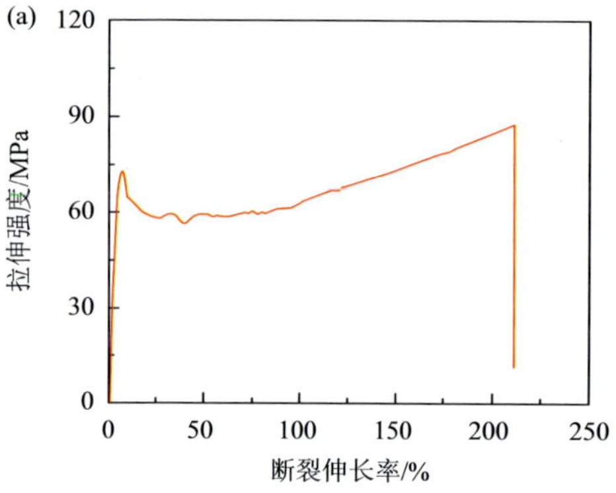

图 7.27　聚醚醚酮膜的力学性能测试曲线

(a) 透明薄膜；(b) 半透明薄膜

针对透明与半透明聚醚醚酮薄膜的宏观力学性能差异，利用 DSC 研究了两者的相转变行为。如图 7.28(a)所示，透明薄膜在升温过程中依次在 146.8℃、173.6℃、342.9℃出现玻璃化转变温度、冷结晶峰和熔点，降温测试中则在 300.2℃出现熔融结晶峰，这与聚醚醚酮树脂的相态转变规律一致。冷结晶峰的出现表明

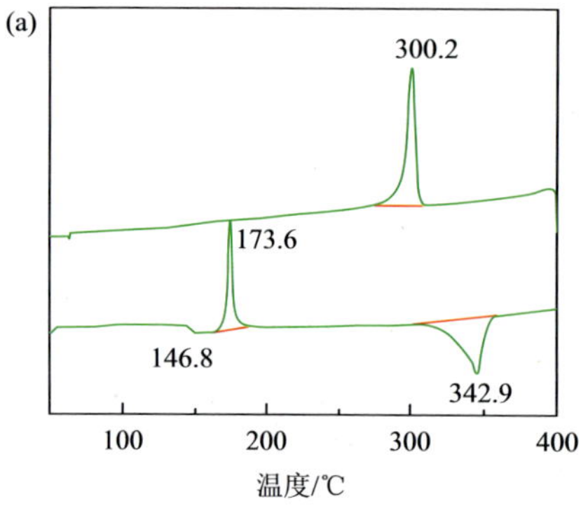

图 7.28　聚醚醚酮薄膜的升温-降温 DSC 曲线

(a) 透明薄膜；(b) 半透明薄膜

透明聚醚醚酮薄膜为非晶膜或低结晶度膜。半透明薄膜 DSC 测试结果显示，其升温过程中未出现冷结晶峰，其他各个峰均与透明薄膜类似。上述结果表明：透明聚醚醚酮薄膜的聚合物链段呈无规堆砌，缺乏有序结构，导致其凝聚态为均相非晶态，因而表现出透明特性，而半透明薄膜的凝聚态中同时存在非晶区与晶区，晶区与非晶区的折射率差异导致光散射，致使材料透明性下降。

图 7.29 为聚醚醚酮薄膜的 XRD 谱图。透明聚醚醚酮薄膜的 XRD 谱图如图 7.29(a)所示，在 2È 角度 10°～40°范围内仅观察到广泛的漫包，证明其为非晶态。而半透明聚醚醚酮薄膜在 2θ 为 10°～30°范围内的 13.9°、16.8°、18.5°和 25.3°处出现尖锐的衍射峰，分别对应聚醚醚酮的六方晶系中(110)、(111)、(200)和(211)晶面的衍射［图 7.29(b)］，证明该半透明聚醚醚酮薄膜具有半结晶结构。

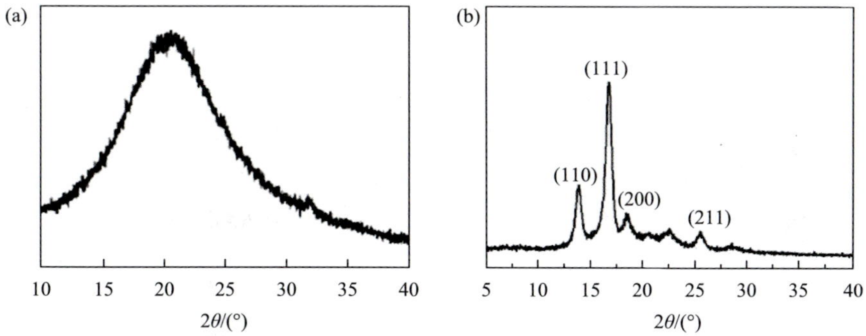

图 7.29　聚醚醚酮薄膜的 XRD 谱图

(a) 透明薄膜；(b) 半透明薄膜

图 7.30 为制备的聚醚醚酮薄膜实物照片。从图中可以明显看出，所制备的薄度厚度均匀、表面平整且光滑。结晶聚合物膜呈半透明，而非晶聚合物膜则呈透明状态。

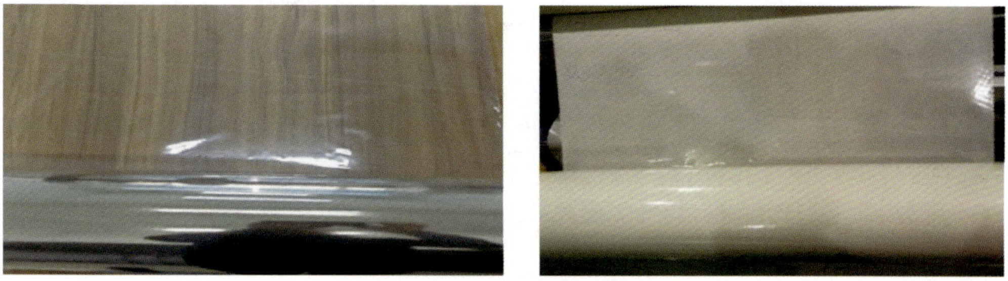

图 7.30　聚醚醚酮薄膜样品

(a) 透明薄膜；(b) 半透明薄膜

7.2.2 聚醚醚酮薄膜的单向拉伸

拉伸是薄膜生产中的重要工序之一，常被称为“二次成形”，能够通过改变聚合物膜的结晶及取向显著提升膜的物理机械性能。经过拉伸及退火处理后，PEEK膜的机械性能得到显著提高。PEEK 膜的取向度与结晶度是影响膜力学性能的关键因素，PEEK 膜经过拉伸后取向增强，进而提高膜的力学性能(图 7.31)。牵伸温度及牵伸倍率是牵伸工艺中重要的控制参数，聚醚醚酮膜的拉伸通常在 $T_g \sim T_m$ 区间进行。

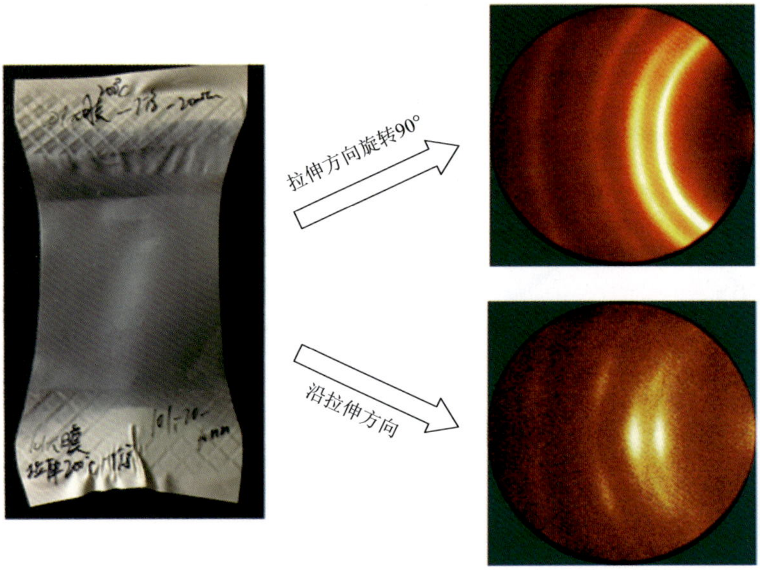

图 7.31 单向拉伸 PEEK 膜实验过程及其二维 X 射线衍射谱图

在 160～200℃的温度区间内，随着牵伸温度升高，PEEK 膜的拉伸强度会线性增大；当温度继续升高至 220～260℃时，分子链在较高温度下的运动过于激烈，伴随有解取向发生，分子链的规整排列变差，从而影响膜的分子结晶与取向，相应的拉伸强度与拉伸模量也随之下降。提高牵伸温度可以提升 PEEK 膜的最大牵伸倍率并增加膜的取向，但牵伸温度过高时对膜的力学性能提升并不显著，甚至略有下降。因此，PEEK 膜较适宜的牵伸温度范围为 200～220℃。

牵伸倍率同样是影响 PEEK 膜性能的重要因素，可根据实际应用需求对 PEEK 膜进行不同程度的拉伸。在 200℃下，牵伸倍率的 3、4、5、6、7 倍的 PEEK 膜拉伸强度变化如图 7.32 所示。随着牵伸倍率增加，PEEK 膜的拉伸强度逐渐提高。当牵伸倍率达到 7 倍时，薄膜拉伸强度达到 353.6 MPa。这归因于取向度和结晶度随着牵伸倍率的增大而提高。

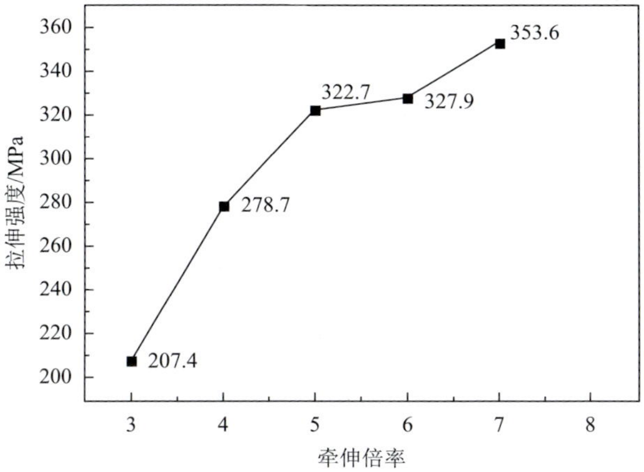

图 7.32 PEEK 膜在 200℃下牵伸倍率与拉伸强度的关系

图 7.33 为 PEEK 膜在 200℃不同牵伸倍率下沿拉伸方向垂直拉伸方向的二维 X 射线衍射谱图，随着牵伸倍率增大，衍射峰强度增强且峰形趋于锐利，这表明拉伸能够使 PEEK 薄膜的晶粒尺寸变大，提高晶区取向与结晶，因此膜的结晶度随牵伸倍率的增加而提高。同时在垂直拉伸方向，并未观测到分子链取向行为。

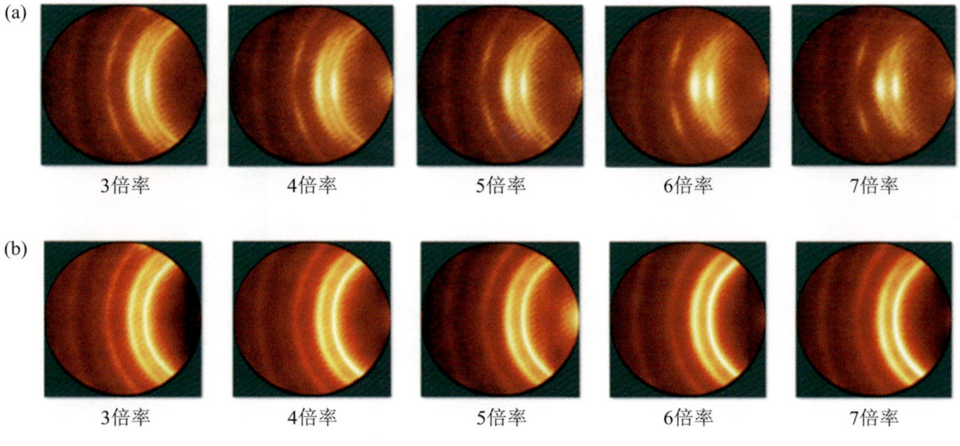

图 7.33 PEEK 膜在 200℃不同牵伸倍率下二维 X 射线衍射谱图

(a) 拉伸方向；(b) 垂直拉伸方向

在 PEEK 膜拉伸过程中，拉伸介质热诱导、拉伸热效应及应力取向诱导等共同促进了取向和结晶度的增加，而牵伸倍率则起到了尤为重要的作用。随着拉伸进行，PEEK 膜的取向度逐渐增大，分子链沿膜轴向排列规整度增加，从而增强其力学性能。

7.2.3 聚醚醚酮薄膜的双向拉伸

如图 7.34 所示，利用薄膜双向拉伸试验机，对 PEEK 薄膜进行了双向拉伸，制备了面内各向同性的高机械性能聚醚醚酮膜[4]。

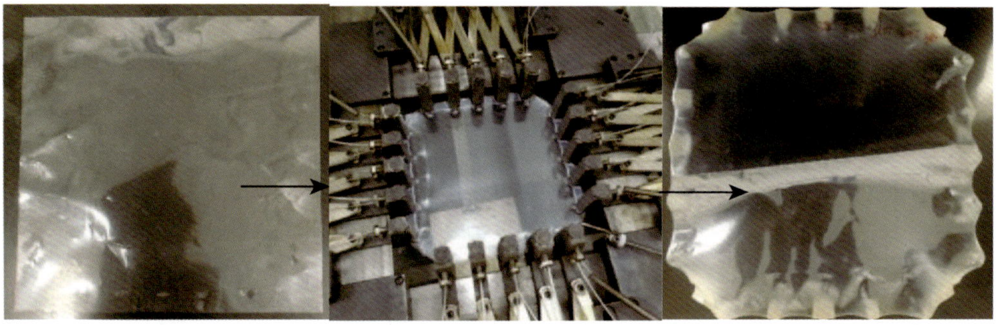

图 7.34 双向拉伸聚醚醚酮薄膜实验过程[4]

在单向拉伸薄膜的结晶取向分析中，在拉伸方向存在取向变化，而在非拉伸方向不存在明显的取向变化。对于双向拉伸薄膜样品，沿对角线方向每 90°进行裁剪，裁成 5 mm×20 mm 的样条，进行薄膜各个方向结晶、取向的测试。

双向拉伸，对聚醚醚酮膜进行了面内均匀拉伸，如图 7.35 所示，可以明显看出，在薄膜的各个方向均有衍射，证明双向拉伸后的薄膜在各个方向上均有取向。

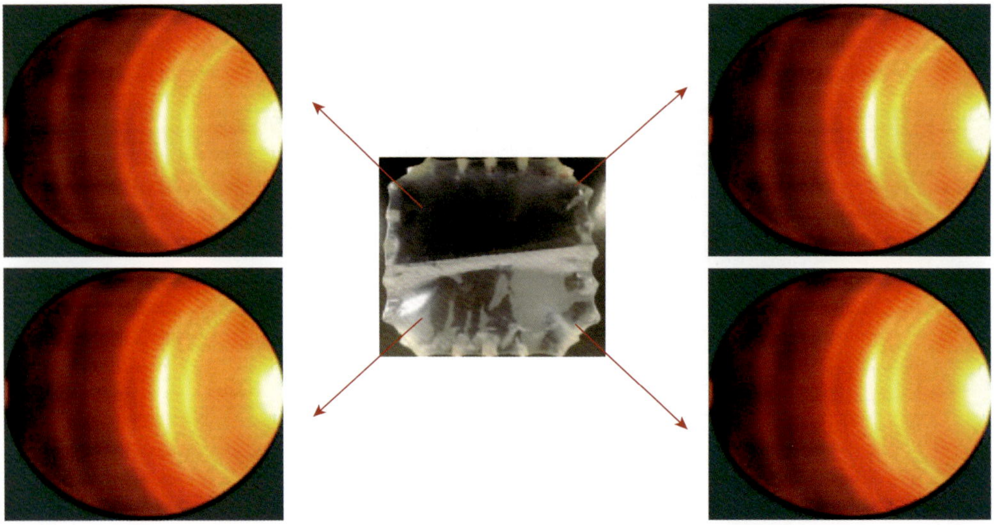

图 7.35 双向拉伸聚醚醚酮薄膜的二维 X 射线衍射谱图[4]

图 7.36 展示了 220℃牵伸温度下，薄膜在 1.9～2.4 倍率范围内的拉伸强度变化规律。随着牵伸倍率增加，薄膜的拉伸强度逐渐升高，牵伸倍率为 2.2 时其拉伸强度达到最高，为 144.6 MPa，是未拉伸薄膜的 1.5 倍左右。随着牵伸倍率持续增大至 2.4，因薄膜的宏观形态遭到破坏，拉伸强度呈下降趋势。

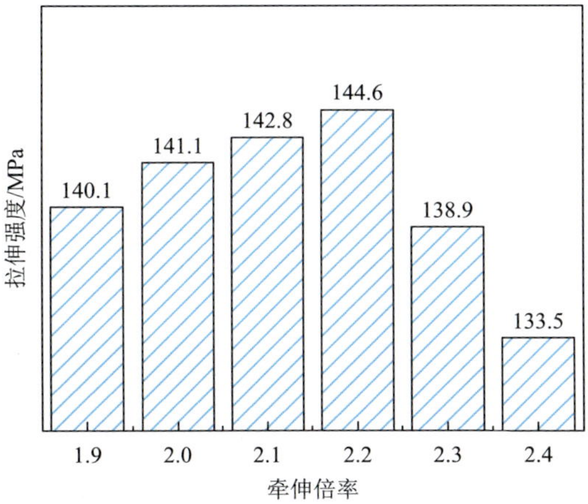

图 7.36　双向拉伸 PEEK 膜在 220℃下牵伸倍率与拉伸强度的关系[4]

图 7.37 是双向拉伸 PEEK 薄膜在 220℃不同牵伸倍率下的二维 X 射线衍射取向谱图，在热拉伸牵引过程中，分子链排列更加有序，促使薄膜的结晶度和取向度增加然而当牵伸倍率过高时，分子链发生移动，薄膜因局部撕扯导致拉伸强度下降。由此可以得出，结晶度和取向度的增加是薄膜拉伸强度增加的原因。

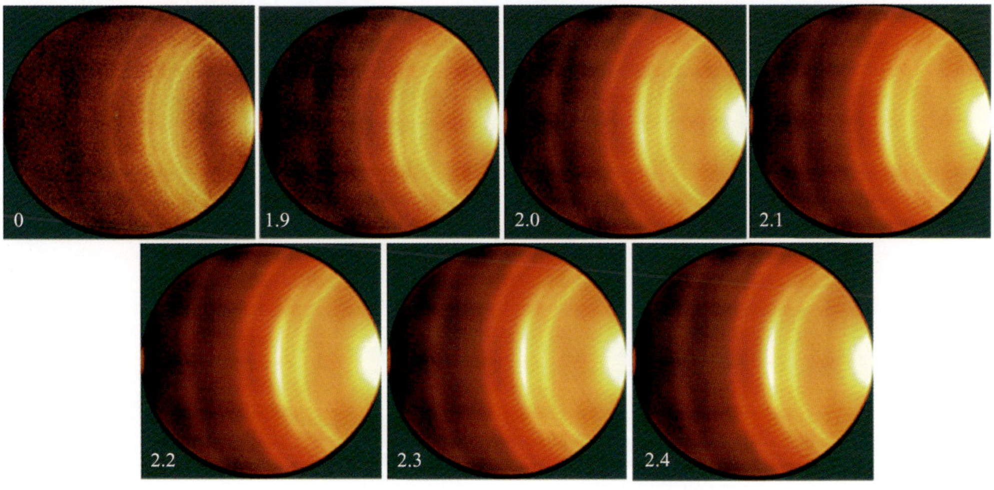

图 7.37　双向拉伸 PEEK 薄膜在 220℃不同牵伸倍率下二维 X 射线衍射谱图[4]

7.2.4 聚醚醚酮薄膜应用

PEEK 薄膜具有出色的加工性能、高耐热性、高耐磨性、高强高韧性、优异的电气稳定性和耐化学腐蚀性等特性，可满足电子、声学、航空航天、汽车、工业装备和能源等众多行业对材料的需求，已经广泛用于航天薄膜、复合材料薄膜、干式变压器绝缘、电磁导线绝缘、柔性薄膜加热器、高性能垫片、高温标签、工业绝缘衬垫、电机垫圈、压敏胶带、印刷电路基板、扬声器振膜和音圈、特殊层压制品、热成型制品、电容器、特殊包装、压力传感器等。部分典型应用案例如图 7.38 所示。

飞机防火静音膜

电机绝缘膜

聚醚醚酮绝缘绕包电缆

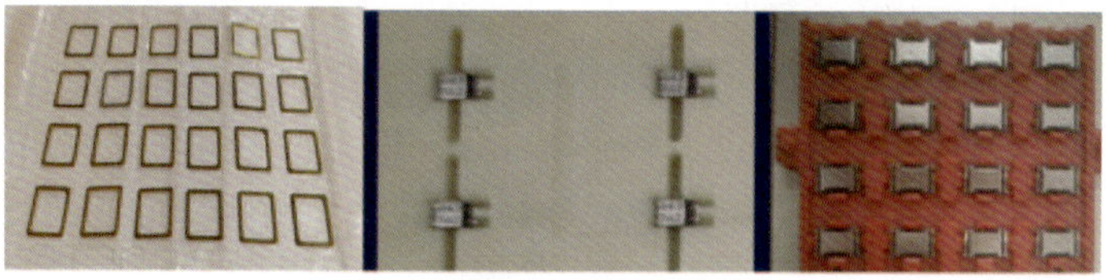

聚醚醚酮声学振膜

图 7.38 聚醚醚酮薄膜应用案例

7.3 聚醚醚酮纤维

聚醚醚酮树脂经高温熔融纺丝可制成全芳香族半结晶型纤维(包括单丝和复丝)。自 1982 年聚醚醚酮纤维问世以来，它便成为特种纤维研究的热点。它继承着其母体材料 PEEK 的优良特性，具有耐高温、耐化学腐蚀、耐辐照、高强度、抗蠕变、高阻燃性、耐磨和高温耐水解性能等优异特性[5-9]，在航天、航空、核能、信息、通信、电子电器、石油化工、机械制造、汽车等领域得到了成功的应用[10-20]。

7.3.1 聚醚醚酮纤维的制备

1. 聚醚醚酮树脂的可纺性

有研究表明[12]，聚醚醚酮树脂的流变性能直接影响 PEEK 纤维的可纺性和理化性能。PEEK 树脂熔体呈现出较为典型的非牛顿流体行为，熔体的表观黏度随剪切速率的增加而下降，剪切变稀现象显著(表 7.3)。

表 7.3 不同温度下的 PEEK 树脂非牛顿指数

原料	非牛顿指数				
	370℃	380℃	390℃	400℃	R^{2*}
CoPEEK-1	0.665	0.679	0.681	0.715	>0.99
CoPEEK-2	0.601	0.609	0.617	0.631	>0.99
CoPEEK-3	0.549	0.559	0.566	0.593	>0.99

* R^2 为相关系数 R^2 检验，R^2 值越高，样本回归直线与样本观测值间拟合度越好。

PEEK 的黏流活化能(ΔE_η)具有较强烈的剪切速率依赖性。增加剪切速率，PEEK 树脂的 ΔE_η 减小，流动性变好，对温度的敏感性下降，这是“剪切变稀”熔体所共有的性质，如表 7.4 所示。PEEK 树脂熔体也具有较强的温度敏感性，尤其是分子量较大的 PEEK 树脂，若使其具有良好的流动性，则需要升高其熔融温度。

表 7.4 不同剪切速率下的 PEEK 黏流活化能(ΔE_η)

原料	温度/℃	ΔE_η/(kJ/mol)			
		5.7 s^{-1}	57.9 s^{-1}	579.4 s^{-1}	5797.5 s^{-1}
CoPEEK-1	370～400	35.03	30.34	25.78	22.71
CoPEEK-2	370～400	43.26	39.86	31.04	27.56
CoPEEK-3	370～400	48.92	42.11	36.67	31.39

基于 PEEK 流变性能研究，栾加双[12]对不同分子量 PEEK 进行纺丝试验，纺丝试验结果如表 7.5 所示。

表 7.5　不同分子量 PEEK 树脂的可纺性

原料	纺丝温度/℃	喷丝板规格	可纺性	喷丝板规格	可纺性
CoPEEK-1	360	Φ0.4 mm×18 孔	II	Φ0.8 mm×1 孔	III
	370		I		I
	380		I		I
	390		I		I
CoPEEK-2	360	Φ0.4 mm×18 孔	IV	Φ0.8 mm×1 孔	IV
	370		III		III
	380		II		II
	390		I		II
	400		I		I
CoPEEK-3	360	Φ0.4 mm×18 孔	IV	Φ0.8 mm×1 孔	IV
	370		IV		IV
	380		IV		IV
	390		III		IV
	400		II		IV
	410		I		III
	420		I		II

注：表中 I 表示可纺性好，可以连续、稳定的卷绕；II 表示可纺性较好，可以连续卷绕一定时间；III表示可纺性差，易断，稍能稳定卷绕；IV表示不可纺。

2. 聚醚醚酮纤维的纺丝工艺流程与设备

聚醚醚酮纤维(长丝)主要采用熔融纺丝法制备，其工艺基本流程如图 7.39 所示。首先 PEEK 树脂经单螺杆(或栓塞式[21])挤出机加热熔融，并由螺杆(或栓塞)挤压通过纺丝组件中的多孔喷丝板形成多根熔体丝条(单丝则采用单孔喷丝板或分丝)，再进行冷却、热辊牵伸、热松弛，最后卷绕成筒。纺丝组件中通常装配有多层金属过滤网或各层过滤网间填充金属粉或石英砂等以过滤纺丝液中的杂质。

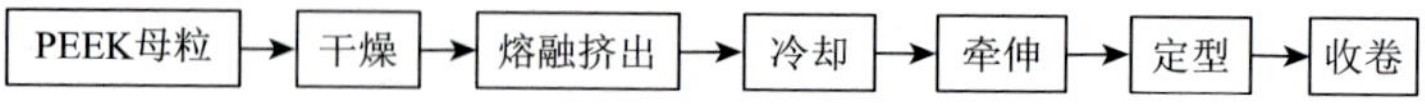

图 7.39　PEEK 长丝制备基本流程

3. 牵伸对纤维结构与性能的影响

1)牵伸对纤维表观形态的影响

研究表明，初纺丝经过牵伸定型及退火等处理后，其表观形貌、纤维直径均匀性都有较大程度的提高，但较高牵伸温度(高于 260℃)则使纤维表面产生了类似“橘皮”的纹理(图 7.40)。

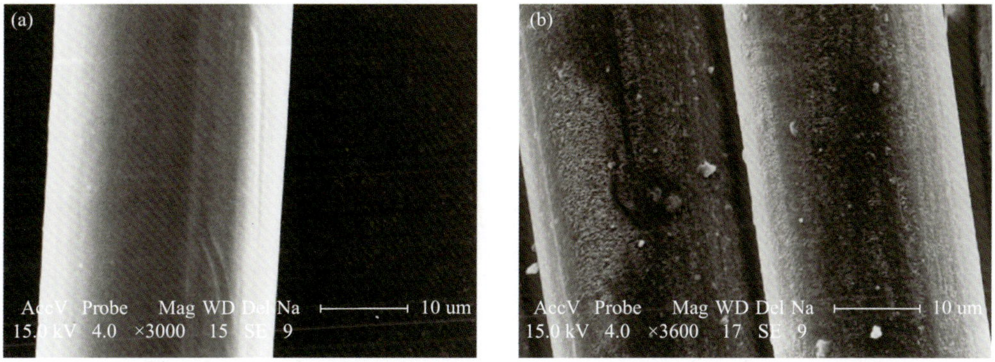

图 7.40　不同牵伸温度 PEEK 纤维表面形貌的 SEM 图

(a)牵伸温度 220℃；(b)牵伸温度 260℃

2)牵伸温度对 PEEK 纤维结构与力学性能的影响

由图 7.41(a)和表 7.6 可以看出，随着牵伸温度上升，120～240℃时，纤维的 WAXD 衍射峰强增大，半高峰宽变窄，峰形变得锐利，这说明随着牵伸温度升高，纤维的分子链的活动能力增强，在外力场的作用下，它在纤维中比较容易取向，同时其分子链堆砌也更加规整，纤维的取向与结晶度增加，这使得纤维的拉伸强度和模量得到提高。当牵伸温度在 240～280℃范围拉伸时，WAXD 衍射峰强、半峰宽高以及峰形变化不大，稍有下降［图 7.41(b)］。分析其原因认为 PEEK 纤维的分子链在较高温度下的活动过于激烈，解取向发生增多，分子链的规整排列变差，影响了纤维的分子取向与结晶。

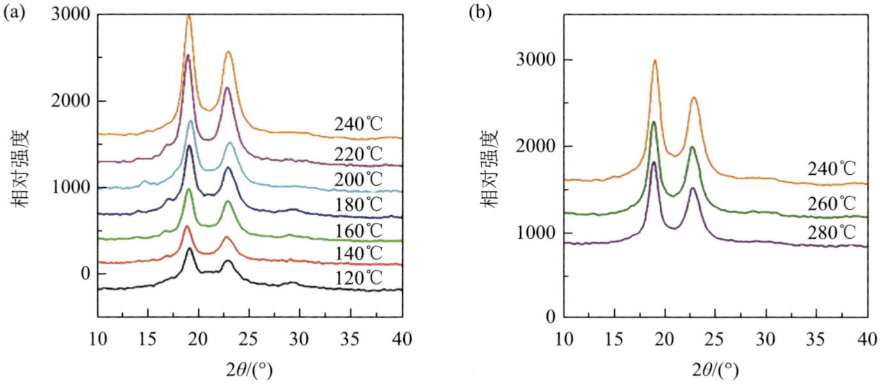

图 7.41　PEEK 纤维的 WAXD 谱

(a)牵伸温度 120～240℃；(b)牵伸温度 240～280℃

表 7.6 牵伸温度对各牌号 PEEK 纤维的力学性能影响

牵伸温度	CoPEEK-1		CoPEEK-2		CoPEEK-3	
	拉伸强度/(cN/dtex)	断裂伸长率/%	拉伸强度/(cN/dtex)	断裂伸长率/%	拉伸强度/(cN/dtex)	断裂伸长率/%
120℃	4.31	13.10	4.77	13.81	5.62	12.15
140℃	4.46	12.60	5.04	12.60	5.73	12.31
160℃	4.70	13.70	5.66	13.83	6.04	11.14
180℃	4.90	12.56	5.69	12.80	6.28	11.96
200℃	5.10	12.10	6.17	12.02	6.50	11.97
220℃	5.21	12.31	6.30	12.97	6.76	11.65
240℃	5.37	11.89	6.36	12.51	6.80	11.63
260℃	5.19	12.01	6.22	13.08	6.69	11.73
280℃	5.08	11.69	6.10	13.51	6.66	12.03

注：PEEK 纤维制样条件为牵伸温度 120、140、160、180、200、220、240、260 和 280℃，牵伸倍率为 3.0。

3)牵伸倍率对 PEEK 纤维结构与力学性能的影响

如图 7.42 所示，随着纤维牵伸倍率的增加，WAXD 谱在 19°(110)和 23°(200)处的衍射峰强增强，半高峰宽减小，峰形变锐利。这说明牵伸能够使 PEEK 纤维的晶粒尺寸变大，提高晶区取向与结晶。

纤维在牵伸过程中，拉伸介质热诱导、拉伸热效应、应力取向诱导等共同促进了取向和结晶度的增加，特别是牵伸倍率起到更尤为重要的作用。由表 7.7 可以看出，各不同牌号的 PEEK 纤维随着牵伸倍率的增加，其拉伸强度单调上升，其断裂伸长率则单调下降，这正是取向度和结晶度随着牵伸倍率的增大而提高所造成的。

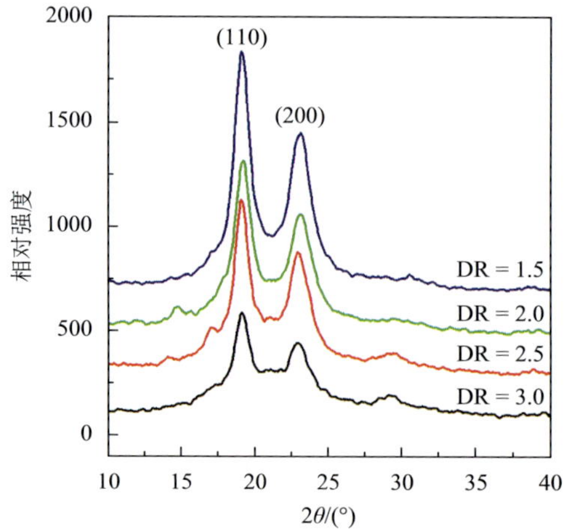

图 7.42 不同牵伸倍率下的 PEEK 纤维 WAXD 谱

表 7.7　牵伸倍率对 PEEK 纤维力学性能的影响

牵伸倍率	CoPEEK-1		CoPEEK-2		CoPEEK-3	
	拉伸强度/(cN/dtex)	断裂伸长率/%	拉伸强度/(cN/dtex)	断裂伸长率/%	拉伸强度/(cN/dtex)	断裂伸长率/%
1.0	2.79	79.46	2.87	90.30	3.13	81.03
1.5	2.79	40.92	4.03	56.14	4.43	45.55
2.0	4.02	32.94	4.23	30.77	5.11	30.76
2.5	4.77	21.61	5.66	23.51	5.90	20.65
3.0	5.37	11.89	6.36	12.51	6.80	11.63

4. 聚醚醚酮粗旦丝的结构与性能

1) 冷却方式对粗旦丝结构与丝性能的影响

初生丝的冷却方式主要包括风冷和液冷两种方式。风冷方式冷却速度相对较慢，因此初生丝具有相对较高的结晶度；液冷方式冷却速度相对较快，初生丝具有较低的结晶度或为无定形状态。

PEEK 粗旦初生丝的 WAXD 谱(图 7.43，PEEK-O)为明显的漫峰，结晶度低，呈现无定形纤维特征。150℃以上拉伸制备的粗旦丝 WAXD 衍射峰强度变大，结晶度增强，PEEK 粗旦丝的力学性能也得到改善，并在 190℃时粗旦丝的赫曼取向参数和双折射值达到最大值(图 7.44)。

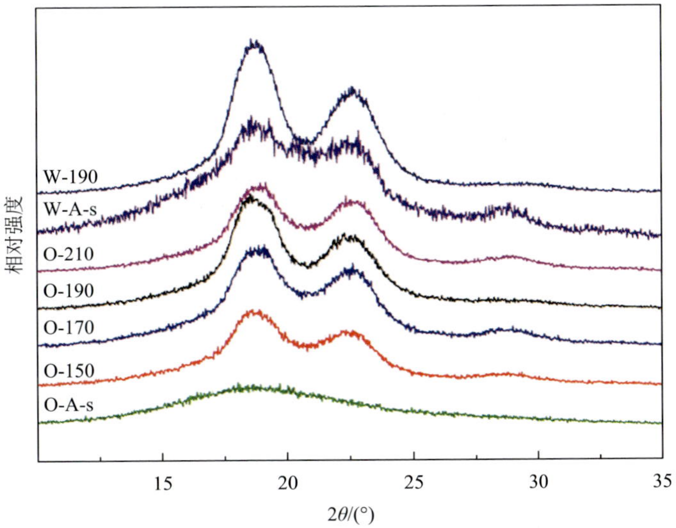

图 7.43　不同冷却方式制备的 PEEK 粗旦丝的 WAXD 谱

W 表示风冷；O 表示油冷；A-s 表示初生丝；O-150、O-170、O-190、O-210 对应牵伸温度分别为 150℃、170℃、190℃、210℃

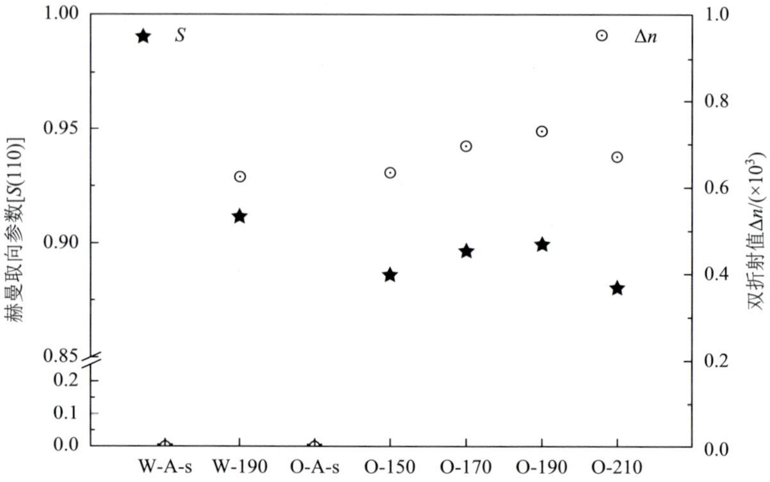

图 7.44　粗旦丝的赫曼取向参数和双折射值

W 表示风冷；O 表示油冷；A-s 表示初生丝；O-150、O-170、O-190、O-210 对应牵伸温度分别为 150℃、170℃、190℃、210℃

2)牵伸对粗旦丝微观结构与性能的影响

PEEK 粗旦丝在牵伸过程中，分子链微观结构发生变化，其结晶度、晶粒尺寸、晶区取向、整体取向和力学性能等会发生显著变化，牵伸温度、牵伸倍率和退火处理等对 PEEK 粗旦丝微观结构与性能有着重要的影响。

(1)牵伸温度对聚醚醚酮粗旦丝微观结构的影响

如图 7.45 所示，PEEK 粗旦丝在不同牵伸温度下，冷却阶段的二维 WAXD 谱，可以明显看到衍射弧的弧度。

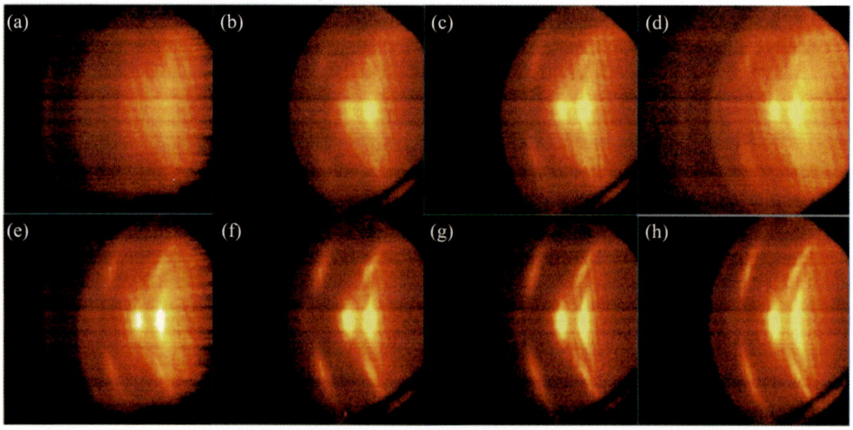

图 7.45　不同牵伸温度制备的 PEEK 粗旦丝的二维 WAXD 谱

(a～h)牵伸温度分别为室温、150℃、170℃、190℃、210℃、230℃、250℃和 270℃，牵伸倍率为 4.0

研究表明[22]，在常温至 210℃，PEEK 粗旦丝的衍射弧弧度随牵伸温度的升高而减小，纤维的取向度提高。发生这种变化的主要原因是随着牵伸温度的增加，大分子链运动能力增强，在牵伸作用下，PEEK 分子链排列更加规整，纤维取向度增加。在 230～270℃，衍射弧弧度随牵伸温度的升高而增大，粗旦丝的取向度随之降低，其主要原因是高温下分子链的解取向行为变强，纤维取向度降低。常温牵伸的 PEEK 粗旦丝展现出无定形状态的弥散图像，牵伸应力导致晶区发生大量的变形和晶体产生严重的撕裂，结晶度变低，粗单丝接近无定形纤维特征。

如图 7.46(a) X 射线衍射曲线所示，PEEK 粗旦丝(110)晶面衍射峰随着牵伸温度升高衍射峰强增加，半高峰宽变窄，峰形变得尖锐，PEEK 大分子链运动能力增强，结晶度不断提高。如图 7.46(b) DSC 曲线所示，随着牵伸温度的提高，熔融吸热峰强增大，熔程变窄，结晶提高，晶形趋于完善。常温牵伸的纤维在 T_g 以上 10～20℃出现了明显的放热峰，为典型的 PEEK 的冷结晶峰。常温牵伸使初生丝的晶区发生了大量形变，同时大分子链在常温下运动能力很低，无法排入晶区，致使结晶度降低十分明显，因此牵伸温度是 PEEK 粗单丝结构和性能的重要影响因素。

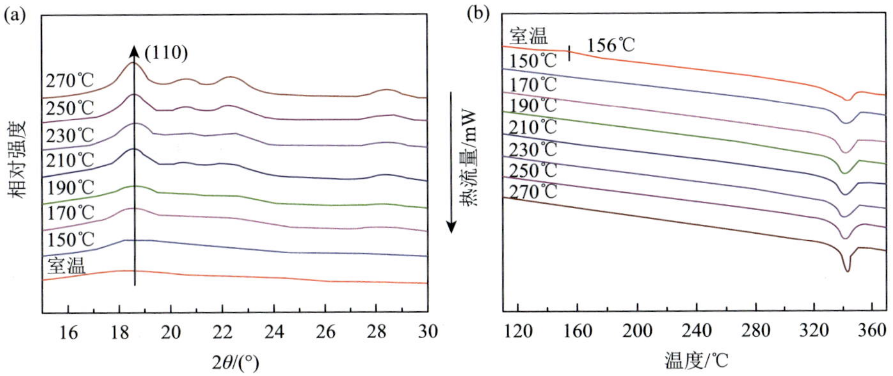

图 7.46　不同牵伸温度制备的 PEEK 粗旦丝的 XRD 和 DSC 曲线

牵伸温度分别为室温、150℃、170℃、190℃、210℃、230℃、250℃和 270℃，牵伸倍率为 4.0

由图 7.47(a)所示，PEEK 粗旦丝在牵伸过程中，牵伸温度在 210℃以下，Pc-S 的结晶度小于 Is-S 的结晶度，晶区存在较大量形变和较弱的分子链运动能力；牵伸温度在 210℃以上，Pc-S 的结晶度大于 Is-S 的结晶度，PEEK 的分子链运动能力变强，不断排入晶区，使结晶度大幅提升，随着牵伸温度升高，结晶度不断提高，在 270℃获得最高的结晶度(46%)。由图 7.47(b)所示，Pc-S 的晶粒尺寸(110)虽然随牵伸温度升高不断增大，但始终小于 Is-S 的晶粒尺寸。PEEK 粗旦丝的赫曼取向参数一直在 0.89 以上，只有略微得先升高后下降；其双折射值则是明显先升高后降低，在 210℃达到最大值。PEEK 粗旦丝在高温牵伸过程中，无定形区的分子链存在着取向与解取向的平衡，分子链运动能力随温度升高而增强。在 210℃以下，分子链的取向能力大于解取向能力，PEEK 粗旦丝整体取向度提高；在 210℃以上，分子链运动过于剧烈，导致解取向能力更强，PEEK 粗旦丝整体取向度下降。

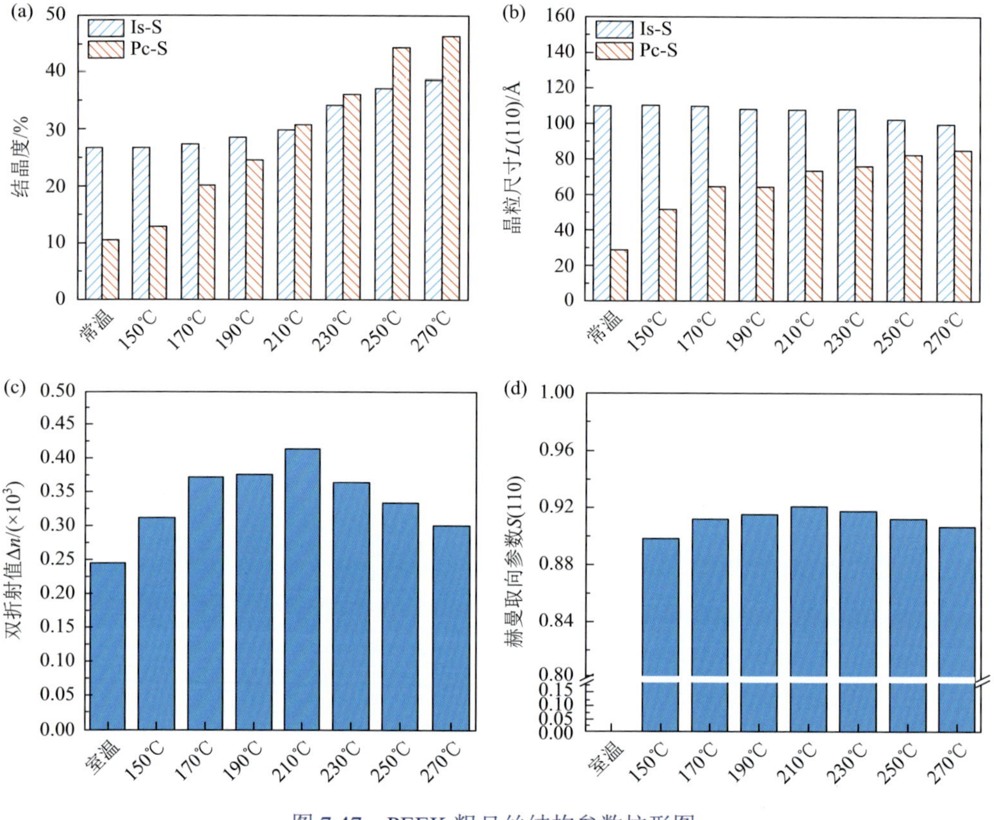

图 7.47 PEEK 粗旦丝结构参数柱形图

(a)结晶度；(b)晶粒尺寸 L(110)；(c)双折射值 Δn；(d)赫曼取向参数 S(110)；牵伸温度分别为室温、150℃、170℃、190℃、210℃、230℃、250℃和 270℃；牵伸倍率为 4.0

(2)牵伸倍率对聚醚醚酮粗旦丝微观结构的影响

由图 7.48 二维 WAXD 谱所示，随着牵伸倍率的增加，PEEK 粗旦丝的衍射环的弧度不断减小，晶体的取向度不断增加，分子链排布更加规整；同时衍射图的清晰度先增加后减少，其结晶度也呈现先增加后减少的趋势。

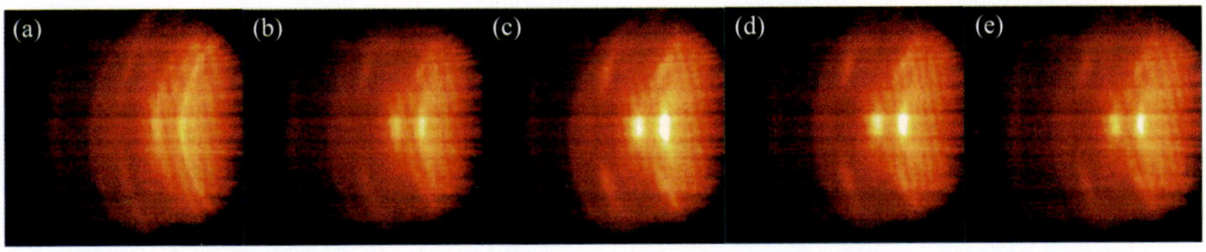

图 7.48　PEEK 粗旦丝(Pc-S)的 WAXD 谱

(a～e)牵伸倍率分别为 2.0、3.0、4.0、5.0 和 6.0，牵伸温度为 210℃

PEEK 粗旦丝以不同倍率进行牵伸，(110)晶面随着牵伸温度升高衍射峰强先增加后减小，半高峰宽先变窄后变宽，PEEK 粗旦丝的结晶度先增后减(图 7.49)。由图 7.50 所示，在低牵伸倍率下，PEEK 粗旦丝的结晶度随着牵伸倍率的增大而提高，牵伸对晶体生长起到促进作用。而在高牵伸倍率下，结晶度随着牵伸倍率

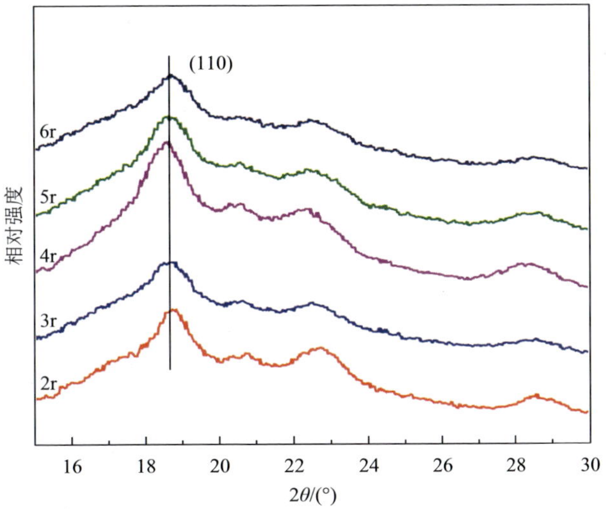

图 7.49　PEEK 粗旦丝的 XRD 谱图

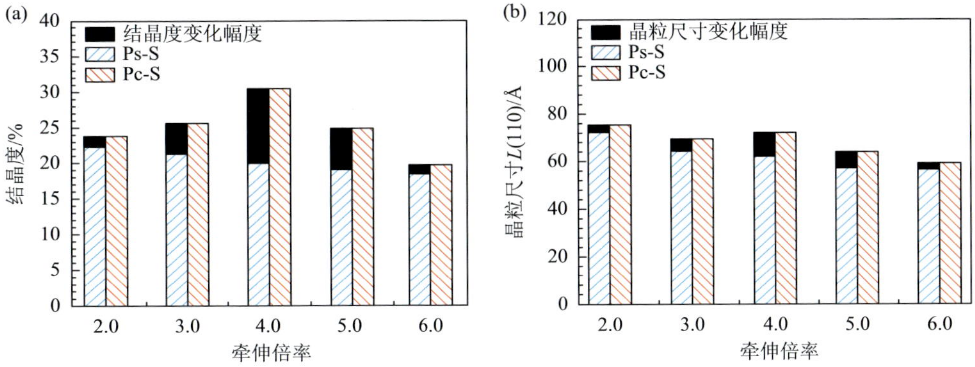

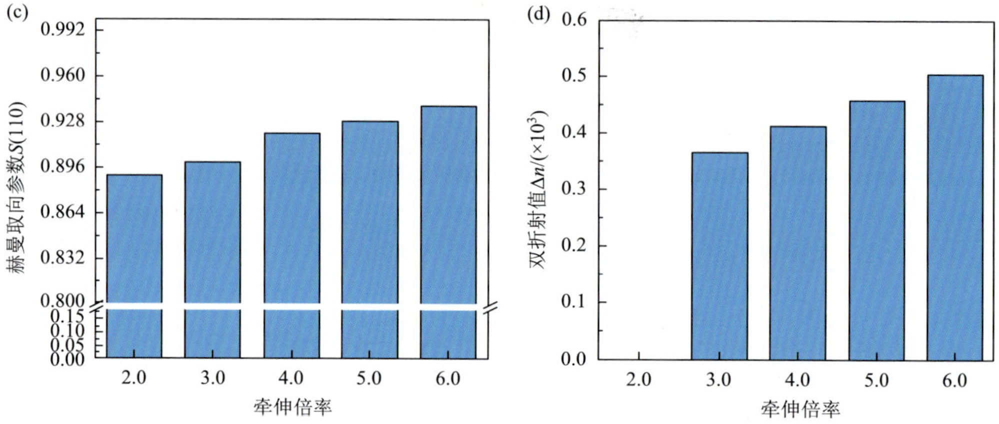

图 7.50 PEEK 粗旦丝结构参数柱形图

(a)结晶度；(b)晶粒尺寸 L(110)；(c)赫曼取向参数 S(110)，Pc-S；(d)双折射值 Δn；牵伸倍率分别为 2.0、3.0、4.0、5.0 和 6.0；牵伸温度为 210℃

的增大而降低，牵伸抑制晶体的生长及牵伸对晶体产生严重的撕裂。赫曼取向参数和双折射值均随着牵伸倍率的增大而提高，纤维的晶区取向度和整体取向度均呈现升高的趋势，单轴作用下的纤维大分子链沿纤维轴向有着更好的排列。

7.3.2 聚醚醚酮纤维的性能

聚醚醚酮纤维不仅具有优良的物理性能、化学稳定性、耐热性能、尺寸稳定性、难燃性和自熄性，还可回收再利用，原料回收率可达 90%[5]。

1. 物理性能

部分物理性质如表 7.8 所示。

表 7.8 PEEK 纤维的部分物理性质[7]

变量	数值	变量	数值
密度/(g/cm³)	1.32	比热容/[kJ/(kg·℃)]	1.30
熔点/℃	343	电阻率/(Ω·cm)	5×10^{16}
玻璃化转变温度/℃	143	抗紫外线	良
使用温度/℃	250	抗放射线	优
热导率/[W/(m·℃)]	0.25	吸湿性/%	0.1

2. 机械性能

聚醚醚酮纤维柔韧性与弹性较为均衡，抗冲击性能比钢丝好，该纤维还具有良好的耐磨性能。通常状态聚醚醚酮纤维的拉伸强度为 400～700 MPa，断裂伸长率为 20%～40%，模量为 3～6 GPa。聚醚醚酮纤维在 200℃下 24 h 的强度仍能保持 100%，在 300℃还能保持一定强度(图 7.51)[5, 10]。

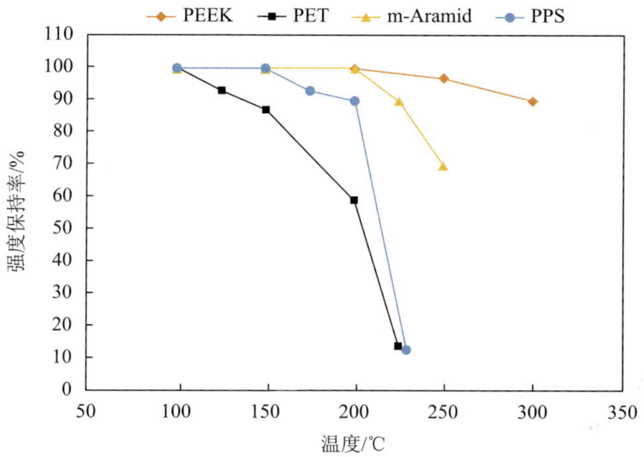

图 7.51　PEEK 纤维和其他纤维强度保持率比较

3. 化学稳定性能

聚醚醚酮纤维耐溶剂性非常优良，除浓硫酸外其他化学试剂很难对其造成腐蚀，与其他树脂耐化学性比较见表 7.9。聚醚醚酮纤维还具有优良的抗水解性，在高温水或高温蒸汽中仍能保持其优良的性能。

表 7.9　聚醚醚酮及其他纤维在化学品作用下的强度保持率(%)[10]

试剂	PEEK	PPS	m-Aramid	PET	PA66	PP
10%硫酸	100	100	32	98	0	100
10%硝酸	100	62	0	0	0	100
10%氢氧化钠	100	100	36	0	71	100
5%过氧化氢	100	5	9	94	0	30
漂白液	100	36	7	94	7	63
亚甲基氯化物	94	94	90	93	90	80

4. 热稳定性

PEEK 纤维的熔点为 343℃，热稳定性好。在 250℃条件下仍保持优良的各项性能，可长期使用，在 300℃时能够保持部分特性。聚醚醚酮纤维极限氧指数(LOI)值为 32，燃烧时释放烟气少，可广泛被应用于各个领域。

聚醚醚酮纤维具有优异的耐高温性能。在 300℃下持续处理 7 天，纤维强度保持率仍在 70%左右，断裂伸长保持率在 75%左右，而在 250℃下连续处理 7 天，纤维强度保持率在 80%以上。这是由于 PEEK 具备全芳香族刚性分子结构，其热失重温度($T_{d,5\%}$)达到 560℃。

5. 尺寸稳定性

有研究表明[11]，聚醚醚酮纤维具有很好的尺寸稳定性。不同的定型工艺处理后的 PEEK 纤维，干热收缩率可以控制在 2%左右(图 7.52)。

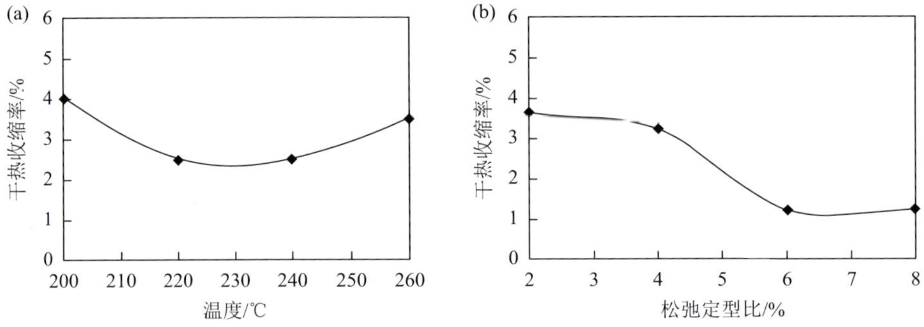

图 7.52 (a)热定型温度、(b)松弛定型比对干热收缩率的影响

7.3.3 聚醚醚酮纤维的应用

1. 传送带

PEEK 纤维因其具有良好的机械性能、耐腐蚀性和耐磨性，可用作造纸工艺螺旋卷的连接部或者网眼聚酯毛毯的边角增强体，主要起到增强与抗磨作用，能够有效提高传送带的使用寿命。作为传送带的另一重要要求——洁净性能，聚醚醚酮纤维也极为出色-自身洁净且对其他接触物无污染，不易生菌。因此，聚醚醚酮纤维是制作传送带的优良材料，适用于食品加工和制药行业等。

1) 干燥用织物

这种织物通常织成具有网眼结构的传送带，主要用来将产品送入高温环境中进行相关作业。在造纸工业中，PEEK 基传送带作为干燥用途，多选用直径为 0.4～0.5 mm 的单丝织成双层结构，由它带着湿的纸张通过烘箱或一系列大的热压滚筒使水分快速蒸发[18, 19]。PEEK 单丝织造的传送带具有如下几方面优点：

(1) 织造完成后，PEEK 织物易于整理，其整理与聚酯织物的整理相似。

(2) PEEK 具有较高的 T_g，由其制成的传送带宽度即使达到 10～12 m，其表面尺寸也十分稳定[16]。

(3) PEEK 纤维耐高度及耐蒸气性能优异，低于 200℃时材料基本不发生变化。即使在 150℃的高压水蒸气作用下，PEEK 基传送带连续使用 7 天，传送带的性能也几乎没有变化。而在同样条件下，聚酯和聚酰胺基的传送带基本就会毁坏[16]。

(4) PEEK 基传送带表面抗黏性好。PEEK 织物与水的接触角为 86°，明显超过锦纶织物(72°)、PET 织物(77°)，具有较小的吸附性，这使其在造纸领域应用具有突出的优势[16]。

2) 螺扣式传送带

螺扣式传送带关键部位之一是螺扣链接，能满足螺扣联结的热塑性材料较少，其中 PEEK 和 PET 是为数不多的几种。这种螺扣形式是拉链式联结，是由相交叉的螺旋通过其中插入第三根垂直的单丝或枢轴线来实现的，PEEK 纤维最初涉足的织物领域是制作单丝和轴线。PEEK 纤维的加入使原来全聚酯传送带最薄弱的部件得到了有效的联结，同时提高了传送带的耐化学腐蚀性、耐磨性，改进了传送带的质量[16]。

全 PEEK 传送带即是通过许多螺扣编织成完整的传送带，这类织物传送带具有滑动轨迹的截面，它可以用来替代原来应用的非织造布、纺织加工用的金属丝传送带。这种 PEEK 传送带所选用的 PEEK 单丝的直径为 0.5～0.9 mm，并具有符合工艺要求的收缩特性。这类传送带具有以下优点[23]：

(1) 具有极佳的耐疲劳性及韧性，受力后的回复性好。

(2) 优异的耐磨性能使 PEEK 基传送带具有优良的抗机械损伤性。在某些环境中，金属丝传送带会发生永久变形，而 PEEK 基传送带可以恢复原形，不留下凹陷或损伤痕迹。

(3) PEEK 纤维表面有良好的自清洁性，再使用螺扣式织法，织物表面光滑，传送带具有很强的抗黏作用。如果被传送产品对表面光洁度要求很高，把产品从一种加工环境带到另一个加工环境要求产品不能黏附在传送带上，传送带的这种性能则更加重要。

(4) PEEK 的密度比金属低，对于同样功效的传送带，PEEK 基的传送带比金属带节约能源。

2. 过滤材料

1) 过滤网/布

聚醚醚酮纤维具有抗油污、耐腐蚀特性，因此它能被编织成细密的机织物(图 7.53)，用于航空飞机和汽车的燃料过滤器。聚醚醚酮在高温、高湿、高压等环境下仍能保持优良的性能，因此由聚醚醚酮单丝(0.15～0.30 mm，也可用聚醚醚酮复丝)织造带压式过滤织物可用于化工药品生产领域，帮助粉末浆脱水或过滤热熔融黏合剂；也用于医学领域，在透析、诊断装置或者层析仪器中使用，可以保证纯净度[20]。

图 7.53 聚醚醚酮纤维过滤织物

PEEK 纤维过滤网布实物样品由吉林大学特种塑料研究工程中心实验室提供

2) 高温除尘滤材

如图 7.54 所示，这一类材料包含稀布为基衬的增强织物，利用针刺方法将短纤维附于稀布上针刺而成。这种针刺毡具有细小孔洞，纤维疏松曲折地形成网状，从而能对高温烟气中的小颗粒进行分离。增强用 PEEK 稀布面密度可选择 50～100 g/m^2。利用卷曲的 3～5 dtex 的 PEEK 短纤维针刺成紧实的毡，它的面密度为 300～550 g/m^2。这种 PEEK 无纺针刺毡袋可用于以煤为能源的发电厂、工业用焚化炉的烟气过滤，效果极佳。与用其他材料制成的气体过滤毡相比较，PEEK 基过滤材料的热稳定性比 Nomex、PPS 等材质好。同时 PEEK 纤维过滤毡具有很好的尺寸稳定性，可在对耐磨要求高的场合下广泛应用[16]。

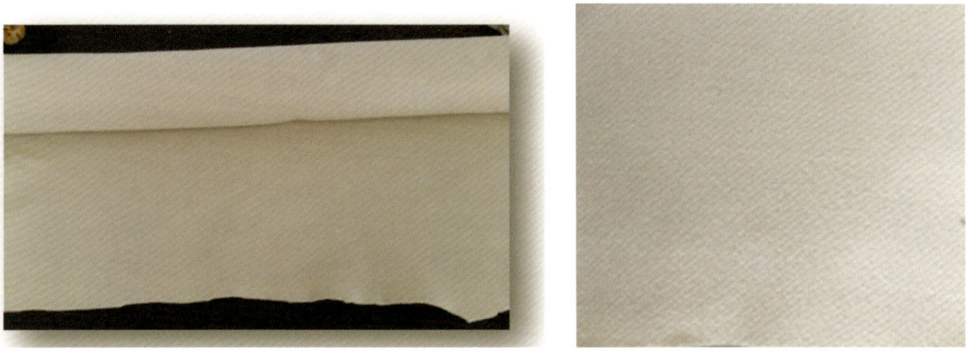

图 7.54 PEEK 纤维过滤除尘毡材料

PEEK 纤维过滤除尘毡样品由吉林大学特种塑料研究工程中心实验室提供

PEEK 基过滤织物的优异性能主要体现在强度及韧性，对大多数废气（包括 NO_x、SO_2、HCl 等）体现优异的抗腐蚀性。另外，PEEK 纤维是理想的缝纫线，用于 PEEK 纤维基或其他材料混织的滤尘袋联接用线。

3. 医用材料

其纯度高、无毒(FDA 认可)、耐消毒性、射线透射性和良好的人体相容性，使得 PEEK 纤维的医用前景也十分广阔[20]。例如，细密的机织网可以用作疝气修复手术和外科再造手术(如眼眶的修复)的增强体、肠和韧带修补材料、导管和气管的代用材料等，特制的纤维材料可以在移植的器官上长期使用。PEEK 纤维织制的过滤网因其无污染、耐腐蚀、能高温蒸煮清洗，在透析、诊断装置及层析仪器中使用，能够保证仪器纯净度要求。同时用于医疗场合的 PEEK 产品还包括管状体、连接体、过滤装置、过滤器板等。PEEK 复丝产品也可用于医疗方面，如制作骨板、螺钉、过滤材料、肠和韧带的修复材料、导管与器管代用材料、器官移植等。

4. 其他用途

聚醚醚酮单丝能够编织苛刻环境使用的管线护套，可用来保护与飞机发动机和汽车排气系统相近的电子线路。在这种使用场合，PEEK 纤维优良的耐弯曲疲劳性能、耐磨损和耐剪切性能都显得很重要。

PEEK 纤维可编织成绳索，用于过滤织物和带的增强体；在航天和原子能工业中的高性能刷子、过滤布、隔音材料等也可使用 PEEK 纤维。

PEEK 纤维还可用于文体用品。如网球拍弦，能保证在高速交变应力的作用下保持良好均匀的弹性回复。又如用作琴弦，具有较好的音质和耐用性能。

7.4 聚醚醚酮涂料

聚醚醚酮涂料是以聚醚醚酮树脂为主要成膜物制备的一种高性能涂料，聚醚醚酮涂层拥有耐高温性、高强度、优异的摩擦学性能及防腐性能，综合性能优异，能有效改善金属零件的耐腐蚀和摩擦学等性能，延长使用寿命，提升产品性能并节约成本，可广泛应用在工业、石化、交通、电子、制药、食品加工等行业[24-31]。按涂料的形态可将聚醚醚酮涂料分为粉末涂料[25]、溶剂型涂料[26]和水性涂料[27]。粉末涂料一般采用静电喷涂[25]和火焰喷涂工艺[28]，溶剂型涂料和水性涂料一般采用空气喷涂工艺。

7.4.1 聚醚醚酮粉末涂料

1. 涂料制备

聚醚醚酮原料通常为粗粉形式，需将其粉碎筛分。首先使用冷冻粉碎方式进行初步粉碎，其次使用气流粉碎方式进行精细粉碎，最后将细粉按粒径筛分，制得聚醚醚酮粉末涂料。

1) 专用树脂

涂料专用树脂的流动性决定了粉末涂料熔融时的流动性，进一步决定了能否形成涂层及涂层的形貌和质量。熔融指数是表示树脂流动性的数值，不同熔融指数的聚醚醚酮树脂在高温下的熔体黏度见图 7.55。

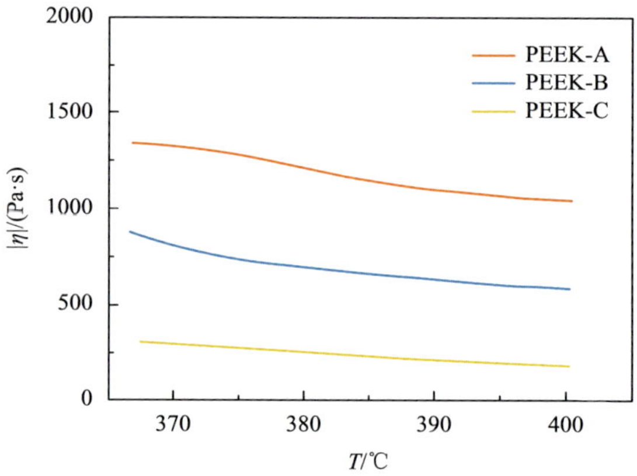

图 7.55 聚醚醚酮粉末涂料专用树脂的熔体黏度

熔融指数：PEEK-A 63 g/10 min，PEEK-B 98 g/10 min，PEEK-C 140 g/10 min

聚醚醚酮树脂的熔融指数越小，流动性越差，过小会导致涂层表面不平整；熔融指数越大，流动性越好，但过大会使涂层出现流挂现象。聚醚醚酮熔融指数还和分子量存在直接关系，不同分子量的聚醚醚酮性能稍有不同，形成的涂层性能也存在差异。适用于静电喷涂的涂料专用树脂熔融指数为 50～150 g/10 min，适用于火焰喷涂的涂料专用树脂熔融指数为 80～120 g/10 min。

2) 涂料粒径

粉末粒径是粉末涂料十分重要的质量指标，与涂膜纹理、平整性、光泽度、质点、带电效果、粉末流化效果、储存稳定性及粉末回收率都存在密切关系。粉末涂料的粒径大小适中，分布均匀，形状呈球状，这样更有利于得到最高的喷涂效率、理想的涂层外观和厚度。适宜静电喷涂的聚醚醚酮粉末涂料 D_{50}(一个样品的累计粒度分布百分数达到 50%时所对应的粒径) 在 50～90 μm 之间，D_{97}(一个样品的累计粒度分布百分数达到 97%时所对应的粒径) 在 150 μm 以下。适宜火焰喷涂的聚醚醚酮粉末涂料 D_{50} 在 20～80 μm 之间，D_{97} 在 100 μm 以下。

2. 涂装工艺

1) 静电喷涂

静电喷涂是利用电晕放电原理，通过高压使粉末涂料在喷枪口处带电，涂料会在静电力和压缩空气的作用下均匀吸附在工件上。聚醚醚酮粉末涂料适合的静电喷涂参数见表 7.10。

表 7.10　静电粉末喷涂参数

参数名称	数值	参数名称	数值
施加电压/kV	85～95	喷距/cm	15～40
施加电流/μA	80～90	气体压力/MPa	0.3～0.4

将喷涂好的工件放置在 370～400℃的条件下，使涂料熔融并流平。将流平后的工件取出并迅速置入冰水混合物中淬火，可得到无定形的聚醚醚酮涂层；将流平后的工件取出并缓慢降温，或将无定形涂层进行热处理，可得到不同结晶度的聚醚醚酮涂层。

2) 火焰喷涂

火焰喷涂是指利用气体燃烧火焰的高温将聚醚醚酮粉末熔化，并用压缩空气流将涂料喷射到工件表面上流平形成涂层。聚醚醚酮粉末涂料的火焰喷涂参数见表 7.11。

表 7.11　火焰喷涂参数

参数名称	数值	参数名称	数值
氮气流速/(L/min)	55～60	粉末流速/(g/min)	20
氧气流速/(L/min)	40	喷距/mm	100
丙烷流速/(L/min)	20	预热温度/℃	200

3. 涂层性能

1) 结晶影响

将熔融的聚醚醚酮涂层迅速置入冰水混合物中淬火，得到无定形聚醚醚酮涂层，将无定形聚醚醚酮涂层在 260℃温度下处理 30 min，得到结晶聚醚醚酮涂层。结晶处理可以提高聚醚醚酮涂层的硬度，降低磨损率。聚醚醚酮涂层性能数据见表 7.12。

表 7.12　聚醚醚酮涂层性能

检测项目	无定形涂层	结晶涂层	检测标准或方法
结晶度/%	0	49.44	广角 X 射线衍射仪
硬度	14.96	21.11	维氏硬度仪
磨损率*/[$\times 10^{-6}$ mm^3/(N·m)]	17.23	11.41	摩擦试验机

* 摩擦系数和磨损率的测试条件：对磨面 100Cr6 不锈钢球，载荷 10 N，滑动速度 318 r/min，滑动距离 679 m。

2) 聚四氟乙烯影响

聚四氟乙烯是最重要的固体润滑剂之一。在聚醚醚酮涂料中添加聚四氟乙烯可降低摩擦系数，提高接触角。聚四氟乙烯含量对聚醚醚酮涂层性能影响见表 7.13。

表 7.13　聚四氟乙烯/聚醚醚酮复合涂层性能

检测项目	涂层 1	涂层 2	涂层 3	检测标准或方法
聚四氟乙烯含量/wt%	0	5	10	
接触角/(°)	76.98	99.37	108.03	ASTM D7490
摩擦系数	0.1489	0.1323	0.1282	摩擦磨损试验机

7.4.2　聚醚醚酮溶剂型涂料

聚醚醚酮不溶于常见的有机溶剂，直接制备成溶剂涂料难度很大。将聚醚醚酮以填料的形式添加到可溶性树脂溶液中，制得聚醚醚酮溶剂型涂料。

1. 涂料制备

将溶剂、聚醚醚酮、可溶性树脂、颜料、填料、助剂等组分加入到搅拌研磨一体机中，混合并研磨一定时间，直至涂料细度小于 40 μm，再过滤得到聚醚醚酮溶剂型涂料。

2. 涂装工艺

空气喷涂是喷涂涂料最常使用的方法，压缩空气将液体涂料雾化并带到基材表面，在 120℃温度下直至涂料表干，置入 380℃温度下直至涂料熔融流平，冷却固化得到聚醚醚酮涂层。空气喷涂参数见表 7.14。

表 7.14　空气喷涂参数

参数名称	数值	参数名称	数值
空气压力/MPa	0.4～0.6	表干温度、时间	120℃、30 min
喷距/cm	20～30	实干温度、时间	380℃、10 min

3. 涂层性能

以聚亚苯基砜作为可溶性树脂，制备聚醚醚酮/聚亚苯基砜复合涂料。随着聚亚苯基砜含量增加，复合涂层硬度下降，耐热性和耐酸碱盐浸泡性能下降。聚亚苯基砜含量对涂层性能影响见表 7.15。

表 7.15　聚醚醚酮/聚亚苯基砜复合涂层性能

检测项目	涂层 1	涂层 2	涂层 3	测试方法
聚亚苯基砜含量/wt%	60	80	100	
硬度	6	5	3	GB/T 6739—2006
5%热失重温度/℃	549	548	535	GB/T 33047.1—2016
耐酸性（10% HCl 溶液，7200 h）	无起泡、生锈等现象	轻微起泡	严重起泡	GB/T 9274—1988 甲法
耐碱性（10% NaOH 溶液，7200 h）	无起泡、生锈等现象	无起泡、生锈等现象	轻微起泡	GB/T 9274—1988 甲法
耐盐水性（3.5% NaCl 溶液，7200 h）	无起泡、生锈等现象	轻微起泡	严重起泡	GB/T 9274—1988 甲法

7.4.3　聚醚醚酮水性涂料

水性涂料以水为溶剂，最大的优点就是无污染，还可以降低运输和施工过程中发生火灾的危险。

1. 涂料制备

1) 乳液型水性涂料

使用溶媒挥发法制备乳液，将可溶性聚芳醚酮溶解于三氯甲烷中，将十二烷基苯磺酸钠溶解于水中，将以上两种溶液使用胶体磨分散得到乳液，再蒸馏除去部分三氯甲烷，得到聚芳醚酮乳液，再将乳液、聚醚醚酮超细粉及其他组分混合制得聚醚醚酮水性涂料。

2) 悬浮型水性

将聚醚醚酮树脂粉碎至超细粒径，直接悬浮在水中，制得聚醚醚酮水性涂料。

2. 涂装工艺

聚醚醚酮水性涂料通过空气喷涂方式施工，在 80℃温度下表干，再置入 380℃温度下直至涂料熔融流平，冷却固化得到聚醚醚酮涂层。

3. 涂层性能

以双酚 A 型聚芳醚酮制备的聚醚醚酮水性涂料性能见表 7.16。

表 7.16 双酚 A 型聚芳醚酮涂层性能

检测项目	检测结果	测试方法
接触角/(°)	110.33	ASTM D7490
规格试验/级	1	GB/T 9286—2021
硬度	4H	GB/T 6739—2022
储存稳定性	＞6 个月	GB/T 6753.3—1986

7.4.4 聚醚醚酮涂料的应用

聚醚醚酮涂料在20世纪90年代作为重防腐涂料从化工设备的防腐开始应用，而且很快在欧、美、日等先进工业国得到推广。21 世纪后，除上述主要防腐应用领域外，聚醚醚酮涂料不断在更多功能领域扩展。

1. 石油行业

聚醚醚酮涂料具备很好的防腐性能，可应用于油管、抽油杆等部件上，提高其防腐性能，详见图 7.56；还可应用于抽油泵柱塞(图 7.57)上，赋予柱塞防腐、耐磨、防结垢的性能，使柱塞检修周期提高 5 倍。

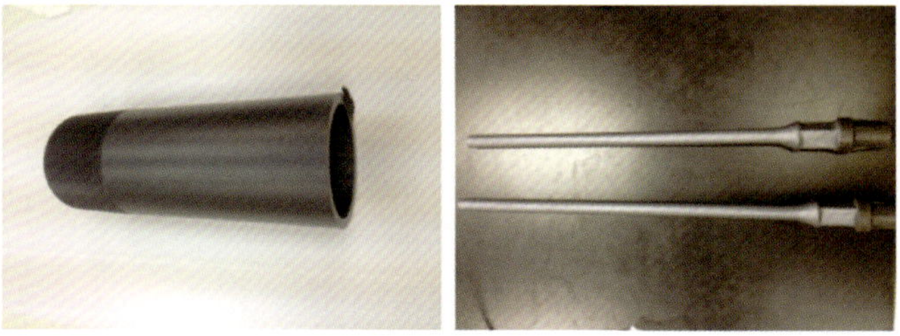

图 7.56 油管、抽油杆

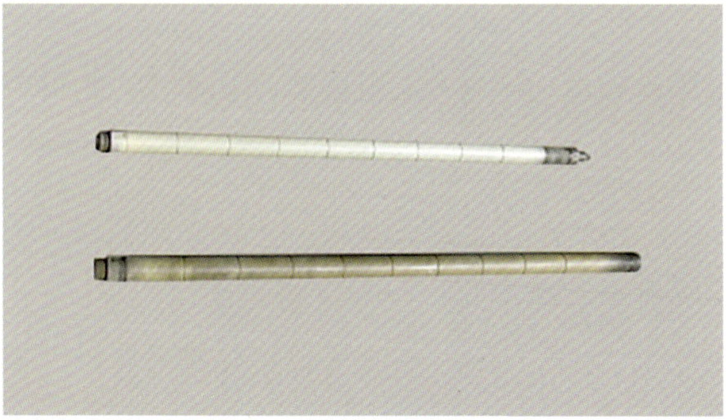

图 7.57 抽油泵柱塞

2. 化工行业

聚醚醚酮涂料兼具防腐性和不粘性，可应用于含腐蚀性成分的输送管道、筛网、叶轮等设备上，详见图 7.58。

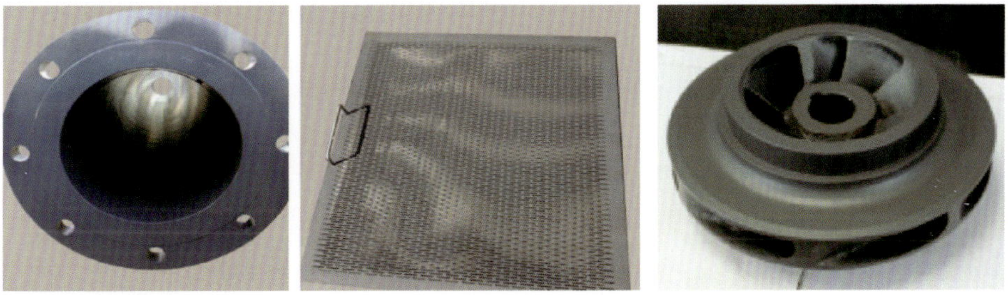

图 7.58　管道、筛网、叶轮

3. 机械行业

聚醚醚酮涂料应用于各种紧固件、弹簧、传送带、辊、轴承上，增加其防腐和耐磨性能，提高性能 2～3 倍，详见图 7.59。

图 7.59　紧固件、弹簧

4. 医疗行业

聚醚醚酮涂料应用于走纸板、采样针上，增加不粘性能，走纸板卡纸现象减少，采样针外壁不挂液，详见图 7.60。

5. 食品行业

聚醚醚酮涂层符合 US FDA21 CFR175.300 和中国 GB/T 4806.10—2024 要求，可以与食品直接接触，耐热稳定性好，已在炊具和食品加工行业中得到推广，详见图 7.61。

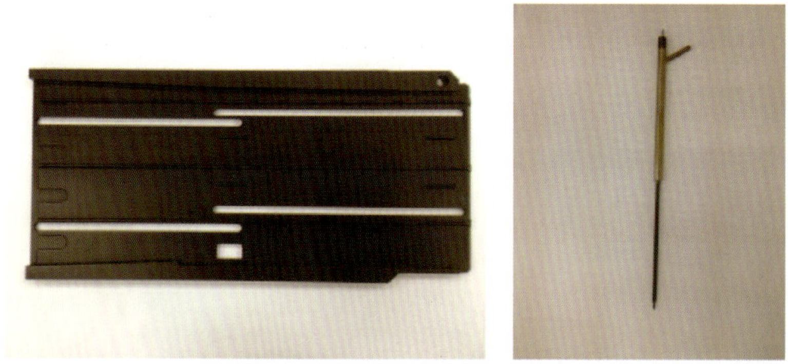

图 7.60　走纸板、采样针

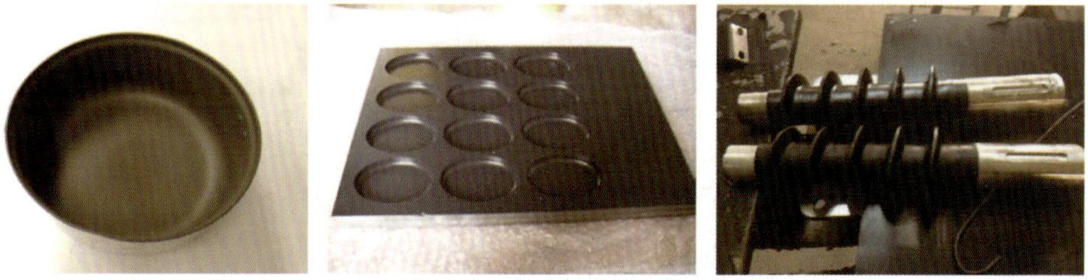

图 7.61　电饭锅内胆、蛋糕盘、饺子机的螺杆

6. 电子行业

聚醚醚酮涂料具有很好的抗静电性能和防腐性能，应用在半导体、传感器等电子零件上，提高运行、测试的稳定性，延长 20%～50%的使用寿命，详见图 7.62。

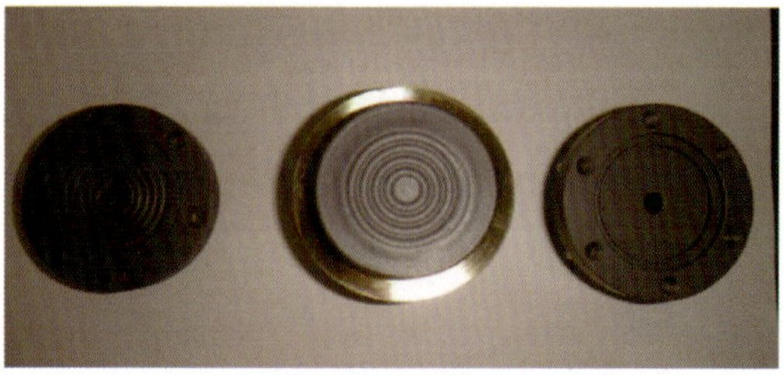

图 7.62　传感器膜片

7. 模具行业

聚醚醚酮涂料拥有的耐高温性、良好的附着力、优异的耐磨性等特性可以为模具提供良好的脱模性、耐磨性，相比于传统的涂层，其在高温条件下表现更加优异，可以使模具寿命延长 30 倍以上。

7.5 聚醚醚酮 3D 打印成型技术及应用

7.5.1 打印参数对聚醚醚酮 3D 打印性能的影响

PEEK 是一种半结晶型的聚合物，其力学性能受结晶度的影响。而喷头温度、腔体温度、底板温度等打印参数会影响聚合物的结晶度，进而对 3D 打印样品性能产生影响。通过对上述打印参数的优选，PEEK 打印样件的强度和韧性已接近注塑样品的水平[32]。

1. 打印方向的影响

图 7.63 给出了沿着[0°]和[0°, 90°]打印样条的力学性能。3D 打印 PEEK 样条在[0°]方向的力学性能要明显高于在[0°, 90°]方向的力学性能，在[0°]方向 3D 打印样条的拉伸强度和断裂伸长率分别可达 80 MPa 和 28%，弯曲强度可达 108 MPa。而在[0°, 90°]方向 3D 打印样条的拉伸强度和断裂伸长率则分别为 67 MPa 和 19%，弯曲强度为 97 MPa。采用 SEM 对 3D 打印样条的断面进行表征，如图 7.64 所示。沿[0°]打印方向打印样条熔丝堆积较为紧密，缺陷尺寸较小，并且样品受力方向与熔丝沉积方向一致，样品断裂表现为树脂的断裂，具有较高的拉伸强度。而在[0°, 90°]方向，熔丝采用交叉堆积的方式，部分熔丝受力方向与熔丝沉积方向垂直，在破坏时主要是打印熔丝之间的黏结破坏，导致 3D 打印样品的强度和断裂韧性降低。

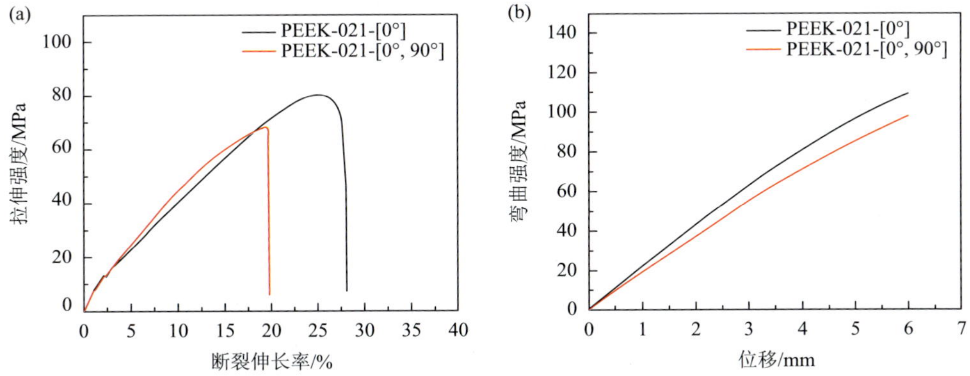

图 7.63　不同打印路径的 3D 打印 PEEK-021 的(a)拉伸强度和(b)弯曲强度(25℃室温，200℃退火 2 h)

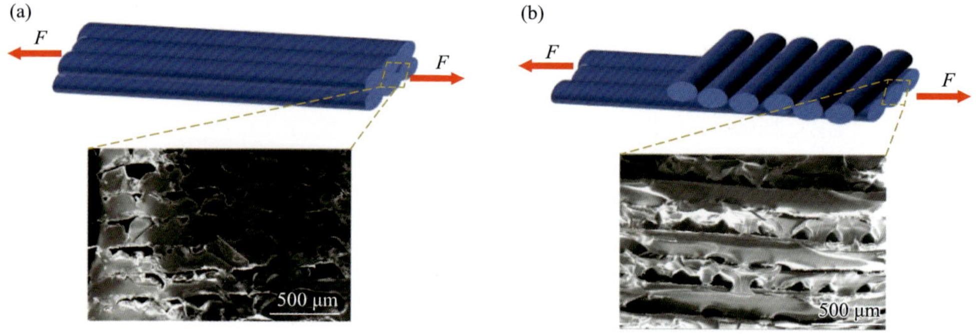

图 7.64 不同打印路径下的拉伸示意图

(a) [0°]；(b) [0°, 90°]

2. 腔体温度的影响

不同腔体温度下 PEEK 打印样条的拉伸性能曲线如图 7.65(a)所示。当打印腔体温度为 25℃时，打印样条的拉伸强度仅为 60 MPa，然而其断裂伸长率高达 110%。腔体温度的升高带来了打印样件拉伸强度的大幅提升，在腔体温度为 230℃时，打印样件的拉伸强度达到了 94 MPa，同时具有 38%的断裂伸长率。随着腔体温度继续升高，打印样条拉伸强度维持在 94 MPa 左右。图 7.65(b)给出了腔体温度为 25℃与 230℃时 PEEK 打印样件的 DSC 曲线。腔体温度为 25℃时，熔丝的冷却速率过快，导致打印样件内部结晶不完全，打印样件的结晶度仅为 12.27%；而 230℃的腔体温度有利于打印样品的结晶，3D 打印样条结晶度达到了 25.00%。

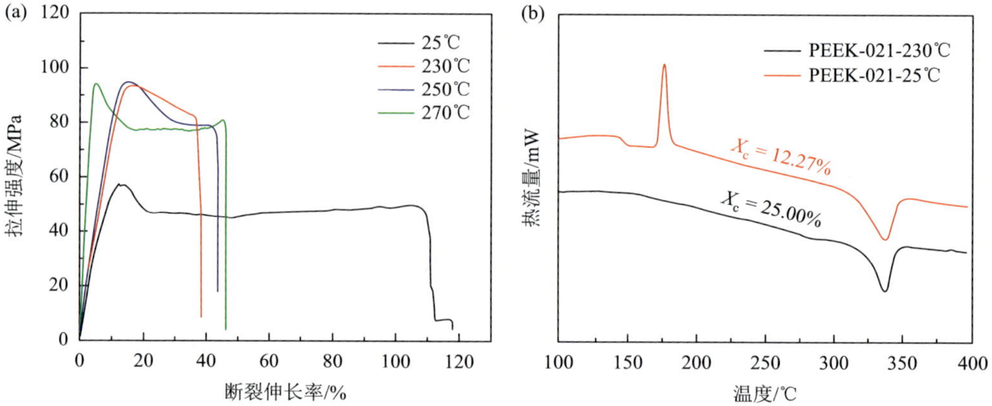

图 7.65 (a) 拉伸强度；(b) 在 25℃和 230℃下 3D 打印 PEEK-021 的 DSC 曲线

3. 喷头温度的影响

根据 PEEK 树脂的熔点(340℃)，选取了不同的打印喷头温度(380℃、390℃、400℃、410℃、420℃)，研究上述喷头温度对 3D 打印样条力学性能的影响，如图 7.66 所示。随着打印喷头温度的升高，PEEK 打印样条拉伸强度从 380℃的 86 MPa 增加到了 410℃的 96 MPa。随着喷头温度进一步升高，3D 打印样条的拉伸强度出现小幅度的下降。而断裂伸长率呈现出与拉伸强度一致的变化趋势，在 410℃时打印样条的断裂伸长率达到最大的 31% [图 7.66(a)]。图 7.66(b)为打印样条的弯曲性能。喷头温度在 400℃之前，随着喷头温度的升高，3D 打印样品的弯曲强度逐渐升高。当喷头温度超过 400℃后，样品的弯曲强度保持在 115 MPa 左右。打印样件的弯曲模量随着喷头温度的升高不断增加，并在喷头温度为 410℃时达到最高值 3.7 GPa。

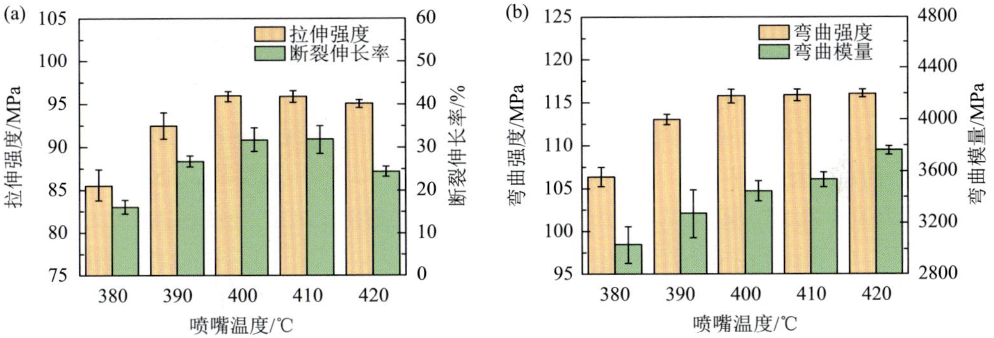

图 7.66　不同喷嘴温度下 3D 打印 PEEK-034 的力学性能

(a) 拉伸强度和断裂伸长率；(b) 弯曲强度和弯曲模量

不同喷头温度影响 PEEK 树脂的熔体流动性，进而影响 3D 打印样件内部的缺陷形貌。3D 打印样件及拉伸断面的光学显微镜和 SEM 图如图 7.67 所示。从图 7.67(a)可以发现，喷头温度低于 400℃时打印样品断裂时产生了明显的分层断裂现象，表明层间具有较弱的融合。随着喷头温度的升高，3D 打印样条呈现出较为整齐的整体断裂形貌，表明 3D 打印样条层间融合程度逐渐增加。图 7.67(b)～(f)为打印样条的断面形貌，喷头温度低于 400℃时，样条断面处具有明显的分层现象。当喷头温度高于 400℃时，断面处未观测到分层现象，表明样件打印过程中层间融合较好。当喷头温度继续升高至 420℃时，在断面上出现了一些较大的空隙，这些较大空隙出现是过高的喷头温度导致丝材形状塌陷带来的。

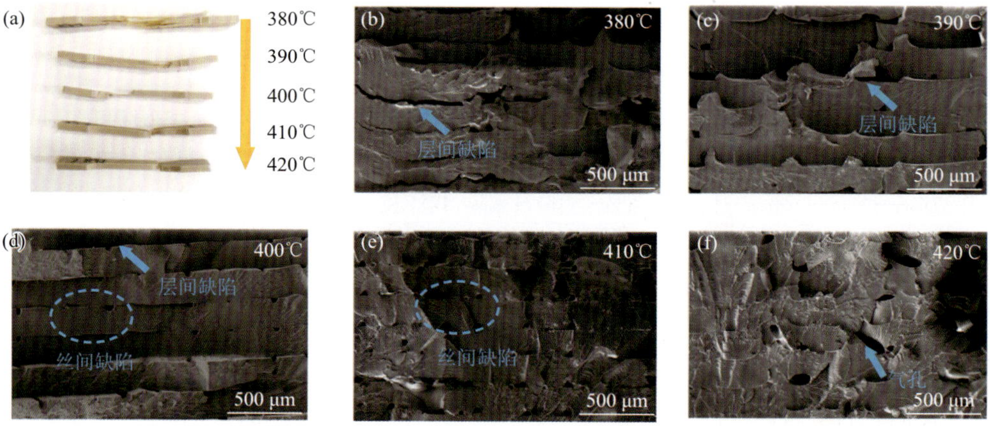

图 7.67 (a)3D 打印 PEEK-034 在不同喷嘴处拉伸断裂后的形貌；(b～f)不同喷嘴温度下 PEEK-034 断口形貌的 SEM 图

(b)380℃；(c)390℃；(d)400℃；(e)410℃；(f)420℃

7.5.2 不同熔体流动性聚醚醚酮 3D 打印性能

PEEK 树脂分子量的降低不仅会带来熔融流动性的提升，还会影响 PEEK 材料本征的机械性能，因此，需要兼顾熔体流动性和本征机械性能，筛选出适合 3D 打印的 PEEK 树脂。如表 7.17 所示，选取了特性黏度分别为 1.01 dL/g、0.87 dL/g、0.80 dL/g、0.77 dL/g 和 0.72 dL/g 的 PEEK 树脂，研究了不同熔体流动性对聚醚醚酮树脂 3D 打印性能的影响。上述特性黏度的 PEEK 在 400℃&5 kg 的熔融指数分别为 11 g/10 min、21 g/10 min、34 g/10 min、56 g/10 min 和 82 g/10 min。熔融指数是单位时间内在一定压力和温度下从口模中流出的聚合物的质量，聚合物的分子量越小，熔体流动性越好，单位时间内流出的聚合物越多。

表 7.17 PEEK 的特性黏度和熔融指数

参数	PEEK-011	PEEK-021	PEEK-034	PEEK-056	PEEK-082
$(\eta_{sp}/c)/(dL/g)^*$	1.01	0.87	0.80	0.77	0.72
熔融指数/(g/10 min)	11	21	34	56	82

* 在 40℃的恒温水浴中用乌氏黏度计测定，浓硫酸溶解 2 h，溶液浓度为 0.5 g/dL。

如图 7.68(a)所示，随着聚醚醚酮树脂分子量的降低，3D 打印样品的拉伸强度从 89 MPa 增加到 96 MPa，然后降至 84 MPa(PEEK-082)。而 3D 打印样品的断裂伸长率则一直呈现出下降的趋势，从 PEEK-011 的 46%下降至 PEEK-082 的 14%。从图 7.68(b)可知，PEEK-034 和 PEEK-056 打印样件具有较高的弯曲强度和弯曲模量，其中 PEEK-056 打印样件具有最高的弯曲强度和弯曲模量，分别为 117 MPa

和 3.8 GPa。图 7.68(c)为注射成型的 PEEK 样条的拉伸性能。随着分子量的降低，PEEK 树脂的拉伸强度和断裂伸长率出现了下降。PEEK 本征性能的下降也使得 PEEK-082 打印样件的力学性能下降。因此，综合考虑熔体流动性和打印样件机械性能，分子量适中的 PEEK-034 更适合于 3D 打印。

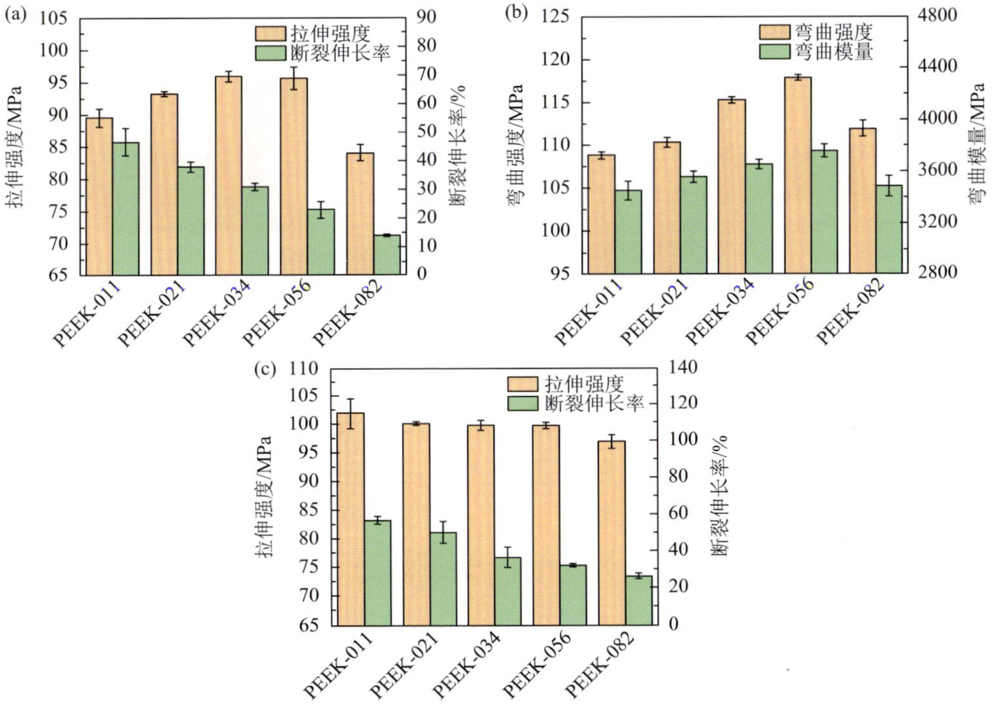

图 7.68　(a)3D 打印 PEEK 的拉伸性能和(b)弯曲性能；(c)注射成型 PEEK 的拉伸性能

图 7.69 是不同分子量 PEEK 3D 打印样品的显微 CT 图像。打印制品中均存在着不同程度的缺陷。其中 PEEK-011～PEEK-034 均具有打印熔丝沉积后形成规则的缺陷，并且可明显观测到缺陷总体面积随着分子量的降低而逐渐减小。而从 PEEK-056［图 7.69(d)］和 PEEK-082［图 7.69(e)］中出现了因流动性的增加引起打印塌陷而产生的较大缺陷。

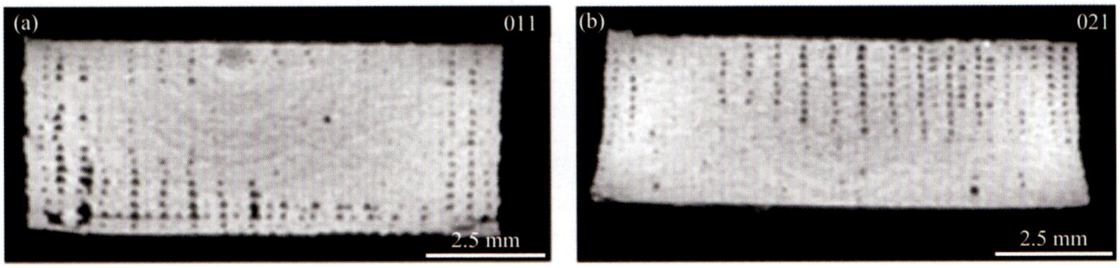

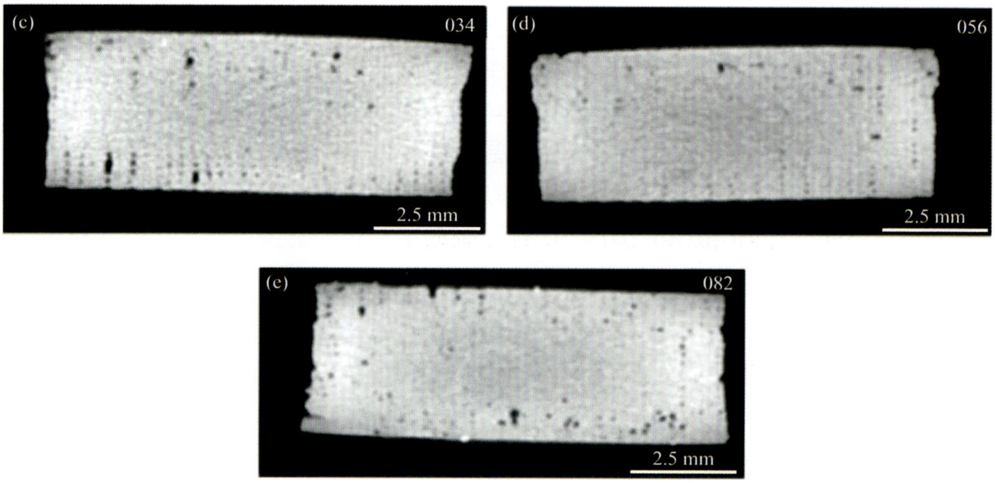

图 7.69　3D 打印不同分子量 PEEK 的显微 CT 图像

(a) PEEK-011；(b) PEEK-021；(c) PEEK-034；(d) PEEK-056；(e) PEEK-082

PEEK-034 3D 打印样条 x 方向的拉伸强度为 96 MPa，已基本达到注射样条的拉伸强度，同时还具有与注射样品相近的 30%以上的断裂伸长率，实现了 3D 打印样品强度和韧性的兼备。与现有的文献研究相比，如图 7.70(b) 所示，通过对树脂熔体流动性的调控使得 3D 打印样品的拉伸强度和断裂伸长率均达到了相对较高的水平。

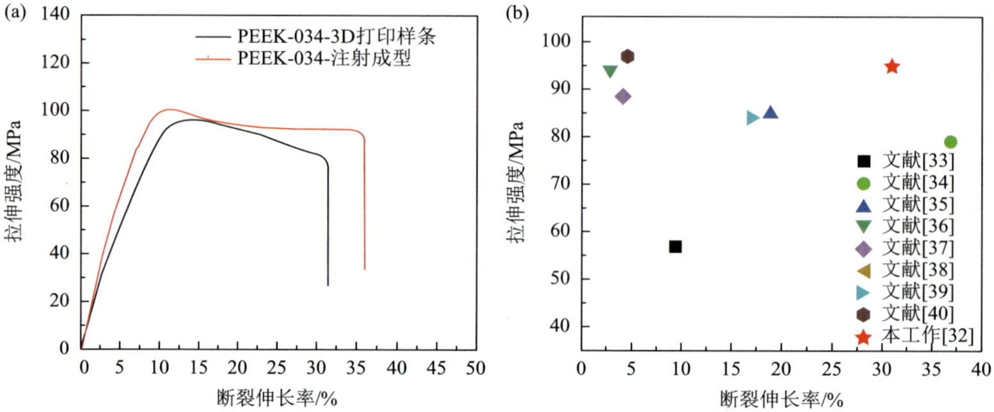

图 7.70　(a) 通过 3D 打印和注射成型获得 PEEK-034 的典型拉伸曲线；(b) 3D 打印 PEEK-034 与文献[33-40]中报道的其他 3D 打印 PEEK 的拉伸强度和断裂伸长率比较

7.5.3　层间增强改性剂的制备及共混合金打印性能

从熔融沉积成型（fused deposition modeling，FDM）原理可知，打印过程中沿

z 轴方向连续挤出熔丝与相邻层间沉积熔丝之间融合的不足，导致层间黏结强度低。这使得 3D 打印样件与模压、注射成型等加工方式相比 FDM 制造的样件各向异性明显[41, 42]，并在一定程度上限制了 3D 打印制品作为承载结构件的应用[43, 44]。沉积路径上熔丝之间的融合是热驱动的过程，层间黏结强度主要是由聚合物分子间相互扩散和跨层间界面处的聚合物分子链的重新缠结提供[45-48]。因此，提高聚合物分子链段在层间界面处的扩散成为提高 3D 打印制品层间黏结强度的有效方法。

1. 层间增强改性剂的设计

采用双酚 A、六氟双酚 A、酚酞分别和 4, 4′-二氟二苯甲酮共聚合成了一系列无定形聚芳醚酮(aPAEK)，如图 7.71 所示，根据双酚单元结构的不同，分别标记为双酚 A 型聚芳醚酮(DPAPEEK)、双酚 AF 型聚芳醚酮(AFPEEK)、酚酞型聚芳醚酮(PEK-C)。

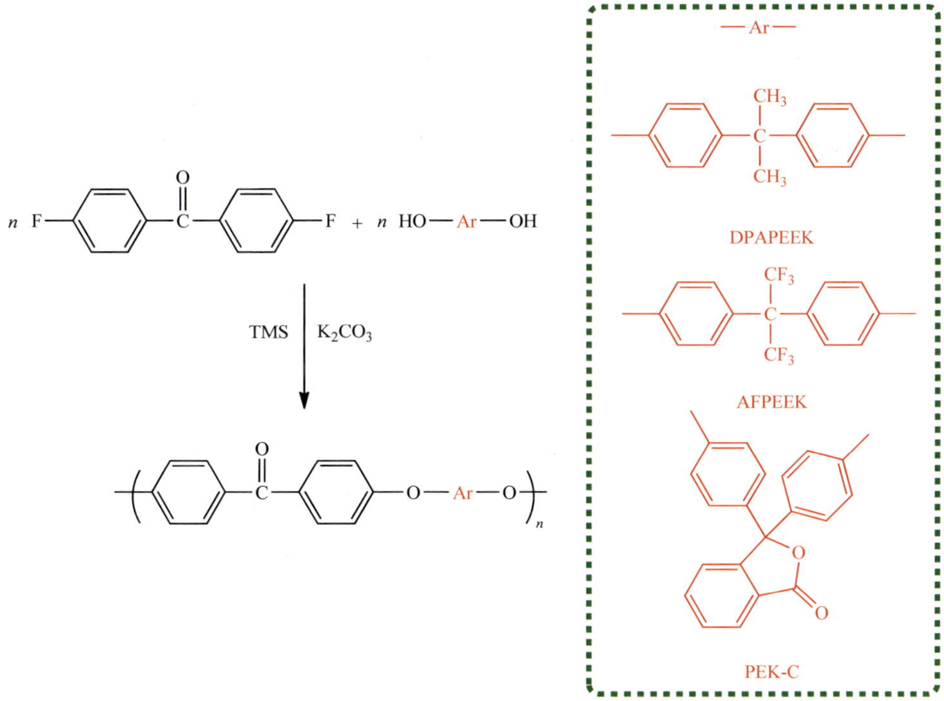

图 7.71　无定形聚芳醚酮的合成路线

2. 层间增强改性剂结构及性能

图 7.72(a)～(c)是三种无定形聚芳醚酮的核磁共振氢谱。三种聚合物的质子

氢都具有很好的归属；图 7.72(d) 是三种无定形聚芳醚酮的 FTIR 谱图，1658 cm^{-1} 为主链上羰基(C═O)振动吸收峰，1596 cm^{-1}、1496 cm^{-1} 为苯环碳-碳(C═C)的振动吸收峰，1244 cm^{-1} 为芳醚(Ar-O-Ar)的不对称伸缩振动吸收峰，1010 cm^{-1} 为芳醚(Ar-O-Ar)的对称伸缩振动吸收峰，这些吸收峰为这三种无定形聚芳醚酮共有，而 2963 cm^{-1}、2877 cm^{-1} 处甲基(—CH_3)的特征伸缩振动吸收峰，1208 cm^{-1} 处三氟甲基(—CF_3)的伸缩振动吸收峰，1768 cm^{-1} 酚酞侧基上羰基(C═O)伸缩振动吸收峰的存在则分别对应于 DPAPEEK、AFPEEK、PEK-C 中不同的特征官能团。核磁共振氢谱和红外图谱分析证实了所合成的几种无定形聚芳醚酮的分子结构与设计分子一致。

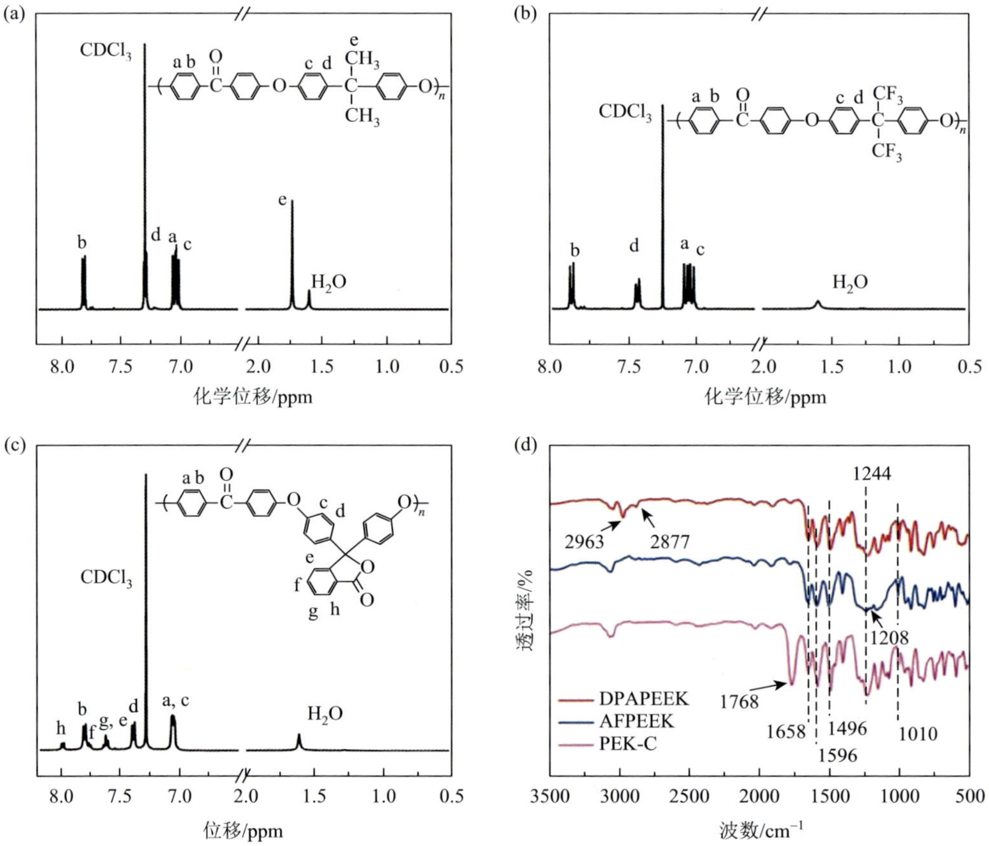

图 7.72　(a) DPAPEEK、(b) AFPEEK、(c) PEK-C 的 ^{1}H NMR，(d) aPAEK 的 FTIR 谱图

表 7.18 是采用 GPC 测定的三种无定形聚芳醚酮的分子量，DPAPEEK、AFPEEK、PEI、PEK-C 的数均分子量(M_n)分别为 41.90 kDa、41.60 kDa、31.30 kDa、48.20 kDa，具有相近的分子量，同时三种聚合物的分子量分布指数(PDI)在 1.32～1.56 范围内。

表 7.18　PEI 和 aPAEK 的分子量和特性黏度

样品	DPAPEEK	AFPEEK	PEI	PEK-C
M_n/kDa	41.90	41.60	31.30	48.20
M_w/kDa	65.20	63.50	41.20	74.90
PDI	1.56	1.52	1.32	1.56

注：在 50℃的恒温水浴中用乌氏黏度计测定，3-氯苯酚在 160℃溶解 3 h，溶液浓度为 0.5 g/dL；PEI 为 SABIC 公司的 Ultem1010。

几种无定形聚芳醚酮的 DSC 曲线如图 7.73(a)所示，随着主链中刚性结构的增强，其玻璃化转变温度从 151℃升高到了 232℃，PEI 的玻璃化转变温度为 215℃。合成的三种无定形聚芳醚酮和商品化 PEI 的玻璃化转变温度大小顺序为 PEK-C＞PEI＞AFPEEK＞DPAPEEK。从图 7.73(b) TGA 曲线中可知，上述四种无定形聚合物 5%热失重温度均在 470℃以上，具有良好的热稳定性，将其与 PEEK 树脂共混能够满足 PEEK 400℃左右的高温加工要求。

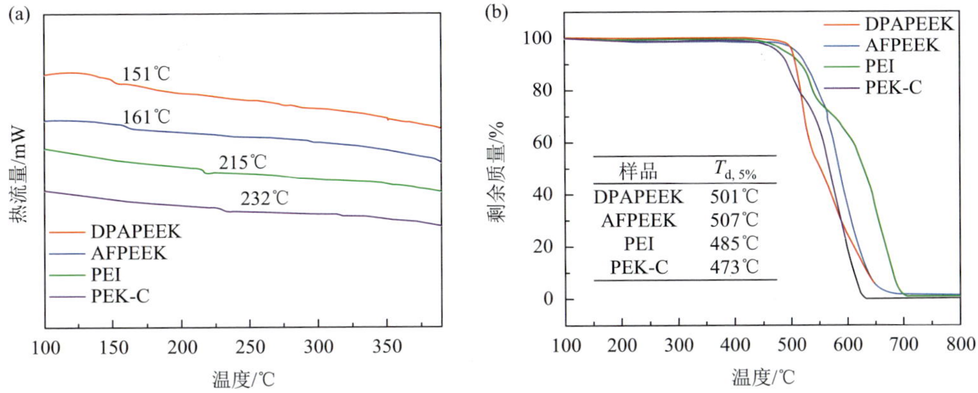

图 7.73　aPAEK 和 PEI 的 DSC(a)和 TGA(b)曲线

3. 丝材制备

将上述 aPAEK 与 PEEK 树脂按照一定的质量比，利用高速混料机进行机械共混。然后将共混物加入到双螺杆挤出机中进行熔融共混挤出，各加热区段温度如下：一区 340℃、二区 365℃、三区 365℃、模头 360℃。随后挤出的丝材依次通过风冷装置、激光测径装置、丝材牵伸收卷装置后，制备成线径为 1.75 mm±0.05 mm 的 3D 打印丝材。

4. 共混合金层间性能

图 7.74(a)为 5 wt% aPAEK 和 PEI/PEEK 共混物的 z 轴层间黏结强度性能。纯 PEEK 树脂的层间黏结强度和断裂伸长率分别为 13 MPa 和 1.75%。而共混 DPAPEEK、

AFPEEK、PEI 和 PEK-C 四种无定形聚合物后，3D 打印样条 z 轴方向的层间黏结强度分别提高至 23 MPa、22 MPa、17 MPa 和 15 MPa。同时它们的断裂伸长率均出现大幅度的提升，其中 DPAPEEK/PEEK 改性样件的断裂伸长率接近 5%。图 7.74(b) 给出了 5 wt% DPAPEEK/PEEK 与 PEEK 树脂打印样条拉伸曲线对比图。相比于 PEEK 打印样件，5 wt% DPAPEEK 的引入使得打印样条的强度和断裂伸长率分别提升了 77%和 161%。图 7.74(c) 是 3D 打印样条的 z 轴方向断面示意图。图 7.74(d) 为纯 PEEK 树脂 z 轴方向打印样条拉伸断面 SEM 图。PEEK 树脂样条断面光滑，

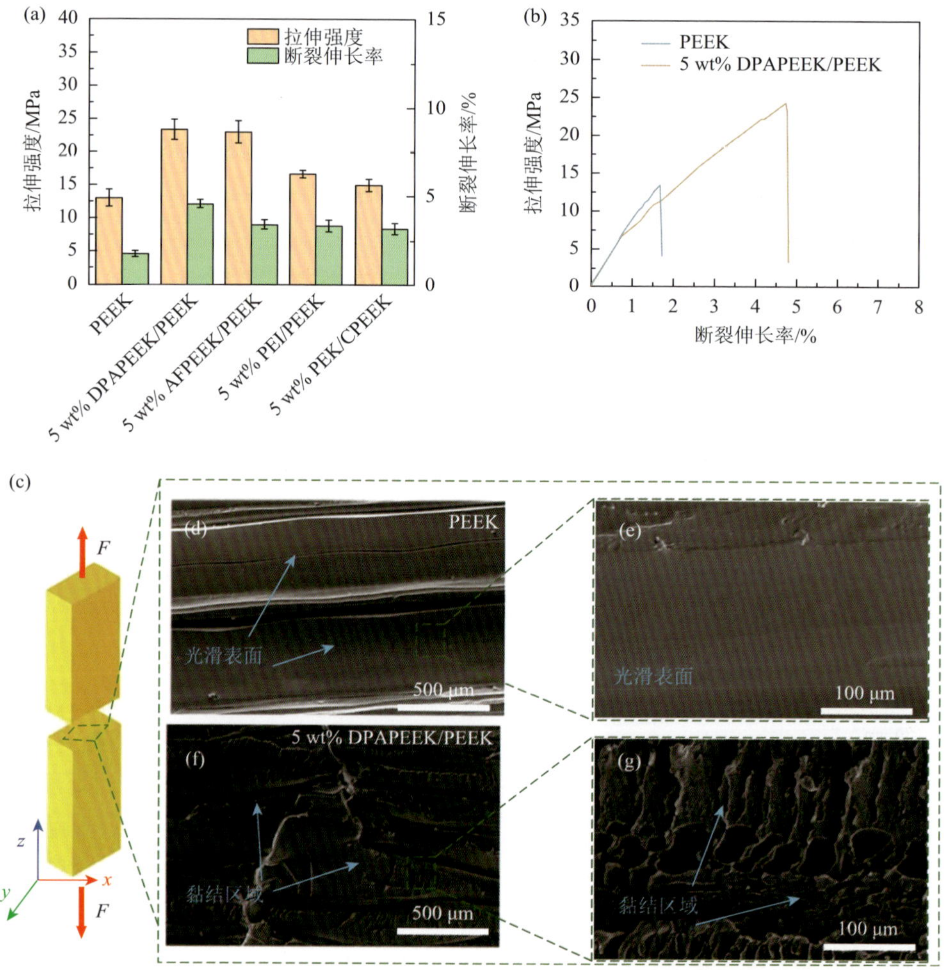

图 7.74　(a) 3D 打印 5 wt% aPAEK 和 PEI/PEEK 试样的层间黏结强度；(b) 3D 打印 PEEK 和 5 wt% DPAPEEK/PEEK 的拉伸曲线；(c) z 轴 3D 打印试样拉伸断裂破坏示意图；3D 打印 (d, e) PEEK 和 (f, g) 5 wt% DPAPEEK/PEEK 试样 z 轴拉伸断裂截面对比的 SEM 图

未产生由树脂基体断裂而形成的撕裂形貌［图 7.74(e)］，这意味着层间并未形成有效融合。而 5 wt% DPAPEEK/PEEK 共混物的打印样条显示出了明显的融合区域，从放大图即图 7.74(g) 中可以看到明显的撕裂形貌，这些融合区域的存在有效提高了层间黏结强度。

5. 层间增强机理的探究

3D 打印制品的层间黏结强度，主要取决于上层熔丝表面与下层冷却表面之间的融合。改性 PEEK 样品层间黏结强度的改善必然与熔丝表面状态的变化有着直接关系。通过 EDS 测定 AFPEEK 的分布来研究无定形聚芳醚酮在共混物中的分布状态，如图 7.75 所示。碳元素(C)在打印细丝表面和截面都有均匀的分布，如图 7.75(b) 和 (e) 所示。相比于芯层内部，氟元素(F)主要富集在丝材的表面，表明 AFPEEK 在丝材中的分布并不均匀［图 7.75(c) 和 (f)］。为了进一步验证 AFPEEK 丝材中的分布状态，对表面层和核心层的聚合物的结晶度进行了测试。从图 7.76 共混物的 DSC 曲线发现，共混物线材的表层与芯层结晶度分别为 18.9%和 25.7%，而纯 PEEK 树脂丝材中表面层与核心层的结晶度均为 27.5%左右，由此可以推测出无定形的 AFPEEK 在 AFPEEK/PEEK 共混物中并不是均匀分布，而是在丝材表面层出现富集。

分子量分布较宽的聚合物，在毛细管流道的加工过程中，由于剪切场作用会发生聚合物“分子量分馏”现象，即较低分子量的聚合物由于链段缠绕少、易松

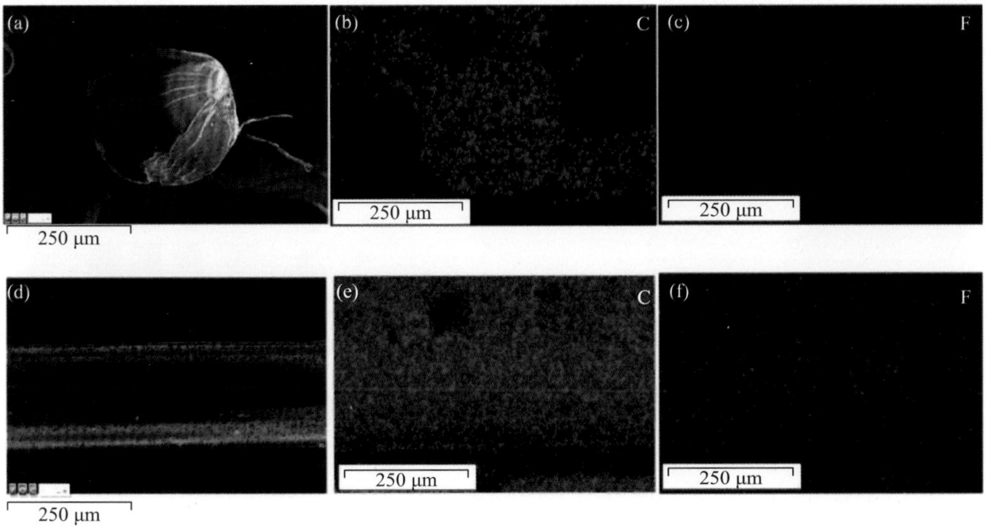

图 7.75　3D 打印机挤压 5 wt% AFPEEK/PEEK 共混长丝 EDS 图

(a) 核心层；(b) 核心层元素碳分布；(c) 核心层元素氟分布；(d) 表面层；(e) 表面层元素碳分布；(f) 表面层元素氟分布

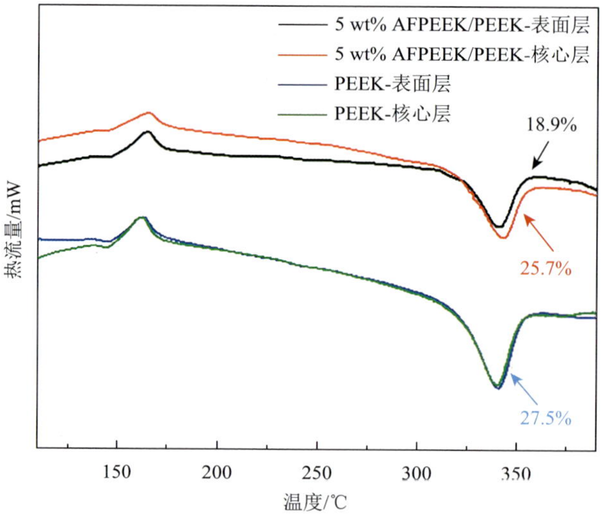

图 7.76 PEEK 和 5 wt% AFPEEK/PEEK 共混物细丝表面层和核心层 DSC 曲线

弛，容易从熔体流中分离主要集中在毛细管壁方向，而高分子量聚合物由于受分子间缠绕束缚较大，则主要分布在熔体中间部分。而在 aPAEK/PEEK 的共混物中，与“分子量分馏”发生的现象类似，无定形的 aPAEK 主要分布在无定形区(PEEK 的无定形部分由于与结晶链段通过共价键连接，移动受到结晶链段束缚不易移动，这与“分子量分馏”原理类似)，并且其由于受结晶区的束缚较小，易于松弛，而发生表面富集的现象。图 7.77(a)给出了打印过程中，无定形聚芳醚酮随着环境温度的降低向表面的迁移示意图。当共混物从喷头挤出并处于阶段 I 时，熔体温度高于 PEEK 结晶温度，PEEK 与 aPAEK 都处于熔体状态；随着温度的降低，当熔体温度低于结晶温度并处于第 II 阶段时，PEEK 开始结晶，此时晶体的出现大

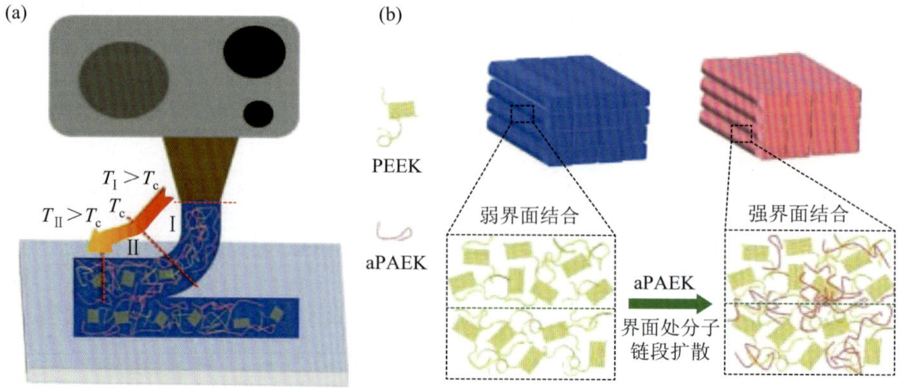

图 7.77 (a)打印过程中 aPAEK 在挤压共混物中的迁移扩散示意图；(b)3D 打印 PEEK 零件的 aPAEK 增强层间黏结强度示意图

大地限制了 PEEK 分子链在层间的移动，因此纯 PEEK 树脂的层间黏结性能薄弱，如图 7.77(b)层间增强示意图所示。在 PEEK 共混物中，aPAEK 在共混物丝材表面发生富集现象，分子链容易在层间进行扩散，因而有效地提高了层间黏结强度。此扩散过程受聚合物玻璃化转变温度的影响(也就是分子链刚性的影响)，分子链刚性低的聚合物在共混物中分子链段束缚较小，更容易运动。

6. 层间增强改性剂本征性能对层间黏结性能的影响

我们制备了数均分子量(M_n)分别为 8.60 kDa(DPAPEEK0)、41.90 kDa(DPAPEEK1)、71.00 kDa(DPAPEEK2)、83.00 kDa(DPAPEEK3)四种不同分子量的 DPAPEEK，并分别与 PEEK 通过熔融共混制成共混物。图 7.78(a)和(b)为共混不同分子量 DPAPEEK 后的 PEEK 共混物的层间黏结性能。随着分子量的增加，3D 打印样条的层间黏结强度从 5 wt% DPAPEEK0/PEEK 的 14 MPa 增加至 DPAPEEK1/PEEK 共混物的 23 MPa，随后又随分子量的增加逐渐降低至 DPAPEEK3/PEEK 的 19 MPa。而打印样件的断裂伸长率不断降低，从 5.36%下降至 2.58%。图 7.78(c)～(e)给出了 DPAPEEK 不同分子量下的 z 轴方向打印样条的层间断面 SEM 图。随着 DPAPEEK 分子量的增加，共混物样条断面处的层间融合区域逐渐缩小，表明较低分子量的 DPAPEEK 更容易在层间扩散并形成较大面积的融合区域，有利于层间黏结强度的提升。然而由于 DPAPEEK0 分子量低，热压以后并不成膜，表明 DPAPEEK 的本征力学性能极低(图 7.79)。因此，除了无定形聚芳醚酮玻璃化转变温度、分子量影响外，无定形聚芳醚酮本征的机械性能也会影响 PEEK 树脂打印样件的层间黏结强度。

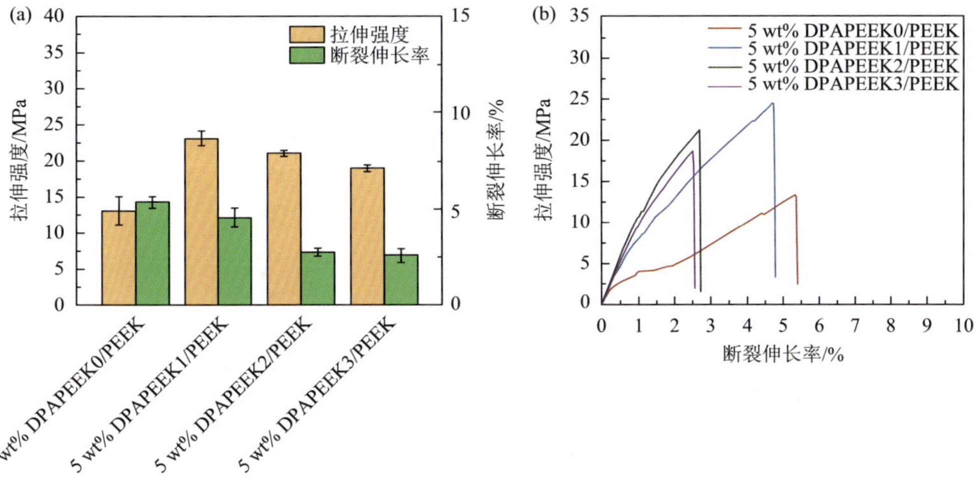

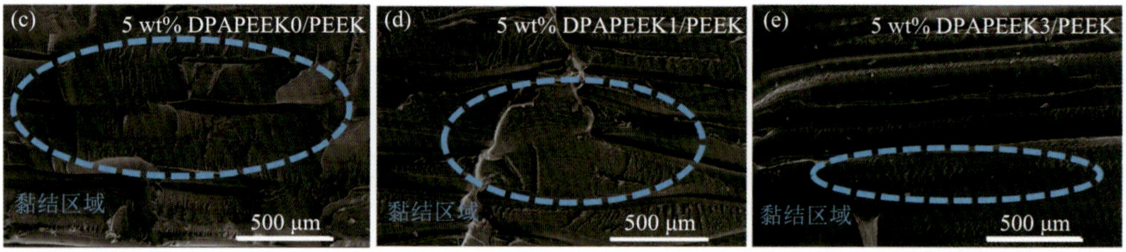

图 7.78 (a) 3D 打印 5 wt% DPAPEEK0～3/PEEK 共混物的层间黏结强度和 (b) 典型拉伸强度-断裂伸长率曲线；(c～e) 3D 打印 5 wt% DPAPEEK0～3/PEEK 共混物 z 轴拉伸断口截面 SEM 图

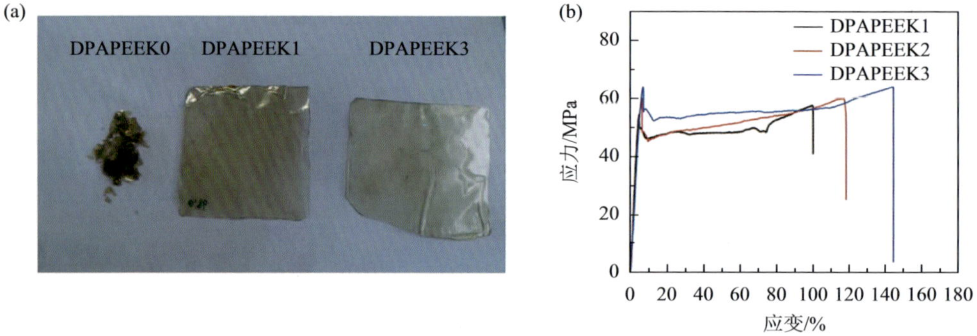

图 7.79 (a) 不同分子量的 DPAPEEK 薄膜照片；(b) 不同分子 DPAPEEK 应力-应变曲线

通过共聚的方式将芴基团引入到无定形聚芳醚酮中，以此提升无定形聚芳醚酮树脂的强度。图 7.80 为不同芴含量的无定形聚芳醚酮的拉伸性能。随着 DPAFDx 中芴含量从 0 增加至 70 mol%，DPAFDx 的拉伸强度从 58 MPa 增加至 80 MPa，表明芴单元的引入有效地提升了聚合物拉伸性能。芴基团刚性较强，导致 DPAFDx 的断裂伸长率随着芴基团含量的增加从 98.66%降至 37.2%。图 7.81 是 z 方向打印

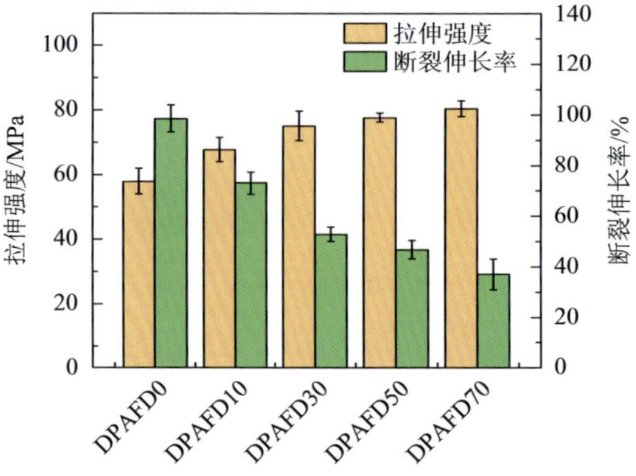

图 7.80 DPAFDx 的拉伸性能

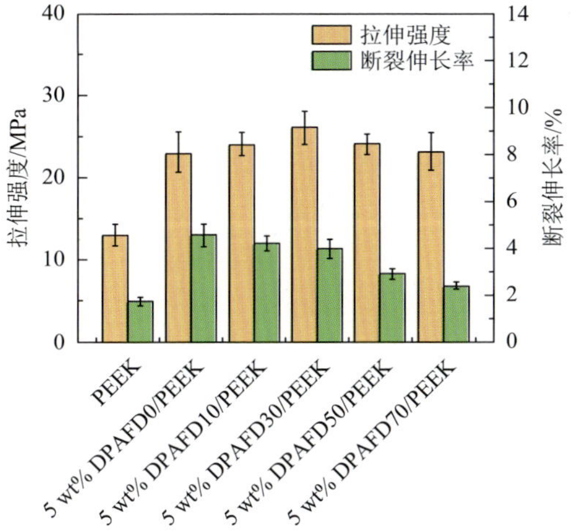

图 7.81　5 wt% DPAFDx/PEEK 的层间黏结强度

样条的拉伸性能，随着 DPAFD$_x$ 中芴单元含量从 0 增加至 70 mol%，DPAFDx/PEEK 共混物 3D 打印样条的层间黏结强度呈现出先升高后降低的趋势。其中 5 wt% DPAFD30/PEEK 的层间黏结性能达到最高，层间黏结强度达到了 26 MPa，断裂伸长率达到了 3.98%。其层间黏结强度相比于不含芴单元的 DPAPEEK 改性的 PEEK 打印性能提高了 11%。

通过控制无定形聚芳醚酮 DPAFD30-2 的含量制备了 2 wt%～20 wt% DPAFD30-2/PEEK 的系列共混物，DPAFD30-2 聚合物含量对共混体系打印制品力学性能及各向异性的影响。如图 7.82 所示，DPAFD30-2 的引入有效改善了 PEEK 共混物的

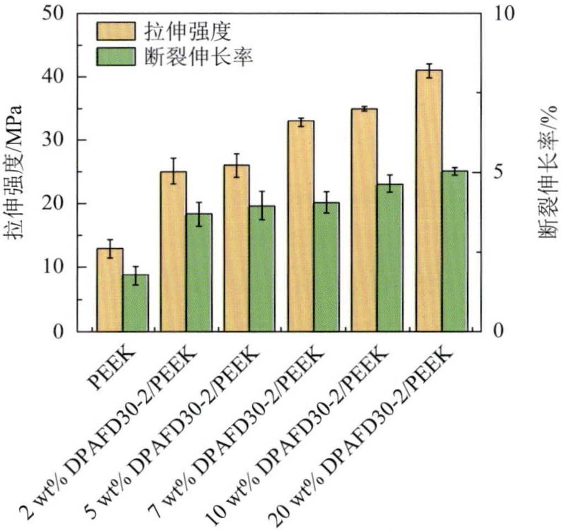

图 7.82　3D 打印 2 wt%～20 wt% DPAFD30-2/PEEK 共混物 z 轴方向的拉伸性能

层间黏结性能，并且随着无定形聚芳醚酮含量的增加，层间黏结强度不断提升。当 DPAFD30-2 含量达到 20 wt%时，层间黏结强度从 13 MPa 增加到了 41 MPa，是纯 PEEK 树脂的层间黏结强度的 3.2 倍，而断裂伸长率也从 1.75%增加到了 5.02%，实现了层间黏结强度和韧性的同步提升。

DPAFD30-2 对 PEEK 树脂在 *x* 轴和 *y* 轴方向力学性能的影响，如图 7.83(a)所示。随着 DPAFD30-2 含量从 0 wt%增加至 20 wt%，*x* 轴方向打印样件的拉伸强度从 95 MPa 降至 88 MPa，而断裂伸长率却呈现大幅度上升的趋势，从 31%增长至 119%。在牺牲少量拉伸强度的前提下，实现了断裂韧性的显著提升，这为 PEEK 超韧性 3D 打印制品的制造，从材料设计角度提供了可行方案。图 7.83(b)给出了 *y* 轴打印样条拉伸性能。随着 DPAFD30-2 含量的增加，打印样件的拉伸强度变化幅度较小，从纯 PEEK 的 85 MPa 上升至 7 wt% DPAFD30-2/PEEK 的 87 MPa，而断裂伸长率则明显增加，从 16%增大到了 26%。DPAFD30-2 含量的进一步增加，对聚醚醚酮的结晶度的影响增大，使得拉伸强度逐渐降低。当共混含量为 20 wt%时，*y* 轴方向打印样件的拉伸强度下降至 81 MPa，而断裂伸长率则是进一步提高到 30%以上。

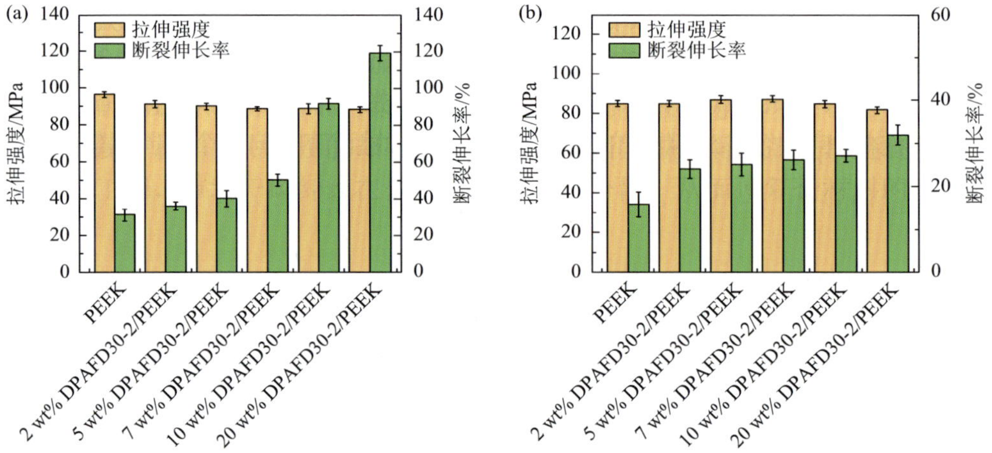

图 7.83　(a)3D 打印 2 wt%～20 wt% DPAFD30-2/PEEK 共混物的 *x* 轴(0°)拉伸强度；(b)*y* 轴(90°)拉伸强度

7.5.4　慢结晶共聚聚醚醚酮树脂的制备及打印性能

1. 半结晶含芴共聚醚醚酮树脂的合成

采用亲核取代缩聚反应路线，通过控制对苯二酚和双酚芴的投料比例，制备了一系列不同芴含量 PEEK 半结晶共聚物(*x*-FD-PEEK)。芴含量分别为 5 mol%、

7 mol%、10 mol%和 15 mol%，根据芴含量的不同将含芴 PEEK 共聚物分别标记为 5%-FD-PEEK、7%-FD-PEEK、15%-FD-PEEK，聚合反应式如图 7.84 所示[48-54]。

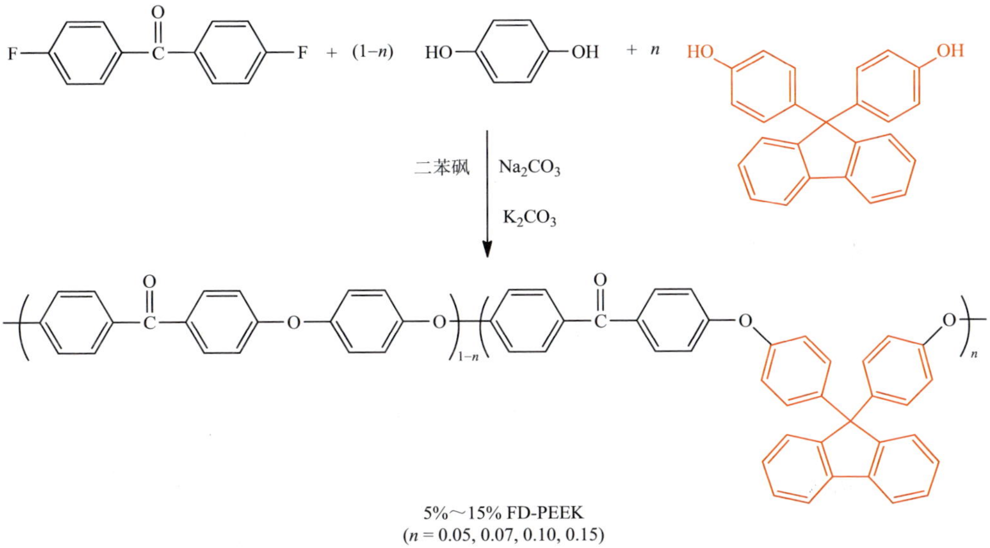

图 7.84　含氟 PEEK 共聚物的合成路线

2. 半结晶含芴共聚醚醚酮的性能

x-FD-PEEK 共聚物的红外光谱图和 XRD 谱图如图 7.85 所示。从图 7.85(a) 中可知，1653 cm^{-1} 处的特征峰对应于 PEEK 分子中的 C═O 的伸缩振动吸收峰，1594 cm^{-1} 与 1483 cm^{-1} 处为苯环上 C═C 振动吸收峰，1234 cm^{-1} 处为 Ar-O-Ar 的伸缩振动吸收峰，1594 cm^{-1}、766 cm^{-1} 处为 C—H 的面外弯曲振动吸收峰。以上特征峰均同时存在于 PEEK 与 x-FD-PEEK 聚合物的红外光谱图中，并且由于芴基团主要由苯环结构组成，因此与 PEEK 具有相同的红外光谱。从图 7.85(b) 可知，x-FD-PEEK 共聚物与 PEEK 都存在着具有四个相同的主要衍射峰，分别为 18.8°、20.6°、22.6°、28.8°分别归属于(110)、(111)、(200)和(210)晶面。这也表明所制备的含芴 PEEK 与 PEEK 具有相似的晶体结构，同属于正交晶系，表明芴基团的引入并未破坏 PEEK 的晶体结构。此外，共聚物的衍射峰强度随着芴含量的增加而逐渐降低，这表明随着芴含量的增加，芴基团的引入破坏了链段的规整性，聚合物的结晶度是逐渐降低的。

图 7.86 是空气氛下 x-FD-PEEK 的热失重曲线，可以看出所合成的不同芴含量的 PEEK 共聚物均具有良好的耐热性，5%热重温度与 PEEK 纯树脂相近，都在 560℃以上，可以满足熔融挤出和 3D 打印等高温加工方式对树脂热稳定性的要求。

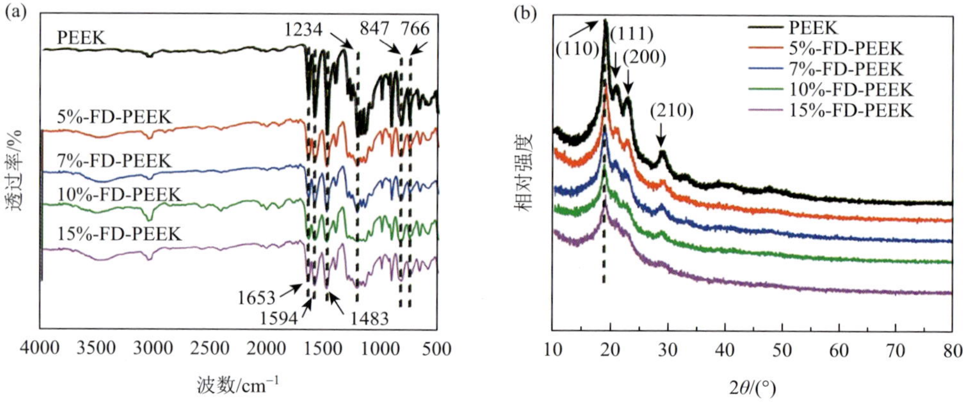

图 7.85　*x*-FD-PEEK 共聚物的(a)FTIR 光谱和(b)XRD 谱图

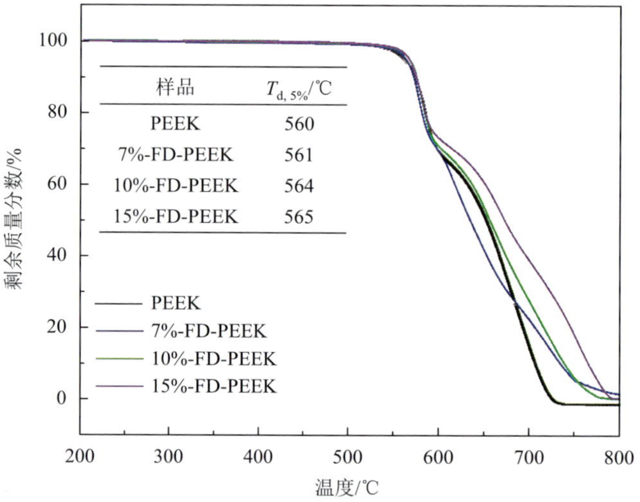

图 7.86　*x*-FD-PEEK 共聚物的 TGA 曲线

图 7.87 是 *x*-FD-PEEK 系列共聚物经淬火以后的 DSC 曲线和相对结晶度-时间曲线，相关数据列于表 7.19。由图 7.87(a)可见，随着芴含量的增加，共聚物的玻璃化转变温度也逐渐升高，当芴含量达到 15 mol%时，共聚物的 T_g 升高至 160℃(表 7.19)，相比纯 PEEK 提高了 16℃。这是由于引入的芴基团是一种大体积、刚性结构，这种结构的存在限制了共聚物链段的运动。同时共聚物的冷结晶温度(T_{ccold})随着芴含量的增加也不断升高，15 mol%的芴基团的引入时，共聚物的 T_{ccold} 从 173℃升高至 245℃(表 7.19)。这表明大体积芴基团的引入使得共聚物的分子链段进行规整化排列的能力下降，因此需要较高温度来促进分子链的规整排列。共聚物的熔点变化则呈现出相反的变化规律，随着芴含量的增加，熔点逐

渐下降，从 PEEK 树脂的 337℃下降至 15%-FD-PEEK 的 305℃(表 7.19)，共聚物的热焓值也从 35.29J/g(PEEK)下降至 25.25J/g(15%-FD-PEEK)，这与 XRD 表征的结晶度结论是一致的。图 7.87(b)是 *x*-FD-PEEK 共聚物的熔融降温 DSC 曲线，随着共聚物中芴含量的增加，共聚物的结晶温度逐渐降低，从 PEEK 树脂的 297℃下降至 15%-FD-PEEK 的 216℃，芴基团的引入增加了链段规整排列的难度，导致结晶能力的下降，因此结晶需要更高的过冷度才能进行。图 7.87(c)为 PEEK 共聚物的相对结晶度-时间曲线，随着芴含量的增加，曲线中间部分斜率逐渐降低，结晶速率逐渐下降，同时共聚物的半结晶时间($t_{1/2}$)逐渐增加，从 PEEK 的 1.1 min 增加至 15%-FD-PEEK 的 3.1 min，表明 *x*-FD-PEEK 共聚物具有比 PEEK 低的结晶速率。

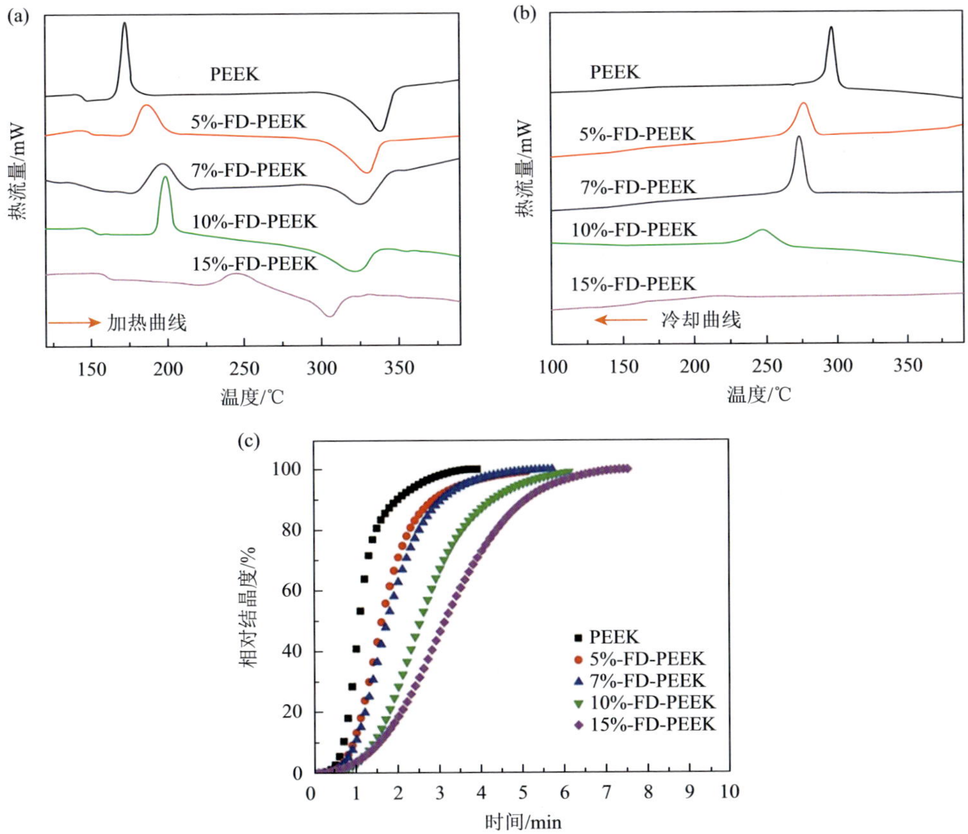

图 7.87　*x*-FD-PEEK 共聚物的 DSC 曲线和相对结晶度-时间曲线

(a)400℃熔炼 5 min 后用乙醇淬火，10℃/min 从 100℃加热至 400℃；(b)400℃熔炼 5 min 后冷却至 100℃，冷却速率为 10℃/min；(c)*x*-FD-PEEK 共聚物的相对结晶度-时间曲线

表 7.19 *x*-FD-PEEK 共聚物的热性能

共聚物	T_g/℃	T_{ccold}/℃	T_c/℃	T_m/℃	ΔH/(J/g)	$t_{1/2}$/min
PEEK	144	173	297	337	35.29	1.1
5%-FD-PEEK	148	193	276	326	32.72	1.6
7%-FD-PEEK	149	196	273	324	32.44	1.8
10%-FD-PEEK	152	198	248	321	31.98	2.5
15%-FD-PEEK	160	245	216	305	25.25	3.1

3. 半结晶含芴共聚聚醚醚酮树脂的打印制件的机械性能

图 7.88 为 *x*-FD-PEEK 共聚物的层间黏结性能，芴含量的增加使 PEEK 共聚物的层间黏结性能得到显著提升。随着芴基团引入量从 0 增加至 15 mol%，层间黏结强度从纯 PEEK 树脂的 13 MPa 增大至 67 MPa，提高了约 400%；而断裂伸长率也从原来的 1.75%增大到 11.23%，提高了约 500%。

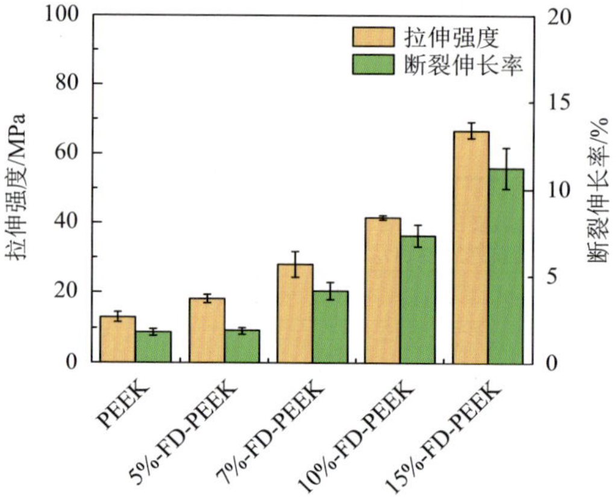

图 7.88 3D 打印 *x*-FD-PEEK 共聚物 *z* 轴方向的拉伸性能

图 7.89(a)为 *x*-FD-PEEK 3D 打印样条的 *X* 轴拉伸性能，随着 *x*-FD-PEEK 中芴单元含量从 0 增加至 10 mol%，3D 打印样条的 *x* 轴拉伸强度变化很小，仅从 96 MPa 降低至 94 MPa。但随着芴含量的进一步增加至 15 mol%，拉伸强度降至 88 MPa。这是因为少量芴基团的引入(低于 10 mol%)使共聚物的熔融焓从 35.29 J/g 下降至 31.98 J/g，即结晶度下降，但下降幅度较小，对树脂力学性能的影响幅度较小。此时，刚性芴基团弥补了部分结晶度下降所引起的强度损失，因而强度下降幅度较小；当增加芴含量至 15 mol%时，共聚物的熔融焓降低至 25.25 J/g，即结晶度下降较大，此时分子链段刚性的增加已经无法弥补结晶度降低引起的树脂强度的下降，使得 3D 打印样条在 *x* 轴方向强度出现了较大幅度的降低。

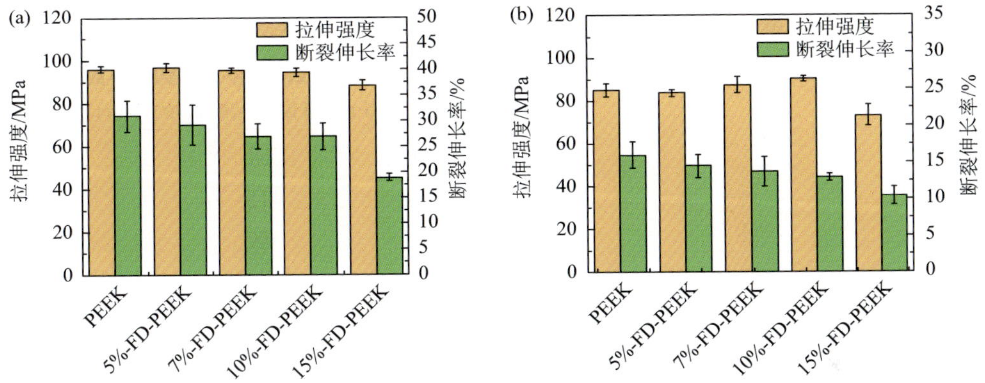

图 7.89 (a) 3D 打印 *x*-FD-PEEK 共聚物 *x* 轴(0°)方向拉伸强度、(b) *y* 轴(90°)拉伸强度

x-FD-PEEK 共聚物的断裂伸长率随着共聚物中芴含量的增加而逐渐下降，当芴含量达到 15 mol%时，其断裂伸长率也从 31%下降至 19%，这是由于刚性芴基团的引入提高了材料的刚性，导致材料脆性化断裂韧性下降。如图 7.89(b)所示，随着共聚物中芴含量的增加，*y* 轴方向打印样件的拉伸强度从纯 PEEK 树脂的 85 MPa 增加至 10%-FD-PEEK 的 90 MPa。随着芴含量进一步增加，15%-FD-PEEK 的拉伸强度下降至 73 MPa。而 *x*-FD-PEEK 共聚物的断裂伸长率随着芴含量的增加逐渐下降，由纯 PEEK 树脂的 16%下降至 15%-FD-PEEK 的 10%。*y* 轴方向性能受到 *x* 轴方向强度以及 *z* 轴方向层间融合的共同影响。芴含量在 10 mol%以下时，随着共聚物中芴含量不断增加，*z* 轴方向层间黏结强度不断增加；而 *x* 轴方向强度出现小幅降低，熔丝之间黏结强度的增加弥补了共聚物强度的降低，整体表现出上升的趋势。但是当芴含量为 15 mol%时，*x* 轴强度出现明显降低，熔丝之间黏结强度的增加很难弥补由于共聚物本征强度的下降，导致了 *y* 轴强度出现明显下降。

4. 半结晶含芴聚醚醚酮树脂的等温结晶动力学

芴基团的引入会对含芴共聚物的结晶温度及结晶时间产生影响。图 7.90 是 10%-FD-PEEK 和 PEEK 两种树脂样品在 400℃熔化 5 min 后，以 100℃/min 的降温速率降至不同的温度下进行等温结晶的 DSC 曲线。可以看出随着温度的降低，两种材料的结晶峰明显变窄，说明两种材料随着温度的降低，结晶速率逐渐加快。

图 7.91(a)和图 7.91(b)分别为 PEEK 与 10%-FD-PEEK 在不同等温结晶温度下相对结晶度随时间变化的曲线，可以看出随着温度的升高，达到完全结晶时所需时间也逐渐增加。PEEK 树脂的结晶温度从 300℃增加至 315℃，$t_{1/2}$ 从 0.61 min 增加至 3.80 min；10%-FD-PEEK 随着结晶温度从 280℃升高至 295℃，$t_{1/2}$ 也从 5.53 min 增加至 22.25 min，可见相比于 PEEK 而言，芴单元的引入明显增加了共聚物的结晶时间，并且随着结晶温度的升高，结晶时间也相应增加。

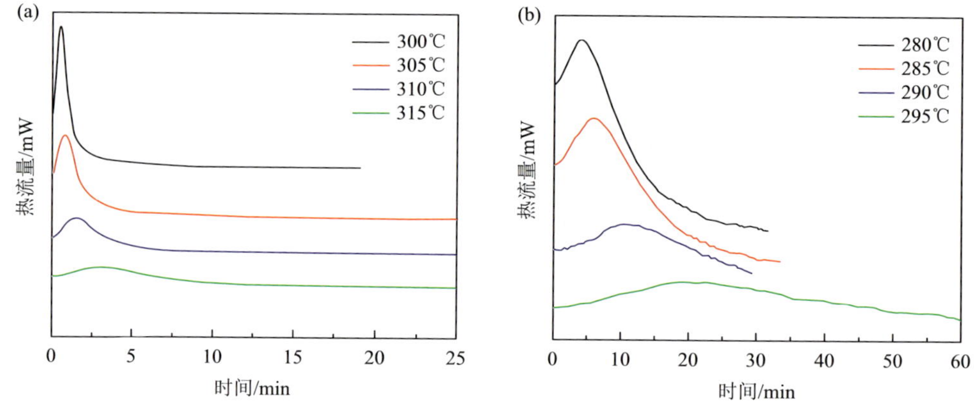

图 7.90 (a) PEEK 和 (b) 10%-FD-PEEK 在 400℃熔化 5 min 冷却至不同结晶温度，冷却速率为 100℃/min 的 DSC 等温结晶曲线

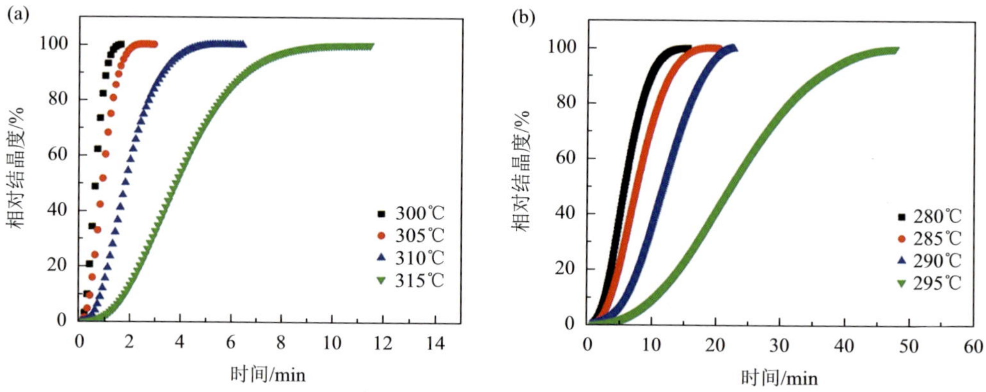

图 7.91 (a) PEEK 和 (b) 10%-FD-PEEK 在不同等温结晶温度下的相对结晶度与时间

采用 Avrami 方程描述样品的等温结晶行为，利用从等温 DSC 曲线得出的结晶度数据，用 $\lg[-\ln(1-X_t)]$对 $\lg t$ 作图得到的曲线如图 7.92 (a) 和 (b) 所示。图中曲线在结晶前期具有良好的线性关系，而在结晶后期 Avrami 方程与实验数据发生偏折，这是由于随着时间的增加，晶体之间相互接触引起的。对曲线中的直线部分进行线性拟合，得到了直线部分的斜率和截距，并通过计算得到 n 与 k 值。PEEK 的 n 值范围为 2.52～2.81，而 10%-FD-PEEK 的 n 值范围为 2.25～2.44，虽然较 PEEK 略低，但 n 值仍在 2～3 范围内，表明含芴 PEEK 共聚物的晶体生长过程与 PEEK 相类似，均为盘状球晶的生长方式，其结晶温度的变化并未改变晶体生长方式。同时两种材料的结晶速率常数 k 值随着温度的升高均逐渐降低，表明温度越高，过冷度越低，聚合物越不容易结晶。

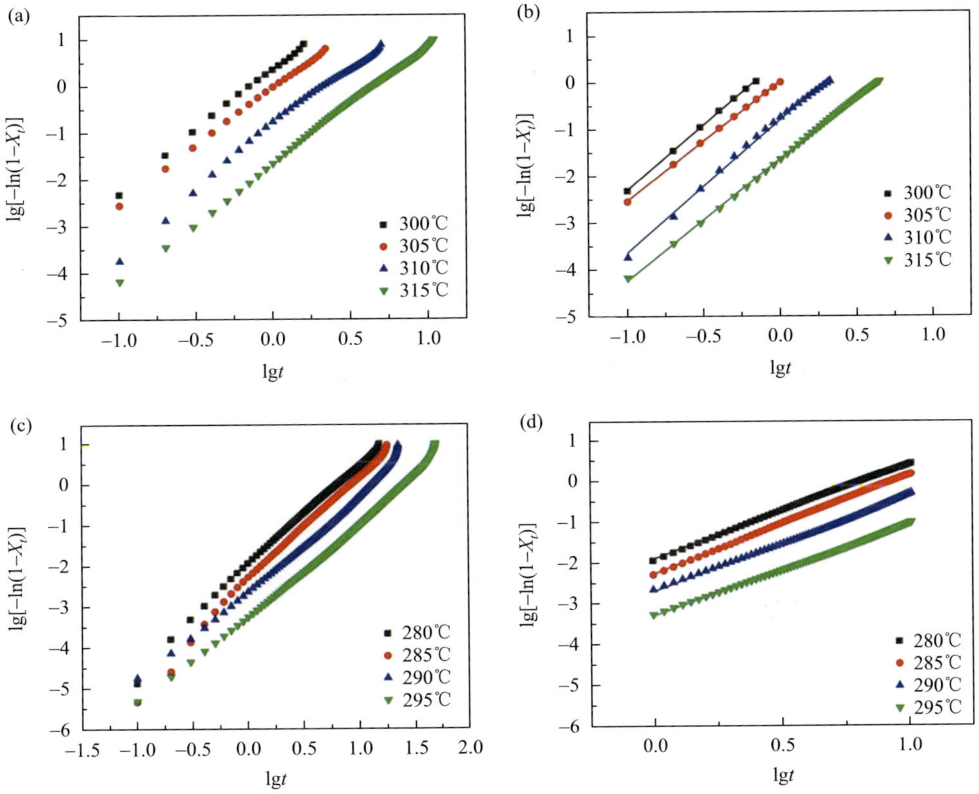

图 7.92 (a) PEEK 和 (c) 10%-FD-PEEK 的 Avrami 曲线；(b，d) 对 (a) 和 (c) 中每条曲线的线性部分进行线性拟合

在 290℃等温条件下观察了聚合物晶体的生长过程。如图 7.93 所示，PEEK 与 x-FD-PEEK 均显示出晶体呈现三维球晶的生长方式。在 1 min 之内，PEEK 已经完全结晶，而 x-FD-PEEK 共聚物的结晶较为缓慢，并且随着芴含量的增加，结晶时间逐渐延长，当芴含量为 15 mol%时，47 min 时才完成结晶过程。随后选取了球晶与相邻的球晶发生碰撞之前的部分，绘制了球晶尺寸-结晶时间曲线，如图 7.94 (a) 所示。共聚物的球晶半径与结晶时间均呈现出线性关系，随着芴含量的增加，直线的斜率逐渐降低，通过对直线进行线性拟合并以直线的斜率给出了球晶的生长速率，如图 7.94 (b) 所示。可以看出 PEEK 球晶生长速率随着芴含量的增加而逐渐降低，从 PEEK 至 15%-FD-PEEK，球晶的生长速率由 15 μm/min 降低至 0.74 μm/min，进一步证明了芴基团的引入大幅降低了球晶的生长速率。

对于 x-FD-PEEK 共聚物，一方面芴基团的引入有效地减缓了 PEEK 的结晶速率，使下层熔丝表面结晶固化速度变慢，降低了晶区对链段运动的阻碍，进而促

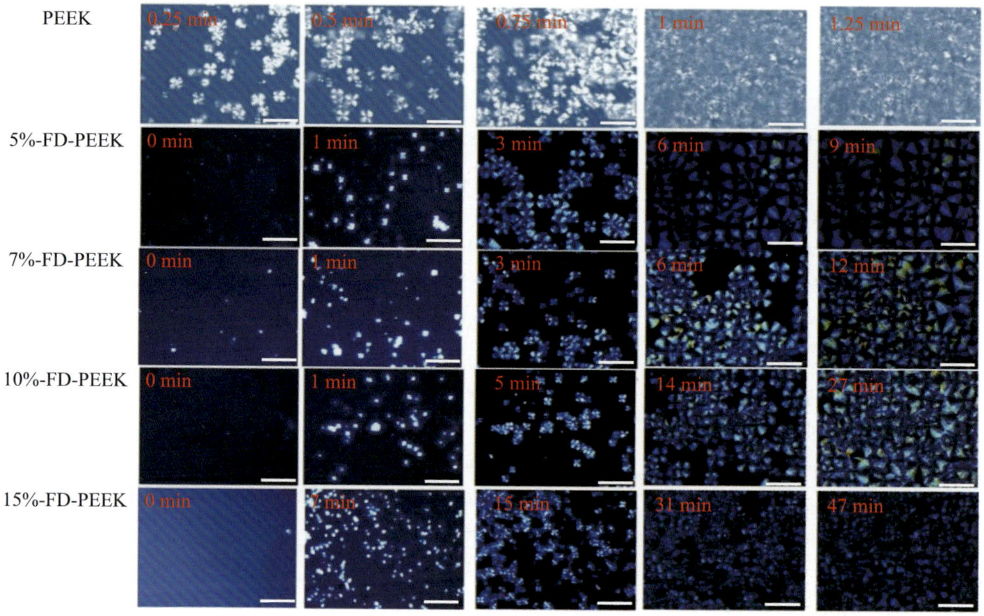

图 7.93 PEEK 和 x-FD-PEEK 的 POM 显微照片(比例尺为 50 μm)

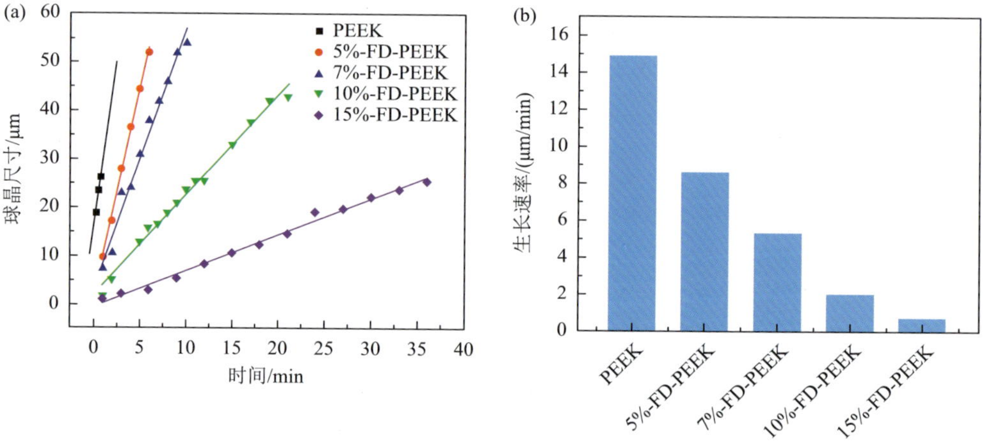

图 7.94 (a) PEEK 和 x-FD-PEEK 球晶尺寸随时间线性关系及(b)球晶生长速率

进层间黏结；另一方面芴基团的存在降低了 PEEK 共聚物的结晶温度(10 mol%芴单元的引入就可使 10%-FD-PEEK 的 T_c 降低到 248℃)，可以使树脂熔丝在较低的环境温度下依然保持无定形状态，从而有利于上下层熔丝之间分子链的扩散和缠结，形成良好的层间黏结。

参考文献

[1] 刘凤岐, 汤心颐. 高分子物理[M]. 北京: 高等教育出版社, 2004.

[2] 何曼君. 高分子物理[M]. 上海: 复旦大学出版社, 1988.

[3] 殷敬华, 莫志深. 现代高分子物理学[M]. 北京: 科学出版社, 2001.

[4] Wang Y, Pang J H, Jiang Z H, et al. Biaxially stretched high strength isotropic poly (etheretherketone) films for low dielectric constant materials[J]. Appled Polymer Materials, 2024, (6): 5404-5412.

[5] 牛海涛, 焦晓宁, 程博闻. 聚醚醚酮(PEEK)纤维的特性及其应用[J]. 北京纺织, 2004, 25(3): 30-32.

[6] 吴忠文. 特种工程塑料聚芳醚酮[J]. 化工新型材料, 1999, (11): 18-20.

[7] 赵纯, 张玉龙. 聚醚醚酮[M]. 北京: 化学工业出版社, 2008.

[8] Luan J S, Zhang S L, Geng Z, et al. Influence of the addition of lubricant on the properties of poly (ether ether ketone) fibers[J]. Polymer Engineering & Science, 2013, 53(10): 2254-2260.

[9] Luan J S, Zhang S L, Geng Z, et al. Preparation and characterization of high-performance poly (ether ether ketone) fibers with improved spinnability based on thermotropic liquid crystalline poly (aryl ether ketone) copolymer[J]. Journal of Applied Polymer Science, 2013, 130(2): 1406-1414.

[10] 李明月, 焦志峰, 张天骄. 聚醚醚酮纤维的制备、性能及应用[J]. 化工新型材料, 2012, 40(5): 116-118, 128.

[11] 胡安, 刘鹏清, 徐建军, 等. 聚醚醚酮纤维的结构和性能[J]. 合成纤维工业, 2009, 32(6): 14-17.

[12] 栾加双. 聚醚醚酮纤维的制备及性能研究[D]. 长春: 吉林大学, 2013.

[13] 于伟东, 储才元. 纺织物理[M]. 上海: 东华大学出版社, 2009.

[14] 卫亚明. 空心聚醚醚酮单丝[J]. 产业用纺织品, 2002, 20(2): 44.

[15] Brunig H, Beyreuther R, Vogel R, et al. Melt spinning of fine and ultra-fine PEEK-filaments[J]. Journal of Materials Science, 2003, 38(10): 2149-2153.

[16] Briscoe N A, Mcintosh B M, 宣亮. PEEK 纤维基织物的新进展[J]. 产业用纺织品, 1992, (1): 33-36.

[17] 栾加双, 叶光斗, 王贵宾. 聚醚醚酮纤维的发展现状与应用[J]. 合成纤维工业, 2010, 33(5): 46-48.

[18] 李明月. 熔融法纺制聚醚醚酮纤维的研究[D]. 北京: 北京服装学院, 2008.

[19] 汪晓峰, 李晔. 耐高温纤维的发展及其在产业领域的应用[J]. 合成纤维, 2004, 33(2): 1-3.

[20] Mcintosh B M, Briscoe D N A. PEEK 纤维材料在医疗上的应用[C]. 2002 中国国际产业用纺织品及非织造布论坛暨德国高新产业用纺织技术论坛. 北京: 中国产业用纺织品行业协会, 2002: 12-16.

[21] 于建明, 边栋材, 周晓峰. 聚醚醚酮纤维牵伸工艺研究[J]. 天津纺织工学院学报, 1996, (1): 23-27.

[22] 李永刚. 聚醚醚酮粗旦丝的制备及其微观结构形成机理研究[D]. 长春: 吉林大学, 2017.

[23] 李明月, 张天骄. 聚醚醚酮熔纺工艺的研究[J]. 北京服装学院学报(自然科学版), 2008, 28(4): 47-51.

[24] 井丽巍. 水基聚芳醚酮涂料的研究[D]. 长春: 吉林大学, 2008.

[25] 张万金, 姬相玲, 苑晶, 等. 高性能聚芳醚酮的合成与性能(Ⅰ)——对苯二酚、联苯二酚、4, 4′-二氟二苯酮三元共聚体系[J]. 高等学校化学学报, 1993, 14(5): 738.

[26] 齐藤卓三. 能形成厚层的氟树脂粉末液体分散体: CN98812484.X.[P]. 2005-04-27.

[27] 高自宏. 可溶可交联聚芳醚酮的分子设计与性能研究[D]. 长春: 吉林大学, 2003.

[28] 马晓野. 含苯乙炔的可自交联聚芳醚酮的分子设计与性能研究[D]. 长春: 吉林大学, 2007.

[29] 刘佰军. 低介电常数含氟聚芳醚酮的合成及其性能研究[D]. 长春: 吉林大学, 2002.

[30] 吴忠文, 于洪泽, 那辉. 耐高温芳香族聚醚砜树脂的合成: CN85105138[P]. 1988-05-11.

[31] 王树文, 荆进国. 高固体分涂料的应用与发展[J]. 中国涂料, 2001, (4): 39-43.

[32] Park K, Kim Y S. Effect of mold temperature on mechanical properties of an injection-molded part with microfeatures[J]. Journal of Polymer Engineering, 2009, 29(1-3): 135-154.

[33] Wu W Z, Geng P, Li G W, et al. Influence of layer thickness and raster angle on the mechanical properties of 3D-Printed PEEK and a comparative mechanical study between PEEK and ABS[J]. Materials, 2015, 8(9): 5834-5846.

[34] Vaezi M, Yang S F. Extrusion-based additive manufacturing of PEEK for biomedical applications[J]. Virtual & Physical Prototyping, 2015, 10(3): 123-135.

[35] Yang C C, Tian X Y, Li D C, et al. Influence of thermal processing conditions in 3D printing on the crystallinity and mechanical properties of PEEK material[J]. Journal of Materials Processing Technology, 2017, 248: 1-7.

[36] Tseng J W, Liu C Y, Yen Y K, et al. Screw extrusion-based additive manufacturing of PEEK[J]. Materials & Design, 2018, 140: 209-221.

[37] Hoskins T J, Dearn K D, Kukureka S N. Mechanical performance of PEEK produced by additive manufacturing[J]. Polymer Testing, 2018, 70: 511-519.

[38] Deng X H, Zeng Z, Peng B, et al. Mechanical properties optimization of poly-ether-ether-ketone via fused deposition modeling[J]. Materials, 2018, 11(2): 11.

[39] Ding S, Zou B, Wang P, et al. Effects of nozzle temperature and building orientation on mechanical properties and microstructure of PEEK and PEI printed by 3D-FDM[J]. Polymer Testing, 2019, 78: 105948.

[40] Magri A E, Mabrouk K E, Vaudreuil S, et al. Optimization of printing parameters for improvement of mechanical and thermal performances of 3D printed poly (ether ether ketone) parts[J]. Journal of Applied Polymer Science, 2020, 137(37): 49087.

[41] Goh G D, Yap Y L, Tan H K J, et al. Process-structure-properties in polymer additive manufacturing via material extrusion: a review[J]. Critical Reviews in Solid State & Material Sciences, 2020, 45(2): 113-133.

[42] Wang L, Gardner D J. Effect of fused layer modeling (FLM) processing parameters on impact strength of cellular polypropylene[J]. Polymer, 2017, 113: 74-80.

[43] Sun Q, Rizvi G M, Bellehumeur C T, et al. Effect of processing conditions on the bonding quality of FDM polymer filaments[J]. Rapid Prototyping Journal, 2008, 14(2): 72-80.

[44] Aliheidari N, Christ J, Tripuraneni R, et al. Interlayer adhesion and fracture resistance of polymers printed through melt extrusion additive manufacturing process[J]. Materials & Design, 2018, 156: 351-361.

[45] Abbott A C, Tandon G P, Bradford R L, et al. Process-structure-property effects on ABS bond strength in fused filament fabrication[J]. Additive Manufacturing, 2018, 19: 29-38.

[46] Seppala J E, Han S H, Hillgartner K E, et al. Weld formation during material extrusion additive manufacturing[J]. Soft Matter, 2017, 13: 6761-6769.

[47] Liu Z G, Wang Y Q, Wu B C, et al. A critical review of fused deposition modeling 3D printing technology in manufacturing polylactic acid parts[J]. The International Journal of Advanced Manufacturing Technology, 2019, 102(9): 2877-2889.

[48] Xu Q F, Xu W H, Yang Y, et al. Enhanced interlayer strength in 3D printed poly (ether ether ketone) parts[J]. Additive Manufacturing, 2022, 55: 102852.

[49] Schreiber H P, Storey S H, Bagley E B. Molecular fractionation in the flow of polymeric fluids[J]. Transactions of the Society of Rheology, 1966, 10(1): 275-297.

[50] Musil J, Zatloukal M. Experimental investigation of flow induced molecular weight fractionation during extrusion of HDPE polymer melts[J]. Chemical Engineering Science, 2011, 66(20): 4814-4823.

[51] Musil J, Zatloukal M. Experimental investigation of flow induced molecular weight fractionation phenomenon for

two linear HDPE polymer melts having same M_n and M_w but different M_z and M_{z+1} average molecular weights[J]. Chemical Engineering Science, 2012, 81: 146-156.

[52] Dawson P C, Blundell D J. X-ray data for poly（aryl ether ketones）[J]. Polymer, 1980, 21（5）: 577-578.

[53] Doumeng M, Makhlouf L, Berthet F, et al. A comparative study of the crystallinity of poly ether ether ketone by using density, DSC, XRD, and Raman spectroscopy techniques[J]. Polymer Testing, 2021, 93: 106878.

[54] Wei J X, Shang Y S, Xu D, et al. Reinforcement of poly（ether ketone）by introducing fluorene groups and their effect on thermal and mechanical properties[J]. Polymer International, 2021, 70（3）: 282-287.

关键词索引